国家出版基金项目
NATIONAL PUBLICATION FOUNDATION

“十三五”国家重点图书出版规划项目
国家出版基金项目

U0285159

# 哈佛大学植物标本馆馆藏中国维管束植物模式标本集

## 第3卷

## 双子叶植物纲（2）

# Chinese Type Specimens of Vascular Plants Deposited in Harvard University Herbaria

## Volume 3

## DICOTYLEDONEAE (2)

国家植物标本资源库　中国科学院植物研究所系统与进化植物学国家重点实验室　编
林　祁　包伯坚　刘慧圆　编著

National Plant Specimen Resource Center & State Key Laboratory of Systematic and Evolutionary Botany, Institute of Botany, the Chinese Academy of Sciences Edit
editors LIN Qi, BAO Bojian & LIU Huiyuan

河南科学技术出版社
·郑州·

**图书在版编目（CIP）数据**

哈佛大学植物标本馆馆藏中国维管束植物模式标本集．第3卷．双子叶植物纲．2 / 国家植物标本资源库，中国科学院植物研究所系统与进化植物学国家重点实验室编；林祁，包伯坚，刘慧圆编著．—郑州：河南科学技术出版社，2021.7

ISBN 978-7-5725-0233-0

Ⅰ．①哈… Ⅱ．①国… ②中… ③林… ④包… ⑤刘… Ⅲ．①双子叶植物纲－标本－中国－图集 Ⅳ．① Q949.408-34

中国版本图书馆 CIP 数据核字 (2020) 第 262014 号

---

**出版发行**：河南科学技术出版社
地址：郑州市郑东新区祥盛街 27 号　邮编：450016
电话：（0371）65737028　65788613
网址：www.hnstp.cn
**总 策 划**：周本庆
**策划编辑**：杨秀芳　陈淑芹
**责任编辑**：陈淑芹
**责任校对**：司丽艳
**整体设计**：张　伟　张德琛
**责任印制**：张　巍
**印　　刷**：北京盛通印刷股份有限公司
**经　　销**：全国新华书店
**开　　本**：720mm × 1 000mm　1/8　　印张：68　　字数：685 千字
**版　　次**：2021 年 7 月第 1 版　2021 年 7 月第 1 次印刷
**定　　价**：1600.00 元

---

# 前　言

哈佛大学植物标本馆成立于1864年，是世界十大植物标本馆之一，目前由6个标本室（A、AMES、ECON、FH、GH、NEBC）组成，馆藏植物标本500余万份，其中有模式标本10万余份，特别是有中国维管束植物模式标本1万余份（含主模式、等模式、后选模式、等后选模式、新模式、等新模式、附加模式、等附加模式、合模式、等合模式、副模式、等副模式）。

书中所收录的模式标本是在同一学名下（种、亚种、变种、变型）遴选出1份或2份（雌株和雄株标本或花期和果期标本）最重要的馆藏模式标本，经整理并扫描后编撰而成《哈佛大学植物标本馆馆藏中国维管束植物模式标本集》（共11卷）。

全套书共收录模式标本5 459份，含1 405份主模式、2 842份等模式、12份后选模式、48份等后选模式、2份新模式、1份等新模式、1份附加模式、270份合模式、829份等合模式、22份副模式、27份等副模式，隶属于177科、1 013属、4 410种、20亚种、860变种和85变型。全书各科依据《中国植物志》系统排列，属、种、亚种、变种、变型的名称按字母顺序排列。每张扫描模式标本相片的图注解释均标注中名、学名、原始文献、模式类型（主模式、等模式、后选模式、等后选模式、新模式、等新模式、附加模式、等附加模式、合模式、等合模式、副模式、等副模式）、采集地点（国名、省名、县名、山名）、海拔、采集时间（年－月－日）、采集人和采集号。本书中的采集人根据《中国植物标本馆索引》（傅立国，1993）书写，采集地根据《中国地名录——中华人民共和国地图集地名索引》（国家测绘局地名研究所，1995）书写。

本套书是一部研究与鉴定中国植物的重要著作，可供国内外植物分类学者及有关植物学科研、教学和生产部门人员参考。

第3卷包括被子植物门双子叶植物纲的毛茛科至十字花科的模式标本，共515份，含129份主模式、279份等模式、5份后选模式、15份等后选模式、1份等新模式、22份合模式、57份等合模式、4份副模式、3份等副模式，隶属于12科、73属、379种、120变种和11变型。

感谢国家标本资源共享平台负责人马克平研究员、植物标本子平台负责人覃海宁研究员，以及哈佛大学植物标本馆馆长Charles Davis教授和David E. Boufford教授在本书编撰过程中给予的支持和帮助。

林祁

2020年1月

# Introduction

Harvard University Herbaria were founded in 1864 and it is one of the top ten largest herbaria in the world. The Harvard University Herbaria include six integrated herbaria and they are Herbarium of the Arnold Arboretum (A), Oakes Ames Orchid Herbarium (AMES), Economic Herbarium of Oakes Ames (ECON), Farlow Herbarium (FH), Gray Herbarium (GH) and New England Botanical Club Herbarium (NEBC). The current collections contain more than five million specimens and over 100 thousand type specimens of vascular plants and mosses. Especially included are more than 10,000 type specimens (holotype, isotype, lectotype, isolectotype, neotype, isoneotype, epitype, isoepitype, syntype, isosyntype, paratype, isoparatype) of Chinese plants.

Type specimens in this book were produced by selecting the most important type specimen/s deposited at Harvard University Herbaria under the same scientific name (species, subspecies, variety and form), and then they were also reviewed and scanned. After compilation, ***Chinese Type Specimens of Vascular Plants Deposited in Harvard University Herbaria*** which consists of 11 volumes is completed.

***Chinese Type Specimens of Vascular Plants Deposited in Harvard University Herbaria*** includes 5 459 type specimens, comprising 1 405 holotypes, 2 842 isotypes, 12 lectotypes, 48 isolectotypes, 2 neotypes, 1 isoneotype, 1 epitype, 270 syntypes, 829 isosyntypes, 22 paratypes, 27 isoparatypes, and belonging to 177 families, 1 013 genera, 4 410 species, 20 subspecies, 860 varieties and 85 forms. The taxa are arranged by family according to the system of ***Flora Reipublicae Popularis Sinicae***. Infra-family taxa are alphabetized by genera, species, subspecies, varieties and forms. The explanation of each taxon is listed in the figure caption with Chinese name, scientific name, original publication, nature of specimen (holotype/ isotype/ lectotype/ isolectotype/ neotype/ isoneotype/ epitype/ isoepitype/ syntype/ isosyntype/ paratype/ isoparatype), type locality (country/ province/ county/ mountain if present), altitude, collection date, collector and collection number. The collector and type locality in this book follow ***Index Herbariorum Sinicorum*** (L. K. Fu, 1993) and ***Gazetteer of China—An Index to the Atlas of the People's Republic of China*** (Chinese Academy of Surveying & Mapping, 1995) respectively.

This book is a very important works for researching and identifying Chinese plants. It could also be used as a reference by plant taxonomists and people from botanic research institutions, educational institutions and production departments at home and abroad.

Volume 3 of ***Chinese Type Specimens of Vascular Plants Deposited in Harvard University Herbaria*** includes 515 type specimens from Ranunculaceae to Brassicaceae, comprising 129 holotypes, 279 isotypes, 5 lectotypes, 15 isolectotypes, 1 isoneotype, 22 syntypes, 57 isosyntypes, 4 paratypes, 3 isoparatypes, and belonging to 12 families, 73 genera, 379 species, 120 varieties and 11 forms.

Greatest thanks to the director MA Keping of National Specimen Information Infrastructure (NSII) and Prof. QIN Haining, and the curator Charles Davis of Harvard University Herbaria and Prof. David E. Boufford, for their support and help throughout the publication of the book.

Lin Qi

January 2020

# 目录 ／ Contents

# 双子叶植物纲（2）
# Dicotyledoneae

## 毛茛科
## Ranunculaceae

cm 0 1 2 3 4 5 6 7 8 9 10
copyright reserved
F. I. B.
YUNNAN EXP.
COLL. T. T. YÜ
NO. 9671
Isotype
Aconitum acutiusculum Fletcher & Lauener
var. aureopilosum W. T. Wang
Acta Phytotax. Sin. Addit. 1: 85. 1965.
D. E. BOUFFORD 1994
HARVARD UNIVERSITY HERBARIA
PLANTS OF YUNNAN PROVINCE, CHINA
No. 9671 T.T.Yü 193
Aconitum
Collected in cooperation between the Arnold Arboretum of Harvard University and the Fan Memorial Institute of Biology.
HERBARIUM OF THE ARNOLD ARBORETUM HARVARD UNIVERSITY
IMAGED
THE HARVARD UNIVERSITY HERBARIA
00038350

**展毛尖萼乌头** ***Aconitum acutiusculum*** Fletcher & Lauener var. ***aureopilosum*** W. T. Wang in Acta Phytotax. Sin., Addit. 1: 85. 1965. **Isotype:** China. Yunnan: Dêqên, alt. 4 100 m, 1937-08-20, T. T. Yu 9671 (A).

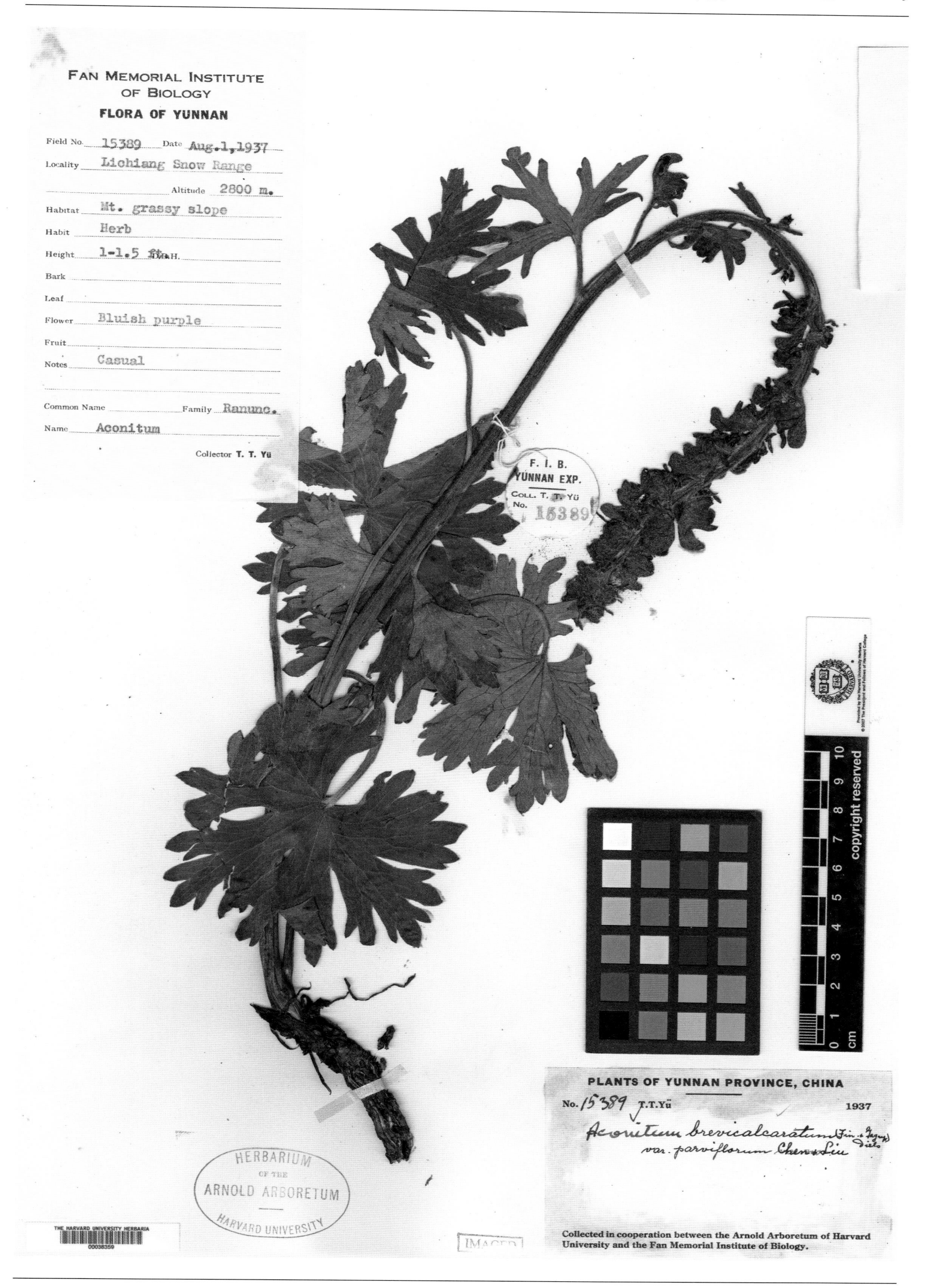
FAN MEMORIAL INSTITUTE
OF BIOLOGY
FLORA OF YUNNAN
Field No. 15389 Date Aug.1,1937
Locality Lichiang Snow Range
Altitude 2800 m.
Habitat Mt. grassy slope
Habit Herb
Height 1-1.5 ft.
Bark
Leaf
Flower Bluish purple
Fruit
Notes Casual
Common Name Family Ranunc.
Name Aconitum
Collector T. T. Yü
F. I. B.
YUNNAN EXP.
COLL. T. T. YÜ
No. 15389
PLANTS OF YUNNAN PROVINCE, CHINA
No. 15389 T.T.Yü 1937
Aconitum brevicalcaratum (Fin. & Gagnep.) Diels
var. parviflorum Chen & Liu
Collected in cooperation between the Arnold Arboretum of Harvard University and the Fan Memorial Institute of Biology.
HERBARIUM
OF THE
ARNOLD ARBORETUM
HARVARD UNIVERSITY
THE HARVARD UNIVERSITY HERBARIA
00038359
copyright reserved
cm

**小花短距乌头** ***Aconitum brevicalcaratum*** (Finet & Gagnep.) Diels var. ***parviflorum*** F. H. Chen & Y. Liu in Bull. Fan Mem. Inst. Biol., Bot. Ser. 11: 43. 1941. **Isotype:** China. Yunnan: Lijiang, alt. 2 800 m, 1937-08-01, T. T. Yu 15389 (A).

copyright reserved
cm 0 1 2 3 4 5 6 7 8 9 10
ISOTYPE
Aconitum brevipetalum W. T. Wang
Acta Phytotax. Sin., Addit. 1: 88. 1965
W. T. Kittredge 2003
HARVARD UNIVERSITY HERBARIA
Aconitum brevipetalum W. T. Wang
Yang Qin-er
HARVARD UNIVERSITY HERBARIA March 12, 2000
HERBARIUM OF THE ARNOLD ARBORETUM HARVARD UNIVERSITY
F. J. B. YUNNAN EXP. COLL. T. T. YÜ No. 8940
PLANTS OF YUNNAN PROVINCE, CHINA
No. 8940 T.T.Yü July 22, 1937
Weihsi: Tungchuling, alt. 4000m.
Alpine meadow near water.
Plant 2 ft. high
Flower greenish-purple
Collected in cooperation between the Arnold Arboretum of Harvard University and the Fan Memorial Institute of Biology.
THE HARVARD UNIVERSITY HERBARIA
00107178
IMAGED

**短瓣乌头** ***Aconitum brevipetalum*** W. T. Wang in Acta Phytotax. Sin., Addit. 1: 88, pl. 5, f. 19. 1965. **Isotype:** China. Yunnan: Weixi, alt. 4 000 m, 1937-07-22, T. T. Yu 8940 (A).

copyright reserved
ISOTYPUS
PLANTÆ SINENSES
№ 4102
Aconitum brunneum Hand.-Mzt., sp. n.
Prov. Sze-ch'uan, reg. bor.-occid.: Karlong, in prato herboso-graminoso. Ca. 3500 m. s. m.; 19 4/8. 22.
Det. Handel - Mazzetti 193
leg. HARRY SMITH
Universitas Regia Upsaliensis.
HERBARIUM OF THE ARNOLD ARBORETUM HARVARD UNIVERSITY
THE HARVARD UNIVERSITY HERBARIA
00038076
IMAGED

褐紫乌头 ***Aconitum brunneum*** Hand.-Mazz. in Acta Horti Gothob. 13(4): 103. 1939. **Paratype:** China. Sichuan: Karlong, alt. 3 500 m, 1922-08-04, H. Smith 4102 (A).

ISOTYPUS
PLANTÆ SINENSES
Typus
No 3991
Aconitum campylorrhynchum Hand.-Mzt., sp. nova
Prov. Sze-ch'uan, reg. bor.: Tshan-la-ying, in fruticetis scandens.
ca. 3200 m. s. m.; 19 18/8 22.
Det. Handel - Mazzetti 1938
leg. HARRY SMITH
Universitas Regia Upsaliensis.
HERBARIUM OF THE ARNOLD ARBORETUM HARVARD UNIVERSITY
THE HARVARD UNIVERSITY HERBARIA
00038077
copyright reserved
cm 0 1 2 3 4 5 6 7 8 9 10

**弯喙乌头** ***Aconitum campylorrhynchum*** Hand.-Mazz. in Acta Horti Gothob. 13(4): 126. 1939. **Isotype:** China. Sichuan: Songpan, Tshan-la-ying, alt. 3 200 m, 1922-08-18, H. Smith 3991 (A).

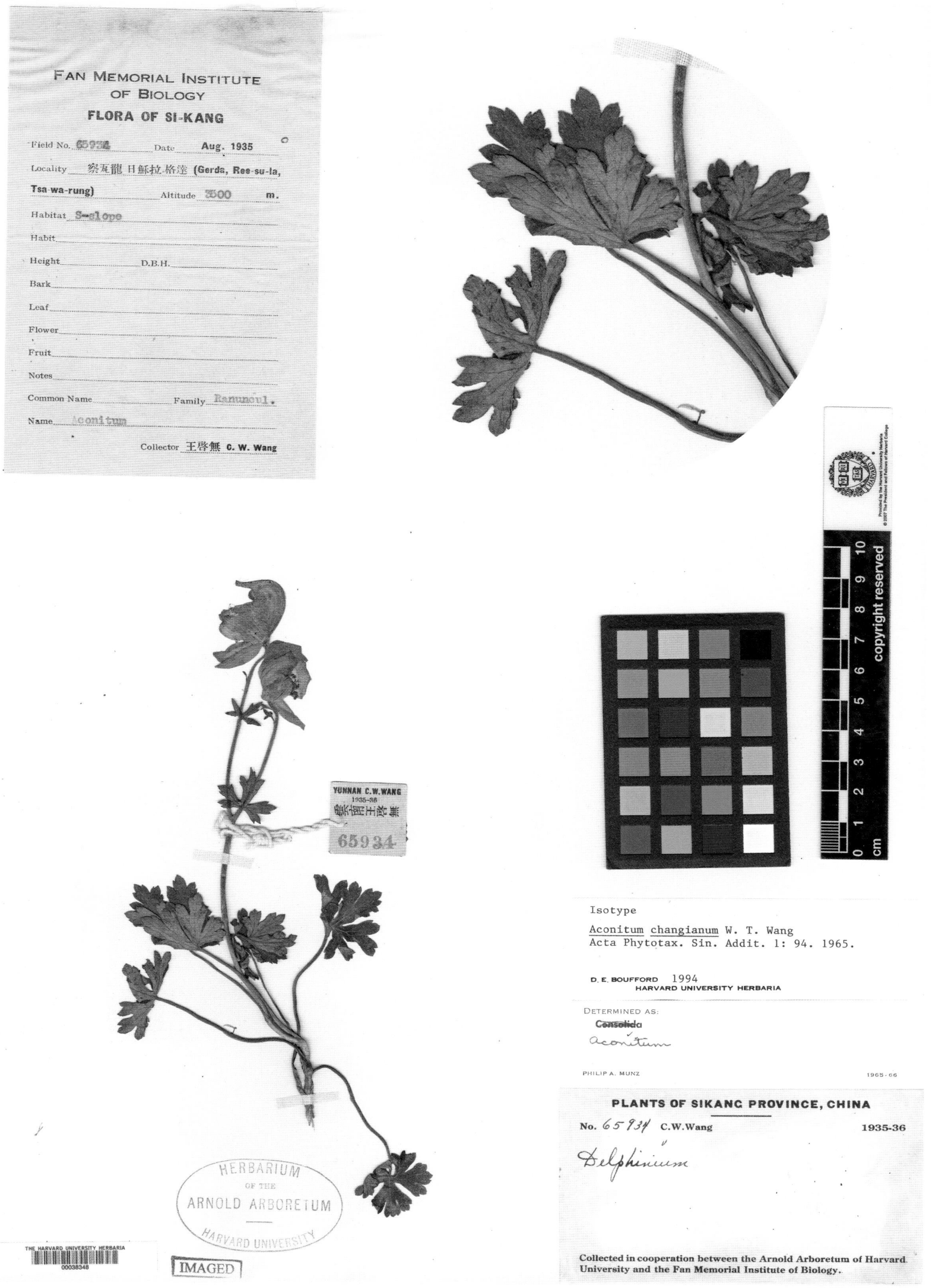

FAN MEMORIAL INSTITUTE
OF BIOLOGY
FLORA OF SI-KANG

Field No. 65934 Date Aug. 1935
Locality 察瓦龍日穌拉格達 (Gerda, Ree-su-la, Tsa-wa-rung) Altitude 3500 m.
Habitat S-slope
Habit
Height D.B.H.
Bark
Leaf
Flower
Fruit
Notes
Common Name Family Ranuncul.
Name Aconitum
Collector 王啓無 C. W. Wang

copyright reserved
cm 0 1 2 3 4 5 6 7 8 9 10

YUNNAN C.W.WANG
1935-36
雲南王啓無
65934

Isotype
Aconitum changianum W. T. Wang
Acta Phytotax. Sin. Addit. 1: 94. 1965.
D. E. BOUFFORD 1994
HARVARD UNIVERSITY HERBARIA

DETERMINED AS:
~~Consolida~~
Aconitum
PHILIP A. MUNZ 1965-66

PLANTS OF SIKANG PROVINCE, CHINA
No. 65934 C.W.Wang 1935-36
Delphinium

Collected in cooperation between the Arnold Arboretum of Harvard University and the Fan Memorial Institute of Biology.



**察瓦龙乌头** ***Aconitum changianum*** W. T. Wang in Acta Phytotax. Sin., Addit. 1: 94, pl. 6, f. 3. 1965. **Isotype:** China. Xizang: Zayü, Cawarong, alt. 3 500 m, 1935-08-??, C. W. Wang 65934 (A).

copyright reserved
cm 0 1 2 3 4 5 6 7 8 9 10
ISOTYPUS
PLANTÆ SINENSES
№ 4016
Aconitum flavum Hand.-Mzt., sp. n.
Prov. Sze-ch'uan: reg. bor.: inter Tshan-la-ying et
Shui-Tsao-pa. ca. 3400 m. s. m.; 19 20/8 22.
Det. Handel-Mazzetti 1938
leg. HARRY SMITH
HERBARIUM
OF THE
ARNOLD ARBORETUM
HARVARD UNIVERSITY
THE HARVARD UNIVERSITY HERBARIA
00038078
IMAGED

伏毛铁棒锤 ***Aconitum flavum*** Hand.-Mazz. in Acta Horti Gothob. 13(4): 86. 1939. **Paratype:** China. Sichuan: Songpan, between Tshan-la-ying & Shui-tsao-pa, alt. 3 400 m, 1922-08-20, H. Smith 4016 (A).

HERBARIUM
OF THE
ARNOLD ARBORETUM
HARVARD UNIVERSITY
Aconitum habaense W. T. Wang
duplicate specimen cited in: Acta Phytotax.
Sin. Addit. 1: 80. 1965.
(K. M. Feng 2084)
D. E. BOUFFORD 1994
HARVARD UNIVERSITY HERBARIA
PLANTS OF N.W. YUNNAN PROVINCE, CHINA
No. 2084 K.M.Feng Aug 20, 1939
Aconitum
Collected in cooperation between the Arnold Arboretum of Harvard University and the Lu Shan Arboretum and Botanical Garden.
FLORA OF N. YUNNAN
K.M.Feng NO: 2084 Aug.20th.1939
Loc. N flank of Haba Snow Range.
Climber plant 5-8 ft., fl. purplish-blue.
On open pasture.
Aconitum
IMAGED
THE HARVARD UNIVERSITY HERBARIA
copyright reserved
cm

哈巴乌头 ***Aconitum habaense*** W. T. Wang in Acta Phytotax. Sin., Addit. 1: 80. 1965. **Isoparatype:** China. Yunnan: Sangri-La, North flank of Haba Snow Range, alt. 3 600m, 1939-08-20, K. M. Feng 2084 (A).

Fan Memorial Institute of Biology
FLORA OF YUNNAN
Field No. 58599 Date Sept.14, 1934
Locality Che-tse-lo: Pi-lo-shan
Altitude 4000 m.
Habitat alpine meadow
Habit herb
Height D.B.H.
Bark
Leaf
Flower green
Fruit
Notes
Common Name Family
Name
Collector H. T. Tsai
Material from Packet
copyright reserved
Isotype
Aconitum hamatipetalum W. T. Wang
Acta Phytotax. Sin. Addit. 1: 95. 1965.
D. E. BOUFFORD 1994
HARVARD UNIVERSITY HERBARIA
PLANTS OF YUNNAN
No. 58599 H. T. Tsai
Aconitum
Collected for the FAN MEMORIAL INSTITUTE OF BIOLOGY with the cooperation of the ARNOLD ARBORETUM OF HARVARD UNIVERSITY
HERBARIUM OF THE ARNOLD ARBORETUM HARVARD UNIVERSITY
THE HARVARD UNIVERSITY HERBARIA
00038347
IMAGED

**钩瓣乌头** ***Aconitum hamatipetalum*** W. T. Wang in Acta Phytotax. Sin., Addit. 1: 95. 1965. **Isotype:** China. Yunnan: Bijiang, alt. 4 000 m, 1934-09-14, H. T. Tsai 58599 (A).

0 1 2 3 4 5 6 7 8 9 10
cm
copyright reserved
GRAY HERBARIUM HARVARD UNIVERSITY
isotype
DR. AUG. HENRY'S COLLECTIONS FROM CENTRAL CHINA, 1885-88.
NO. 6646
Aconitum volubile, Pall, forma.
Prov. HUPEH.
DETERMINED AT THE GRAY HERBARIUM
Aconitum Hemsleyanum E. Pritzel
[Engl. Bot. Jahrb. 29: 329]
1928.
THE HARVARD UNIVERSITY HERBARIA
00038079
IMAGED

**瓜叶乌头** ***Aconitum hemsleyanum*** Pritz. in Bot. Jahrb. Syst. 29: 329. 1900. **Isotype:** China. Hubei: Fang Xian, (1885–1888)-??-??, A. Henry 6646 (GH).

0 1 2 3 4 5 6 7 8 9 10
cm
copyright reserved
GRAY HERBARIUM
HARVARD
UNIVERSITY
A. cannabifolium Franch.
P.A. Munz - 1944
DR. AUG. HENRY'S COLLECTIONS FROM
CENTRAL CHINA, 1885-88.
NO. 7012.
Aconitum (Napellus) Henryi E. Pritzel
Prov. HUPEH.
THE HARVARD UNIVERSITY HERBARIA
00098971
IMAGE

**川鄂乌头** ***Aconitum henryi*** Pritz. in Bot. Jahrb. Syst. 29: 329. 1900. **Isosyntype:** China. Hubei: Xingshan, (1885–1888)-??-??, A. Henry 7012 (GH).

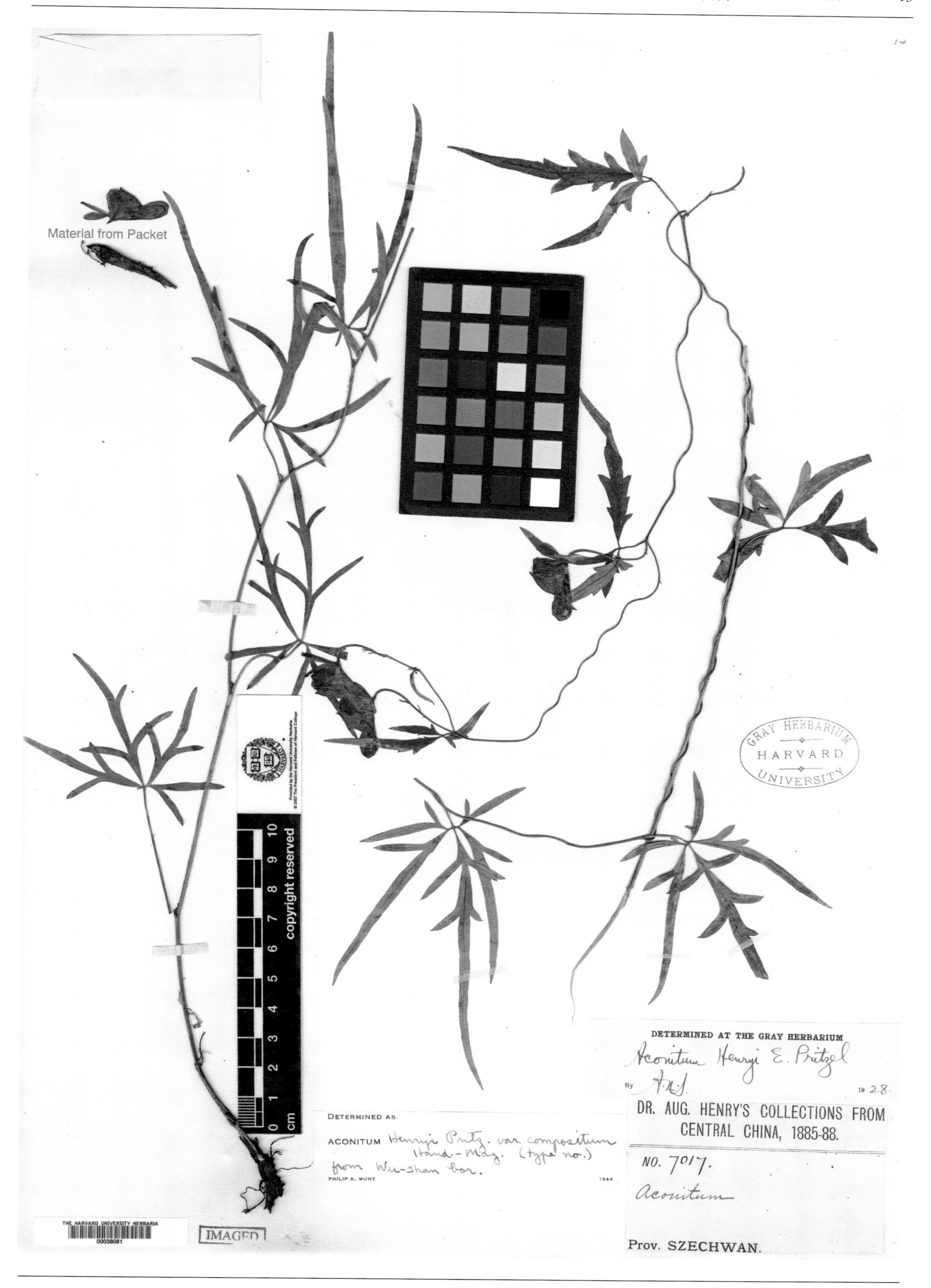
Material from Packet
copyright reserved
GRAY HERBARIUM
HARVARD
UNIVERSITY
DETERMINED AT THE GRAY HERBARIUM
Aconitum Henryi E. Pritzel
By
1928.
DR. AUG. HENRY'S COLLECTIONS FROM
CENTRAL CHINA, 1885-88.
NO. 7017.
Aconitum
Prov. SZECHWAN.
DETERMINED AS
ACONITUM Henryi Pritz. var. compositum Hand.-Mzz. (type no.)
from Wu-shan bor.
PHILIP A. MUNZ
1944
THE HARVARD UNIVERSITY HERBARIA
00038081
IMAGED

**细裂川鄂乌头** ***Aconitum henryi*** Pritz. var. ***compositum*** Hand.-Mazz. in Acta Horti Gothob. 13(4): 130. 1939. **Isotype:** China. Chongqing: Wushan, alt. 2 450~3 050m, 1889-??-??, A. Henry 7017 (GH).

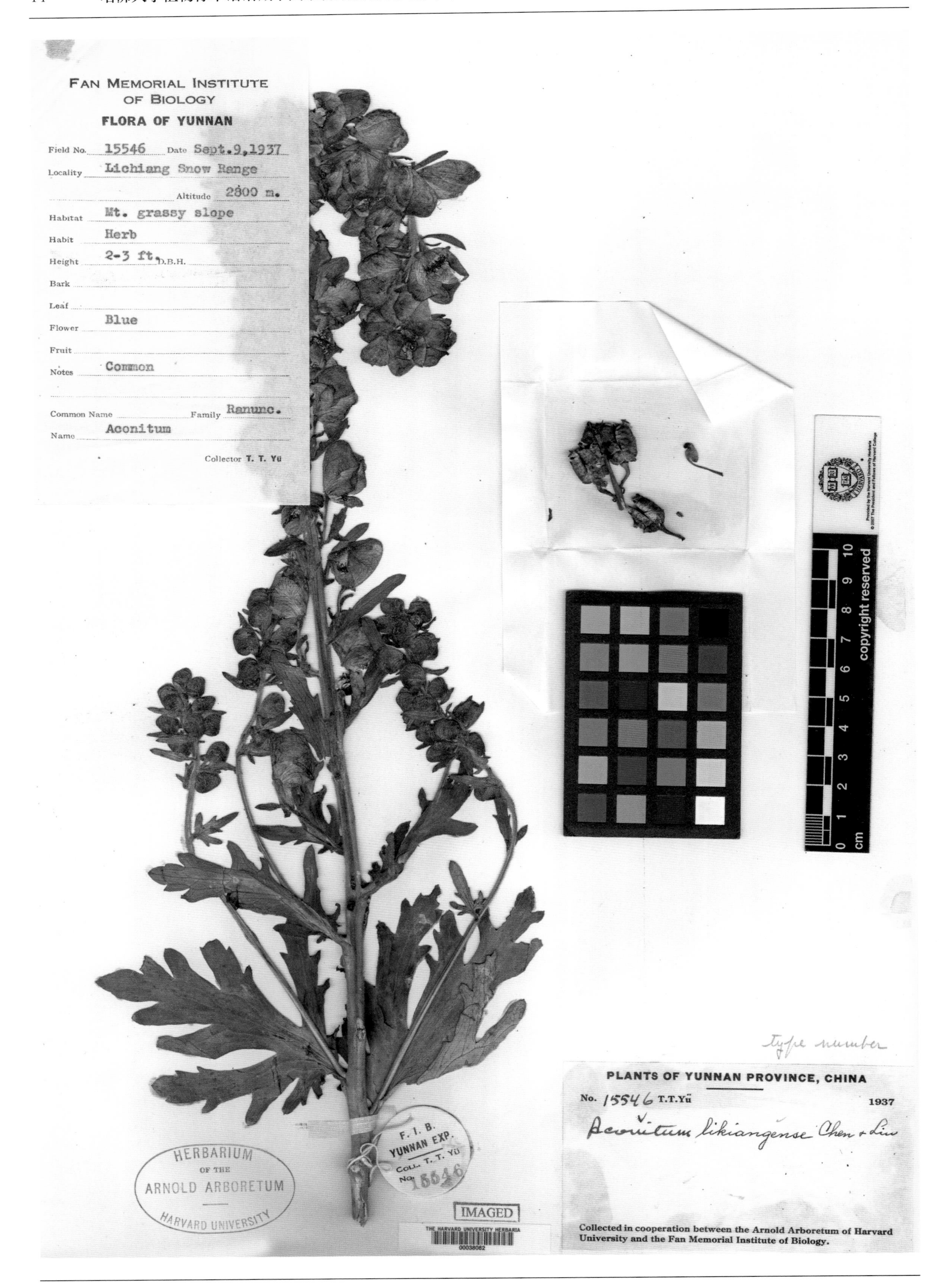
FAN MEMORIAL INSTITUTE
OF BIOLOGY
FLORA OF YUNNAN
Field No. 15546 Date Sept.9,1937
Locality Lichiang Snow Range
Altitude 2800 m.
Habitat Mt. grassy slope
Habit Herb
Height 2-3 ft. D.B.H.
Bark
Leaf
Flower Blue
Fruit
Notes Common
Common Name Family Ranunc.
Name Aconitum
Collector T. T. Yu
copyright reserved
cm 0 1 2 3 4 5 6 7 8 9 10
type number
PLANTS OF YUNNAN PROVINCE, CHINA
No. 15546 T.T.Yü 1937
Aconitum likiangense Chen & Liu
Collected in cooperation between the Arnold Arboretum of Harvard University and the Fan Memorial Institute of Biology.
HERBARIUM
OF THE
ARNOLD ARBORETUM
HARVARD UNIVERSITY
F. I. B.
YUNNAN EXP.
COLL. T. T. YU
No. 15546
IMAGED
THE HARVARD UNIVERSITY HERBARIA
00038082

丽江乌头 ***Aconitum likiangense*** F. H. Chen & Ying H. Liu in Bull. Fan Mem. Inst. Biol., Bot.Ser. 11: 46. 1941. **Isotype:** China. Yunnan: Lijiang, alt. 2 800 m, 1937-09-09, T. T. Yu 15546 (A).

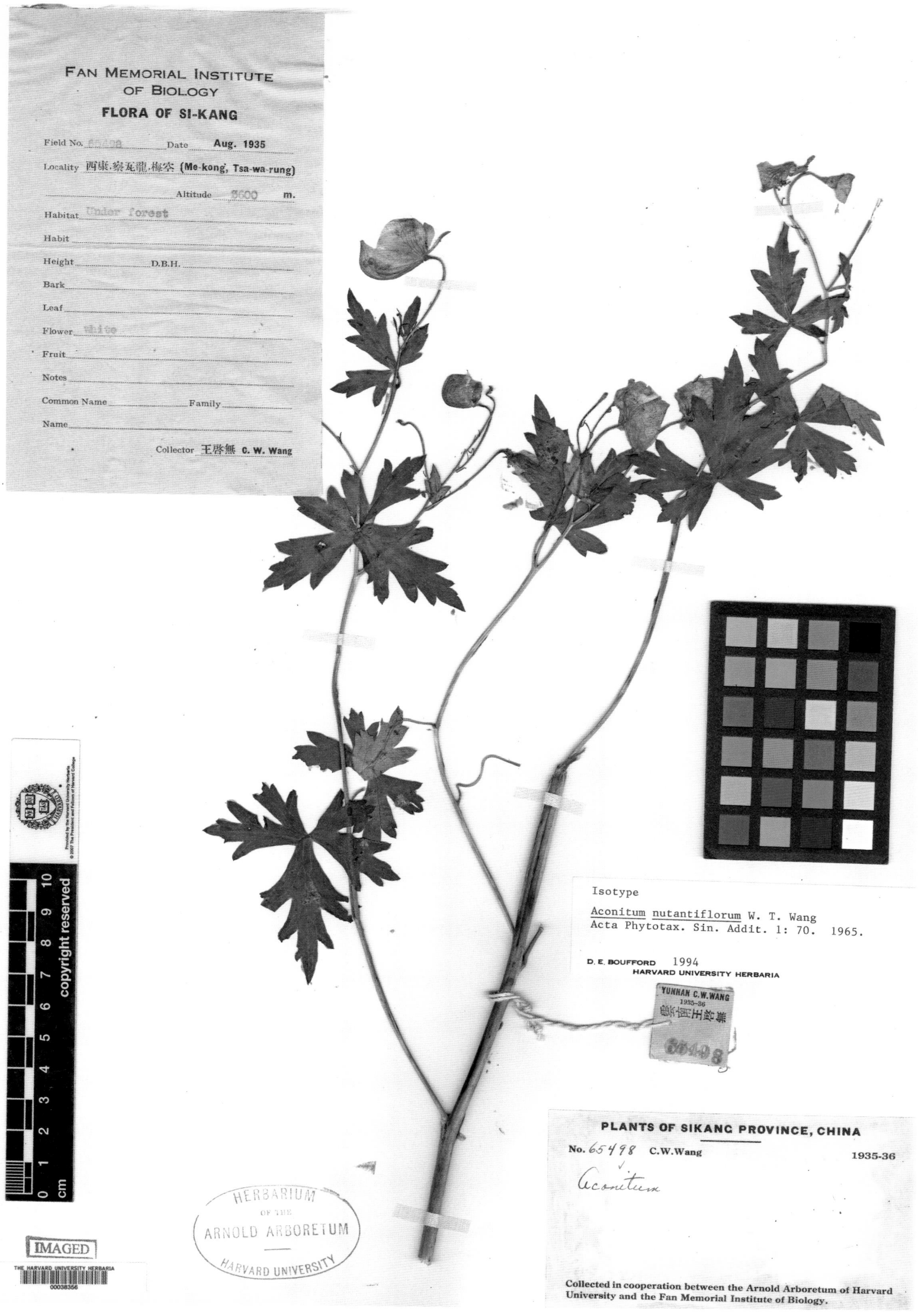

FAN MEMORIAL INSTITUTE
OF BIOLOGY
FLORA OF SI-KANG

Field No. 65498 Date Aug. 1935
Locality 西康.察瓦龍.梅空 (Me-kong, Tsa-wa-rung)
Altitude 3600 m.
Habitat Under forest
Habit
Height D.B.H.
Bark
Leaf
Flower white
Fruit
Notes
Common Name Family
Name
Collector 王啓無 C. W. Wang



Isotype
Aconitum nutantiflorum W. T. Wang
Acta Phytotax. Sin. Addit. 1: 70. 1965.
D. E. BOUFFORD 1994
HARVARD UNIVERSITY HERBARIA

YUNNAN C.W.WANG
1935-36
雲南王啓無
65498

PLANTS OF SIKANG PROVINCE, CHINA
No. 65498 C.W.Wang 1935-36
Aconitum

Collected in cooperation between the Arnold Arboretum of Harvard University and the Fan Memorial Institute of Biology.



垂花乌头 *Aconitum nutantiflorum* Chang ex W. T. Wang in Acta Phytotax. Sin., Addit. 1: 70, pl. 2, f. 6. 1965. **Isotype:** China. Xizang: Zayü, Tsawarung (=Cawarong), alt. 3 600 m, 1935-08-??, C. W. Wang 65498 (A).

Fan Memorial Institute of Biology
FLORA OF YUNNAN
Field No. 58606 Date Sept.14, 1934
Locality Pi-lo-shan, Che-tse-lo
Altitude 4000 m.
Habitat alpine meadow
Habit herb
Height D.B.H.
Bark
Leaf
Flower green
Fruit
Notes
Common Name Family
Name
Collector H. T. Tsai
Material from Packet
copyright reserved
Isotype
Aconitum polycarpum W. T. Wang
Acta Phytotax. Sin. Addit. 1: 64. 1965.
D. E. BOUFFORD 1994
HARVARD UNIVERSITY HERBARIA
THE HARVARD UNIVERSITY HERBARIA
00038356
IMAGED
HERBARIUM
OF THE
ARNOLD ARBORETUM
HARVARD UNIVERSITY
PLANTS OF YUNNAN
No. 58606 H. T. Tsai
Aconitum
Collected for the FAN MEMORIAL INSTITUTE OF BIOLOGY with the cooperation of the ARNOLD ARBORETUM OF HARVARD UNIVERSITY

**多果乌头** ***Aconitum polycarpum*** Chang ex W. T. Wang & P. K. Hsiao in Acta Phytotax. Sin., Addit. 1: 64, pl. 1, f. 2. 1965.

**Isotype:** China. Yunnan: Bijiang, alt. 4 000 m, 1934-09-14, H. T. Tsai 58606 (A).

cm
copyright reserved
ISOTYPUS
PLANTÆ SINENSES
No 4518
Aconitum polyschistum Hand.-Mzt.
Prov. Sze-ch'uan, reg. bor.-occid. Drogochi, in colle fruticoso.
ca. 3200 m. s. m.; 19 25/9 22.
Det. Handel-Mazzetti 1938
leg. HARRY SMITH
Universitas Regia Upsaliensis.
HERBARIUM OF THE ARNOLD ARBORETUM HARVARD UNIVERSITY
IMAGED
THE HARVARD UNIVERSITY HERBARIA
00038085

**多裂乌头** ***Aconitum polyschistum*** Hand.-Mazz in Acta Horti Gothob. 13(4): 100, f. 3. 1939. **Isotype:** China. Sichuan: Barkam, Drogochi, alt. 3 200 m, 1922-09-25, A. H. Smith 4518 (A).

Fan Memorial Institute of Biology
FLORA OF YUNNAN
Field No. 58475 Date Sept.11, 1934
Locality Che-tse-lo
Altitude 3200 m.
Habitat in forest
Habit climbing herb
Height D.B.H.
Bark
Leaf
Flower green
Fruit
Notes
Common Name Family Ranuncul.
Name
Collector H. T. Tsai
cm 0 1 2 3 4 5 6 7 8 9 10
copyright reserved
Isotype
Aconitum refracticarpum W. T. Wang
Acta Phytotax. Sin. Addit. 1: 77. 1965.
D. E. BOUFFORD 1995
HARVARD UNIVERSITY HERBARIA
PLANTS OF YUNNAN
No. 58475 H. T. Tsai
Aconitum
Collected for the FAN MEMORIAL INSTITUTE OF BIOLOGY with the cooperation of the ARNOLD ARBORETUM OF HARVARD UNIVERSITY
Fan. Inst. Biol. YUNNAN EXPEDITION COLLECTOR H. T. TSAI
HERBARIUM OF THE ARNOLD ARBORETUM HARVARD UNIVERSITY
IMAGED
THE HARVARD UNIVERSITY HERBARIA
00038354

弯果乌头 *Aconitum refracticarpum* Chang ex W. T. Wang in Acta Phytotax. Sin., Addit. 1: 77, pl. 3, f. 10. 1965. **Isotype:** China. Yunnan: Bijiang, alt. 3 200 m, 1934-09-11, H. T. Tsai 58475 (A).

cm
copyright reserved
GRAY HERBARIUM
HARVARD
UNIVERSITY
Isotypus!
Aconitum rockii Fletcher et Lauener
Yang Qin-er
HARVARD UNIVERSITY HERBARIA
PLANTAE ROCKIANAE
Expedition of the University of California Botanical Garden to Southwestern China.
Plants of Yunnan
Flowers blue.
Gravelly, rocky moraine slopes.
Alt. 11,500 ft.
Haba shan, north of the Yangtze loop, third peak of Likiang snow range,
Bardar.
Joseph F. Rock, No. 24771
1932
IMAGED
THE HARVARD UNIVERSITY HERBARIA

**拟康定乌头** ***Aconitum rockii*** Fletcher & Lauener in Notes Roy. Bot. Gard. Edinb. 20(100): 185. 1950. **Isotype:** China. Yunnan: Zhongdian (=Shangri-La), alt. 3 508 m, 1932-??-??, J. F. Rock 24771 (GH).

Material from Packet
cm 0 1 2 3 4 5 6 7 8 9 10
copyright reserved
HERBARIUM
OF THE
ARNOLD ARBORETUM
HARVARD UNIVERSITY
ISOTYPUS
PLANTÆ SINENSES
№ 11805
Aconitum sikangense Hand.-Mzt.
Sikang: Taofu (Dawo) distr.: reg. austro-orient.,
in valle ad occid. montis Yara, in prato.
Ca 3700 m. s. m. 1. 9. 1934.
Det. Handel-Mazzetti 1938. leg. HARRY SMITH
Universitas Regia Upsaliensis.
IMAGED
THE HARVARD UNIVERSITY HERBARIA
00038087

**西康乌头** ***Aconitum sikangense*** Hand.-Mazz. in Acta Horti Gothob. 13(4): 105. 1939. **Isotype:** China. Sichuan: Daofu, alt. 3 700 m, 1934-09-01, H. Smith 11805 (A).

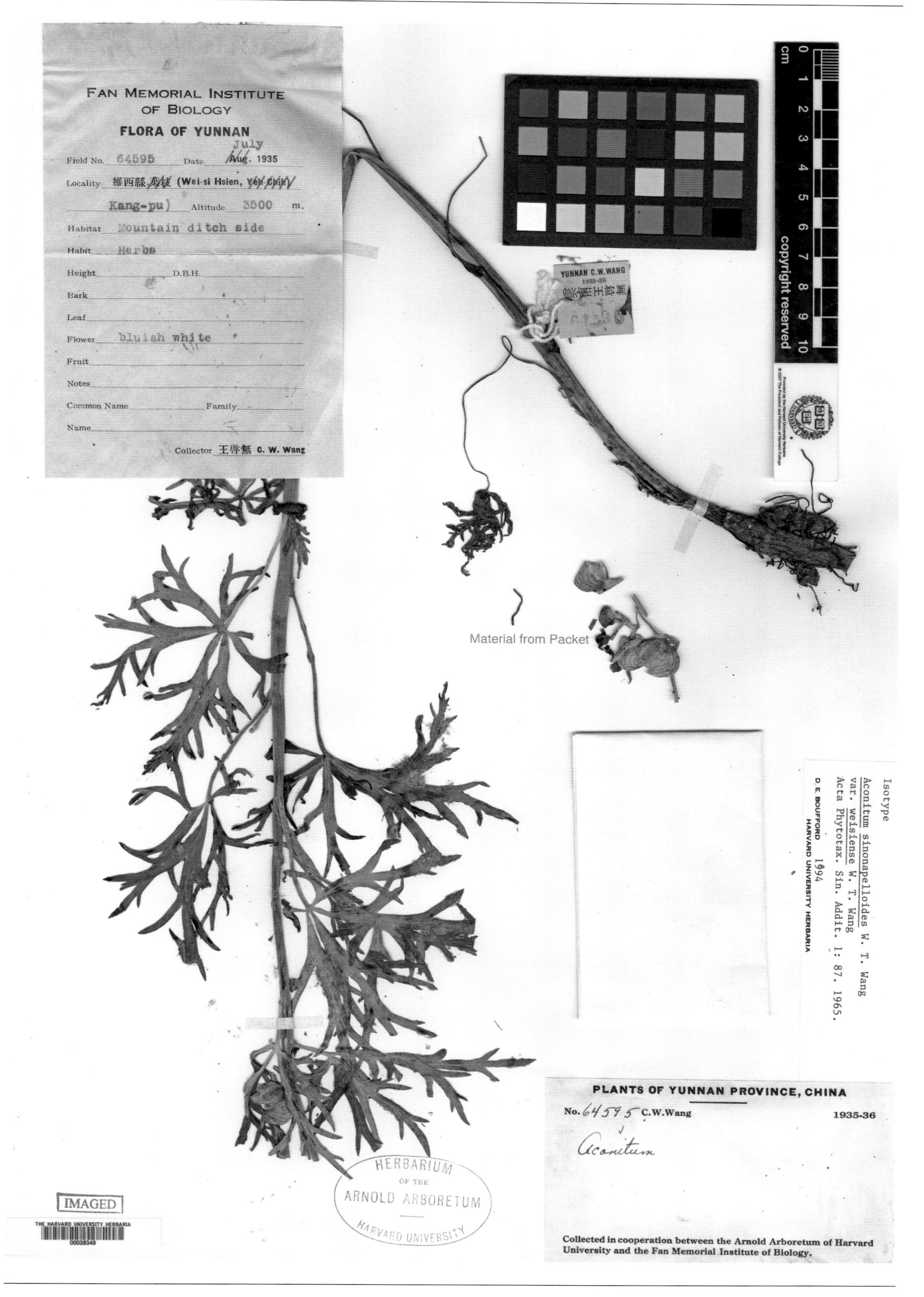
FAN MEMORIAL INSTITUTE
OF BIOLOGY
FLORA OF YUNNAN
Field No. 64595 Date July Aug. 1935
Locality (Wei-si Hsien,
Kang-pu) Altitude 3500 m.
Habitat Mountain ditch side
Habit Herbs
Height D.B.H.
Bark
Leaf
Flower bluish white
Fruit
Notes
Common Name Family
Name
Collector 王啓無 C. W. Wang
cm 0 1 2 3 4 5 6 7 8 9 10
copyright reserved
YUNNAN C.W.WANG
1935-36
Material from Packet
Isotype
Aconitum sinonapelloides W. T. Wang
var. weisiense W. T. Wang
Acta Phytotax. Sin. Addit. 1: 87. 1965.
D. E. BOUFFORD 1994
HARVARD UNIVERSITY HERBARIA
PLANTS OF YUNNAN PROVINCE, CHINA
No. 64595 C.W.Wang 1935-36
Aconitum
Collected in cooperation between the Arnold Arboretum of Harvard University and the Fan Memorial Institute of Biology.
HERBARIUM
OF THE
ARNOLD ARBORETUM
HARVARD UNIVERSITY
IMAGED
THE HARVARD UNIVERSITY HERBARIA
00038349

**维西拟缺刻乌头** ***Aconitum sinonapelloides*** W. T. Wang var. ***weisiense*** W. T. Wang in Acta Phytotax. Sin., Addit. 1: 87. 1965.
**Isotype:** China. Yunnan: Weixi, alt. 3 500 m, 1935-07-??, C.W. Wang 64595 (A).

ISOTYPUS
PLANTÆ SINENSES
№ 7544
Aconitum Smithii Ulbr.
Prov. Shansi.: Chieh-hsiu distr. Pa-shui-ko-shan, in prato alpino. c. 2300 m. s. m.; 24/8 24.
Det. ! Handel-Mazzetti 938
leg. HARRY SMITH
Universitas Regia Upsaliensis.
HERBARIUM OF THE ARNOLD ARBORETUM HARVARD UNIVERSITY
IMAGED
THE HARVARD UNIVERSITY HERBARIA
00038069
cm
copyright reserved

**山西乌头** ***Aconitum smithii*** Ulbr. ex Hand.-Mazz. in Acta Horti Gothob. 13(4): 98. 1939. **Isotype:** China. Shanxi: Jiaocheng, alt. 2 300 m, 1924-08-24, H. Smith 7544 (A).

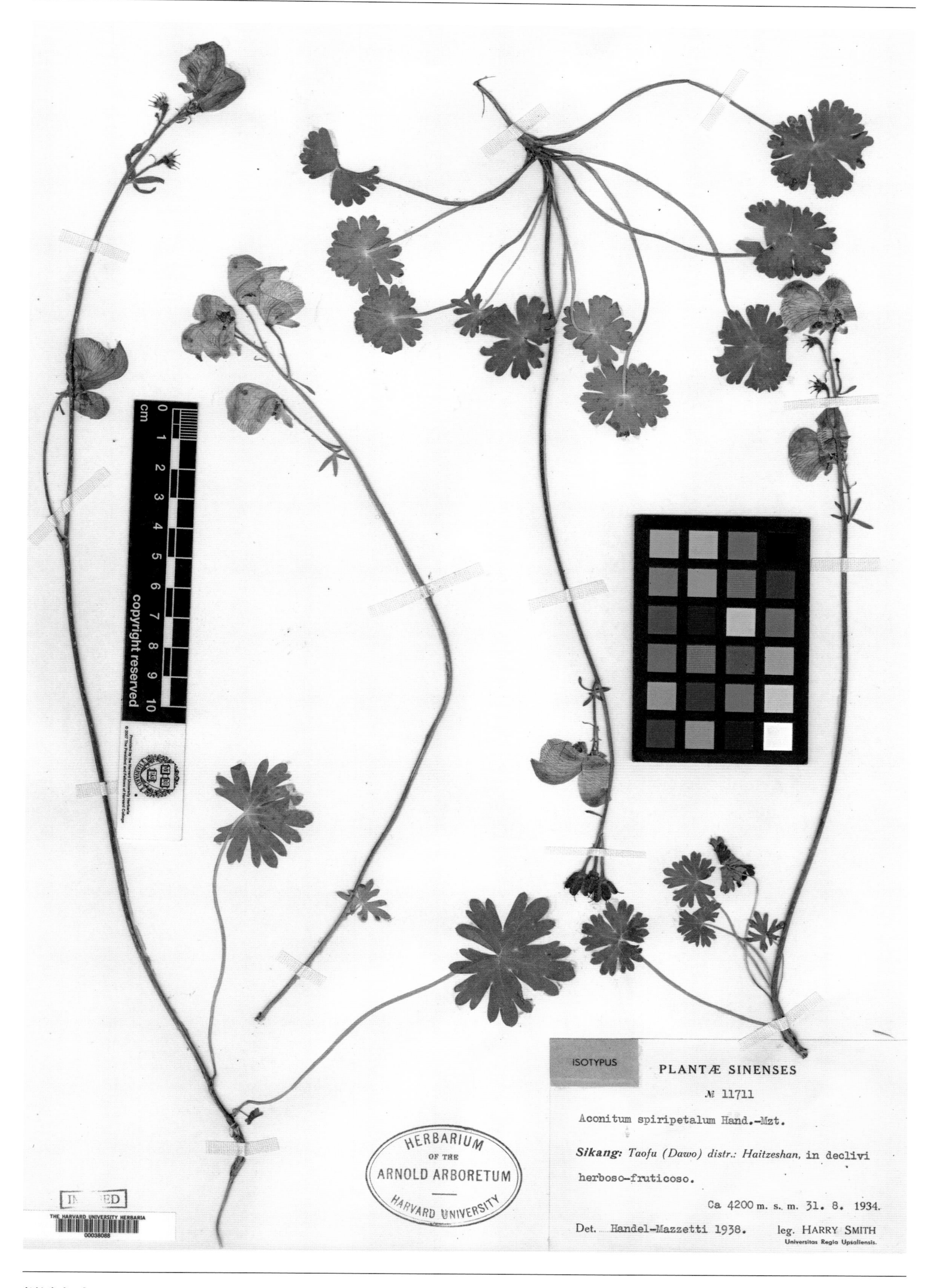
cm 0 1 2 3 4 5 6 7 8 9 10
copyright reserved
ISOTYPUS
PLANTÆ SINENSES
№ 11711
Aconitum spiripetalum Hand.-Mzt.
Sikang: Taofu (Dawo) distr.: Haitzeshan, in declivi
herboso-fruticoso.
Ca 4200 m. s. m. 31. 8. 1934.
Det. Handel-Mazzetti 1938.
leg. HARRY SMITH
Universitas Regia Upsaliensis.
HERBARIUM OF THE ARNOLD ARBORETUM
HARVARD UNIVERSITY
THE HARVARD UNIVERSITY HERBARIA
00038088

**螺瓣乌头** ***Aconitum spiripetalum*** Hand.-Mazz. in Acta Horti Gothob. 13(4): 91. 1939. **Isotype:** China. Sichuan: Daofu, alt. 4 200 m, 1934-08-31, H. Smith 11711 (A).

F. I. B.
YUNNAN EXP.
COLL. T. T. YÜ
IMAGED
THE HARVARD UNIVERSITY HERBARIA
00038357
Isotype
Aconitum stapfianum Handel-Mazzetti
var. pubipes W. T. Wang
Acta Phytotax. Sin. 31: 206. 1993.
D. E. BOUFFORD 1994
HARVARD UNIVERSITY HERBARIA
HERBARIUM
OF THE
ARNOLD ARBORETUM
HARVARD UNIVERSITY
PLANTS OF YUNNAN PROVINCE, CHINA
No. 15555 T.T.Yü
1937
Aconitum Stapfianum Hand.-Mzt.
Collected in cooperation between the Arnold Arboretum of Harvard University and the Fan Memorial Institute of Biology.
cm
copyright reserved

毛盔玉龙乌头 ***Aconitum stapfianum*** Hand.-Mazz. var. ***pubipes*** W. T. Wang in Acta Phytotax. Sin. 31(3): 206. 1993. **Isotype:** China.Yunnan: Lijiang, alt. 2 800 m, 1937-09-09, T. T. Yu 15555 (A).

FAN MEMORIAL INSTITUTE OF BIOLOGY
FLORA OF YUNNAN

Field No. 68601 Date Aug., 1935
Locality 維西縣,葉枝 (Wei-si Hsien, Yeh-Chih)
Altitude 3600 m.
Habitat Mountain slope
Habit Herbs
Height D.B.H.
Bark
Leaf
Flower Grassy yellow
Fruit
Notes frequent
Common Name Family
Name
Collector 王啓無 C. W. Wang

YUNNAN C.W.WANG
1935-36
雲南王啓無採集
68601

Provided by the Harvard University Herbaria
© 2007 The President and Fellows of Harvard College

copyright reserved
cm 0 1 2 3 4 5 6 7 8 9 10

Isotype
Aconitum stramineiflorum W. T. Wang
Acta Phytotax. Sin. Addit. 1: 70. 1965.

D. E. BOUFFORD 1994
HARVARD UNIVERSITY HERBARIA

PLANTS OF YUNNAN PROVINCE, CHINA
No. 68601 C.W.Wang 1935-36
Aconitum

HERBARIUM OF THE ARNOLD ARBORETUM HARVARD UNIVERSITY

IMAGED

THE HARVARD UNIVERSITY HERBARIA
00038355

Collected in cooperation between the Arnold Arboretum of Harvard University and the Fan Memorial Institute of Biology.

草黄花乌头 ***Aconitum stramineiflorum*** Chang ex W. T. Wang & P. K. Hsiao in Acta Phytotax. Sin., Addit. 1: 70. 1965.

**Isotype:** China. Yunnan: Weixi, alt. 3 600 m, 1935-08-??, C. W. Wang 68601 (A).

copyright reserved
cm
0 1 2 3 4 5 6 7 8 9 10
ISOTYPUS
PLANTÆ SINENSES
№ 3817
Aconitum tanguticum (Max.) Stapf var. trichocarpum Hand.-Mzt.
Prov. Sze-ch'uan: reg. bor.: Dongrergo, in prato alpino
ca. 4300 m. s. m.; 19 20/7 22.
Det. Handel-Mazzetti 1938
leg. HARRY SMITH
HERBARIUM OF THE ARNOLD ARBORETUM HARVARD UNIVERSITY
IMAGED
THE HARVARD UNIVERSITY HERBARIA
00038090

**毛果甘青乌头** ***Aconitum tanguticum*** (Maxim.) Stapf var. ***trichocarpum*** Hand.-Mazz. in Acta Horti Gothob. 13(4): 91. 1939.

**Isotype:** China. Sichuan: Songpan, alt. 4 300 m, 1922-07-20, H. Smith 3817 (A).

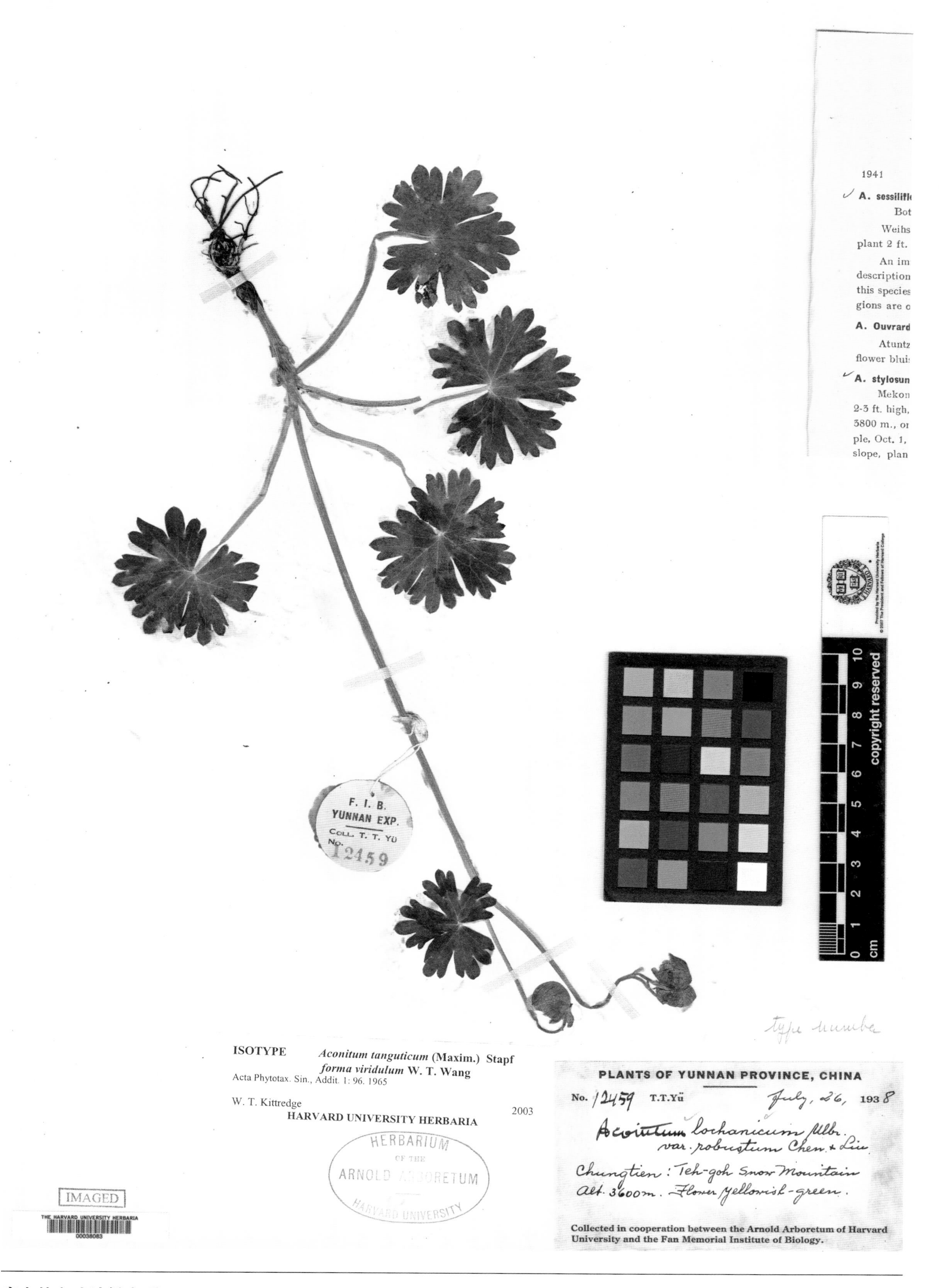
ISOTYPE Aconitum tanguticum (Maxim.) Stapf
forma viridulum W. T. Wang
Acta Phytotax. Sin., Addit. 1: 96. 1965
W. T. Kittredge 2003
HARVARD UNIVERSITY HERBARIA
PLANTS OF YUNNAN PROVINCE, CHINA
No. 12459 T.T.Yü July, 26, 1938
Aconitum lochanicum Ulbr.
var. robustum Chen & Liu
Chungtien: Teh-goh Snow Mountain
alt. 3600m. Flower yellowish-green.
Collected in cooperation between the Arnold Arboretum of Harvard University and the Fan Memorial Institute of Biology.
F. I. B.
YUNNAN EXP.
COLL. T. T. YU
No. 12459
HERBARIUM OF THE ARNOLD ARBORETUM HARVARD UNIVERSITY
IMAGED
copyright reserved

**唐古特乌头淡绿变型** ***Aconitum tanguticum*** (Maxim.) Stapf. f. ***viridulum*** W. T. Wang in Acta Phytotax. Sin., Addit. 1: 96. 1965. **Isotype:** China. Yunnan: Chungtien (=Shangri-La), alt. 3 600 m, 1938-07-26, T. T. Yu 12459 (A).

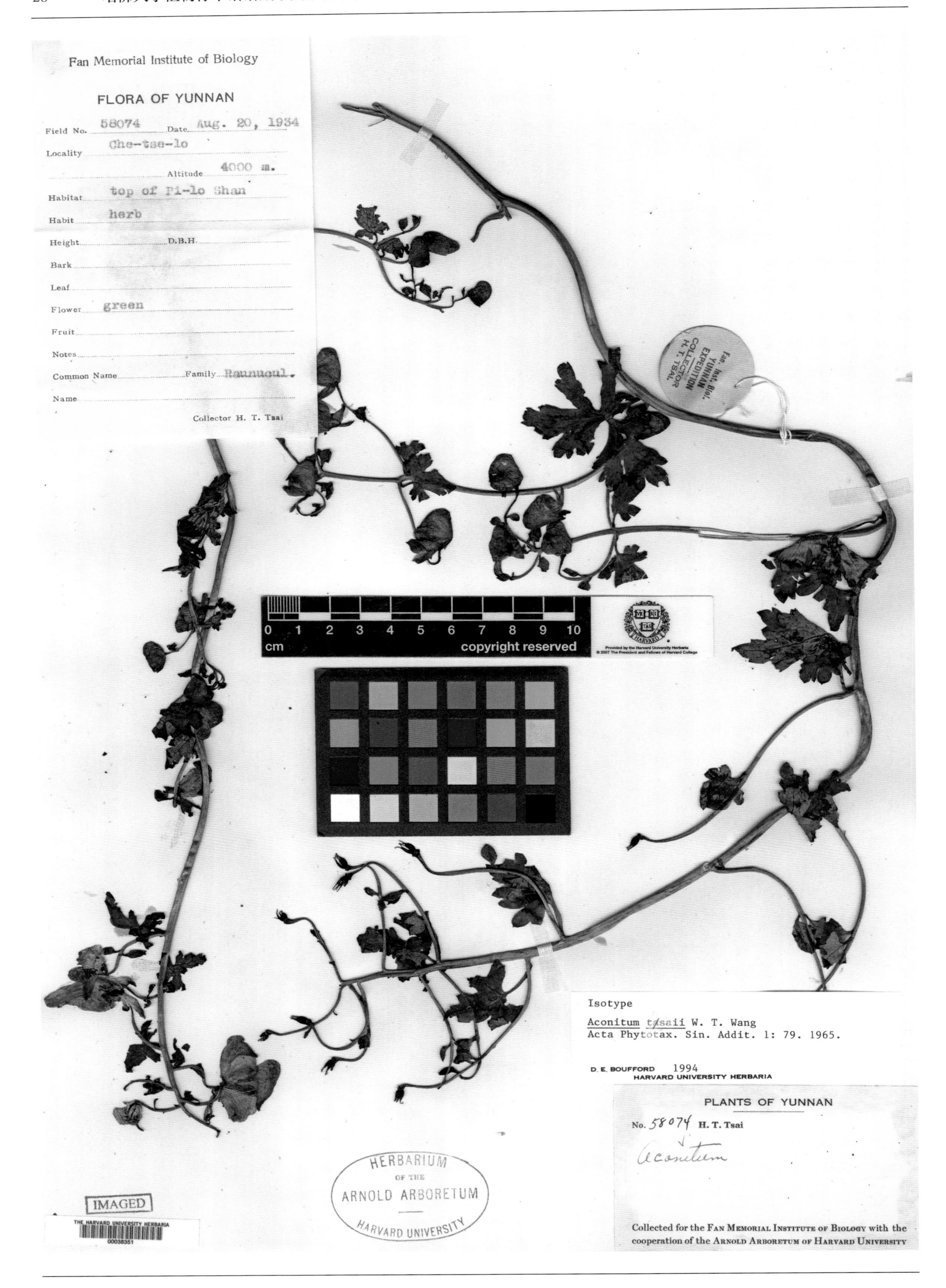
Fan Memorial Institute of Biology
FLORA OF YUNNAN
Field No. 58074 Date Aug. 20, 1934
Locality Che-tse-lo
Altitude 4000 m.
Habitat top of Pi-lo Shan
Habit herb
Height D.B.H.
Bark
Leaf
Flower green
Fruit
Notes
Common Name Family Ranuncul.
Name
Collector H. T. Tsai
Fan. Inst. Biol. YUNNAN EXPEDITION COLLECTOR H. T. TSAI
0 1 2 3 4 5 6 7 8 9 10
cm
copyright reserved
Isotype
Aconitum tsaii W. T. Wang
Acta Phytotax. Sin. Addit. 1: 79. 1965.
D. E. BOUFFORD 1994
HARVARD UNIVERSITY HERBARIA
PLANTS OF YUNNAN
No. 58074 H. T. Tsai
Aconitum
HERBARIUM OF THE ARNOLD ARBORETUM HARVARD UNIVERSITY
IMAGED
THE HARVARD UNIVERSITY HERBARIA
00038351
Collected for the Fan Memorial Institute of Biology with the cooperation of the Arnold Arboretum of Harvard University

**蔡氏乌头** ***Aconitum tsaii*** W. T. Wang in Acta Phytotax. Sin., Addit. 1: 79, pl. 4, f. 13. 1965. **Isotype:** China. Yunnan: Bijiang , alt. 4 000 m, 1934-08-20, H. T. Tsai 58074 (A).

Fan Memorial Institute of Biology
FLORA OF YUNNAN
Field No. 58591 Date Sept.14, 1934
Locality Pi-lo-shan, Che-tse-lo
Altitude 4000 m.
Habitat alpine meadow
Habit herb
Height D.B.H.
Bark
Leaf
Flower green
Fruit
Notes
Common Name Family Ranuncul.
Name
Collector H. T. Tsai
cm 0 1 2 3 4 5 6 7 8 9 10
copyright reserved
Material from Packet
Isotype
Aconitum tsaii W. T. Wang
forma geniculatum W. T. Wang
Acta Phytotax. Sin. Addit. 1: 79. 1965.
D. E. BOUFFORD 1994
HARVARD UNIVERSITY HERBARIA
PLANTS OF YUNNAN
No. 58591 H. T. Tsai
Aconitum
Collected for the FAN MEMORIAL INSTITUTE OF BIOLOGY with the cooperation of the ARNOLD ARBORETUM OF HARVARD UNIVERSITY
HERBARIUM OF THE ARNOLD ARBORETUM HARVARD UNIVERSITY
IMAGED
THE HARVARD UNIVERSITY HERBARIA
00038352

膝瓣蔡氏乌头 ***Aconitum tsaii*** W. T. Wang f. ***geniculatum*** W. T. Wang in Acta Phytotax. Sin., Addit. 1: 79, pl. 4, f. 13. 1965.

**Isotype:** China. Yunnan: Bijiang, alt. 4 000 m, 1934-09-14, H. T. Tsai 58591 (A).

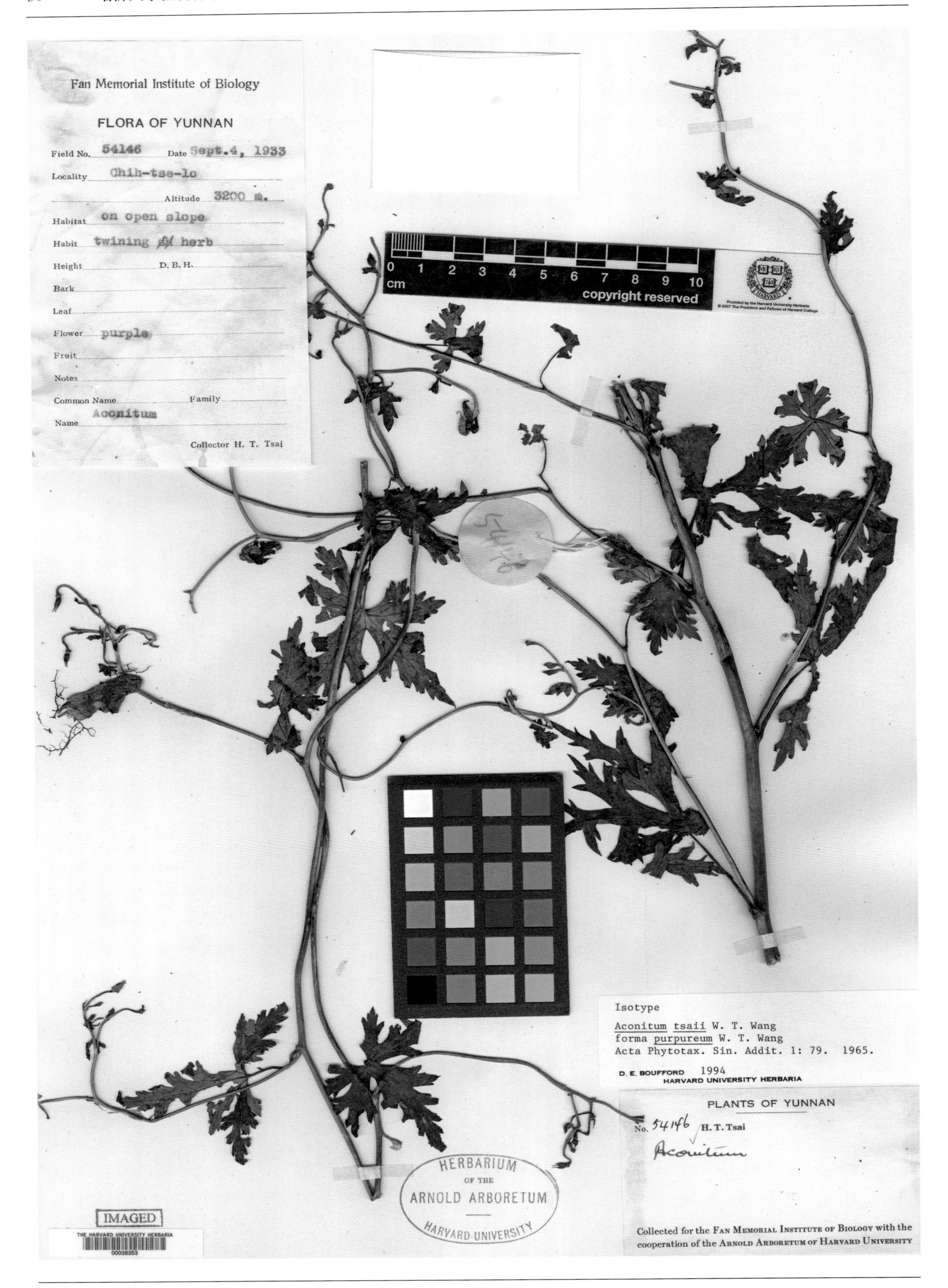
Fan Memorial Institute of Biology
FLORA OF YUNNAN
Field No. 54146 Date Sept.4, 1933
Locality Chih-tse-lo
Altitude 3200 m.
Habitat on open slope
Habit twining herb
Height D. B. H.
Bark
Leaf
Flower purple
Fruit
Notes
Common Name Family
Name Aconitum
Collector H. T. Tsai
0 1 2 3 4 5 6 7 8 9 10
cm
copyright reserved
Isotype
Aconitum tsaii W. T. Wang
forma purpureum W. T. Wang
Acta Phytotax. Sin. Addit. 1: 79. 1965.
D. E. BOUFFORD 1994
HARVARD UNIVERSITY HERBARIA
PLANTS OF YUNNAN
No. 54146 H. T. Tsai
Aconitum
HERBARIUM
OF THE
ARNOLD ARBORETUM
HARVARD UNIVERSITY
IMAGED
THE HARVARD UNIVERSITY HERBARIA
00038353
Collected for the FAN MEMORIAL INSTITUTE OF BIOLOGY with the cooperation of the ARNOLD ARBORETUM OF HARVARD UNIVERSITY

**蔡氏乌头紫花变型** ***Aconitum tsaii*** W. T. Wang f. ***purpureum*** W. T. Wang in Acta Phytotax. Sin., Addit. 1: 79. 1965. **Isotype:** China. Yunnan: Bijiang, alt. 3 200 m, 1933-09-04, H. T. Tsai 54146 (A).

Arnold Arboretum
Expedition to China. 1907-09.
Western Szechuan.
No. 1033
Aconitum albo-violaceum Kom.?
Coll. E. H. Wilson
Det. A. N. S.
GRAY HERBARIUM
HARVARD
UNIVERSITY
IsoType Specimen
Det. L. A. Lauener
copyright reserved
THE HARVARD UNIVERSITY HERBARIA
00038086

黄花乌头 ***Aconitum vaginatum*** Pritz. var. ***xanthanthum*** Hand.-Mazz. in Acta Horti Gothob. 13(4): 77. 1939. **Isotype:** China. Sichuan: Wenchuan, E. H. Wilson 1033 (GH).

FAN MEMORIAL INSTITUTE
OF BIOLOGY
FLORA OF YUNNAN
Field No. 11299
Date Aug. 17th. 1947
Locality
Altitude 2300m.
Habitat in mixed forests
Habit herb
Height 2 ft.
D.B.H.
Bark
Leaf
Flower white
Fruit
Notes rare
Common Name
Family
Name
Collector K. M. Feng
copyright reserved
cm
CHINA: southeastern Yunnan
K. M. Feng, no. 11299
1947
Anemone
ISOTYPE
Anemone begoniifolioides W. T. Wang
Acta Phytotaxonmica Sinica 12 (2): 168.
Susan L. Kelley
June 2004
HARVARD UNIVERSITY HERBARIA
HERBARIUM
OF THE
ARNOLD ARBORETUM
HARVARD UNIVERSITY
THE HARVARD UNIVERSITY HERBARIA
00146920

**拟卵叶银莲花** ***Anemone begoniifolioides*** W. T. Wang in Acta Phytotax. Sin. 12(2): 168, pl. 46, f. 4. 1974. **Isotype:** China. Yunnan: Wenshan, alt. 2 300 m, 1947-08-17, K. M. Feng 11299 (A).

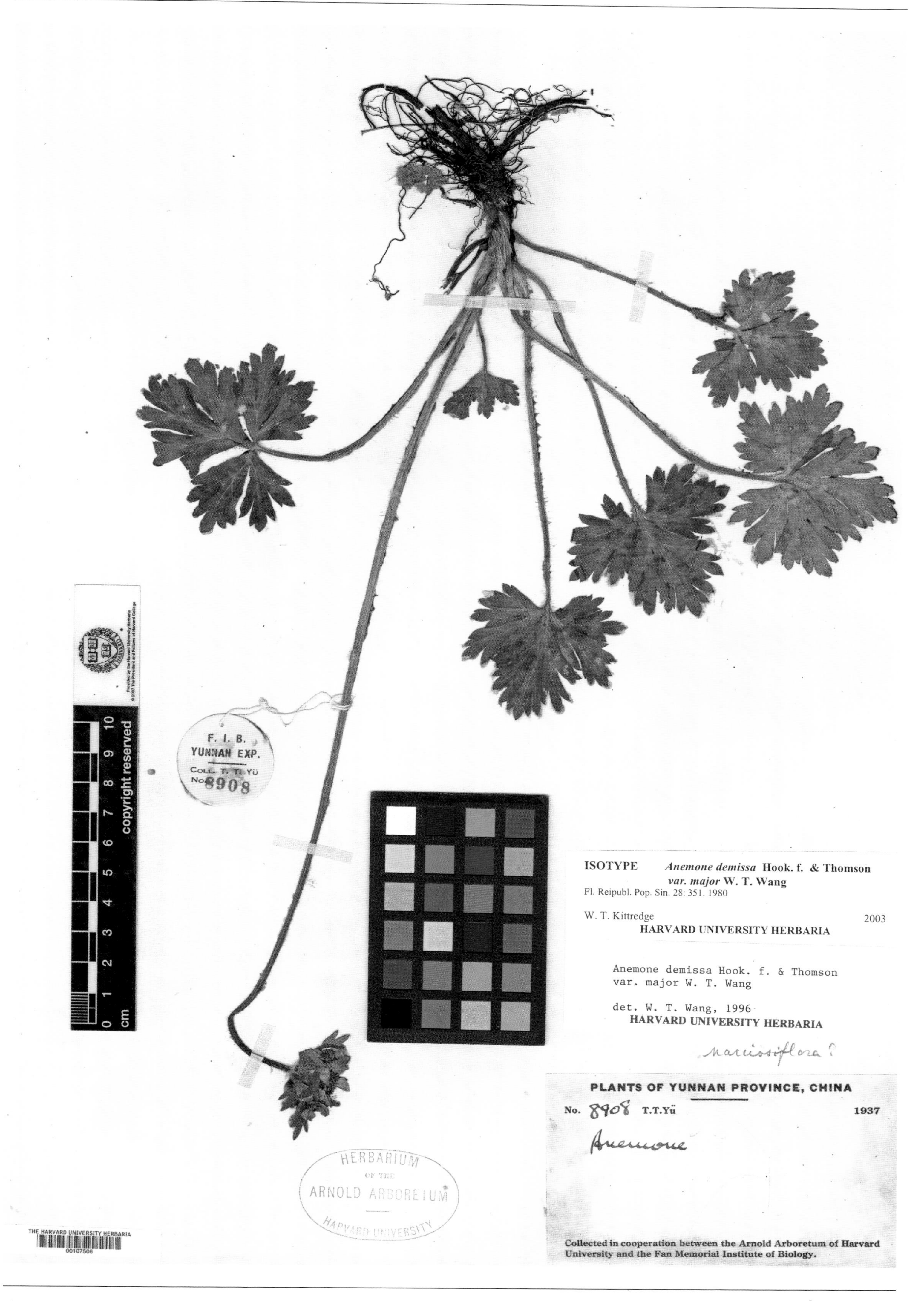
F. I. B.
YUNNAN EXP.
COLL. T. T. YÜ
No. 8908
copyright reserved
cm
ISOTYPE Anemone demissa Hook. f. & Thomson var. major W. T. Wang
Fl. Reipubl. Pop. Sin. 28: 351. 1980
W. T. Kittredge 2003
HARVARD UNIVERSITY HERBARIA
Anemone demissa Hook. f. & Thomson
var. major W. T. Wang
det. W. T. Wang, 1996
HARVARD UNIVERSITY HERBARIA
PLANTS OF YUNNAN PROVINCE, CHINA
No. 8908 T.T.Yü 1937
Anemone
Collected in cooperation between the Arnold Arboretum of Harvard University and the Fan Memorial Institute of Biology.
HERBARIUM OF THE ARNOLD ARBORETUM HARVARD UNIVERSITY
THE HARVARD UNIVERSITY HERBARIA
00107506

**宽叶展毛银莲花** ***Anemone demissa*** Hook. f. & Thoms. var. ***major*** W. T. Wang, Fl. Reip. Popul. Sin. 28: 51, 351 (Add.), pl. 13, f. 4–7. 1980. **Isotype:** China. Yunnan: Weixi, alt. 4 000 m, 1937-07-11, T. T. Yu 8908 (A).

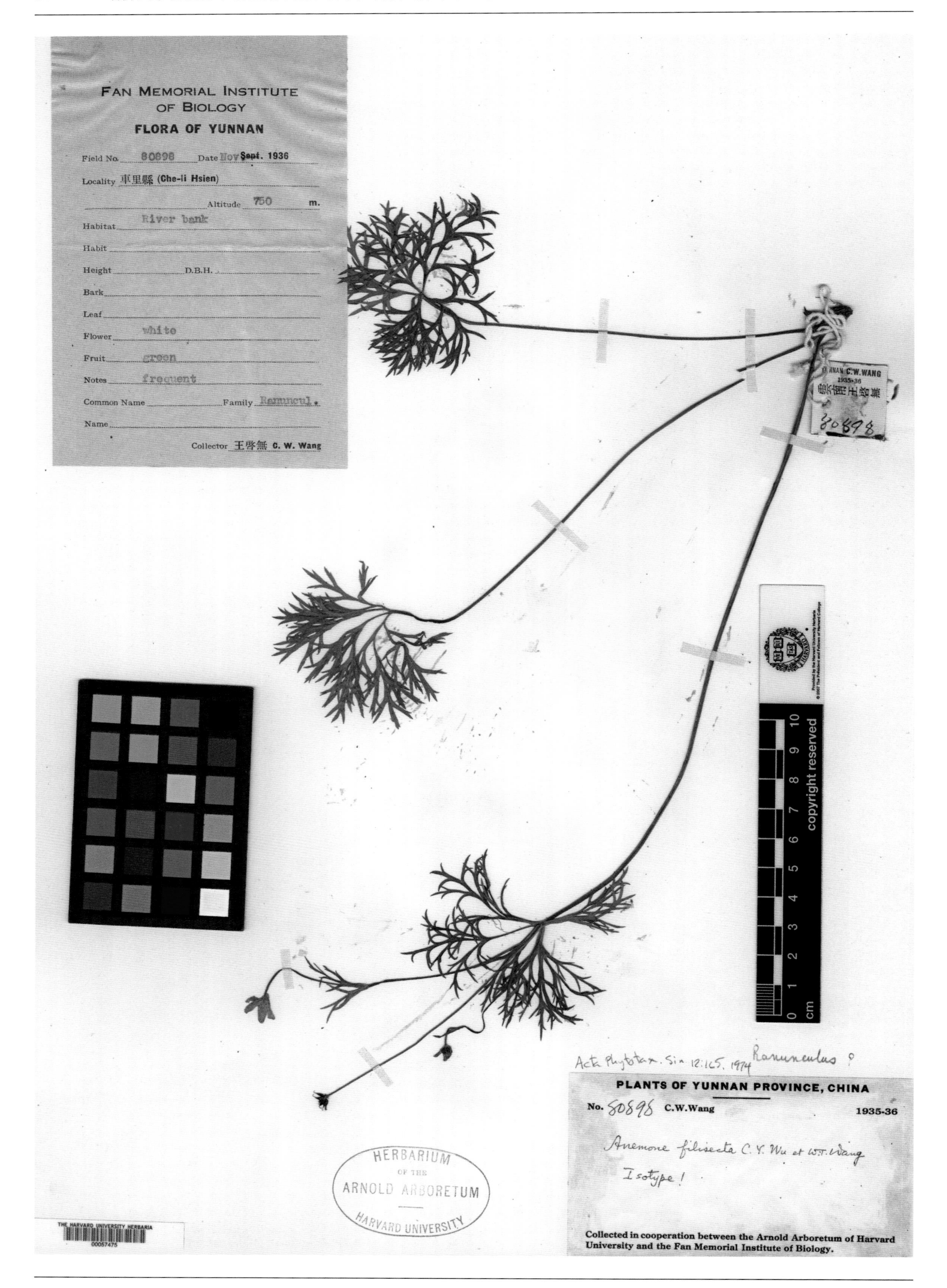
FAN MEMORIAL INSTITUTE
OF BIOLOGY
FLORA OF YUNNAN
Field No. 80898 Date Nov Sept. 1936
Locality 車里縣 (Che-li Hsien)
Altitude 750 m.
Habitat River bank
Habit
Height D.B.H.
Bark
Leaf
Flower white
Fruit green
Notes frequent
Common Name Family Ranuncul.
Name
Collector 王啓無 C. W. Wang
YUNNAN C.W.WANG
1935-36
80898
copyright reserved
Acta Phytotax. Sin. 12:165. 1974
Ranunculus ?
PLANTS OF YUNNAN PROVINCE, CHINA
No. 80898 C.W.Wang 1935-36
Anemone filisecta C. Y. Wu et W.T. Wang
Isotype!
Collected in cooperation between the Arnold Arboretum of Harvard University and the Fan Memorial Institute of Biology.
HERBARIUM OF THE ARNOLD ARBORETUM HARVARD UNIVERSITY
THE HARVARD UNIVERSITY HERBARIA
00057475

**细裂银莲花** ***Anemone filisecta*** C. Y. Wu & W. T. Wang ex W. T. Wang in Acta Phytotax. Sin. 12(2): 165, pl. 41, f. 9–13. 1974.
**Isotype:** China. Yunnan: Jinghong, alt. 750 m, 1936-11-??, C. W. Wang 80898 (A).

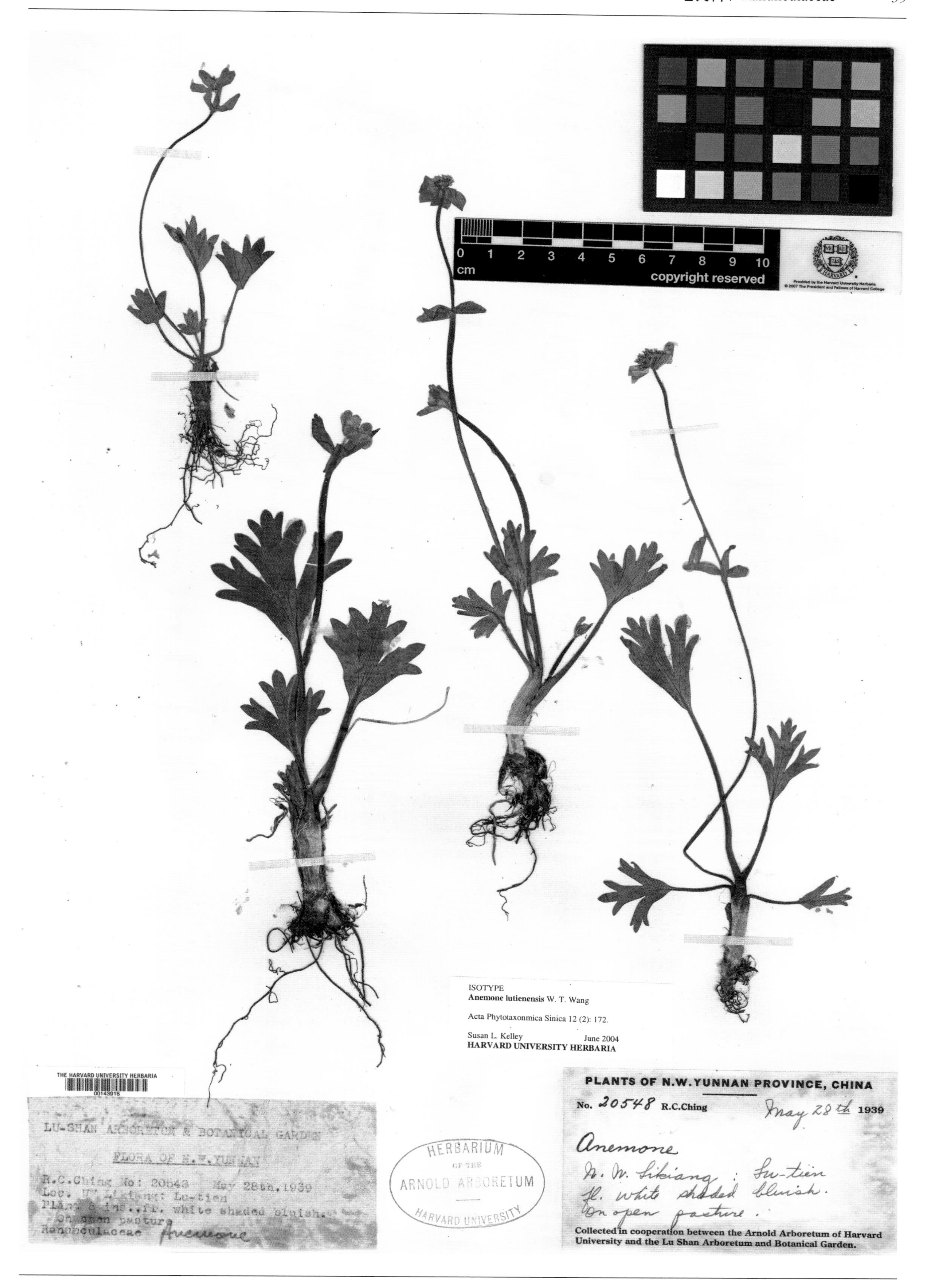
0 1 2 3 4 5 6 7 8 9 10
cm
copyright reserved
ISOTYPE
Anemone lutienensis W. T. Wang
Acta Phytotaxonmica Sinica 12 (2): 172.
Susan L. Kelley
June 2004
HARVARD UNIVERSITY HERBARIA
THE HARVARD UNIVERSITY HERBARIA
00143916
LU-SHAN ARBORETUM & BOTANICAL GARDEN
FLORA OF N.W.YUNNAN
R.C.Ching No: 20548 May 28th.1939
Ranunculaceae
HERBARIUM
OF THE
ARNOLD ARBORETUM
HARVARD UNIVERSITY
PLANTS OF N.W.YUNNAN PROVINCE, CHINA
No. 20548 R.C.Ching May 28th 1939
Anemone
N. W. Likiang : Lu-tien
fl. white shaded bluish.
On open pasture.
Collected in cooperation between the Arnold Arboretum of Harvard University and the Lu Shan Arboretum and Botanical Garden.

**鲁甸银莲花** ***Anemone lutienensis*** W. T. Wang in Acta Phytotax. Sin. 12(2): 172, pl. 43, f. 12–14. 1974. **Isotype:** China. Yunnan: Lijiang, Ludian, 1939-05-28, R. C. Ching 20548 (A).

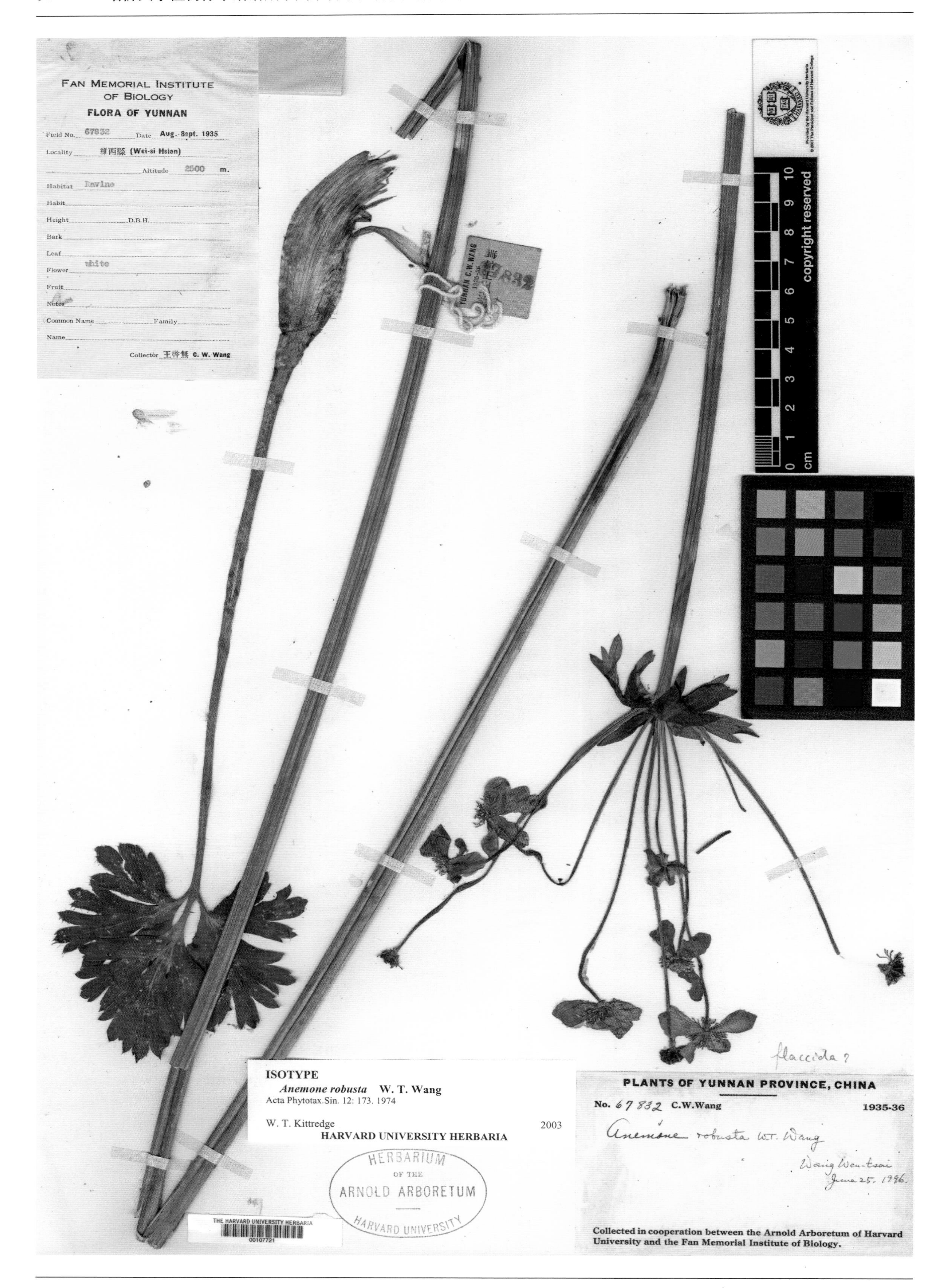
FAN MEMORIAL INSTITUTE OF BIOLOGY
FLORA OF YUNNAN
Field No. 67832 Date Aug.-Sept. 1935
Locality 維西縣 (Wei-si Hsien)
Altitude 2500 m.
Habitat Ravine
Flower white
Collector 王啓無 C. W. Wang
copyright reserved
ISOTYPE
Anemone robusta W. T. Wang
Acta Phytotax.Sin. 12: 173. 1974
W. T. Kittredge 2003
HARVARD UNIVERSITY HERBARIA
HERBARIUM OF THE ARNOLD ARBORETUM HARVARD UNIVERSITY
THE HARVARD UNIVERSITY HERBARIA
00107721
PLANTS OF YUNNAN PROVINCE, CHINA
No. 67832 C.W.Wang 1935-36
Collected in cooperation between the Arnold Arboretum of Harvard University and the Fan Memorial Institute of Biology.

**粗壮银莲花** ***Anemone robusta*** W. T. Wang in Acta Phytotax. Sin. 12(2): 174. 1974. **Isotype:** China. Yunnan: Weixi, alt. 2 500 m, 1935-(08~09)-??, C. W. Wang 67832 (A).

GRAY HERBARIUM
HARVARD
UNIVERSITY
copyright reserved
cm 0 1 2 3 4 5 6 7 8 9 10
ARNOLD ARBORETUM, HARVARD UNIVERSITY
EXPEDITION TO NORTHWESTERN CHINA AND NORTHEASTERN TIBET, 1924-27
SOUTHWESTERN KANSU
Anemone Rockii Ulbrich, n. sp.
Upper Tebbu country: southern slopes of Minshan; south of Shimen in crevices of limestone cliffs, along streams. Alt. 10500 ft. Fls. white. Cushion plants
No. 12520
Coll. J. F. Rock.
June, 1925.
12520
THE HARVARD UNIVERSITY HERBARIA
00038102

**岷山银莲花** ***Anemone rockii*** Ulbr. in Notizbl. Bot. Gart. Berlin. 10: 876. 1929. **Isolectotype:** [designated by LIN Qi in Type Specimens in China National Herbarium (PE) 8: 178.]: China. Gansu: Min Shan, alt. 3 233 m, 1925-06-??, J. F. Rock 12520 (GH).

Provided by the Harvard University Herbaria
© 2007 The President and Fellows of Harvard College
copyright reserved
0 1 2 3 4 5 6 7 8 9 10
cm
F. I. B.
YUNNAN EXP.
No. 5756
ISOTYPE
Anemone subindivisa W. T. Wang
Acta Phytotaxonmica Sinica 12 (2): 173.
S. L. Kelley June 2004
HARVARD UNIVERSITY HERBARIA
PLANTS OF YUNNAN PROVINCE, CHINA
No. 5756 T.T.Yü 193
Anemone
Collected in cooperation between the Arnold Arboretum of Harvard University and the Fan Memorial Institute of Biology.
HERBARIUM
OF THE
ARNOLD ARBORETUM
HARVARD UNIVERSITY
THE HARVARD UNIVERSITY HERBARIA
00143913

**微裂银莲花** ***Anemone subindivisa*** W. T. Wang in Acta Phytotax. Sin. 12(2): 173, pl. 44, f. 4–6. 1974. **Isotype:** China. Sichuan: Muli, alt. 3 700 m, 1937-05-26, T. T. Yu 5756 (A).

0 1 2 3 4 5 6 7 8 9 10
cm
copyright reserved
F. I. B.
YUNNAN EXP.
COLL. T. T. YÜ
No. 6513
ISOTYPE
Anemone subpinnata W. T. Wang
Acta Phytotaxonmica Sinica 12 (2): 170.
S. L. Kelley June 2004
HARVARD UNIVERSITY HERBARIA
PLANTS OF YUNNAN PROVINCE, CHINA
No. 6513 T.T.Yü 193
Anemone
Collected in cooperation between the Arnold Arboretum of Harvard University and the Fan Memorial Institute of Biology.
HERBARIUM
OF THE
ARNOLD ARBORETUM
HARVARD UNIVERSITY
THE HARVARD UNIVERSITY HERBARIA

**近羽裂银莲花** ***Anemone subpinnata*** W. T. Wang in Acta Phytotax. Sin. 12(2): 170, pl. 44, f. 7–9. 1974. **Isotype:** China. Sichuan: Muli, alt. 3 750 m, 1937-06-21, T. T. Yu 6513 (A).

BOTANICAL & FORESTRY
DEPARTMENT, HONGKONG.
HERBARIUM NUMBER.
364
SZECHUEN
copyright reserved
ISOTYPE
ANEMONE WILSONI Hemsl.
Bull. Misc. Inf. Kew 1906: 149
Western Szechuan
DET. RICHARD A. HOWARD 1980
Anemone (Euanemone) Wilsoni, Hemsl.
COLL. E. H. WILSON,
(FOR JAMES VEITCH & SONS).
WESTERN CHINA.
No. 3038.
HERBARIUM OF THE ARNOLD ARBORETUM HARVARD UNIVERSITY
THE HARVARD UNIVERSITY HERBARIA
00038103

**威尔逊银莲花** ***Anemone wilsoni*** Hemsl. in Bull. Misc. Inform. Kew 1906(5): 149. 1906. **Isotype:** China. Sichuan: Western Sichuan, Precise locality now known, alt. 2 135~2 745 m, 1904-05-??, E. H. Wilson 3038 (A).

cm
0 1 2 3 4 5 6 7 8 9 10
copyright reserved
Ranunculus
ISOTYPUS
PLANTÆ SINENSES
№ 4236
Batrachium flavidum
Prov. Sze-ch'uan
m. s. m.; 19 1/9 22.
Det.
leg. HARRY SMITH
HERBARIUM OF THE ARNOLD ARBORETUM HARVARD UNIVERSITY
THE HARVARD UNIVERSITY HERBARIA
00038476

**黄花水毛茛** ***Batrachium flavidum*** Hand.-Mazz. in Acta Horti Gothob. 13(4): 168. 1939. **Isotype:** China. Sichuan: Songpan, alt. 3 400 m, 1922-09-01, H. Smith 4236 (A).

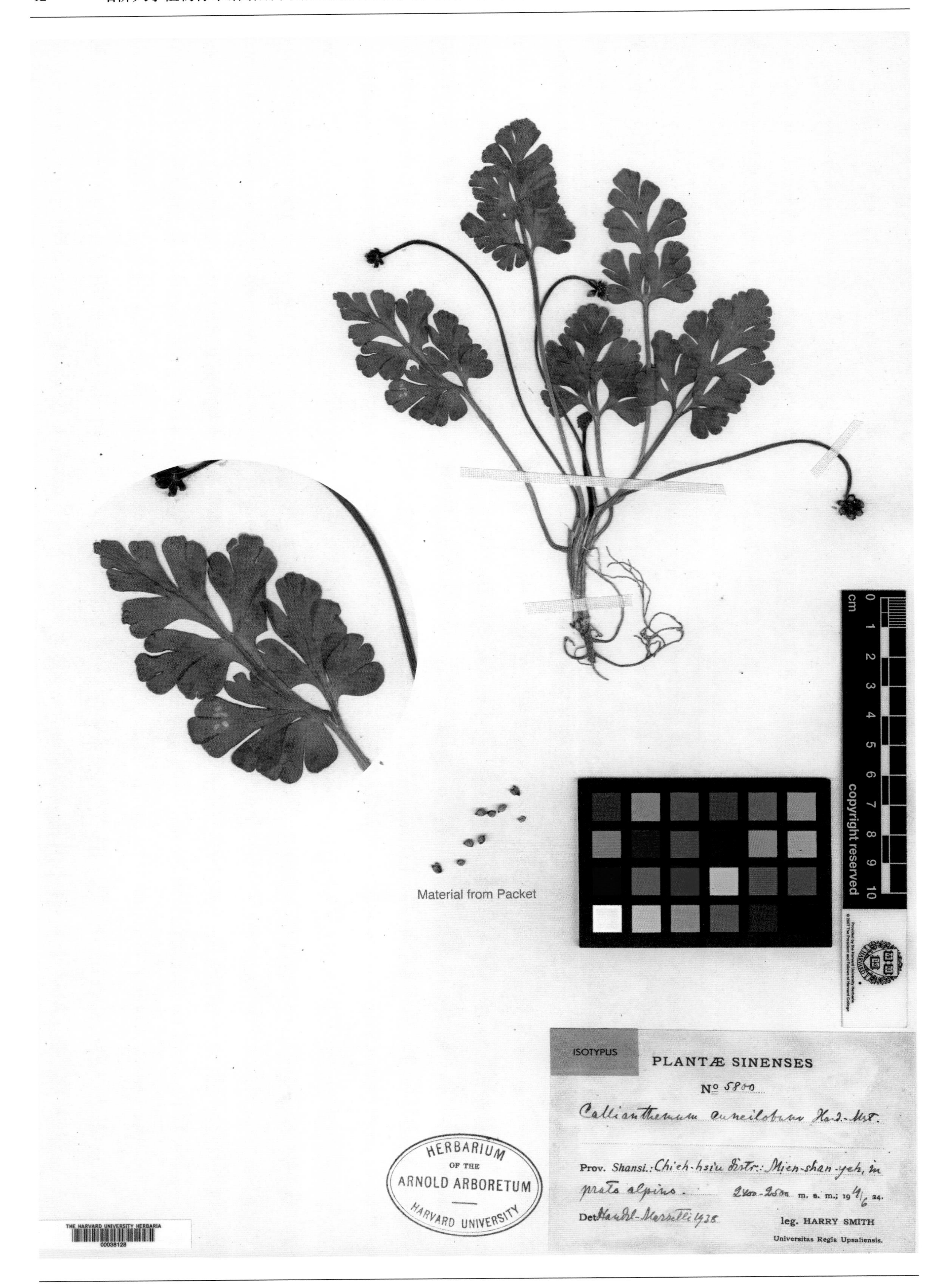

Material from Packet
cm
copyright reserved
ISOTYPUS
PLANTÆ SINENSES
No 5800
Prov. Shansi.:
m. s. m.; 19
leg. HARRY SMITH
Universitas Regia Upsaliensis.
HERBARIUM OF THE ARNOLD ARBORETUM HARVARD UNIVERSITY
THE HARVARD UNIVERSITY HERBARIA
00038128


**楔叶美花草** ***Callianthemum cuneilobum*** Hand.-Mazz. in Acta Horti Gothob. 13(4): 133. 1939. **Isotype:** China. Shanxi: Xie Xian, alt. 2 400~2 500 m, 1924-06-19, H. Smith 5800 (A).

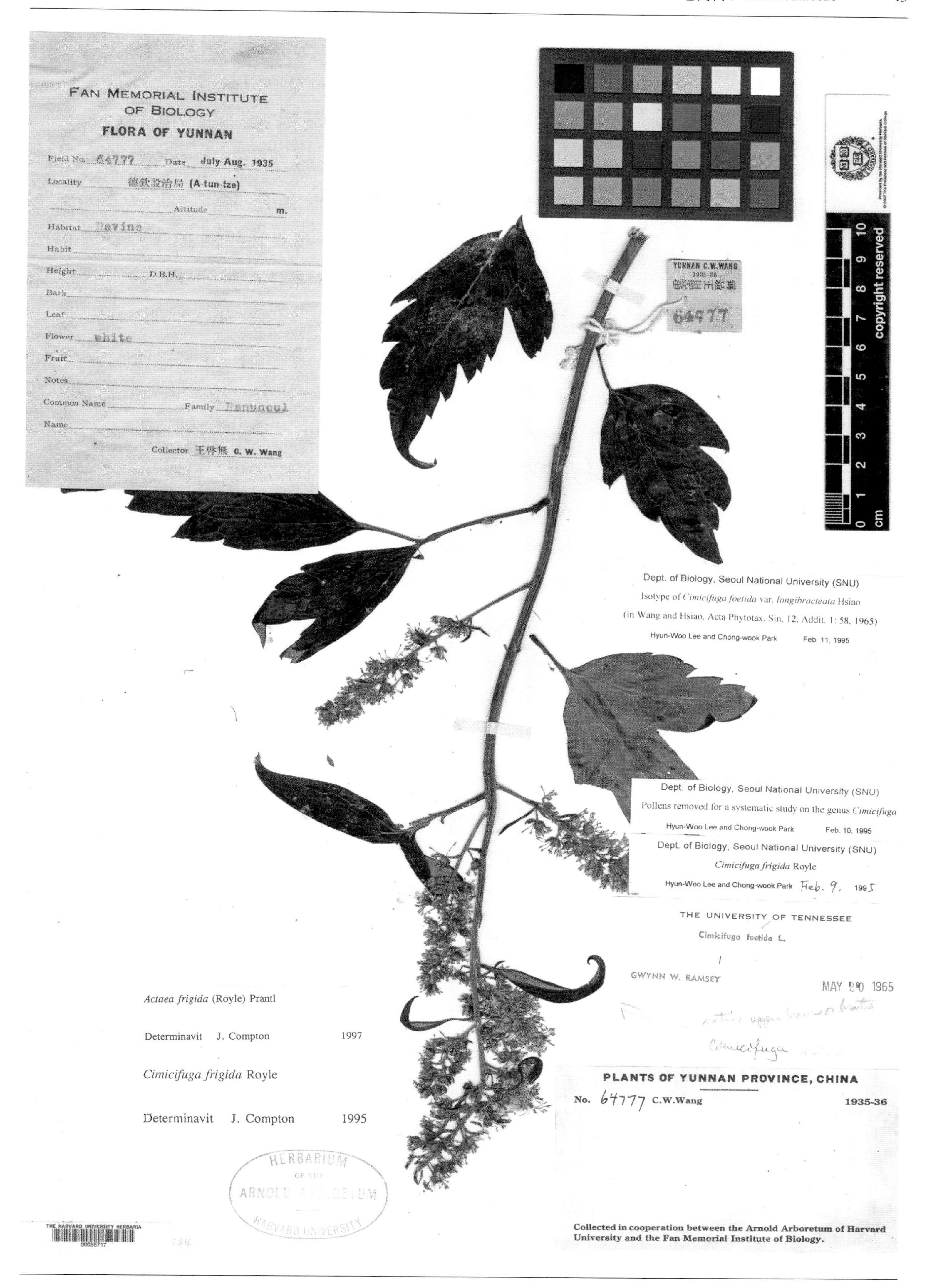
FAN MEMORIAL INSTITUTE OF BIOLOGY
FLORA OF YUNNAN
Field No. 64777 Date July-Aug. 1935
Locality 德欽設治局 (A-tun-tze)
Altitude m.
Habitat Ravine
Habit
Height D.B.H.
Bark
Leaf
Flower white
Fruit
Notes
Common Name Family Ranuncul
Name
Collector 王啓無 C. W. Wang
YUNNAN C.W.WANG
1935-36
64777
copyright reserved
cm
Dept. of Biology, Seoul National University (SNU)
Isotype of Cimicifuga foetida var. longibracteata Hsiao
(in Wang and Hsiao, Acta Phytotax. Sin. 12, Addit. 1: 58. 1965)
Hyun-Woo Lee and Chong-wook Park Feb. 11, 1995
Dept. of Biology, Seoul National University (SNU)
Pollens removed for a systematic study on the genus Cimicifuga
Hyun-Woo Lee and Chong-wook Park Feb. 10, 1995
Dept. of Biology, Seoul National University (SNU)
Cimicifuga frigida Royle
Hyun-Woo Lee and Chong-wook Park Feb. 9, 1995
THE UNIVERSITY OF TENNESSEE
Cimicifuga foetida L.
GWYNN W. RAMSEY
MAY 20 1965
Actaea frigida (Royle) Prantl
Determinavit J. Compton 1997
Cimicifuga frigida Royle
Determinavit J. Compton 1995
PLANTS OF YUNNAN PROVINCE, CHINA
No. 64777 C.W.Wang 1935-36
HERBARIUM OF THE ARNOLD ARBORETUM HARVARD UNIVERSITY
THE HARVARD UNIVERSITY HERBARIA
00055717
Collected in cooperation between the Arnold Arboretum of Harvard University and the Fan Memorial Institute of Biology.

**长苞升麻** ***Cimicifuga foetida*** L. var. ***longibracteata*** P. G. Xiao in Acta Phytotax. Sin., Addit. 1: 58. 1965. **Isotype:** China. Yunnan: Dêqên, 1935-(07~08)-??, C. W. Wang 64777 (A).

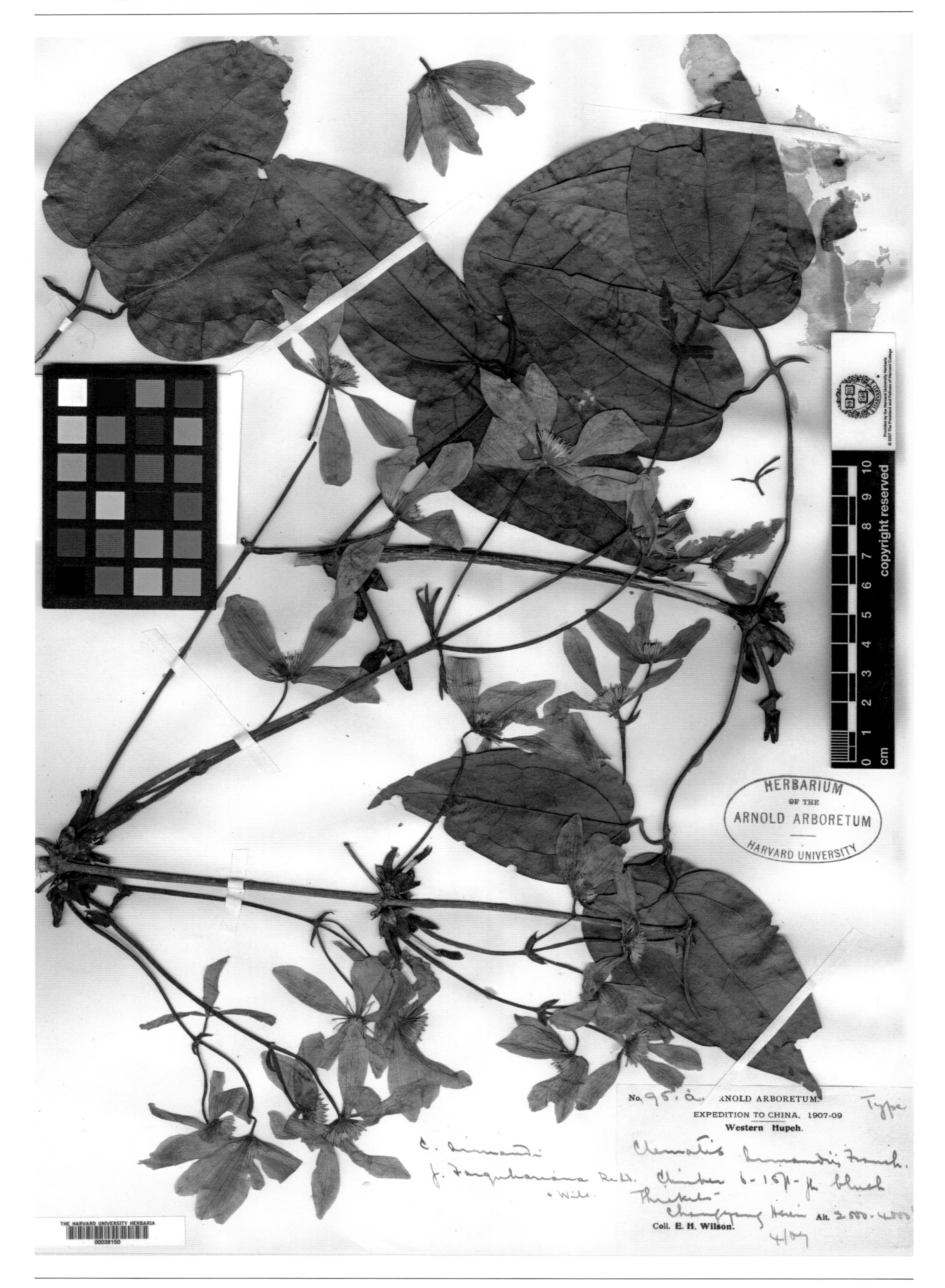
copyright reserved
HERBARIUM OF THE ARNOLD ARBORETUM HARVARD UNIVERSITY
No. 95. a. ARNOLD ARBORETUM.
EXPEDITION TO CHINA, 1907-09
Western Hupeh.
Type
Coll. E. H. Wilson.
THE HARVARD UNIVERSITY HERBARIA
00038150

长阳铁线莲 *Clematis armandii* Franch. f. ***farquhariana*** Rehd. & Wils. in Sargent, Pl. Wils. 1(3): 327. 1913. **Holotype:** China. Hubei: Changyang, alt. 800~1 300 m, 1907-04-??, E. H. Wilson 95 a (A).

0 1 2 3 4 5 6 7 8 9 10
cm
copyright reserved
Provided by the Harvard University Herbaria
© 2007 The President and Fellows of Harvard College
HERBARIUM
OF THE
ARNOLD ARBORETUM
HARVARD UNIVERSITY
No. 427 b, ARNOLD ARBORETUM.
EXPEDITION TO CHINA, 1907-09
Western Hupeh.
Coll. E. H. Wilson.
Alt.
THE HARVARD UNIVERSITY HERBARIA
00038149

**钝齿铁线莲** ***Clematis apiifolia*** DC. var. ***obtusidentata*** Rehd. & Wils. in Sargent, Pl. Wils. 1(3): 336. 1913. **Holotype:** China. Hubei: Badong, alt. 915~1 830 m, 1907-(08~10)-??, E. H. Wilson 427 b (A).

IMAGED
THE HARVARD UNIVERSITY HERBARIA
00286230
DR. AUG. HENRY'S COLLECTIONS FROM
CENTRAL CHINA, 1885-88.
NO. 4583.
Clematis chinensis, Retz
Prov. HUPEH.
Holotype!
Clematis brevicaudata DC.
var. filipes Rehd. & Wils.
in Sargent, Pl. Wils. 1:341. 1913.
HERBARIUM
OF THE
ARNOLD ARBORETUM
HARVARD UNIVERSITY
Clematis puberula Hook. f. & Thoms.
var. tenuisepala (Maxim.) W.T. Wang
DET. Wang Wen-tsai Jan. 2000.
copyright reserved
cm

丝柄铁线莲 ***Clematis brevicaudata*** DC. var. ***filipes*** Rehd. & Wils. in Sargent, Pl. Wils. 1(3): 341. 1913. **Holotype:** China. Hubei: Nanto (=Yichang), (1885–1888)-??-??, A. Henry 4583 (A).

copyright reserved
cm
HERBARIUM OF THE ARNOLD ARBORETUM HARVARD UNIVERSITY
No. 1552, ARNOLD ARBORETUM.
EXPEDITION TO CHINA. 1907-09.
Kiangsi.
Type.
Coll. E. H. Wilson.
Alt.
THE HARVARD UNIVERSITY HERBARIA
00038152

**平滑果铁线莲** ***Clematis brevicaudata*** DC. var. ***lissocarpa*** Rehd. & Wils. in Sargent, Pl. Wils. 1(3): 340. 1913. **Holotype:** China. Jiangxi: Lu Shan, alt. 1 220 m, 1907-07-31, E. H. Wilson 1552 (A).

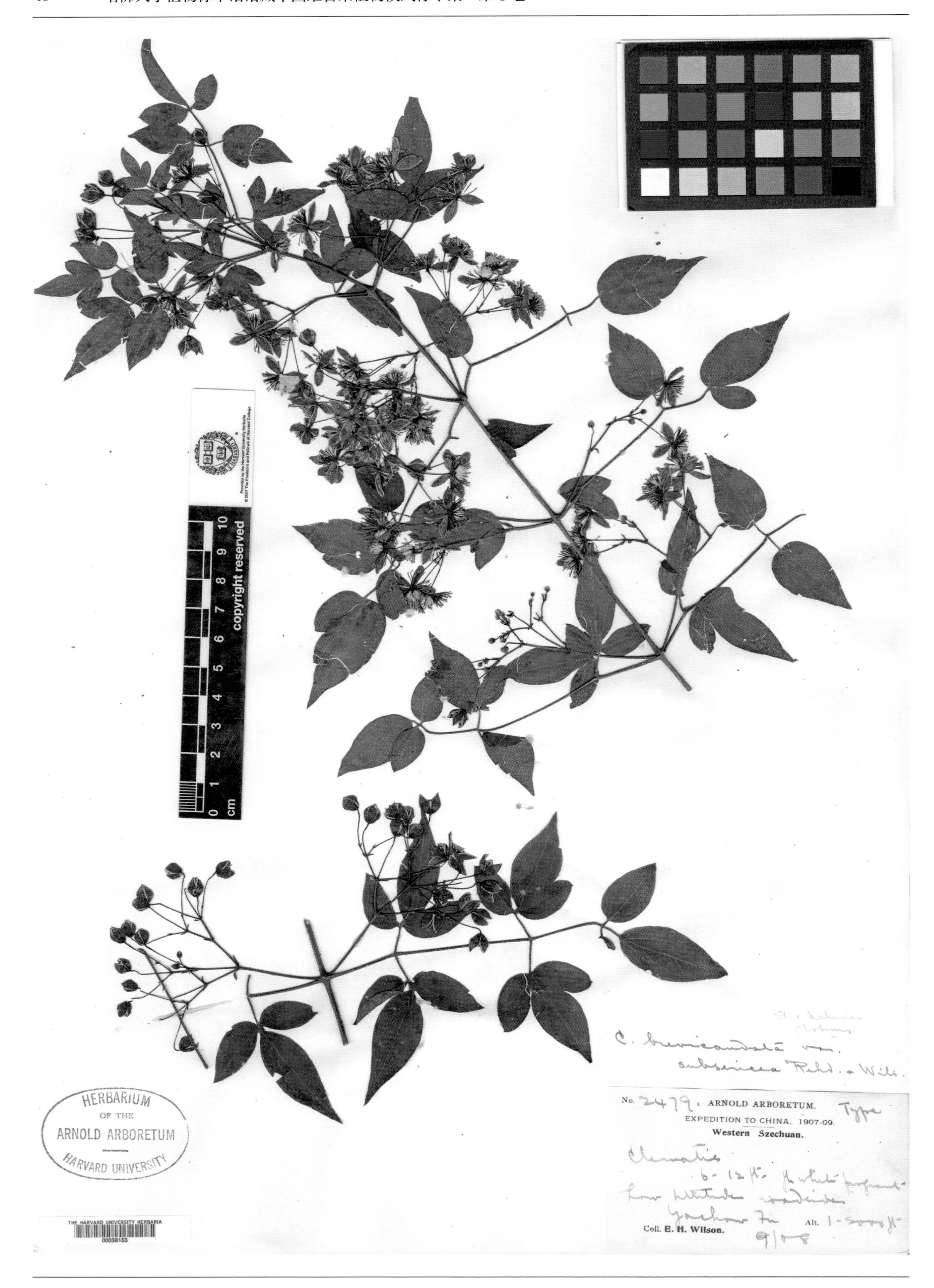
copyright reserved
HERBARIUM OF THE ARNOLD ARBORETUM HARVARD UNIVERSITY
THE HARVARD UNIVERSITY HERBARIA
00038153
No. 2479. ARNOLD ARBORETUM.
EXPEDITION TO CHINA. 1907-09.
Western Szechuan.
Coll. E. H. Wilson.
Alt.

**毛叶杨子铁线莲** ***Clematis brevicaudata*** DC. var. ***subsericea*** Rehd. & Wils. in Sargent, Pl. Wils. 1(3): 341. 1913. **Holotype:** China. Sichuan: Yachou (=Ya' an), alt. 305~610 m, 1908-09-??, E. H. Wilson 2479 (A).

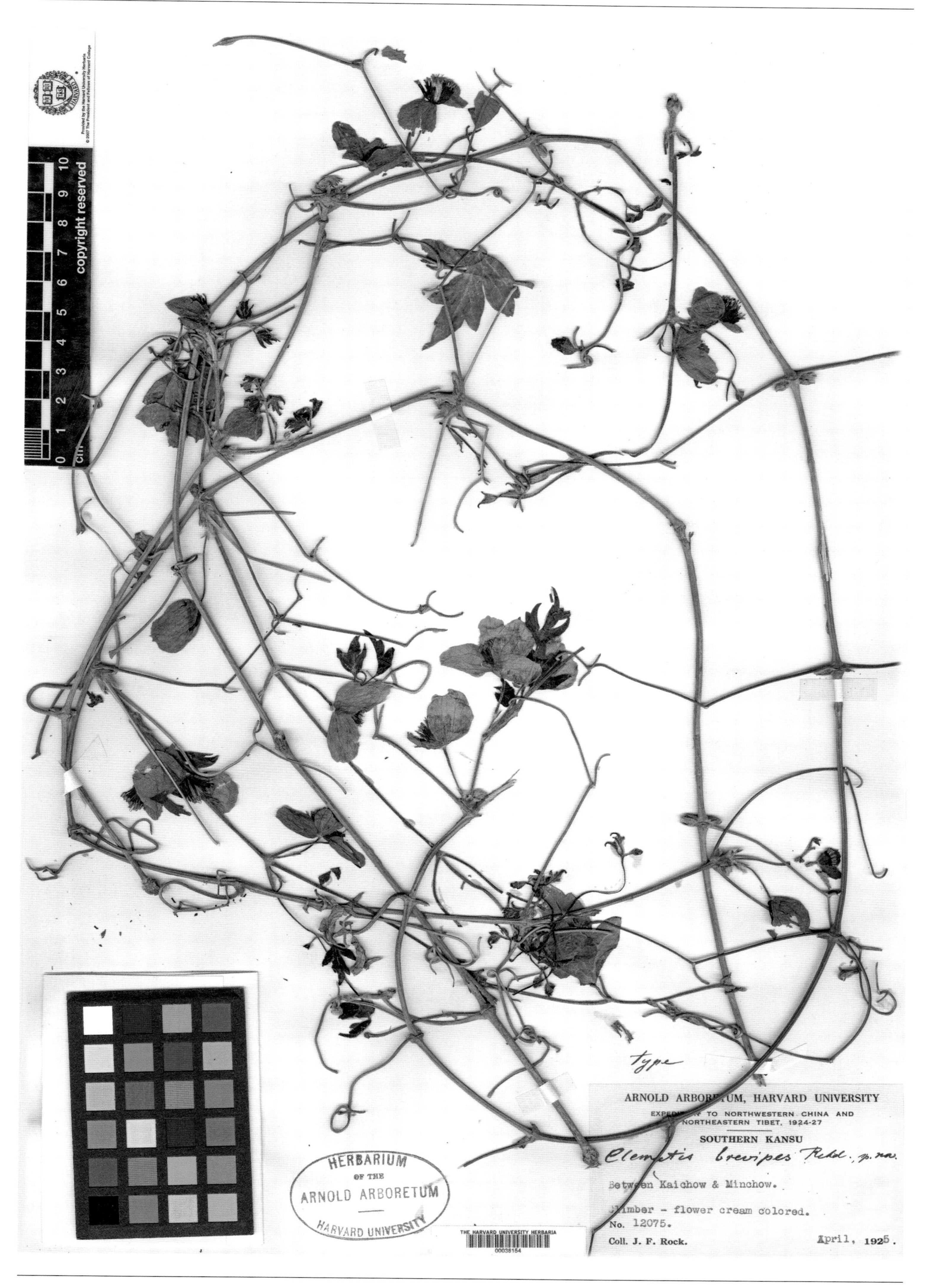
copyright reserved
type
ARNOLD ARBORETUM, HARVARD UNIVERSITY
EXPEDITION TO NORTHWESTERN CHINA AND NORTHEASTERN TIBET, 1924-27
SOUTHERN KANSU
Clematis brevipes Rehd., sp. nov.
Between Kaichow & Minchow.
Climber - flower cream colored.
No. 12075.
Coll. J. F. Rock.
April, 1925.
HERBARIUM OF THE ARNOLD ARBORETUM HARVARD UNIVERSITY
THE HARVARD UNIVERSITY HERBARIA
00038154

短柄铁线莲 ***Clematis brevipes*** Rehd. in J. Arnold Arbor. 9: 39. 1928. **Holotype:** China. Gansu: between Kaichow (=Kang Xian) & Minchow (=Min Xian), 1925-04-??, J. F. Rock 12075 (A).

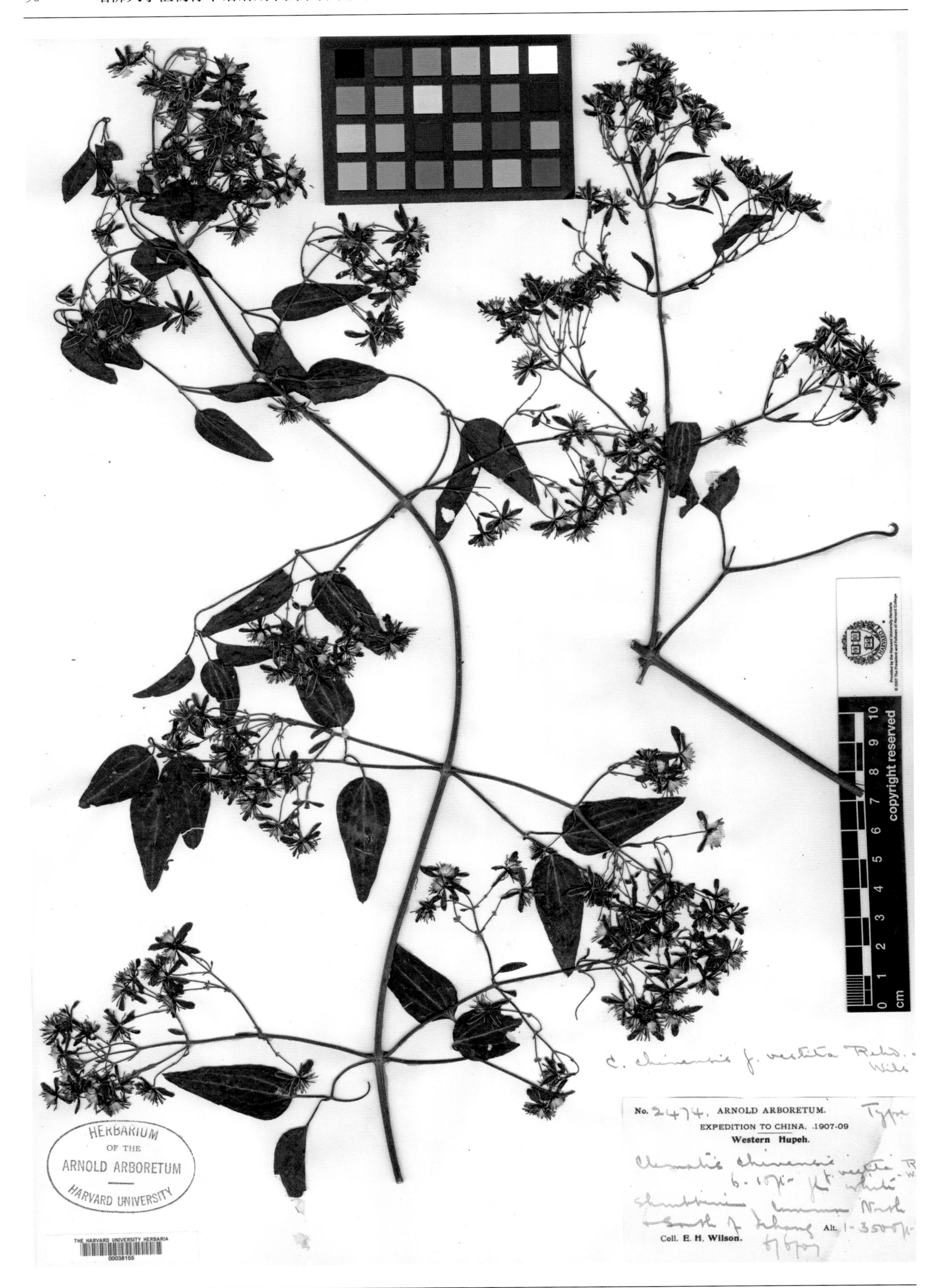
No. 2474. ARNOLD ARBORETUM.
EXPEDITION TO CHINA. 1907-09
Western Hupeh.
Alt.
Coll. E. H. Wilson.
HERBARIUM
OF THE
ARNOLD ARBORETUM
HARVARD UNIVERSITY
THE HARVARD UNIVERSITY HERBARIA
00038155
copyright reserved
0 1 2 3 4 5 6 7 8 9 10
cm

**毛叶威灵仙** ***Clematis chinensis*** Osb. f. ***vestita*** Rehd. & Wils. in Sargent, Pl. Wils. 1: 330. 1913. **Holotype:** China. Hubei: Yichang, alt. 305~1 068 m, 1907-06-06, E. H. Wilson 2474 (A).

Herb No.
標本號數
國立中央研究院自然歷史博物館植物標本室
Herbarium of
the Metropolitan Museum of Natural History
Academia Sinica, Nanking, China.
中國廣西植物
FLORA OF KWANGSI
Locality 地點 Bako Shan, W. Poseh
Altitude 海拔高度 3200 ft. m.
Habitat 環境 In open thickets
Habit 性狀 Tall dense climber
Height 體高 40 ft. m; D. B. H. 胸高直徑 cm.
Bark 樹皮
Branches 樹枝
Leaf 葉 Light green above, pale green below
Flower 花 Creamy white, scented.
Fruit 果
Notes 附錄 Common
R. C. Ching No. 秦仁昌採集號數 7438
Date 日期 Sept. 14, 1928.
Name 學名 Clematis grata Wall. var. grandidentata Rehd. & Wils
copyright reserved
cm 0 1 2 3 4 5 6 7 8 9 10
Clematis chingii W.T. Wang
Isotype!
Wang Wen-tsai
July 3. 1996.
HARVARD UNIVERSITY HERBARIA
= argentilucida
國立中央研究院自然歷史博物館廣西植物
FLORA OF KWANGSI PROVINCE, CHINA
Ex the Herbarium of
the Metropolitan Museum of Natural History
Nanking, China
Ranunculaceae
國立中央研究院自然歷史博物館
METROPOLITAN MUSEUM OF NATURAL HISTORY
NATIONAL RESEARCH INSTITUTE, NANKING, CHINA
Sept. 14, 1928
HERBARIUM NO.
Clematis grata Wall. var. grandidentata Rehd. & Wils.
COLLECTOR: R. C. Ching NO. 7438
DET. BY:
HERBARIUM OF THE ARNOLD ARBORETUM HARVARD UNIVERSITY
THE HARVARD UNIVERSITY HERBARIA
00057566

**两广铁线莲** ***Clematis chingii*** W. T. Wang in Acta Phytotax. Sin. 6(4): 383, pl. 59, f. 7. 1957. **Isotype:** China. Guangxi: Baise, alt. 976 m, 1928-09-14, R. C. Ching 7438 (A).

0 1 2 3 4 5 6 7 8 9 10
cm
copyright reserved
HANDEL-MAZZETTI, ITER SINENSE 1914-1918,
sumptibus Academiae scientiarum Vindobonensis susceptum.
Nr.5580.
Clematis clarkeana Lévl. et Vant.
Not. ad pl. viv.:
Prov. SETSCHWAN austro-occid.: In regionis calide temperatae ad affluentem fluminis Yalung versus Yenyüen fruticetis sub jugo Sandao-schan, 27° 31'
Substr. arenaceo ; alt. s. m. ca. 2900 m.
Leg. 12. X. 1914 Dr. Heinr. Frh. v. Handel-Mazzetti. (Diar. Nr. 446)
HERBARIUM OF THE ARNOLD ARBORETUM HARVARD UNIVERSITY
THE HARVARD UNIVERSITY HERBARIA
00055268
isotype
Clematis clarkeana Lévl. & Van.
var. stenophylla Hand.-Mazz.
Aleck Yang HARVARD UNIVERSITY HERBARIA 18-I-1995

川滇铁线莲 ***Clematis clarkeana*** Lévl. & Vant. var. ***stenophylla*** Hand.-Mazz. in Acta Horti Gothob. 13: 194. 1939. **Isotype:** China. Sichuan: Yanyuan, alt. 2 900 m, 1914-10-12, H. F. Handel-Mazzetti 5580 (A).

Clematis courtoisii Hand.-Mazz.
in Acta Hort Gotob 13 200 (1939)
Isotype !
定名人 Wang Wen-tsai 1997年4月8日
copyright reserved
cm
模式标本
Iso-TYPUS
Cited as C. Courtoisii by
Hand.-Mazz. in Hort. Bot. Goto
13: 201 (1939)
HWEI Anhui (China)
ARBORETUM
No. 2731
Clematis florida Thunb.
Coll. Ren-Chang Ching.
1925.
HERBARIUM
OF THE
ARNOLD ARBORETUM
HARVARD UNIVERSITY
IMAGED
THE HARVARD UNIVERSITY HERBARIA

**大花铁线莲** ***Clematis courtoisii*** Hand.-Mazz. in Acta Horti Gothob. 13: 200. 1939. **Isotype:** China. Anhui: Southern Anhui, Precise locality not known, 1925-??-??, R. C. Ching 2731 (A).

GRAY HERBARIUM
HARVARD
UNIVERSITY
cm 0 1 2 3 4 5 6 7 8 9 10
copyright reserved
THE HARVARD UNIVERSITY HERBARIA
00101669

**厚叶铁线莲** ***Clematis crassifolia*** Benth. Fl. Hongk. 7. 1861. **Isotype:** China. Hong kong, Victoria Peak, C. Wilford s. n. (GH).

copyright reserved
cm
0 1 2 3 4 5 6 7 8 9 10
ITER CHINENSE 1914
SOCIETATIS DENDROLOGICAE AUSTRIAE ET HUNGARIAE
Camillo Schneider
No. 2162
Clematis
Yunnan, in decliv. ad flum. Jangtze inter Lichiang et Chungtien, fl. albi
Mense Aug.
Alt. circiter
m.
HERBARIUM OF THE ARNOLD ARBORETUM HARVARD UNIVERSITY
THE HARVARD UNIVERSITY HERBARIA
00038156

疏毛银叶铁线莲 ***Clematis delavayi*** Franch. var. ***calvescens*** Schneid. in Bot. Gazette 63(6): 517. 1917. **Holotype:** China. Yunnan: between Lijiang & Chungtien (=Shangri-La), 1914-08-??, Schneider 2162 (A).

CHEKIANG PLANTS
FLORA OF CHINA
中國植物
Field No. 1768 Date June 3, 1924
Locality Chekiang
Altitude 1300-3000 ft.
Habitat in woods
Habit a woody vine
Common Name
Family
Collector Ching
Clematis dilatata Pei sp. nov.
Det. Franklin P. Metcalf
Arnold Arboretum, Harvard University
HERBARIUM OF THE ARNOLD ARBORETUM HARVARD UNIVERSITY
PLANTS OF CHEKIANG.
No. 1768
Clematis
Coll. Ren-Chang Ching.
THE HARVARD UNIVERSITY HERBARIA
00038369
copyright reserved

**舟柄铁线莲** ***Clematis dilatata*** C. Pei in Contrib. Biol. Lab. Sci. Soc. China: Bot. Ser. 10: 105, f. 15. 1936. **Isoparatype:** China. Zhejiang: Sienchu, alt. 397~915 m, 1924-06-03, R. C. Ching 1768 (A).

HERBARIUM
OF THE
ARNOLD ARBORETUM
HARVARD UNIVERSITY
COLL. E. H. WILSON,
(FOR JAMES VEITCH & SONS).
WESTERN CHINA.
No. 3185.
THE HARVARD UNIVERSITY HERBARIA
00038157
copyright reserved
cm

**川西铁线莲** ***Clematis faberi*** Hemsl.& Wils. in Bull. Misc. Inform. Kew 1906(5): 148. 1906. **Isotype:** China. Sichuan: Western Sichuan, Precise locality not known, alt. 2 745~3 050 m, 1903-07-??, E. H. Wilson 3125 (A).

THE HARVARD UNIVERSITY HERBARIA
00101690
477
477
HERB. MUS. PARIS.
Clematis Fargesii Franch.
Plantes de CHINE. (Su-tchuen oriental.)
District de TCHEN-KÉOU-TIN.
M. l'abbé FARGES.
DONNÉ PAR LE MUSEUM D'HISTOIRE NATURELLE DE PARIS
HERBARIUM OF THE ARNOLD ARBORETUM HARVARD UNIVERSITY
HERBIER E. DRAKE
Clematis Fargesii Franch.
EX HERBARIO MUSEI PARISIENSIS
copyright reserved
cm
0
1
2
3
4
5
6
7
8
9
10

**城口铁线莲** ***Clematis fargesii*** Franch. in J. Bot. (Morot) 8: 273. 1894. **Isotype:** China. Chongqing: Chengkou, alt. 1 400 m, R. P. Farges 477 (A).

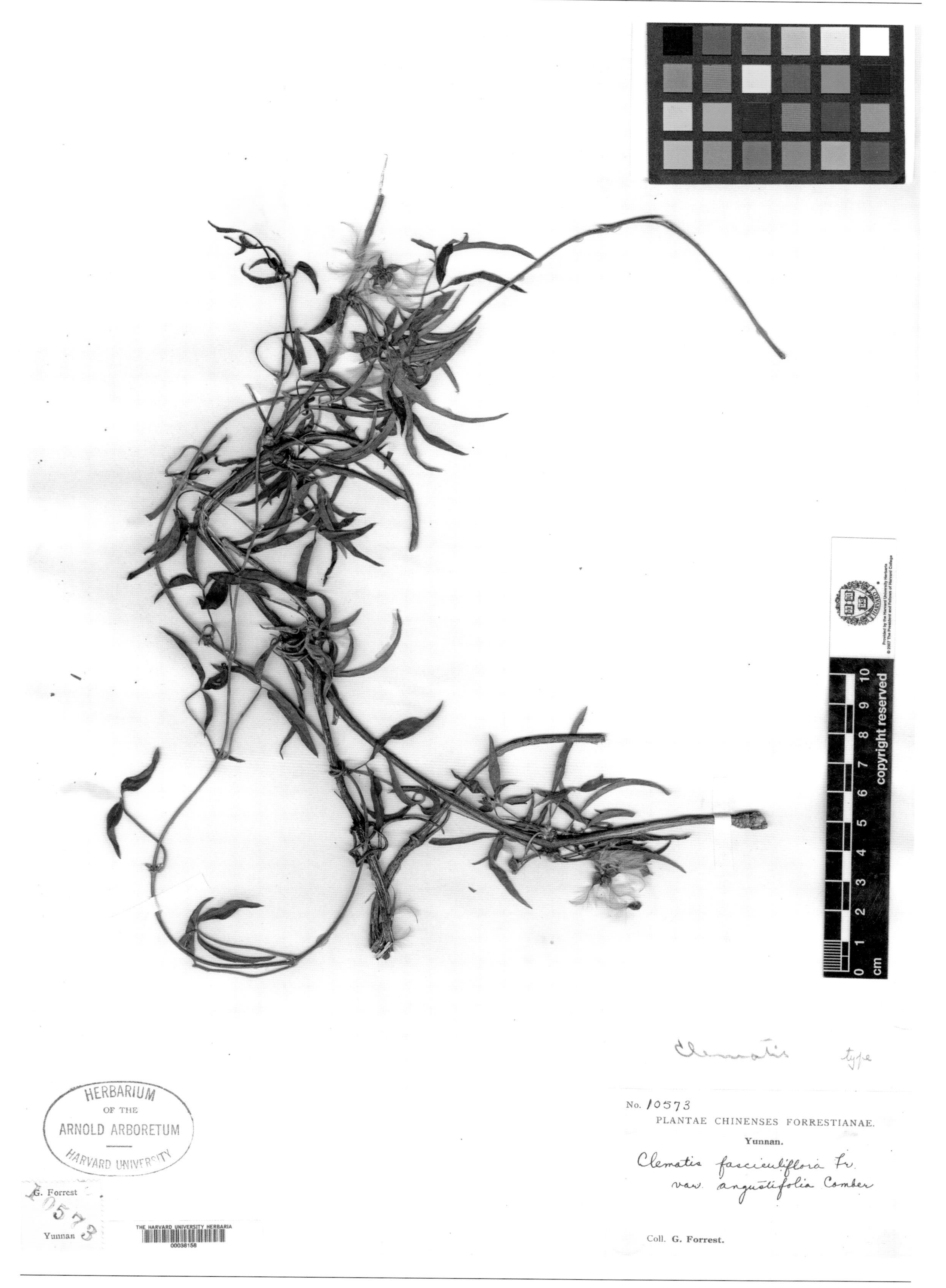
HERBARIUM
OF THE
ARNOLD ARBORETUM
HARVARD UNIVERSITY
No. 10573
PLANTAE CHINENSES FORRESTIANAE.
Yunnan.
Clematis fasciculiflora Fr.
var. angustifolia Comber
Coll. G. Forrest.
G. Forrest
10573
Yunnan
THE HARVARD UNIVERSITY HERBARIA
00038156
copyright reserved
cm

**狭叶滑叶藤** ***Clematis fasciculiflora*** Franch. var. ***angustifolia*** Comb. in Not. Roy. Bot. Gard. Edinb. 18: 236. 1934. **Isotype:** China. Yunnan: Lijiang, alt. 3 050 m, 1913-07-??, G. Forrest 10573 (A).

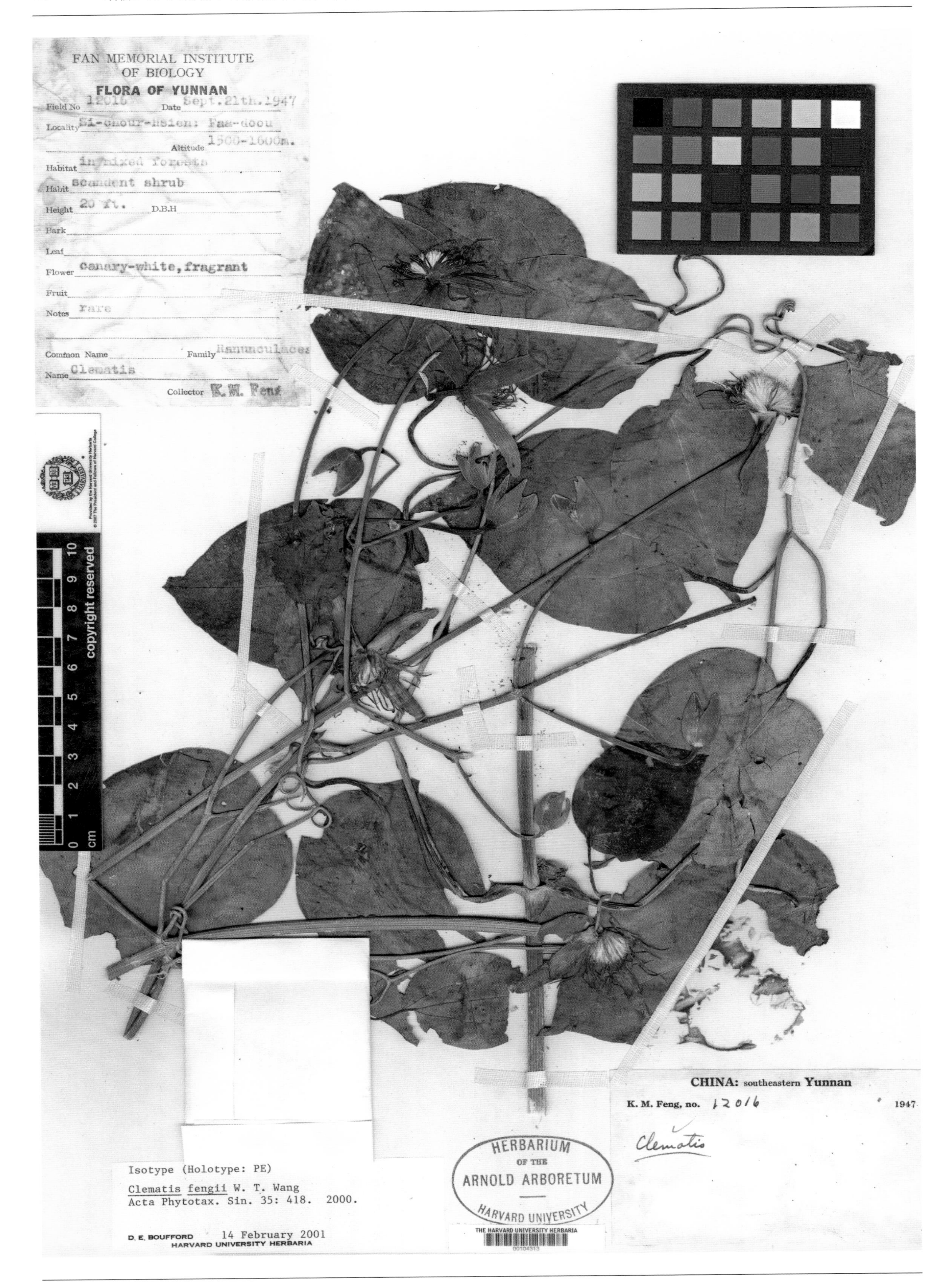
FAN MEMORIAL INSTITUTE
OF BIOLOGY
FLORA OF YUNNAN
Field No 12016 Date Sept.21th.1947
Altitude 1500-1600m.
Habitat in mixed forests
Habit scandent shrub
Height 20 ft. D.B.H
Bark
Leaf
Flower canary-white, fragrant
Fruit
Notes rare
Common Name Family Ranunculaceae
Name Clematis
Collector K.M. Feng
copyright reserved
CHINA: southeastern Yunnan
K. M. Feng, no. 12016 1947
Clematis
HERBARIUM
OF THE
ARNOLD ARBORETUM
HARVARD UNIVERSITY
Isotype (Holotype: PE)
Clematis fengii W. T. Wang
Acta Phytotax. Sin. 35: 418. 2000.
D. E. BOUFFORD 14 February 2001
HARVARD UNIVERSITY HERBARIA
THE HARVARD UNIVERSITY HERBARIA

**国楣铁线莲** ***Clematis fengii*** W. T. Wang in Acta Phytotax. Sin. 38(5): 418, f. 3: 4–7. 2000. **Isotype:** China. Yunnan: Xichou, alt. 1 500~1 600 m, 1947-09-21, K. M. Feng 12016 (A).

HERBARIUM OF THE ARNOLD ARBORETUM HARVARD UNIVERSITY
HERBARIUM OF THE ARNOLD ARBORETUM
DUPLICATES FROM HERB. LÉVEILLÉ
RECEIVED FROM BOTANIC GARDEN, EDINBURG, 1928
copyright reserved
THE HARVARD UNIVERSITY HERBARIA
00101692

山木通 ***Clematis finetiana*** Lévl. Vant. in Bull. Soc. Bot. France 51: 219. 1904. **Isosyntype:** China. Guizhou: Guiding, Pin-fa, 1902-10-05, J. Cavalerie 605 (A).

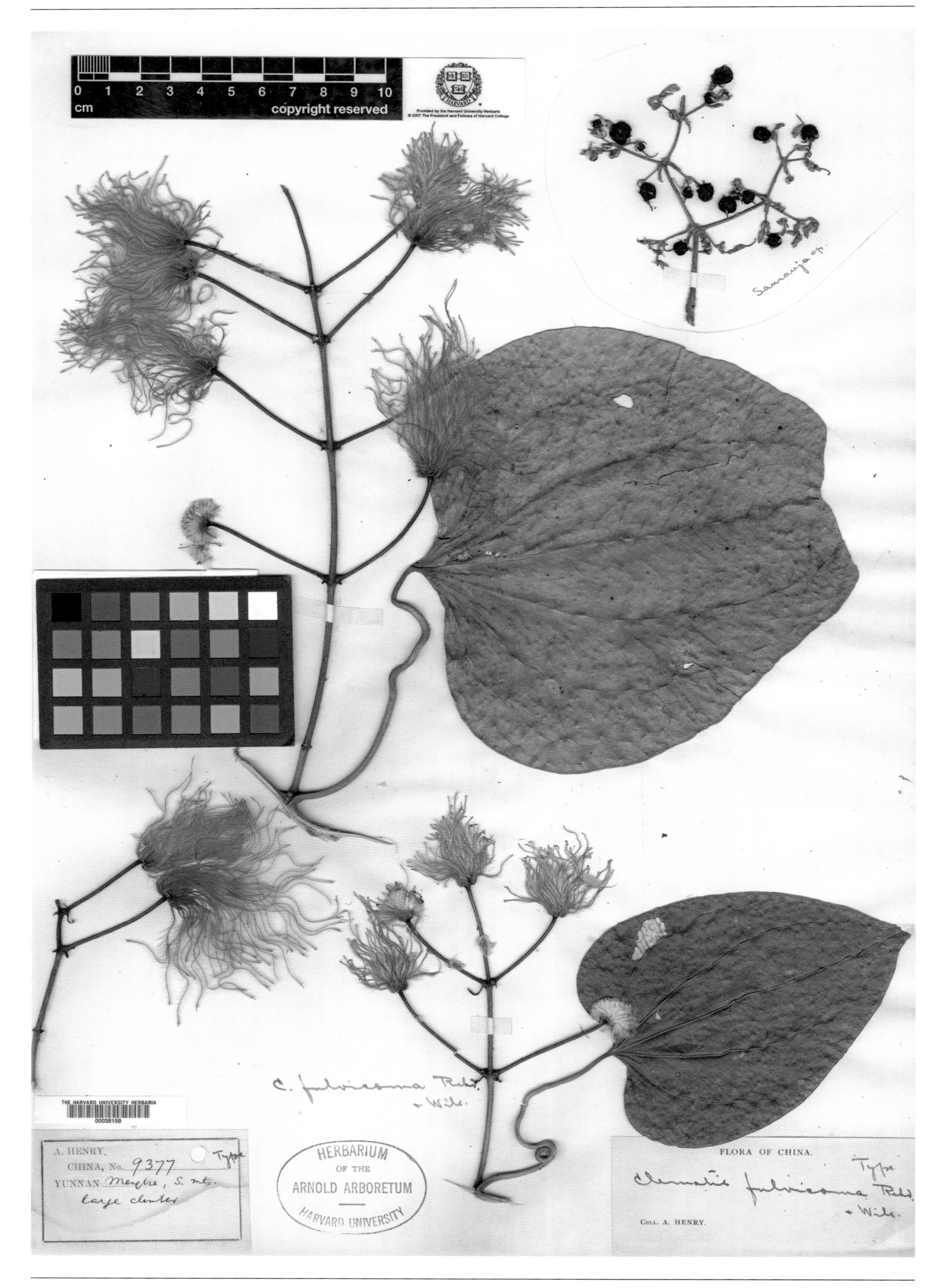
0 1 2 3 4 5 6 7 8 9 10
cm
copyright reserved
THE HARVARD UNIVERSITY HERBARIA
00038159
A. HENRY.
CHINA, No. 9377
YUNNAN
HERBARIUM
OF THE
ARNOLD ARBORETUM
HARVARD UNIVERSITY
FLORA OF CHINA.
COLL. A. HENRY.

**滇南铁线莲** ***Clematis fulvicoma*** Rehd. & Wils. in Sargent, Pl. Wils. 1(3): 327. 1913. **Holotype:** China. Yunnan: Mengzi, A. Henry 9377 (A).

GRAY HERBARIUM
HARVARD
UNIVERSITY
copyright reserved
cm
No. 672
ARNOLD ARBORETUM.
EXPEDITION TO CHINA, 1907-09
Western Hupeh.
Clematis Gouriana, var. Finetii
Rehd. + Wils.
Alt.
Coll. E. H. Wilson.
7/07 + 12/07.
THE HARVARD UNIVERSITY HERBARIA
00101697

**兴山铁线莲** ***Clematis gouriana*** Roxb. ex DC. var. ***finetii*** Rehd. & Wils. in Sargent, Pl. Wils. 1(3): 339. 1913. **Holotype:** China. Hubei: Xingshan, 1907-(07~12)-??, E. H. Wilson 672 (GH).

cm
0 1 2 3 4 5 6 7 8 9 10
copyright reserved
HERBARIUM
OF THE
ARNOLD ARBORETUM
HARVARD UNIVERSITY
No. 2480 ARNOLD ARBORETUM.
EXPEDITION TO CHINA, 1907-09.
Western Szechuan.
Type
Alt.
Coll. E. H. Wilson.
THE HARVARD UNIVERSITY HERBARIA
00038161

**薄叶铁线莲** ***Clematis gracilifolia*** Rehd. & Wils. in Sargent, Pl. Wils. 1(3): 331. 1913. **Holotype:** China. Sichuan: Dujiangyan, alt. 3 660~3 965 m, 1908-06-24, E. H. Wilson 2480 (A).

cm
copyright reserved
HERBARIUM
OF THE
ARNOLD ARBORETUM
HARVARD UNIVERSITY
THE HARVARD UNIVERSITY HERBARIA
00038162
No. 110
ARNOLD ARBORETUM
EXPEDITION TO CHINA, 1907-09
Western Hupeh.
Coll. E. H. Wilson.
Type

大齿铁线莲 ***Clematis grata*** Wall. var. ***grandidentata*** Rehd. & Wils.in Sargent, Pl. Wils. 1(3): 338. 1913. **Holotype:** China. Hubei: Badong, alt. 915~1 525 m, 1907-(05~08)-??, E. H. Wilson 110 (A).

0 1 2 3 4 5 6 7 8 9 10
cm
copyright reserved
Provided by the Harvard University Herbaria
© 2007 The President and Fellows of Harvard College
Type
PLANTS OF YUNNAN, CHINA
Clematis grata Wall.
var. likiangensis Rehd.
Climbing on trees, flowers white, in dry volcanic gorge.
Yangtze watershed, Prefectural District of Likiang, eastern slopes of Likiang Snow Range
No. 3668 J. F. ROCK, Collector May-October, 1922
HERBARIUM OF THE ARNOLD ARBORETUM HARVARD UNIVERSITY
THE HARVARD UNIVERSITY HERBARIA
00038164

**丽江铁线莲** ***Clematis grata*** Wall. var. ***likiangensis*** Rehd. in J. Arnold Arbor. 14(3): 201. 1933. **Holotype:** China.Yunnan: Lijiang, 1922-(05~10)-??, J. F. Rock 3668 (A).

copyright reserved
0 1 2 3 4 5 6 7 8 9 10
cm
HERBARIUM
OF THE
ARNOLD ARBORETUM
HARVARD UNIVERSITY
THE HARVARD UNIVERSITY HERBARIA
00038165
4330

浅裂叶铁线莲 ***Clematis grata*** Wall. var. ***lobulata*** Rehd. & Wils.in Sargent, Pl. Wils. 1(3): 337. 1913. **Holotype:** China. Hubei: Yichang, A. Henry 4330 (A).

copyright reserved
DR. AUG. HENRY'S COLLECTIONS FROM CENTRAL CHINA, 1885-88.
NO. 3280.
Clematis Henryi, Oliv. n. sp.
Prov. HUPEH.
GRAY HERBARIUM
HARVARD UNIVERSITY
THE HARVARD UNIVERSITY HERBARIA
00038166

**单叶铁线莲** ***Clematis henryi*** Oliv. in Hook. Icon. Pl. 19(1): pl. 1819. 1889. **Isosyntype:** China. Hubei: Yichang, (1885~1888)-??-??, A. Henry 3280 (GH).

copyright reserved
cm 0 1 2 3 4 5 6 7 8 9 10
HERBARIUM OF THE ARNOLD ARBORETUM HARVARD UNIVERSITY
HERBARIUM OF THE ARBORETUM.
HARVARD UNIVERSITY.
THE HARVARD UNIVERSITY HERBARIA
00038167

宜昌铁线莲 ***Clematis heracleifolia*** DC. var. ***ichangensis*** Rehd. & Wils. in Sargent, Pl. Wils. 1(3): 321. 1913. **Holotype:** China. Hubei: Yichang, alt. 50~600 m, 1907-(08~12)-??, A. Henry 763 (A).

copyright reserved
Clematis hexapetala Pallas
var. elliptica var. nov.
type
Det. Shiu-ying Hu
Arnold Arboretum, Harvard University
March 31 1953
Ex Museo botanico Berolinensi.
HERBARIUM
OF THE
ARNOLD ARBORETUM
HARVARD UNIVERSITY
THE HARVARD UNIVERSITY HERBARIA
00038337

**椭圆铁线莲** ***Clematis hexapetala*** Pall. var. ***elliptica*** S. Y. Hu in J. Arnold Arbor. 35(2): 194. 1954. **Holotype:** China. Shandong: Qingdao, 1901-??-??, Zimmerman 205 (A).

南京金陵大學植物標本室
山東植物名錄
FLORA OF SHANTUNG PROVINCE, CHINA
HERBARIUM, UNIVERSITY OF NANKING
Chinese name Clematis
中名
Locality
產地
Habitat
生地
Altitude above the sea 10 Meters
高出海平面 米達
Tree; shrub; bush; vine; herb
喬木; 灌木 叢生灌木 蔓崖 草本
Flower white
花(氣味, 顏色等) (Odor, color, etc.)
Fruit
果實(種類, 氣味, 顏色等) (Kind, odor, color, etc.)
Special notes
附記
Uses
用途
Field No. 2521 Herbarium No.
採集號數 標本號數
Collector
採集人
Date June 15 1930
年 月 日
copyright reserved
cm 0 1 2 3 4 5 6 7 8 9 10
Det. Shiu-ying Hu
Arnold Arboretum, Harvard University
March 3 1953
HERBARIUM OF THE ARNOLD ARBORETUM HARVARD UNIVERSITY
PLANTS OF SHANTUNG PROVINCE, CHINA
HERBARIUM OF THE UNIVERSITY OF NANKING
Clematis angustifolia Jacq.
COLLECTED IN COOPERATION WITH THE ARNOLD ARBORETURM, HARVARD UNIVERSITY, FOR THE UNIVERSITY OF NANKING
By C. Y. CHIAO
No. 2521. 1930
THE HARVARD UNIVERSITY HERBARIA
00038336

**海岛铁线莲** ***Clematis hexapetala*** Pall. var. ***insularis*** S. Y. Hu in J. Arnold Arbor. 35(2): 193. 1954. **Holotype:** China. Shandong: Qingdao, 1930-06-15, C. Y. Chiao 2521 (A).

0 1 2 3 4 5 6 7 8 9 10
cm
copyright reserved
HERBARIUM
OF THE
ARNOLD ARBORETUM
HARVARD UNIVERSITY
PLANTÆ SINENSES
№ 6039
Clematis angustifolia Jacq.
Prov. Shansi austr.: Yün-ch'eng, Chung-tiao-shan, in colle aprico ca 1200 m. s. m.; 19 2/7 24.
Det.
leg. HARRY SMITH
Universitas Regia Upsaliensis.
THE HARVARD UNIVERSITY HERBARIA
00038335
C. hexapetala Pallas
var. smithiana var. nov.
type
Det. Shiu-ying Hu
Arnold Arboretum, Harvard University
Jan 30 1953

**运城铁线莲** ***Clematis hexapetala*** Pall. var. ***smithiana*** S. Y. Hu in J. Arnold Arbor. 35(2): 193. 1954. **Holotype:** China. Shanxi: Yuncheng, alt. 1 200 m, 1924-07-02, H. Smith 6039 (A).

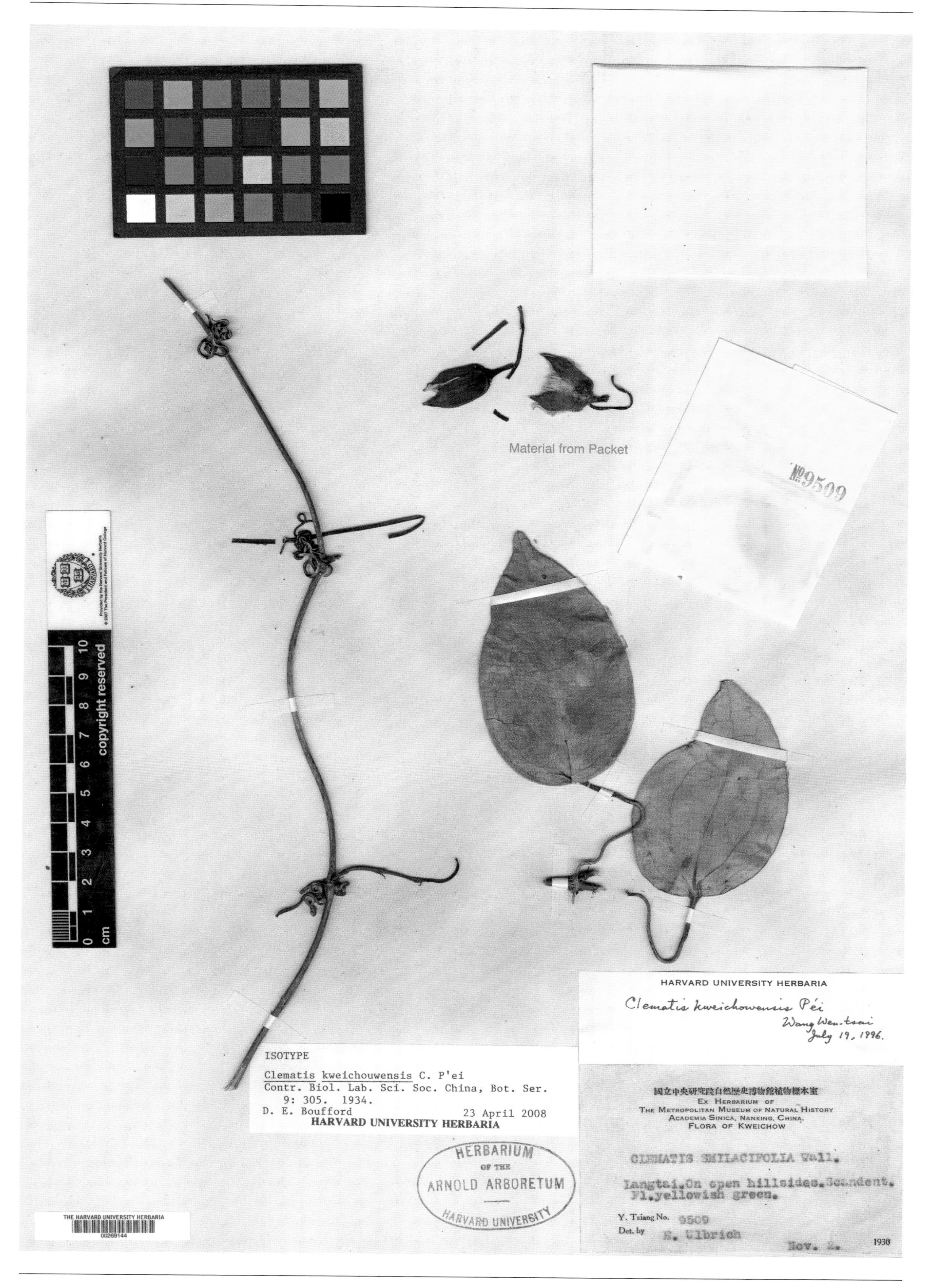
copyright reserved
Material from Packet
№9509
HARVARD UNIVERSITY HERBARIA
Clematis kweichowensis P'ei
Wang Wen-tsai
July 19, 1996.
ISOTYPE
Clematis kweichouwensis C. P'ei
Contr. Biol. Lab. Sci. Soc. China, Bot. Ser.
9: 305. 1934.
D. E. Boufford 23 April 2008
HARVARD UNIVERSITY HERBARIA
國立中央研究院自然歷史博物館植物標本室
EX HERBARIUM OF
THE METROPOLITAN MUSEUM OF NATURAL HISTORY
ACADEMIA SINICA, NANKING, CHINA.
FLORA OF KWEICHOW
CLEMATIS SMILACIFOLIA Wall.
Langtai. On open hillsides. Scandent.
Fl. yellowish green.
Y. Tsiang No. 9509
Det. by E. Ulbrich
Nov. 2. 1930
HERBARIUM OF THE ARNOLD ARBORETUM HARVARD UNIVERSITY
THE HARVARD UNIVERSITY HERBARIA
00269144

**贵州铁线莲** ***Clematis kweichowensis*** C. P'ei in Contr. Biol. Lab. Sci. Soc. China, Bot. Ser. 9: 305, f. 29. 1934. **Isotype:** China. Guizhou: Langtai (= Luzhi), 1930-11-02, Y. Tsiang 9509 (A).

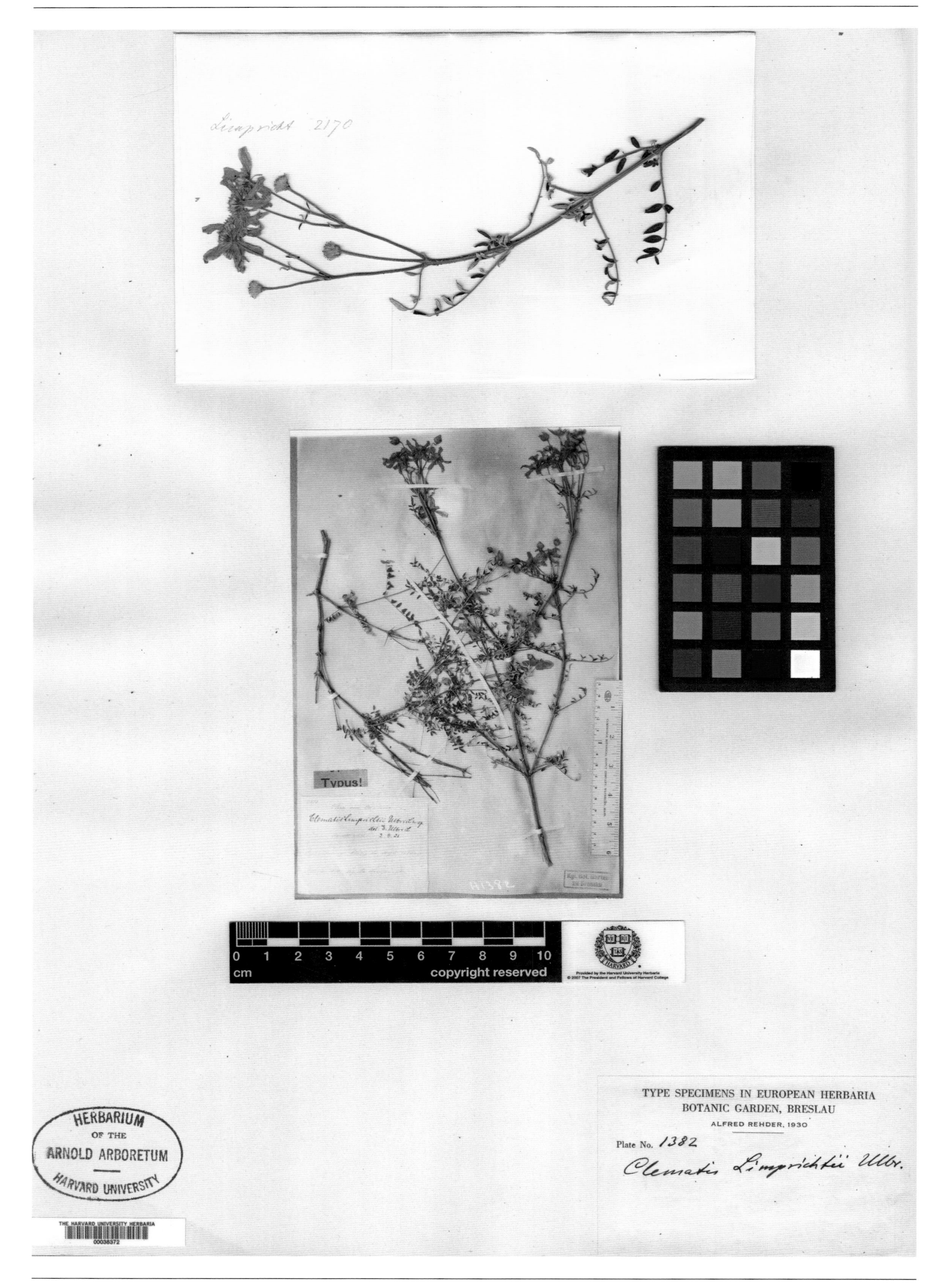
Limpricht 2170
Typus!
0 1 2 3 4 5 6 7 8 9 10
cm
copyright reserved
TYPE SPECIMENS IN EUROPEAN HERBARIA
BOTANIC GARDEN, BRESLAU
ALFRED REHDER, 1930
Plate No. 1382
Clematis Limprichtii Ulbr.
HERBARIUM
OF THE
ARNOLD ARBORETUM
HARVARD UNIVERSITY
THE HARVARD UNIVERSITY HERBARIA
00038372

裂银叶铁线莲 ***Clematis limprichtii*** Ulbr. in Fedde, Repert. Sp. Nov. 12: 373. 1922. **Isosyntype:** China. Sichuan: Dêgê, alt. 3 550 m, 1914-08-??, H. W. Limpricht 2170 (A).

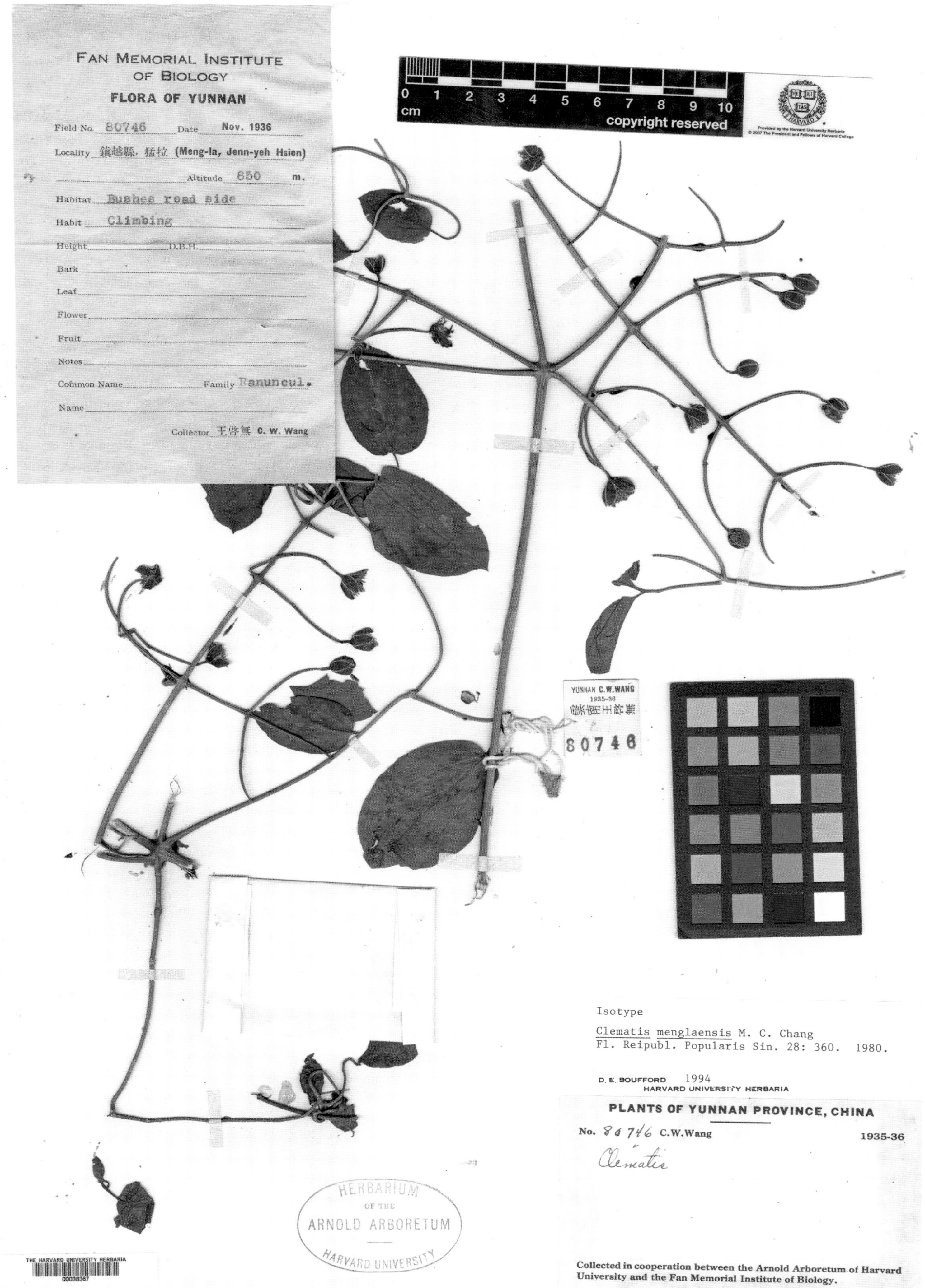

FAN MEMORIAL INSTITUTE OF BIOLOGY
FLORA OF YUNNAN

Field No. 80746 Date Nov. 1936
Locality 鎮越縣, 猛拉 (Meng-la, Jenn-yeh Hsien)
Altitude 850 m.
Habitat Bushes road side
Habit Climbing
Height D.B.H.
Bark
Leaf
Flower
Fruit
Notes
Common Name Family Ranuncul.
Name
Collector 王啓無 C. W. Wang

0 1 2 3 4 5 6 7 8 9 10 cm




YUNNAN C.W.WANG
1935-36
雲南王啓無
80746

Isotype
Clematis menglaensis M. C. Chang
Fl. Reipubl. Popularis Sin. 28: 360. 1980.

D. E. BOUFFORD 1994
HARVARD UNIVERSITY HERBARIA

PLANTS OF YUNNAN PROVINCE, CHINA
No. 80746 C.W.Wang 1935-36
Clematis





Collected in cooperation between the Arnold Arboretum of Harvard University and the Fan Memorial Institute of Biology.

**勐腊铁线莲** ***Clematis menglaensis*** M. C. Chang, Fl. Reip. Popul. Sin. 28: 235, 360, pl. 79. 1980. **Isotype:** China. Yunnan: Mengla, alt. 850 m, 1936-11-??, C. W. Wang 80746 (A).

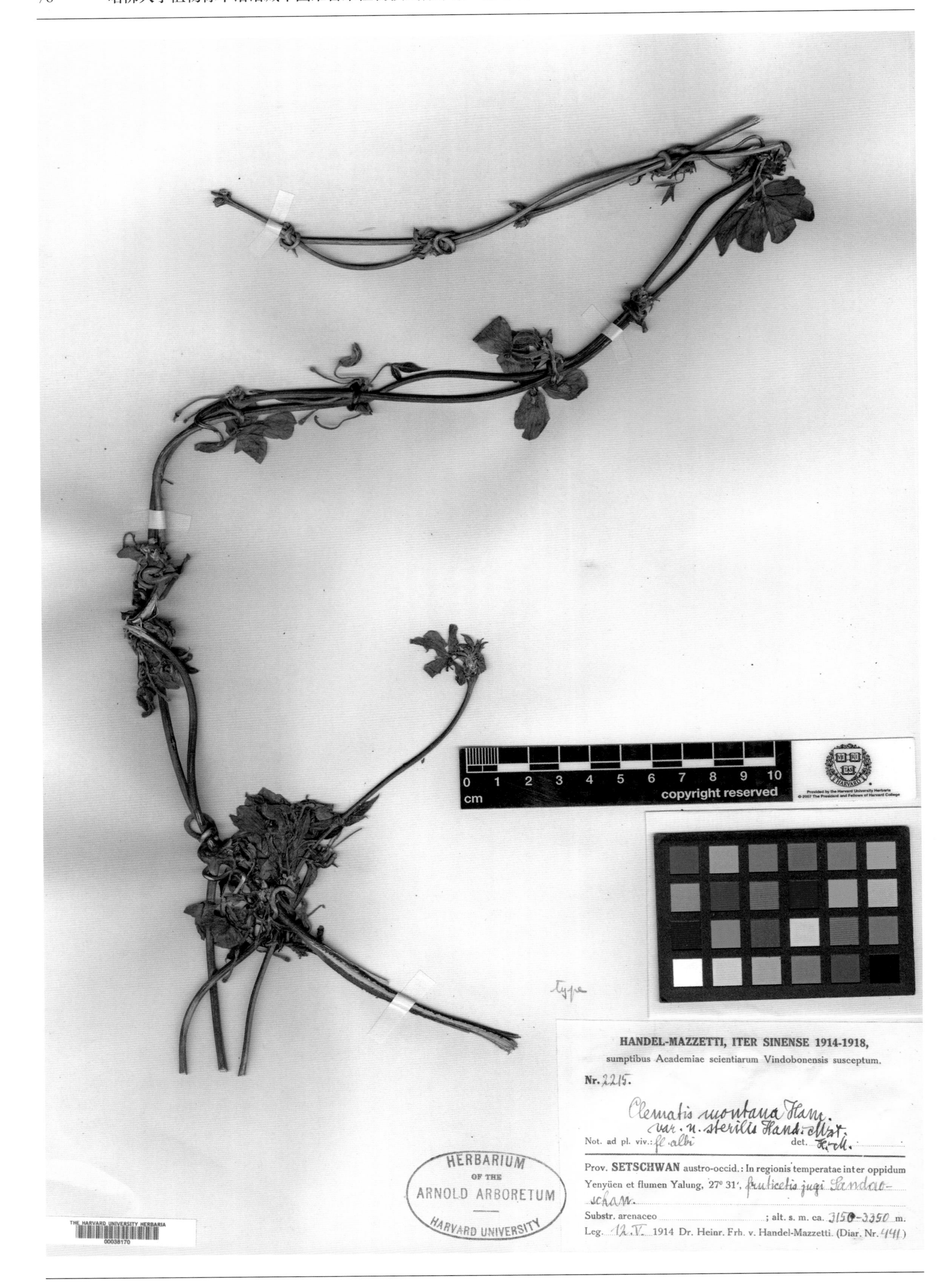
0 1 2 3 4 5 6 7 8 9 10
cm
copyright reserved
type
HANDEL-MAZZETTI, ITER SINENSE 1914-1918,
sumptibus Academiae scientiarum Vindobonensis susceptum.
Nr. 2215.
Clematis montana Ham.
var. n. sterilis Hand.-Mzt.
Not. ad pl. viv.: fl. albi
Prov. SETSCHWAN austro-occid.: In regionis temperatae inter oppidum
Yenyüen et flumen Yalung, 27° 31', fruticetis jugi Sandao-schan.
Substr. arenaceo ; alt. s. m. ca. 3150-3350 m.
Leg. 12.V. 1914 Dr. Heinr. Frh. v. Handel-Mazzetti. (Diar. Nr. 441)
HERBARIUM
OF THE
ARNOLD ARBORETUM
HARVARD UNIVERSITY
THE HARVARD UNIVERSITY HERBARIA
00038170

**小叶绣球藤** ***Clematis montana*** Buch.-Ham. var. ***sterilis*** Hand.-Mazz. Symb. Sin. 7(2): 320. 1931. **Isotype:** China. Sichuan: Yanyuan, alt. 3 150~3 350 m, 1914-05-12, H. R. E. Handel-Mazzetti 2215 (A).

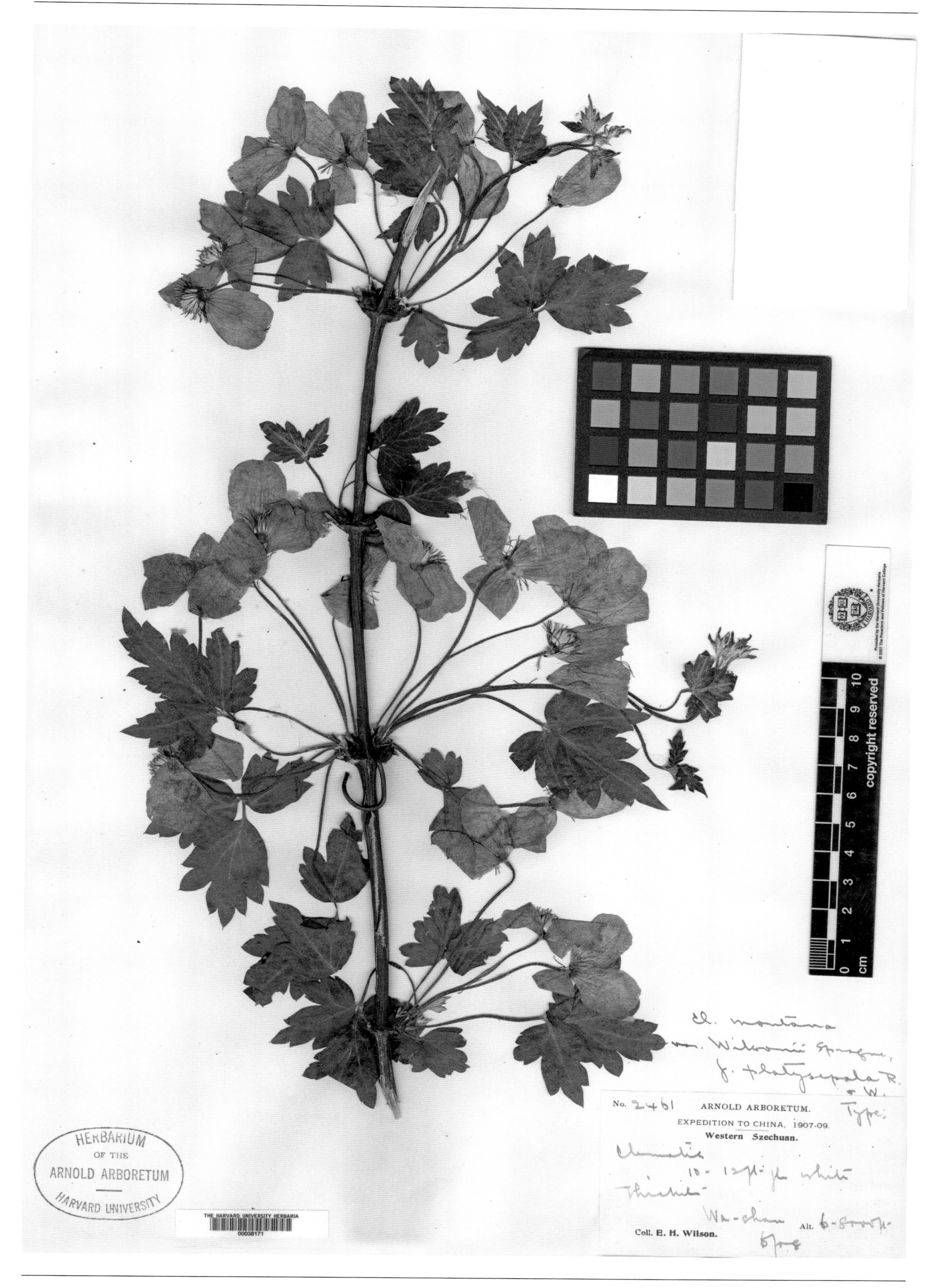
copyright reserved
cm 0 1 2 3 4 5 6 7 8 9 10
Cl. montana
var. Wilsonii Sprague,
f. platysepala R. & W.
No. 2461
ARNOLD ARBORETUM.
EXPEDITION TO CHINA. 1907-09.
Western Szechuan.
Type
Coll. E. H. Wilson.
Alt.
HERBARIUM
OF THE
ARNOLD ARBORETUM
HARVARD UNIVERSITY
THE HARVARD UNIVERSITY HERBARIA
00038171

宽萼铁线莲 ***Clematis montana*** Buch.-Ham. var. ***wilsonii*** Sprag. f. ***platysepala*** Rehd. & Wils. in Sargent, Pl. Wils. 1(3): 334. 1913. **Holotype:** China. Sichuan: Ebian, Washan, alt. 1 830~2 440 m, 1908-06-??, E. H. Wilson 2461 (A).

No. 1315. ARNOLD ARBORETUM.
EXPEDITION TO CHINA. 1907-09.
Western Szechuan.
Coll. E. H. Wilson.
HERBARIUM OF THE ARNOLD ARBORETUM HARVARD UNIVERSITY
THE HARVARD UNIVERSITY HERBARIA
00038173
copyright reserved
cm

**似聚伞圆锥花序铁线莲** ***Clematis nutans*** Royle var. ***thyrsoidea*** Rehd. & Wils. in Sargent, Pl. Wils. 1(3): 324. 1913. **Holotype:** China. Sichuan: Kangding, alt. 2 135~3 050 m, 1908-(06~10)-??, E. H. Wilson 1315 (A).

Clematis peterae Hand.-Mazz.
syntype!
Wang Wen-tsai
June 29, 1996.
HARVARD UNIVERSITY HERBARIA
PLANTÆ SINENSES
No 6178
Clematis Gouriana Roxb.
var. Finetii Rehd. & Wils.
Prov. Shansi. austr.: Yüan-chü distr.: Yang-shu-ling
in fruticetis apricis. ca. 800 m. s. m.; 19 11/VII 24.
Det.
leg. HARRY SMITH
Universitas Regia Upsaliensis.
HERBARIUM OF THE ARNOLD ARBORETUM HARVARD UNIVERSITY
THE HARVARD UNIVERSITY HERBARIA
00359407
copyright reserved
cm

**钝萼铁线莲** ***Clematis peterae*** Hand.-Mazz. in Acta Horti Gothob. 13(4): 213. 1939. **Isosyntype:** China. Shanxi: Yuncheng, alt. 800 m, 1924-07-11, H. Smith 6178 (A).

cm 0 1 2 3 4 5 6 7 8 9 10
copyright reserved
Clematis pogonandra Maxim.
Det. Aleck T.Y. Yang, 18-I-1994 5
West Szechuen and Tibetan Frontier: chiefly near Tachienlu, at 9,000—13,500 feet.
169.
Clematis Prattii Hemsl.
Collected by Mr. A. E. Pratt.
Purchased, December, 1890.
THE HARVARD UNIVERSITY HERBARIA
00055270
GRAY HERBARIUM
HARVARD
UNIVERSITY
isolectotype of
Clematis prattii Hemsl.
Aleck Yang 18-I-1995
HARVARD UNIVERSITY HERBARIA

**康定铁线莲** ***Clematis prattii*** Hemsl. in Bull. Misc. Inform. Kew 1892: 82. 1892. **Isosyntype:** China. Sichuan: Kangding, alt. 2 745~4 118 m, 1890-12-??, A. E. Pratt 169 (GH).

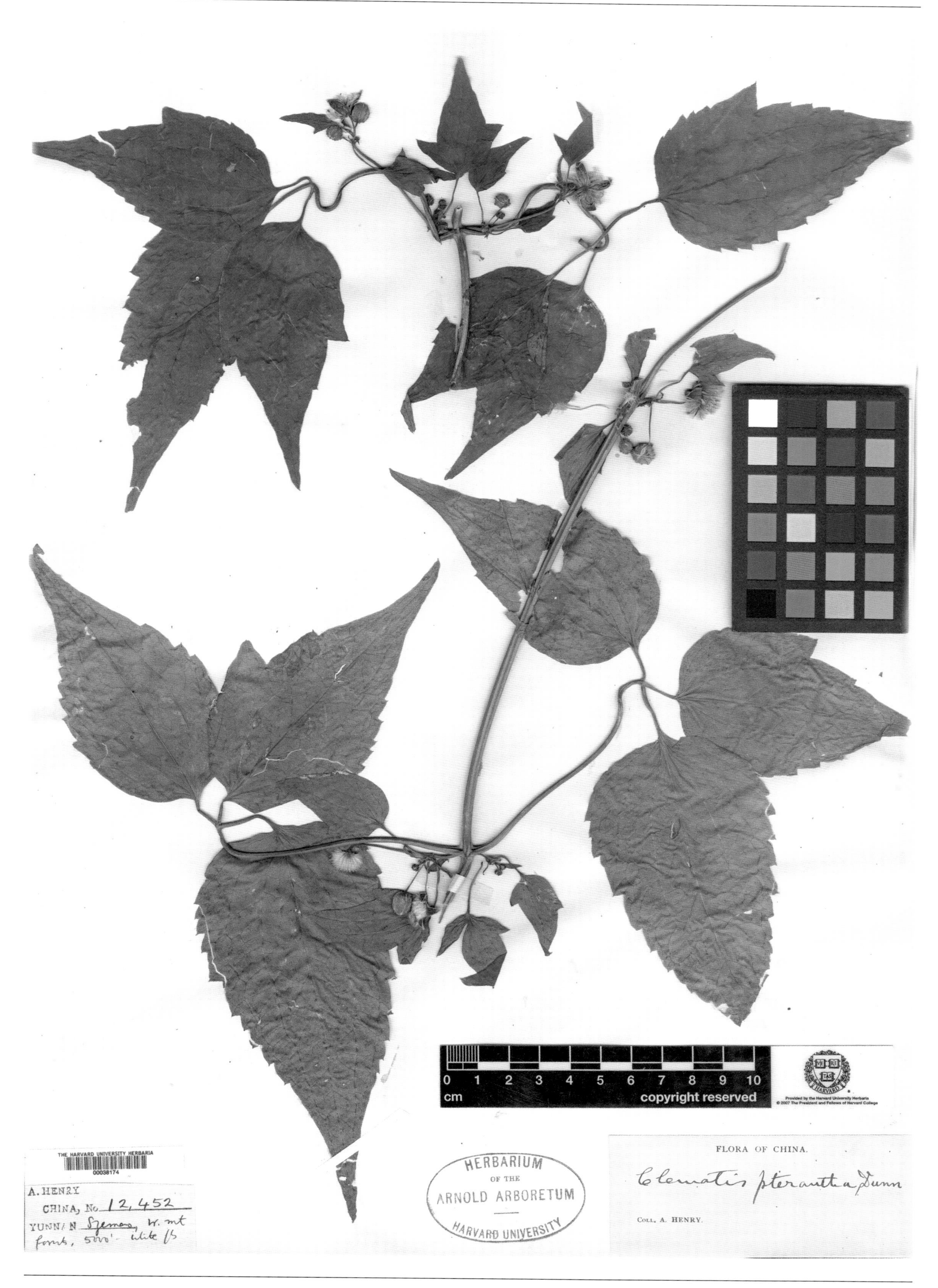
THE HARVARD UNIVERSITY HERBARIA
00038174
A. HENRY
CHINA, No. 12,452
YUNNAN
0 1 2 3 4 5 6 7 8 9 10
cm
copyright reserved
HERBARIUM
OF THE
ARNOLD ARBORETUM
HARVARD UNIVERSITY
FLORA OF CHINA.
Clematis pterantha Dunn
COLL. A. HENRY.

**思茅铁线莲** ***Clematis pterantha*** Dunn in Icon. Pl. 28, pl. 2713. 1901. **Isotype:** China. Yunnan: Simao, alt. 1 525 m, A. Henry12452 (A).

0 1 2 3 4 5 6 7 8 9 10
cm
copyright reserved
Clematis pterantha
var. grossedentata Rehd. & Wils.
No. 2488. ARNOLD ARBORETUM. Type
EXPEDITION TO CHINA, 1907-09.
Western Szechuan.
Clematis
5-6 ft. fl. white
Thickets Tung valley low! near Wa-shan
Alt. 2000 ft.
Coll. E. H. Wilson.
21/9/08
HERBARIUM
OF THE
ARNOLD ARBORETUM
HARVARD UNIVERSITY
THE HARVARD UNIVERSITY HERBARIA
00038175


大牙齿铁线莲 ***Clematis pterantha*** Dunn var. ***grossedentata*** Rehd. & Wils. in Sargent, Pl. Wils. 1(3): 322. 1913. **Holotype:** China. Sichuan: Ebian, Washan, alt. 610 m, 1908-09-21, E. H. Wilson 2488 (A).

0 1 2 3 4 5 6 7 8 9 10
cm
copyright reserved
HERBARIUM
OF THE
ARNOLD ARBORETUM
HARVARD UNIVERSITY
Clematis spooneri Rehd. & Wils.
No. 868.
ARNOLD ARBORETUM.
EXPEDITION TO CHINA. 1907-09.
Western Szechuan.
Type
Coll. E. H. Wilson.
THE HARVARD UNIVERSITY HERBARIA
00047847


宝兴铁线莲 ***Clematis spooneri*** Rehd. & Wils. in Sargent, Pl. Wils. 1(3): 334. 1913. **Holotype:** China. Sichuan: Mupin (=Baoxing), alt. 2 135~2 440 m, 1908-(06~08)-??, E. H. Wilson 868 (A).

copyright reserved
cm 0 1 2 3 4 5 6 7 8 9 10
No. 2487. ARNOLD ARBORETUM. Type
EXPEDITION TO CHINA, 1907-09.
Western Szechuan.
Alt.
Coll. E. H. Wilson.
HERBARIUM OF THE ARNOLD ARBORETUM HARVARD UNIVERSITY
THE HARVARD UNIVERSITY HERBARIA
00038180

稍钝铁线莲 ***Clematis tangutica*** (Maxim.) Korsh. var. ***obtusiuscula*** Rehd. & Wils. in Sargent, Pl. Wils. 1(3): 343. 1913.

**Holotype:** China. Sichuan: Kangding, alt. 2 440~3 050 m,1908-07-??, E. H. Wilson 2487 (A).

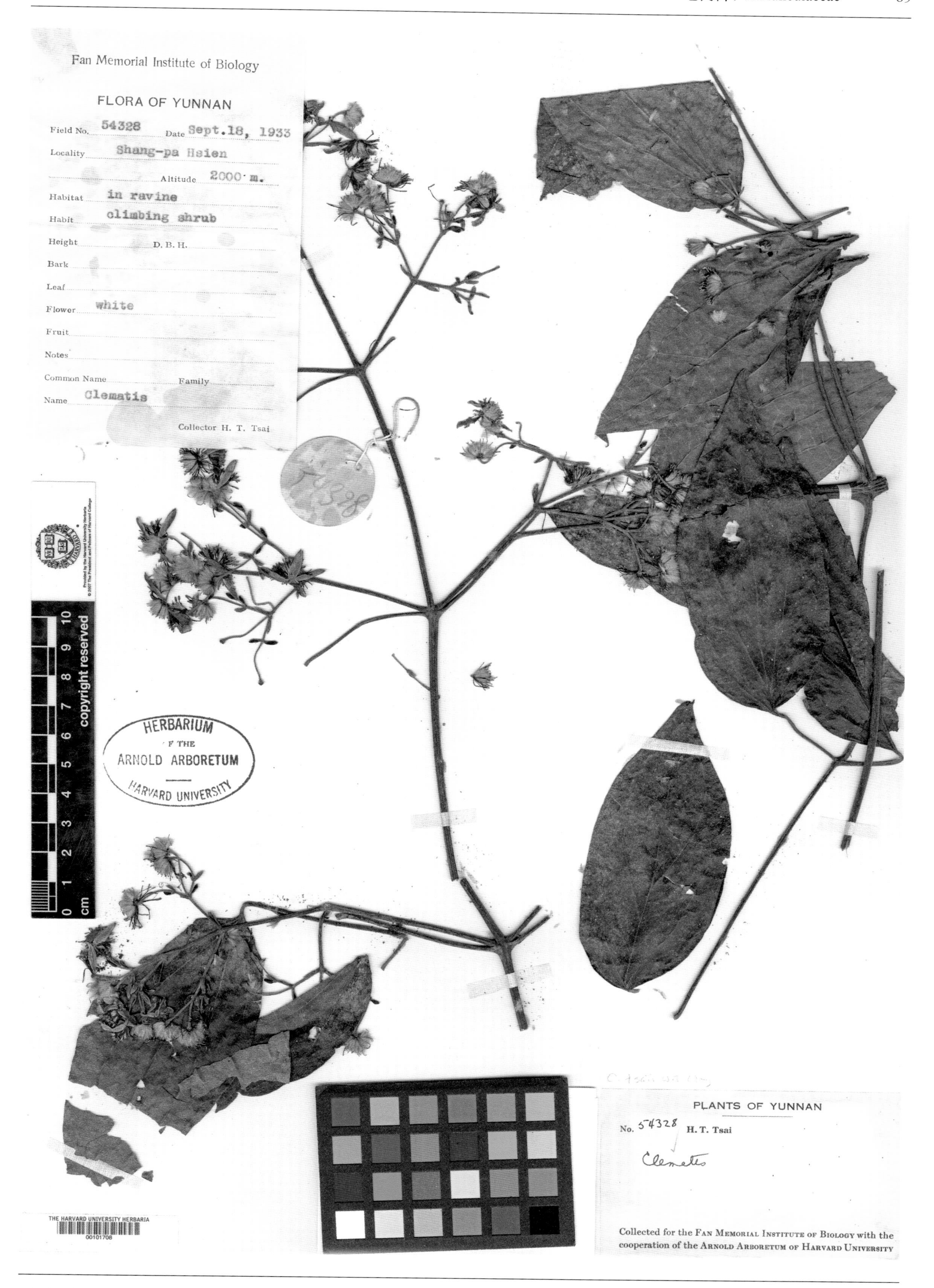
Fan Memorial Institute of Biology
FLORA OF YUNNAN
Field No. 54328 Date Sept.18, 1933
Locality Shang-pa Hsien
Altitude 2000 m.
Habitat in ravine
Habit climbing shrub
Height D. B. H.
Bark
Leaf
Flower white
Fruit
Notes
Common Name Family
Name Clematis
Collector H. T. Tsai
copyright reserved
HERBARIUM OF THE ARNOLD ARBORETUM HARVARD UNIVERSITY
PLANTS OF YUNNAN
No. 54328 H. T. Tsai
Collected for the Fan Memorial Institute of Biology with the cooperation of the Arnold Arboretum of Harvard University
THE HARVARD UNIVERSITY HERBARIA
00101708

福贡铁线莲 *Clematis tsaii* W. T. Wang in Acta Phytotax. Sin. 6(4): 382. 1957. **Isotype:** China. Yunnan: Shangpa (= Fugong), alt. 2 000 m, 1933-09-18, H. T. Tsai 54328(A).

FLORA OF CHINA
中國植物
Field No. 1555
Date May 16, 1924
Locality
Altitude 800 ft
Habitat
Habit climber
Height 10 ft
D. B. H.
Bark
Leaf light green on both sides
Flower dark purple
Fruit
Notes
Common Name
Family
Name
Collector Ching
copyright reserved
cm
Clematis Tsengiana Metcalf
Det. Franklin P. Metcalf
Arnold Arboretum, Harvard University
1940
PLANTS OF CHEKIANG.
No. 1555
Clematis
Coll. Ren-Chang Ching.
Isotype (sheet one of two)
Clematis tsengiana F. P. Metcalf
Lingnan Sci. J. 20: 129. 1941.
D. E. BOUFFORD 1994
HARVARD UNIVERSITY HERBARIA
Sheet 1 of 2
HERBARIUM
OF THE
ARNOLD ARBORETUM
HARVARD UNIVERSITY
THE HARVARD UNIVERSITY HERBARIA
00039910

**天台山铁线莲** ***Clematis tsengiana*** Metc. in Lingnan Sci. J. 20(1): 129, pl. 4. 1941. **Isotype:** China. Zhejiang: Tiantai, Tiantai Shan, alt. 244 m, 1924-05-16, R. C. Ching 1555 (A).

0 1 2 3 4 5 6 7 8 9 10
cm
copyright reserved
Material from Packet
Type
Clematis urophylla Franchet
var. obtusiuscula C. K. Schneider
Bot. Gaz. 63: 517. 1917.
D. E. BOUFFORD 1994
HARVARD UNIVERSITY HERBARIA
THE HARVARD UNIVERSITY HERBARIA
00038362
COLL. E. H. WILSON,
(FOR JAMES VEITCH & SONS)
WESTERN CHINA.
No. 3121.
HERBARIUM OF THE ARNOLD ARBORETUM HARVARD UNIVERSITY
HERBARIUM OF THE ARBORETUM.
HARVARD UNIVERSITY.

**小齿铁线莲** ***Clematis urophylla*** Franch. var. ***obtusiuscula*** Schneid. in Bot. Gazette 63(6): 517. 1917. **Holotype:** China. Sichuan: Emeishan, Emei Shan, alt. 1 830 m, 1903-10-16, E. H. Wilson 3121 (A).

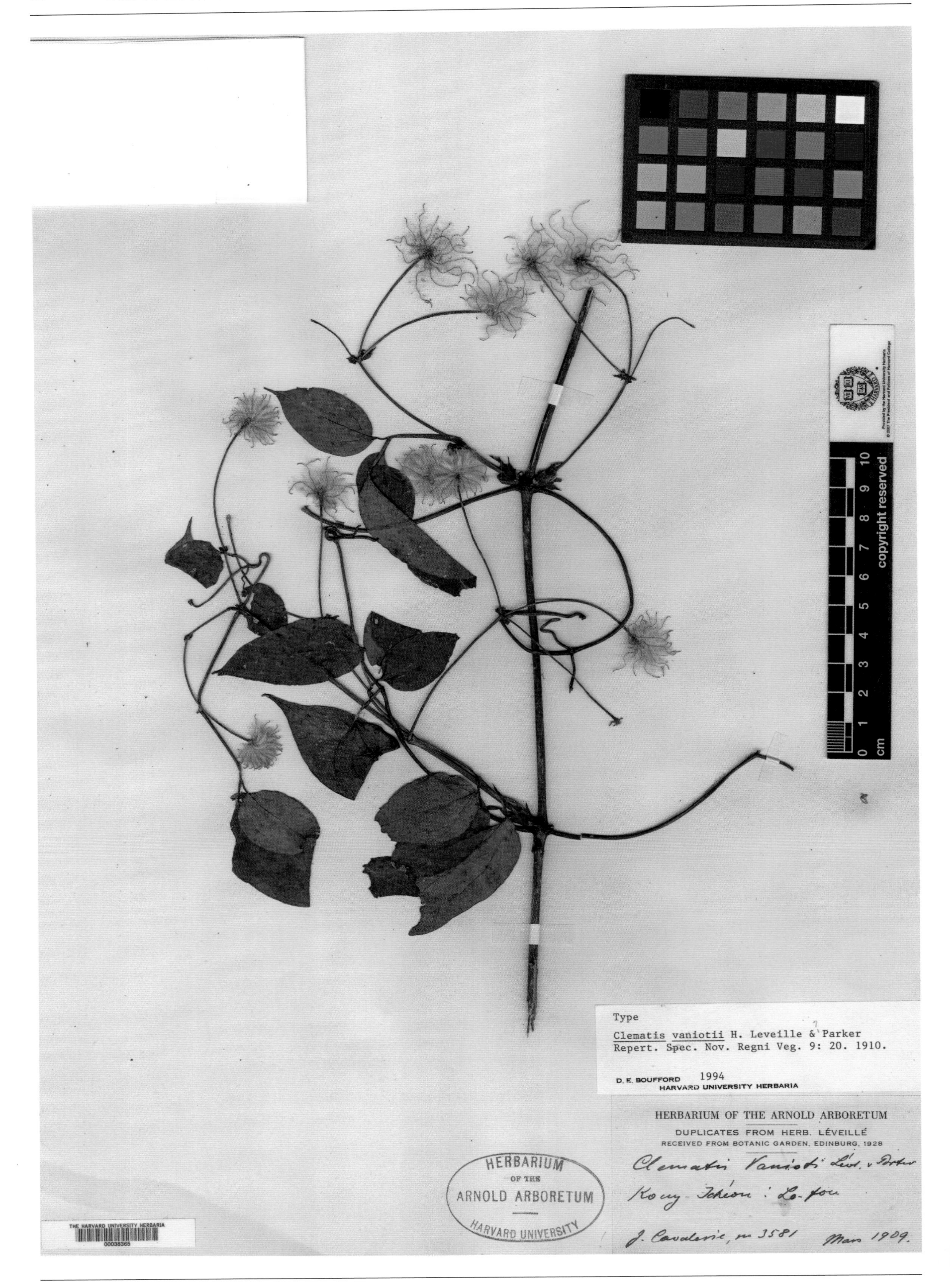
copyright reserved
cm 0 1 2 3 4 5 6 7 8 9 10
Type
Clematis vaniotii H. Leveille & Parker
Repert. Spec. Nov. Regni Veg. 9: 20. 1910.
D. E. BOUFFORD 1994
HARVARD UNIVERSITY HERBARIA
HERBARIUM OF THE ARNOLD ARBORETUM
DUPLICATES FROM HERB. LÉVEILLÉ
RECEIVED FROM BOTANIC GARDEN, EDINBURG, 1928
HERBARIUM OF THE ARNOLD ARBORETUM HARVARD UNIVERSITY
THE HARVARD UNIVERSITY HERBARIA
00038365

云贵铁线莲 ***Clematis vaniotii*** Lévl. & Port. in Fedde, Repert. Sp. Nov. 9: 20. 1910. **Isotype:** China. Guizhou: Lo-Fou (=Luodian), 1909-05-??, J. Cavalerie 3581 (A).

cm 0 1 2 3 4 5 6 7 8 9 10
copyright reserved
Isotype
Clematis vernayi C. E. C. Fischer
Bull. Misc. Inform. Kew 1937: 20. 1937.
D. E. BOUFFORD 1994
HARVARD UNIVERSITY HERBARIA
Type Number.
HERB. KEW.
EX HERB. HORT. BOT. REG. KEW.
Clematis Vernayi CEC Fischer
Coll: C.S. Cutting & A.S. Vernay 57
12 miles N.W. of Gyantse 22.VIII.1935
outside of road to Shigatse
Tibet 13,000 ft
growing with C. orientalis
The only yellow-flowered Clematis seen
HERBARIUM OF THE ARNOLD ARBORETUM
HARVARD UNIVERSITY
THE HARVARD UNIVERSITY HERBARIA
00038366

江日铁线莲 ***Clematis vernayi*** Fischer in Bull. Misc. Inf. Kew 1937(2): 95. 1937. **Isotype:** China. Xizang: from Gyantse (=Gyangzê) to Shigatse (=Xigazê), alt. 3 965 m, 1935-08-22, C. S. Cutting & A. S. Vernay 57 (A).

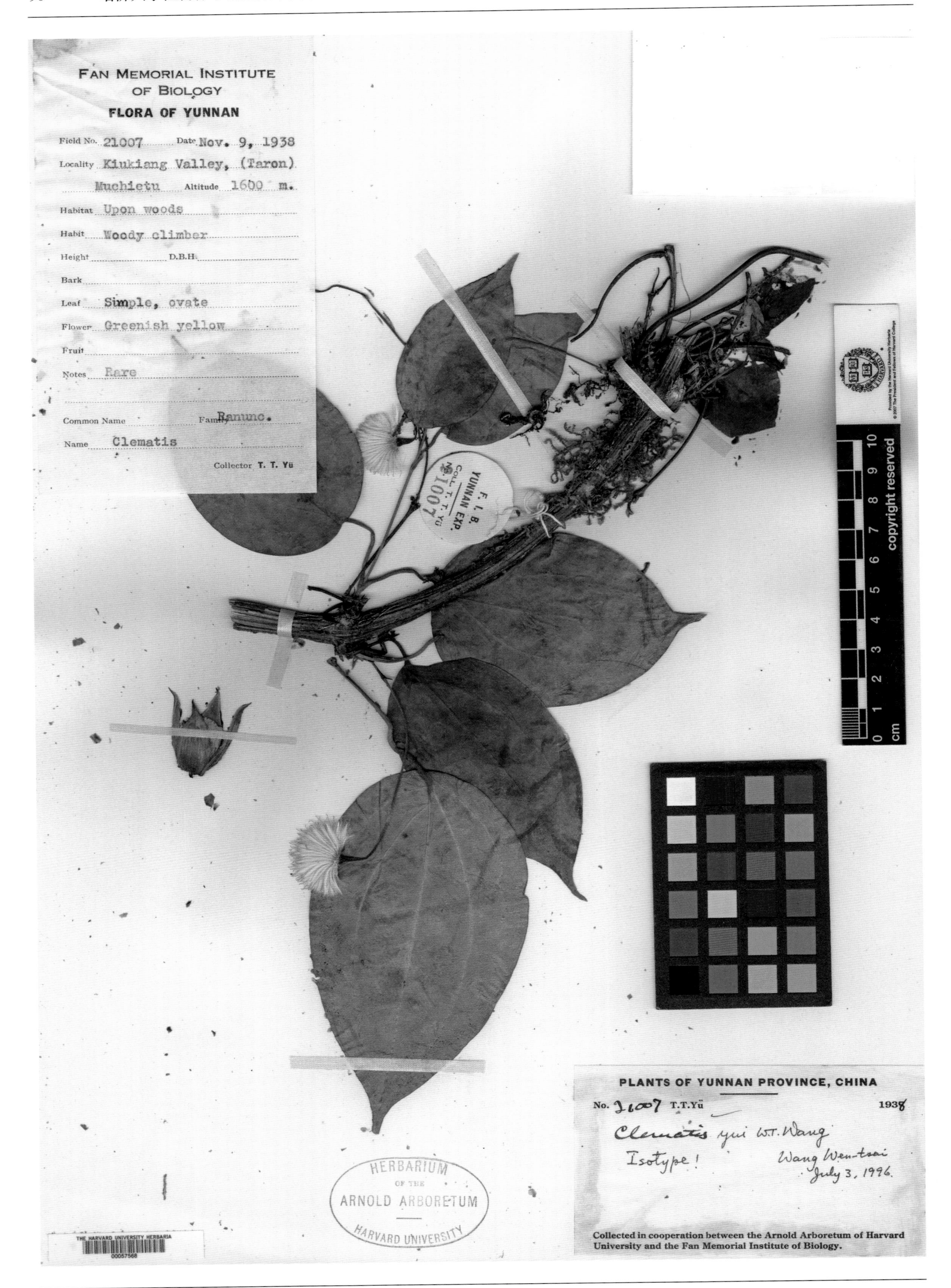
FAN MEMORIAL INSTITUTE
OF BIOLOGY
FLORA OF YUNNAN
Field No. 21007 Date Nov. 9, 1938
Locality Kiukiang Valley, (Taron)
Muchietu Altitude 1600 m.
Habitat Upon woods
Habit Woody climber
Height D.B.H.
Bark
Leaf Simple, ovate
Flower Greenish yellow
Fruit
Notes Rare
Common Name Family Ranunc.
Name Clematis
Collector T. T. Yü
F. I. B.
YUNNAN EXP.
COLL. T. T. YÜ
No 21007
copyright reserved
cm
HERBARIUM
OF THE
ARNOLD ARBORETUM
HARVARD UNIVERSITY
THE HARVARD UNIVERSITY HERBARIA
00037568
PLANTS OF YUNNAN PROVINCE, CHINA
No. 21007 T.T.Yü 1938
Clematis yui W.T. Wang
Isotype!
Wang Wen-tsai
July 3, 1996.
Collected in cooperation between the Arnold Arboretum of Harvard
University and the Fan Memorial Institute of Biology.

**俞氏铁线莲** ***Clematis yui*** W. T. Wang in Acta Phytotax. Sin. 29(5): 465, f. 3: 3–5. 1991. **Isotype:** China. Yunnan: Gongshan, alt. 1 600 m, 1938-11-09, T. T. Yu 21007 (A).

GRAY HERBARIUM
HARVARD
UNIVERSITY
copyright reserved
cm
0 1 2 3 4 5 6 7 8 9 10
DETERMINED AS:
Delphinium chefoense Franch.
(isotype of D. gilgianum Pilger)
PHILIP A. MUNZ
1965-66
Ex Museo botanico Berolinensi.
192. Delphinium Gilgianum
Pilger n. sp.
Deutsch China: Tsingtau
1901. Zimmermann
IMAGED
THE HARVARD UNIVERSITY HERBARIA
00038280

**腺毛翠雀** ***Delphinium gilgianum*** Pilger ex Gilg in Bot. Jahrb. Syst. 34(1, Beibl. 75): 33. 1904. **Isotype:** China. Shandong: Qingdao, alt. 100 m, 1900-05-??, Zimmerman 192 (GH).

0 1 2 3 4 5 6 7 8 9 10
cm
copyright reserved
2059
ISOTYPE
Delphinium grandiflorum L.
var. robustum W. T. Wang
Acta Phytotax. Sin. 10: 273. 1962
W. T. Kittredge 2001
HARVARD UNIVERSITY HERBARIA
Delphinium grandiflorum L.
var. mosoyuense (Franch.) Huth
Det. W. T. Wang, 1996
HARVARD UNIVERSITY HERBARIA
DETERMINED AS:
Consolida
Delphinium tatsienense Franch.
PHILIP A. MUNZ
1965-66
PLANTS OF N.W. YUNNAN PROVINCE, CHINA
No. 2059 K.M.Feng Aug. 17 1939
Delphinium
S. E. Chungtien: Bodo near Anangu.
Plant 2-3 ft., fl. purple-blue.
On open hillside.
Collected in cooperation between the Arnold Arboretum of Harvard University and the Lu Shan Arboretum and Botanical Garden.
THE HARVARD UNIVERSITY HERBARIA
00105929
HERBARIUM
OF THE
ARNOLD ARBORETUM
HARVARD UNIVERSITY

**翠雀粗壮变种** ***Delphinium grandiflorum*** L. var. ***robustum*** W. T. Wang in Acta Phytotax. Sin., Add. 1: 102. 1965. **Isotype:** China. Yunnan: Chungtien (=Shangri-La), 1939-07-17, K. M. Feng 2059 (A).

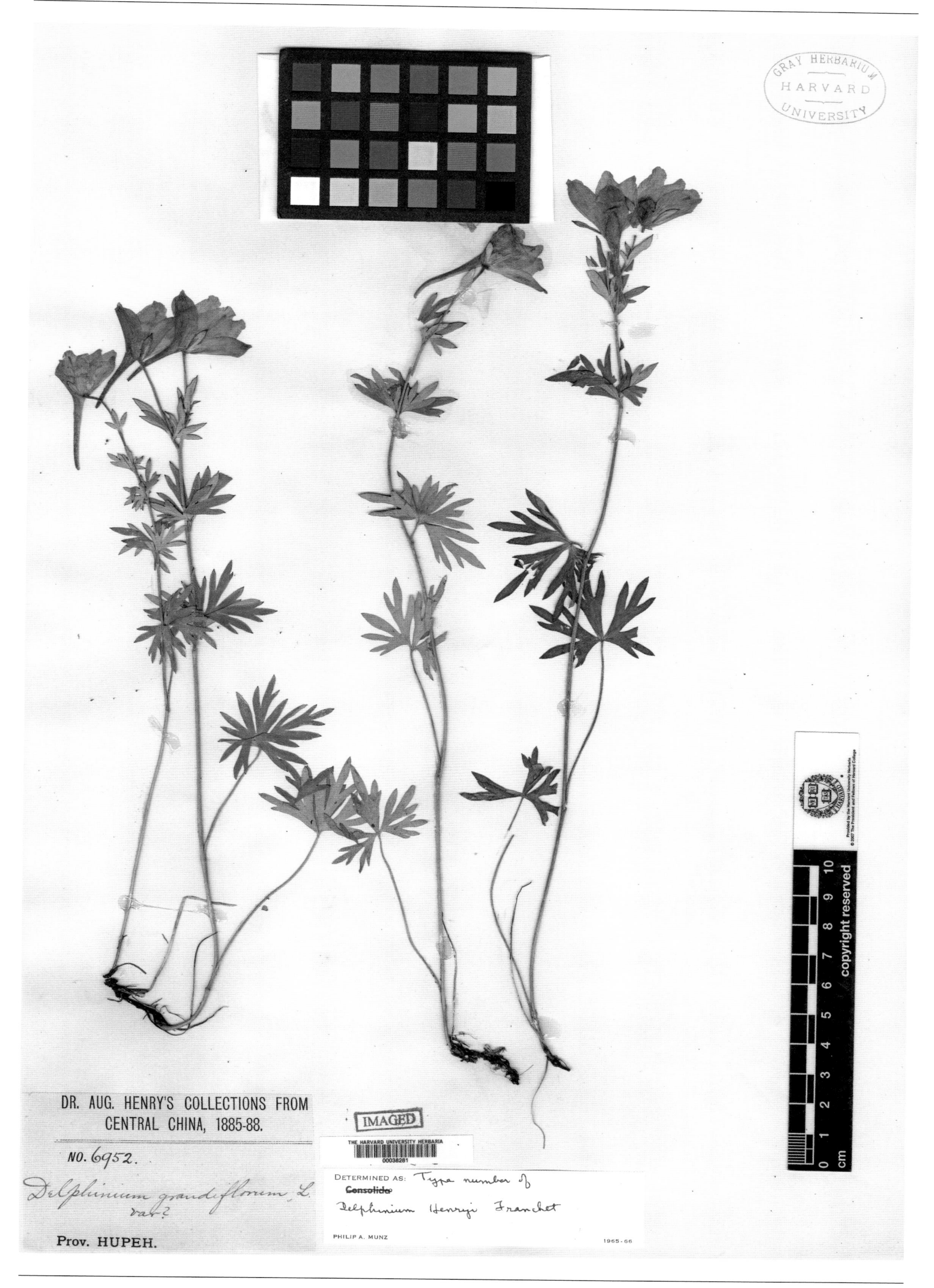
GRAY HERBARIUM
HARVARD
UNIVERSITY
copyright reserved
cm 0 1 2 3 4 5 6 7 8 9 10
DR. AUG. HENRY'S COLLECTIONS FROM
CENTRAL CHINA, 1885-88.
NO. 6952.
Delphinium grandiflorum, L. var?
Prov. HUPEH.
IMAGED
THE HARVARD UNIVERSITY HERBARIA
00038281
DETERMINED AS: Type number of
Consolida
Delphinium Henryi Franchet
PHILIP A. MUNZ
1965-66

川陕翠雀花 ***Delphinium henryi*** Franch. in Bull. Soc. Philom. Paris, ser. 8. 5: 177. 1893. **Isotype:** China. Hubei: Xingshan, (1885–1888)-??-??, A. Henry 6952 (GH).

copyright reserved
cm
HERBARIUM
OF THE
ARNOLD ARBORETUM
HARVARD UNIVERSITY
THE HARVARD UNIVERSITY HERBARIA
00038282
ex herbario
musei
parisiensis
630 bis.
ISOTYPE
HERB. MUS. PARIS.
Delphinium hirticaule Franchet
Plantes de CHINE. (Su-tchuen oriental.)
District de TCHEN-KÉOU-TIN.
R. P. FARGES.

毛茎翠雀花 ***Delphinium hirticaule*** Franch. in J. Bot. (Morot) 8: 275. 1894. **Isotype:** China. Chongqing: Chengkou, R. P. Farges 630 bis (A).

0 1 2 3 4 5 6 7 8 9 10
cm
copyright reserved
DETERMINED AS:
Consolida
D. lancisepalum Hand.- Mazz.
PHILIP A. MUNZ
1965-66
COTYPUS
PLANTÆ SINENSES
№ 11248
Delphinium lancisepalum Hand.-Mzt.
Sikang: Kangting (Tachienlu) distr.: Tapaoshan, in catena occid., in glarea schistacea declivium.
Ca 4500 m. s. m. 20. 8. 1934.
Det. Handel-Mazzetti 1938.
leg. HARRY SMITH
Universitas Regia Upsaliensis.
HERBARIUM OF THE ARNOLD ARBORETUM HARVARD UNIVERSITY
THE HARVARD UNIVERSITY HERBARIA
00038283

狭萼粗距翠雀花 ***Delphinium lancisepalum*** Hand.-Mazz. in Acta Horti Gothob 13(4): 55–57, f. 2a. 1939. **Isotype:** China. Sichuan: Kangding, alt. 4 500 m, 1934-08-20, H. Smith 11248 (A).

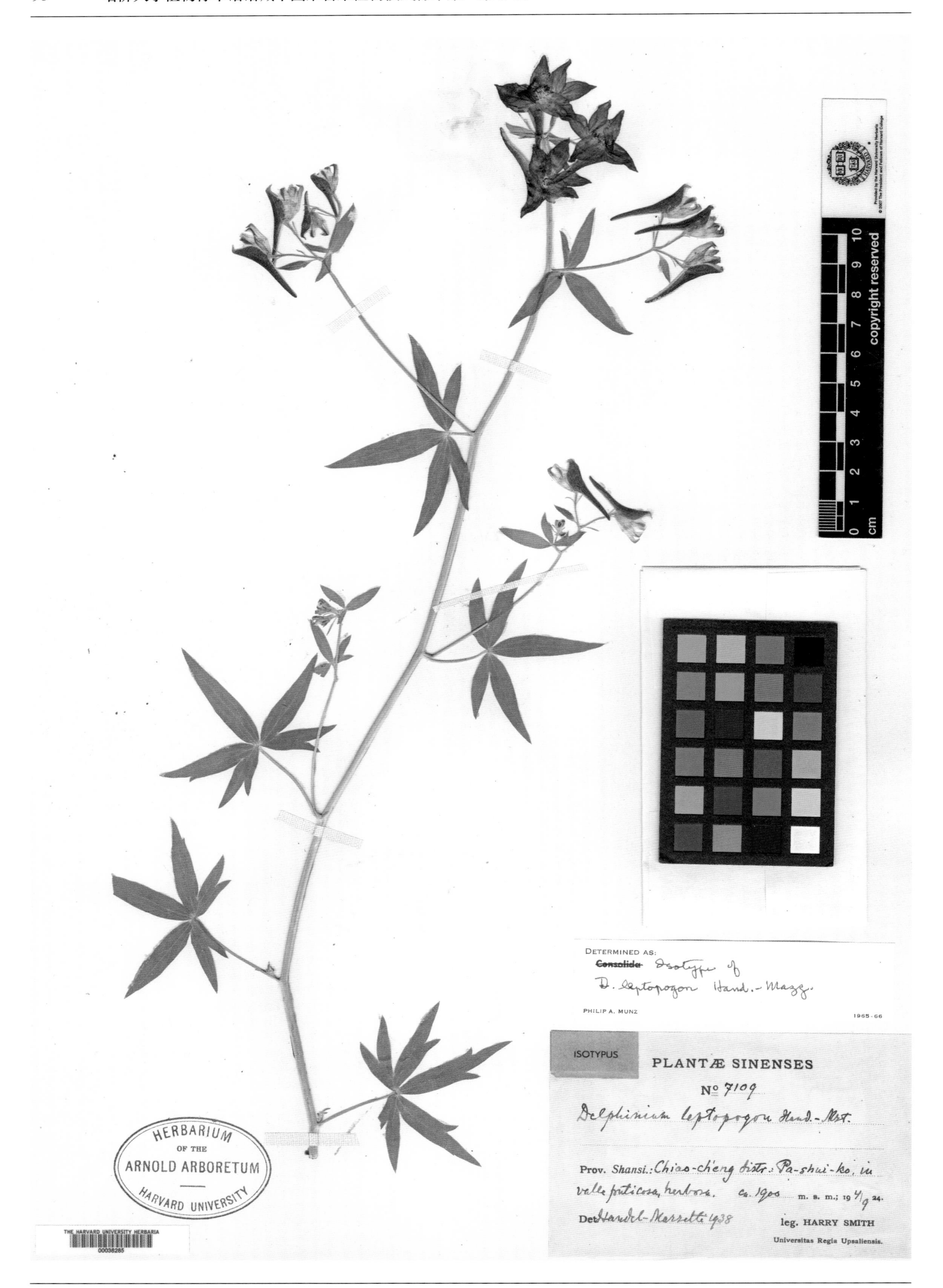
copyright reserved
DETERMINED AS:
Consolida Isotype of
D. leptopogon Hand.-Mazz.
PHILIP A. MUNZ
1965-66
ISOTYPUS
PLANTÆ SINENSES
№ 7109
Delphinium leptopogon Hand.-Mzt.
Prov. Shansi.: Chiao-ch'eng distr.: Pa-shui-ko, in valle fruticosa, herbosa. ca. 1900 m. s. m.; 19 4/9 24.
Det. Handel-Mazzetti 1938
leg. HARRY SMITH
Universitas Regia Upsaliensis.
HERBARIUM OF THE ARNOLD ARBORETUM HARVARD UNIVERSITY
THE HARVARD UNIVERSITY HERBARIA
00038285

**细须翠雀花** ***Delphinium leptopogon*** Hand.-Mazz. in Acta Horti Gothob. 13(4): 58. 1939. **Isotype:** China. Shanxi: Jiaocheng, alt. 1 900 m, 1924-09-04, H. Smith 7109(A).

GRAY HERBARIUM
HARVARD
UNIVERSITY
copyright reserved
cm
0 1 2 3 4 5 6 7 8 9 10
IMAGED
THE HARVARD UNIVERSITY HERBARIA
00038287
DETERMINED AS:
Consolida
isotype of
D. mitzugense Ulbr.
PHILIP A. MUNZ
1965-66
18317
SMITHSONIAN INSTITUTION
FROM THE UNITED STATES NATIONAL HERBARIUM
PLANTS OF THE MULI (OR MILI) KINGDOM
SOUTHWESTERN SZECHWAN, CHINA
at alt. 4300 m. Fls. blue.
Mount Mitzuga
No. 18317
J. F. ROCK, Collector
September, 1929

**米左翠雀花** ***Delphinium mitzugense*** Ulbr. in Notizbl. Bot. Gart. Mus. Berlin. 12: 358. 1935. **Isotype:** China. Sichuan: Muli, alt. 4 300 m, 1929-09-??, J. F. Rock 18317 (GH).

0 1 2 3 4 5 6 7 8 9 10
cm
copyright reserved
Provided by the Harvard University Herbaria
© 2007 The President and Fellows of Harvard College
DETERMINED AS:
Consolida
PHILIP A. MUNZ
1965-66
ISOTYPUS
PLANTÆ SINENSES
№ 3132
Prov. Sze-ch'uan
m. s. m.; 19
22.
Det
leg. HARRY SMITH
HERBARIUM
OF THE
ARNOLD ARBORETUM
HARVARD UNIVERSITY
THE HARVARD UNIVERSITY HERBARIA
00038288

**单花翠雀花** ***Delphinium monanthum*** Hand.-Mazz. in Acta Horti Gothob 13(4): 50, f. 1a. 1939. **Isotype:** China. Sichuan: Songpan, alt. 4 800 m, 1922-08-09, H. Smith 3132 (A).

F. I. B.
YUNNAN EXP.
COLL. T. T. YÜ
No. 6989
copyright reserved
cm
DETERMINED AS: probably isotype of
Consolida D. muliense W.T.Wang
Species published as 6988, but photo of Peiping Type shows 6989 — Szechwan: Muli: Halin, 3500 m. July 11, 1937
PHILIP A. MUNZ
1965-66
THE HARVARD UNIVERSITY HERBARIA
HERBARIUM OF THE ARNOLD ARBORETUM HARVARD UNIVERSITY
PLANTS OF YUNNAN PROVINCE, CHINA
No. 6989 T.T.Yü
193
Delphinium
Collected in cooperation between the Arnold Arboretum of Harvard University and the Fan Memorial Institute of Biology.

**木里翠雀花** ***Delphinium muliense*** W. T. Wang in Acta Phytotax. Sin. 6(4): 365. 1957. **Isotype:** China. Sichuan: Muli, alt. 3 500 m, 1937-07-11, T. T. Yu 6989 (A).

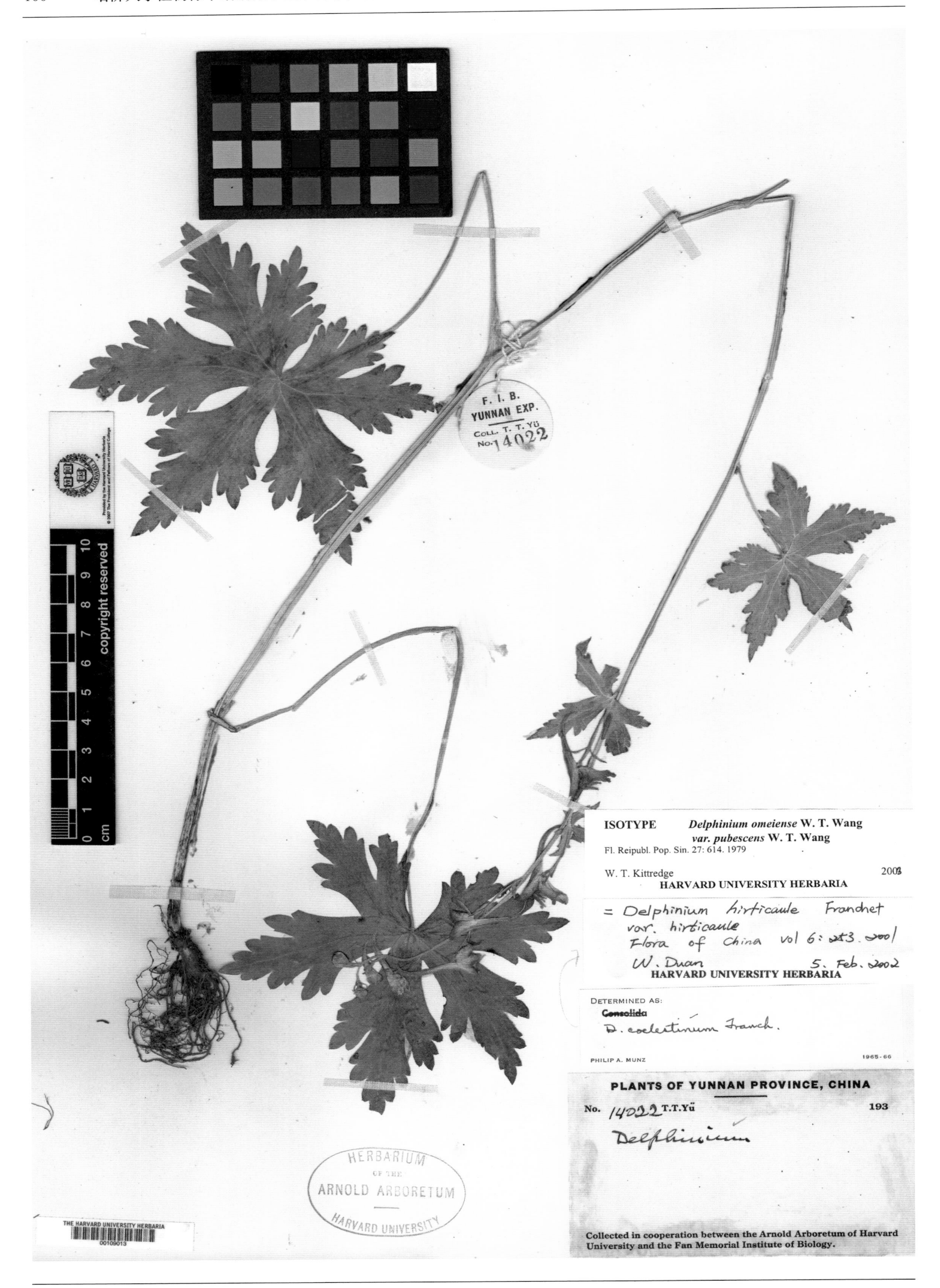
F. I. B.
YUNNAN EXP.
COLL. T. T. YÜ
No. 14022
copyright reserved
ISOTYPE Delphinium omeiense W. T. Wang
var. pubescens W. T. Wang
Fl. Reipubl. Pop. Sin. 27: 614. 1979
W. T. Kittredge 2003
HARVARD UNIVERSITY HERBARIA
= Delphinium hirticaule Franchet
var. hirticaule
Flora of China vol 6: 253. 2001
W. Duan 5. Feb. 2002
HARVARD UNIVERSITY HERBARIA
DETERMINED AS:
Consolida
D. coelestinum Franch.
PHILIP A. MUNZ 1965-66
PLANTS OF YUNNAN PROVINCE, CHINA
No. 14022 T.T.Yü 193
Delphinium
Collected in cooperation between the Arnold Arboretum of Harvard University and the Fan Memorial Institute of Biology.
HERBARIUM
OF THE
ARNOLD ARBORETUM
HARVARD UNIVERSITY
THE HARVARD UNIVERSITY HERBARIA
00109013

**柔毛峨眉翠雀花** ***Delphinium omeiense*** W. T. Wang var. ***pubescens*** W. T. Wang, Fl. Reip. Popul. Sin. 27: 405, 614. 1979.
**Isotype:** China. Sichuan: Muli, alt. 2 600 m, 1937-08-19, T. T. Yu 14022 (A).

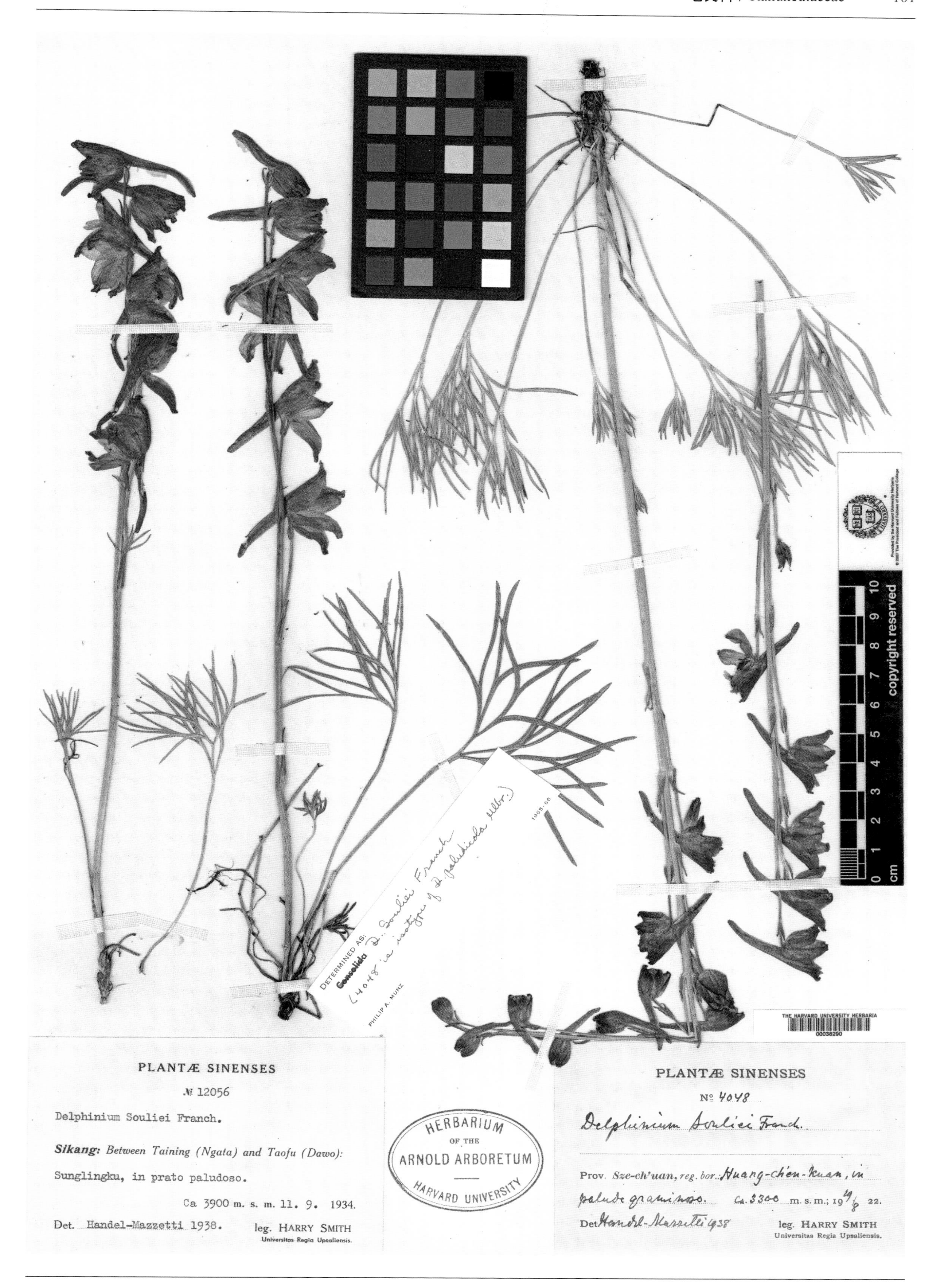
PLANTÆ SINENSES
№ 12056
Delphinium Souliei Franch.
Sikang: Between Taining (Ngata) and Taofu (Dawo):
Sunglingku, in prato paludoso.
Ca 3900 m. s. m. 11. 9. 1934.
Det. Handel-Mazzetti 1938.
leg. HARRY SMITH
Universitas Regia Upsaliensis.
HERBARIUM OF THE ARNOLD ARBORETUM HARVARD UNIVERSITY
PLANTÆ SINENSES
№ 4048
Delphinium Souliei Franch.
Prov. Sze-ch'uan, reg. bor.: Huang-chien-kuan, in palude graminoso.
Ca. 3300 m. s. m.; 19/8 22.
Det Handel-Mazzetti 1938
leg. HARRY SMITH
Universitas Regia Upsaliensis.
DETERMINED AS:
Consolida D. Souliei Franch.
4048 is isotype of D. paludicola Ulbr.
PHILIP A. MUNZ
1965-66
THE HARVARD UNIVERSITY HERBARIA
00038290
copyright reserved
cm

**沼生翠雀花** ***Delphinium paludicola*** Ulbr. in Notizbl. Bot. Gart. Mus. Berlin 12: 357. 1935. **Isoparatype:** China. Sichuan: Huangchenkuan, alt. 3 300 m, 1922-08-19, H. Smith 4048 (A).

F. I. B.
YUNNAN EXP.
COLL. T. T. YÜ
No. 9330
copyright reserved
cm
Delphinium batangense Finet & Gagnep
Wang Wen-tsai
June 20, 1996
HARVARD UNIVERSITY HERBARIA
DETERMINED AS:
Consolida
D. Beesianum W. W. Smith
PHILIP A. MUNZ
1965-66
ISOTYPE
Delphinium pulcherrimum W. T. Wang
Acta Phytotox. Sin. 6: 370. 1957
W. T. Kittredge
2003
HARVARD UNIVERSITY HERBARIA
HERBARIUM OF THE ARNOLD ARBORETUM HARVARD UNIVERSITY
PLANTS OF YUNNAN PROVINCE, CHINA
No. 9330 T.T.Yü 1937
Delphinium
Collected in cooperation between the Arnold Arboretum of Harvard University and the Fan Memorial Institute of Biology.
THE HARVARD UNIVERSITY HERBARIA
00108870

美丽翠雀花 ***Delphinium pulcherrimum*** W. T. Wang in Acta Phytotax. Sin. 6(4): 370. 1957. **Isotype:** China. Yunnan: Dêqên, alt. 4 240 m, 1937-08-03, T. T. Yu 9330 (A).

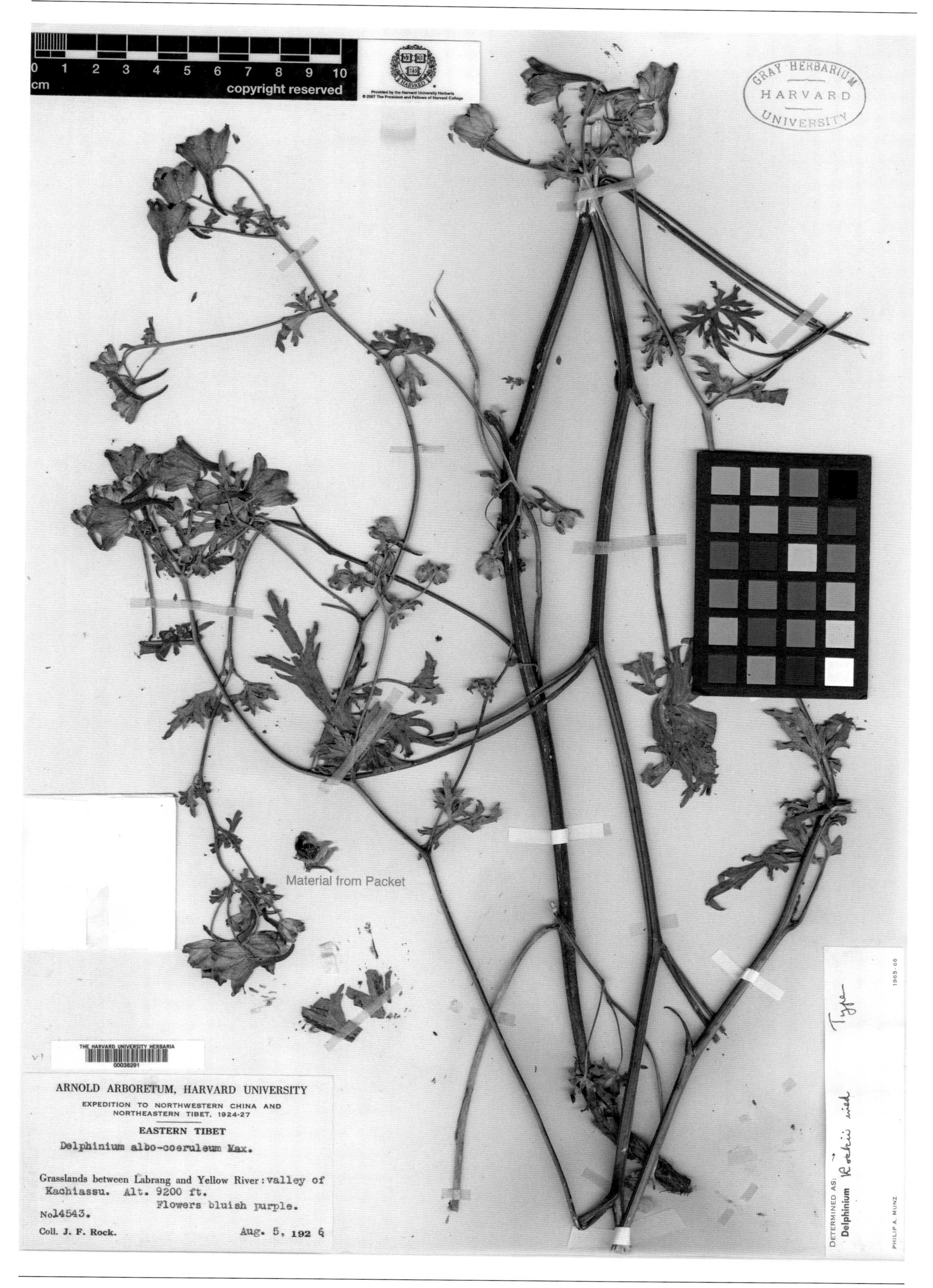
0 1 2 3 4 5 6 7 8 9 10
cm
copyright reserved
GRAY HERBARIUM
HARVARD
UNIVERSITY
Material from Packet
THE HARVARD UNIVERSITY HERBARIA
00038291
ARNOLD ARBORETUM, HARVARD UNIVERSITY
EXPEDITION TO NORTHWESTERN CHINA AND NORTHEASTERN TIBET, 1924-27
EASTERN TIBET
Delphinium albo-coeruleum Max.
Grasslands between Labrang and Yellow River: valley of Kachiassu. Alt. 9200 ft.
Flowers bluish purple.
No14543.
Coll. J. F. Rock.
Aug. 5, 1926
Type
DETERMINED AS:
Delphinium Rockii sp. nov.
PHILIP A. MUNZ
1965-66

**草地翠雀花** ***Delphinium rockii*** Munz in J. Arnold Arbor. 48: 533. 1967. **Holotype:** China. Qinghai: Grasslands between Labrang & Yellow River, Kachiassu, alt. 2 806 m, 1926-08-05, J. F. Rock 14543 (GH).

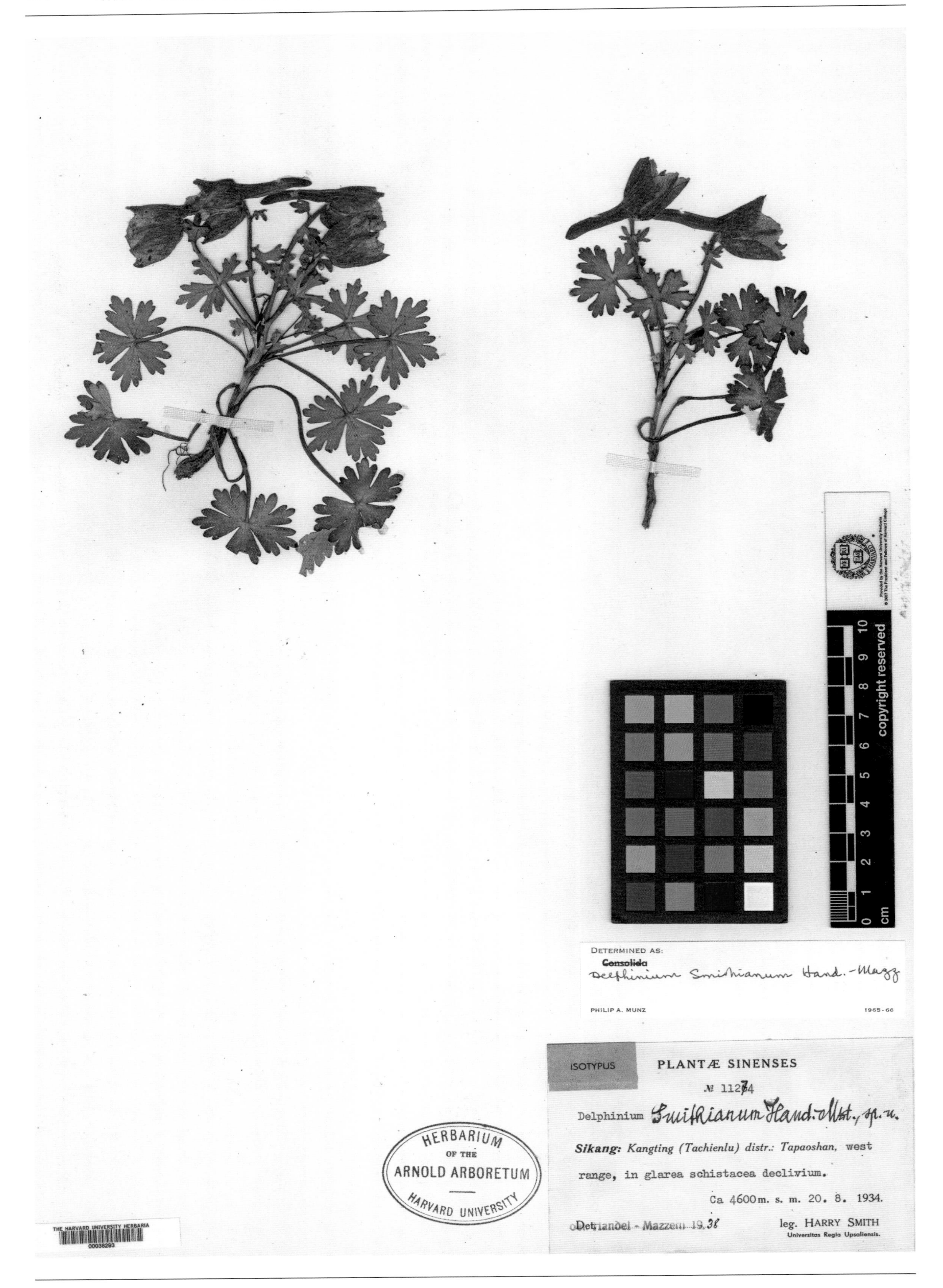
copyright reserved
0 1 2 3 4 5 6 7 8 9 10
cm
DETERMINED AS:
Consolida
Delphinium Smithianum Hand.-Mazz
PHILIP A. MUNZ
1965-66
ISOTYPUS
PLANTÆ SINENSES
№ 11274
Delphinium Smithianum Hand.-Mzt., sp. n.
Sikang: Kangting (Tachienlu) distr.: Tapaoshan, west
range, in glarea schistacea declivium.
Ca 4600 m. s. m. 20. 8. 1934.
Det. Handel - Mazzetti 19.38
leg. HARRY SMITH
Universitas Regia Upsaliensis.
HERBARIUM
OF THE
ARNOLD ARBORETUM
HARVARD UNIVERSITY
THE HARVARD UNIVERSITY HERBARIA
00038293

宝兴翠雀花 ***Delphinium smithianum*** Hand.-Mazz. in Acta Horti Gothob. 13(4): 49, f. 1b. 1939. **Isotype:** China. Sichuan: Kangding, alt. 4 600 m, 1934-08-20, H. Smith 11274 (A).

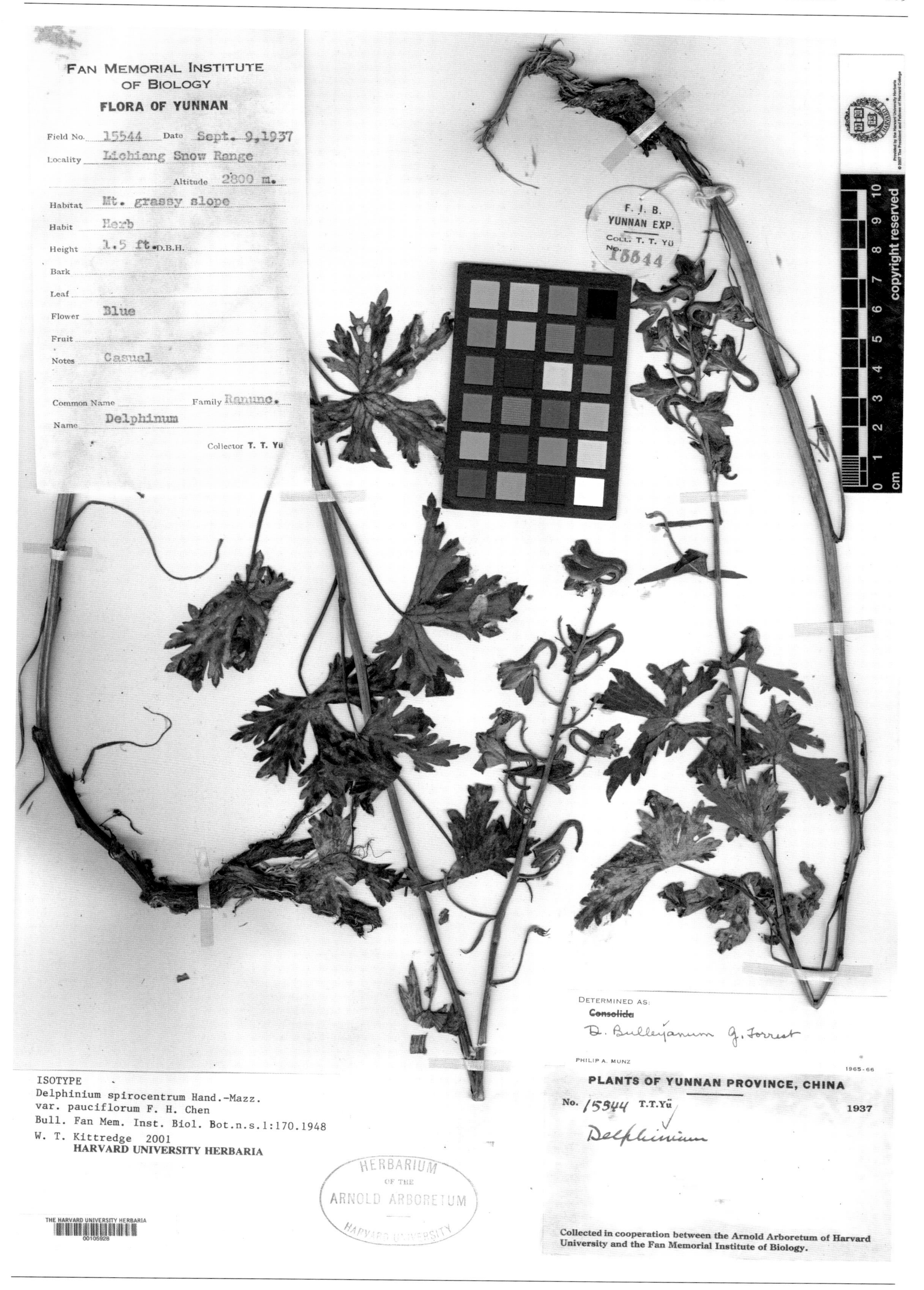
FAN MEMORIAL INSTITUTE
OF BIOLOGY
FLORA OF YUNNAN
Field No. 15544 Date Sept. 9,1937
Locality Lichiang Snow Range
Altitude 2800 m.
Habitat Mt. grassy slope
Habit Herb
Height 1.5 ft. D.B.H.
Bark
Leaf
Flower Blue
Fruit
Notes Casual
Common Name Family Ranunc.
Name Delphinum
Collector T. T. Yü
F. I. B.
YUNNAN EXP.
COLL. T. T. YÜ
No. 15544
copyright reserved
cm
DETERMINED AS:
Consolida
D. Bulleyanum G. Forrest
PHILIP A. MUNZ
1965-66
PLANTS OF YUNNAN PROVINCE, CHINA
No. 15344 T.T.Yü
1937
Delphinium
Collected in cooperation between the Arnold Arboretum of Harvard University and the Fan Memorial Institute of Biology.
ISOTYPE
Delphinium spirocentrum Hand.-Mazz.
var. pauciflorum F. H. Chen
Bull. Fan Mem. Inst. Biol. Bot.n.s.1:170.1948
W. T. Kittredge 2001
HARVARD UNIVERSITY HERBARIA
HERBARIUM
OF THE
ARNOLD ARBORETUM
HARVARD UNIVERSITY
THE HARVARD UNIVERSITY HERBARIA
00105928

**少花翠雀花** ***Delphinium spirocentrum*** Hand.-Mazz. var. ***pauciflorum*** F. H. Chen in Bull. Fan Mem. Inst. Biol., Bot. 1: 170. 1948. **Isotype:** China. Yunnan: Lijiang, alt. 2 800 m, 1937-09-09, T. T. Yu 15544 (A).

GRAY HERBARIUM
HARVARD
UNIVERSITY
No.
ARNOLD ARBORETUM.
EXPEDITION TO CHINA, 1907-09.
Western Szechuan.
Coll. E. H. Wilson.
Alt.
IMAGED
DETERMINED AS:
PHILIP A. MUNZ
1965-66
copyright reserved
cm

**四川翠雀花** ***Delphinium szechuanicum*** Ulbr. in Fedde, Repert. Sp. Nov. 14: 298. 1916. **Isotype:** China. Sichuan: Western Sichuan, Precise locality not known, 1908-(07~09)-??, E. H. Wilson 1088 (GH).

copyright reserved
ex herbario
musei
parisiensis
ISOTYPE
HERB. MUS. PARIS.
Voyage de M. Bonvalot et du Prince Henri
d'Orléans à travers l'ASIE.
Herbier recueilli par le Prince Henri d'Orléans.
HERBARIUM
OF THE
ARNOLD ARBORETUM
HARVARD UNIVERSITY
THE HARVARD UNIVERSITY HERBARIA

**康定翠雀花** ***Delphinium tatsienense*** Franch. in Bull. Soc. Philom. Paris, ser. 8, 5: 169. 1893. **Isotype:** China. Sichuan: Kangding, P. G. E. Bonvalot & H. D'Orleans s. n. (A).

DETERMINED AS:
Delphinium trichophorum Franch.
PHILIP A. MUNZ
1965-66
ISOTYPUS
PLANTÆ SINENSES
№ 11689
Typus
Delphinium trichophorum Franch.
var. subglaberrimum Hand.-Mzt.
Sikang: Taofu (Dawo) distr.: Haitzeshan, in prato alpino.
Ca 4400 m. s. m. 31. 8. 1934.
Det.
leg. HARRY SMITH
Universitas Regia Upsaliensis.
HERBARIUM OF THE ARNOLD ARBORETUM HARVARD UNIVERSITY
THE HARVARD UNIVERSITY HERBARIA
00038297
copyright reserved
cm

**光果毛翠雀花** ***Delphinium trichophorum*** Franch. var. ***subglabraimum*** Hand.-Mazz. in Acta Horti. Gothob. 13: 48. 1939.
**Isotype:** China. Sichuan: Taofu (=Dawu), alt. 4 400 m, 1934-08-31, H. Smith 11689 (A).

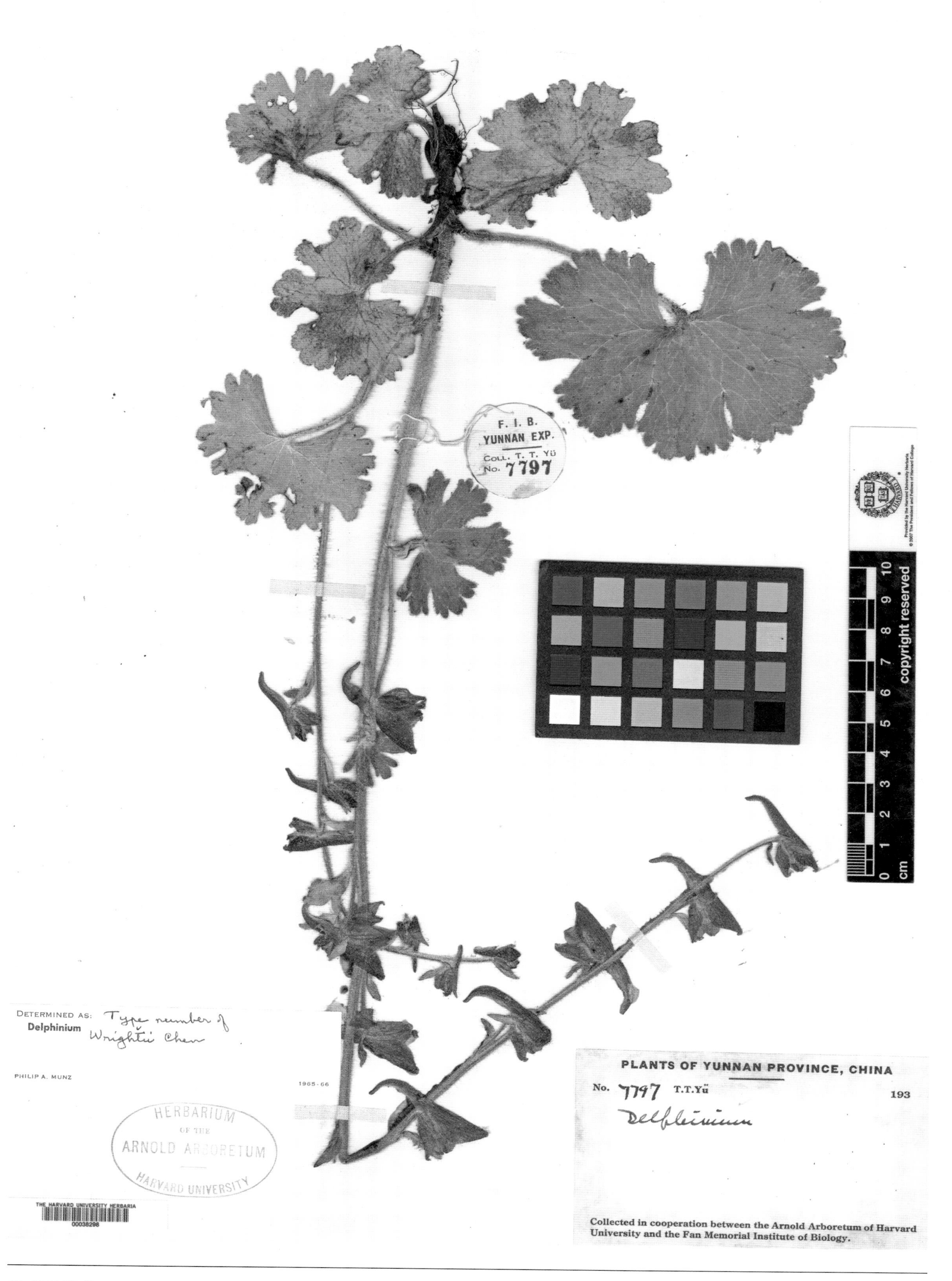
F. I. B.
YUNNAN EXP.
COLL. T. T. YÜ
No. 7797
copyright reserved
cm
DETERMINED AS:
Delphinium
Type number of
Wrightii Chen
PHILIP A. MUNZ
1965-66
HERBARIUM
OF THE
ARNOLD ARBORETUM
HARVARD UNIVERSITY
THE HARVARD UNIVERSITY HERBARIA
00038298
PLANTS OF YUNNAN PROVINCE, CHINA
No. 7797 T.T.Yü
193
Delphinium
Collected in cooperation between the Arnold Arboretum of Harvard University and the Fan Memorial Institute of Biology.

**狭序翠雀花** ***Delphinium wrightii*** F. H. Chen in Bull. Fan Mem. Inst. Biol., New Ser.1: 166. 1948. **Isotype:** China. Sichuan: Muli, alt. 3 400 m, 1937-08-19, T. T. Yu 7797 (A).

0 1 2 3 4 5 6 7 8 9 10
cm
copyright reserved
F. I. B.
YUNNAN EXP.
COLL. T. T. YU
No. 12490
PLANTS OF YUNNAN PROVINCE, CHINA
No. 12490 T.T.Yü
193
Delphinium
Chungtien at 3,000 m.
7-27-1937
Collected in cooperation between the Arnold Arboretum of Harvard University and the Fan Memorial Institute of Biology.
HERBARIUM
OF THE
ARNOLD ARBORETUM
HARVARD UNIVERSITY
DETERMINED AS:
Delphinium
D. yuanum Chen
PHILIP A. MUNZ
1965-66

**中甸翠雀花** ***Delphinium yuanum*** F. H. Chen in Bull. Fan Mem. Inst. Biol., New Ser. 1: 176. 1948. **Isotype:** China. Yunnan: Shangri-La, alt. 3 000 m, 1937-07-27, T. T. Yu 12490 (A).

GRAY HERBARIUM
HARVARD
UNIVERSITY
Material from Packet
copyright reserved
cm
THE HARVARD UNIVERSITY HERBARIA
00068767
DR. AUG. HENRY'S COLLECTIONS FROM
CENTRAL CHINA, 1885-88.
NO. 3820.
Isopyrum Henryi, Oliv.
sp. n.
Prov. HUPEH.

尾囊草 ***Isopyrum henryi*** Oliv. in Hook. Icon. Pl. 18(2), pl. 1745. 1888. **Isotype:** China. Hubei: Yichang, Nan-t'o (=Nantou), (1885–1888)-??-??, A. Henry 3820 (GH).

0 1 2 3 4 5 6 7 8 9 10
cm
copyright reserved
Material from Packet
No. 1333. ARNOLD ARBORETUM.
EXPEDITION TO CHINA, 1907-09.
Western Szechuan.
Alt.
Coll. E. H. Wilson.
HERBARIUM
OF THE
ARNOLD ARBORETUM
HARVARD UNIVERSITY
THE HARVARD UNIVERSITY HERBARIA
00003425

狭叶牡丹 ***Paeonia delavayi*** Franch. var. ***angustiloba*** Rehd. & Wils. in Sargent, Pl. Wils. 1(3): 318. 1913. **Holotype:** China. Sichuan: Kangding, alt. 1 525 m, 1908-10-??, E. H. Wilson 1333 (A).

copyright reserved
cm
Paeonia spontanea (Rehder) T. Hong et W. Z. Zhao
det. HONG De-yuan 1998.4.20
var. spontanea Rehd.
No. 338 ARNOLD ARBORETUM.
EXPEDITION TO NORTHERN CHINA.
Coll. Wm. Purdom.
HERBARIUM OF THE ARNOLD ARBORETUM HARVARD UNIVERSITY
THE HARVARD UNIVERSITY HERBARIA
00003428

矮牡丹 ***Paeonia suffruticosa*** Andr. var. ***spontanea*** Rehd. in J. Arnold Arbor. 1(3): 193. 1920. **Syntype:** China. Shaanxi: Yan'an, 1910-??-??, W. Purdom 338 (A).

GRAY HERBARIUM
HARVARD
UNIVERSITY
GRAY HERBARIUM
HARVARD
UNIVERSITY
copyright reserved
DR. AUG. HENRY'S COLLECTIONS FROM
CENTRAL CHINA, 1885-88.
NO. 4039.
Ranunculus pensylvanicus, L.
Prov. HUPEH.
Type!
Teste H. Hara, 1939.
Ranunculus arcuans
Chien, n. sp.
S. S. Chien
R. Sieboldii Miq.
det. Handel - Mazzetti 1931
THE HARVARD UNIVERSITY HERBARIA
00038474

**湖北毛茛** ***Ranunculus arcuans*** S. S. Chien in Rhodora 18: 190. 1916. **Holotype:** China. Hubei: Precise locality not known, (1885–1888)-??-??, A. Henry 4039 (GH).

cm 0 1 2 3 4 5 6 7 8 9 10 copyright reserved
GRAY HERBARIUM HARVARD UNIVERSITY
THE HARVARD UNIVERSITY HERBARIA
00038475
HK. No. 10200

短喙毛茛 ***Ranunculus brachyrhynchus*** S. S. Chien in Rhodora 18: 189. 1916. **Holotype:** China. Hong Kong, 1893-04-17, Hong Kong Herb. 10200 (GH).

copyright reserved
cm 0 1 2 3 4 5 6 7 8 9 10
HERBARIUM OF THE ARNOLD ARBORETUM HARVARD UNIVERSITY
THE HARVARD UNIVERSITY HERBARIA
00038477
ISOTYPUS
PLANTÆ SINENSES
№ 11438
Ranunculus glacialiformis Hand.-Mzt.
Sikang: Kangting (Tachienlu) distr.: Tapaoshan, in prato alpino aperto.
Ca 4800 m. s. m. 22. 8. 1934.
Det. Handel-Mazzetti 1938.
leg. HARRY SMITH
Universitas Regia Upsaliensis.

宿萼毛茛 ***Ranunculus glacialiformis*** Hand.-Mazz. in Acta Horti Gothob. 13(4): 153, t. 1: 12–13. 1939. **Isotype:** China. Sichuan: Kangding, alt. 4 800 m, 1934-08-22, H. Smith 11438 (A).

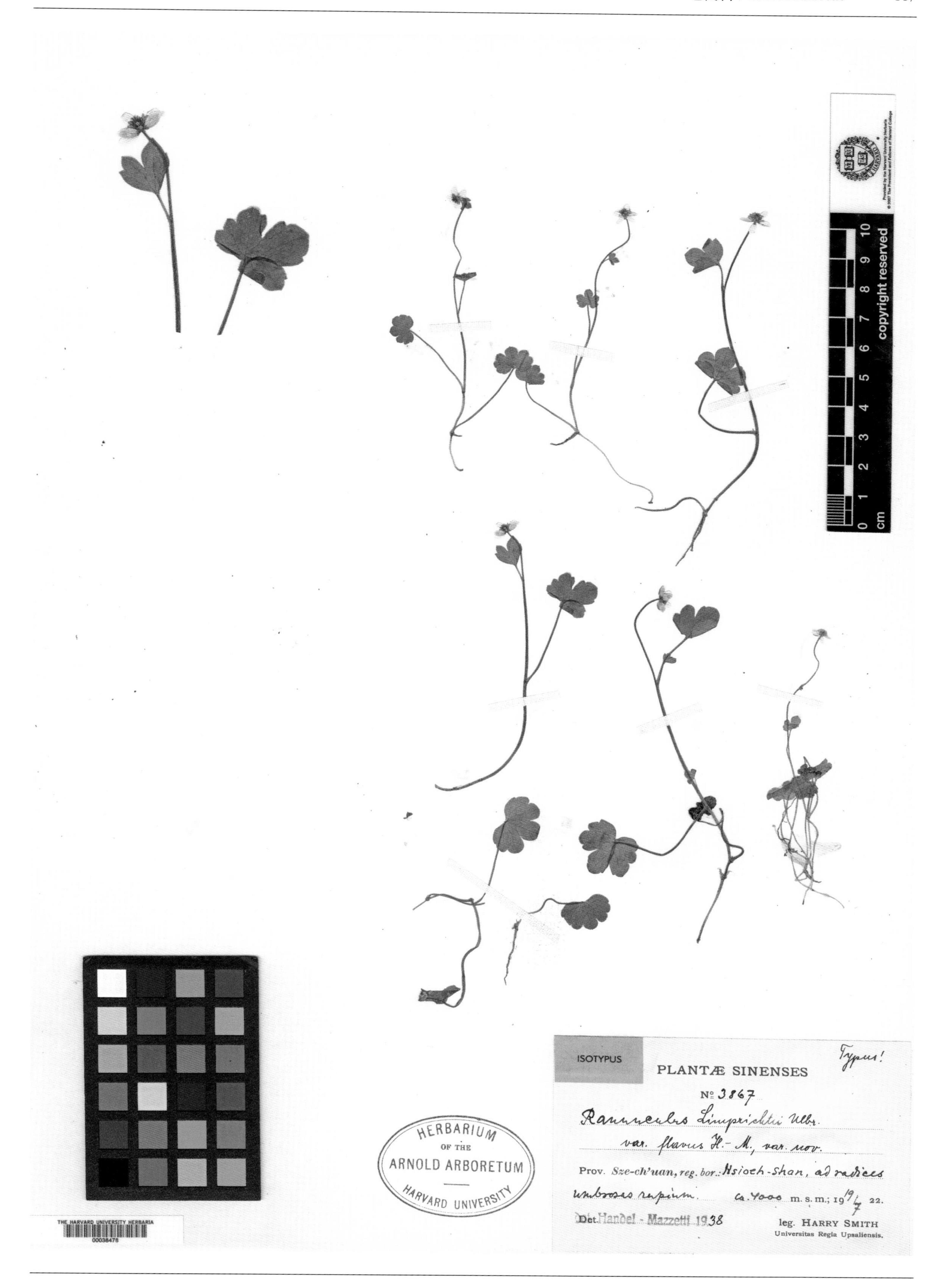
copyright reserved
cm 0 1 2 3 4 5 6 7 8 9 10
ISOTYPUS
PLANTÆ SINENSES
Typus!
№ 3867
Ranunculus Limprichtii Ulbr.
var. flavus H.-M., var. nov.
Prov. Sze-ch'uan, reg. bor.: Hsioeh-shan, ad radices umbrosas rupium. ca. 4000 m. s. m.; 19 19/7 22.
Det. Handel - Mazzetti 1938
leg. HARRY SMITH
Universitas Regia Upsaliensis.
HERBARIUM OF THE ARNOLD ARBORETUM HARVARD UNIVERSITY
THE HARVARD UNIVERSITY HERBARIA
00038478

**黄纺锤毛茛** ***Ranunculus limprichtii*** Ulbr. var. ***flavus*** Hand.-Mazz in Acta Horti Gothob. 13(4): 144. 1939. **Isotype:** China. Sichuan: Songpan, alt. 4 000 m, 1922-07-19, H. Smith 3867 (A).

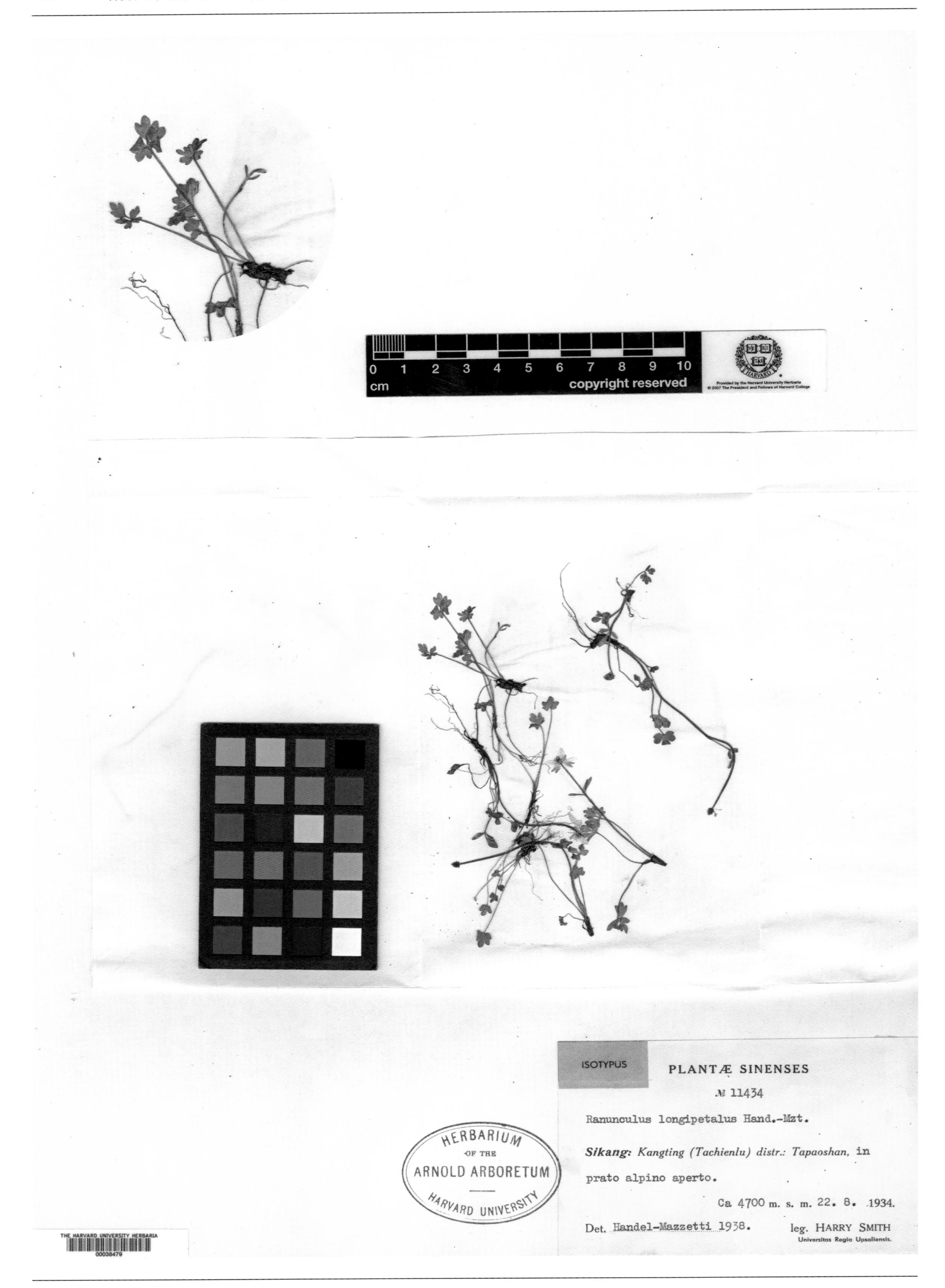
0 1 2 3 4 5 6 7 8 9 10
cm
copyright reserved
ISOTYPUS
PLANTÆ SINENSES
№ 11434
Ranunculus longipetalus Hand.-Mzt.
Sikang: Kangting (Tachienlu) distr.: Tapaoshan, in
prato alpino aperto.
Ca 4700 m. s. m. 22. 8. 1934.
Det. Handel-Mazzetti 1938.
leg. HARRY SMITH
Universitas Regia Upsaliensis.
HERBARIUM
OF THE
ARNOLD ARBORETUM
HARVARD UNIVERSITY
THE HARVARD UNIVERSITY HERBARIA
00038479

**窄瓣毛茛** ***Ranunculus longipetalus*** Hand.-Mazz. in Acta Horti Gothob. 13(4): 160, t. 1, f. 1–7. 1939. **Isotype:** China. Sichuan: Kangding, alt. 4 700 m, 1934-08-22, H. Smith 11434 (A).

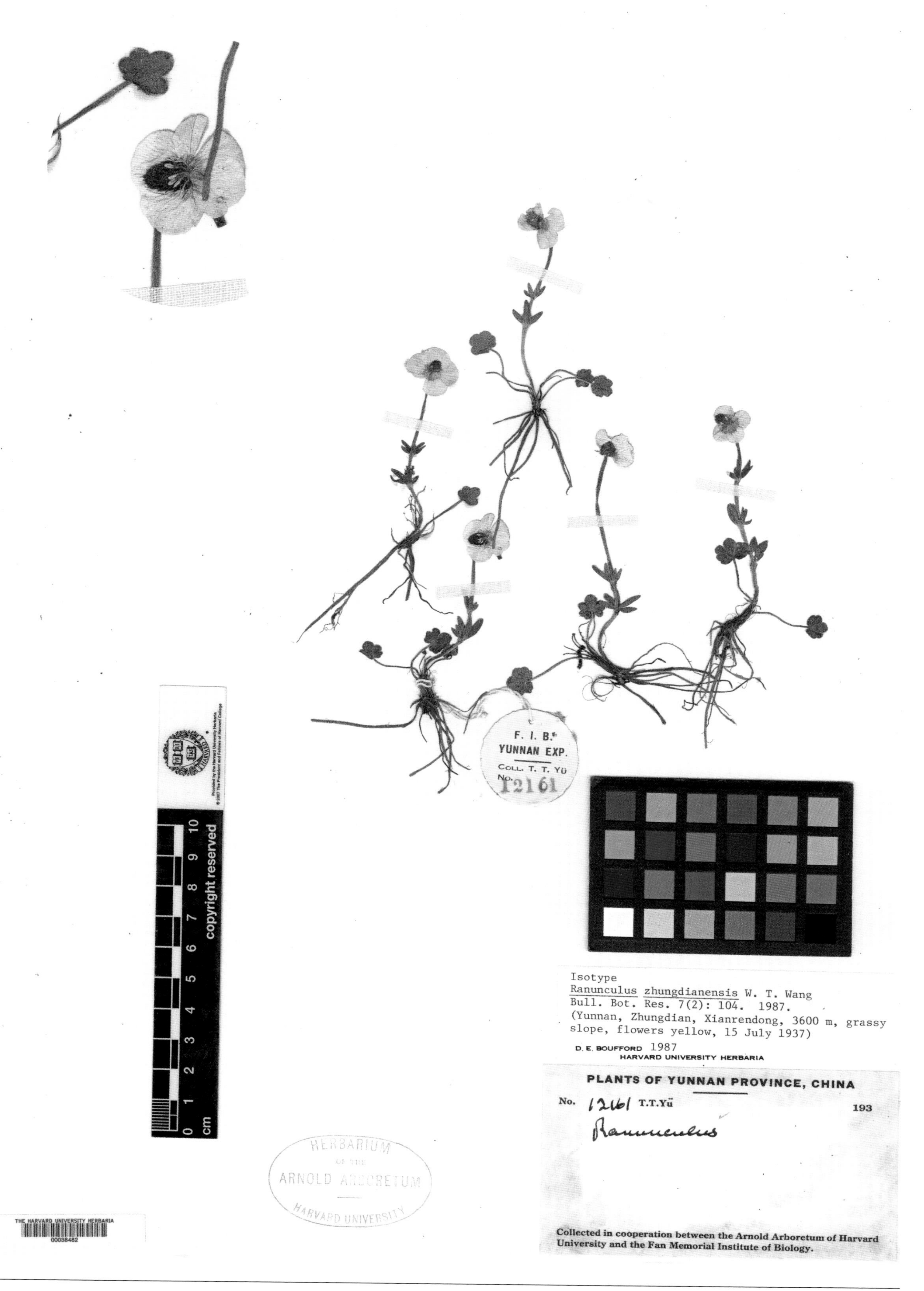
F. I. B.
YUNNAN EXP.
COLL. T. T. YÜ
No. 12161
copyright reserved
Isotype
Ranunculus zhungdianensis W. T. Wang
Bull. Bot. Res. 7(2): 104. 1987.
(Yunnan, Zhungdian, Xianrendong, 3600 m, grassy slope, flowers yellow, 15 July 1937)
D. E. BOUFFORD 1987
HARVARD UNIVERSITY HERBARIA
PLANTS OF YUNNAN PROVINCE, CHINA
No. 12161 T.T.Yü 193
Ranunculus
Collected in cooperation between the Arnold Arboretum of Harvard University and the Fan Memorial Institute of Biology.
HERBARIUM OF THE ARNOLD ARBORETUM HARVARD UNIVERSITY
THE HARVARD UNIVERSITY HERBARIA
00038482

**中甸毛茛** ***Ranunculus zhungdianensis*** W. T. Wang in Bull. Bot. Res., Harbin 7(2): 104, pl. 2: 4–6. 1987. **Isotype:** China. Yunnan: Shangri-La, alt. 3 600 m, 1937-07-15, T. T. Yu 12161 (A).

GRAY HERBARIUM HARVARD UNIVERSITY
1094
copyright reserved
ISOTYPE Thalictrum alpinum L.
forma puberulum W. T. Wang
Fl. Reipubl. Pop. Sin. 27: 621. 1979
W. T. Kittredge 2003
HARVARD UNIVERSITY HERBARIA
EX HERB. ARNOLD ARBORETUM HARVARD UNIVERSITY
PLANTS OF N.W. YUNNAN PROVINCE, CHINA
No. 1094 K.M.Feng May 27 1939
Thalictrum
Collected in cooperation between the Arnold Arboretum of Harvard University and the Lu Shan Arboretum and Botanical Garden.
THE HARVARD UNIVERSITY HERBARIA
00110384

**毛叶高山唐松草** ***Thalictrum alpinum*** L. var. ***elatum*** Ulbr. f. ***puberulum*** W. T. Wang & S. H. Wang, Fl. Reip. Popul. Sin. 27: 591, 621. 1979. **Isotype:** China. Yunnan: Zhongdian (=Shangri-La), 1939-05-27, K. M. Feng 1094 (GH).

GRAY HERBARIUM
HARVARD
UNIVERSITY
TYPE
Thalictrum baicalense
Turcz. var. megalostigma
n. var.
Bernard Boivin
sept 1943
copyright reserved
cm
THE HARVARD UNIVERSITY HERBARIA
00038599
FLORA OF SZECHWAN
中國植物
Field No. 3619 Date September 27, 1928.
Locality 康定縣 Kangtin-hsien(Tatsienlu)
Altitude 9000-9500 ft.
Habitat In thickets.
Habit Herb
Height 3 ft.
长柱贝加尔唐松草
Fruit Nutlet
FLORA OF SZECHUAN
No. 3619
Thalictrum sp.
KANGTIN HSIEN: Tachienlu
Under the auspices of the Science Society of China and the Arnold Arboretum of Harvard University
Collected by W. P. Fang 1928.
3619
TYPE

**长柱贝加尔唐松草** ***Thalictrum baicalense*** Turcz. var. ***megalostigma*** Boivin in Rhodora 46: 363, f. 9. 1944. **Holotype:** China. Sichuan: Kangding, alt. 2 745~2 898 m, 1928-09-27, W. P. Fang 3619 (GH).

GRAY HERBARIUM
HARVARD
UNIVERSITY
Material from Packet
Part of type of Thalictrum cirrosum Lévl.
Whole specimen about 2 ft. high, inflorescence bearing more numerous flowers than shown in the piece sent. No sign of "cirrhi", but note spelling of the specific name as published & written on the ticket by Léveillé.
W. E. Evans
4.1.1944.
(Ex herb. Lévl. in herb. Edin.)
copyright reserved
cm
THE HARVARD UNIVERSITY HERBARIA
00038600
From original desc.
Yunnan-Sen
Tchong-Chan
Roches
19 juillet 1905
604 F. Ducloux
TYPES AND AUTHENTIC SPECIMENS
(From )
Thalictrum cirrhosum
H. Lévl.
BB 44
Fragment of isotype
ARNOLD ARBORETUM, HARVARD UNIVERSITY
Plants of China
No.
EX HERB.
ARNOLD ARBORETUM
HARVARD UNIVERSITY

星毛唐松草 ***Thalictrum cirrhosum*** Lévl. in Fedde, Repert. Sp. Nov. 7: 97. 1909. **Isotype:** China.Yunnan: Kunming, Tchong-Chan, 1905-07-19, F. Ducloux 604 (GH).

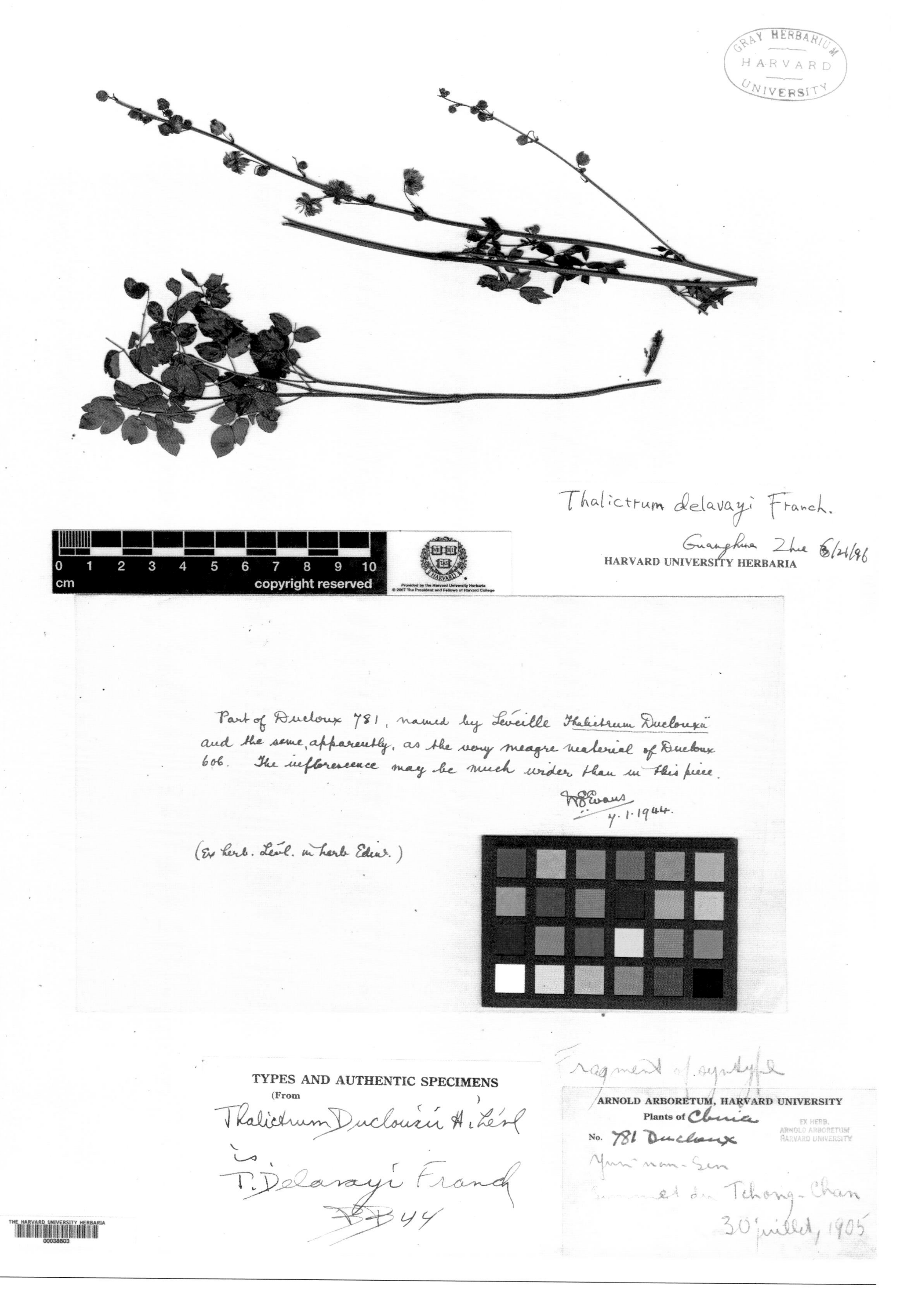
GRAY HERBARIUM HARVARD UNIVERSITY
Thalictrum delavayi Franch.
Guanghua Zhu 6/24/96
HARVARD UNIVERSITY HERBARIA
0 1 2 3 4 5 6 7 8 9 10
cm
copyright reserved
Part of Ducloux 781, named by Léveille Thalictrum Duclouxii and the same, apparently, as the very meagre material of Ducloux 606. The inflorescence may be much wider than in this piece.
W.E. Evans 4.1.1944.
(Ex herb. Lévl. in herb. Edin.)
TYPES AND AUTHENTIC SPECIMENS
(From )
Thalictrum Duclouxii H. Lévl
is
T. Delavayi Franch
BB44
Fragment of syntype
ARNOLD ARBORETUM, HARVARD UNIVERSITY
Plants of China
No. 781 Ducloux
Yun-nan-Sen
Tchong-Chan
30 juillet, 1905
THE HARVARD UNIVERSITY HERBARIA
00038603

杜氏唐松草 ***Thalictrum duclouxii*** Lévl. in Fedde, Repert. Sp. Nov. 7: 98. 1909. **Isosyntype:** China. Yunnan: Kunming, Tchong-Chan, 1905-07-30, F. Ducloux 781 (GH).

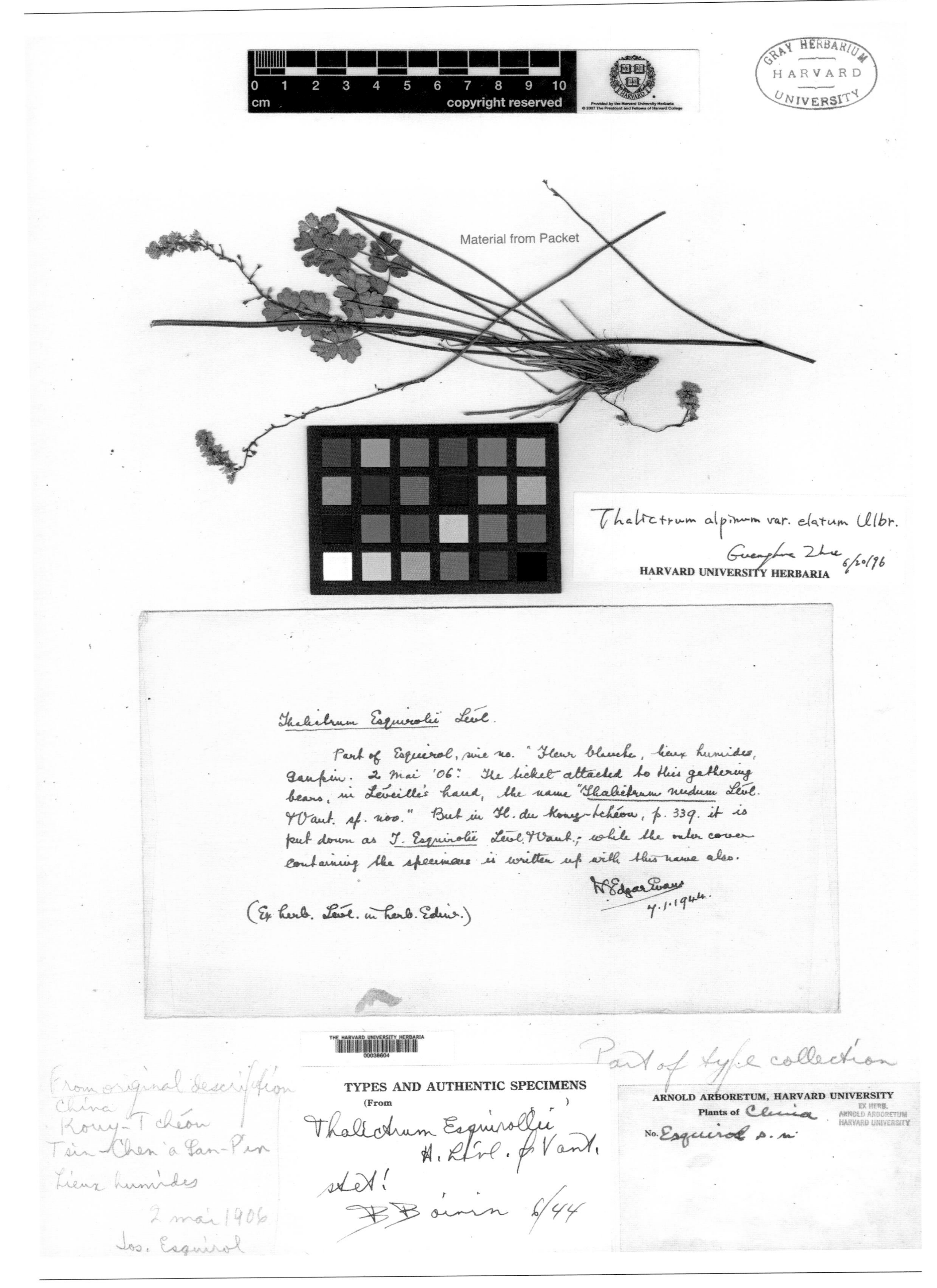

清镇唐松草 ***Thalictrum esquirolii*** Lévl. & Vant. Bull. Acad. Int. Géogr. Bot. 17: 2, no. 210. 1907. **Isotype:** China. Guizhou: Tsin-Chen (=Qingzhen), 1906-05-02, J. H. Esquirol s. n. (GH).

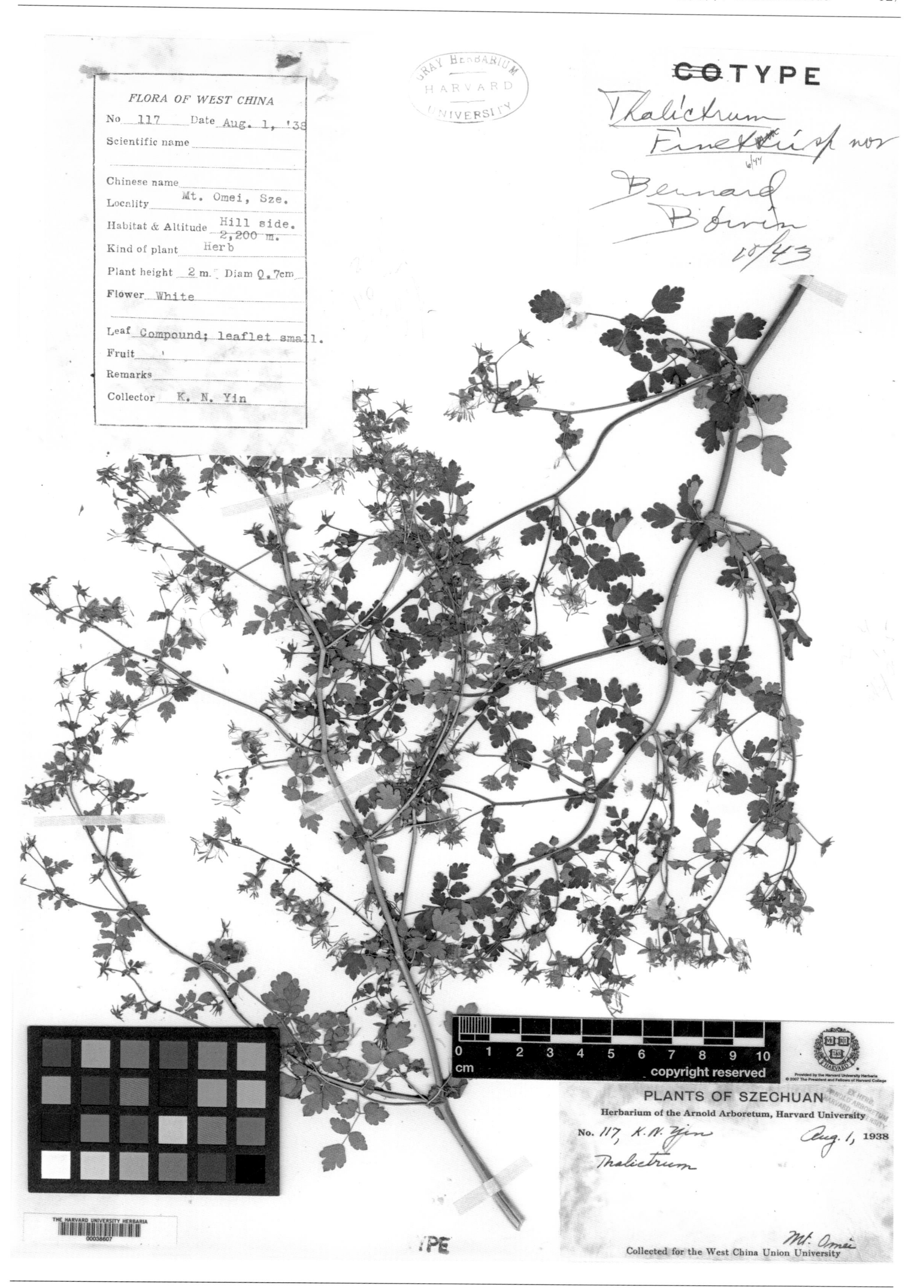
FLORA OF WEST CHINA
No 117 Date Aug. 1, '38
Scientific name
Chinese name
Locality Mt. Omei, Sze.
Habitat & Altitude Hill side. 2,200 m.
Kind of plant Herb
Plant height 2 m. Diam 0.7cm
Flower White
Leaf Compound; leaflet small.
Fruit
Remarks
Collector K. N. Yin
GRAY HERBARIUM HARVARD UNIVERSITY
COTYPE
Thalictrum
Bernard Boivin 10/43
0 1 2 3 4 5 6 7 8 9 10
cm
copyright reserved
PLANTS OF SZECHUAN
Herbarium of the Arnold Arboretum, Harvard University
No. 117, K.N. Yin Aug. 1, 1938
Thalictrum
Mt. Omei
Collected for the West China Union University
THE HARVARD UNIVERSITY HERBARIA
00038607

**滇川唐松草** ***Thalictrum finetii*** Boivin in J. Arnold Arbor. 26(1): 113, pl. 1, f. 1–3. 1945. **Holotype:** China. Sichuan: Emeishan, Emei Shan, alt. 2 200 m, 1938-08-01, K. N. Yin 117 (GH).

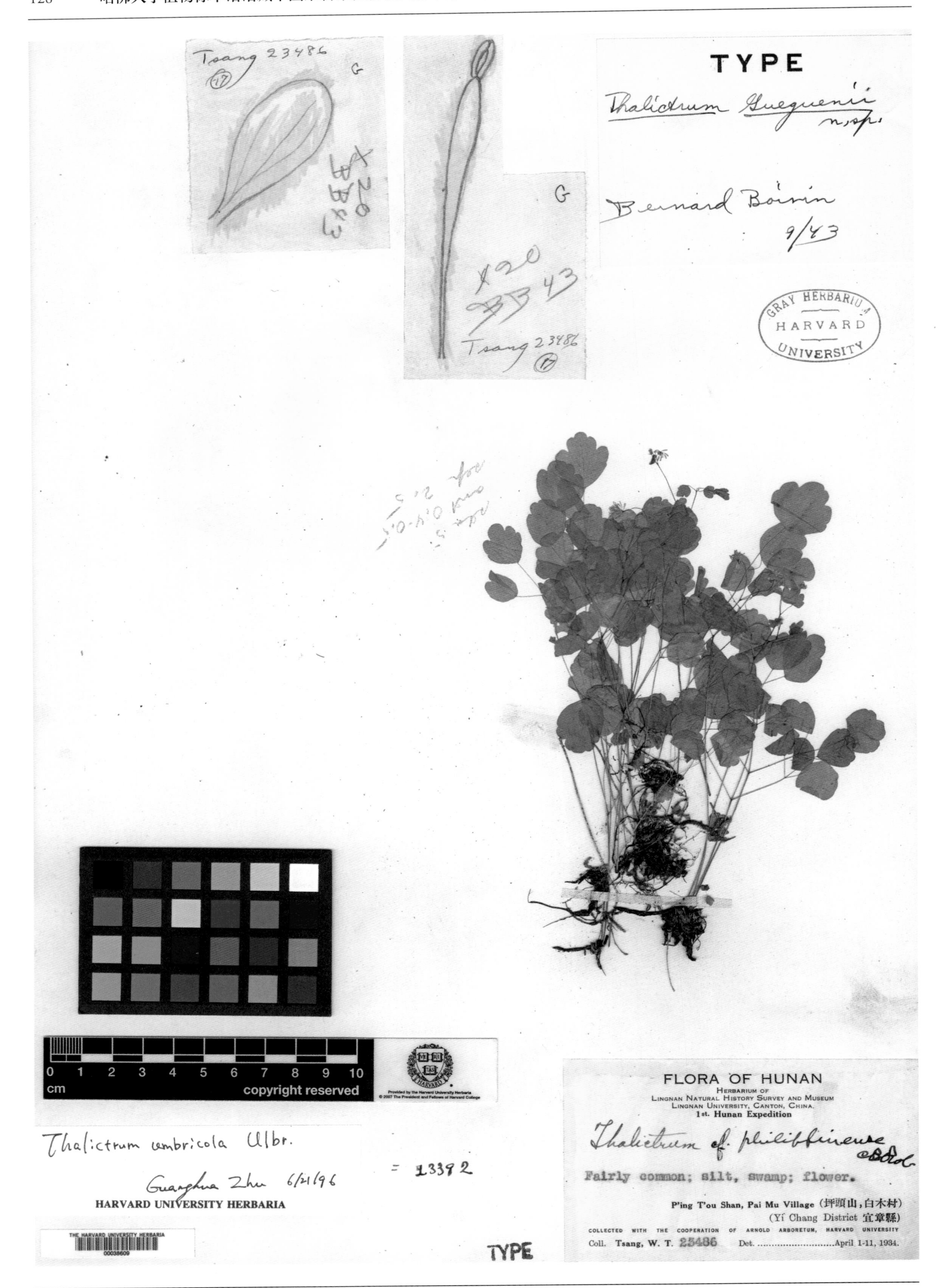
TYPE
Thalictrum Gueguenii n. sp.
Bernard Boivin
9/43
GRAY HERBARIUM
HARVARD
UNIVERSITY
Tsang 23486
FLORA OF HUNAN
HERBARIUM OF
LINGNAN NATURAL HISTORY SURVEY AND MUSEUM
LINGNAN UNIVERSITY, CANTON, CHINA.
1st. Hunan Expedition
Thalictrum cf. philippinense
Fairly common; silt, swamp; flower.
P'ing T'ou Shan, Pai Mu Village (坪頭山，白木村)
(Yi Chang District 宜章縣)
COLLECTED WITH THE COOPERATION OF ARNOLD ARBORETUM, HARVARD UNIVERSITY
Coll. Tsang, W. T. 23486 Det. .......................... April 1-11, 1934.
Thalictrum umbricola Ulbr.
Guanghua Zhu 6/21/96
HARVARD UNIVERSITY HERBARIA
= 13392
THE HARVARD UNIVERSITY HERBARIA
00038609
TYPE
0 1 2 3 4 5 6 7 8 9 10
cm
copyright reserved

宜章唐松草 ***Thalictrum gueguenii*** Boivin in Rhodora 46: 366, f. 17a–c. 1944. **Holotype:** China. Hunan: Yizhang, 1934-04-(01~11), W. T. Tsang 23486 (GH).

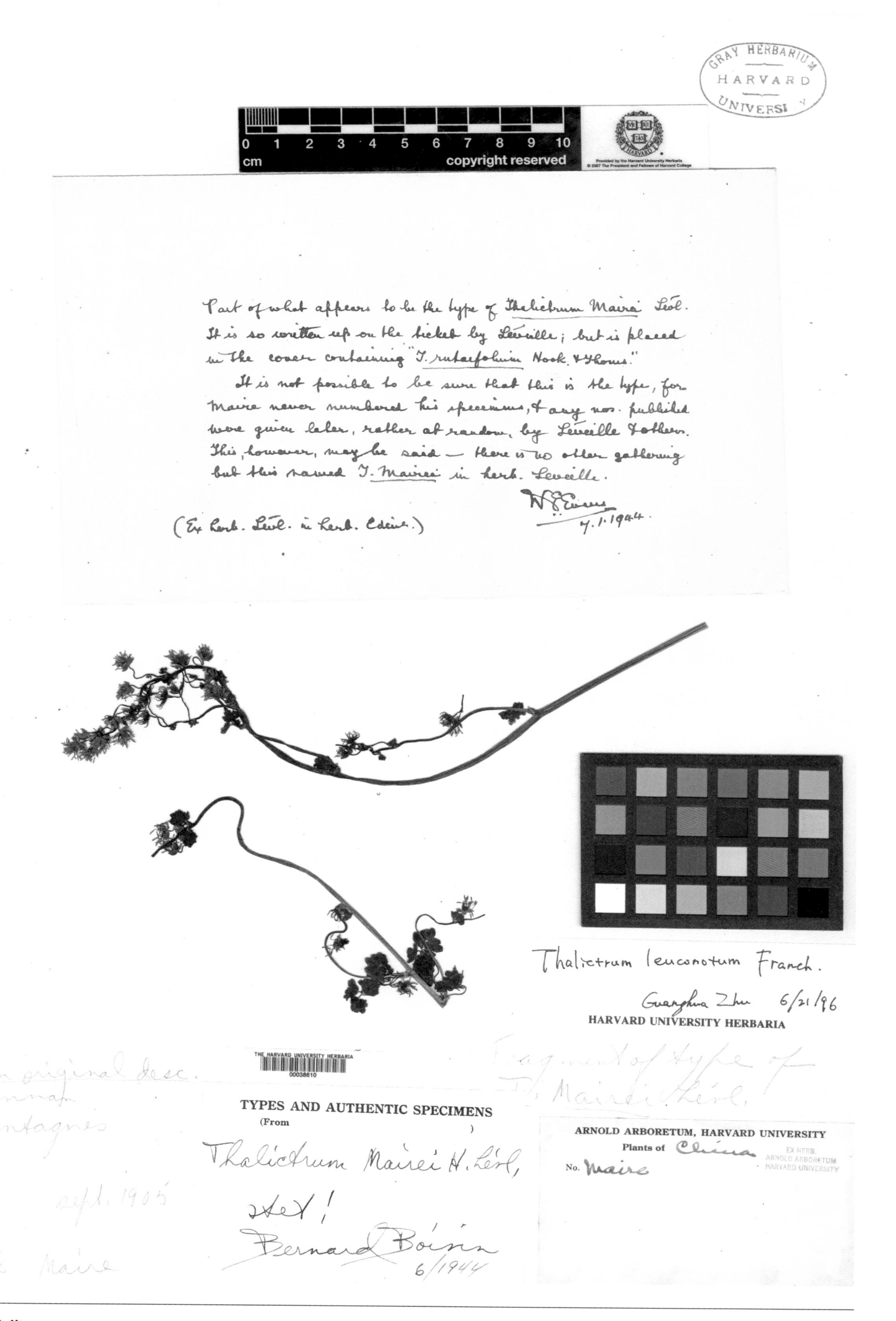
GRAY HERBARIUM
HARVARD
UNIVERSITY
0 1 2 3 4 5 6 7 8 9 10
cm
copyright reserved
Part of what appears to be the type of Thalictrum Mairei Lévl.
It is so written up on the ticket by Léveillé; but is placed
in the cover containing "T. rutaefolium Hook. f. & Thoms."
It is not possible to be sure that this is the type, for
Maire never numbered his specimens, & any nos. published
were given later, rather at random, by Léveillé & others.
This, however, may be said — there is no other gathering
but this named T. Mairei in herb. Léveillé.
W. E. Evans
7.1.1944.
(Ex herb. Lévl. in herb. Edin.)
Thalictrum leuconotum Franch.
Guanghua Zhu 6/21/96
HARVARD UNIVERSITY HERBARIA
THE HARVARD UNIVERSITY HERBARIA
00038610
TYPES AND AUTHENTIC SPECIMENS
(From )
Thalictrum Mairei H. Lévl.
Bernard Boivin
6/1944
ARNOLD ARBORETUM, HARVARD UNIVERSITY
Plants of China
No. Maire
EX HERB.
ARNOLD ARBORETUM
HARVARD UNIVERSITY

**迈氏唐松草** ***Thalictrum mairei*** Lévl. in Fedde, Repert. Sp. Nov. 7: 339. 1909. **Isotype:** China.Yunnan: Precise locality not known, 1905-09-??, E. E. Maire 388 (GH).

Material from Packet
Henry 3932
ISOTYPE
Thalictrum microgynum Lec.
See Icones Plantarum vol XVIII, plate 1766, 1888
Nan-t'o, near Ichang
DR. AUG. HENRY'S COLLECTIONS FROM CENTRAL CHINA, 1885-88.
NO. 3932
Thalictrum microgynum Lec. sp. n.
Prov. HUPEH.
GRAY HERBARIUM HARVARD UNIVERSITY
THE HARVARD UNIVERSITY HERBARIA
00038611
copyright reserved
cm

**小果唐松草** ***Thalictrum microgynum*** Lecoy. ex Oliv. in Hook. Icon. Pl. 17(3): pl. 1766. 1888. **Isotype:** China. Hubei: Yichang, Nan-t'o, (1885–1888)-??-??, A. Henry 3932 (GH).

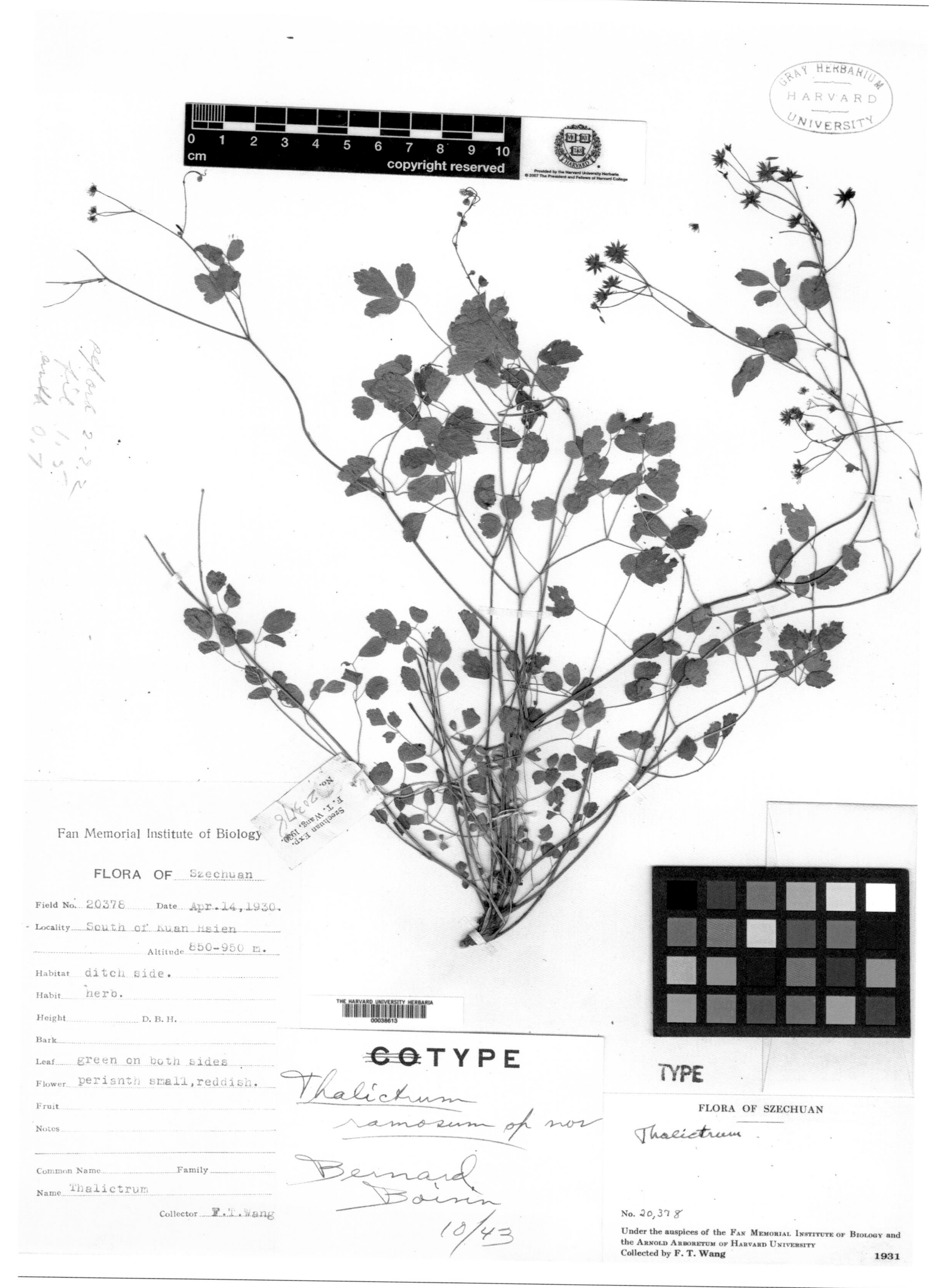
0 1 2 3 4 5 6 7 8 9 10
cm
copyright reserved
GRAY HERBARIUM
HARVARD
UNIVERSITY
Fan Memorial Institute of Biology
FLORA OF Szechuan
Field No. 20378 Date Apr. 14, 1930.
Locality South of Kuan Hsien
Altitude 850-950 m.
Habitat ditch side.
Habit herb.
Height D. B. H.
Bark
Leaf green on both sides
Flower perianth small, reddish.
Fruit
Notes
Common Name Family
Name Thalictrum
Collector F. T. Wang
No. 20378
F. T. Wang, 1930.
Szechuan Exp.
THE HARVARD UNIVERSITY HERBARIA
00038613
COTYPE
Thalictrum ramosum sp nov
Bernard Boivin
10/43
TYPE
FLORA OF SZECHUAN
Thalictrum
No. 20,378
Under the auspices of the Fan Memorial Institute of Biology and the Arnold Arboretum of Harvard University
Collected by F. T. Wang
1931

**多枝唐松草** ***Thalictrum ramosum*** Boivin in J. Arnold Arbor. 26(1): 115, pl. 1, f. 12–15. 1945. **Holotype:** China. Sichuan: Kuang Xian (=Dujiangyan), alt. 850~950 m, 1930-04-14, F. T. Wang 20378 (GH).

GRAY HERBARIUM HARVARD UNIVERSITY
copyright reserved
cm 0 1 2 3 4 5 6 7 8 9 10
Thalictrum przewalskii Maxim
Guanghua Zhu 6/xi/96
HARVARD UNIVERSITY HERBARIA
COTYPE
Thalictrum Rockii sp nov
Bernard Boivin 43
13054
ARNOLD ARBORETUM, HARVARD UNIVERSITY
EXPEDITION TO NORTHWESTERN CHINA AND NORTHEASTERN TIBET, 1924-27
SOUTHWESTERN KANSU
Thalictrum Przewalskii Max.
Upper Tebbu country: Forests of Spruces, willow, etc; below Shimen, Tsaluku valley; alt. 11000 ft. Flowers creamy-white
No. 13054
Coll. J. F. Rock. July-August 1925.
THE HARVARD UNIVERSITY HERBARIA
00038614
TYPE

**长柄唐松草** ***Thalictrum rockii*** Boivin in J. Arnold Arbor. 26(1): 115, pl. 1, f. 28–30. 1945. **Holotype:** China. Gansu: Upper Debbu (=Têwo), alt. 3 355 m, 1925-(07~08)-??, J. F. Rock 13054 (GH).

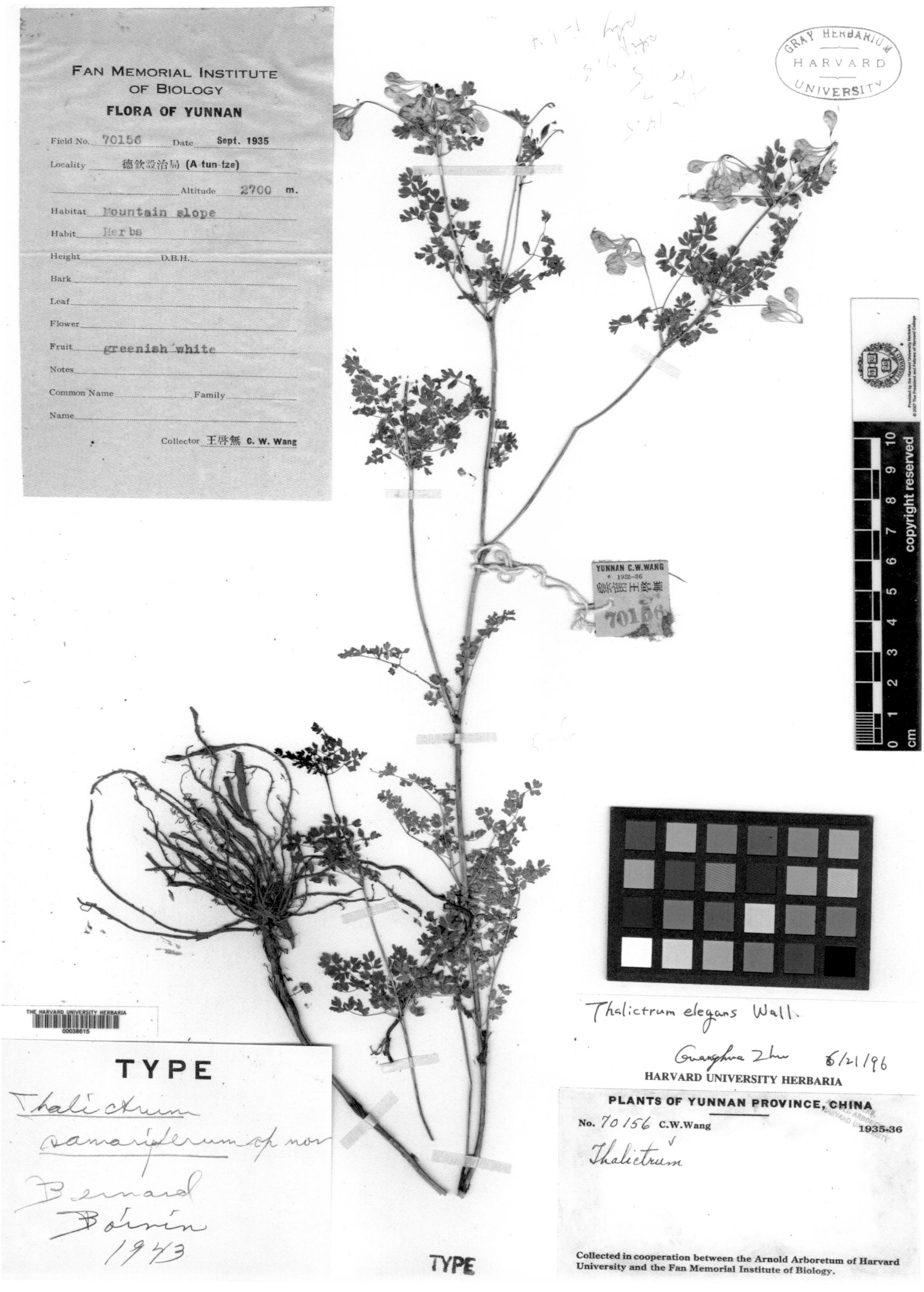

FAN MEMORIAL INSTITUTE OF BIOLOGY
FLORA OF YUNNAN

Field No. 70156 Date Sept. 1935
Locality 德欽設治局 (A-tun-tze)
Altitude 2700 m.
Habitat Mountain slope
Habit Herbs
Height D.B.H.
Bark
Leaf
Flower
Fruit greenish white
Notes
Common Name Family
Name
Collector 王啓無 C. W. Wang

GRAY HERBARIUM HARVARD UNIVERSITY

YUNNAN C.W.WANG 1935-36 雲南王啓無 70156

copyright reserved

THE HARVARD UNIVERSITY HERBARIA 00038615

TYPE

Thalictrum samariferum sp. nov. Bernard Boivin 1943

TYPE

Thalictrum elegans Wall.
Guanghua Zhu 6/21/96
HARVARD UNIVERSITY HERBARIA

PLANTS OF YUNNAN PROVINCE, CHINA
No. 70156 C.W.Wang 1935-36
Thalictrum
Collected in cooperation between the Arnold Arboretum of Harvard University and the Fan Memorial Institute of Biology.

**翅果唐松草** ***Thalictrum samariferum*** Boivin in J. Arnold Arbor. 26: 114. 1945. **Holotype:** China. Yunnan: Dêqên, alt. 2 700 m, 1935-09-??, C. W. Wang 70156(GH).

0 1 2 3 4 5 6 7 8 9 10
cm
copyright reserved
GRAY HERBARIUM
HARVARD
UNIVERSITY
F. I. B
YUNNAN EXP.
COLL. T. T. YU
No. 14487
Material from Packet
FAN MEMORIAL INSTITUTE
OF BIOLOGY Sichuan
FLORA OF YUNNAN
Field No. 14487 Date Oct.11,1937
Locality Muli, Wachin, Shawan
Altitude 3000 m.
Habitat Margin of thickets
Habit Herb
Height 1-2 ft. D.B.H.
Bark
Leaf
Flower
Fruit Achenes black
Notes Common
Common Name Family Ranunc.
Name Thalictrum
Collector T. T. Yü
THE HARVARD UNIVERSITY HERBARIA
00038616
COTYPE
6/44
Thalictrum Smithii
gibbosulum sp nov
Bernard Boivin
10/43
TYPE
PLANTS OF YUNNAN PROVINCE, CHINA
No. 14487 T.T.Yü 四川, 木里 1937
Thalictrum Sichuan Province
Muli region
1996
Collected in cooperation between the Arnold Arboretum of Harvard University and the Fan Memorial Institute of Biology.

**鞭柱唐松草** ***Thalictrum smithii*** Boivin in J. Arnold Arbor. 26(1): 114, pl. 1, f. 22. 1945. **Holotype:** China. Sichuan: Muli, alt. 3 000 m, 1937-10-11, T. T. Yu 14487(GH).

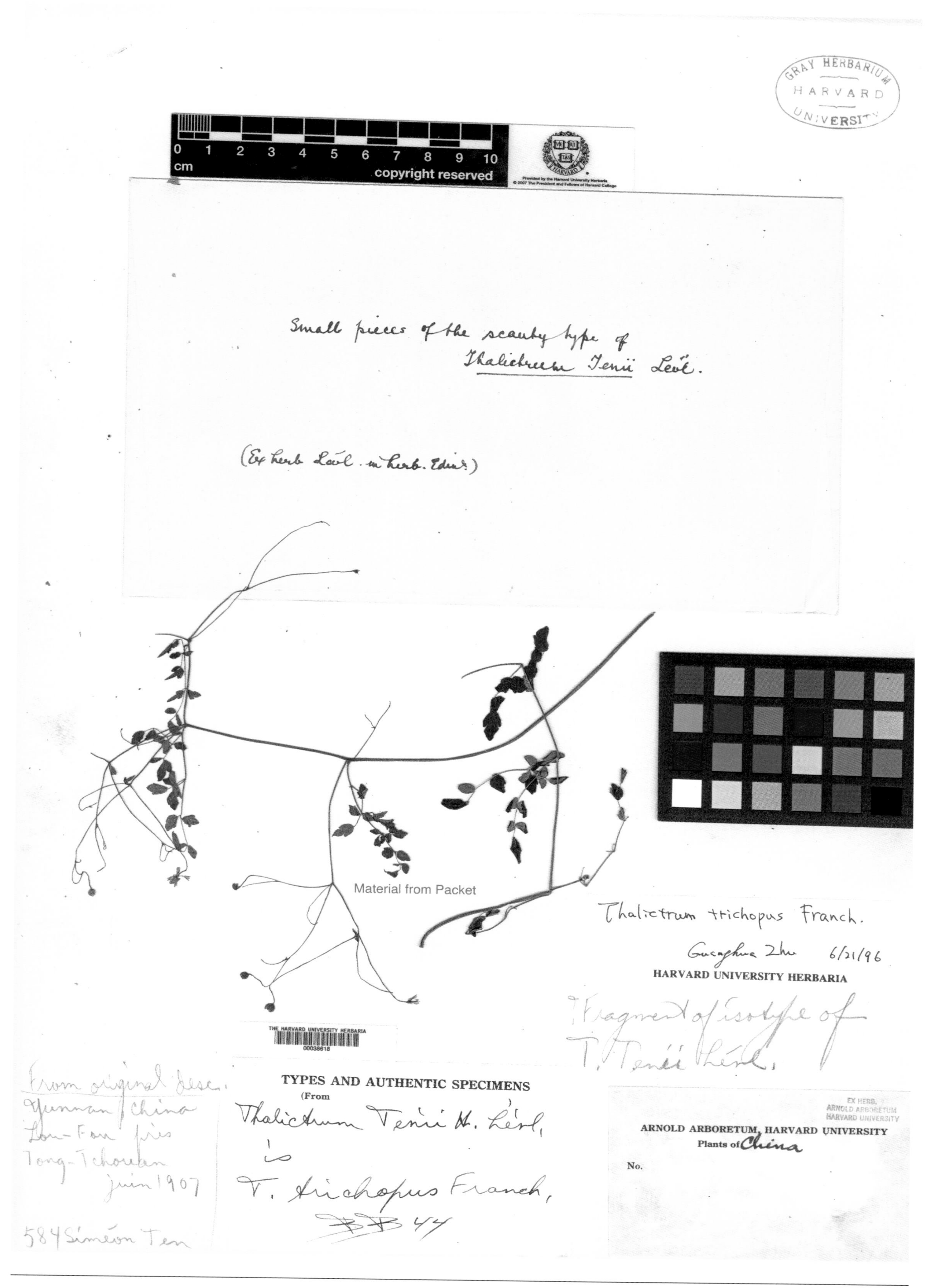
GRAY HERBARIUM
HARVARD
UNIVERSITY
0 1 2 3 4 5 6 7 8 9 10
cm
copyright reserved
Small pieces of the scanty type of
Thalictrum Tenii Lévl.
Material from Packet
Thalictrum trichopus Franch.
6/21/96
HARVARD UNIVERSITY HERBARIA
Fragment of isotype of
T. Tenii Lévl.
THE HARVARD UNIVERSITY HERBARIA
00038618
TYPES AND AUTHENTIC SPECIMENS
(From )
Thalictrum Tenii H. Lévl.
is
T. trichopus Franch.
From original desc.
Yunnan China
Tong-Tchouan
juin 1907
584 Siméon Ten
EX HERB.
ARNOLD ARBORETUM
HARVARD UNIVERSITY
ARNOLD ARBORETUM, HARVARD UNIVERSITY
Plants of China
No.

**邓氏唐松草** ***Thalictrum tenii*** Lévl. in Fedde, Repert. Sp. Nov. 7: 98. 1909. **Isotype:** China.Yunnan: Tong-Tchouan (=Dongchuan), 1907-06-??, Siméon Tén 584 (GH).

FAN MEMORIAL INSTITUTE
OF BIOLOGY
FLORA OF SI-KANG

Field No. 66523 Date Sept. 1935
Locality 西康,察瓦龍,折那 (Dzer-nar, Tsa-wa-rung)
Altitude 3000 m.
Habitat Border of woods, Dry slope
Habit
Height D.B.H.
Bark
Leaf
Flower
Fruit gray
Notes
Common Name Family
Name
Collector 王啓無 C. W. Wang



C. W. WANG
王啓無
66523


cm 0 1 2 3 4 5 6 7 8 9 10

PLANTS OF SIKANG PROVINCE, CHINA
No. 6652X C.W.Wang 1935-36
Thalictrum Wangii sp nov
paratype BB 10/43
Collected in cooperation between the Arnold Arboretum of Harvard University and the Fan Memorial Institute of Biology.

Thalictrum tsawarungense W. T. Wang et S. H. Wang
Isotype !
Guanghua Zhu 6/21/96
HARVARD UNIVERSITY HERBARIA



察瓦龙唐松草 ***Thalictrum tsawarungense*** W. T. Wang & S. H. Wang, Fl. Reip. Popul. Sin. 27: 618. 1979. **Isotype:** China. Xizang: Zayü, Cawarong, alt. 3 000 m, 1935-09-??, C. W. Wang 66523 (GH).

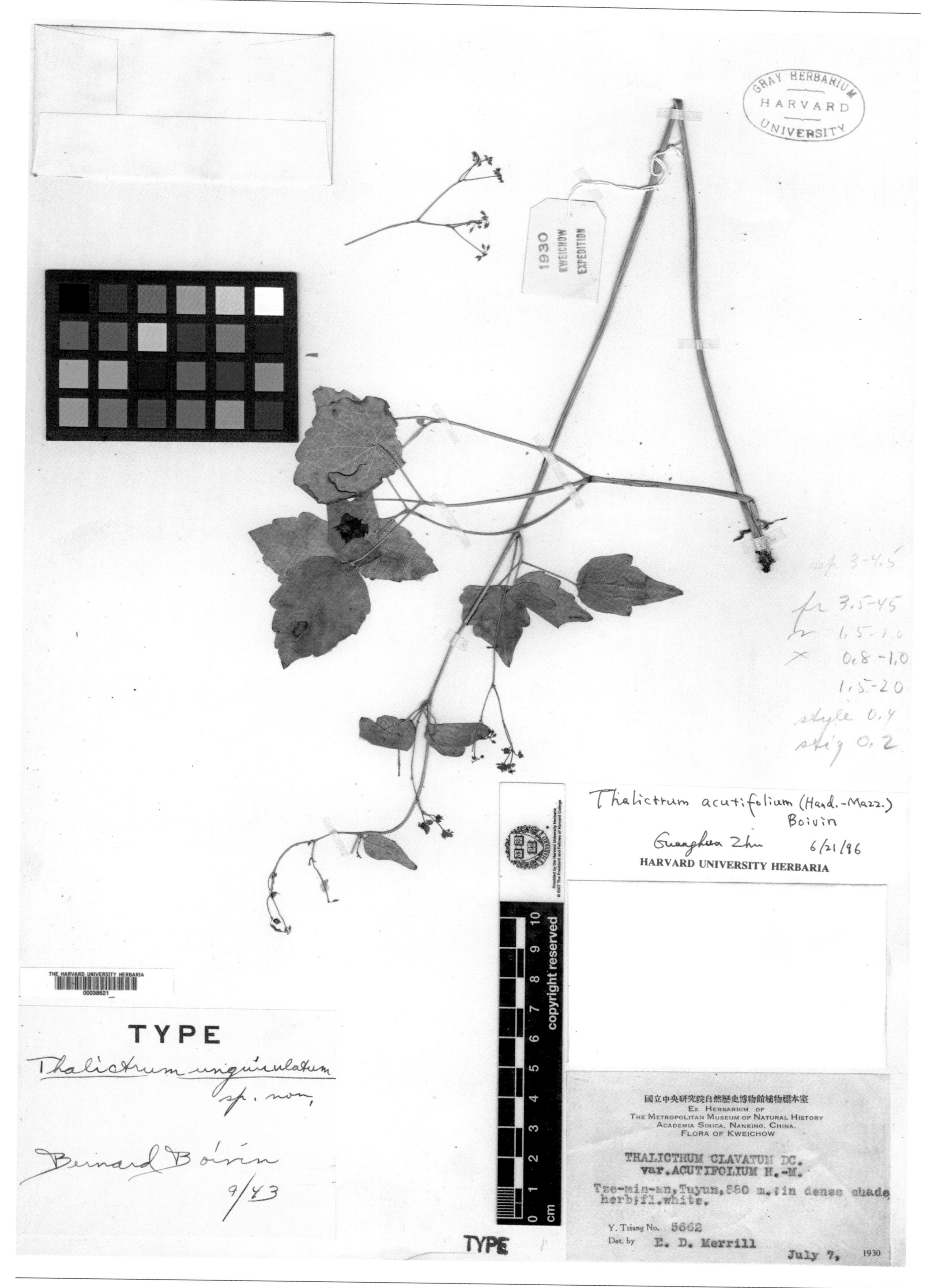
GRAY HERBARIUM
HARVARD
UNIVERSITY
1930
KWEICHOW
EXPEDITION
Thalictrum acutifolium (Hand.-Mazz.) Boivin
Guanghua Zhu 6/21/96
HARVARD UNIVERSITY HERBARIA
copyright reserved
THE HARVARD UNIVERSITY HERBARIA
00038621
TYPE
Thalictrum unguiculatum
sp. nov.
Bernard Boivin
9/43
國立中央研究院自然歷史博物館植物標本室
Ex Herbarium of
The Metropolitan Museum of Natural History
Academia Sinica, Nanking, China.
Flora of Kweichow
THALICTRUM CLAVATUM DC.
var. ACUTIFOLIUM H.-M.
Tze-min-an, Tuyun, 880 m.; in dense shade
herb; fl. white.
Y. Tsiang No. 5662
Det. by E. D. Merrill
July 7, 1930
TYPE

具爪唐松草 ***Thalictrum unguiculatum*** Boivin in Rhodora 46: 365, f. 16 a–b. 1944. **Holotype:** China. Guizhou: Duyun, alt. 880 m, 1930-07-07, Y. Tsiang 5662 (GH).

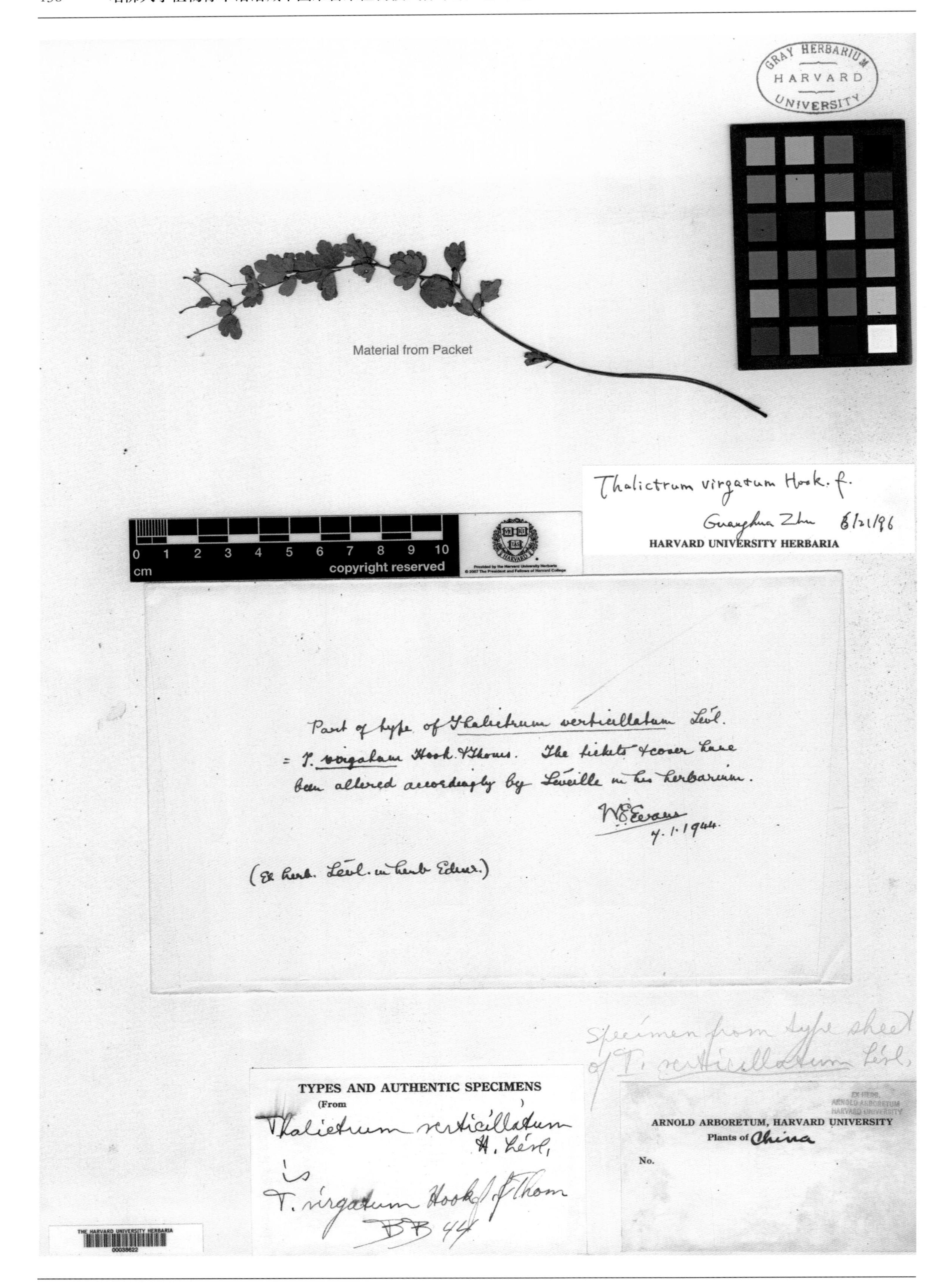
GRAY HERBARIUM HARVARD UNIVERSITY
Material from Packet
Thalictrum virgatum Hook. f.
Guanghua Zhu 6/21/96
HARVARD UNIVERSITY HERBARIA
0 1 2 3 4 5 6 7 8 9 10
cm
copyright reserved
Part of type of Thalictrum verticillatum Lévl.
= T. virgatum Hook. & Thoms. The tickets & cover have
been altered accordingly by Léveille in his herbarium.
W. E. Evans
4.1.1944.
(Ex herb. Lévl. in herb. Edinr.)
Specimen from type sheet
of T. verticillatum Lévl.
TYPES AND AUTHENTIC SPECIMENS
(From )
Thalictrum verticillatum
H. Lévl.
is
T. virgatum Hook. f. & Thom.
ARNOLD ARBORETUM, HARVARD UNIVERSITY
Plants of China
No.
THE HARVARD UNIVERSITY HERBARIA
00038622

**轮生叶唐松草** ***Thalictrum verticillatum*** Lévl. in Fedde, Repert. Sp. Nov. 7: 97. 1909. **Isotype:** China. Yunnan: Kunming, 1904-08-10, F. Ducloux 602 (GH).

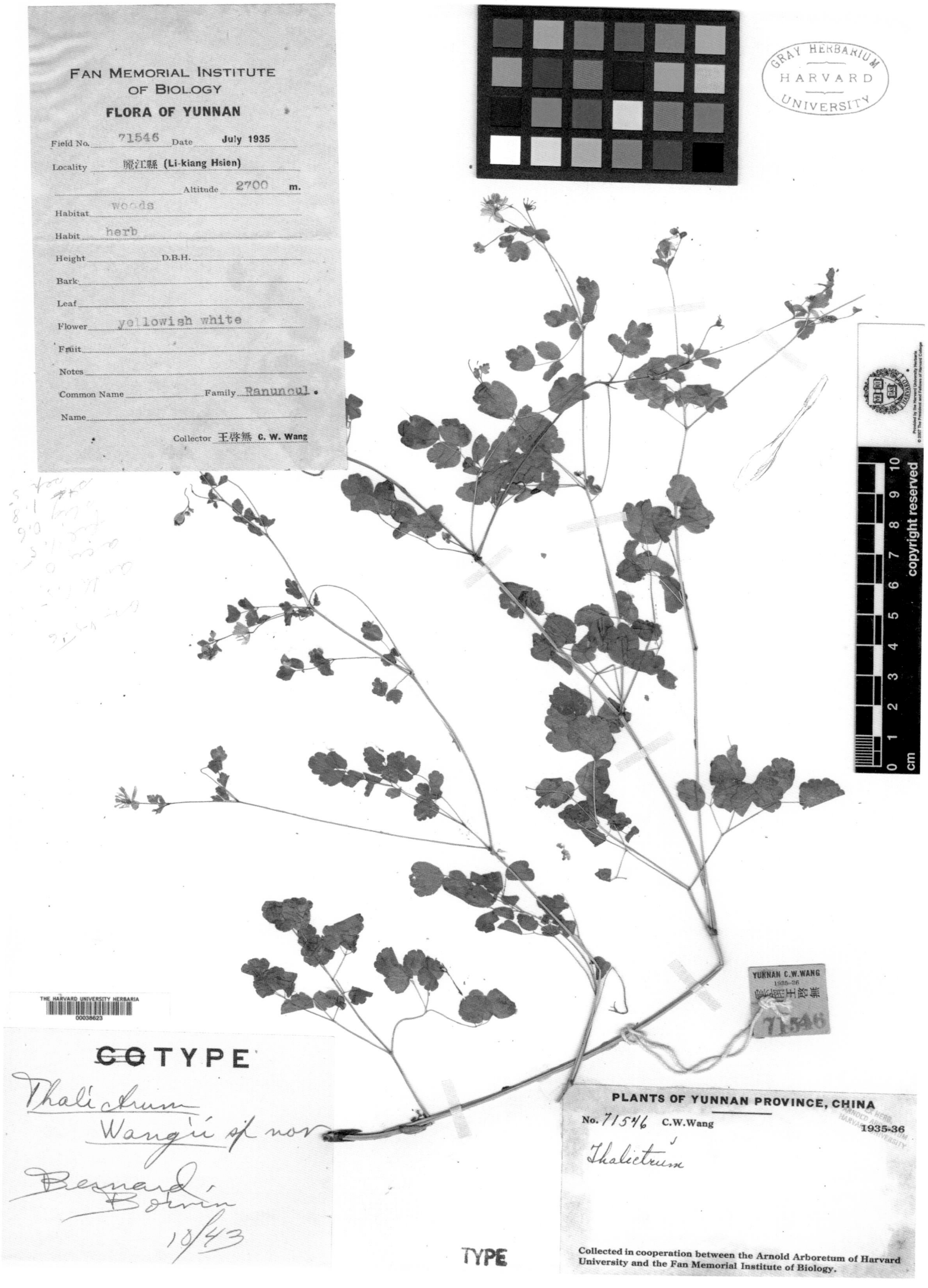

FAN MEMORIAL INSTITUTE
OF BIOLOGY
FLORA OF YUNNAN

Field No. 71546 Date July 1935
Locality 麗江縣 (Li-kiang Hsien)
Altitude 2700 m.
Habitat woods
Habit herb
Height D.B.H.
Bark
Leaf
Flower yellowish white
Fruit
Notes
Common Name Family Ranuncul.
Name
Collector 王啓無 C. W. Wang





cm 0 1 2 3 4 5 6 7 8 9 10



COTYPE
Thalictrum
Wangii sp nov
Bernard Boivin
10/43

YUNNAN C.W.WANG
1935-36
雲南王啓無
71546

PLANTS OF YUNNAN PROVINCE, CHINA
No. 71546 C.W.Wang 1935-36
Thalictrum

Collected in cooperation between the Arnold Arboretum of Harvard University and the Fan Memorial Institute of Biology.

TYPE

丽江唐松草 ***Thalictrum wangii*** Boivin in J. Arnold Arbor. 26(1): 116. 1945. **Holotype:** China. Yunnan: Lijiang, alt. 2 700 m, 1935-07-??, C. W. Wang 71546 (GH).

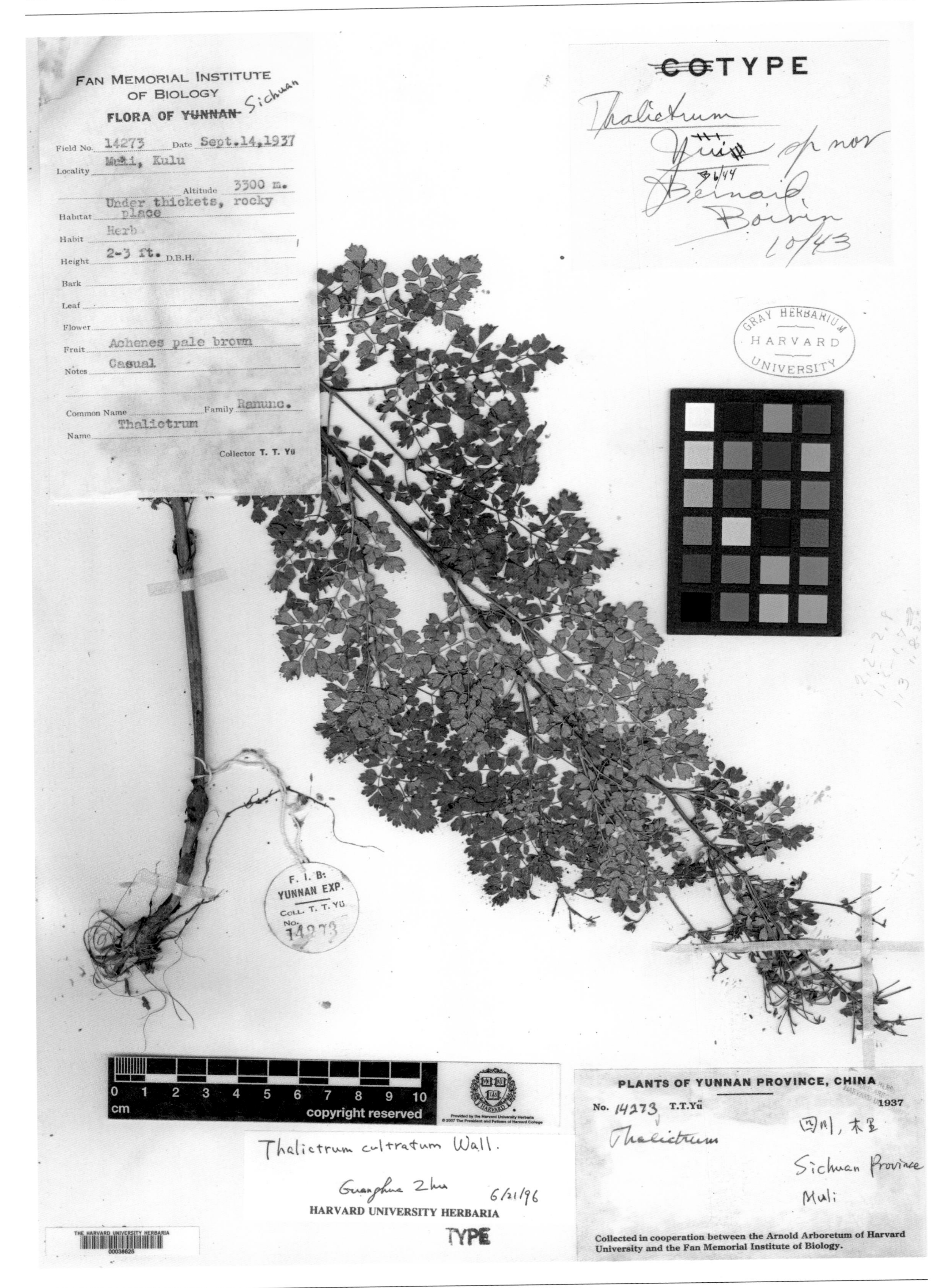
FAN MEMORIAL INSTITUTE
OF BIOLOGY
FLORA OF YUNNAN Sichuan
Field No. 14273 Date Sept.14,1937
Locality Muli, Kulu
Altitude 3300 m.
Habitat Under thickets, rocky place
Habit Herb
Height 2-3 ft. D.B.H.
Bark
Leaf
Flower
Fruit Achenes pale brown
Notes Casual
Common Name Family Ranunc.
Name Thalictrum
Collector T. T. Yü
COTYPE
Thalictrum yui sp nov
Bernard Boivin 10/43
GRAY HERBARIUM HARVARD UNIVERSITY
F. I. B. YUNNAN EXP. COLL. T. T. YÜ No. 14273
0 1 2 3 4 5 6 7 8 9 10
cm
copyright reserved
Thalictrum cultratum Wall.
Guanghua Zhu 6/21/96
HARVARD UNIVERSITY HERBARIA
TYPE
THE HARVARD UNIVERSITY HERBARIA
00038625
PLANTS OF YUNNAN PROVINCE, CHINA
No. 14273 T.T.Yü 1937
Thalictrum
四川，木里
Sichuan Province
Muli
Collected in cooperation between the Arnold Arboretum of Harvard University and the Fan Memorial Institute of Biology.

俞氏唐松草 ***Thalictrum yui*** Boivin in J. Arnold Arbor. 26(1): 115, pl. 1: 23–24. 1945. **Holotype:** China. Sichuan: Muli, alt. 3 300 m, 1937-09-14, T. T. Yu 14273(GH).

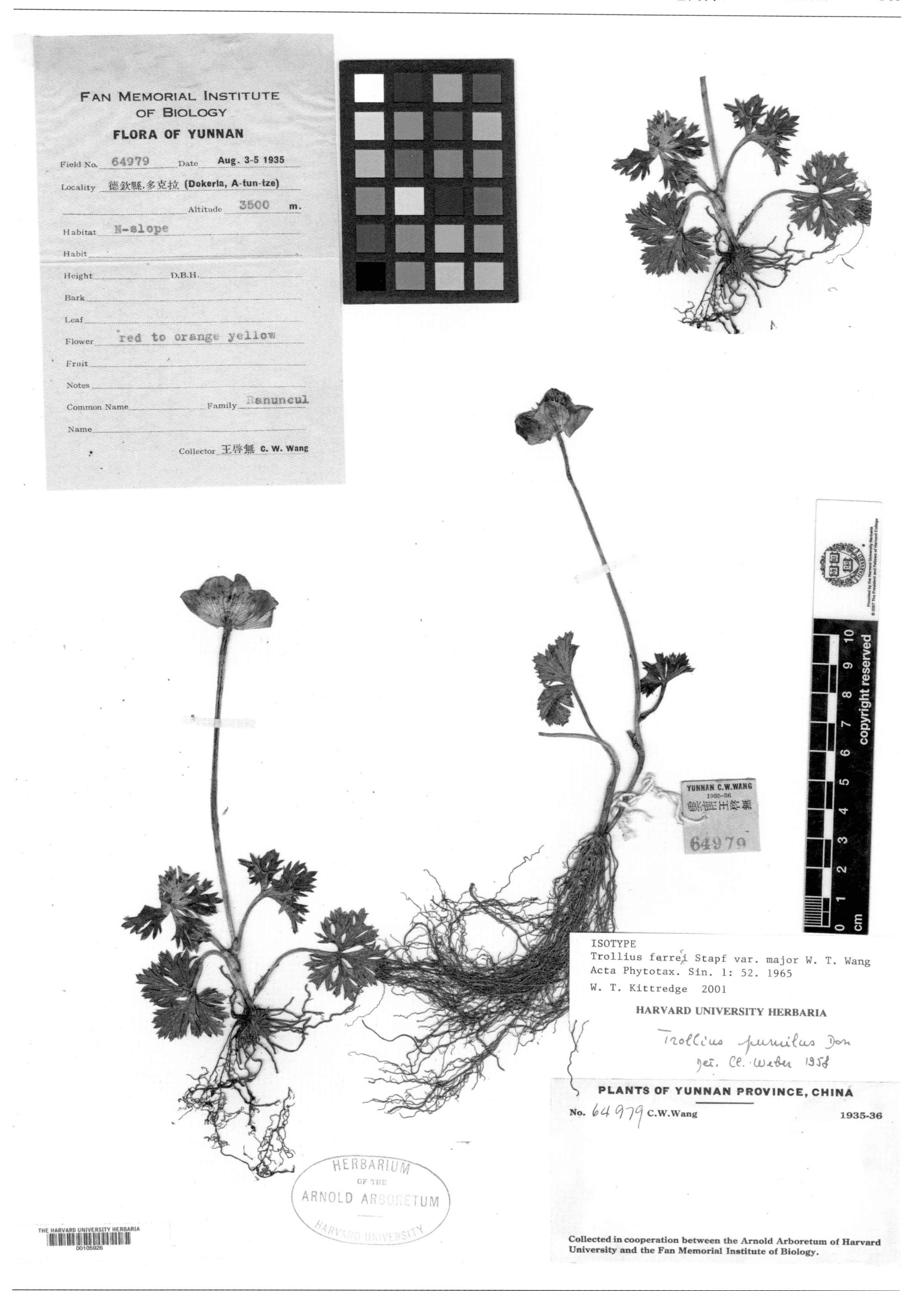
FAN MEMORIAL INSTITUTE OF BIOLOGY
FLORA OF YUNNAN
Field No. 64979 Date Aug. 3-5 1935
Locality 德欽縣,多克拉 (Dokerla, A-tun-tze)
Altitude 3500 m.
Habitat N-slope
Habit
Height D.B.H.
Bark
Leaf
Flower red to orange yellow
Fruit
Notes
Common Name Family Ranuncul
Name
Collector 王啓無 C. W. Wang
copyright reserved
YUNNAN C.W.WANG
1935-36
雲南王啓無
64979
ISOTYPE
Trollius farrei Stapf var. major W. T. Wang
Acta Phytotax. Sin. 1: 52. 1965
W. T. Kittredge 2001
HARVARD UNIVERSITY HERBARIA
Trollius pumilus Don
det. Cl. Weber 1958
PLANTS OF YUNNAN PROVINCE, CHINA
No. 64979 C.W.Wang 1935-36
Collected in cooperation between the Arnold Arboretum of Harvard University and the Fan Memorial Institute of Biology.
HERBARIUM OF THE ARNOLD ARBORETUM HARVARD UNIVERSITY
THE HARVARD UNIVERSITY HERBARIA
00105926

**大叶拟矮金莲花** ***Trollius farrei*** Stapf var. ***major*** W. T. Wang in Acta Phytotax. Sin., Addit. 1: 52. 1965. **Isotype:** China. Yunnan: Dêqên, alt. 3 500 m, 1935-08-(03~05), C. W. Wang 64979 (A).

GRAY HERBARIUM
HARVARD
UNIVERSITY
copyright reserved
cm 0 1 2 3 4 5 6 7 8 9 10
HANDEL-MAZZETTI, ITER SINENSE 1914-1918,
sumptibus Academiae scientiarum Vindobonensis susceptum.
Nr. 9877.
Trollius micranthus Hand.-Mzt., sp. nova
Not. ad pl. viv.: fl. lutei det. H.-M.
Prov. YÜNNAN bor.-occid.: Prope fines Tibeto-Birmanicas inter fluvios Lu-djiang (Salween) et Djiou-djiang (Irrawadi or. sup.), in regione alpina declivitatis montis Gomba-la supra Tschamutong versus jugum Tsukue.
Substr. micoschistaceo ; alt. s. m. ultra 4200 m.
Leg. 15. — 17. VIII. 1916 collectores indigeni (Diar. Nr 1851)
THE HARVARD UNIVERSITY HERBARIA
00038640

小花金莲花 ***Trollius micranthus*** Hand.-Mazz. Symb. Sin. 7(2): 268, pl. 6: 1. 1931. **Isotype:** China. Yunnan: Dêqên, between Lu-djiang (Salween) & Gjiou-djiang (Irrawadi), alt. 4 200 m, 1916-08-(15~17), H. R. E. Handel-Mazzetti 9877 (GH).

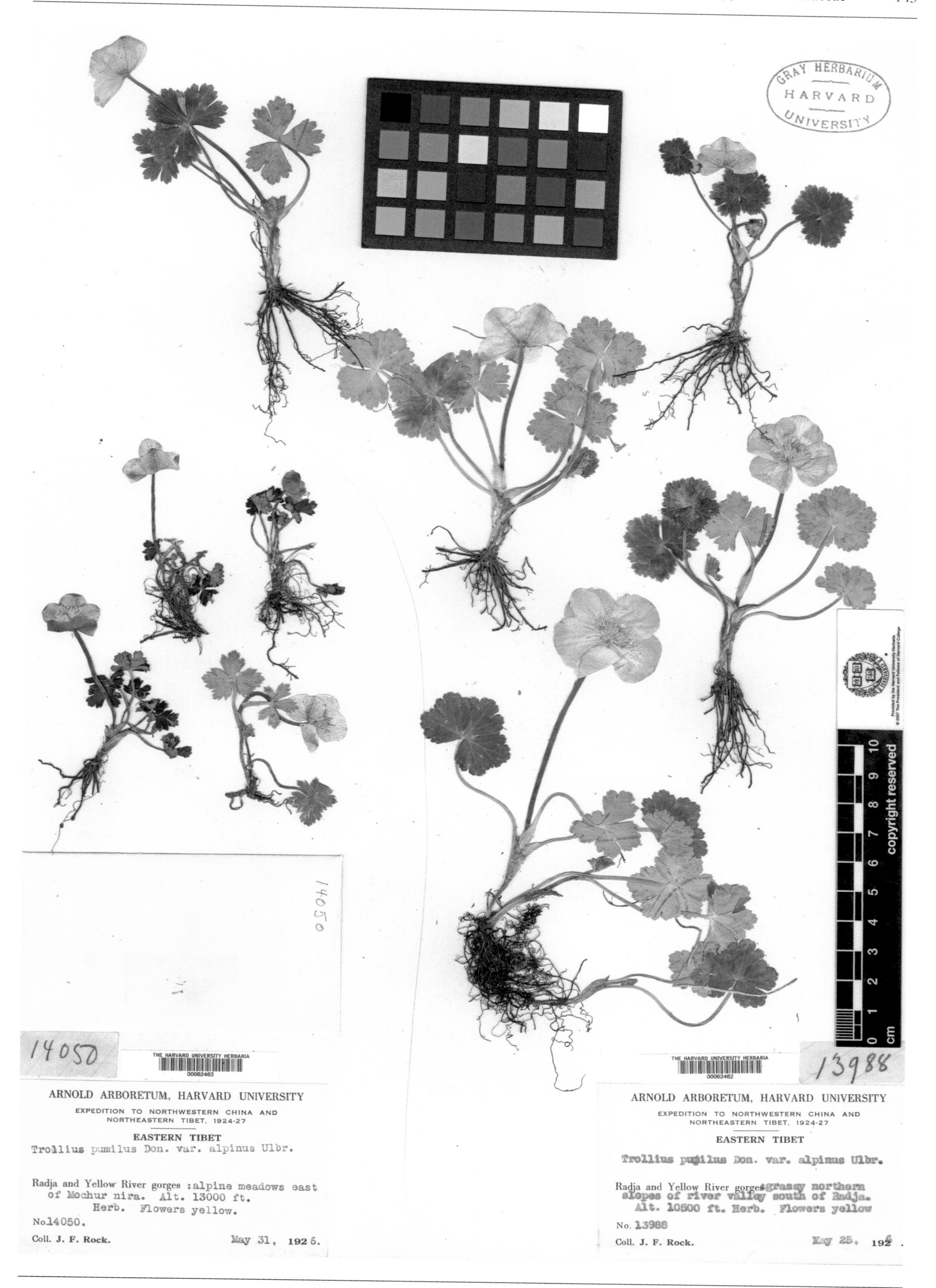
GRAY HERBARIUM
HARVARD
UNIVERSITY
copyright reserved
14050
13988
THE HARVARD UNIVERSITY HERBARIA
00062463
ARNOLD ARBORETUM, HARVARD UNIVERSITY
EXPEDITION TO NORTHWESTERN CHINA AND NORTHEASTERN TIBET, 1924-27
EASTERN TIBET
Trollius pumilus Don. var. alpinus Ulbr.
Radja and Yellow River gorges :alpine meadows east of Mochur nira. Alt. 13000 ft. Herb. Flowers yellow.
No.14050.
Coll. J. F. Rock.
May 31, 1926.
THE HARVARD UNIVERSITY HERBARIA
00062462
ARNOLD ARBORETUM, HARVARD UNIVERSITY
EXPEDITION TO NORTHWESTERN CHINA AND NORTHEASTERN TIBET, 1924-27
EASTERN TIBET
Trollius pumilus Don. var. alpinus Ulbr.
Radja and Yellow River gorges:grassy northern slopes of river valley south of Radja. Alt. 10500 ft. Herb. Flowers yellow
No. 13988
Coll. J. F. Rock.
May 25. 1926.

**高山金莲花** ***Trollius pumilus*** D. Don var. ***alpinus*** Ulbr. in Notizbl. Bot. Gart. Mus. Berlin. 10: 865. 1929. **Isosyntype:** China. Qinghai: Maqên, Radja (=Ra'gyagoinba), alt. 3 203 m, 1926-05-25, J. F. Rock 13988 (GH).

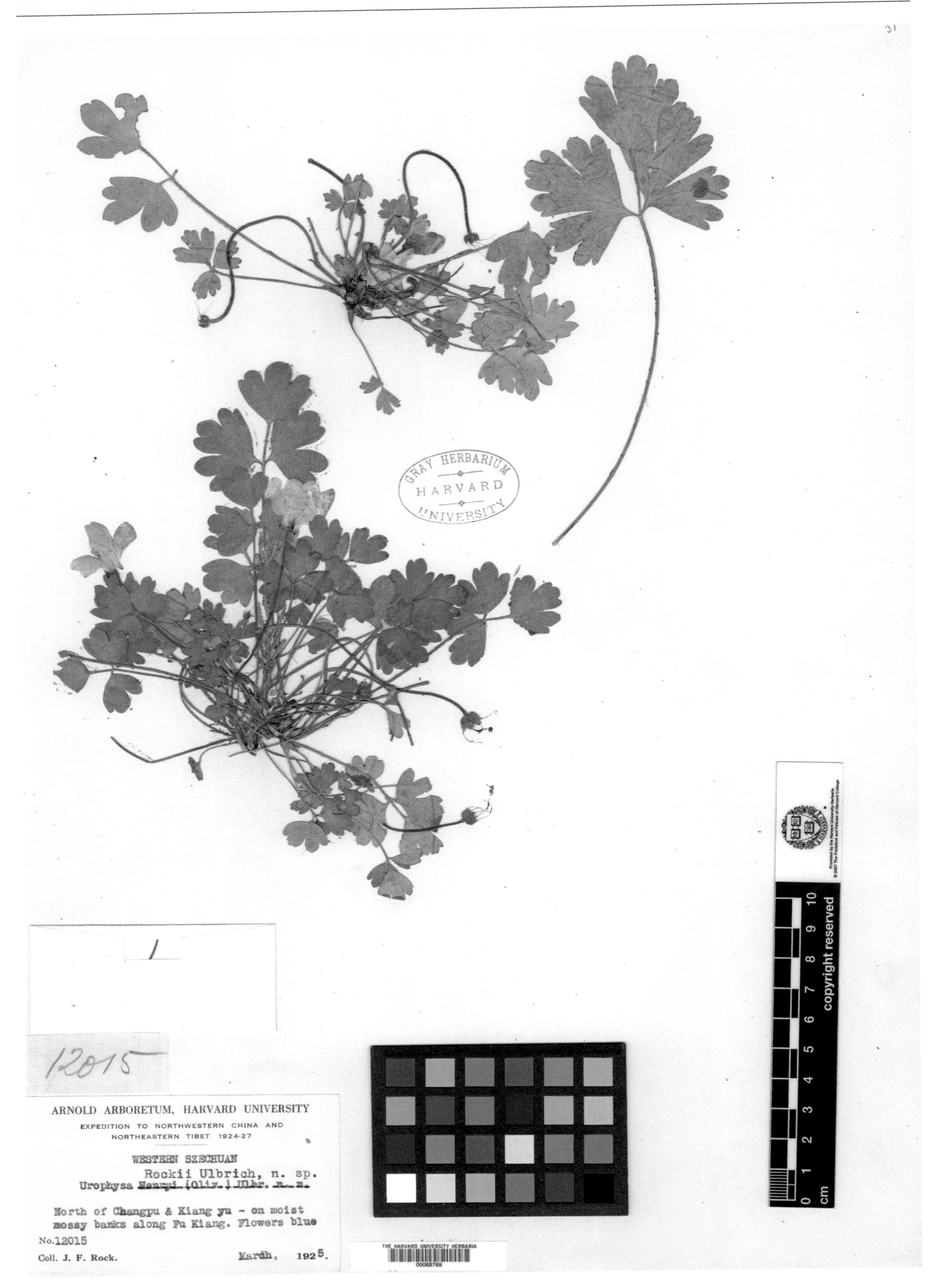
31
GRAY HERBARIUM
HARVARD
UNIVERSITY
12015
ARNOLD ARBORETUM, HARVARD UNIVERSITY
EXPEDITION TO NORTHWESTERN CHINA AND
NORTHEASTERN TIBET. 1924-27
WESTERN SZECHUAN
Rockii Ulbrich, n. sp.
Urophysa
North of Changpu & Kiang yu - on moist
mossy banks along Fu Kiang. Flowers blue
No.12015
Coll. J. F. Rock.
March, 1925.
THE HARVARD UNIVERSITY HERBARIA
00068769
copyright reserved
cm

距瓣尾囊草 ***Urophysa rockii*** Ulbr. in Notizbl. Bot. Gart. Mus. Berlin. 10: 869, f. 14A. 1929. **Isotype:** China. Sichuan: Jiangyou, 1925-03-??, J. F. Rock 12015 (GH).

# 木通科

# Lardizabalaceae

copyright reserved
cm
HERBARIUM
OF THE
ARNOLD ARBORETUM
HARVARD UNIVERSITY
HERBARIUM OF THE ARNOLD ARBORETUM
DUPLICATES FROM HERB. LÉVEILLÉ
RECEIVED FROM BOTANIC GARDEN, EDINBURG, 1928
THE HARVARD UNIVERSITY HERBARIA
00038641

贵阳木通 ***Akebia chaffanjonii*** Lévl. Bull. Soc. Agri., Sci. Arts Sarthe 39: 316. 1904. **Isotype:** China. Guizhou: Guiyang, Gan-pin, 1898-04-03, J. Chaffanjon & E. Bodinier 2159 (A).

copyright reserved
cm 0 1 2 3 4 5 6 7 8 9 10
isotype of A. macrantha Nakai
THE HARVARD UNIVERSITY HERBARIA
00038642
Material from Packet
HERBARIUM OF THE ARNOLD ARBORETUM HARVARD UNIVERSITY
中國科學社生物研究所植物標本室贈
DISTRIBUTED FROM
HERBARIUM OF BIOLOGICAL LABORATORY
THE SCIENCE SOCIETY OF CHINA, NANKING, CHINA
Collector S.Chen
Field No. 2946
Date Apr.20.1934
Akebia quinata DC.
Locality Chekiang
Determined by

**小花木通** ***Akebia micrantha*** Nakai, Fl. Sylv. Kor. 21: 44. 1936. **Isotype:** China. Zhejiang: Yunhe, 1934-04-20, S. Chen 2946 (A).

Holboellia grandiflora Reaub. Isotype of
Det. by Qin Hai-ning, 4 Nov. 1997
Herbarium, Institute of Botany, Beijign(PE)
LARDIZABALACEAE
Holboellia grandiflora Réaub.
Det: Alberto Taylor B.
April, 1963 at Indiana University
模式标本
TYPUS
copyright reserved
3139
Material from Packet
THE HARVARD UNIVERSITY HERBARIA
00061839
COLL. E. H. WILSON,
(FOR JAMES VEITCH & SONS).
WESTERN CHINA.
No. 3139
HERBARIUM OF THE ARNOLD ARBORETUM HARVARD UNIVERSITY
HERBARIUM OF THE ARBORETUM.
HARVARD UNIVERSITY.
Holboellia latifolia, Wall.
Holboellia grandiflora R.

牛姆瓜 ***Holboellia grandiflora*** Réaub. in Bull. Soc. Bot. France 53: 453. 1906. **Isotype:** China. Sichuan: Precise locality not known, alt. 1 373 m, 1904-05-13, E. H. Wilson 3139 (A).

Material from Packet
copyright reserved
Isotype of Stauntonia alata Merr.
Parvatia decora Dunn
Qin Hai-ning,4 Nov.1997
Herbarium,Institute of Botany,Beijing(PE)
LARDIZABALACEAE
Stauntonia alata Merrill.
Det: Alberto Taylor B.
April, 1963 at Indiana University
HERBARIUM OF THE ARNOLD ARBORETUM HARVARD UNIVERSITY
FLORA OF KWANGTUNG
HERBARIUM OF LINGNAN UNIVERSITY
Stauntonia alata Merr. n. sp.
Wet place
Tai Ip Ho Tang
PARATYPE
NAAM KWAN SHAN, 南崑山
(Tsengshing District, 增城縣)
Det. E. D. Merrill
Coll. Tsang, W. T. 20219
April 12, 1932
THE HARVARD UNIVERSITY HERBARIA
00061842


**翅野木瓜** ***Stauntonia alata*** Merr. in Lingnan Sci. J. 13(1): 23, pl. 4. 1934. **Paratype:** China. Guangdong: Zengcheng, Nankun Shan, 1932-04-12, W. T. Tsang 20219 (A).

cm
0 1 2 3 4 5 6 7 8 9 10
copyright reserved
HARVARD UNIVERSITY HERBARIA
Stauntonia trinervia Merr.
Qin Hai-ning (PE) 21-2-1996
LARDIZABALACEAE
Stauntonia glauca Merr. & Metc.
Det: Alberto Taylor B.
April, 1963 at Indiana University
Material from Packet
THE HARVARD UNIVERSITY HERBARIA
00038649
HERBARIUM OF THE ARNOLD ARBORETUM HARVARD UNIVERSITY
FLORA OF KWANGTUNG
HERBARIUM OF
LINGNAN NATURAL HISTORY SURVEY AND MUSEUM
LINGNAN UNIVERSITY, CANTON, CHINA.
Stauntonia glauca Merr. + Metc; n.sp.
Fairly common, dry, sandy soil, scattered shrubs, 10ft., fruit, cream.
TAI MO SHAN 大帽山
(Tapu District 大埔縣)
COLLECTED WITH THE COOPERATION OF ARNOLD ARBORETUM, HARVARD UNIVERSITY
Coll. Tsang W. T. 21082 Det.......................... July 5, 1932

**粉叶野木瓜** ***Stauntonia glauca*** Merr. & Metc. in Lingnan Sci. J. 16(1): 80, f. 2. 1937. **Isotype:** China. Guangdong: Dapu, 1932-07-05, W. T. Tsang 21082 (A).

copyright reserved
cm
Stauntonia maculata Merr.
定名人
年 月 日
FLORA OF KWANGTUNG
Botanical Institute, College of Agriculture,
Sun Yatsen University, Canton.
Field No. 50365
Date
Locality:
Collector:
Determined by:
HERBARIUM
OF THE
ARNOLD ARBORETUM
HARVARD UNIVERSITY
THE HARVARD UNIVERSITY HERBARIA
00003397


五指那藤 ***Stauntonia hexaphylla*** (Thunb.) Decne. f. ***intermedia*** Y. C. Wu in Notizbl. Bot. Gart. Mus. Berlin. 13: 370. 1936.
**Isosyntype:** China. Guangdong: Qujiang, 1930-04-13, S. P. Ko 50365 (A).

Isotype of
Stauntonia hexaphylla var. urophylla H.-M.
(= Stauntonia maculata Merr.)
Qin Hai-ning. 4 Nov.1997
Herbarium,Institute of Botany,Beijing(PE)
PLANTAE MELLIANAE SINENSES.
Nr. 151
Stauntonia Chinensis DC.
Not. collectoris: Scandens. Fl. extus albidi intus brun. rescentes
det. Handel-Mazzetti.
Prov. KWANGTUNG: In monte Lofou-schan ad orient. urbis Kanton.
Substr. granitico ; alt s. m. ca 900-1000 m.
Leg. 6.IV. 1920 Rud. Mell.
6856 21
HERBARIUM OF THE ARNOLD ARBORETUM
HARVARD UNIVERSITY
ARNOLD ARBORETUM
HERBARIUM OF THE ARNOLD ARBORETUM.
HARVARD UNIVERSITY.
Stauntonia hexaphylla DC.
var. urophylla Hand.-Mazz.
模式标本
TYPUS
THE HARVARD UNIVERSITY HERBARIA
copyright reserved
cm
0 1 2 3 4 5 6 7 8 9 10

**尾叶那藤** ***Stauntonia hexaphylla*** (Thunb.) Decne. var. ***urophylla*** Hand.-Mazz. in Anz. Akad. Wiss. Wien. Math.-Nat. Klasse. Vienna. 59: 102. 1922. **Isosyntype:** China. Guangdong: Boluo, Luofu Shan, alt. 900~1 000 m, 1920-04-06, R. E. Mell 151 (A).

cm 0 1 2 3 4 5 6 7 8 9 10
copyright reserved
THE HARVARD UNIVERSITY HERBARIA
00038650
HERBARIUM
OF THE
ARNOLD ARBORETUM
HARVARD UNIVERSITY
FLORA OF KWANGTUNG
HERBARIUM OF LINGNAN UNIVERSITY
ISOTYPE
Stauntonia maculata Merr. n. sp.
Height, 3½m.
Flower, cream
NAAM KWAN SHAN, 南崑山
(Tsengshing District, 增城縣)
Det. E. D. Merrill
Coll. Tsang, W. T. 20.170
April 9, 1932

**斑叶野木瓜** ***Stauntonia maculata*** Merr. in Lingnan Sci. J. 13(1): 24, pl. 5. 1934. **Isotype:** China. Guangdong: Zengcheng, Nankun Shan, 1932-04-09, W. T. Tsang 20170 (A).

LARDIZABALACEAE
Stauntonia obovata Hemsl.
Det: Alberto Taylor B.
April, 1963 at Indiana University
GRAY HERBARIUM HARVARD UNIVERSITY
HERBARIUM OF THE U. S. NORTH PACIFIC EXPLORING EXPEDITION
7. under Commanders Ringgold and Rodgers, 1853 – 56.
Stauntonia Chinensis DC.
C. WRIGHT Coll. Hong Kong.
copyright reserved
THE HARVARD UNIVERSITY HERBARIA
00038651

**倒卵叶野木瓜** ***Stauntonia obovata*** Hemsl. in Hook. Icon. Pl. 29, pl. 2847. 1907. **Isosyntype:** China. Hong Kong, (1853~1856)-??-??, C. Wright 7 (GH).

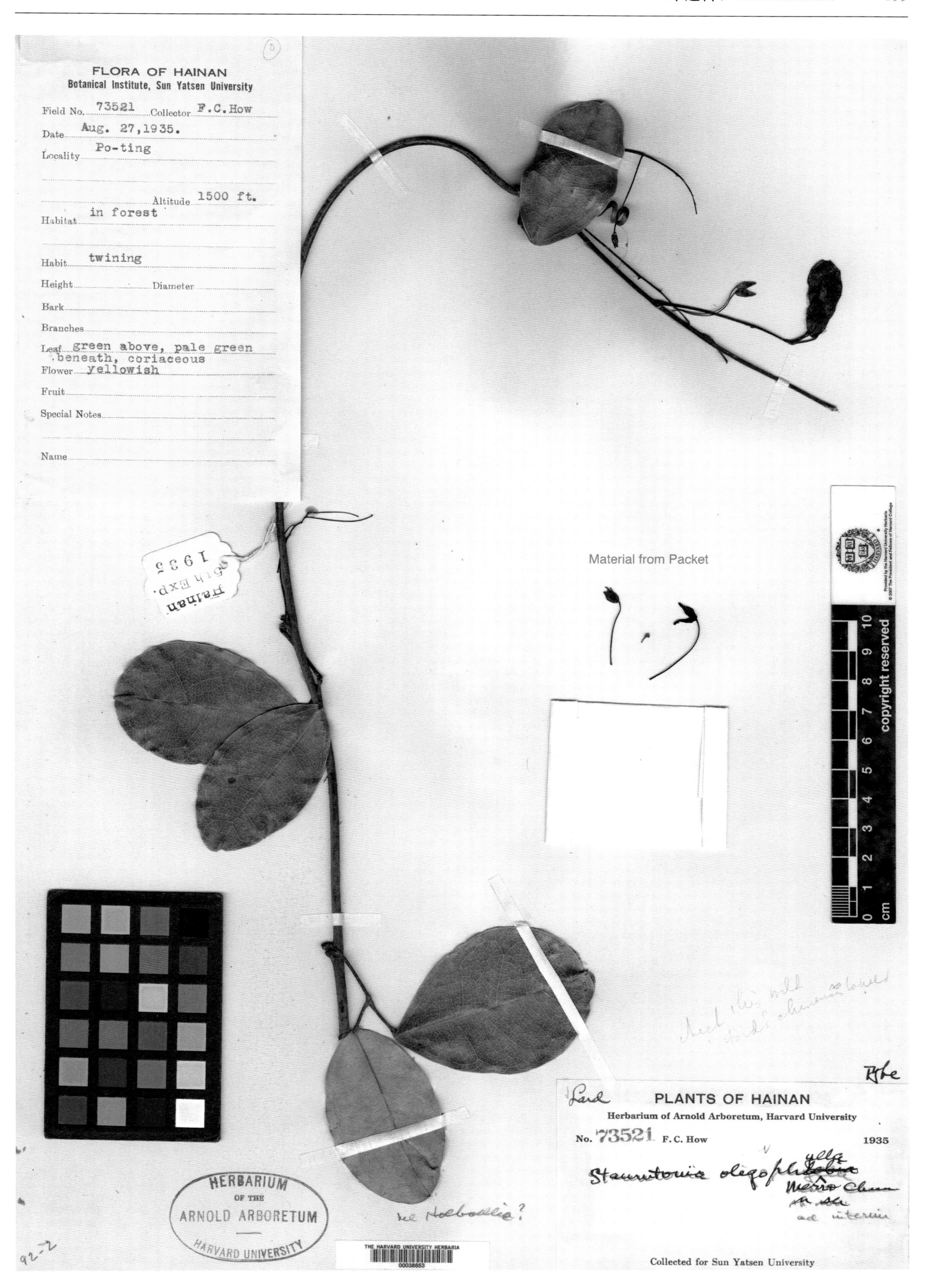
FLORA OF HAINAN
Botanical Institute, Sun Yatsen University
Field No. 73521 Collector F.C.How
Date Aug. 27,1935.
Locality Po-ting
Altitude 1500 ft.
Habitat in forest
Habit twining
Height Diameter
Bark
Branches
Leaf green above, pale green beneath, coriaceous
Flower yellowish
Fruit
Special Notes
Name
Material from Packet
copyright reserved
cm
PLANTS OF HAINAN
Herbarium of Arnold Arboretum, Harvard University
No. 73521 F. C. How 1935
Collected for Sun Yatsen University
HERBARIUM OF THE ARNOLD ARBORETUM HARVARD UNIVERSITY
THE HARVARD UNIVERSITY HERBARIA
00038653

少叶野木瓜 ***Stauntonia oligophylla*** Merr. & Chun in Sunyatsenia 5: 54. 1940. **Isotype:** China. Hainan: Baoting, alt. 458 m, 1935-08-27, F. C. How 73521 (A).

Material from Packet
copyright reserved
cm
FLORA OF KWANGTUNG
HERBARIUM OF LINGNAN UNIVERSITY
ISOTYPE
Stauntonia trinervia Merr. n. sp.
Top of hill, meadow; Climbing; Length, 7m.;
Flower, dull yellow
NAAM KWAN SHAN, 南崑山
(Tsengshing District, 增城縣)
Det. E. D. Merrill
Coll. Tsang, W. T. 20093
April 4, 1932
HERBARIUM OF THE ARNOLD ARBORETUM HARVARD UNIVERSITY
THE HARVARD UNIVERSITY HERBARIA
00038654

三脉野木瓜 *Stauntonia trinervia* Merr. in Lingnan Sci. J. 13(1): 24, pl. 6. 1934. **Isotype:** China. Guangdong: Zengcheng, Nankun Shan, 1932-04-04, W. T. Tsang 20093 (A).

# 小檗科

# Berberidaceae

0 1 2 3 4 5 6 7 8 9 10
cm
copyright reserved
B. aemulans C.S.
Type
Det. Camillo Schneider.
No. 930 ARNOLD ARBORETUM.
EXPEDITION TO CHINA, 1907-09.
Western Szechuan.
Coll. E. H. Wilson.
Alt.
HERBARIUM
OF THE
ARNOLD ARBORETUM
HARVARD UNIVERSITY
THE HARVARD UNIVERSITY HERBARIA
00038719

峨眉小檗 ***Berberis aemulans*** Schneid. in Sargent, Pl. Wils. 3(3): 434. 1917. **Holotype:** China. Sichuan: Ebian, Wa Shan, alt. 2 745~3 050 m, 1908-(06-09)-??, E. H. Wilson 930 (A).

ISOTYPE
Berberis aggregata C. K. Schneider
Bull. Herb. Boissier ser. 2, 8: 203. 1908
A. P. Kirchgessner 1994
Harvard University Herbaria
HERBARIUM OF THE ARNOLD ARBORETUM HARVARD UNIVERSITY
COLL. E. H. WILSON,
(FOR JAMES VEITCH & SONS).
WESTERN CHINA.
No. 3155
copyright reserved
THE HARVARD UNIVERSITY HERBARIA
00038689

**堆花小檗** ***Berberis aggregata*** Schneid. in Bull. Herb. Boissier, ser. 2, 8(3): 203. 1908. **Isosyntype:** China. Western China, Precise locality not known, alt. 1 983 m, 1903-08-??, E. H. Wilson 3155 (A).

copyright reserved
HERBARIUM OF THE ARNOLD ARBORETUM HARVARD UNIVERSITY
THE HARVARD UNIVERSITY HERBARIA
00038720
HARVARD UNIVERSITY HERBARIA
Isotype
Berberis agricola Ahrendt
J. Linn. Soc. 57, 192-193. 1961.
T. S. Ying 1982
EX HERBARIO MUSEI BRITANNICI
FLORA OF SOUTH-EAST TIBET
Berberis agricola Ahrendt
Locality Dzala, Pasum Chu, Kongbo.
Altitude 12,500 ft. Date 3.7.1947
Perianth yellow. Pendent tassels very handsome. Shrub 3-5ft. Hedges bordering cultivation.
F. Ludlow, G. Sherriff, & H. H. Elliot No. 14071

**暗红小檗** ***Berberis agricola*** Ahrendt in J. Linn. Soc. Bot. 57: 192. 1961. **Isotype:** China. Xizang: Kongbo, alt. 3 813 m, 1947-07-03, F. Ludlow, G. Sherriff & H. H. Elliot 14071 (A).

This is the type specimen of
Berberis alpicola Schneider
HARVARD UNIVERSITY HERBARIA
Berberis alpicola Schneid.
T.S. Ying 2/6/96
HERBARIUM
OF THE
ARNOLD ARBORETUM
HARVARD UNIVERSITY
No. 10952 ARNOLD ARBORETUM.
EXPEDITION TO EASTERN ASIA, 1917-18.
Formosa.
Berberis Kawakamii Hay.
Shrub 1-4 ft.
Coll. E. H. Wilson.
Oct 24 1918
THE HARVARD UNIVERSITY HERBARIA
00038721
copyright reserved
cm 0 1 2 3 4 5 6 7 8 9 10

高山小檗 ***Berberis alpicola*** Schneid. in Fedde, Repert. Sp. Nov. 46: 253. 1939. **Holotype:** China. Taiwan: Kagi (=Chia-i), Ari San (=Ali Shan), alt. 3 666 m, 1918-10-24, E. H. Wilson 10952 (A).

SYNTYPE
Berberis amabilis C. K. Schneider
Repert. Spec. Nov. Regni Veg. 46: 257. 1939
A. P. Kirchgessner
1994
Harvard University Herbaria
Rock 7388
copyright reserved
PLANTS OF YUNNAN, CHINA
Berberis
Between Tengyueh and the Burmese border, en route to Sadon
No. 7388
J. F. ROCK, Collector
November, 1922
HERBARIUM OF THE ARNOLD ARBORETUM HARVARD UNIVERSITY
THE HARVARD UNIVERSITY HERBARIA
00038688

可爱小檗 ***Berberis amabilis*** Schneid. in Fedde, Repert. Sp. Nov. 46: 257. 1939. **Isosyntype:** China. Yunnan: Tengchong, 1922-11-??, J. F. Rock 7388 (A).

HARVARD UNIVERSITY HERBARIA
Isotype
Berberis ambrozyana Schneid.
J. Linn. Soc. 57:128,1961.
T. S. Ying 1982
Coll. E. H. Wilson,
(For James Veitch & Sons).
WESTERN CHINA.
No. 3146 a
B. dictyophylla v. epruinosa m.
Aug. 5.16
Det. Camillo Schneider.
HERBARIUM OF THE ARNOLD ARBORETUM HARVARD UNIVERSITY
Berberis Ambrozyana m.
det. Camillo Karl Schneider.
THE HARVARD UNIVERSITY HERBARIA
00038712
copyright reserved
cm

阿氏小檗 ***Berberis ambrozyana*** Schneid. in Sargent, Pl. Wils. 1(3): 356. 1913. **Isotype:** China. Western Sichuan: Precise locality not known, alt. 2 440~2 745 m, 1904-05-??, E. H. Wilson 3146 a (A).

0 1 2 3 4 5 6 7 8 9 10
cm
copyright reserved
THE HARVARD UNIVERSITY HERBARIA
00038713
HARVARD UNIVERSITY HERBARIA
Isotype
Berberis amoena var. umbelliflora
J. Linn. Soc. 57: 154. 1961 Ahrendt
T. S. Ying 1982
HERBARIUM
OF THE
ARNOLD ARBORETUM
HARVARD UNIVERSITY
PLANTAE FORRESTIANAE.
Explorations of George Forrest, 1917-1919.
No. 16323
Berberis elegans, C. K. Schneider
Yunnan.

伞花小檗 ***Berberis amoena*** Dunn var. ***umbelliflora*** Ahrendt in J. Linn. Soc. Bot. 57: 154. 1961. **Isotype:** China. Yunnan: Precise locality not known, (1917~1919)-??-??, G. Forrest 16323 (A).

copyright reserved
No. 2873, ARNOLD ARBORETUM.
EXPEDITION TO CHINA. 1907-09.
Western Szechuan.
Coll. E. H. Wilson.
HERBARIUM OF THE ARNOLD ARBORETUM HARVARD UNIVERSITY
THE HARVARD UNIVERSITY HERBARIA
00038716

直梗小檗 ***Berberis asmyana*** Schneid. in Sargent, Pl. Wils. 1(3): 357. 1913. **Holotype:** China. Sichuan: Mupin (=Baoxing), alt. 1 830 m, 1908-06-??, E. H. Wilson 2873 (A).

FLORA OF CHINA
中國植物
Field No. 2981
Date July 12 1925
Collector Ching
copyright reserved
cm
ISOTYPE
Berberis anhweiensis Ahrendt
J. Linn. Soc., Bot. 57: 185. 1961
W. T. Kittredge 2007
HARVARD UNIVERSITY HERBARIA
PLANTS OF ANHWEI
COLLECTED FOR THE ARNOLD ARBORETUM
No. 2981
Berberis Henryana Schneid.
Coll. Ren-Chang Ching. 1925.
HERBARIUM OF THE ARNOLD ARBORETUM HARVARD UNIVERSITY
THE HARVARD UNIVERSITY HERBARIA
00254039
Berberis henryana Schneid.
HARVARD UNIVERSITY HERBARIA

安徽小檗 ***Berberis anhweiensis*** Ahrendt in J. Linn. Soc. Bot. 57: 185. 1961. **Isotype:** China. Anhui: Huang Shan, alt. 1 312 m, 1925-07-12, R. C. Ching 2981 (A).

HERBARIUM OF THE ARNOLD ARBORETUM HARVARD UNIVERSITY
HERBARIUM OF THE ARNOLD ARBORETUM.
HARVARD UNIVERSITY.
B. atrocarpa C. K. Sch.
Type
No. 1284. ARNOLD ARBORETUM.
EXPEDITION TO CHINA, 1907-09.
Western Szechuan.
Coll. E. H. Wilson.
copyright reserved
THE HARVARD UNIVERSITY HERBARIA
00038717

黑果小檗 ***Berberis atrocarpa*** Schneid. in Sargent, Pl. Wils. 3(3): 437. 1917. **Holotype:** China. Sichuan: Mupin (=Baoxing), alt. 1 220~1 830 m, 1908-11-??, E. H. Wilson 1284 (A).

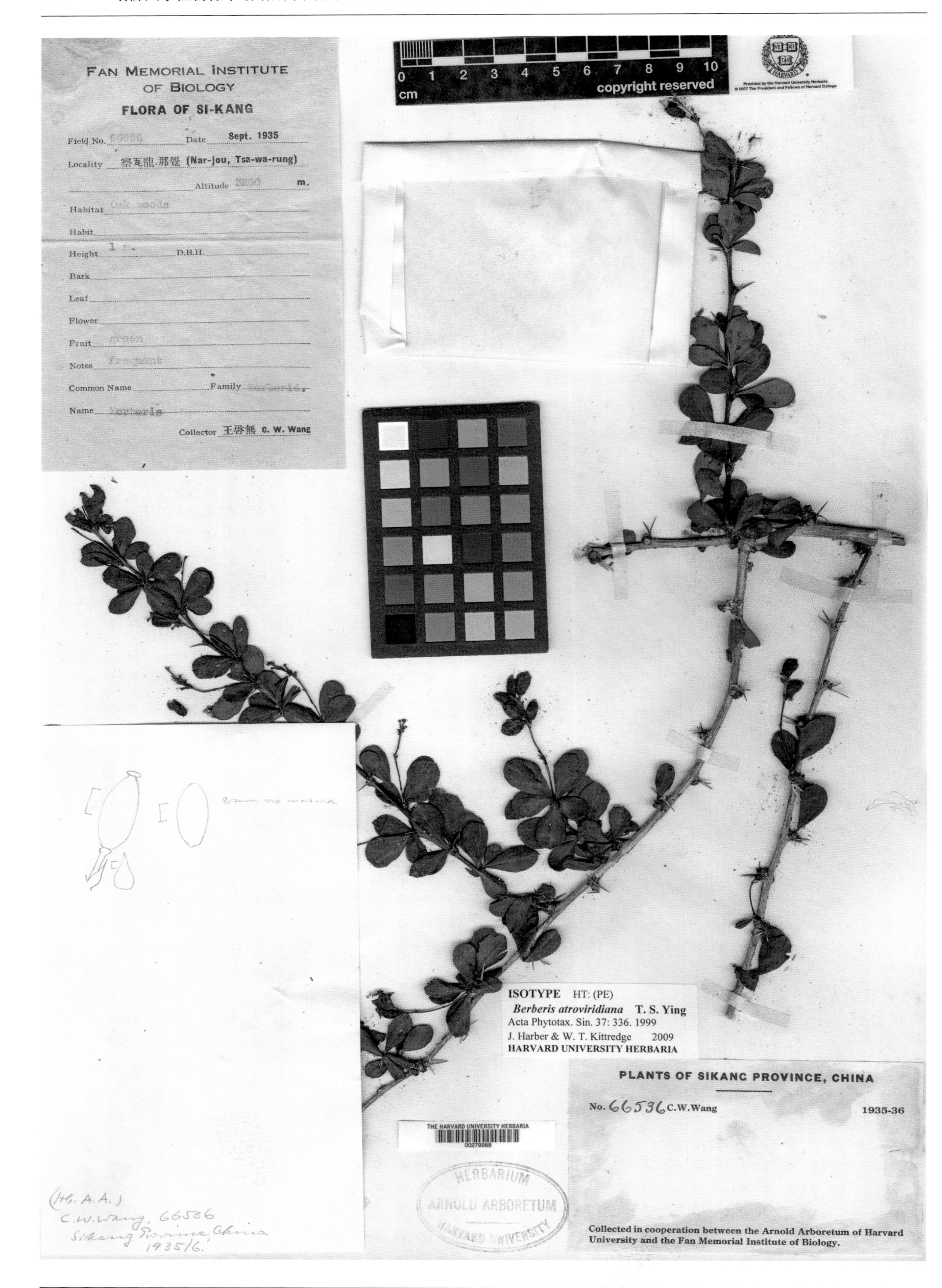
FAN MEMORIAL INSTITUTE OF BIOLOGY
FLORA OF SI-KANG
Field No. 66536
Date Sept. 1935
Locality 察瓦龍,那覺 (Nar-jou, Tsa-wa-rung)
Altitude 3200 m.
Habitat Oak woods
Height 1 m.
Fruit green
Notes frequent
Family Berberid.
Name Berberis
Collector 王啓無 C. W. Wang
0 1 2 3 4 5 6 7 8 9 10
cm
copyright reserved
ISOTYPE HT: (PE)
Berberis atroviridiana T. S. Ying
Acta Phytotax. Sin. 37: 336. 1999
J. Harber & W. T. Kittredge 2009
HARVARD UNIVERSITY HERBARIA
PLANTS OF SIKANG PROVINCE, CHINA
No. 66536 C.W.Wang
1935-36
THE HARVARD UNIVERSITY HERBARIA
00279988
HERBARIUM
ARNOLD ARBORETUM
HARVARD UNIVERSITY
Collected in cooperation between the Arnold Arboretum of Harvard University and the Fan Memorial Institute of Biology.
(Hb. A. A.)
C.W.Wang 66536
Sikang Province China
1935/6.

**那觉小檗** ***Berberis atroviridiana*** T. S. Ying in Acta Phytotax. Sin. 37(4): 336, pl. 12, f. 10–12. 1999. **Isotype:** China. Xizang: Zayü, alt. 3 200 m, 1935-09-??, C. W. Wang 66536 (A).

copyright reserved
cm
0 1 2 3 4 5 6 7 8 9 10
HARVARD UNIVERSITY HERBARIA
lecto
Isotype
Berberis bergmaniae Schneid.
J. Linn. Soc. 57:67 1961.
T. S. Ying 1982
No. 2876. ARNOLD ARBORETUM.
EXPEDITION TO CHINA, 1907-09.
Western Szechuan.
Coll. E. H. Wilson.
Alt.
HERBARIUM
OF THE
ARNOLD ARBORETUM
HARVARD UNIVERSITY
THE HARVARD UNIVERSITY HERBARIA
00057547

汉源小檗 ***Berberis bergmaniae*** Schneid. in Sargent, Pl. Wils. 1(3): 362. 1913. **Syntype:** China. Sichuan: Ching-chi (=Hanyuan), alt. 1 525 m, 1908-11-??, E. H. Wilson 2876 (A).

copyright reserved
Berberis Bergmaniae C.S.
var. acanthophylla C.S.
det. Camillo Karl Schneider.
HERBARIUM OF THE ARNOLD ARBORETUM HARVARD UNIVERSITY
No. 4149 ARNOLD ARBORETUM.
SECOND EXPEDITION TO CHINA. 1910-11.
Western Szechuan.
Coll. E. H. Wilson.
Alt.
THE HARVARD UNIVERSITY HERBARIA
00057549

汶川小檗 ***Berberis bergmaniae*** Schneid. var. ***acanthophylla*** Schneid. in Sargent, Pl. Wils. 1(3): 362. 1913. **Holotype:** China. Sichuan: Wenchuan, alt. 1 525~1 830 m, 1910-10-??, E. H. Wilson 4149 (A).

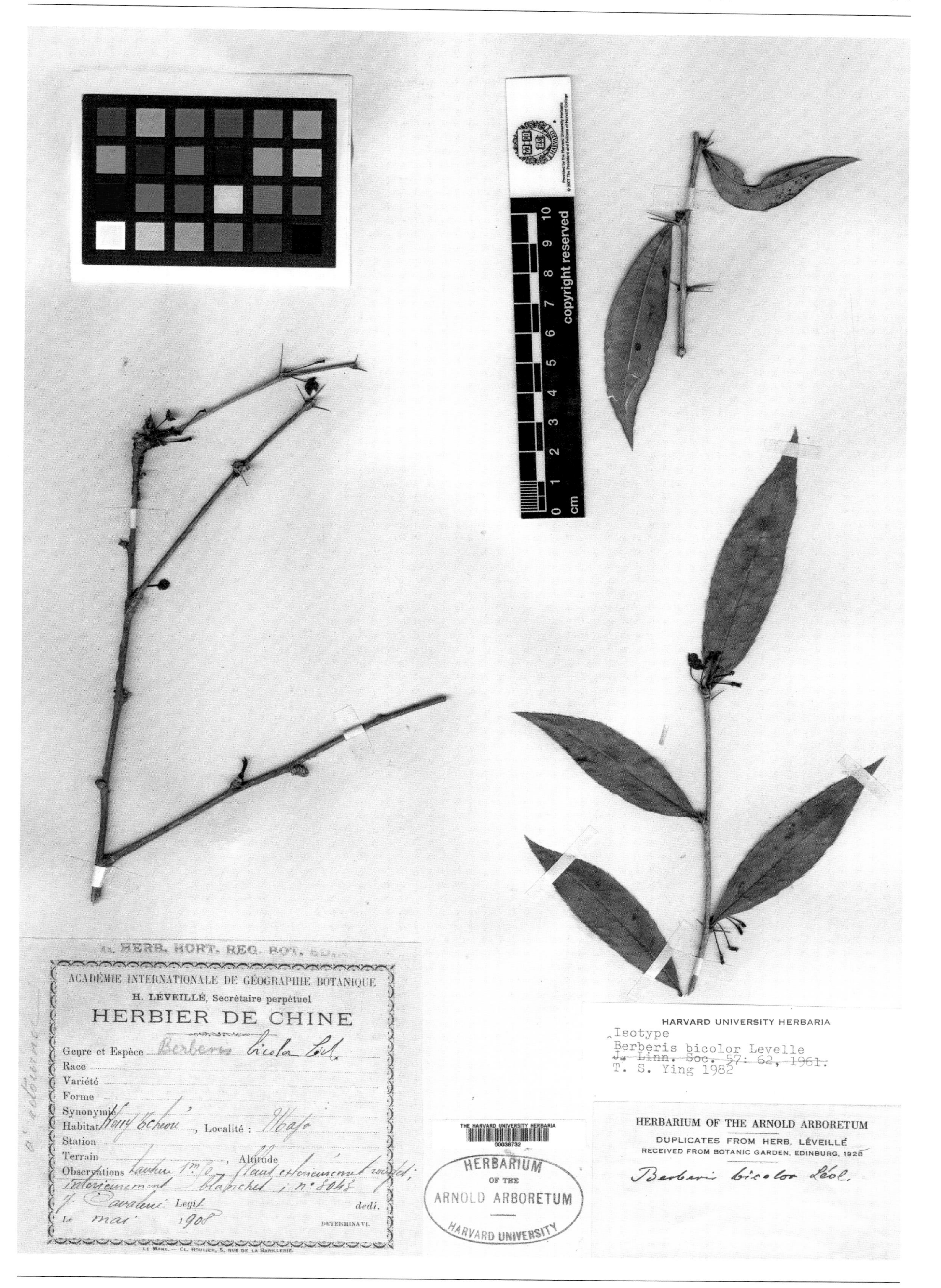
copyright reserved
cm 0 1 2 3 4 5 6 7 8 9 10
HERB. HORT. REG. BOT.
ACADÉMIE INTERNATIONALE DE GÉOGRAPHIE BOTANIQUE
H. LÉVEILLÉ, Secrétaire perpétuel
HERBIER DE CHINE
Genre et Espèce Berberis bicolor Lévl.
Race
Variété
Forme
Synonymie
Habitat Kouy Tcheou, Localité : Mapo
Station
Terrain
Altitude
Observations
J. Cavalerie Legit
dedi.
Le mai 1908
DETERMINAVI.
HARVARD UNIVERSITY HERBARIA
Isotype
Berberis bicolor Levelle
J. Linn. Soc. 57: 62, 1961.
T. S. Ying 1982
THE HARVARD UNIVERSITY HERBARIA
00038732
HERBARIUM OF THE ARNOLD ARBORETUM HARVARD UNIVERSITY
HERBARIUM OF THE ARNOLD ARBORETUM
DUPLICATES FROM HERB. LÉVEILLÉ
RECEIVED FROM BOTANIC GARDEN, EDINBURG, 1928
Berberis bicolor Lévl.

二色小檗 ***Berberis bicolor*** Lévl. in Fedde, Repert. Sp. Nov. 9: 454. 1911. **Isotype:** China. Guizhou: Longli, Ma-Jo, 1908-05-??, J. Cavalerie 3043 (A).

copyright reserved
cm
HOLOTYPE
Berberis boschanii C. K. Schneider
Pl. Wilson. 1: 369. 1913
Julian Harber 2007
HARVARD UNIVERSITY HERBARIA
No. 1166. ARNOLD ARBORETUM.
EXPEDITION TO CHINA, 1907-09.
Western Szechuan.
Coll. E. H. Wilson.
HERBARIUM OF THE ARNOLD ARBORETUM HARVARD UNIVERSITY
THE HARVARD UNIVERSITY HERBARIA
00038733

茂汶小檗 ***Berberis boschanii*** Schneid. in Sargent, Pl. Wils. 1(3): 369. 1913. **Holotype:** China. Sichuan: Maowen, alt. 1 525~1 830 m, 1908-10-??, E. H. Wilson 1166 (A).

FLORA OF CHINA
中國植物
Field No. 號數 3248
Date 日期 Aug. 17 '25
Locality 地點 Chang Gon Shan, Wuyuan S. Anhwei
Altitude 海拔高度
Habitat 產地 in thickets of the ravine
Habit a low shrub
樹 灌木 藤本 草本
Height 高度 3 ft.
D. B. H. 胸高直徑
Bark 樹皮
Leaf 葉 evergreen dull shining green green
Flower 花
Fruit 菓 greenish, pendulous
Notes 附錄 Rare
Common Name 俗名
Family 科
Name 學名
Collector 採集者 Ching
Berberis chingii Cheng in Contr. Biol. Lab. Sci. Soc. China Bot. ser. 3, 9: 191. 1942. [iso]
C. M. Hu 1992
HARVARD UNIVERSITY HERBARIA
copyright reserved
cm
HERBARIUM OF THE ARNOLD ARBORETUM HARVARD UNIVERSITY
PLANTS OF ANHWEI
COLLECTED FOR THE ARNOLD ARBORETUM
No. 3248
Berberis Cavaleriei var. pruinosa Byh.
Coll. Ren-Chang Ching.
1925.
THE HARVARD UNIVERSITY HERBARIA
00038722
Holotype

被粉小檗 ***Berberis cavaleriei*** Lévl. var. ***pruinosa*** Byhouwer in J. Arnold Arbor. 9: 132. 1928. **Holotype:** China. Anhui: Wuyuan, 1925-08-17, R. C. Ching 3248 (A).

HARVARD UNIVERSITY HERBARIA
Isotype
Berberis circumserrata var.
occidentalior Ahrendt.
J. Linn. Soc. 57:112,1961.
T. S. Ying 1982.
copyright reserved
HERBARIUM
OF THE
ARNOLD ARBORETUM
HARVARD UNIVERSITY
13272
ARNOLD ARBORETUM, HARVARD UNIVERSITY
EXPEDITION TO NORTHWESTERN CHINA AND
NORTHEASTERN TIBET, 1924-27
EASTERN TIBET
Berberis diaphana Max
Kokonor Region: Koko gorge. Shrub 5-8 ft;
spines thick; fruits oval single.
No. 13272
Coll. J. F. Rock.
Sept. 1925.
THE HARVARD UNIVERSITY HERBARIA
00038726

多萼小檗 ***Berberis circumserrata*** (Schneid.) Schneid. var. ***occidentalior*** Ahrendt in J. Linn. Soc. Bot. 57: 122. 1961. **Isotype:** China. Xizang: Kokonor, 1925-09-??, J. F. Rock 13272 (A).

0 1 2 3 4 5 6 7 8 9 10
cm
copyright reserved
ISONEOTYPE NT: (K)
Berberis coryi Veitch
Gard. Chron. Ser. 3, 52: 321. 1912. Neotypified by L. W. A. Ahrendt, J. Linn. Soc., Bot. 57: 207. 1961. N.W. Yunnan, on the N'Marka-Salween divide, 9-10000 ft., Rocks, cliff, dry rocky slopes. Sept. 1919. = Berberis wilsoniae Hemsley, fide J. Harber
J. Harber & W. T. Kittredge 2009
HARVARD UNIVERSITY HERBARIA
HARVARD UNIVERSITY HERBARIA
Berberis wilsonae Hemsl.
T.S. Ying 2/2/96
PLANTAE FORRESTIANAE.
Explorations of George Forrest, 1917-1919.
No. 18516
Berberis subcaulialata, Schneid. vel aff.
Yunnan.
HERBARIUM OF THE ARNOLD ARBORETUM HARVARD UNIVERSITY
THE HARVARD UNIVERSITY HERBARIA
00280143

**贡山小檗** ***Berberis coryi*** Veitch in Garden. Chron. ser. 3. 52: 321. 1912. **Isoneotype:** (designated by L. W. A. Ahrendtin J. Linn. Soc. Bot. 57: 207. 1961.): China. Yunnan: Gongshan, Marka-Salween divide, alt. 2 745~3 050 m, 1919-09-??, G. Forrest 18516 (A).

1252
copyright reserved
Isotype
Berberis crassilimba C. Y. Wu in S. Y. Bao
Bull. Bot. Res. 5(3): 2. 1985
D. E. BOUFFORD 1985
HARVARD UNIVERSITY HERBARIA
HARVARD UNIVERSITY HERBARIA
cf. Berberis ambrozyana Schneid.
T.S. Ying 1982.
THE HARVARD UNIVERSITY HERBARIA
00038727
LU-SHAN ARBORETUM & BOTANICAL GARDEN
FLORA OF N.W.YUNNAN
K.M.Feng NO: 1252 Jun.9th.1939
Loc. N flank of Haba Snow Range.
Shrub 2 ft.,fr. scarlet-crimson. On open
stony slopes.
Berberis
HERBARIUM
OF THE
ARNOLD ARBORETUM
HARVARD UNIVERSITY
PLANTS OF N.W. YUNNAN PROVINCE, CHINA
No. 1252 K.M.Feng Jun 9, 1939
Berberis
N. flank of Haba Snow Range
Shrub 2ft fr. Scarlet crim. open stony
Collected in cooperation between the Arnold Arboretum of Harvard University and the Lu Shan Arboretum and Botanical Garden.

厚檐小檗 ***Berberis crassilimba*** C. Y. Wu in Bull. Bot. Res., Harbin 5(3): 2, pl. 2. 1985. **Isotype:** China. Yunnan: Shangri-La, Haba, 1939-06-09, K. M. Feng 1252 (A).

FAN MEMORIAL INSTITUTE OF BIOLOGY
FLORA OF SI-KANG
Field No. 66415 Date Aug. 1935
Locality 西康察瓦龍,折那 (Dzer-nar, Tsa-wa-rung)
Altitude 3200 m.
Habitat Dry sandy slope of S-Exposure
Habit
Height 1-2 m. D.B.H.
Bark
Leaf
Flower
Fruit purplish red
Notes frequent
Common Name Family Buberid.
Name Berberis
Collector 王啓無 C. W. Wang
SYNTYPE
Berberis deinacantha C. K. Schneider
Repert. Spec. Nov. Regni Veg. 46: 259. 1939
J. Harber (in litt.) 11 Jan. 2010
HARVARD UNIVERSITY HERBARIA
Berberis deinacantha Schneid.
T.S. Ying 12/26/95
HARVARD UNIVERSITY HERBARIA
PLANTS OF SIKANG PROVINCE, CHINA
No. 66415 C.W.Wang 1935-36
Collected in cooperation between the Arnold Arboretum of Harvard University and the Fan Memorial Institute of Biology.
HERBARIUM ARNOLD ARBORETUM HARVARD UNIVERSITY
THE HARVARD UNIVERSITY HERBARIA
00279406
copyright reserved
cm 0 1 2 3 4 5 6 7 8 9 10

**壮刺小檗** ***Berberis deinacantha*** Schneid. in Fedde, Repert. Sp. Nov. 46: 259. 1939. **Isosyntype:** China. Xizang: Zayü, Tsa-wa-rung (=Cawarong), alt. 3 200m, 1935-08-??, C. W. Wang 66415 (A).

copyright reserved
cm 0 1 2 3 4 5 6 7 8 9 10
Berberis deinacantha
var. valida C.S. C.S.
det. Camillo Karl Schneider.
29.XI.37
ITER CHINENSE 1914
SOCIETATIS DENDROLOGICAE AUSTRIAE ET HUNGARIAE
Camillo Schneider
No. 918
Berberis
Yunnan Szechuan australis
Ning yüan fu
Lo tieh shan
breiter Strauch. 1.5 m
Mense April. 16 Alt. circiter 2500 m.
THE HARVARD UNIVERSITY HERBARIA
00038606
HARVARD UNIVERSITY HERBARIA
Isotype
Berberis valida (Schneid.)Schneid.
J. Linn. Soc. 57: 60,1961.
T. S. Ying 1982
HERBARIUM OF THE ARNOLD ARBORETUM HARVARD UNIVERSITY

宁远小檗 ***Berberis deinacantha*** Schneid. var. ***valida*** Schneid. in Fedde, Repert. Sp. Nov. 46: 260. 1939. **Syntype:** China. Sichuan: Ning Yuan fu (=Xichang), alt. 2 500 m, 1914-04-16, C. Schneider 918 (A).

FAN MEMORIAL INSTITUTE
OF BIOLOGY
FLORA OF YUNNAN
Field No. 14401 Date Oct.1,1937
Locality Muli, Wachin, near Lamasery
Altitude 3100 m.
Habitat Margin of thickets
Habit Shrub
Height 2-3 ft. D.B.H.
Bark
Leaf
Flower
Fruit Berry-like grayish black
Notes Common
Common Name
Family Berberidac.
Name Berberis
Collector T. T. Yü
copyright reserved
cm 0 1 2 3 4 5 6 7 8 9 10
T.T. Yü
14401
F. I. B.
YUNNAN EXP.
COLL. T. T. YÜ
No. 14401
very similar to B. phanera
probably a variety of it.
22.II.39. C. Schneider
PLANTS OF YUNNAN PROVINCE, CHINA
No. 14401 T.T.Yü 1937
Berberis
ISOTYPE HT: (E)
Berberis delavayi var. wachinensis Ahrendt
J. Bot. 79 (Suppl.):33. 1941
= B. phanera C. K. Schneider, det. J. Harber
J. Harber & W. T. Kittredge 2009
HARVARD UNIVERSITY HERBARIA
THE HARVARD UNIVERSITY HERBARIA
00279747
Berberis phanera Schneid.
T. S. Ying 1/11/96
HARVARD UNIVERSITY HERBARIA
HERBARIUM
ARNOLD ARBORETUM
HARVARD UNIVERSITY
Collected in cooperation between the Arnold Arboretum of Harvard University and the Fan Memorial Institute of Biology.

**瓦厂小檗** ***Berberis delavayi*** Schneid. var. ***wachinensis*** Ahrendt in J. Bot. 79(6): 33. 1941. **Isotype:** China. Sichuan: Muli, Wachin (=Warzhong), alt. 3 100 m, 1937-10-01, T. T. Yu 14401 (A).

ISOSYNTYPE
Berberis densa C. K. Schneider
Repert. Spec. Nov. Regni Veg. 46: 254. 1939
A. P. Kirchgessner 1994
Harvard University Herbaria
FAN MEMORIAL INSTITUTE OF BIOLOGY
FLORA OF SI-KANG
Field No. 66201 Date Sept. 1935
Locality 西康,察瓦龍,梅空 (Me-kong, Tsa-wa-rung)
Altitude 3000 m.
Height 1 m. D.B.H.
Bark
Leaf
Flower
Fruit green
Notes frequent
Common Name Family Berber.
Name Berberis
Collector 王啓無 C. W. Wang
Wang 66201
copyright reserved
cm
B. densa C. S. isolectotype
22.II.39
PLANTS OF SIKANG PROVINCE, CHINA
No. 66201 C.W.Wang 1935-36
Collected in cooperation between the Arnold Arboretum of Harvard University and the Fan Memorial Institute of Biology.
Berberis davidii Ahrendt
T. S. Ying 7/19/96
HARVARD UNIVERSITY HERBARIA
HERBARIUM
ARNOLD ARBORETUM
HARVARD UNIVERSITY
THE HARVARD UNIVERSITY HERBARIA
00038691

**稠密小檗** ***Berberis densa*** Schneid. in Fedde, Repert.Sp. Nov. 46: 254. 1939. **Isosyntype:** China. Xizang: Zayü, Tsa-wa-rung (=Cawarong), alt. 3 000 m, 1935-09-??, C. W. Wang 66201 (A).

B. nantoensis C.S.
nom. nov.
(B. densifolia Byh., non Rusby)
Type 3/XII 37 Det. Camillo Schneider.
HERBARIUM OF THE ARNOLD ARBORETUM HARVARD UNIVERSITY
No. 10074 ARNOLD ARBORETUM.
EXPEDITION TO EASTERN ASIA, 1917-18.
Formosa.
Coll. E. H. Wilson.
1918.
copyright reserved
THE HARVARD UNIVERSITY HERBARIA
00056594
00038729
nantoensis
densifolia

**密叶小檗** ***Berberis densifolia*** Byhouwer in J. Arnold Arbor. 9: 133. 1928. **Holotype:** China. Taiwan: Nanto (=Nantou), alt. 3 500~3 600 m, 1918-03-06, E. H. Wilson 10074 (A).

copyright reserved
B. circumserrata C. S.
Type
Det. Camillo Schneider.
No. 4.
ARNOLD ARBORETUM.
EXPEDITION TO NORTHERN CHINA.
Coll. Wm. Purdom.
HERBARIUM OF THE ARNOLD ARBORETUM HARVARD UNIVERSITY
THE HARVARD UNIVERSITY HERBARIA
00038725

秦岭小檗 ***Berberis diaphana*** Maxim. var. ***circumserrata*** Schneid. in Sargent, Pl. Wils. 1(3): 354. 1913. **Holotype:** China. Shaanxi: Taibai Shan, 1910-??-??, W. Purdom 4 (A).

FLORA OF SZECHWAN
中國 四川 植物
Field No. 3655 Date September 28, 192
號數 日期
Locality 康定縣 Kangtin-hsien(Tatsienlu)
地點
Altitude 8500-9000 ft.
海拔高度
Habitat In thickets.
產地
Habit Shrub
樹 灌木 藤本 草本
Height 4 m. D.B.H.
高度 胸高直徑
Bark
樹皮
Leaf
葉
Flower
花
Fruit Redm. long ovate, drupaceous.
果
Notes
附錄
Common Name Family
俗名 科
Name
學名
Collector 方文培 W. P. Fang
採集者

Berberis silva-taroucana Schneid.
(the berries have 2 seeds)
Julian Harber Dec 2007
HARVARD UNIVERSITY HERBARIA

HARVARD UNIVERSITY HERBARIA
Isotype
Berberis diaphana var. tachiensis
Ahrendt. J. Linn. Soc. 57:123,1961
T. S. Ying 1982.

FLORA OF SZECHUAN
No. 3655
Berberis diaphana Maxim.
KANGTIN HSIEN: Tachienlu
Under the auspices of the SCIENCE SOCIETY OF CHINA and the ARNOLD ARBORETUM OF HARVARD UNIVERSITY
Collected by W. P. Fang 1928.







打箭炉小檗 ***Berberis diaphana*** Maxim. var. ***tachiensis*** Ahrendt in J. Linn. Soc. Bot. 57: 123. 1961. **Isotype:** China. Sichuan: Kangding, alt. 2 593~2 745 m, 1928-09-28, W. P. Fang 3655 (A).

0 1 2 3 4 5 6 7 8 9 10
cm
copyright reserved
Isotype HARVARD UNIVERSITY HERBARIA
Berberis diaphana var. uniflora
Ahrendt. J. Linn. Soc. 57: 124, 1961
T. S. Ying 1982.
Det. Camillo Schneider.
No. 2865. ARNOLD ARBORETUM.
EXPEDITION TO CHINA. 1907-09.
Western Szechuan.
Coll. E. H. Wilson.
HERBARIUM OF THE ARNOLD ARBORETUM HARVARD UNIVERSITY
THE HARVARD UNIVERSITY HERBARIA
00038737

**单花小檗** ***Berberis diaphana*** Maxim. var. ***uniflora*** Ahrendt in J. Linn. Soc. Bot. 57: 124. 1961. **Isotype:** China. Sichuan: Kuan Hsien (=Dujiangyan), alt. 3 660~3 965 m, 1908-06-24, E. H. Wilson 2865 (A).

copyright reserved
cm 0 1 2 3 4 5 6 7 8 9 10
No. 4633. ARNOLD ARBORETUM.
SECOND EXPEDITION TO CHINA. 1910-11.
Western Szechuan.
Coll. E. H. Wilson.
Alt.
HERBARIUM
OF THE
ARNOLD ARBORETUM
HARVARD UNIVERSITY
THE HARVARD UNIVERSITY HERBARIA
00038738


松潘小檗 ***Berberis dictyoneura*** Schneid.in Sargent, Pl. Wils. 1(3): 374. 1913. **Holotype:** China. Sichuan: Songpan, alt. 2 440~2 745 m, 1910-08-??, E. H. Wilson 4633 (A).

FAN MEMORIAL INSTITUTE
OF BIOLOGY
FLORA OF YUNNAN
Field No. 19690 Date Aug. 6, 1938
Locality Upper Kiukiang Valley,
(Clulung) Chüherton Altitude 3200 m.
Habitat Mt. slope open & rocky place
Habit Spiny shrub
Height 2 ft. D.B.H.
Bark
Leaf
Flower Yellow
Fruit
Notes Common
Common Name Family Berberidac.
Name Berberis
Collector T. T. Yu
0 1 2 3 4 5 6 7 8 9 10
cm
copyright reserved
T.T.Yu
19690
THE HARVARD UNIVERSITY HERBARIA
00038734
Isotype! HARVARD UNIVERSITY HERBARIA
Berberis bracteata (Ahrendt) Ahrendt.
T. S. Ying Mar. 24. 1982
HERBARIUM
OF THE
ARNOLD ARBORETUM
HARVARD UNIVERSITY
PLANTS OF YUNNAN PROVINCE, CHINA
No. 19690 T.T.Yü 1938
Berberis
Collected in cooperation between the Arnold Arboretum of Harvard University and the Fan Memorial Institute of Biology.

长苞小檗 ***Berberis dictyoneura*** Schneid. var. ***bracteata*** Ahrendt in J. Bot. 80: 111. 1944. **Isotype:** China. Yunnan: Gongshan, alt. 3 200 m, 1938-08-06, T. T. Yu 19690 (A).

0 1 2 3 4 5 6 7 8 9 10
cm
copyright reserved
THE HARVARD UNIVERSITY HERBARIA
00038739
HERBARIUM
OF THE
ARNOLD ARBORETUM
HARVARD UNIVERSITY
No. 2866. ARNOLD ARBORETUM.
EXPEDITION TO CHINA, 1907-09.
Western Szechuan.
Alt.
Coll. E. H. Wilson.

无粉刺红珠 ***Berberis dictyophylla*** Franch. var. ***epruinosa*** Schneid. in Sargent, Pl. Wils. 1(3): 353. 1913. **Holotype:** China. Sichuan: Kangding, alt. 3 355~3 965 m, 1908-07-07, E. H. Wilson 2866 (A).

0 1 2 3 4 5 6 7 8 9 10
cm
copyright reserved
Leaf material removed 1984 by C. A. Meacham
and D. L. Hunt, University of Georgia.
Sample number 00-104
SYNTYPE
Berberis dumicola C. K. Schneider
Repert. Spec. Nov. Regni Veg. 46: 249. 1939
J. Harber (in litt.) 11 Jan. 2010
HARVARD UNIVERSITY HERBARIA
THE HARVARD UNIVERSITY HERBARIA
00279405
Berberis deinacantha Schneid.
T. S. Ying 1/25/96
HARVARD UNIVERSITY HERBARIA
HERBARIUM
OF THE
ARNOLD ARBORETUM
HARVARD UNIVERSITY
Berberis Delavayi Schn.
PLANTS OF E. TIBET AND S.W. CHINA.
COLLECTED BY GEORGE FORREST.
HERB. HORT. REG. BOT. EDIN
19474. Berberis Wallichiana, DC. vel aff. Spinous shrub of 4-5 ft. Fruits glaucous purple. Open scrubby streams on the eastern flank of the Li-ti-ping, Mekong-Yangtze divide. Lat. 27° 12′ N. Long. 99° 40′ E. Alt. 10,000 ft. June 1921. N.W. Yunnan.


**丛林小檗** ***Berberis dumicola*** Schneid. in Fedde, Repert. Sp. Nov. 46: 249. 1939. **Syntype:** China. Yunnan: Weixi, alt. 3 050 m, 1921-06-??, G. Forrest 19474 (A).

copyright reserved
cm 0 1 2 3 4 5 6 7 8 9 10
Isotype HARVARD UNIVERSITY HERBARIA
Berberis everestiana var. nambuensis
Ahrendt. J. Linn. Soc. 57:117,1961.
T. S. Ying 1982
EX HERBARIO MUSEI BRITANNICI
FLORA OF SOUTH-EAST TIBET
Berberis everestiana var. nambuensis
Ahrendt var. nov.
Locality Nambu La, Kongbo.
Altitude 14,500 ft. Date 11.7.1947.
Shrub 3-4ft. Calyx green; corolla yellow
Filaments green; anthers yellow. Ovary
green. In dry ground.
F. LUDLOW, G. SHERRIFF, & H. H. ELLIOT No. 15385
HERBARIUM OF THE ARNOLD ARBORETUM HARVARD UNIVERSITY
THE HARVARD UNIVERSITY HERBARIA
00038742

**南布小檗** ***Berberis everestiana*** Ahrendt var. ***nambuensis*** Ahrendt in J. Linn. Soc. Bot. 57: 117. 1961. **Isotype:** China. Xizang: Nyingechi, Nambu La, Kongbo, alt. 4 423 m, 1947-07-11, F. Ludlow, G. Sherriff & H. H. Elliot 15385 (A).

FLORA OF SZECHWAN
中國植物
Field No. 842 Date May 20, 1928.
號數 日期
Locality Nanchuan-hsien
地點
Altitude 8000-9000 ft.
海拔高度
Habitat In thickets
產地
Habit Shrub
樹 灌木 藤本 草本
Height 3 m.
高度
D.B.H.
胸高直徑
Bark Spiny
樹皮
Leaf
葉
Flower Yellowish
花
Fruit
菓
Notes
附錄
Common Name
俗名
Family
科
Name
學名
Collector 方文培 W. P. Fang
採集者
copyright reserved
cm 0 1 2 3 4 5 6 7 8 9 10
Berberis fallaciosa Schneider
Julian Harber
2007
HARVARD UNIVERSITY HERBARIA
SYNTYPE
Berberis fallaciosa C. K. Schneider
Repert. Spec. Nov. Regni Veg. 46: 258. 1939
J. Harber (in litt.) 11 Jan. 2010
HARVARD UNIVERSITY HERBARIA
FLORA OF SZECHUAN
No. 842
Berberis Sargentiana Schneid.
NANCHUAN HSIEN
Under the auspices of the SCIENCE SOCIETY OF CHINA and the ARNOLD ARBORETUM OF HARVARD UNIVERSITY
Collected by W. P. Fang
1928.
HERBARIUM OF THE ARNOLD ARBORETUM
HARVARD UNIVERSITY
THE HARVARD UNIVERSITY HERBARIA
00279487

**南川小檗** ***Berberis fallaciosa*** Schneid. in Fedde, Repert. Sp. Nov. 46: 258. 1939. **Isosyntype:** China. Chongqing: Nanchuan, alt. 2 440~2 745 m, 1928-05-20, W. P. Fang 842 (A).

SYNTYPE
Berberis fallax C. K. Schneider
Repert. Spec. Nov. Regni Veg. 46: 260. 1939
J. Harber (in litt.) 5 Nov. 2009
HARVARD UNIVERSITY HERBARIA
HARVARD UNIVERSITY HERBARIA
Berberis sublevis W.W Smith
ITER CHINENSE 1914
SOCIETATIS DENDROLOGICAE AUSTRIAE ET HUNGARIAE
Camillo Schneider
No. 388
Berberis
Yunnan: nördlich von Yunnan fu
bei San ying pan
aufrecht ausgebreiteter Strauch
2 m
Felsen
Samen No. 100
Mense Mart. 12 Alt. circiter m.
HERBARIUM OF THE ARNOLD ARBORETUM HARVARD UNIVERSITY
THE HARVARD UNIVERSITY HERBARIA
00279904
copyright reserved
cm 0 1 2 3 4 5 6 7 8 9 10

假小檗 ***Berberis fallax*** Schneid. in Fedde, Repert. Sp. Nov. 46: 260. 1939. **Isosyntype:** China. Yunnan: Kunming, 1914-03-12, C. Schneider 388 (A).

Fan Memorial Institute of Biology
FLORA OF YUNNAN
Field No. 58521 Date Sept.12,1934
Locality Che-tse-lo
Altitude 3200 m.
Habitat in forest
Habit shrub
Height 5 ft. D.B.H.
Bark
Leaf
Flower
Fruit blue
Notes
Common Name Family
Name
Collector H. T. Tsai
THE HARVARD UNIVERSITY HERBARIA
00038743
copyright reserved
cm
Berberis fallax C.S., sp. nov.
Type
3. XII 37
det. Camillo Karl Schneider.
PLANTS OF YUNNAN
No. 58521 H. T. Tsai
Berberis
HERBARIUM OF THE ARNOLD ARBORETUM HARVARD UNIVERSITY
Collected for the Fan Memorial Institute of Biology with the cooperation of the Arnold Arboretum of Harvard University

**假小檗** ***Berberis fallax*** Schneid. in Fedde, Repert. Sp. Nov. 46: 260. 1939. **Syntype:** China.Yunnan: Che-tse-lo (=Bijiang), alt. 3 200 m, 1934-09-12, H. T. Tsai 58521 (A).

THE HARVARD UNIVERSITY HERBARIA
00038745
copyright reserved
cm
det. Camillo Karl Schneider.
A. HENRY
CHINA, No. 10,257
YUNNAN
HERBARIUM
ARNOLD ARBORETUM
HARVARD UNIVERSITY
FLORA OF CHINA.
COLL. A. HENRY.

大叶小檗 ***Berberis ferdinandi-coburgii*** Schneid. in Sargent, Pl. Wils. 1(3): 364. 1913. **Holotype:** China. Yunnan: Mengzi, alt. 1 677 m, A. Henry 10257 (A).

Fan Memorial Institute of Biology
FLORA OF YUNNAN
Field No. 51500 Date Jan.11,1933
Locality Wen-shan Hsien
Altitude 1800 m.
Habitat on slope
Habit shrub
Height 5 ft. D. B. H.
Bark spiny
Leaf
Flower
Fruit black
Notes
Common Name Family
Name Berberis
Collector H. T. Tsai
SYNTYPE Berberis ferdinandi-coburgii var. vernalis C. K. Schneider
Repert. Spec. Nov. Regni Veg. 46: 249. 1939
J. Harber (in litt.) 11 Jan. 2010
HARVARD UNIVERSITY HERBARIA
Berberis ferdinandi-coburgii Schneid.
T. S. Ying 12/28/95
HARVARD UNIVERSITY HERBARIA
copyright reserved
cm
B. ferdinandi-Coburgii C.S. v. vernalis C.S.
No. 51500 H. T. Tsai
Berberis
HERBARIUM OF THE ARNOLD ARBORETUM HARVARD UNIVERSITY
THE HARVARD UNIVERSITY HERBARIA
00279507
Collected for the Fan Memorial Institute of Biology with the cooperation of the Arnold Arboretum of Harvard University

春小檗 ***Berberis ferdinandi-coburgii*** Schneid. var. ***vernalis*** Schneid. in Fedde, Repert. Sp. Nov. 46: 249. 1939. **Isosyntype:** China. Yunnan: Wenshan, alt. 1 800 m, 1933-01-11, H. T. Tsai 51500 (A).

copyright reserved
Isotype HARVARD UNIVERSITY HERBARIA
Berberis ferdinandi-coburgii
var. vernalis Schneid. J. Linn.
Soc. 57:70,1961.
T. S. Ying 1982
ITER CHINENSE 1914
SOCIETATIS DENDROLOGICAE AUSTRIAE ET HUNGARIAE
Camillo Schneider
No. 226
Berberis
Yunnan , zwischen Yunnan fu und Puchi
offene Hänge
Strauch 1-1.5 m
Blüten tief schwefelgelb
Mense Mart. 3 Alt. circiter m.
HERBARIUM OF THE ARNOLD ARBORETUM HARVARD UNIVERSITY
THE HARVARD UNIVERSITY HERBARIA
00038747

春小檗 ***Berberis ferdinandi-coburgii*** Schneid. var. ***vernalis*** Schneid. in Fedde, Repert. Sp. Nov. 46: 249. 1939. **Isosyntype:** China. Yunnan: Kunming, 1914-03-03, C. Schneider 226 (A).

copyright reserved
cm 0 1 2 3 4 5 6 7 8 9 10
E. H. WILSON
COLLECTOR
Arnold Arboretum
Expedition
To Formosa
THE HARVARD UNIVERSITY HERBARIA
00038750
HERBARIUM
OF THE
ARNOLD ARBORETUM
HARVARD UNIVERSITY
Type specimen of
Berberis formosana Ahrendt
No. 10910 ARNOLD ARBORETUM.
EXPEDITION TO EASTERN ASIA, 1917-18.
Formosa.
Berberis Kawakamii Hay.
Bush 2-6 ft., much-branched
fruit dull black, grass moun-
tains. Arisan to Mt. Morrison
prov. Kagi
Alt. 2600-3600
Coll. E. H. Wilson.
Oct. 25 1918.

**台湾小檗** ***Berberis formosana*** Ahrendt in J. Bot. 79(3): 24. 1941. **Isotype:** China. Taiwan: Chia-i, Arisan (=Ali Shan), 1918-10-25, E. H. Wilson 10910 (A).

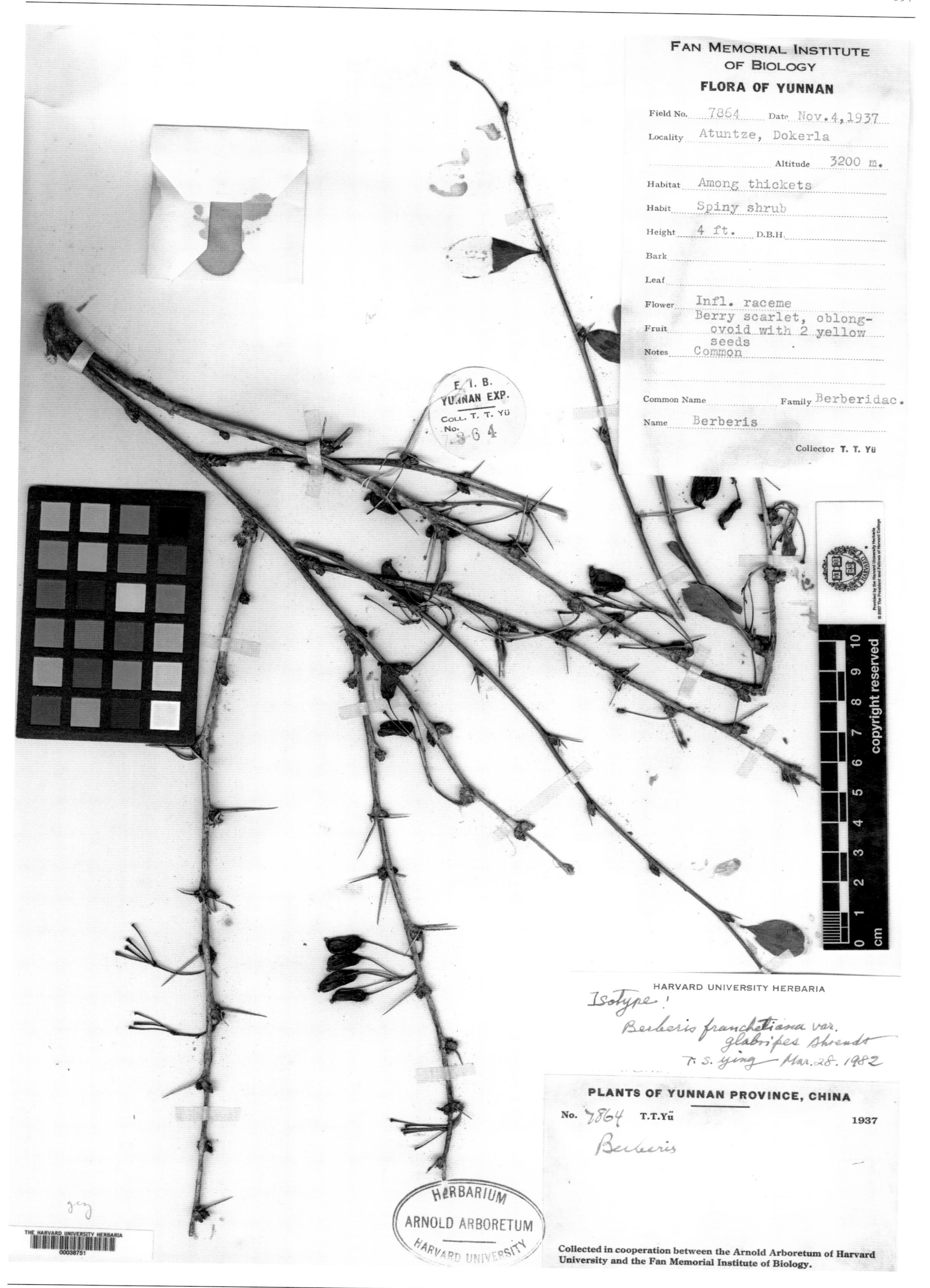
FAN MEMORIAL INSTITUTE
OF BIOLOGY
FLORA OF YUNNAN
Field No. 7864 Date Nov. 4, 1937
Locality Atuntze, Dokerla
Altitude 3200 m.
Habitat Among thickets
Habit Spiny shrub
Height 4 ft. D.B.H.
Bark
Leaf
Flower Infl. raceme
Fruit Berry scarlet, oblong-ovoid with 2 yellow seeds
Notes Common
Common Name
Family Berberidac.
Name Berberis
Collector T. T. Yü
F. I. B.
YUNNAN EXP.
COLL. T. T. YÜ
No. 7864
copyright reserved
cm
HARVARD UNIVERSITY HERBARIA
Isotype!
Berberis franchetiana var. glabripes Ahrendt
T. S. Ying Mar. 28. 1982
PLANTS OF YUNNAN PROVINCE, CHINA
No. 7864 T.T.Yü 1937
Berberis
HERBARIUM
ARNOLD ARBORETUM
HARVARD UNIVERSITY
Collected in cooperation between the Arnold Arboretum of Harvard University and the Fan Memorial Institute of Biology.
THE HARVARD UNIVERSITY HERBARIA
00038751

无毛小檗 ***Berberis franchetiana*** Schneid. var. ***glabripes*** Ahrendt in J. Bot. 80: 114. 1945. **Isotype:** China. Yunnan: Dêqên, Atuntze, alt. 3 200 m, 1937-11-04, T. T. Yu 7864 (A).

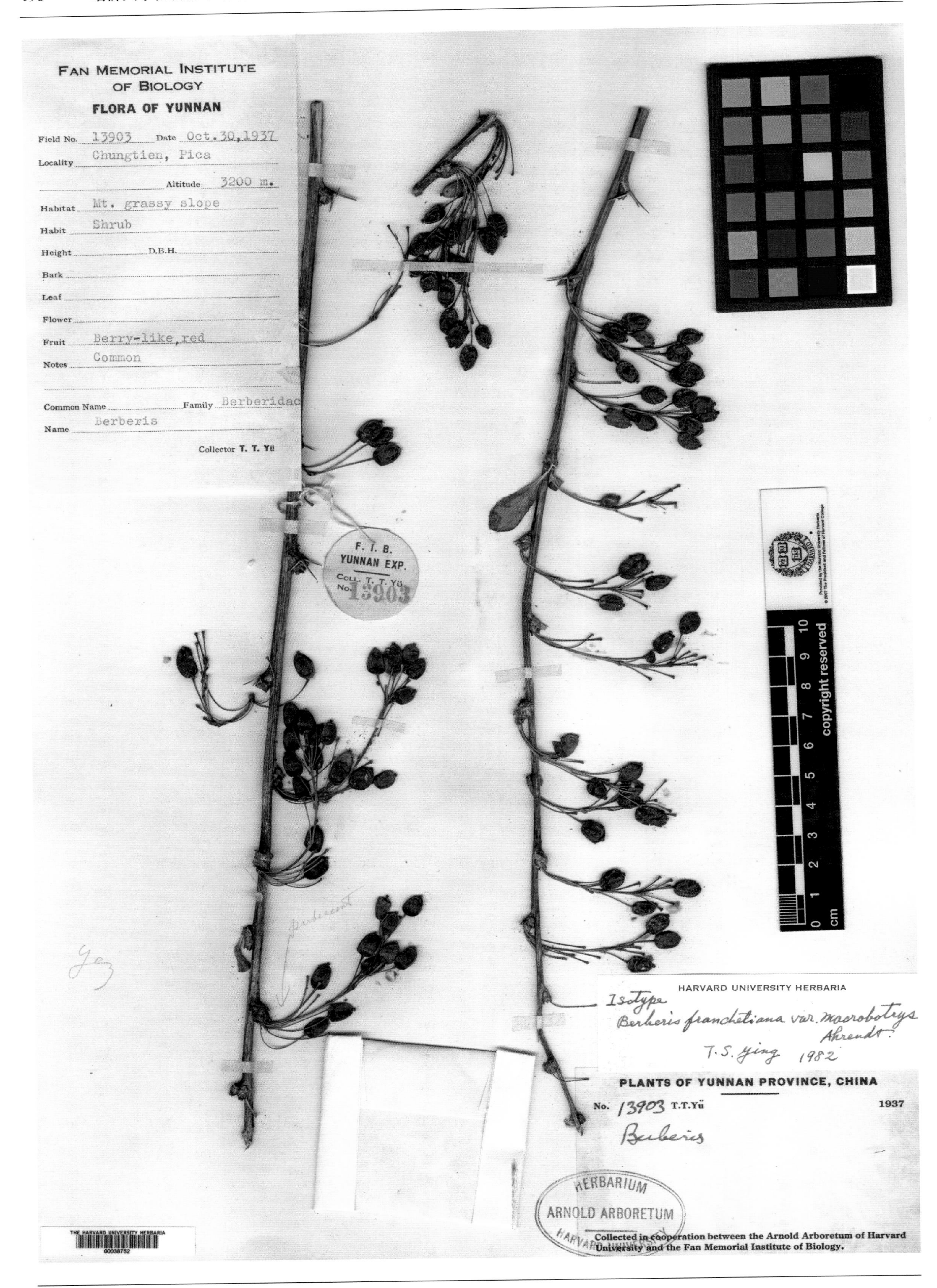
FAN MEMORIAL INSTITUTE OF BIOLOGY
FLORA OF YUNNAN
Field No. 13903 Date Oct.30,1937
Locality Chungtien, Pica
Altitude 3200 m.
Habitat Mt. grassy slope
Habit Shrub
Height D.B.H.
Bark
Leaf
Flower
Fruit Berry-like, red
Notes Common
Common Name Family Berberidac
Name Berberis
Collector T. T. Yü
F. I. B. YUNNAN EXP. COLL. T. T. Yü No. 13903
copyright reserved
cm
HARVARD UNIVERSITY HERBARIA
Isotype
Berberis franchetiana var. macrobotrys Ahrendt
T.S. Ying 1982
PLANTS OF YUNNAN PROVINCE, CHINA
No. 13903 T.T.Yü 1937
Berberis
HERBARIUM ARNOLD ARBORETUM
Collected in cooperation between the Arnold Arboretum of Harvard University and the Fan Memorial Institute of Biology.
THE HARVARD UNIVERSITY HERBARIA
00038752

大总状花序小檗 ***Berberis franchetiana*** Schneid. var. ***macrobotrys*** Ahrendt in J. Bot. 80(Suppl.): 114. 1942. **Isosyntype:** China. Yunnan: Shangri-La, alt. 3 200 m, 1937-10-30, T. T. Yu 13903 (A).

No. 1180
ARNOLD ARBORETUM.
EXPEDITION TO CHINA. 1907-09.
Western Szechuan.
Coll. E. H. Wilson.
HERBARIUM
OF THE
ARNOLD ARBORETUM
HARVARD UNIVERSITY
copyright reserved
cm
0 1 2 3 4 5 6 7 8 9 10
THE HARVARD UNIVERSITY HERBARIA
00038754

大黄檗 ***Berberis francisci-ferdinandi*** Schneid. in Sargent, Pl. Wils. 1(3): 367. 1913. **Holotype:** China. Sichuan: Maowen, alt. 1 220~2 287 m, 1908-05-24, E. H. Wilson 1180 (A).

copyright reserved
cm 0 1 2 3 4 5 6 7 8 9 10
THE HARVARD UNIVERSITY HERBARIA
00038755
COLL. E. H. WILSON,
(FOR JAMES VEITCH & SONS).
WESTERN CHINA.
No. 3148.
4'-6' fl. bright yellow
10,000 ft 7/03
HERBARIUM OF THE ARNOLD ARBORETUM HARVARD UNIVERSITY
Type
HERBARIUM OF THE ARBORETUM.
HARVARD UNIVERSITY.
Berberis gagnepainii C. K. Schn.

**湖北小檗** ***Berberis gagnepainii*** Schneid. in Bull. Herb. Boissier, ser. 2, 8(3): 196. 1908. **Isotype:** China. Western Hubei, alt. 3 050 m, 1903-07-??, E. H. Wilson 3148 (A).

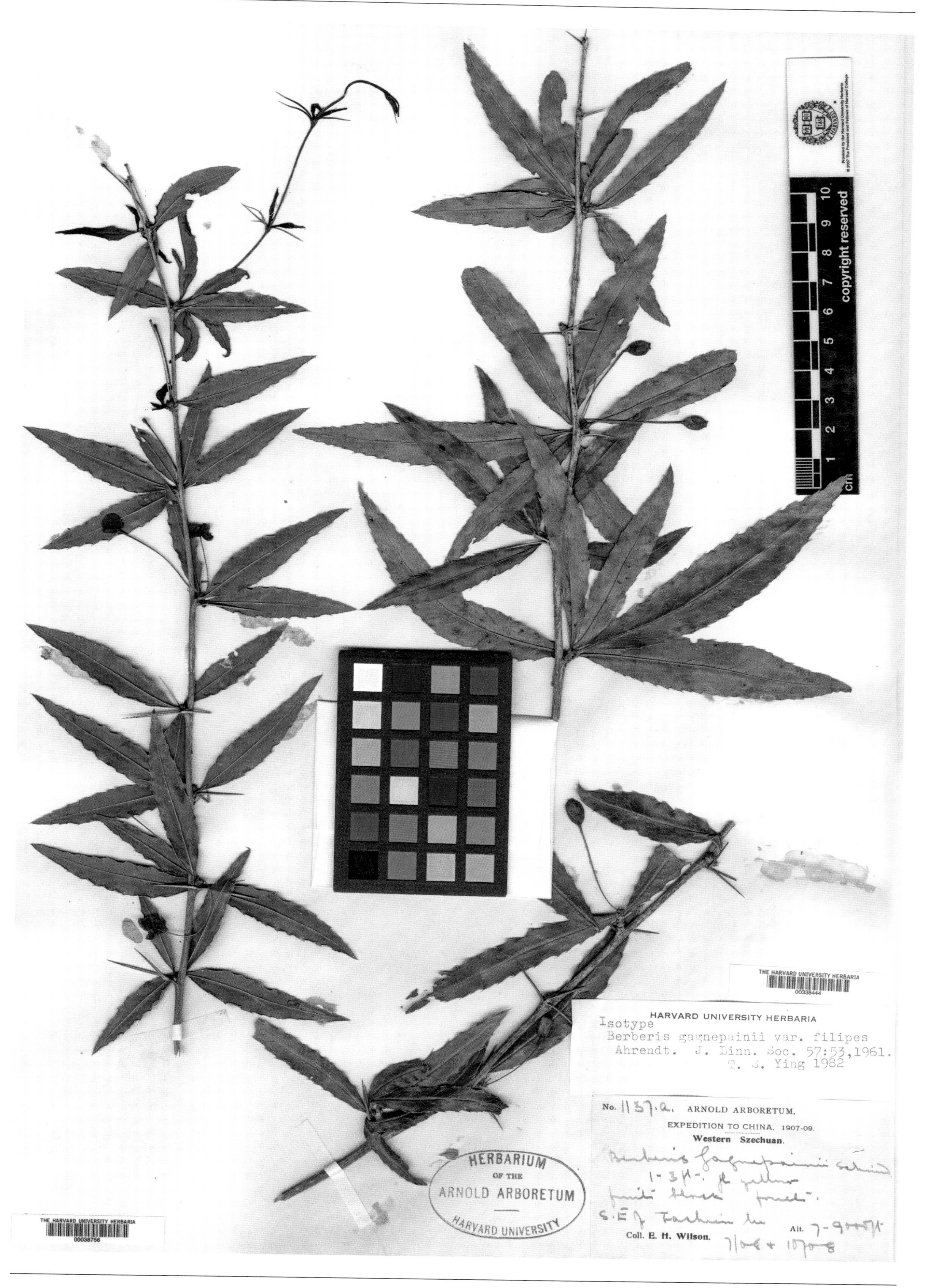
copyright reserved
cm
THE HARVARD UNIVERSITY HERBARIA
Isotype
HARVARD UNIVERSITY HERBARIA
Berberis gagnepainii var. filipes
Ahrendt. J. Linn. Soc. 57:53,1961.
T. S. Ying 1982
No. 1137.a. ARNOLD ARBORETUM.
EXPEDITION TO CHINA. 1907-09.
Western Szechuan.
Coll. E. H. Wilson.
Alt.
HERBARIUM
OF THE
ARNOLD ARBORETUM
HARVARD UNIVERSITY
THE HARVARD UNIVERSITY HERBARIA

**丝梗小檗** ***Berberis gagnepainii*** Schneid. var. ***filipes*** Ahrendt in J. Bot. 79(6): 39. 1941. **Isotype:** China. Sichuan: Kangding, alt. 2 135~2 745 m, 1908-(07~10)-??, E. H. Wilson 1137 a (A).

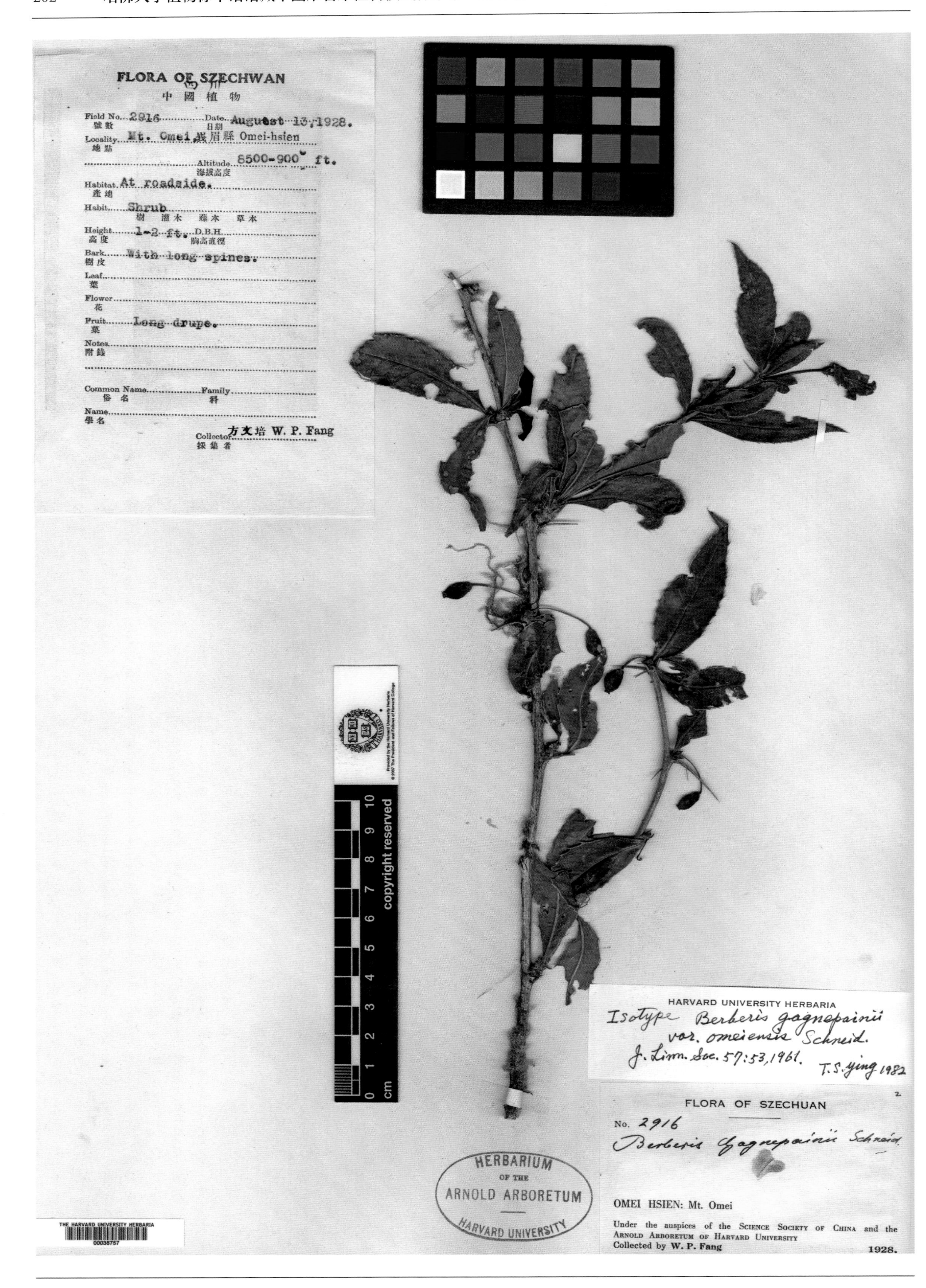
FLORA OF SZECHWAN
中國植物
Field No. 2916
Date August 13, 1928.
Locality Mt. Omei 峨眉縣 Omei-hsien
Altitude 8500-900 ft.
Habitat At roadside.
Habit Shrub
Height 1-2 ft.
Bark With long spines.
Fruit Long drupe.
Collector 方文培 W. P. Fang
HARVARD UNIVERSITY HERBARIA
Isotype Berberis gagnepainii var. omeiensis Schneid.
J. Linn. Soc. 57:53, 1961.
T. S. Ying 1982
FLORA OF SZECHUAN
No. 2916
Berberis gagnepainii Schneid.
OMEI HSIEN: Mt. Omei
Under the auspices of the Science Society of China and the Arnold Arboretum of Harvard University
Collected by W. P. Fang
1928.
HERBARIUM OF THE ARNOLD ARBORETUM HARVARD UNIVERSITY
copyright reserved
THE HARVARD UNIVERSITY HERBARIA
00038757

**眉山小檗** ***Berberis gagnepainii*** Schneid. var. ***omeiensis*** Schneid. in Fedde, Repert. Sp. Nov. 46: 264. 1939. **Isosyntype:** China. Sichuan: Emeishan, Emei Shan, alt. 2 593~2 745 m, 1928-08-13, W. P. Fang 2916 (A).

0 1 2 3 4 5 6 7 8 9 10
cm
copyright reserved
SYNTYPE Berberis gagnepainii
var. subovata C. K. Schneider
Repert. Spec. Nov. Regni Veg. 46: 264. 1939
J. Harber (in litt.) 11 Jan. 2010
HARVARD UNIVERSITY HERBARIA
Berberis phanera Schneid
T. S. Ying 1/29/96
HARVARD UNIVERSITY HERBARIA
PLANTS OF YUNNAN PROVINCE, CHINA
No. 63889 C.W.Wang 1935-36
HERBARIUM
ARNOLD ARBORETUM
HARVARD UNIVERSITY
Collected in cooperation between the Arnold Arboretum of Harvard University and the Fan Memorial Institute of Biology.
THE HARVARD UNIVERSITY HERBARIA
00279749

**近卵叶小檗** ***Berberis gagnepainii*** Schneid. var. ***subovata*** Schneid. in Fedde, Repert. Sp. Nov. 46: 264. 1939. **Syntype:** China. Yunnan: Weixi, (1935~1936)-??-??, C. W. Wang 63889 (A).

FAN MEMORIAL INSTITUTE
OF BIOLOGY
FLORA OF YUNNAN
Field No. 14429 Date Oct.4,1937
Locality Muli, Wachin, near Lamasery Altitude 3100 m.
Habitat Mt. grassy slope
Habit Small shrub
Height 1 ft. D.B.H.
Bark
Leaf
Flower
Fruit Berry-like, red, mature
Notes Common
Common Name Family Berberidac.
Name Berberis
Collector T. T. Yü
F. I. B.
YUNNAN EXP.
COLL. T. T. YÜ
No. 14429
copyright reserved
Berberis minutiflora Schneid.
T.S. Ying 1/8/96
HARVARD UNIVERSITY HERBARIA
Isotype HARVARD UNIVERSITY HERBARIA
Berberis graminea Ahrendt
J. Linn. Soc. 57:152, 1961.
T. S. Ying 1982
PLANTS OF YUNNAN PROVINCE, CHINA
No. 14429 T.T.Yü 1937
Berberis
Collected in cooperation between the Arnold Arboretum of Harvard University and the Fan Memorial Institute of Biology.
HERBARIUM
ARNOLD ARBORETUM
HARVARD UNIVERSITY
THE HARVARD UNIVERSITY HERBARIA
00038759

狭叶小檗 ***Berberis graminea*** Ahrendt in J. Bot. 80(Suppl.): 110. 1944. **Isotype:** China. Sichuan: Muli, alt. 3 100 m, 1937-10-04, T. T. Yu 14429 (A).

0 1 2 3 4 5 6 7 8 9 10
cm
copyright reserved
HARVARD UNIVERSITY HERBARIA
Isotype
Berberis grodtmannia Schneid
J. Linn. Soc. 57: 44, 1961
T. S. Ying 1982
ITER CHINENSE 1914
SOCIETATIS DENDROLOGICAE AUSTRIAE ET HUNGARIAE
Camillo Schneider
No. 1268
Berberis
Mense May. 17 Alt. circiter 3500 m.
HERBARIUM
OF THE
ARNOLD ARBORETUM
HARVARD UNIVERSITY
00038760

安宁小檗 ***Berberis grodtmannia*** Schneid. in Oesterr. Bot. Zeitschr. 67: 32. 1918. **Isotype:** China. Sichuan: Yanyuan, alt. 3 500 m, 1914-05-17, C. Schneider 1268 (A).

copyright reserved
GRAY HERBARIUM
HARVARD
UNIVERSITY
Ex herbario horti Petropolitani.
Berberis heteropoda Schrenk
Songarei.
Schrenk.
THE HARVARD UNIVERSITY HERBARIA
00038807

异长梗小檗 ***Berberis heteropoda*** Schrenk in Enum. Pl. Nov. 1: 102. 1841. **Isotype:** China. Xinjiang: Uygur, Songaria, A. G. Schrenk s. n. (GH).

Material from Packet
copyright reserved
cm
HARVARD UNIVERSITY HERBARIA
Berberis pruinosa Fr.
T.S. Ying 1/30/96
EX HERB. HORT. BOT. REG. EDIN.
McLaren C collection
Recd. 29-3-33.
Locality -- Sung Kuei.
No. 103.
Berberis pruinosa
Tree flower. Seven feet high. Yellow fl.
Grows in the middle part of the Mt.
Blooms in July.
ISOTYPE
Berberis hibberdiana Ahrendt
J. Linn. Soc., Bot. 57: 79. 1961
J. Harber (in litt.) 4 Jan. 2011
HARVARD UNIVERSITY HERBARIA
HERBARIUM
OF THE
ARNOLD ARBORETUM
HARVARD UNIVERSITY
THE HARVARD UNIVERSITY HERBARIA
00279798


鹤庆小檗 ***Berberis hibberdiana*** Ahrendt in J. Linn. Soc. Bot. 57: 79. 1961. **Isotype:** China. Yunnan: Heqing, Sung Kuei (=Song Kui), C. McLaren103 (A).

FAN MEMORIAL INSTITUTE
OF BIOLOGY
FLORA OF YUNNAN
Field No. 18228 Date Nov.22,1938
Locality Shunning, Snow Range
Altitude 3000 m.
Habitat Among thickets on open slope
Habit Shrub spiny
Height 5-8 ft. D.B.H
Bark
Leaf
Flower
Fruit Berry black
Notes Common
Common Name Family Berberidac.
Name Berberis
Collector T. T. Yü
copyright reserved
T.T.Yu
18228
PLANTS OF YUNNAN PROVINCE, CHINA
No. 18228 T.T.Yü 1938
Collected in cooperation between the Arnold Arboretum of Harvard University and the Fan Memorial Institute of Biology.
HERBARIUM
OF THE
ARNOLD ARBORETUM
HARVARD UNIVERSITY
THE HARVARD UNIVERSITY HERBARIA
00038764

直脉小檗 ***Berberis holocraspedon*** Ahrendt in J. Bot. 79(Suppl.): 22. 1941. **Isotype:** China. Yunnan: Shunning (=Fengqing), alt. 3 000 m, 1938-11-22, T. T. Yu 18228(A).

FAN MEMORIAL INSTITUTE OF BIOLOGY
FLORA OF YUNNAN
Field No. 10972 Date Nov.16,1937
Locality Chungtien, Lichiashica
Altitude 3450 m.
Habitat Mt. grassy slope
Habit Shrub
Height 3 ft. D.B.H.
Bark
Leaf
Flower raceme
Fruit Berry red
Notes Common
Common Name Family Berberidac.
Name Berberis
Collector T. T. Yü
F. I. B.
YUNNAN EXP.
COLL. T. T. YÜ
No. 10972
copyright reserved
cm
0 1 2 3 4 5 6 7 8 9 10
ISOTYPE Berberis humido-umbrosa var. inornata Ahrendt
J. Bot. 80 (Suppl.): 116. 1945
W. T. Kittredge 2009
HARVARD UNIVERSITY HERBARIA
Berberis pallens Franchet,
T.S. Ying 1/10/96
HARVARD UNIVERSITY HERBARIA
HARVARD UNIVERSITY HERBARIA
Berberis papillifera (Franch.) Koehne
T. S. Ying Mar. 27, 1982
THE HARVARD UNIVERSITY HERBARIA
00274575
HERBARIUM
ARNOLD ARBORETUM
HARVARD UNIVERSITY
PLANTS OF YUNNAN PROVINCE, CHINA
No. 10972 T.T.Yü 1937
Berberis
Collected in cooperation between the Arnold Arboretum of Harvard University and the Fan Memorial Institute of Biology.


**无饰小檗** ***Berberis humido-umbrosa*** Ahrendt var. ***inornata*** Ahrendt in J. Bot. 80: 116. 1945. **Isotype:** China. Yunnan: Shangri-La, alt. 3 450 m, 1937-11-16, T. T. Yu 10972 (A).

40094
copyright reserved
cm 0 1 2 3 4 5 6 7 8 9 10
SYNTYPE
Berberis impedita C. K. Schneider
Repert. Spec. Nov. Regni Veg. 46: 263. 1939
= Berberis impedita C. K. Schneider
J. Harber (in litt.) 11 Jan. 2010
HARVARD UNIVERSITY HERBARIA
Berb. xanthoclada C.S.
22.III.39. Camillo Schneider
PLANTS OF KWANGSI
Herbarium of the Arnold Arboretum, Harvard University
No. 40094 C.Wang
Berberis xanthoclada Schneid.
T.S. Ying 1/17/96
HERBARIUM
ARNOLD ARBORETUM
HARVARD UNIVERSITY
Collected for Sun Yatsen University
THE HARVARD UNIVERSITY HERBARIA
00280049

南岭小檗 ***Berberis impedita*** Schneid. in Fedde, Repert. Sp. Nov. 46: 263. 1939. **Isosyntype:** China. Guangxi: Ferner, C. Wang 40094 (A).

copyright reserved
cm 0 1 2 3 4 5 6 7 8 9 10
HERBARIUM OF THE ARNOLD ARBORETUM HARVARD UNIVERSITY
ISOTYPE
Berberis insolita C. K. Schneider
Repert. Spec. Nov. Regni Veg. 46: 257. 1939
Julian Harber 2007
HARVARD UNIVERSITY HERBARIA
ITER CHINENSE 1914
SOCIETATIS DENDROLOGICAE AUSTRIAE ET HUNGARIAE
Camillo Schneider
No. 1029
Berberis
Szechuan australis
östlich von Ning yüan fu
Urwald im Lololande bei Lang pa
im Waldesinnern
Mense April. 25 Alt. circiter m.
Berberis insolita Schneider
Isotype T.S. Ying Dec. 15 1995
HARVARD UNIVERSITY HERBARIA
THE HARVARD UNIVERSITY HERBARIA
00263206

西昌小檗 ***Berberis insolita*** Schneid. in Fedde, Repert. Sp. Nov. 46: 257. 1939. **Isotype:** China. Sichuan: Ningyuanfu (=Xichang), Langpa, 1914-04-25, C. Schneider 1029 (A).

FAN MEMORIAL INSTITUTE OF BIOLOGY
FLORA OF YUNNAN SE Tibet
Field No. 20138 Date Sept. 6, 1938
Locality Taron.Taru Divide, Valley of Bucahwang Altitude 1500 m.
Habitat Among woods
Habit Spiny shrub
Height 5 ft. D.B.H.
Bark
Leaf
Flower
Fruit Reddish green, unmature
Notes Casual
Common Name Family Berberidac.
Name Berberis
Collector T. T. Yü
0 1 2 3 4 5 6 7 8 9 10 cm copyright reserved
F. I. B. YUNNAN EXP. Coll. T. T. Yü No. 20138
ISOTYPE HT: (E)
Berberis incrassata var. bucahwangensis Ahrendt
J. Bot. 79 (Suppl.): 11. 1941
J. Harber (in litt.) 2 Nov. 2009
HARVARD UNIVERSITY HERBARIA
Berberis insignis subsp. incrassata (Ahrendt) Chamberlain & Hu
T.S. Ying 1/2/96
HARVARD UNIVERSITY HERBARIA
B. incrassata var. bucahwangensis Ahrendt
HERBARIUM OF THE ARNOLD ARBORETUM HARVARD UNIVERSITY
PLANTS OF SE Tibet PROVINCE, CHINA
No. 20138 T.T.Yü 1938
Berberis incrassata Ahr.
JOB 1941 Suppl. 15
cited in orig. descr.!
Collected in cooperation between the Arnold Arboretum of Harvard University and the Fan Memorial Institute of Biology.
JOB 79: Suppl. 1941
THE HARVARD UNIVERSITY HERBARIA
00279574

**布扎旺小檗** ***Berberis incrassata*** Ahrendt var. ***bucahwangensis*** Ahrendt in J. Bot. 79(2): 11. 1941. **Isotype:** China. Yunnan: Taron-Taru, Bucahwang, alt. 1 500 m, 1938-09-06, T. T. Yu 20138 (A).

ISOLECTOTYPE LT: (K)
Berberis jamesiana W. W. Smith
Notes Roy. Bot. Gard. Edinburgh 9(42): 81. 1916.
Lectotypified by C. K. Schneider, Oesterr. Bot. Z. 67. 218. 1918.
J. Harber (in litt.) 26 June 2010
HARVARD UNIVERSITY HERBARIA
HARVARD UNIVERSITY HERBARIA
No.
PLANTAE CHINENSES FORRESTIANAE.
Yunnan.
Coll. G. Forrest.
HERBARIUM OF THE ARNOLD ARBORETUM HARVARD UNIVERSITY
IMAGED
THE HARVARD UNIVERSITY HERBARIA
00279602
copyright reserved
cm

川滇小檗 ***Berberis jamesiana*** Forrest & W. W. Smith in Notes Roy. Bot. Gard. Edinb. 9: 81. 1916. **Isolectotype** (designated by Schneid. in Oesterr. Bot. Zeitschr. 67, 218. 1918.): China. Yunnan: Shangri-La, alt. 3 355 m, 1913-07-??, G. Forrest 10633 (A).

0 1 2 3 4 5 6 7 8 9 10
cm
copyright reserved
HARVARD UNIVERSITY HERBARIA
Berberis vernae Schneid.
T.S. Ying 1/17/196
= B. vernae C.S.
June 1915
HERBARIUM
OF THE
ARNOLD ARBORETUM
HARVARD UNIVERSITY
COLL. E. H. WILSON,
(FOR JAMES VEITCH & SONS).
WESTERN CHINA.
No. 3157.
ISOTYPE HT: (K)
Berberis jamesiana var. sepium Ahrendt
J. Linn. Soc., Bot. 57: 180. 1961
J. Harber & W. T. Kittredge 2009
HARVARD UNIVERSITY HERBARIA
THE HARVARD UNIVERSITY HERBARIA
00280096
Berb. Caroli C.S.
var. hoanghensis C.S.
det. Camillo Karl Schneider.

篱笆小檗 ***Berberis jamesiana*** Forrest & W. W. Smith var. ***sepium*** Ahrendt in J. Linn. Soc. Bot. 57: 180. 1961. **Isotype:** China. Sichuan: Precise locality not known, alt. 3 050~3 507 m, 1903-09-??, E. H. Wilson 3157 (A).

copyright reserved
0 1 2 3 4 5 6 7 8 9 10
cm
No. 417 ARNOLD ARBORETUM.
EXPEDITION TO CHINA, 1907-09.
Western Hupeh.
Coll. E. H. Wilson.
Alt.
HERBARIUM
OF THE
ARNOLD ARBORETUM
HARVARD UNIVERSITY
THE HARVARD UNIVERSITY HERBARIA

**豪猪刺** ***Berberis julianae*** Schneid. in Sargent, Pl. Wils. 1(3): 360. 1913. **Holotype:** China. Hubei: Yichang, alt. 915~1 220 m, 1907-(05~10)-??, E. H. Wilson 417 (A).

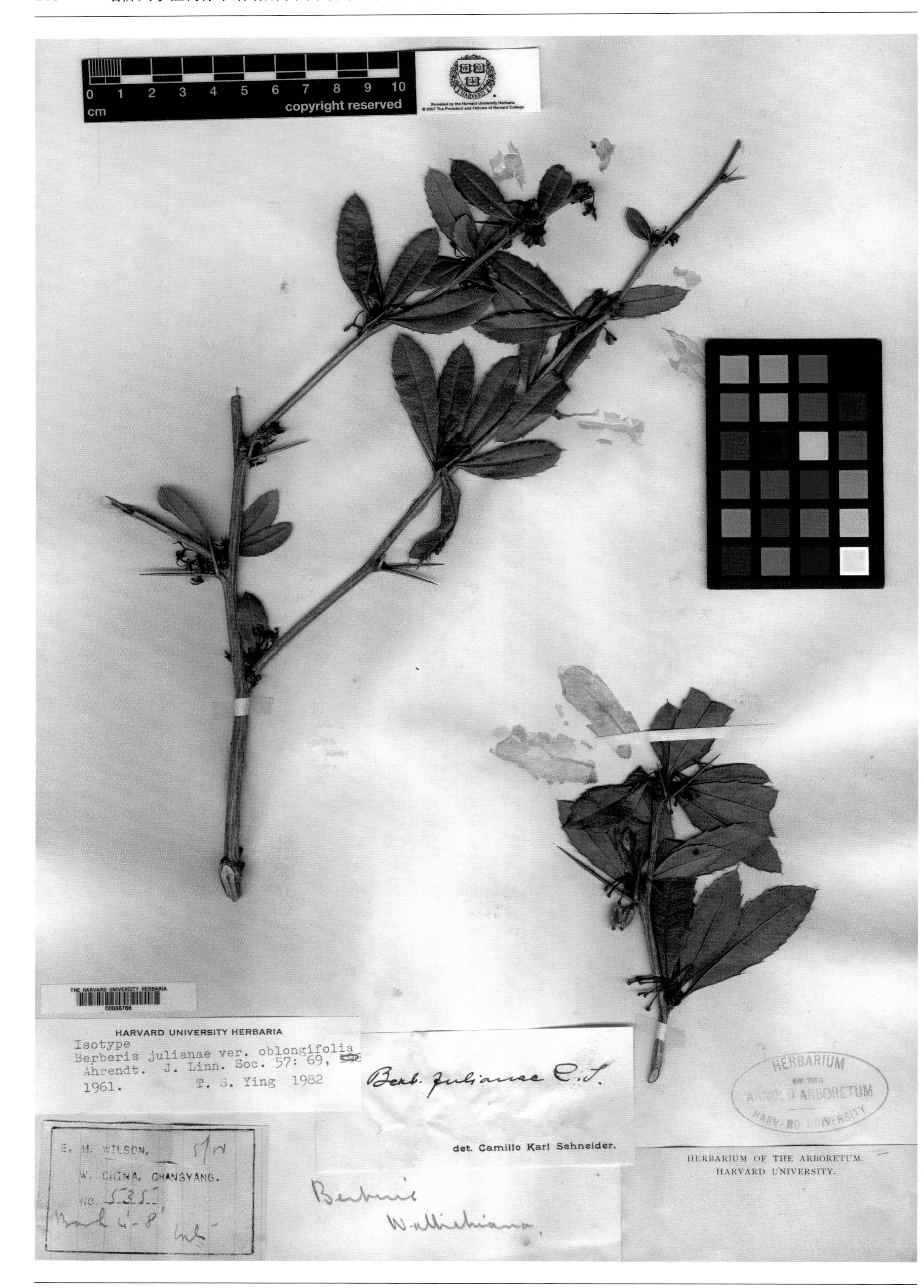
0 1 2 3 4 5 6 7 8 9 10
cm
copyright reserved
THE HARVARD UNIVERSITY HERBARIA
00038766
HARVARD UNIVERSITY HERBARIA
Isotype
Berberis julianae ver. oblongifolia
Ahrendt. J. Linn. Soc. 57: 69,
1961. T. S. Ying 1982
det. Camillo Karl Schneider.
HERBARIUM OF THE ARNOLD ARBORETUM HARVARD UNIVERSITY
HERBARIUM OF THE ARBORETUM.
HARVARD UNIVERSITY.
E. H. WILSON.
W. CHINA. CHANGYANG.
NO. 535

**矩圆叶小檗** ***Berberis julianae*** Schneid. var. ***oblongifolia*** Ahrendt in J. Linn. Soc. Bot. 57: 69. 1961. **Isotype:** China. Hubei: Changyang, 1900-05-??, E. H. Wilson 535 (A).

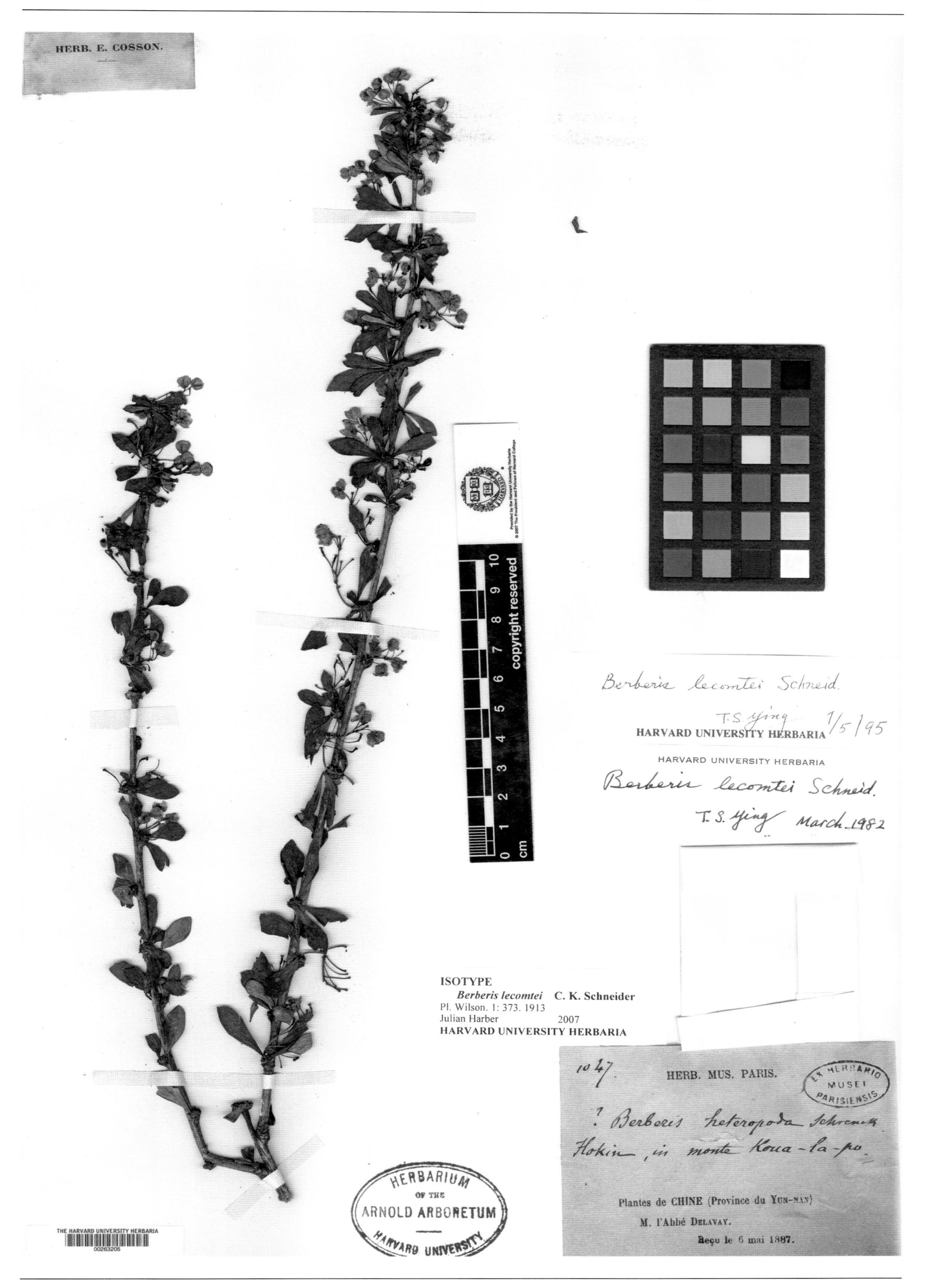
HERB. E. COSSON.
copyright reserved
cm 0 1 2 3 4 5 6 7 8 9 10
Berberis lecomtei Schneid.
T.S. Ying 1/5/95
HARVARD UNIVERSITY HERBARIA
HARVARD UNIVERSITY HERBARIA
Berberis lecomtei Schneid.
T. S. Ying March 1982
ISOTYPE
Berberis lecomtei C. K. Schneider
Pl. Wilson. 1: 373. 1913
Julian Harber 2007
HARVARD UNIVERSITY HERBARIA
1047.
HERB. MUS. PARIS.
EX HERBARIO MUSEI PARISIENSIS
? Berberis heteropoda Schrenck
Hokin, in monte Koua-la-po.
Plantes de CHINE (Province du YUN-NAN)
M. l'Abbé DELAVAY.
Reçu le 6 mai 1887.
HERBARIUM OF THE ARNOLD ARBORETUM HARVARD UNIVERSITY
THE HARVARD UNIVERSITY HERBARIA
00263205

光叶小檗 ***Berberis lecomtei*** Schneid. in Sargent, Pl. Wils. 1(3): 373. 1913. **Isotype:** China. Yunnan: Hokin (= Heqing), alt. 3 000 m, 1884-05-26, P. J. M. Delavay 1047 (A).

短叶小檗 ***Berberis levis*** Franch. var. ***brachyphylla*** Ahrendt in J. Linn. Soc. Bot. 57: 75. 1961. **Isotype:** China. Yunnan: Eryuan, Langkong valley, alt. 2 745~3 050 m, 1906-04-??, G. Forrest 2012 (A).

HARVARD UNIVERSITY HERBARIA
copyright reserved
HERBARIUM
OF THE
ARNOLD ARBORETUM
HARVARD UNIVERSITY
Approbavit
D. F. CHAMBERLAIN
Det. Camillo Schneider.
ARNOLD ARBORETUM.
EXPEDITION TO CHINA. 1907-09.
Western Szechuan.
Coll. E. H. Wilson.

茂县小檗 ***Berberis liechtensteinii*** Schneid. in Sargent, Pl. Wils. 1(3): 377. 1913. **Holotype:** China. Sichuan: Mao Xian, Min Valley, 1 220~1 769 m, 1908-05-26, E. H. Wilson 2871 (A).

Fan Memorial Institute of Biology
FLORA OF YUNNAN
Field No. 50979 Date June 2, 1932
Locality Yong-shan Hsien
Altitude 3100 m.
Habitat on the margin of Populus woods.
Habit shrub
Height 6 ft. D. B. H.
Bark spiny
Leaf paler beneath
Flower
Fruit galucous
Notes
Common Name Family
Name Berberis
Collector H. T. Tsai
Leaf material removed 1984 by C. A. Meacham and D. L. Hunt, University of Georgia. Sample number 00-064
SYNTYPE
Berberis liophylla C. K. Schneider
Repert. Spec. Nov. Regni Veg. 46: 247. 1939
J. Harber (in litt.) 11 Jan. 2010
HARVARD UNIVERSITY HERBARIA
Berberis leiophylla Schneid.
T.S. Ying 1/6/96
HARVARD UNIVERSITY HERBARIA
liophylla
B. liophylla C. S.
7. XII. 37
Det. Camillo Schneider.
PLANTS OF YUNNAN
No. 50979 H. T. Tsai
Berberis
Collected for the Fan Memorial Institute of Biology with the cooperation of the Arnold Arboretum of Harvard University
HERBARIUM OF THE ARNOLD ARBORETUM HARVARD UNIVERSITY
THE HARVARD UNIVERSITY HERBARIA
00279667
copyright reserved
cm

滑叶小檗 ***Berberis liophylla*** Schneid. in Fedde, Repert. Sp. Nov. 46: 247. 1939. **Isosyntype:** China. Yunnan: Yongshan, alt. 3 100 m, 1932-06-02, H. T. Tsai 50979 (A).

copyright reserved
cm
ISOTYPE
Berberis lubrica C. K. Schneider
Repert. Spec. Nov. Regni Veg. 26: 265. 1939
W. T. Kittredge 2008
HARVARD UNIVERSITY HERBARIA
ITER CHINENSE 1914
SOCIETATIS DENDROLOGICAE AUSTRIAE ET HUNGARIAE
Camillo Schneider
No. 1384
Mense Maj 25 Alt. circiter 2800 m.
THE HARVARD UNIVERSITY HERBARIA
00267887
HERBARIUM OF THE ARNOLD ARBORETUM HARVARD UNIVERSITY
Berberis gagnepainii Schneider
HARVARD UNIVERSITY HERBARIA

亮叶小檗 ***Berberis lubrica*** Schneid. in Fedde, Repert. Sp. Nov. 46: 265. 1939. **Isotype:** China. Sichuan: Huili, alt. 2 800 m, 1914-05-25, C. Schneider 1384 (A).

ITER CHINENSE 1914
SOCIETATIS DENDROLOGICAE AUSTRIAE ET HUNGARIAE
Camillo Schneider
No. 1543
Mense
Alt. circiter 2600 m.
HERBARIUM OF THE ARNOLD ARBORETUM HARVARD UNIVERSITY
THE HARVARD UNIVERSITY HERBARIA
00038776
copyright reserved
cm

小毛小檗 ***Berberis microtricha*** Schneid. in Oesterr. Bot. Zeitschr. 67: 223. 1918. **Isotype:** China. Sichuan: Yenjüan (=Yanyuan), Woholo, alt. 2 600 m, 1914-06-13, C. Schneider 1543 (A).

ISOSYNTYPE
Berberis mitifolia Stapf
Bot. Mag. 154: t. 9236. 1931
J. Harber (in litt.) 10 Feb. 2010
HARVARD UNIVERSITY HERBARIA
THE HARVARD UNIVERSITY HERBARIA
00280254
Berberis mitifolia Stapf,
T.S.Ying 1/8/96
HARVARD UNIVERSITY HERBARIA
HERBARIUM
OF THE
ARNOLD ARBORETUM
HARVARD UNIVERSITY
B. mitifolia Stapf
No. 554 ARNOLD ARBORETUM.
EXPEDITION TO CHINA. 1907-09.
Western Hupeh.
Coll. E. H. Wilson.
copyright reserved
cm

软叶小檗 ***Berberis mitifolia*** Stapf in Curtis's Bot. Mag. 154, pl. 9236. 1931. **Isosyntype:** China. Hubei: Xingshan, alt. 1 220~1 525 m, 1907-(06~11)-??, E. H. Wilson 554 (A).

copyright reserved
cm
HERBARIUM OF THE ARNOLD ARBORETUM HARVARD UNIVERSITY
THE HARVARD UNIVERSITY HERBARIA
00038777
No. 1039. ARNOLD ARBORETUM.
Type
EXPEDITION TO CHINA. 1907-09.
Western Szechuan.
Berberis Mouillacana Schneider
Coll. E. H. Wilson.
9/08

**变刺小檗** ***Berberis mouillacana*** Schneid. in Sargent, Pl. Wils. 1(3): 371. 1913. **Holotype:** China. Sichuan: Kangding, alt. 2 440~2 745 m, 1908-09-??, E. H. Wilson 1039 (A).

copyright reserved
cm
0 1 2 3 4 5 6 7 8 9 10
Isotype
Berberis muliensis Ahrendt
Kew Bull. 1939: 268. 1939.
D. E. BOUFFORD & T. S. Ying 1996
HARVARD UNIVERSITY HERBARIA
Isotype
Berberis muliensis Ahrendt
T.S. Ying 12/27/95
HARVARD UNIVERSITY HERBARIA
PLANTS OF E. TIBET AND S.W. CHINA.
COLLECTED BY GEORGE FORREST.
ex. HERB. HORT. REG. BOT. EDIN
20633. Berberis dictyophylla, Franch. vel aff. Spinous shrub of 3–5 ft. In fruit, fruits scarlet-crimson. Open alpine meadows on the Mu-li mountains. Lat. 28° 12′ N. Long. 100° 50′ E. Alt. 11,000 ft. Sept. 1921. S.W. Szechuan.
THE HARVARD UNIVERSITY HERBARIA
00058267
HERBARIUM
OF THE
ARNOLD ARBORETUM
HARVARD UNIVERSITY

木里小檗 ***Berberis muliensis*** Ahrendt in Bull. Misc. Inform. Kew 6: 268. 1939. **Isotype:** China. Sichuan: Muli, alt. 3 355 m, 1921-09-??, G. Forrest 20633 (A).

Berberis capillaris - Cox ex Ahrendt
berry has 10 seeds
Julian Harber Dec 2007
HARVARD UNIVERSITY HERBARIA
B. diaphana Maxim.
Isotype
Berberis muliensis Ahrendt
var. atuntzeana Ahrendt
Kew Bull. 1939: 269. 1939.
D. E. BOUFFORD & T. S. Ying 1996
HARVARD UNIVERSITY HERBARIA
Berberis muliensis Ahrendt
T. S. Ying 1/26/96
HARVARD UNIVERSITY HERBARIA
PLANTS OF E. TIBET AND S.W. CHINA.
COLLECTED BY GEORGE FORREST,
EX HERB. HORT. REG. BOT. EDIN.
20713. Berberis dictyophylla, Franch. vel aff. Spinous shrub of 4-6 ft. In fruit, fruits dull crimson. Open rocky slopes amongst scrub on the mountains east of Atuntze. Lat. 28° 35′ N. Long. 99° 5′ E. Alt. 12-13,000 ft. Sept. 1921. N.W. Yunnan.
THE HARVARD UNIVERSITY HERBARIA
00058266
HERBARIUM
OF THE
ARNOLD ARBORETUM
HARVARD UNIVERSITY
Isotype
Berberis muliensis var. atuntzeana Ahrendt
T. S. Ying 1996
HARVARD UNIVERSITY HERBARIA
copyright reserved
cm 0 1 2 3 4 5 6 7 8 9 10

**阿墩小檗** ***Berberis muliensis*** Ahrendt var. ***atuntzeana*** Ahrendt in Bull. Misc. Inf. Kew 1939(6): 269. 1939. **Isotype:** China. Yunnan: Dêqên, alt. 3 660~3 965 m, 1921-09-??, G. Forrest 20713 (A).

Berberis sanguinea Franch.
Julian Harber 13/12/2007
HARVARD UNIVERSITY HERBARIA
copyright reserved
cm 0 1 2 3 4 5 6 7 8 9 10
ISOTYPE
Berberis panlanensis Ahrendt
Bull. Misc. Inform. Kew 265. 1939. Note the purple outer sepals.
This characteristic is, it appears, unique in the genus to B. sanguinea.
Julian Harber 2007
HARVARD UNIVERSITY HERBARIA
Berberis davidii Ahrendt
T.S. Ying 1/19/96
HARVARD UNIVERSITY HERBARIA
Isotype!
Berberis panlanensis Ahrendt
T.S. Ying Jan. 1996
HARVARD UNIVERSITY HERBARIA
HERBARIUM OF THE ARNOLD ARBORETUM HARVARD UNIVERSITY
No. 2875. ARNOLD ARBORETUM.
EXPEDITION TO CHINA. 1907-09.
Western Szechuan.
Berberis sanguinea Fr.
an var.?
det. Camillo Karl Schneider.
Alt.
Coll. E. H. Wilson.
THE HARVARD UNIVERSITY HERBARIA
00230168

巴郎山小檗 ***Berberis panlanensis*** Ahrendt in Kew Bull. 1939(6): 265. 1939. **Isotype:** China. Sichuan: Kuan Hsien (=Dujiangyan), alt. 2 288 m, 1908-06-21, E. H. Wilson 2875 (A).

copyright reserved
cm
0 1 2 3 4 5 6 7 8 9 10
Berberis delavayi Schneid.
T. S. Ying
HARVARD UNIVERSITY HERBARIA
1/19/96
ISOTYPE
Berberis paraspecta Ahrendt
J. Linn. Soc., Bot. 57: 47. 1961
J. Harber (in litt.) 20 Oct. 2009
HARVARD UNIVERSITY HERBARIA
ITER CHINENSE 1914
SOCIETATIS DENDROLOGICAE AUSTRIAE ET HUNGARIAE
Camillo Schneider
No. 2028
Berberis
Yunnan
Mense
Alt. circiter 2900 m.
HERBARIUM
OF THE
ARNOLD ARBORETUM
HARVARD UNIVERSITY
THE HARVARD UNIVERSITY HERBARIA
00279424

鸡脚连 ***Berberis paraspecta*** Ahrendt in J. Linn. Soc. Bot. 57: 47. 1961. **Isotype:** China. Yunnan: Lijiang, alt. 2 900 m, 1914-07-27, C. Schneider 2028 (A).

ISOTYPE
Berberis petrogena C. K. Schneider
Repert. Spec. Nov. Regni Veg. 46: 253. 1939
J. Harber (in litt.) 11 Jan. 2010
HARVARD UNIVERSITY HERBARIA
THE HARVARD UNIVERSITY HERBARIA
00279845
Berberis silvicola Schneider
T.S. Ying 1/13/96
HARVARD UNIVERSITY HERBARIA
HERBARIUM OF THE ARNOLD ARBORETUM HARVARD UNIVERSITY
PLANTAE FORRESTIANAE.
Explorations of George Forrest, 1917-1919.
No. 18195
Berberis sp. silvicola Schn
Yunnan.
copyright reserved
cm 0 1 2 3 4 5 6 7 8 9 10

石生小檗 ***Berberis petrogena*** Schneid. in Fedde, Repert. Sp. Nov. 46: 253. 1939. **Isotype:** China. Yunnan: Maikha-Salwin, 1919-07-15, G. Forrest 18195 (A).

0 1 2 3 4 5 6 7 8 9 10
cm
copyright reserved
ITER CHINENSE 1914
Societatis Dendrologicae Austriae et Hungariae
Camillo Schneider
No. 1460
HERBARIUM
OF THE
ARNOLD ARBORETUM
HARVARD UNIVERSITY
Mense
Alt. circiter
m.
THE HARVARD UNIVERSITY HERBARIA
00038779

显脉小檗 ***Berberis phanera*** Schneid. in Oesterr. Bot. Zeitschr. 67(1): 22. 1918. **Holotype:** China. Sichuan: Southern Sichuan, between Oucutin & Kalapa, alt. 2 800 m, 1914-06-04, C. Schneider 1460 (A).

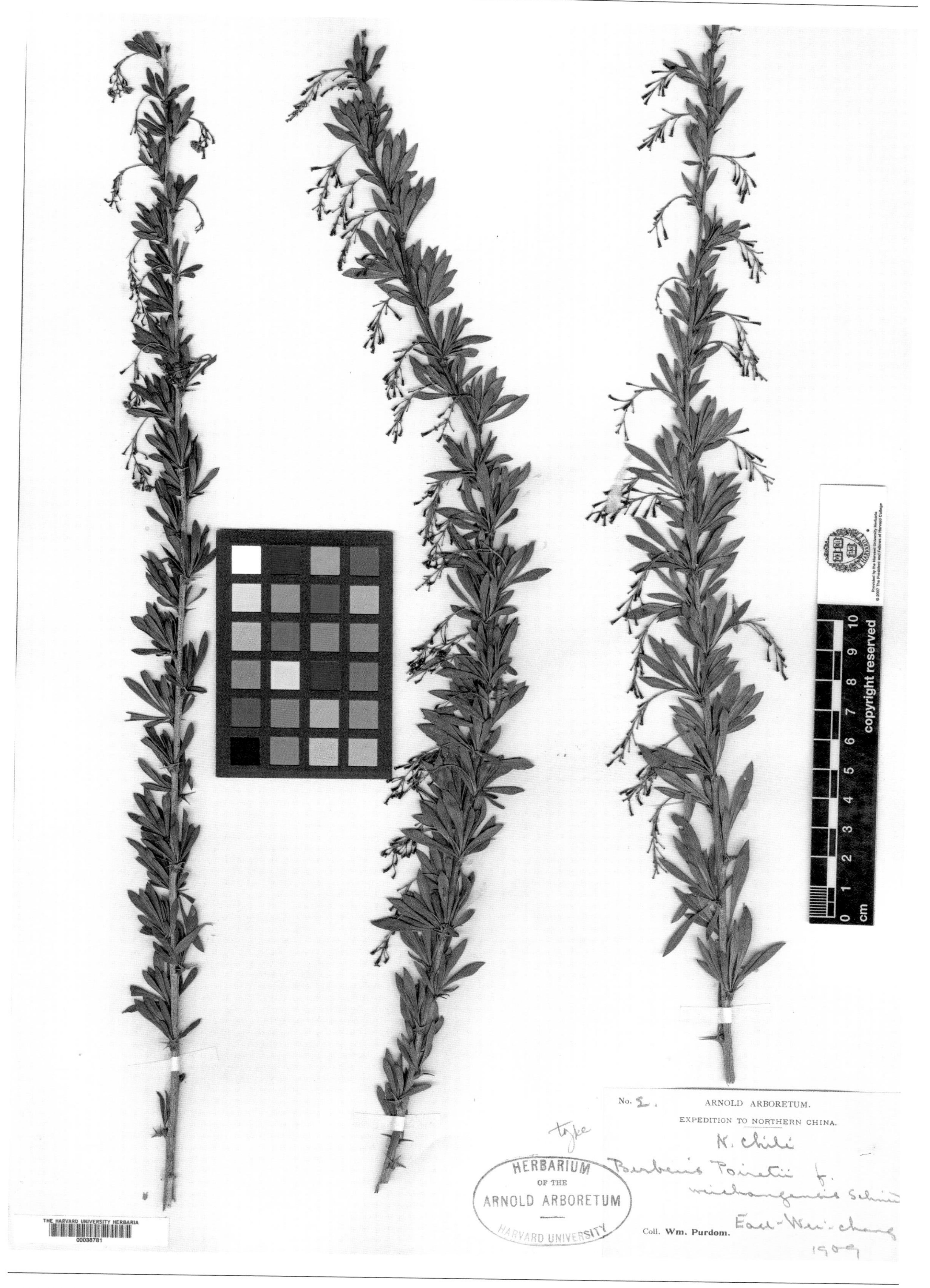
ARNOLD ARBORETUM.
EXPEDITION TO NORTHERN CHINA.
HERBARIUM
OF THE
ARNOLD ARBORETUM
HARVARD UNIVERSITY
Coll. Wm. Purdom.
THE HARVARD UNIVERSITY HERBARIA
00038781
copyright reserved
cm

吉林小檗 ***Berberis poiretii*** Schneid. f. ***weichangensis*** Schneid. in Sargent, Pl. Wils. 1(3): 372. 1913. **Holotype:** China. Jilin: Weichang, 1909-??-??, W. Purdom 2 (A).

0 1 2 3 4 5 6 7 8 9 10
cm
copyright reserved
THE HARVARD UNIVERSITY HERBARIA
00038782
West Szechuen and Tibetan Frontier: chiefly near
206. Tachienlu, at 9,000—13,500 feet.
Berberis polyantha Hemsl.
Collected by Mr. A. E. Pratt.
Purchased, December, 1890.
GRAY HERBARIUM
HARVARD
UNIVERSITY
HARVARD UNIVERSITY HERBARIA
Isotype
Berberis polyantha Hemsley
J. Linn. Soc. 57:201, 1961.
T. S. Ying 1982

**刺黄花** ***Berberis polyantha*** Hemsl. in J. Linn. Soc. Bot. 29: 302. 1892. **Isosyntype:** China. Sichuan: Kangding, alt. 2 745~3 965 m, 1890-12-??, A. E. Pratt 206 (GH).

0 1 2 3 4 5 6 7 8 9 10
cm
copyright reserved
No. 2868. ARNOLD ARBORETUM.
EXPEDITION TO CHINA. 1907-09.
Western Szechuan.
Coll. E. H. Wilson.
HERBARIUM
OF THE
ARNOLD ARBORETUM
HARVARD UNIVERSITY
THE HARVARD UNIVERSITY HERBARIA
00038783

**倒披针叶小檗** ***Berberis polyantha*** Hemsl.var. ***oblanceolata*** Schneid. in Sargent, Pl. Wils. 1(3): 376. 1913. **Holotype:** China. Sichuan: Hsao-chin-ho (=Xiaojin), Monkong Ting, alt. 2 135~2 745 m, 1908-06-??, E. H. Wilson 2868 (A).

0 1 2 3 4 5 6 7 8 9 10
cm
copyright reserved
ISOSYNTYPE
Berberis praecipua C. K. Schneider
Repert. Spec. Nov. Regni Veg. 46: 248. 1939
= Berberis chingii subsp. wulongensis C. M. Hu
The data for this collection # 522 matches Handel-Mazzetti 11825 (W) which also has Diar. Nr. 2444
J. Harber (in litt.) 3 Dec. 2009
HARVARD UNIVERSITY HERBARIA
Leaf material removed 1984 by C. A. Meacham
and D. L. Hunt, University of Georgia.
Sample number 00-027
HARVARD UNIVERSITY HERBARIA
HANDEL-MAZZETTI, ITER SINENSE 1914-1918,
sumptibus Academiae scientiarum Vindobonensis susceptum.
Nr.
Not. ad pl. viv.:
det.
Prov. HUNAN: Ad minas Hsikwangschan prope urbem Hsinhwa, in fruticetis.
Substr.
; alt. s. m. ca.
m.
Leg.
1918 Dr. Heinr. Frh. v. Handel-Mazzetti. (Diar. Nr.
HERBARIUM OF THE ARNOLD ARBORETUM HARVARD UNIVERSITY
THE HARVARD UNIVERSITY HERBARIA
00280248

特别小檗 ***Berberis praecipua*** Schneid. in Fedde, Repert. Sp. Nov. 46: 248. 1939. **Isosyntype:** China. Hunan: Xinhua, alt. 600~800 m, 1918-05-14, H. R. E. Handel-Mazzetti 552 (=H. R. E. Hand.-Mazz. 11825, W; = Diar. Nr. 2444 ) (A).

THE HARVARD UNIVERSITY HERBARIA
copyright reserved
cm 0 1 2 3 4 5 6 7 8 9 10
No. 1261
ARNOLD ARBORETUM.
EXPEDITION TO CHINA. 1907-09.
Western Szechuan.
Coll. E. H. Wilson.
Alt.
HERBARIUM OF THE ARNOLD ARBORETUM HARVARD UNIVERSITY

**短锥花小檗** ***Berberis prattii*** Schneid. in Sargent, Pl. Wils. 1(3): 376. 1913. **Holotype:** China. Sichuan: Kangding, alt. 2 135~2 440 m, 1908-(06~10)-??, E. H. Wilson 1261 (A).

copyright reserved
cm
THE HARVARD UNIVERSITY HERBARIA
No. 1073. ARNOLD ARBORETUM.
EXPEDITION TO CHINA. 1907-09.
Western Szechuan.
Coll. E. H. Wilson.
HERBARIUM OF THE ARNOLD ARBORETUM HARVARD UNIVERSITY
THE HARVARD UNIVERSITY HERBARIA
00038786

外弯小檗 ***Berberis prattii*** Schneid. var. ***recurvata*** Schneid. in Sargent, Pl. Wils. 1(3): 377. 1913. **Holotype:** China. Sichuan: Mupin (=Baoxing), alt. 1 836~2 288 m, 1908-10-??, E. H. Wilson 1073 (A).

FAN MEMORIAL INSTITUTE OF BIOLOGY
FLORA OF YUNNAN
Field No. 15662 Date Nov.25,1937
Locality Atuntze, Hungpoh
Altitude 26-2800 m.
Habitat Among thickets
Habit Spiny shrub
Height 2 ft. D.B.H.
Bark
Leaf Shinning green above, whitish green beneath
Flower
Fruit Berry purple and glaucous, seeds brownish black
Notes Casual
Common Name
Family Berberidac.
Name Berberis
Collector T. T. Yü
cm
copyright reserved
F. I. B. YUNNAN EXP.
COLL. T. T. Yü
No. 15662
ISOTYPE HT: (BM)
Berberis pruinosa var. brevipes Ahrendt
J. Bot. 79 (Suppl.): 15. 1941
J. Harber (in litt.) 2 Nov. 2009
HARVARD UNIVERSITY HERBARIA
PLANTS OF YUNNAN PROVINCE, CHINA
No. 15662 T.T.Yü 1937
Berberis
Collected in cooperation between the Arnold Arboretum of Harvard University and the Fan Memorial Institute of Biology.
HERBARIUM
ARNOLD ARBORETUM
HARVARD UNIVERSITY
THE HARVARD UNIVERSITY HERBARIA
00279818
Berberis pruinosa Franchet
HARVARD UNIVERSITY HERBARIA


短梗粉叶小檗 ***Berberis pruinosa*** Franch. var. ***brevipes*** Ahrendt in J. Bot. 79: 15. 1941. **Isotype:** China. Yunnan: Dêqên, alt. 2 600~2 800 m, 1937-11-25, T. T. Yu 15662 (A).

copyright reserved
Isotype HARVARD UNIVERSITY HERBARIA
Berberis pruinosa var. tenuipes
Ahrendt. J. Linn. Soc. 57:81,1961.
T. S. Ying 1982.
ITER CHINENSE 1914
SOCIETATIS DENDROLOGICAE AUSTRIAE ET HUNGARIAE
Camillo Schneider
No. 342
Berberis pruinosa Franch.
Yunnan, nördlich von Yunan fu
zwischen Schin lung und Da sung shu
Strauch bis 2 m
Frucht weiss bereift, ohne Griffel
Mense Mart. 10
Alt. circiter
m.
HERBARIUM OF THE ARNOLD ARBORETUM HARVARD UNIVERSITY
THE HARVARD UNIVERSITY HERBARIA
00038787

**细梗粉叶小檗** ***Berberis pruinosa*** Franch. var. ***tenuipes*** Ahrendt in J. Linn. Soc. Bot. 57: 81. 1961. **Isotype:** China. Yunnan: Kunming, 1914-03-10, C. Schneider 342 (A).

copyright reserved
cm 0 1 2 3 4 5 6 7 8 9 10
SYNTYPE
Berberis pruinosa var. viridifolia C. K. Schneider
Repert. Spec. Nov. Regni Veg. 46: 250. 1939
J. Harber (in litt.) 2 Nov. 2009
HARVARD UNIVERSITY HERBARIA
Berberis centiflora Diels
T. S. Ying 1/11/96
HARVARD UNIVERSITY HERBARIA
B. pruinosa Franch. var. centiflora (Diels)
HANDEL-MAZZETTI, ITER SINENSE 1914-1918,
sumptibus Academiae scientiarum Vindobonensis susceptum.
Nr. 8642. Berberis pruinosa Franch.
Not. ad pl. viv.:
Prov. YÜNNAN: Ad viam Yünnanfu—Dali (Talifu), in regionis calide temperatae
Substr. ; alt. s. m. ca. 1850 m.
Leg. 1916 Dr. Heinr. Frh. v. Handel-Mazzetti. (Diar. Nr. 1647)
THE HARVARD UNIVERSITY HERBARIA
00279383
HERBARIUM OF THE ARNOLD ARBORETUM HARVARD UNIVERSITY

绿叶小檗 ***Berberis pruinosa*** Franch. var. ***viridifolia*** Schneid. in Fedde, Repert. Sp. Nov. 46: 250. 1939. **Isosyntype:** China. Yunnan: Dali, alt. 1 850 m, 1916-04-28, H. R. E. Handel-Mazzetti 8642 (A).

copyright reserved
cm 0 1 2 3 4 5 6 7 8 9 10
HERBARIUM
OF THE
ARNOLD ARBORETUM
HARVARD UNIVERSITY
No. 345. ARNOLD ARBORETUM.
EXPEDITION TO NORTHERN CHINA.
Coll. Wm. Purdom.
Syntype
THE HARVARD UNIVERSITY HERBARIA
00038789

**延安小檗** ***Berberis purdomii*** Schneid. in Sargent, Pl. Wils. 1(3): 372. 1913. **Syntype:** China. Shaanxi: Yan'an, 1910-??-??, W. Purdom 345 (A).

Berberis reticulata Byh.
(Purdom 644)
0 1 2 3 4 5 6 7 8 9 10
cm
copyright reserved
HERBARIUM OF THE ARNOLD ARBORETUM
HARVARD UNIVERSITY
HERBARIUM OF THE ARNOLD ARBORETUM.
HARVARD UNIVERSITY.
Berberis reticulata Byh.
Cult. Arboretum.
(Purdom 644)
See drawing.
A.R.
May 21, 1927.
THE HARVARD UNIVERSITY HERBARIA
00038681

网脉小檗 ***Berberis reticulata*** Bijhouw. in J. Arnold Arbor. 9: 132. 1928. **Holotype:** China. Shaanxi: Precise locality not known, 1921-05-11, W. Purdom 644 (A).

copyright reserved
cm
HERBARIUM
OF THE
ARNOLD ARBORETUM
HARVARD UNIVERSITY
No. 564. ARNOLD ARBORETUM.
EXPEDITION TO CHINA. 1907-09.
Western Hupeh.
Type
Coll. E. H. Wilson.
Alt.
THE HARVARD UNIVERSITY HERBARIA
00038791

**刺黑珠** ***Berberis sargentiana*** Schneid. in Sargent, Pl. Wils. 1(3): 359. 1913. **Holotype:** China. Hubei: Xingshan, alt. 1 220~1 525 m, 1907-(05~11)-??, E. H. Wilson 564 (A).

HARVARD UNIVERSITY HERBARIA
Berberis wangii Schneid.
T.S. Ying 1/31/196
Isotype HARVARD UNIVERSITY HERBARIA
Berberis Schneideriana Ahrendt
J. Linn. Soc. 57:76,1961.
T. S. Ying 1982
ITER CHINENSE 1914
SOCIETATIS DENDROLOGICAE AUSTRIAE ET HUNGARIAE
Camillo Schneider
No. 164
Berberis
Yunnan, bei Yunnan fu
bei Schi lung pa
offene Hänge
Strauch, 1 m
Frucht schwarz, trüb, unbereift
Samen No. 43
Mense Feb. 21
Alt. circiter
m.
HERBARIUM OF THE ARNOLD ARBORETUM HARVARD UNIVERSITY
THE HARVARD UNIVERSITY HERBARIA
00038792
copyright reserved
cm

昆明小檗 ***Berberis schneideriana*** Ahrendt in J. Linn. Soc. Bot. 57: 76. 1961. **Isotype:** China. Yunnan: Kunming, 1914-02-21, C. Schneider 164 (A).

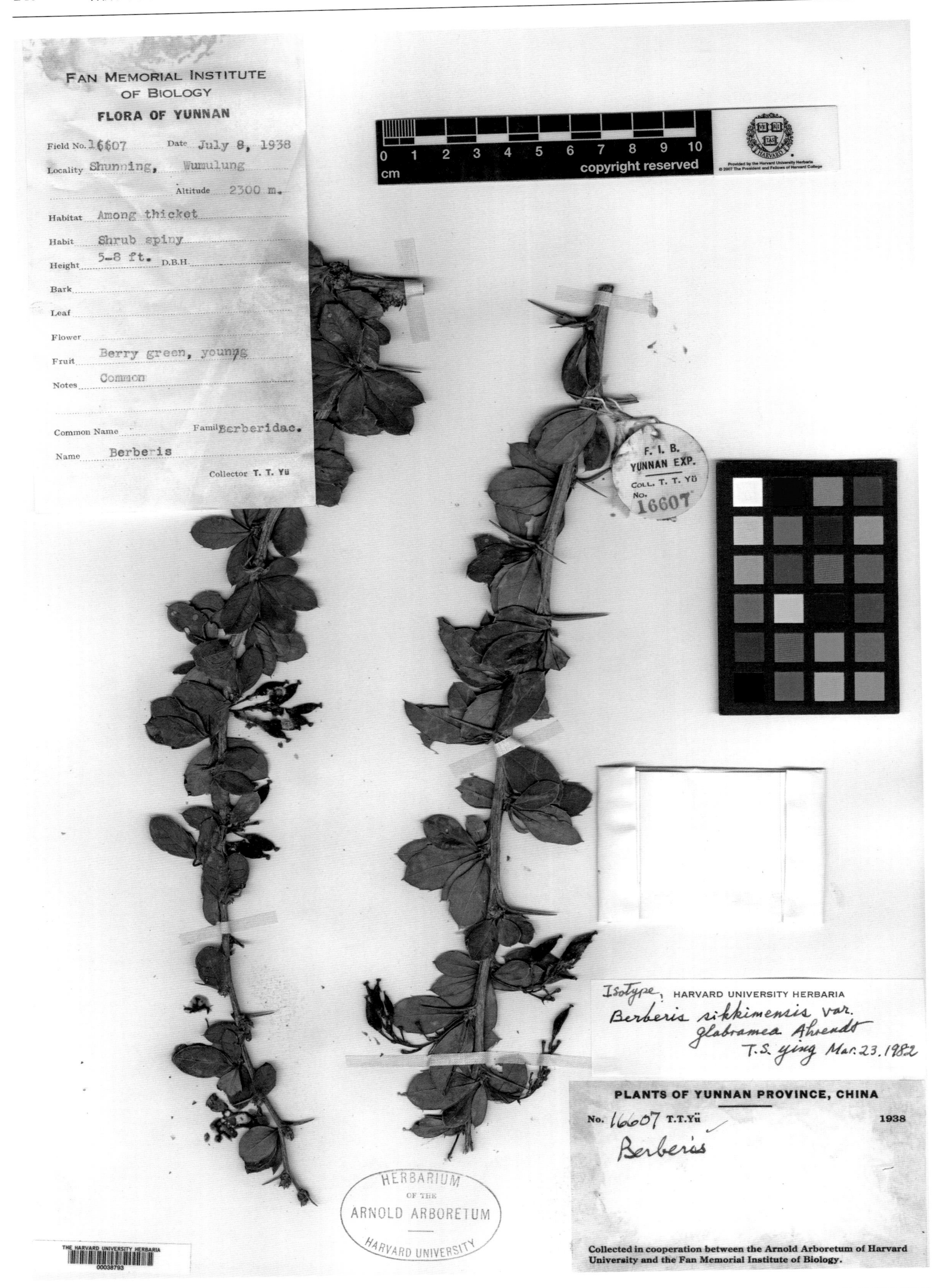
FAN MEMORIAL INSTITUTE
OF BIOLOGY
FLORA OF YUNNAN
Field No. 16607 Date July 8, 1938
Locality Shunning, Wumulung
Altitude 2300 m.
Habitat Among thicket
Habit Shrub spiny
Height 5-8 ft. D.B.H.
Bark
Leaf
Flower
Fruit Berry green, young
Notes Common
Common Name Family Berberidac.
Name Berberis
Collector T. T. Yü
0 1 2 3 4 5 6 7 8 9 10
cm
copyright reserved
F. I. B.
YUNNAN EXP.
COLL. T. T. YÜ
No. 16607
Isotype, HARVARD UNIVERSITY HERBARIA
Berberis sikkimensis var. glabramea Ahrendt
T.S. ying Mar. 23. 1982
PLANTS OF YUNNAN PROVINCE, CHINA
No. 16607 T.T.Yü 1938
Berberis
Collected in cooperation between the Arnold Arboretum of Harvard University and the Fan Memorial Institute of Biology.
HERBARIUM
OF THE
ARNOLD ARBORETUM
HARVARD UNIVERSITY
THE HARVARD UNIVERSITY HERBARIA
00038793

全无毛小檗 ***Berberis sikkimensis*** (Schneid.) Ahrendt var. ***glabramea*** Ahrendt in J. Bot. 80: 87. 1942. **Isotype:** China. Yunnan: Shunning (= Fengqing), alt. 2 300 m, 1938-07-08, T. T. Yu 16607 (A).

copyright reserved
cm
0 1 2 3 4 5 6 7 8 9 10
Isotype
HARVARD UNIVERSITY HERBARIA
Berberis silva-taroucana Schneid.
J. Linn. Soc. 57:169,1961.
T. S. Ying 1982
HERBARIUM
OF THE
ARNOLD ARBORETUM
HARVARD UNIVERSITY
No. 2860 ARNOLD ARBORETUM.
EXPEDITION TO CHINA, 1907-09.
Western Szechuan.
Coll. E. H. Wilson.
Alt.

**华西小檗** ***Berberis silva-taroucana*** Schneid. in Sargent, Pl. Wils. 1(3): 370. 1913. **Isotype:** China. Sichuan: Pengzhou, Jiuding Shan, alt. 1 830 m, 1908-05-23, E. H. Wilson 2860 (A).

HERBARIUM OF THE ARNOLD ARBORETUM,
HARVARD UNIVERSITY.
No. 2879. ARNOLD ARBORETUM.
EXPEDITION TO CHINA, 1907-09.
Western Hupeh
Coll. E. H. Wilson.
HERBARIUM OF THE ARNOLD ARBORETUM HARVARD UNIVERSITY
copyright reserved
THE HARVARD UNIVERSITY HERBARIA
00038795

**兴山小檗** ***Berberis silvicola*** Schneid. in Sargent, Pl. Wils. 3(3): 438. 1917. **Holotype:** China. Hubei: Xingshan, alt. 1 830~2 440 m, 1907-05-31, E. H. Wilson 2879 (A).

中國西部科學院植物標本室
FLORA OF SZECHUAN
Field No. 414 Date April 19,1932
Locality Mt. Omei
Altitude 1850 m.
Habitat under woods
Habit ligneous
Height 1 ft. D. B. H.
Bark
Leaf bright green above, yellowish beneath
Flower yellowish green
Fruit
Notes
Common Name Family Berberidae
Name
Collector T. T. Yü
T. T. Yü 414
cm
copyright reserved
THE HARVARD UNIVERSITY HERBARIA
00038796
Berberis simulans C. S.
Type 23.XI.37.
Det. Camillo Schneider.
HERBARIUM OF ARNOLD ARBORETUM HARVARD UNIVERSITY
THE ARNOLD ARBORETUM
HARVARD UNIVERSITY
FLORA OF SZECHUAN
Berberis acuminata Franch.
No. 414
Coll. T. T.Yü
1932


**仿小檗** ***Berberis simulans*** Schneid. in Fedde, Repert. Sp. Nov. 46: 258. 1939. **Holotype:** China. Sichuan: Emeishan, Emei Shan, alt. 1 850 m,1932-04-19, T. T. Yu 414 (A).

0 1 2 3 4 5 6 7 8 9 10
cm
copyright reserved
ISOTYPE
Berberis solutiflora Ahrendt
J. Linn. Soc., Bot. 57: 205. 1961
= Berberis concolor W. W. Smith
J. Harber (in litt.) 11 Jan. 2010
HARVARD UNIVERSITY HERBARIA
THE HARVARD UNIVERSITY HERBARIA
00279986
= leptoclada ?
PLANTAE ROCKIANAE
Expedition of the University of California Botanical Garden to Southwestern China.
Plants of Yunnan
Berberis aggregata Schneid. var. Prattii Schneid.
Shrub 3 feet tall; flowers yellow.
Alpine meadows.
Altitude 12,000 feet.
Pei-ma shan, Mekong-Yangtze divide, southeast of Atuntze.
Joseph F. Rock, No. 22835 May–June 1932
HERBARIUM
OF THE
ARNOLD ARBORETUM
HARVARD UNIVERSITY

**离花小檗** ***Berberis solutiflora*** Ahrendt in J. Linn. Soc. Bot. 57: 205. 1961. **Isotype:** China. Yunnan: Dêqên, alt. 3 660 m, 1932-(05~06)-??, J. F. Rock 22835 (A).

0 1 2 3 4 5 6 7 8 9 10
cm
copyright reserved
ITER CHINENSE 1914
SOCIETATIS DENDROLOGICAE AUSTRIAE ET HUNGARIAE
Camillo Schneider
No. 2908
Berberis Stiebritziana
Yunnan
Mense
Alt. circiter 3000
m.
HERBARIUM
OF THE
ARNOLD ARBORETUM
HARVARD UNIVERSITY
THE HARVARD UNIVERSITY HERBARIA
00038797

**萨氏小檗** ***Berberis stiebritziana*** Schneid. in Oesterr. Bot. Zeitschr. 66: 320. 1916. **Isotype:** China. Yunnan: Lijiang, alt. 3 000 m, 1914-09-16, C. Schneider 2908 (A).

A. Henryi 13267
copyright reserved
cm
0 1 2 3 4 5 6 7 8 9 10
Berberis subacuminata
C. S.
16 IX.12
det. Camillo Karl Schneider.
HERBARIUM
OF THE
ARNOLD ARBORETUM
HARVARD UNIVERSITY HERBARIA
Isotype
Berberis subacuminata Schneid.
J. Linn. Soc. 57: 62. 1961
T. S. Ying 1982
FLORA OF CHINA.
COLL. A. HENRY.
A. HENRY
CHINA, No. 13,267
YUNNAN
THE HARVARD UNIVERSITY HERBARIA
00038798

**亚尖叶小檗** ***Berberis subacuminata*** Schneid. in Sargent, Pl. Wils. 1(3): 363. 1913. **Isotype:** China. Yunnan: Yuan-chang (=Yuanjiang), alt. 1 525 m, A. Henry 13267 (A).

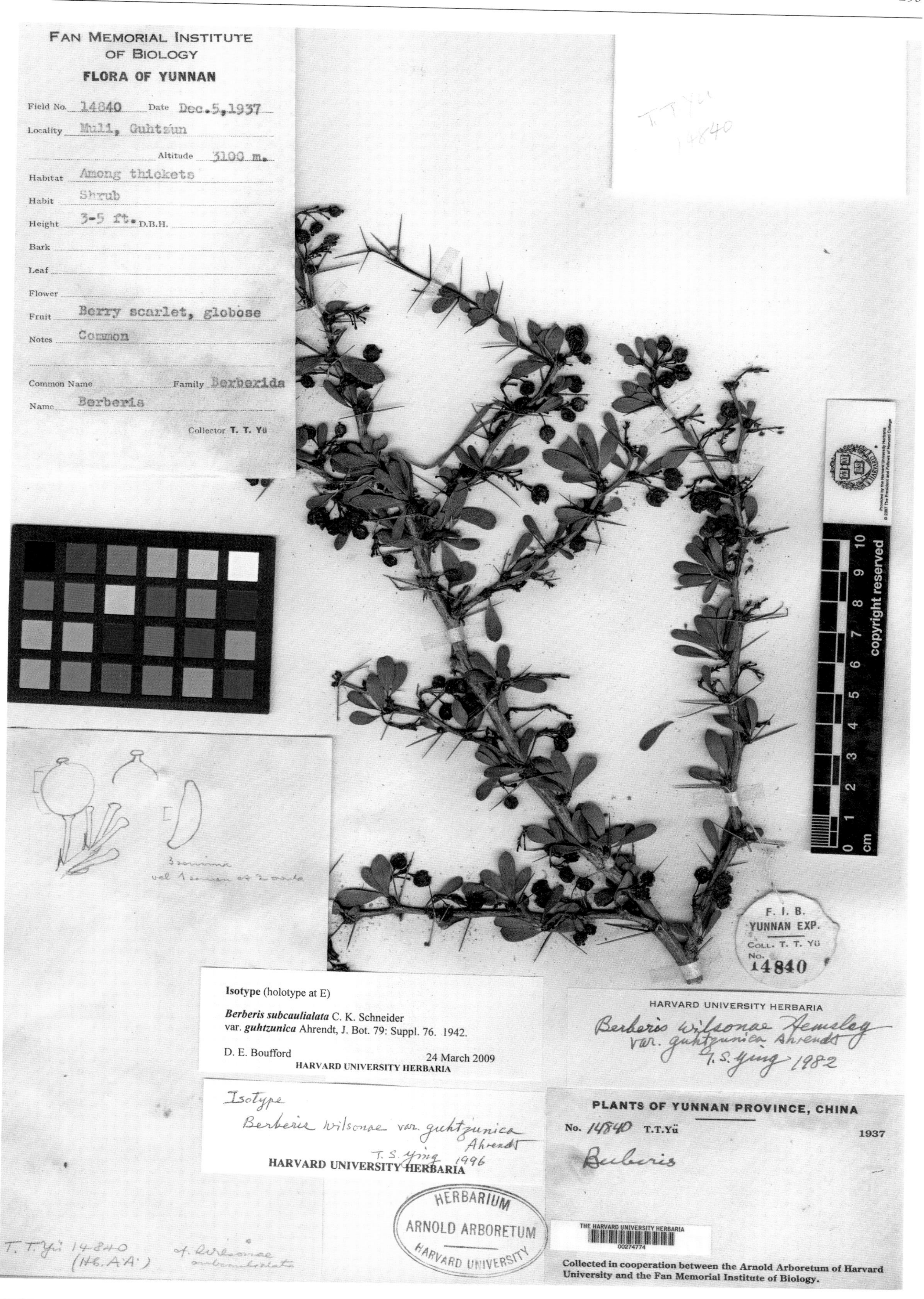
FAN MEMORIAL INSTITUTE OF BIOLOGY
FLORA OF YUNNAN
Field No. 14840 Date Dec.5,1937
Locality Muli, Guhtzun
Altitude 3100 m.
Habitat Among thickets
Habit Shrub
Height 3-5 ft. D.B.H.
Bark
Leaf
Flower
Fruit Berry scarlet, globose
Notes Common
Common Name Family Berberida
Name Berberis
Collector T. T. Yü
copyright reserved
F. I. B. YUNNAN EXP. COLL. T. T. YÜ No. 14840
Isotype (holotype at E)
Berberis subcaulialata C. K. Schneider var. guhtzunica Ahrendt, J. Bot. 79: Suppl. 76. 1942.
D. E. Boufford 24 March 2009
HARVARD UNIVERSITY HERBARIA
Berberis wilsonae Hemsley var. guhtzunica Ahrendt
T. S. Ying 1982
Isotype
Berberis wilsonae var. guhtzunica Ahrendt
T. S. Ying 1996
HARVARD UNIVERSITY HERBARIA
PLANTS OF YUNNAN PROVINCE, CHINA
No. 14840 T.T.Yü 1937
Berberis
HERBARIUM ARNOLD ARBORETUM HARVARD UNIVERSITY
THE HARVARD UNIVERSITY HERBARIA
00274774
Collected in cooperation between the Arnold Arboretum of Harvard University and the Fan Memorial Institute of Biology.

**古宗金花小檗** ***Berberis subcaulialata*** Schneid. var. ***guhtzunica*** Ahrendt in J. Bot., London 79(Suppl.): 76. 1942. **Isotype:** China. Sichuan: Muli, alt. 3 100 m, 1937-12-05, T. T. Yu 14840 (A).

FAN MEMORIAL INSTITUTE
OF BIOLOGY
FLORA OF YUNNAN
Field No. 16168 Date June 6, 1938
Locality Shunning, Tehloching
Altitude 2850 m.
Habitat Among thicket
Habit Shrub spiny
Height 5-8 ft. D.B.H.
Bark
Leaf
Flower
Fruit Berry purplish green, young
Notes Common
Common Name Family Berberidac.
Name Berberis
Collector T. T. Yü
copyright reserved
cm
Berberidaceae
Berberis holocraspedon Ahrendt
Det. Julian Harber, 19 Sept. 2007
Foster Clough, Mytholmroyd
West Yorkshire, U.K.
Isotype
Berberis subholophylla C. Y. Wu in S. Y. Bao
Bull. Bot. Res. 5(3): 13. 1985.
D. E. BOUFFORD 1985
HARVARD UNIVERSITY HERBARIA
PLANTS OF YUNNAN PROVINCE, CHINA
No. 16168 T.T.Yü 1938
Berberis
Collected in cooperation between the Arnold Arboretum of Harvard University and the Fan Memorial Institute of Biology.
HERBARIUM OF THE ARNOLD ARBORETUM HARVARD UNIVERSITY
THE HARVARD UNIVERSITY HERBARIA
00038799

近绿小檗 ***Berberis subholophylla*** C. Y. Wu in Bull. Bot. Res., Harbin 5(3): 13, f. 12. 1985. **Isotype:** China. Yunnan: Shunning (=Fengqing), alt. 2 850 m, 1938-06-06, T. T. Yu 16168 (A).

Leaf material removed 1984 by C. A. Meacham
and D. L. Hunt, University of Georgia.
Sample number 00-082
ISOSYNTYPE ST: (E)
Berberis sublevis W. W. Smith
Notes Roy. Bot. Gard. Edinburgh 9: 83. 1916
Spinous shrub of 3-5 ft. Fruit deep red. Amongst scrub in side valleys in the hills to the east of Tengyueh, 25°N, 6000 ft. May 1913
J. Harber & W. T. Kittredge 2009
HARVARD UNIVERSITY HERBARIA
HARVARD UNIVERSITY HERBARIA
Berberis sublevis W. W. Sm.
T. S. Ying 1/31/96
No.
PLANTAE CHINENSES FORRESTIANAE.
Yunnan.
B. Prainiana C. Schn.
MSS in Herb. Kew
Coll. G. Forrest.
HERBARIUM OF THE ARNOLD ARBORETUM HARVARD UNIVERSITY
THE HARVARD UNIVERSITY HERBARIA
00279903
G. Forrest
7621
Yunnan
May 1913, Tengyueh.
copyright reserved
cm

**近光滑小檗** ***Berberis sublevis*** W. W. Smith in Notes Roy. Bot. Gard. Edinb. 9: 83. 1916. **Isosyntype:** China. Yunnan: Tengchong, alt. 1 830 m, 1913-05-??, G. Forrest 7621 (A).

SYNTYPE Berberis sublevis
var. grandifolia C. K. Schneider
Repert. Spec. Nov. Regni Veg. 46: 253. 1939
J. Harber (in litt.) 11 Jan. 2010
HARVARD UNIVERSITY HERBARIA
Fan Memorial Institute of Biology
FLORA OF YUNNAN
Field No. 55605 Date Apr. 1, 1934
Locality Lung-ling Hsien
Altitude 1800 m.
Habitat in ravine
Habit shrub
Height 10 ft. D.B.H.
Bark
Leaf
Flower
Fruit
Notes
Common Name Family
Name
Collector H. T. Tsai
copyright reserved
cm
B. sublevis W. W. Sm.
an forma distincta?
= var. grandifolia C. S.
3. XII. 37
det. Camillo Karl Schneider.
PLANTS OF YUNNAN
No. 55605 H. T. Tsai
Berberis sublevis W. W. Smith
T. S. Ying 1/15/96
Collected for the Fan Memorial Institute of Biology with the cooperation of the Arnold Arboretum of Harvard University
HERBARIUM OF THE ARNOLD ARBORETUM HARVARD UNIVERSITY
HARVARD UNIVERSITY HERBARIA
Berberis sublevis W. W. Smith
T. S. Ying 1/15/96
THE HARVARD UNIVERSITY HERBARIA
00279893

**大叶近光滑小檗** ***Berberis sublevis*** W. W. Smith var. ***grandifolia*** Schneid. in Fedde, Repert. Sp. Nov. 46: 253. 1939. **Syntype:** China. Yunnan: Longling, alt. 1 800 m, 1934-04-01, H. T. Tsai 55605 (A).

0 1 2 3 4 5 6 7 8 9 10
cm
copyright reserved
Syntype
Berberis taliensis C. K. Schneider
Repert. Spec. Nov. Regni Veg. 46: 252. 1939.
D. E. BOUFFORD 1996
HARVARD UNIVERSITY HERBARIA
Isotype (Ahrendt p. 44.)
Berberis taliensis Schneider
T. S. Ying 1996
HARVARD UNIVERSITY HERBARIA
THE HARVARD UNIVERSITY HERBARIA
00058270
HERBARIUM
OF THE
ARNOLD ARBORETUM
HARVARD UNIVERSITY
PLANTS OF E. TIBET AND S.W. CHINA.
COLLECTED BY GEORGE FORREST.
EX. HERB. HORT. REG. BOT. EDIN.
21968. Berberis replicata, W. W. Sm. Spinous shrub of 2–4 ft
In fruit, fruits black-purple. On bouldery, scrub
clad slopes in side valleys on the Chien-chuan-Mekong
divide. Lat. 26° 30′ N. Long. 99° 40′ E. Alt
12,000 ft. Aug. 1922. N.W. Yunnan.

**大理小檗** ***Berberis taliensis*** Schneid. in Fedde, Repert. Sp. Nov. 46: 252. 1939. **Isosyntype:** China. Yunnan: Dali, alt 3 660 m, 1922-08-??, G. Forrest 21968 (A).

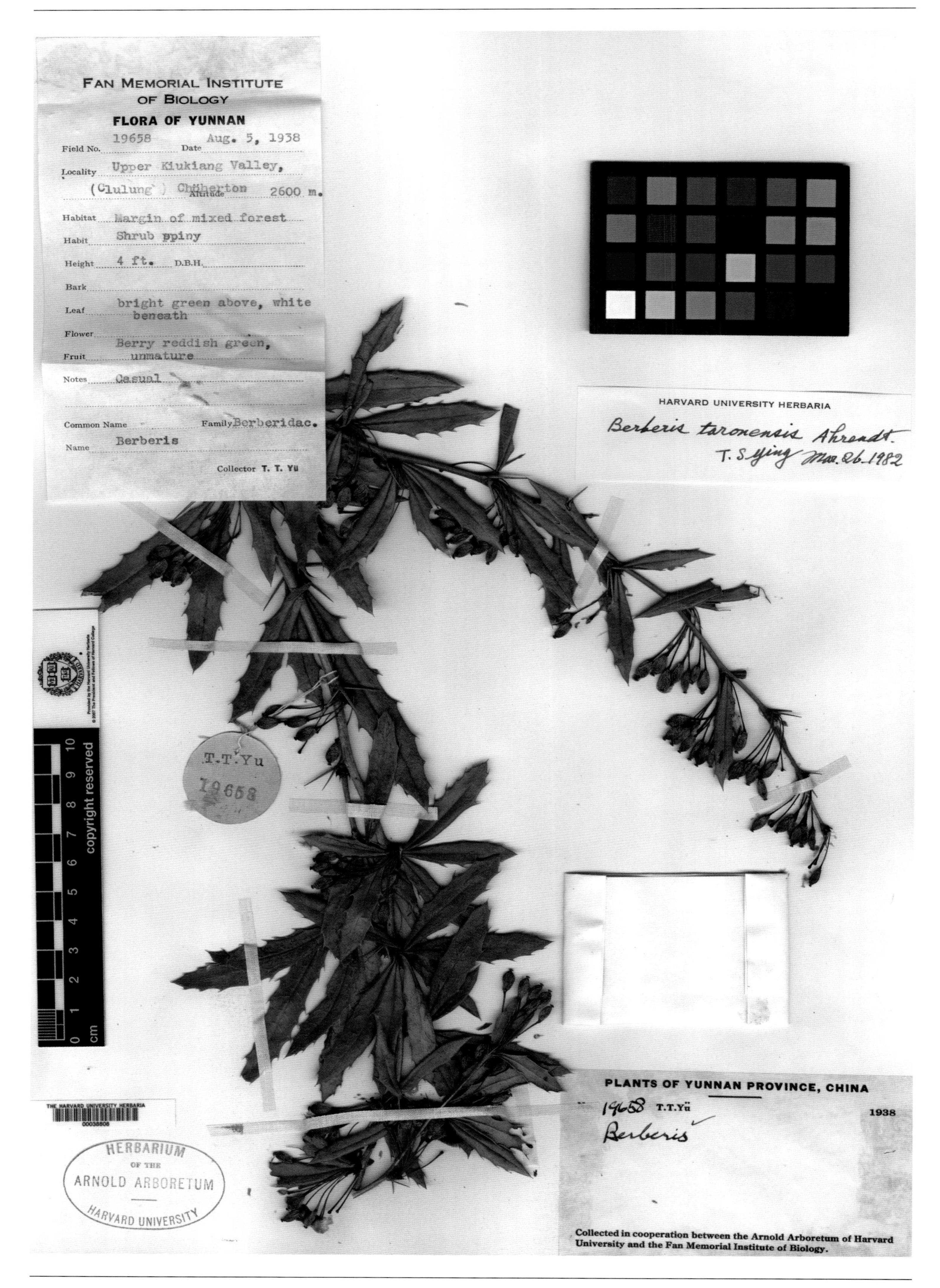
FAN MEMORIAL INSTITUTE
OF BIOLOGY
FLORA OF YUNNAN
Field No. 19658 Date Aug. 5, 1938
Locality Upper Kiukiang Valley,
(Clulung) Chöherton Altitude 2600 m.
Habitat Margin of mixed forest
Habit Shrub spiny
Height 4 ft. D.B.H.
Bark
Leaf bright green above, white beneath
Flower
Fruit Berry reddish green, unmature
Notes Casual
Common Name Family Berberidac.
Name Berberis
Collector T. T. YU
HARVARD UNIVERSITY HERBARIA
Berberis taronensis Ahrendt.
T. S. Ying Mar. 26. 1982
copyright reserved
cm 0 1 2 3 4 5 6 7 8 9 10
T. T. Yu
19658
THE HARVARD UNIVERSITY HERBARIA
00038608
HERBARIUM OF THE ARNOLD ARBORETUM HARVARD UNIVERSITY
PLANTS OF YUNNAN PROVINCE, CHINA
19658 T.T.Yü 1938
Berberis
Collected in cooperation between the Arnold Arboretum of Harvard University and the Fan Memorial Institute of Biology.

独龙江小檗 ***Berberis taronensis*** Ahrendt in J. Bot. 79(Suppl.): 23. 1941. **Isotype:** China. Yunnan: Gongshan, Upper Kiukiang Valley, alt. 2 600 m, 1938-08-05, T. T. Yu 19658 (A).

copyright reserved
cm 0 1 2 3 4 5 6 7 8 9 10
Berberis griffithiana var. pallida (Hook.f. & Thomson) Chamberlain & Hu
T.S. Ying 10/Nov./1995
HARVARD UNIVERSITY HERBARIA
HARVARD UNIVERSITY HERBARIA Isotype
Berberis taronensis var. trimensis
taronensis
Ying 1996
EX HERBARIO MUSEI BRITANNICI
FLORA OF SOUTH-EAST TIBET
Berberis atrocarpa Schneid. var. trimensis Ahrendt
Det: L.W.A. Ahrendt
Locality Trimo, Nyam Jang Chu.
Altitude 11,500 ft. Date 23.5.1947
Shrub 5-8 ft. Perianth bright lemon yellow. Calyx reddish. Pedicels red. In dense wet forest. Fairly common.
F. Ludlow, G. Sherriff, & H. H. Elliot No. 12518
THE HARVARD UNIVERSITY HERBARIA
00038803
HERBARIUM OF THE ARNOLD ARBORETUM HARVARD UNIVERSITY

错那小檗 ***Berberis taronensis*** Ahrendt var. ***trimensis*** Ahrendt in J. Linn. Soc. Bot. 57: 79. 1961. **Isotype:** China. Xizang: Cona, Trimo, Nyam Jang Chu, alt. 3 508 m, 1947-05-23, F. Ludlow, G. Sherriff & H. H. Elliot 12518 (A).

HARVARD UNIVERSITY HERBARIA
Isotype
Berberis tischleri var. abbreviata
Ahrendt. J. Linn. Soc. 57:125,1961.
T. S. Ying 1982
No. 2854. ARNOLD ARBORETUM.
EXPEDITION TO CHINA, 1907-09.
Western Szechuan.
Coll. E. H. Wilson.
HERBARIUM OF THE ARNOLD ARBORETUM HARVARD UNIVERSITY
THE HARVARD UNIVERSITY HERBARIA
00038804
copyright reserved
cm

**巴郎山小檗** ***Berberis tischleri*** Schneid. var. ***abbreviata*** Ahrendt in J. Linn. Soc. Bot. 57: 125. 1961. **Isotype:** China. Sichuan: Tachien lu (= Kangding), alt. 2 440~3 050 m, 1908-06-??, E. H. Wilson 2854 (A).

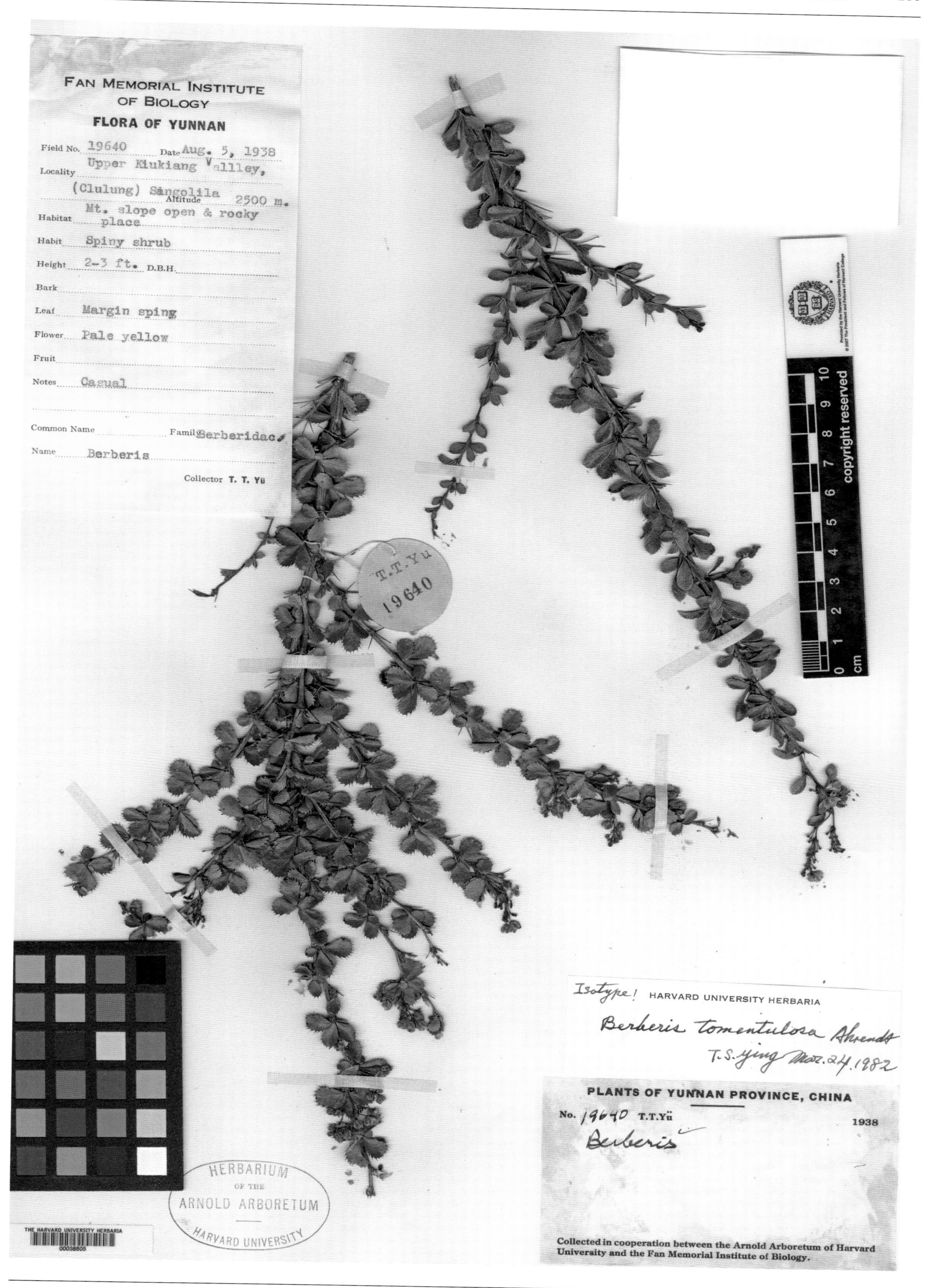
FAN MEMORIAL INSTITUTE OF BIOLOGY
FLORA OF YUNNAN
Field No. 19640 Date Aug. 5, 1938
Locality Upper Kiukiang Valley, (Clulung) Sangolila
Altitude 2500 m.
Habitat Mt. slope open & rocky place
Habit Spiny shrub
Height 2-3 ft. D.B.H.
Bark
Leaf Margin sping
Flower Pale yellow
Fruit
Notes Casual
Common Name
Family Berberidac.
Name Berberis
Collector T. T. Yü
T.T.Yu 19640
copyright reserved
cm
Isotype! HARVARD UNIVERSITY HERBARIA
Berberis tomentulosa Ahrendt
T.S.Ying Mar. 24. 1982
PLANTS OF YUNNAN PROVINCE, CHINA
No. 19640 T.T.Yü 1938
Berberis
Collected in cooperation between the Arnold Arboretum of Harvard University and the Fan Memorial Institute of Biology.
HERBARIUM OF THE ARNOLD ARBORETUM HARVARD UNIVERSITY
THE HARVARD UNIVERSITY HERBARIA
00038605

**微毛小檗** ***Berberis tomentulosa*** Ahrendt in J. Bot. 80(Suppl.): 112. 1942. **Isotype:** China. Yunnan: Gongshan, Upper Kiukiang Valley, alt. 2 500 m, 1938-08-05, T. T. Yu 19640 (A).

0 1 2 3 4 5 6 7 8 9 10
cm
copyright reserved
HERBARIUM
OF THE
ARNOLD ARBORETUM
HARVARD UNIVERSITY
THE HARVARD UNIVERSITY HERBARIA
00038810
Coll. E. H. WILSON,
(For J. VEITCH & SONS).
C. China. W. Hupeh.
No.
Berberis
(acuminata, Franchet)

巴东小檗 ***Berberis veitchii*** Schneid. in Sargent, Pl. Wils. 1(3): 363. 1913. **Isotype:** China. Hubei: Western Hubei, Precise locality not known, 1900-06-??, E. H. Wilson 1138 (A).

0 1 2 3 4 5 6 7 8 9 10
cm
copyright reserved
Provided by the Harvard University Herbaria
© 2007 The President and Fellows of Harvard College
Iso-
Lectotype
Berberis veitchiorum Hemsley & Wilson, Bull. Misc. Inform.
1906. 152. 1905.
= Mahonia polyodonta Fedde
T. S. Ying & D. E. Boufford October 2000
Institute of Botany, Beijing (PE) - The Harvard University Herbaria
HERBARIUM OF THE ARNOLD ARBORETUM HARVARD UNIVERSITY
Mahonia Veitchiorum
C.S.
det. Camillo Karl Schneider.
Det. Camillo Schneider.
COLL. E. H. WILSON,
(FOR JAMES VEITCH & SONS).
WESTERN CHINA.
No. 3142.
THE HARVARD UNIVERSITY HERBARIA
00103483
HERBARIUM OF THE ARBORETUM.
HARVARD UNIVERSITY.

川西十大功劳 ***Berberis veithiorum*** Hemsl. & Wils. in Bull. Misc. Inf., Kew 1906(5): 152. 1906. **Syntype:** China. Sichuan: Western Sichuan, Precise locality not known, alt. 600~1 800 m, 1903-07-??, E. H. Wilson 3142 (A).

THE HARVARD UNIVERSITY HERBARIA
00038812
det. Camillo Karl Schneider.
Berberis
Minchow
West Kansu
HERBARIUM
OF THE
ARNOLD ARBORETUM
HARVARD UNIVERSITY
No. 1047. ARNOLD ARBORETUM.
EXPEDITION TO NORTHERN CHINA.
Type
Coll. Wm. Purdom.
copyright reserved
cm

**匙叶小檗** ***Berberis vernae*** Schneid. in Sargent, Pl. Wils. 1(3): 372. 1913. **Holotype:** China. Gansu: Min-chou (=Min Xian), alt. 3 200~3 600 m, W. Purdom 1047 (A).

THE HARVARD UNIVERSITY HERBARIA
00038813
COLL. E. H. WILSON,
(FOR JAMES VEITCH & SONS).
WESTERN CHINA.
No. 3150.
HARVARD UNIVERSITY HERBARIA
Isotype
Berberis verruculosa H et. W.
J. Linn. Soc. 57:46,1961.
T. S. Ying.1982
HERBARIUM OF THE ARNOLD ARBORETUM HARVARD UNIVERSITY
HERBARIUM OF THE ARBORETUM.
HARVARD UNIVERSITY.
Berberis verruculosa
copyright reserved
0 1 2 3 4 5 6 7 8 9 10
cm


疣枝小檗 ***Berberis verruculosa*** Hemsl. & Wils. in Bull. Mis. Inf. Kew 1906(5): 151. 1906. **Syntype:** China. Sichuan: Tatien lu (=Kangding), 1903-07-??, E. H. Wilson 3150 (A).

THE HARVARD UNIVERSITY HERBARIA
00038814
copyright reserved
cm
type
No. 1517. ARNOLD ARBORETUM.
EXPEDITION TO CHINA. 1907-09.
Kiangsi.
Coll. E. H. Wilson.
Alt.
HERBARIUM
OF THE
ARNOLD ARBORETUM
HARVARD UNIVERSITY

**庐山小檗** ***Berberis virgetorum*** Schneid. in Sargent, Pl. Wils. 3(3): 440. 1917. **Holotype:** China. Jiangxi: Lu Shan, alt. 1 372 m, 1907-07-29, E. H. Wilson 1517 (A).

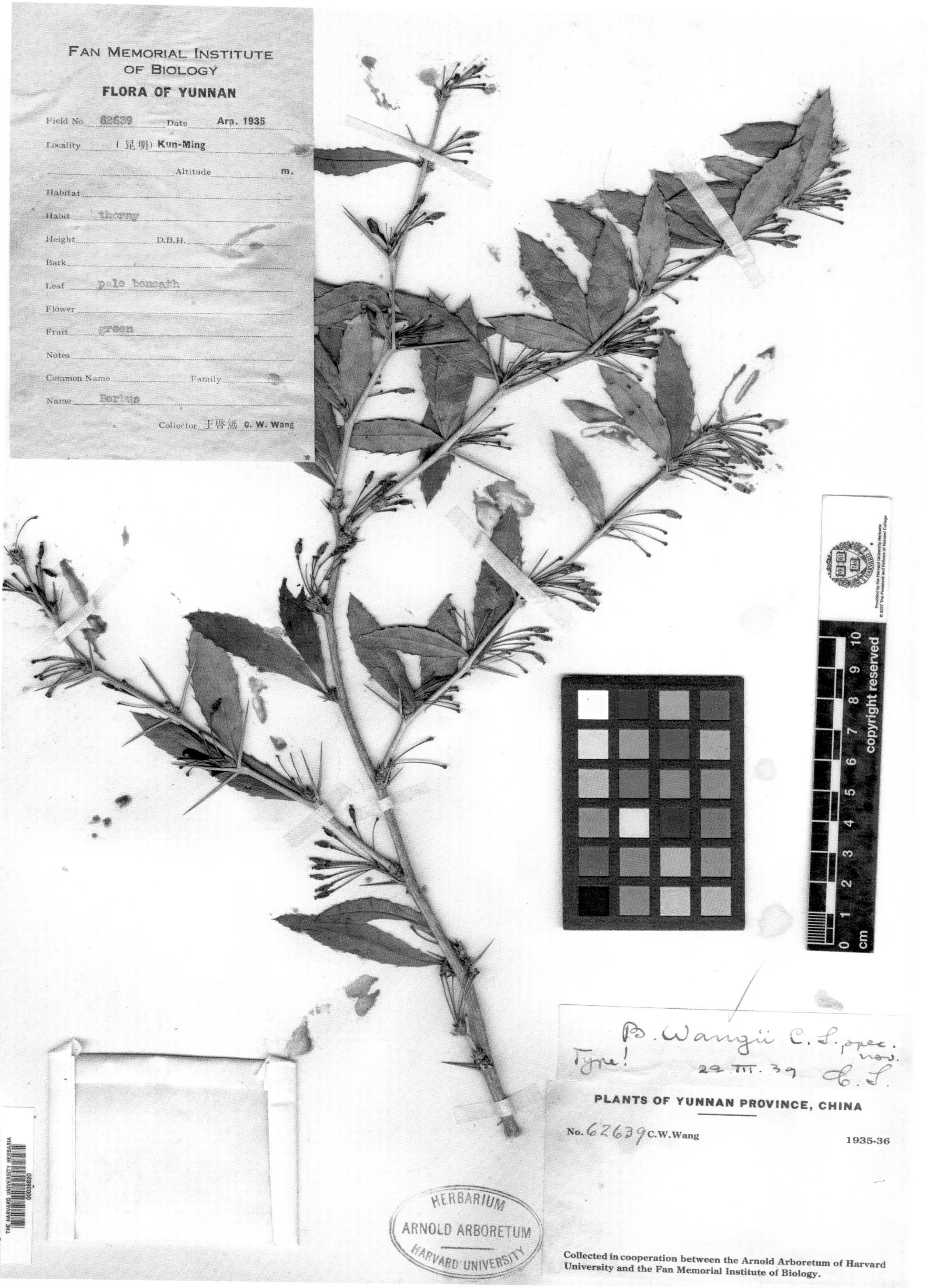

FAN MEMORIAL INSTITUTE OF BIOLOGY
FLORA OF YUNNAN

Field No. 62639 Date Apr. 1935
Locality (昆明) Kun-Ming
Altitude m.
Habitat
Habit thorny
Height D.B.H.
Bark
Leaf pale beneath
Flower
Fruit green
Notes
Common Name Family
Name Berbus
Collector 王啓無 C. W. Wang

B. wangii C. S. spec. nov.
Type!
29. III. 39 C. S.

PLANTS OF YUNNAN PROVINCE, CHINA
No. 62639 C.W.Wang 1935-36

Collected in cooperation between the Arnold Arboretum of Harvard University and the Fan Memorial Institute of Biology.



**西山小檗** ***Berberis wangii*** Schneid. in Fedde, Repert. Sp. Nov. 46: 246. 1939. **Holotype:** China. Yunnan: Kunming, 1935-04-??, C. W. Wang 62639 (A).

0 1 2 3 4 5 6 7 8 9 10
cm
copyright reserved
ITER CHINENSE 1914
SOCIETATIS DENDROLOGICAE AUSTRIAE ET HUNGARIAE
Camillo Schneider
No. 1763
Yunnan
Mense Jul. 4
Alt. circiter 3000 m.
HERBARIUM OF THE ARNOLD ARBORETUM HARVARD UNIVERSITY
THE HARVARD UNIVERSITY HERBARIA
00038821

威勒小檗 ***Berberis willeana*** Schneid. in Oesterr. Bot. Zeitschr. 67: 141. 1918. **Holotype:** China.Yunnan: Lijiang, alt. 3 000 m, 1914-07-04, C. Schneider1763 (A).

Fan Memorial Institute of Biology
FLORA OF YUNNAN
Field No. 53000
Date July 19,1933
Altitude 2800 m.
Habitat on open slope
Habit shrub
Height 4 ft. D. B. H.
Bark
Leaf
Flower
Fruit black
Notes
Common Name
Family
Name Berberis
Collector H. T. Tsai
cm
copyright reserved
THE HARVARD UNIVERSITY HERBARIA
00038822
B. willeana C.S.
Type var. serrulata C.S.
6.7.38.
det. Camillo Karl Schneider.
PLANTS OF YUNNAN
No. 53000 H. T. Tsai
Berberis
Collected for the FAN MEMORIAL INSTITUTE OF BIOLOGY with the cooperation of the ARNOLD ARBORETUM OF HARVARD UNIVERSITY
HERBARIUM OF THE ARNOLD ARBORETUM HARVARD UNIVERSITY

细锯齿小檗 ***Berberis willeana*** Schneid. var. ***serrulata*** Schneid. in Fedde, Repert. Sp. Nov. 46: 245. 1939. **Syntype:** China. Yunnan: Binchuan, alt. 2 800 m, 1933-07-19, H. T. Tsai 53000 (A).

copyright reserved
cm 0 1 2 3 4 5 6 7 8 9 10
THE HARVARD UNIVERSITY HERBARIA
00038824
type of
Berberis Wilsonae Hemsl.
det. Camillo Karl Schneider.
HERBARIUM OF THE ARNOLD ARBORETUM HARVARD UNIVERSITY
COLL. E. H. WILSON,
(FOR JAMES VEITCH & SONS).
WESTERN CHINA.
No. 3154.
5400 ft.
Berberis Wilsoniae
HERBARIUM OF THE ARBORETUM.
HARVARD UNIVERSITY.

**金花小檗** ***Berberis wilsoniae*** Hemsl. in Bull. Misc. Inform. Kew 1906(5): 151. 1906. **Isosyntype:** China. Sichuan: Western Sichuan, Precise locality not known, alt. 1 647 m, 1903-08-??, E. H. Wilson 3154 (A).

copyright reserved
cm 0 1 2 3 4 5 6 7 8 9 10
ISOTYPE HT: (PE)
Berberis yui T. S. Ying
Acta Phytotax. Sin. 37: 309. 1999. Sichuan, Muli, Wachin, Ching-chang, 3800-3900 m. 21 June 1937
J. Harber & W. T. Kittredge 2009
HARVARD UNIVERSITY HERBARIA
Berberis dawoensis K. Meyer
T. S. Ying 2/5/96
HARVARD UNIVERSITY HERBARIA
PLANTS OF YUNNAN PROVINCE, CHINA
No. 6530 T.T.Yü 193
Berberis
Collected in cooperation between the Arnold Arboretum of Harvard University and the Fan Memorial Institute of Biology.
HERBARIUM OF THE ARNOLD ARBORETUM HARVARD UNIVERSITY
THE HARVARD UNIVERSITY HERBARIA
00279403

德浚小檗 ***Berberis yui*** T. S. Ying in Acta Phytotax. Sin. 37(4): 309, pl. 2. 1999. **Isotype:** China. Sichuan: Muli, alt. 3 600~3 700 m, 1937-06-21, T. T. Yu 6530 (A).

FAN MEMORIAL INSTITUTE
OF BIOLOGY
FLORA OF YUNNAN
Field No. 22613 Date Aug. 31, 1938
Locality Mekong-Salwin Divide,
Sewalongba Altitude 3500 m.
Habitat Under mixed forests
Habit Shrub
Height 3-4 ft. D.B.H.
Bark Spiny
Leaf
Flower
Fruit Berry-like, green
Notes Common
Common Name Family Berberidac
Name Berberis
Collector T. T. Yü
6 seeds
per berry
Dec 2007
copyright reserved
cm
F. I. B.
YUNNAN EXP.
COLL. T. T. Yü
No. 22613
PLANTS OF YUNNAN PROVINCE, CHINA
No. 22613 T.T.Yü 1938
Berberis
Collected in cooperation between the Arnold Arboretum of Harvard University and the Fan Memorial Institute of Biology.
THE HARVARD UNIVERSITY HERBARIA
00038780
Isotype: HARVARD UNIVERSITY HERBARIA
Berberis platyphylla (Ahrendt) Ahrendt
T.S. Ying Mar. 24. 1982
HERBARIUM
OF THE
ARNOLD ARBORETUM
HARVARD UNIVERSITY

**阔叶小檗** ***Berberis yunnanensis*** Franch. var. ***platyphylla*** Ahrendt in J. Bot. 79: 61. 1941. **Isotype:** China. Yunnan: Dêqên, Mekong-Salwin, alt. 3 500 m, 1938-08-31, T. T. Yu 22613 (A).

南京金陵大學植物標本室
貴州植物名錄
FLORA OF KWEICHOW PROVINCE, CHINA
HERBARIUM, UNIVERSITY OF NANKING

Chinese name 中名
Locality 產地 Teng Ching Shan - Lao Shan
Habitat 生地 On rocky slope, under tree shade
Altitude above the sea 高出海平面 2150 Meters 米達
Tree; shrub; bush; vine; herb 喬木; 灌木 叢生灌木 蔓莖 草本
Height of plant 植物高度 2 m. 米達 D. B. H. 胸高直徑 c.m. 生的米達
Flower 花（氣味, 顏色等）(Odor, color, etc.)
Fruit 果實（種類, 氣味, 顏色等）(Kind, odor, color, etc.) Becoming black
Special notes 附記
Berberis
Uses 用途
Field No. 採集號數 482 Herbarium No. 標本號數
Collector 採集人 S. C. K.
Date IX/30/1931 年 月 日

THE HARVARD UNIVERSITY HERBARIA
00038825

HERBARIUM OF THE ARNOLD ARBORETUM HARVARD UNIVERSITY

B. xanthoclada Schneid. (isotype)

PLANTS OF KWEICHOW PROVINCE, CHINA
Berberis Cavaleriei Lévl.
Lao Shan
FAN CHING SHAN
COLLECTED IN COOPERATION BETWEEN THE ARNOLD ARBORETUM OF HARVARD UNIVERSITY, THE NEW YORK BOTANICAL GARDEN, AND THE UNIVERSITY OF NANKING.
By Albert N. Steward, C. Y. Chiao, and H. C. Cheo
No. 482 1931



黄枝小檗 ***Berberis xanthoclada*** Schneid. in Fedde, Repert. Sp. Nov. 46: 261. 1939. **Isotype:** China. Guizhou: Fanjing Shan, alt. 2 100 m, 1931-09-30, A. N. Steward, C. Y. Chiao & H. C. Cheo 482 (A).

GRAY HERBARIUM
HARVARD
UNIVERSITY
copyright reserved
cm
Lectotype (Fruiting material)
Diphylleia sinensis H. L. Li
J. Arnold Arbor. 28: 443. 1947.
D. E. BOUFFORD & T. S. Ying 1982
HARVARD UNIVERSITY HERBARIA
No. 814
ARNOLD ARBORETUM.
EXPEDITION TO CHINA, 1907-09.
Western Szechuan.
Podophyllum
Coll. E. H. Wilson.
Alt.
7/08 + 8/08
ANNOTATION LABEL
HOLOTYPE
Diphylleia sinensis H. L. Li,
Jour. Arnold Arb. 28: 443. 1947.
THE HARVARD UNIVERSITY HERBARIA
00038632

**南方山荷叶** ***Diphylleia sinensis*** H. L. Li in J. Arnold Arbor. 28(4): 443. 1947. **Holotype:** China. Sichuan: Western Sichuan, Precise locality not known, 1908-(07~08)-??, E. H. Wilson 814 (GH).

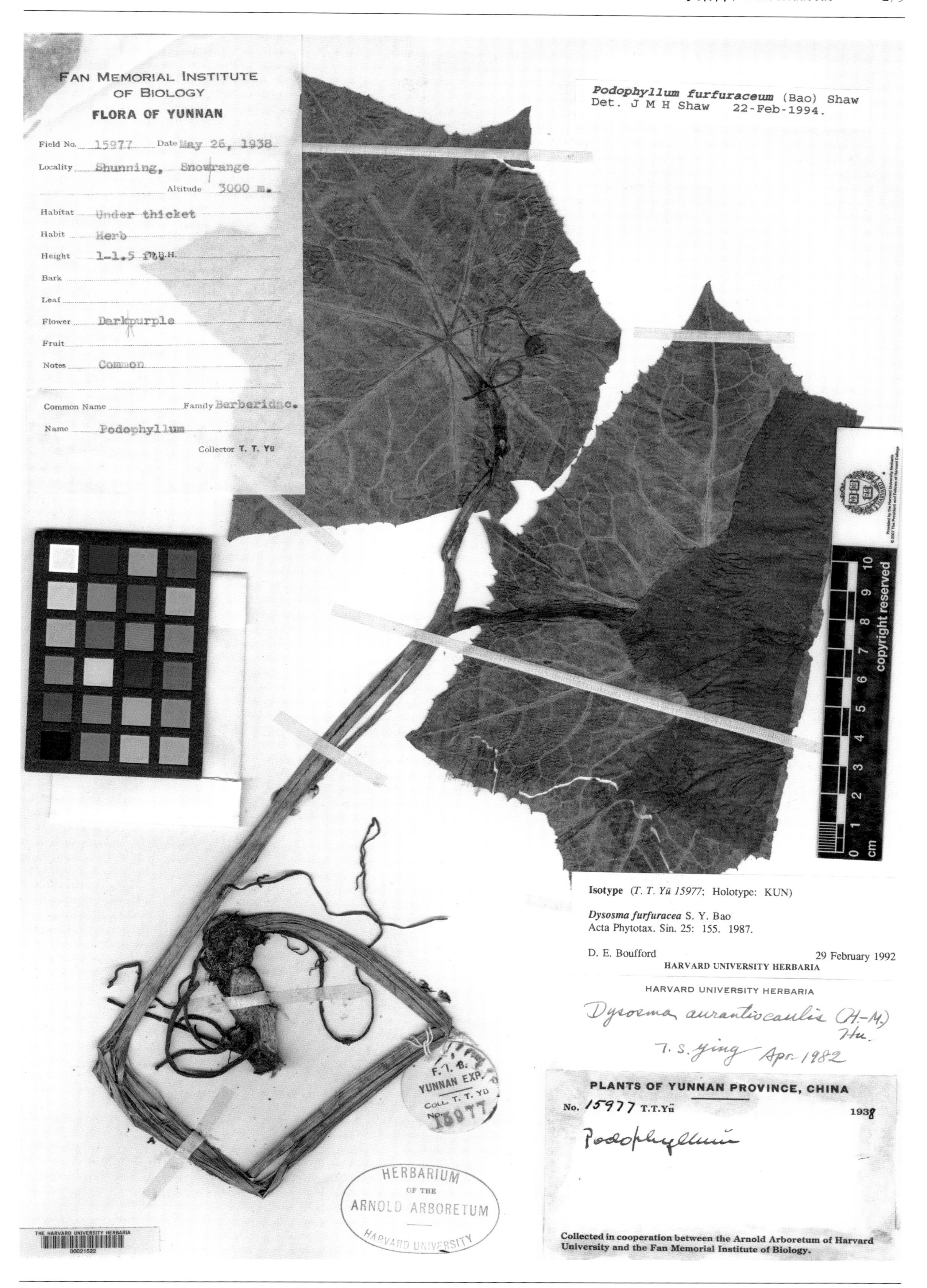
FAN MEMORIAL INSTITUTE
OF BIOLOGY
FLORA OF YUNNAN
Field No. 15977 Date May 26, 1938
Locality Shunning, Snowrange
Altitude 3000 m.
Habitat Under thicket
Habit Herb
Height 1-1.5 ft.
Bark
Leaf
Flower Darkpurple
Fruit
Notes Common
Common Name Family Berberidae.
Name Podophyllum
Collector T. T. Yü
Podophyllum furfuraceum (Bao) Shaw
Det. J M H Shaw 22-Feb-1994.
copyright reserved
Isotype (T. T. Yü 15977; Holotype: KUN)
Dysosma furfuracea S. Y. Bao
Acta Phytotax. Sin. 25: 155. 1987.
D. E. Boufford 29 February 1992
HARVARD UNIVERSITY HERBARIA
HARVARD UNIVERSITY HERBARIA
Dysosma aurantiocaulis (H.-M.) Hu.
T. S. Ying Apr. 1982
PLANTS OF YUNNAN PROVINCE, CHINA
No. 15977 T.T.Yü 1938
Podophyllum
Collected in cooperation between the Arnold Arboretum of Harvard University and the Fan Memorial Institute of Biology.
F. M. B.
YUNNAN EXP.
COLL. T. T. YÜ
No. 15977
HERBARIUM
OF THE
ARNOLD ARBORETUM
HARVARD UNIVERSITY
THE HARVARD UNIVERSITY HERBARIA
00021522

**粃鳞八角莲** ***Dysosma furfuracea*** S. Y. Bao in Acta Phytotax. Sin. 25(2): 155, pl. 5. 1987. **Isotype:** China. Yunnan: Fengqing, alt. 3 000 m, 1938-05-26, T. T. Yu 15977 (A).

copyright reserved
cm
IMAGED
THE HARVARD UNIVERSITY HERBARIA
00038866
Mahonia oiwakensis Hayata
[Holotype of Mahonia alexandri C. Schneider,
Bot. Gaz. 43: 519. June 1917.]
T. S. Ying & D. E. Boufford May 1986
INST. BOT. BEIJING (PE) - ARNOLD ARBORETUM (A)
ITER CHINENSE 1914
SOCIETATIS DENDROLOGICAE AUSTRIAE ET HUNGARIAE
Camillo Schneider
No. 1588
Mense
Alt. circiter 2600
m.
HERBARIUM
OF THE
ARNOLD ARBORETUM
HARVARD UNIVERSITY
107.

盐源十大功劳 ***Mahonia alexandri*** Schneid. in Bot. Gazette 63(6): 519. 1917. **Syntype:** China. Sichuan: Yanyuan, alt. 2 600 m, 1914-06-15, C. Schneider 1588 (A).

0 1 2 3 4 5 6 7 8 9 10
cm
copyright reserved
592
Isotype
Mahonia bracteolata Takeda
var. zhongdianensis S. Y. Biao
Acta Phytotax. Sin. 25: 154. 1987.
D. E. BOUFFORD 1987
HARVARD UNIVERSITY HERBARIA
Mahonia bracteolata Takeda
T. S. Ying & D. E. Boufford May 1986
INSTITUTE OF BOTANY (PE) - ARNOLD ARBORETUM (A)
THE HARVARD UNIVERSITY HERBARIA
00038871
LU-SHAN ARBORETUM & BOTANICAL GARDEN
FLORA OF N.W.YUNNAN
K.M.Feng NO: 592 Mar.25th.1939
Loc. Between Hai-tao-yuan to Tzai-ber
(On Yangtze bank) E of Haba Snow
Range.
Shrub 3-5 ft., in fruit. On open thicket
Mahonia
HERBARIUM
OF THE
ARNOLD ARBORETUM
HARVARD UNIVERSITY
PLANTS OF N.W. YUNNAN PROVINCE, CHINA
No. 592 K.M.Feng Mar. 25, 1939
Mahonia
Collected in cooperation between the Arnold Arboretum of Harvard University and the Lu Shan Arboretum and Botanical Garden.

**中甸十大功劳** ***Mahonia bracteolata*** Takeda var. ***zhongdianensis*** S. Y. Bao in Acta Phytotax. Sin. 25(2): 154. 1987. **Isotype:** China. Yunnan: Shangri-La, 1939-03-25, K. M. Feng 592 (A).

copyright reserved
Mahonia bracteolata Takeda
[Lectotype of Mahonia caesia C. K. Schneider
Bot. Gaz. 63: 519. 1917.]
T. S. Ying & D. E. Boufford May 1986
INSTITUTE OF BOTANY (PE) - ARNOLD ARBORETUM (A)
HERBARIUM OF THE ARNOLD ARBORETUM HARVARD UNIVERSITY
IMAGED
THE HARVARD UNIVERSITY HERBARIA
00038872
ITER CHINENSE 1914
SOCIETATIS DENDROLOGICAE AUSTRIAE ET HUNGARIAE
Camillo Schneider
No. 1723
Yunnan
Mense Jul. 3
Alt. circiter 2400 m.

**丽江十大功劳** ***Mahonia caesia*** Schneid. in Bot. Gazette 63(6): 519. 1917. **Syntype:** China. Yunnan: Lijiang, alt. 2 400 m, 1914-07-03, C. Schneider 1723 (A).

0 1 2 3 4 5 6 7 8 9 10
cm
copyright reserved
Isotype
Mahonia decipiens C. K. Schneider in Sargent, Pl. Wilson. 1: 379. 1913.
T. S. Ying & D. E. Boufford October 2000
Institute of Botany, Beijing (PE) - The Harvard University Herbaria
HARVARD UNIVERSITY HERBARIA
Isotype
Mahonia decipiens Schneid.
J. Linn. Soc. 57:329,1961.
T. S. Ying 1982.
HERBARIUM OF THE ARNOLD ARBORETUM HARVARD UNIVERSITY
IMAGED
THE HARVARD UNIVERSITY HERBARIA
Det. Camillo Schneider.
No. 2884. ARNOLD ARBORETUM.
EXPEDITION TO CHINA. 1907-09.
Western Hupeh.
Coll. E. H. Wilson.
Alt.

鄂西十大功劳 *Mahonia decipiens* Schneid. in Sargent, Pl. Wils. 1(3): 379. 1913. **Isotype:** China. Hubei: Changyang, alt. 1 220 m, 1907-04-??, E. H. Wilson 2884 (A).

copyright reserved
cm
Mahonia oiwakensis Hayata
[Isotype of Mahonia discolorifolia L. W. A. Ahrendt, J. Linn. Soc., Bot. 56: 323. 1961.]
T. S. Ying & D. E. Boufford May 1986
INSTITUTE OF BOTANY (PE) - ARNOLD ARBORETUM (A)
No. 9816 ARNOLD ARBORETUM.
EXPEDITION TO EASTERN ASIA, 1917-18.
Formosa.
Coll. E. H. Wilson.
1918.
HERBARIUM OF THE ARNOLD ARBORETUM HARVARD UNIVERSITY
E. H. WILSON COLLECTOR
THE HARVARD UNIVERSITY HERBARIA
00038865


**杂色叶十大功劳** ***Mahonia discolorifolia*** Ahrendt in J. Linn. Soc. Bot. 57: 323. 1961. **Isotype:** China. Taiwan: Nanto (=Nantou), Arisan (=Ali Shan), alt. 2 666 m, 1918-02-10, E. H. Wilson 9816 (A).

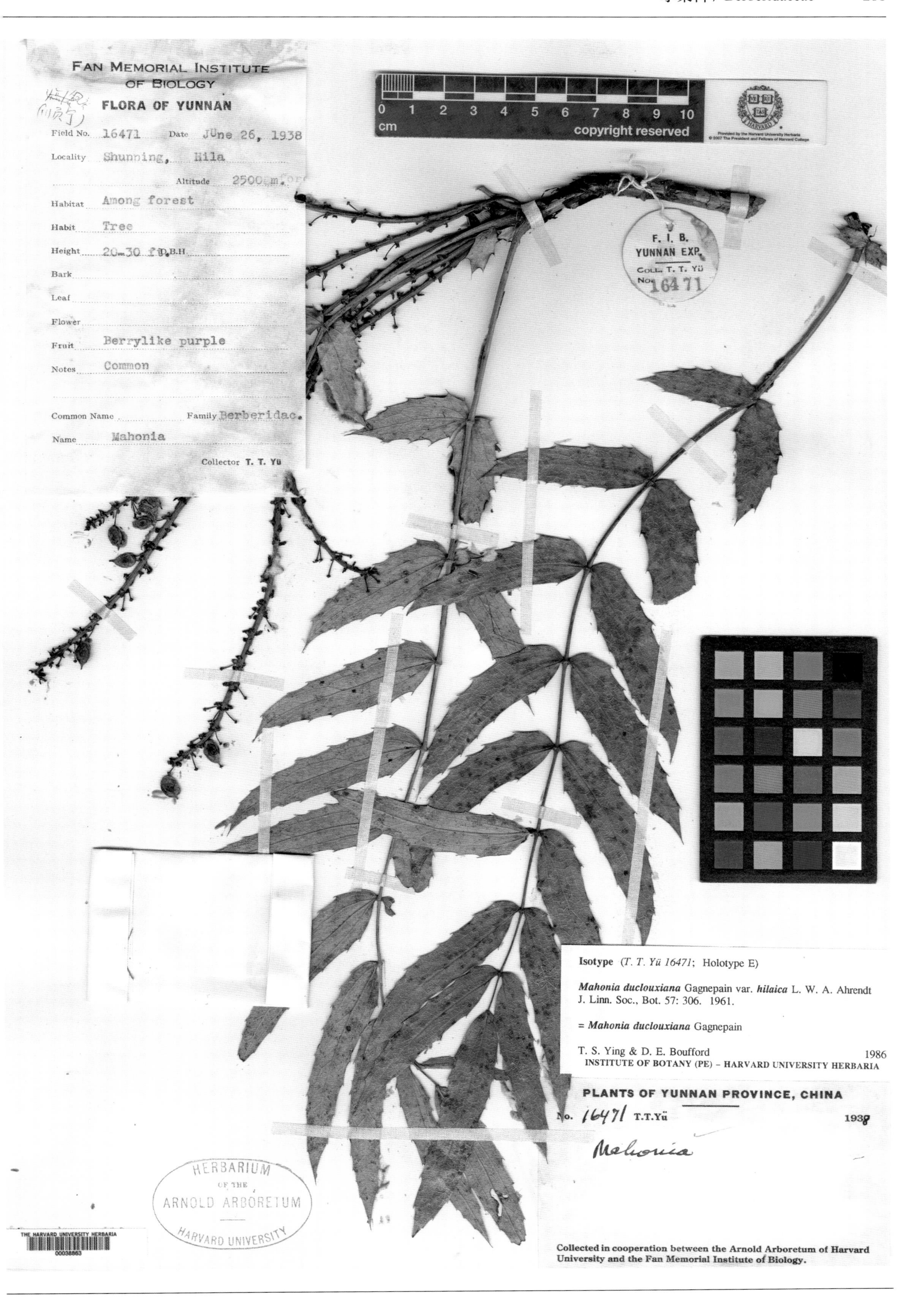
FAN MEMORIAL INSTITUTE OF BIOLOGY
FLORA OF YUNNAN
Field No. 16471 Date June 26, 1938
Locality Shunning, Hila
Altitude 2500 m.
Habitat Among forest
Habit Tree
Height 20-30 ft. D.B.H
Bark
Leaf
Flower
Fruit Berrylike purple
Notes Common
Common Name Family Berberidac.
Name Mahonia
Collector T. T. Yü
0 1 2 3 4 5 6 7 8 9 10
cm
copyright reserved
F. I. B.
YUNNAN EXP.
COLL. T. T. YÜ
No. 16471
Isotype (T. T. Yü 16471; Holotype E)
Mahonia duclouxiana Gagnepain var. hilaica L. W. A. Ahrendt
J. Linn. Soc., Bot. 57: 306. 1961.
= Mahonia duclouxiana Gagnepain
T. S. Ying & D. E. Boufford 1986
INSTITUTE OF BOTANY (PE) - HARVARD UNIVERSITY HERBARIA
PLANTS OF YUNNAN PROVINCE, CHINA
No. 16471 T.T.Yü 1938
Mahonia
HERBARIUM OF THE ARNOLD ARBORETUM HARVARD UNIVERSITY
THE HARVARD UNIVERSITY HERBARIA
00038863
Collected in cooperation between the Arnold Arboretum of Harvard University and the Fan Memorial Institute of Biology.

凤庆十大功劳 ***Mahonia duclouxiana*** Franch. var. ***hilaica*** Ahrendt in J. Linn. Soc. Bot. 57: 306. 1961. **Isotype:** China. Yunnan: Shunning (=Fengqing), alt. 2 500 m, 1938-06-26, T. T. Yu 16471 (A).

Holotype (A. Henry 10180)
Mahonia flavida C. K. Schneider in C. S. Sargent, Pl. Wilson. 1: 382. 1913. China. Yunnan: Mts. SE of Mengtze [Mengtzi Xian], 5000 ft, A. Henry 10180 (Holotype A; Isotypes E, MO (2 sheets), NY). = Mahonia duclouxiana Gagnepain
= Mahonia duclouxiana Gagnepain
T. S. Ying & D. E. Boufford 1986
INSTITUTE OF BOTANY (PE) - HARVARD UNIVERSITY HERBARIA
Leaf material removed 1984 by C. A. Meacham
and D. L. Hunt, University of Georgia.
Sample number 00-117
copyright reserved
Mah. flavida C. S.
type
26.X.12
det. Camillo Karl Schneider.
A. HENRY
CHINA, No. 10,180
YUNNAN
107.
IMAGED
HERBARIUM OF THE ARNOLD ARBORETUM HARVARD UNIVERSITY
THE HARVARD UNIVERSITY HERBARIA
00038864
FLORA OF CHINA.
Berberis nepalensis, Spreng.
flavida Schneid.
COLL. A. HENRY.

淡黄十大功劳 ***Mahonia flavida*** Schneid. in Sargent, Pl. Wils. 1(3): 382. 1913. **Holotype:** China. Yunnan: Mengzi, alt. 1 525 m, A. Henry 10180 (A).

Holotype
Mahonia fordii C. K. Schneider in Sargent
Pl. Wilson. 1: 383. 1913.
D. E. Boufford 30 March 1999
HARVARD UNIVERSITY HERBARIA
det. Camillo Karl Schneider.
HERBARIUM OF THE ARNOLD ARBORETUM HARVARD UNIVERSITY
THE HARVARD UNIVERSITY HERBARIA
00103425
copyright reserved

北江十大功劳 ***Mahonia fordii*** Schneid. in Sargent, Pl. Wils. 1(3): 383. 1913. **Holotype:** China. Guangdong: Qujiang, North River, C. Ford 17 (A).

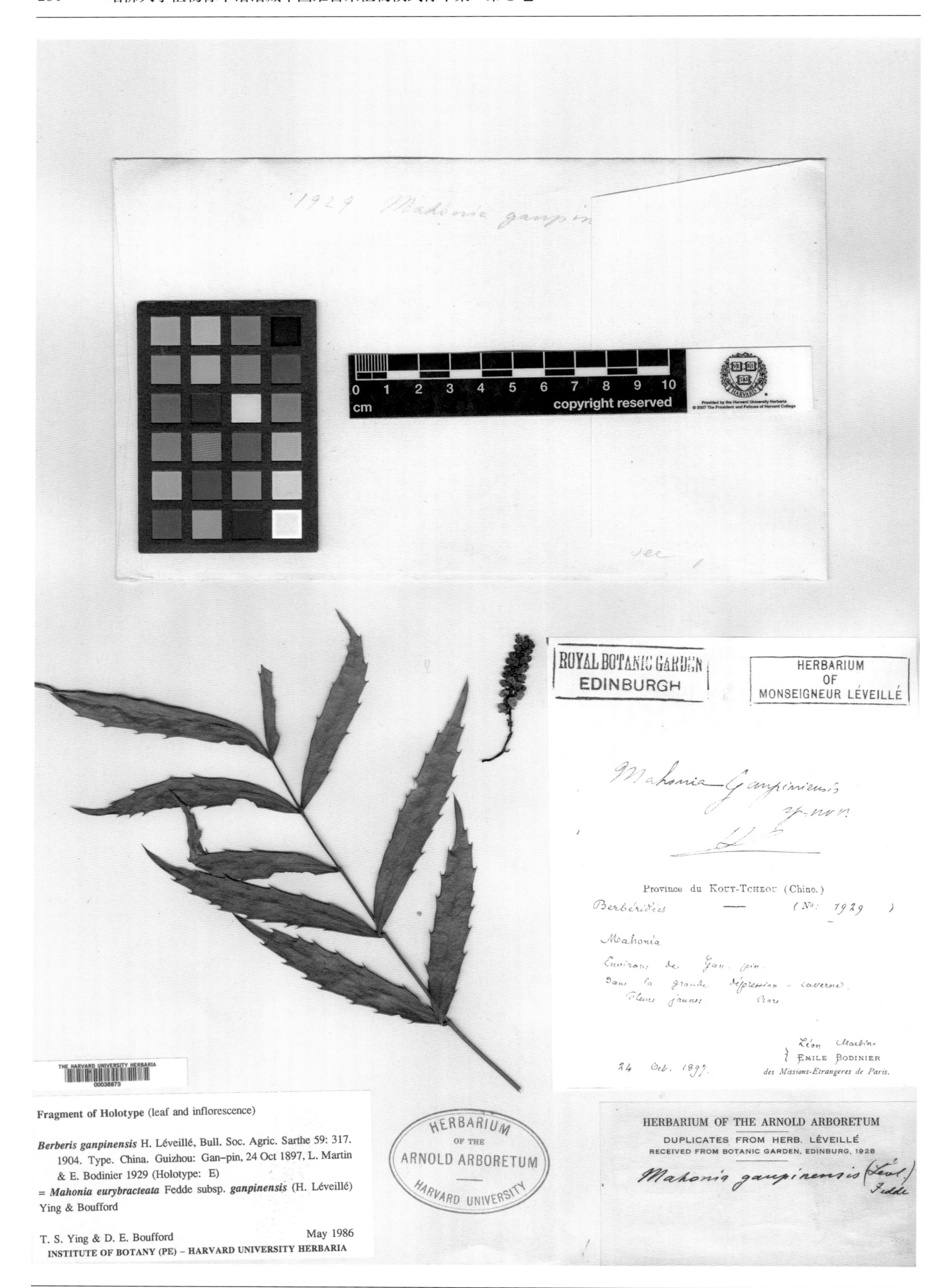
0 1 2 3 4 5 6 7 8 9 10
cm
copyright reserved
ROYAL BOTANIC GARDEN
EDINBURGH
HERBARIUM
OF
MONSEIGNEUR LÉVEILLÉ
Mahonia Ganpiniensis
sp. nov.
Province du Kouy-Tcheou (Chine.)
Berbéridées
(No: 1929)
Mahonia
Environs de Gan-pin
24 Oct. 1897.
Léon Martin
Emile Bodinier
des Missions-Etrangères de Paris.
THE HARVARD UNIVERSITY HERBARIA
00038873
Fragment of Holotype (leaf and inflorescence)
Berberis ganpinensis H. Léveillé, Bull. Soc. Agric. Sarthe 59: 317. 1904. Type. China. Guizhou: Gan-pin, 24 Oct 1897, L. Martin & E. Bodinier 1929 (Holotype: E)
= Mahonia eurybracteata Fedde subsp. ganpinensis (H. Léveillé) Ying & Boufford
T. S. Ying & D. E. Boufford
May 1986
INSTITUTE OF BOTANY (PE) - HARVARD UNIVERSITY HERBARIA
HERBARIUM OF THE ARNOLD ARBORETUM HARVARD UNIVERSITY
HERBARIUM OF THE ARNOLD ARBORETUM
DUPLICATES FROM HERB. LÉVEILLÉ
RECEIVED FROM BOTANIC GARDEN, EDINBURG, 1928
Mahonia ganpinensis (Lévl.) Fedde

安坪十大功劳 ***Mahonia ganpinensis*** Lévl. in Fedde, Repert. Sp. Nov. 6: 372. 1909. **Isotype:** China. Guizhou: Gan-pin (=Pingba), 1897-10-24, L. F. Martin & E. Bodinier 1929 (A).

copyright reserved
cm 0 1 2 3 4 5 6 7 8 9 10
Isotype
Mahonia huiliensis Handel-Mazzetti, Symb. Sin. 7: 329. 1931.
= Mahonia sheridaniana C. K. Schneider
T. S. Ying & D. E. Boufford
October 2000
Institute of Botany, Beijing (PE) - The Harvard University Herbaria
HERBARIUM
OF THE
ARNOLD ARBORETUM
HARVARD UNIVERSITY
THE HARVARD UNIVERSITY HERBARIA
00103481
HANDEL-MAZZETTI, ITER SINENSE 1914-1918,
sumptibus Academiae scientiarum Vindobonensis susceptum.
Nr. 5632
Mahonia Huiliensis Hand.-Mzt., sp. nova
Not. ad pl. viv.:
det.
Prov. SETSCHWAN austro-occid.: In
urbis Huili regione calide temperata,
Substr.
; alt. s. m. ca. 2100-2300 m.
Leg. 22.X.1914 Dr. Heinr. Frh. v. Handel-Mazzetti. (Diar. Nr.

会理十大功劳 ***Mahonia huiliensis*** Hand.-Mazz. Symb. Sin. 7(2): 329, pl. 6:3–4. 1931. **Isotype:** China. Sichuan: Huili, alt. 2 100~2 300 m, 1914-10-22, H. R. E. Handel-Mazzetti 5632 (A).

GRAY HERBARIUM
HARVARD
UNIVERSITY
cm 0 1 2 3 4 5 6 7 8 9 10
copyright reserved
Mahonia polyodonta Fedde
D. E. Boufford 14 January 2011
HARVARD UNIVERSITY HERBARIA
ISOTYPE
Gaoligong Shan Biodiversity Survey 17346
Berberidaceae
Mahonia lushuiensis T. S. Ying & H. Li
Ann. Bot. Fenn. 46: 472. 2009.
= Mahonia polyodonta Fedde
D. E. Boufford 5 April 2014
HARVARD UNIVERSITY HERBARIA
Plants of the Gaoligong Shan Region, Yunnan, China
Berberidaceae
Mahonia
Lushui Xian, Luzhang Zheng. Just below the Fengxue Yakou (the pass between Lushui and Pianma), between km 54 and 58, E side of Gaoligong Shan.
Elev. 3125 m 25° 58' 24" N, 98° 41' 15" E
S facing 10-30° slope.
Thicket. Undisturbed.
Bamboo-Rhododendron thicket.
Shrub ca. 50 cm tall. Flowers yellow. Frequent.
Growing on bamboo thicket.
In humus on granite.
Gaoligong Shan Biodiversity Survey 24522, 19 May 2005
Participants: Li Heng, Dao Zhiling, Ji Yunheng, Gao Fu & Liu Benxi (KUN); P. Fritsch & Lihua Zhou (CAS); M. Dickson (E)
THE HARVARD UNIVERSITY HERBARIA
00297495

**泸水十大功劳** ***Mahonia lushuiensis*** T. S. Ying & H. Li in Ann. Bot. Fennici 46: 472, f. 2. 2009. **Isotype:** China. Yunnan: Lushui, alt. 3 125 m, 2005-05-19, Gaoligong Shan Biodiversity Survey 24522 (GH).

copyright reserved
cm 0 1 2 3 4 5 6 7 8 9 10
Holotype
Mahonia nitens C. K. Schneider in Sargent
Pl. Wilson. 1: 379. 1913.
T. S. Ying & D. E. Boufford 1986
Institute of Botany (PE) & Harvard University Herbaria (A/GH)
No. 2881 ARNOLD ARBORETUM.
EXPEDITION TO CHINA, 1907-09.
Western Szechuan.
Alt.
Coll. E. H. Wilson.
HERBARIUM OF THE ARNOLD ARBORETUM HARVARD UNIVERSITY
IMAGED
THE HARVARD UNIVERSITY HERBARIA
00103426

亮叶十大功劳 ***Mahonia nitens*** Schneid. in Sargent, Pl. Wils. 1(3): 379. 1913. **Holotype:** China. Sichuan: Hungya, alt. 976 m, 1908-09-08, E. H. Wilson 2881 (A).

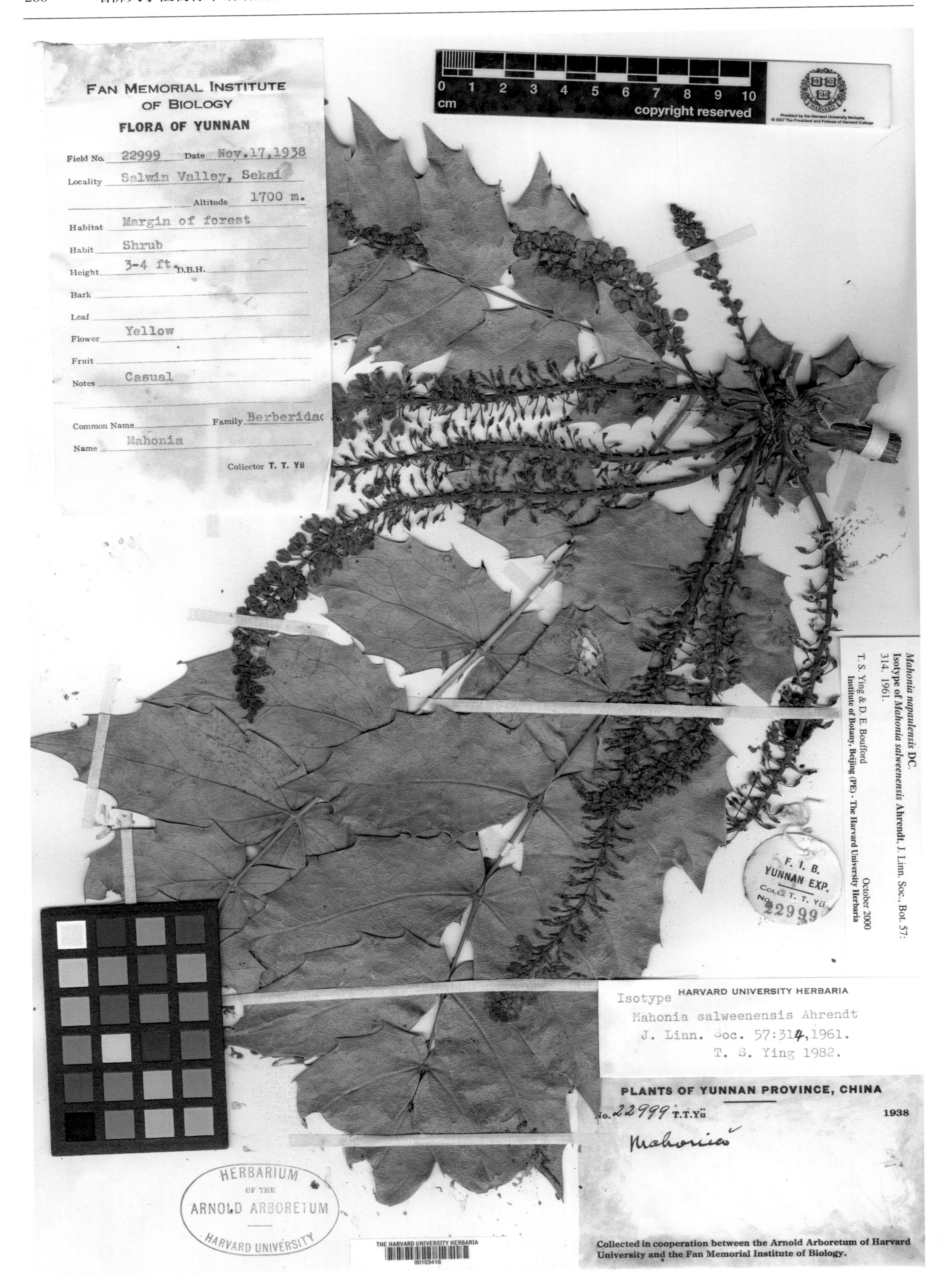
FAN MEMORIAL INSTITUTE OF BIOLOGY
FLORA OF YUNNAN
Field No. 22999 Date Nov.17,1938
Locality Salwin Valley, Sekai
Altitude 1700 m.
Habitat Margin of forest
Habit Shrub
Height 3-4 ft. D.B.H.
Bark
Leaf
Flower Yellow
Fruit
Notes Casual
Common Name Family Berberidac
Name Mahonia
Collector T. T. Yü
0 1 2 3 4 5 6 7 8 9 10
cm
copyright reserved
Mahonia napaulensis DC.
Isotype of Mahonia salweenensis Ahrendt, J. Linn. Soc., Bot. 57: 314. 1961.
T. S. Ying & D. E. Boufford
Institute of Botany, Beijing (PE) - The Harvard University Herbaria
October 2000
F. I. B.
YUNNAN EXP.
COLL. T. T. YÜ
No. 22999
Isotype HARVARD UNIVERSITY HERBARIA
Mahonia salweenensis Ahrendt
J. Linn. Soc. 57:314,1961.
T. S. Ying 1982.
PLANTS OF YUNNAN PROVINCE, CHINA
No. 22999 T.T.Yü 1938
Mahonia
Collected in cooperation between the Arnold Arboretum of Harvard University and the Fan Memorial Institute of Biology.
HERBARIUM OF THE ARNOLD ARBORETUM HARVARD UNIVERSITY
THE HARVARD UNIVERSITY HERBARIA
00103416

怒江十大功劳 ***Mahonia salweenensis*** Ahrendt in J. Linn. Soc. Bot. 57: 314. 1961. **Isotype:** China. Yunnan: Gongshan, alt. 1 700 m, 1938-11-17, T. T. Yu 22999 (A).

T. S. Ying & D. E. Boufford 1986
HARVARD UNIVERSITY HERBARIA
Holotype
Mahonia schochii C. K. Schneider in Handel-Mazzetti
Symb. Sin. 7: 329. 1931.
T. S. Ying & D. E. Boufford 1986
Institute of Botany (PE ) & Harvard University Herbaria (A/GH)
copyright reserved
HERBARIUM
OF THE
ARNOLD ARBORETUM
HARVARD UNIVERSITY
Det. Camillo Schneider.
No. 410 PLANTAE CHINENSES
COLLECTAE IN PROVINCIA KWEICHAU MENSE OCTOBRIS. 1916
14
Mahonia ? nitens Schn.
in silva mixta prope Lang tai Ting
frutex nanus
2000 m
Coll. O. Schoch.
THE HARVARD UNIVERSITY HERBARIA
00103420

郎岱十大功劳 ***Mahonia schochii*** Schneid. ex Hand.-Mazz. in Symb. Sin. 7(2): 329. 1931. **Holotype:** China. Guizhou: Near Lang Tai Ting (=Luzhi), alt. 2 000 m, 1916-10-14, O. Schoch 410 (A).

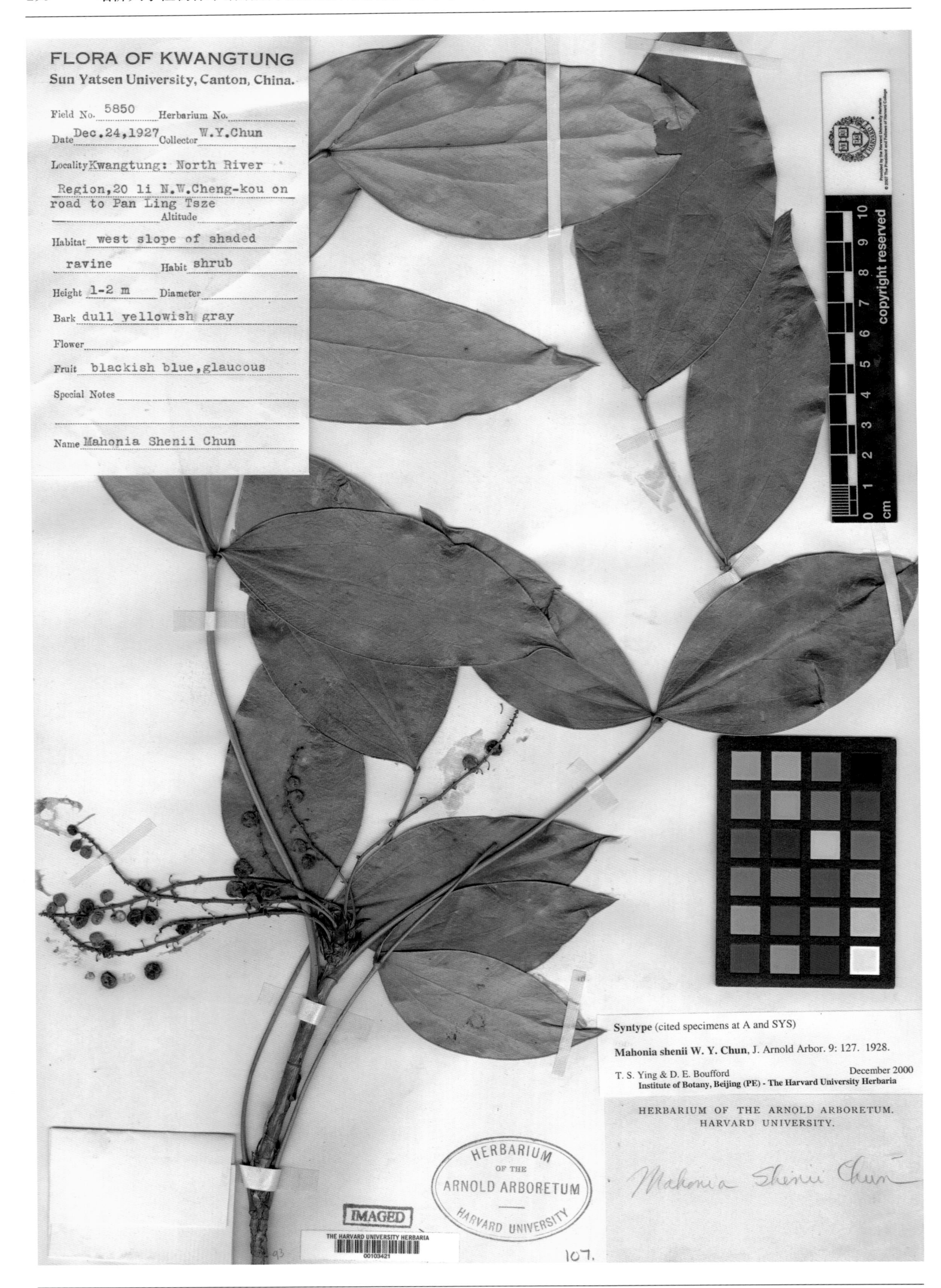
FLORA OF KWANGTUNG
Sun Yatsen University, Canton, China.
Field No. 5850 Herbarium No.
Date Dec.24,1927 Collector W.Y.Chun
Locality Kwangtung: North River Region,20 li N.W.Cheng-kou on road to Pan Ling Tsze
Altitude
Habitat west slope of shaded ravine Habit shrub
Height 1-2 m Diameter
Bark dull yellowish gray
Flower
Fruit blackish blue,glaucous
Special Notes
Name Mahonia Shenii Chun
copyright reserved
cm 0 1 2 3 4 5 6 7 8 9 10
Syntype (cited specimens at A and SYS)
Mahonia shenii W. Y. Chun, J. Arnold Arbor. 9: 127. 1928.
T. S. Ying & D. E. Boufford December 2000
Institute of Botany, Beijing (PE) - The Harvard University Herbaria
HERBARIUM OF THE ARNOLD ARBORETUM.
HARVARD UNIVERSITY.
Mahonia Shenii Chun
HERBARIUM OF THE ARNOLD ARBORETUM HARVARD UNIVERSITY
IMAGED
THE HARVARD UNIVERSITY HERBARIA
00103421
107.

**沈氏十大功劳** ***Mahonia shenii*** Chun in J. Arnold Arbor. 9: 127. 1928. **Syntype:** China. Guangdong: Qujiang, North River, 1927-12-24, W. Y. Chun 5850 (A).

copyright reserved
cm 0 1 2 3 4 5 6 7 8 9 10
Lectotype
Mahonia sheridaniana Schneider in Sargent, Pl. Wilson. 1: 384. 1913.
(Although Ahrendt, J. Linn. Soc. Bot. 57: 315. 1961 cites
"Type, K" this sheet bears Schneider's comments and
annotations and was likely the basis of the orignal description)
T. S. Ying & D. E. Boufford 1986
INSTITUTE OF BOTANY (PE) – HARVARD UNIVERSITY HERBARIA
HERBARIUM OF THE ARNOLD ARBORETUM HARVARD UNIVERSITY
Det. Camillo Schneider.
IMAGED
THE HARVARD UNIVERSITY HERBARIA
Coll.
W. H
det. Camillo Karl Schneider.
HERBARIUM OF THE ARBORETUM.
HARVARD UNIVERSITY.

**长阳十大功劳** ***Mahonia sheridaniana*** Schneid. in Sargent, Pl. Wils. 1(3): 384. 1913. **Holotype:** China. Hubei: Changyang, 1900-04-??, E. H. Wilson 426 (A).

copyright reserved
Holotype
Mahonia zemanii Schneider in Sargent, Pl. Wilsonianae 1: 378. 1913.
China. W. Hubei: Patung [Badong] Xian, Dec 1907, E. H. Wilson 2883 [= M. eurybracteata Fedde subsp. eurybracteata]
T. S. Ying & D. E. Boufford 1986
INSTITUTE OF BOTANY (PE) - HARVARD UNIVERSITY HERBARIA
Det. Camillo Schneider.
HERBARIUM OF THE ARNOLD ARBORETUM HARVARD UNIVERSITY
No. 2883, ARNOLD ARBORETUM.
EXPEDITION TO CHINA, 1907-09
Western Hupeh.
Coll. E. H. Wilson
Alt.
det. Camillo Karl Schneider.
IMAGED
THE HARVARD UNIVERSITY HERBARIA

**巴东十大功劳** ***Mahonia zemanii*** Schneid. in Sargent, Pl. Wils. 1(3): 378. 1913. **Holotype:** China. Hubei: Badong, alt. 915 m, 1907-12-??, E. H. Wilson 2883 (A).

copyright reserved
cm
GRAY HERBARIUM
HARVARD
UNIVERSITY
THE HARVARD UNIVERSITY HERBARIA
00038833
Isosyntype of
Plagiorhegma dubium Maximowicz,
Prim. Fl. Amur. 34. pl. 2. 1859.
C. E. Wood, Jr. May, 1962
Plagiorhegma dubium m.
Jeffersonia dubia.
Amur.
Maximowicz

鲜黄连 ***Plagiorhegma dubium*** Maxim. in Mém Pres. Acad. Imp. Sci. St.-Pétersb. 9: 34, pl. 2. 1859. **Isosyntype:** China. Heilongjiang: Precise locality not known, C. J. Maximowicz s. n. (GH).

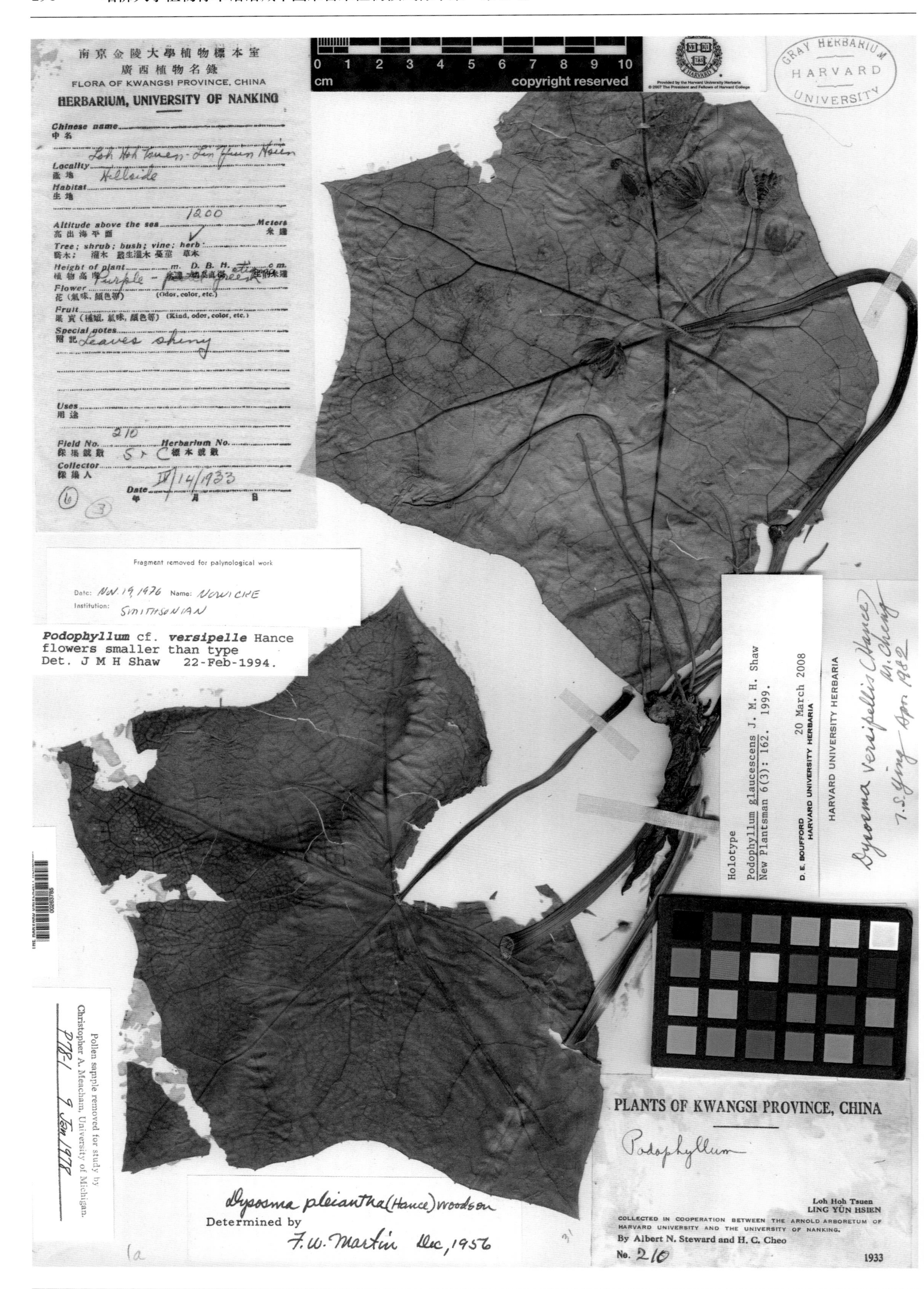
南京金陵大學植物標本室
廣西植物名錄
FLORA OF KWANGSI PROVINCE, CHINA
HERBARIUM, UNIVERSITY OF NANKING
Chinese name
中名
Loh Hoh Tsuen - Lin Yun Hsien
Locality
產地
Hillside
Habitat
生地
1200
Altitude above the sea
高出海平面
Meters
米達
Tree; shrub; bush; vine; herb
Height of plant
Flower
花（氣味、顏色等）
Purple
(Odor, color, etc.)
Fruit
果實（種類、氣味、顏色等）(Kind, odor, color, etc.)
Special notes
附記
Leaves shiny
Uses
用途
210
Field No.
採集號數
Herbarium No.
標本號數
Collector
採集人
IV/14/1933
Date
0 1 2 3 4 5 6 7 8 9 10
cm
copyright reserved
GRAY HERBARIUM
HARVARD
UNIVERSITY
Fragment removed for palynological work
Date: Nov. 19, 1976
Name: Norwicke
Institution: Smithsonian
Podophyllum cf. versipelle Hance
flowers smaller than type
Det. J M H Shaw 22-Feb-1994.
Holotype
Podophyllum glaucescens J. M. H. Shaw
New Plantsman 6(3): 162. 1999.
20 March 2008
D. E. BOUFFORD
HARVARD UNIVERSITY HERBARIA
HARVARD UNIVERSITY HERBARIA
Dysosma versipellis (Hance) M. Cheng
T. S. Ying Apr 1982
00263785
Pollen sample removed for study by
Christopher A. Meacham, University of Michigan.
9 Jan 1978
Dysosma pleiantha (Hance) Woodson
Determined by
F. W. Martin Dec, 1956
PLANTS OF KWANGSI PROVINCE, CHINA
Podophyllum
Loh Hoh Tsuen
LING YÜN HSIEN
COLLECTED IN COOPERATION BETWEEN THE ARNOLD ARBORETUM OF HARVARD UNIVERSITY AND THE UNIVERSITY OF NANKING.
By Albert N. Steward and H. C. Cheo
No. 210
1933

**粉绿八角莲** ***Podophyllum glaucescens*** J. M. H. Shaw in New Plantsman 6(3): 162. 1999. **Holotype:** China. Guangxi: Lingyun, alt. 1 200 m, 1933-04-14, A. N. Steward & H. C. Cheo 210 (GH).

# 防己科
# Menispermaceae

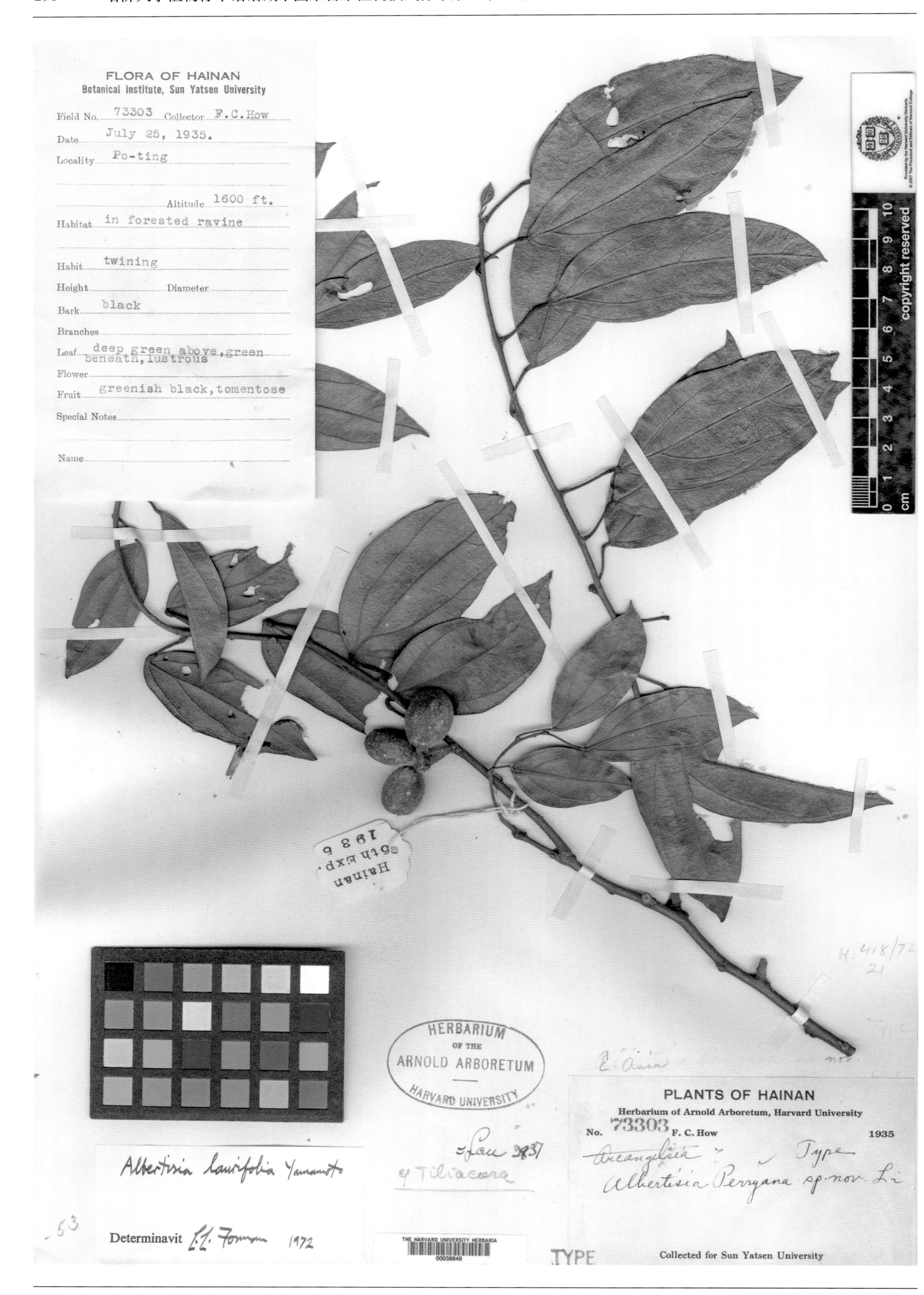
FLORA OF HAINAN
Botanical Institute, Sun Yatsen University
Field No. 73303 Collector F.C.How
Date July 25, 1935.
Locality Po-ting
Altitude 1600 ft.
Habitat in forested ravine
Habit twining
Height
Diameter
Bark black
Branches
Leaf deep green above, green beneath, lustrous
Flower
Fruit greenish black, tomentose
Special Notes
Name
copyright reserved
cm
Hainan
5th exp.
1935
HERBARIUM
OF THE
ARNOLD ARBORETUM
HARVARD UNIVERSITY
PLANTS OF HAINAN
Herbarium of Arnold Arboretum, Harvard University
No. 73303 F. C. How 1935
Type
Albertisia Perryana sp. nov. Li
Collected for Sun Yatsen University
Albertisia laurifolia Yamamoto
Determinavit
1972
cf Tiliacora
THE HARVARD UNIVERSITY HERBARIA
00038849
TYPE

**佩利崖藤** ***Albertisia perryana*** H. L. Li in J. Arnold Arbor. 25: 206. 1944. **Holotype:** China. Hainan: Baoting, alt. 488 m, 1935-07-25, F. C. How 73303 (A).

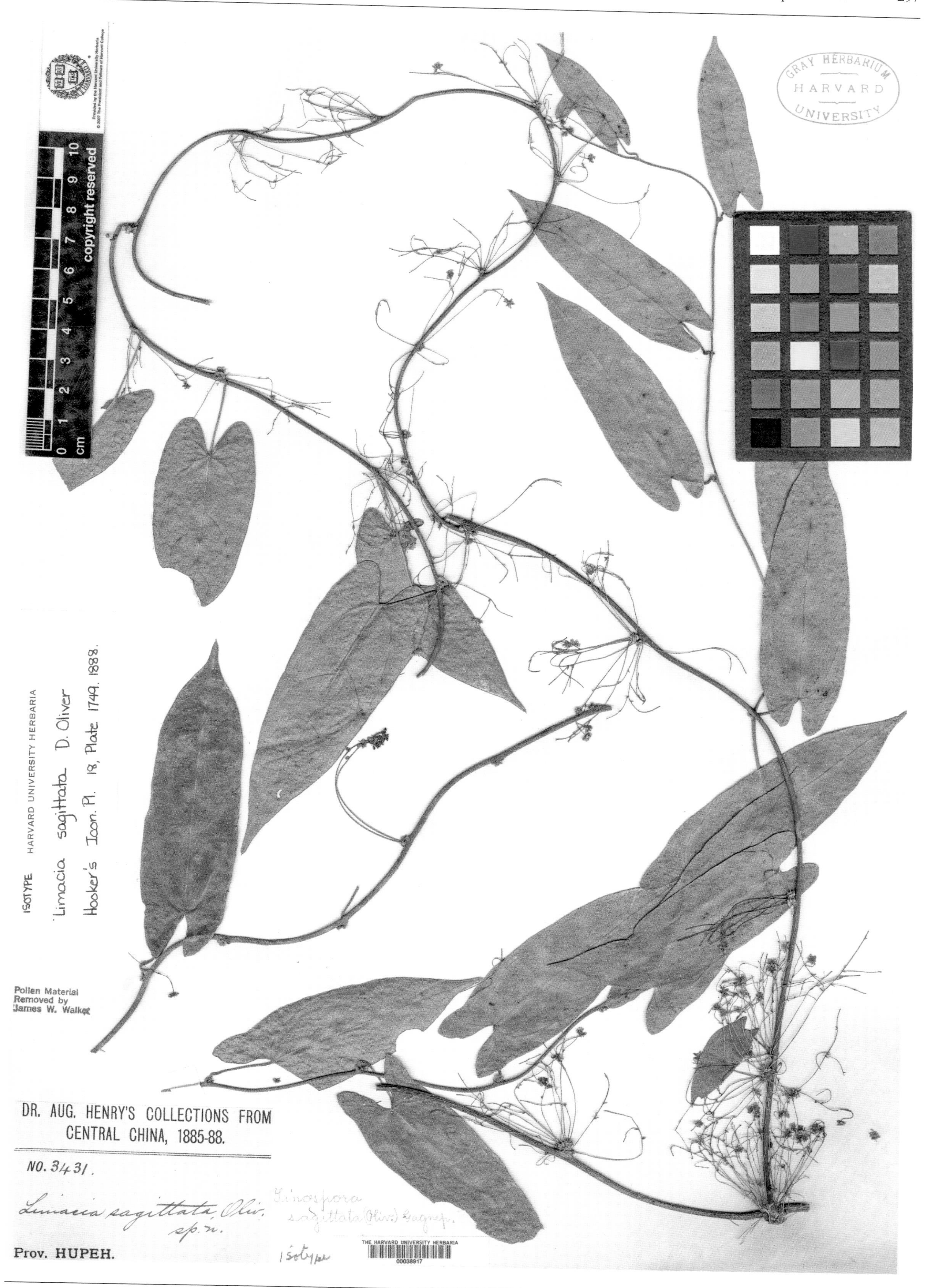

GRAY HERBARIUM HARVARD UNIVERSITY
copyright reserved
cm 0 1 2 3 4 5 6 7 8 9 10
ISOTYPE HARVARD UNIVERSITY HERBARIA
Limacia sagittata D. Oliver
Hooker's Icon. Pl. 18, Plate 1749. 1888.
Pollen Material Removed by James W. Walker
DR. AUG. HENRY'S COLLECTIONS FROM CENTRAL CHINA, 1885-88.
NO. 3431.
Limacia sagittata, Oliv. sp. n.
Prov. HUPEH.
THE HARVARD UNIVERSITY HERBARIA
00038917


青牛胆 ***Limacia sagittata*** Oliv. in Hook. Icon. Pl. 18(2), pl. 1749. 1888. **Isotype:** China. Hubei: Western Hubei, Precise locality not known, (1885~1888)-??-??, A. Henry 3431 (GH).

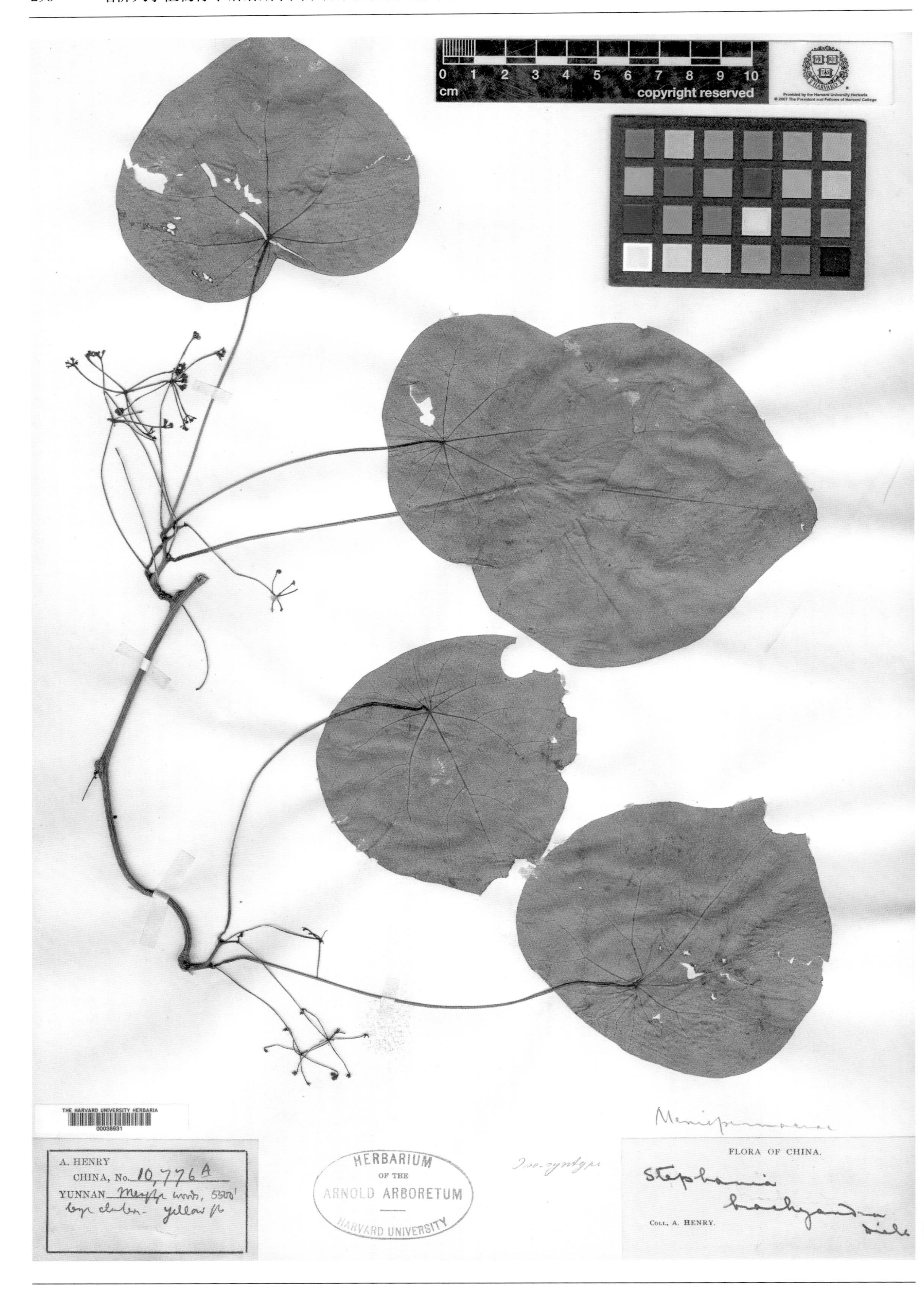
0 1 2 3 4 5 6 7 8 9 10
cm
copyright reserved
THE HARVARD UNIVERSITY HERBARIA
00038931
A. HENRY
CHINA, No. 10,776 A
YUNNAN
HERBARIUM
OF THE
ARNOLD ARBORETUM
HARVARD UNIVERSITY
FLORA OF CHINA.
Stephania
brachyandra
Diels
COLL. A. HENRY.

白线薯 ***Stephania brachyandra*** Diels in Engler, Pflanzenreich 46(IV. 94): 275. 1910. **Isosyntype:** China. Yunnan: Mengzi, alt. 1 678 m, A. Henry 10776 A (A).

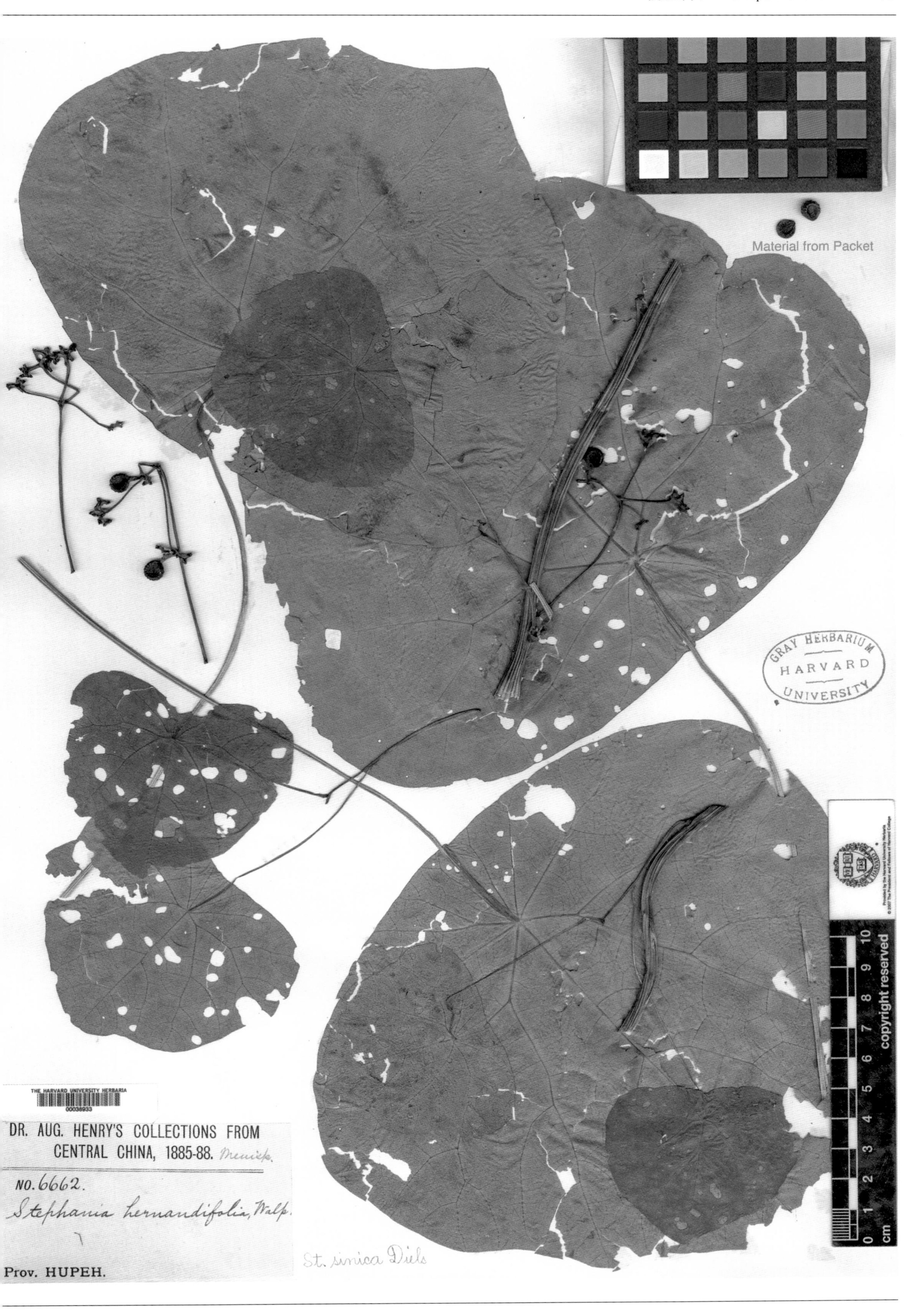
Material from Packet
GRAY HERBARIUM
HARVARD
UNIVERSITY
copyright reserved
THE HARVARD UNIVERSITY HERBARIA
00038933
DR. AUG. HENRY'S COLLECTIONS FROM
CENTRAL CHINA, 1885-88.
NO. 6662.
Stephania hernandifolia, Walp.
Prov. HUPEH.
St. sinica Diels

汝兰 ***Stephania sinica*** Diels in Engler, Pflanzenreich 46(IV. 94): 272. 1910. **Isosyntype:** China. Hubei: Western Hubei, Precise locality not known, (1885~1888)-??-??, A. Henry 6662 (GH).

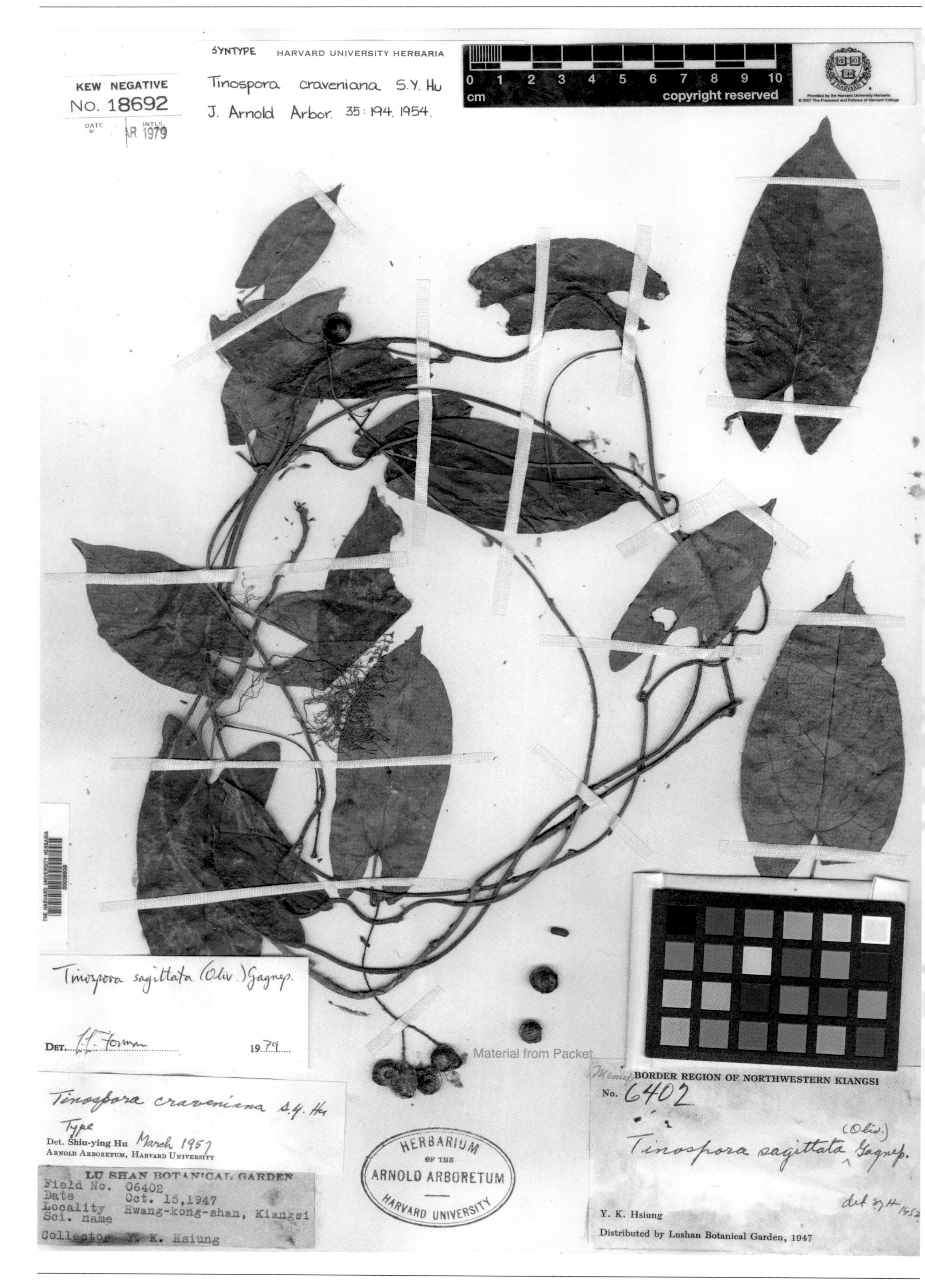
SYNTYPE HARVARD UNIVERSITY HERBARIA
Tinospora craveniana S.Y. Hu
J. Arnold Arbor. 35: 194. 1954.
KEW NEGATIVE
No. 18692
0 1 2 3 4 5 6 7 8 9 10 cm
copyright reserved
Tinospora sagittata (Oliv.) Gagnep.
Material from Packet
BORDER REGION OF NORTHWESTERN KIANGSI
No. 6402
Tinospora sagittata (Oliv.) Gagnep.
Y. K. Hsiung
Distributed by Lushan Botanical Garden, 1947
Tinospora craveniana S.Y. Hu
Type
Det. Shiu-ying Hu March 1957
Arnold Arboretum, Harvard University
HERBARIUM OF THE ARNOLD ARBORETUM HARVARD UNIVERSITY
LU SHAN BOTANICAL GARDEN
Field No. 06402
Date Oct. 15,1947
Locality Hwang-kong-shan, Kiangsi
Sci. name
Collector Y. K. Hsiung

**峨眉青牛胆** ***Tinospora craveniana*** S. Y. Hu in J. Arnold Arbor. 35(2): 194, pl. 1, f. 6. 1954. **Syntype:** China. Jiangxi: Yanshan, Hwang-kong-shan (=Huanggang Shan), 1947-10-15, Y. K. Hsiung 6402 (A).

0 1 2 3 4 5 6 7 8 9 10
cm
copyright reserved
Material from Packet
HARVARD UNIVERSITY HERBARIA
Tinospora crispa (L.) Hook. f. & Thoms.
SEE Forman, Kew Bull. 36: 395 & 397. 1981.
HANDEL-MAZZETTI, ITER SINENSE 1914-1918,
sumptibus Academiae scientiarum Vindobonensis susceptum.
Nr. 5816.
M Tinospora (?) gibbericaulis Hand.-Mzt., sp. nova
Not. ad pl. viv.: scandens ingens, fl. virides det. H.-M.
Prov. YÜNNAN: Manhao prope fines Tonkinenses, in regionis tropicae bambusetis et silvis apertis ex adverso supra vicum, ad arbores.
Substr. schisto argilloso; alt. s. m. ca. 200 m.
Leg. 1. III. 1915 Dr. Heinr. Frh. v. Handel-Mazzetti. (Diar. Nr. 1023)
10186
ISOTYPE
HARVARD UNIVERSITY HERBARIA
Tinospora gibbericaulis H.F. Handel-Mazzetti
Anz. Akad. Wiss. Wien 60: 95. 1923.
HERBARIUM OF THE ARNOLD ARBORETUM HARVARD UNIVERSITY
THE HARVARD UNIVERSITY HERBARIA
00038940

**囊茎青牛胆** ***Tinospora gibbericaulis*** Hand.-Mazz. in Anz. Akad. Wiss. Wien. Math.-Nat. 60: 95. 1923. **Isotype:** China. Yunnan: Manhao, alt. 200 m, 1915-03-01, H. R. E. Handel-Mazzetti 5816 (A).

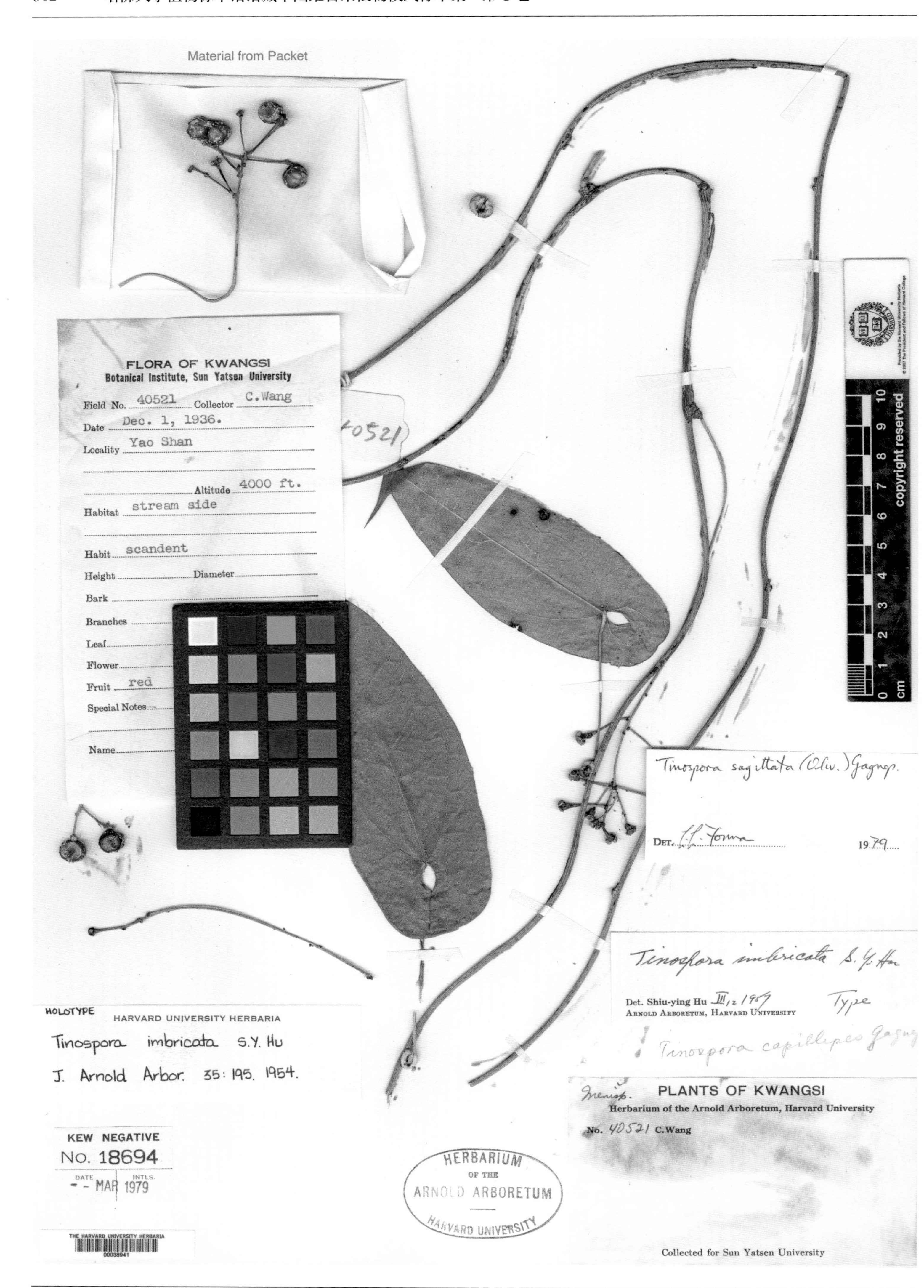
Material from Packet
FLORA OF KWANGSI
Botanical Institute, Sun Yatsen University
Field No. 40521 Collector C.Wang
Date Dec. 1, 1936.
Locality Yao Shan
Altitude 4000 ft.
Habitat stream side
Habit scandent
Height Diameter
Bark
Branches
Leaf
Flower
Fruit red
Special Notes
Name
40521
Tinospora sagittata (Oliv.) Gagnep.
Det. 1979
Tinospora imbricata S. Y. Hu
Det. Shiu-ying Hu III/12 1957 Type
Arnold Arboretum, Harvard University
HOLOTYPE
HARVARD UNIVERSITY HERBARIA
Tinospora imbricata S.Y. Hu
J. Arnold Arbor. 35: 195. 1954.
PLANTS OF KWANGSI
Herbarium of the Arnold Arboretum, Harvard University
No. 40521 C.Wang
KEW NEGATIVE
No. 18694
DATE INTLS.
MAR 1979
HERBARIUM OF THE ARNOLD ARBORETUM HARVARD UNIVERSITY
THE HARVARD UNIVERSITY HERBARIA
00038941
Collected for Sun Yatsen University
copyright reserved
cm

**瑶山青牛胆** ***Tinospora imbricata*** S. Y. Hu in J. Arnold Arbor. 35: 195, pl. 1, f. 2. 1954. **Holotype:** China. Guangxi: Xiangzhou, Yao Shan, 1936-12-01, alt. 1 220 m, C. Wang 40521 (A).

copyright reserved
cm 0 1 2 3 4 5 6 7 8 9 10
No 17522
SYNTYPE HARVARD UNIVERSITY HERBARIA
Tinospora intermedia S.Y. Hu
J. Arnold Arbor. 35: 196. 1954.
Tinospora intermedia S.Y.Hu
Det. Shiu-ying Hu 1957
Arnold Arboretum, Harvard University
Type, fruit
Material from Packet
國立四川大學植物標本室
四川植物
產 地：峨眉縣峨眉山 洗象池
特 性：
採集人：方文培 號數
時 期：中華民國 年 月 日
鑑定人：
標本室號數
PLANTAE SZECHUANENSE
Local. Omei-hsien: Mt. Omei.
Legit. W. P. Fang, no.
Datum.
Deter.
KEW NEGATIVE
No. 18695
DATE INTLS.
- - MAR 1979
THE HARVARD UNIVERSITY HERBARIA
00038943
Tinospora sagittata (Oliv.) Gagnep.
DET.
19 79
HERBARIUM OF THE ARNOLD ARBORETUM
HARVARD UNIVERSITY


**中间型青牛胆** ***Tinospora intermedia*** S. Y. Hu in J. Arnold Arbor. 35: 196, pl. 1, f. 5. 1954. **Syntype:** China. Sichuan: Emeishan, Emei Shan, alt. 2 100 m, 1941-08-10, W. P. Fang 17522 (A).

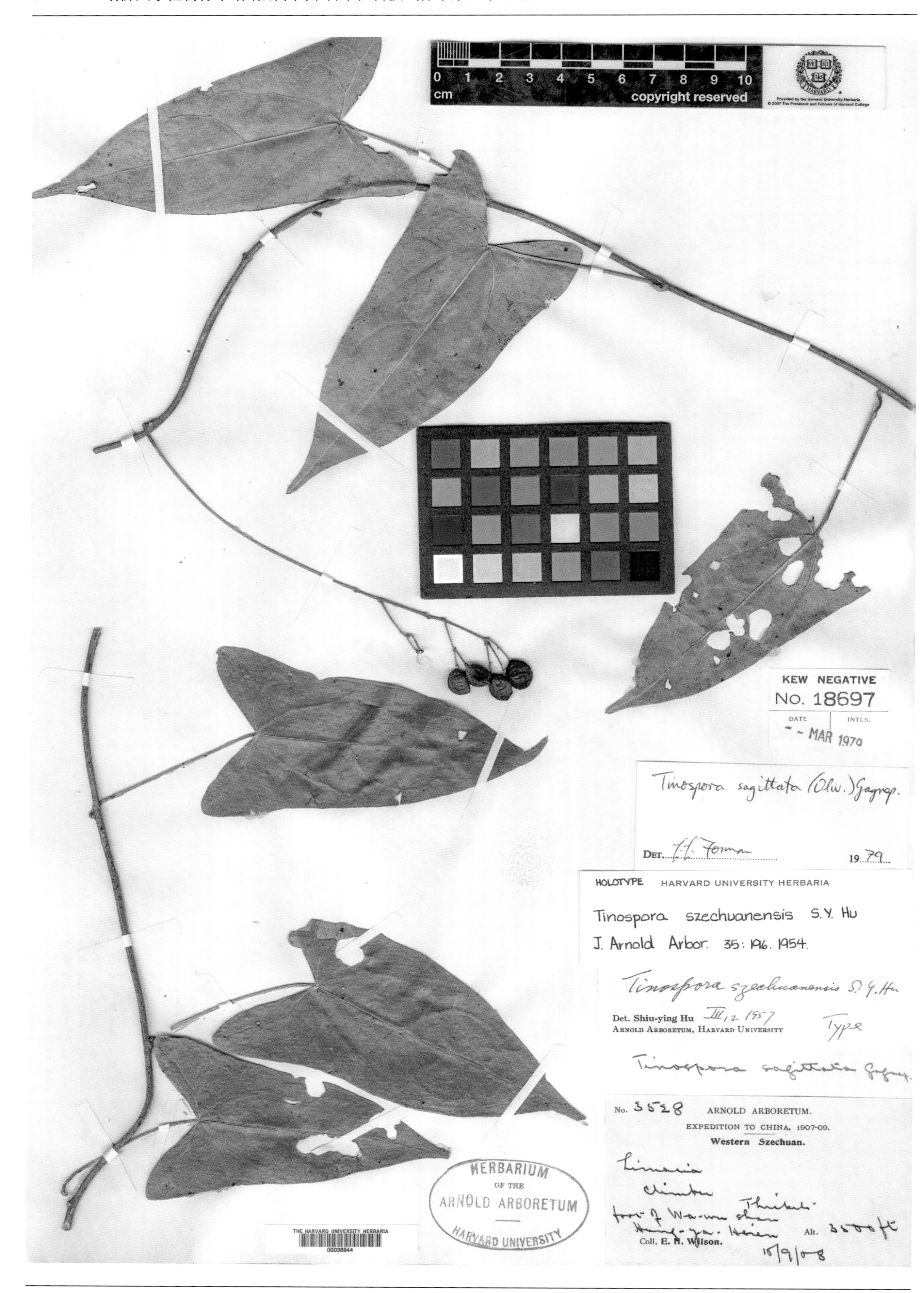
0 1 2 3 4 5 6 7 8 9 10
cm
copyright reserved
KEW NEGATIVE
No. 18697
DATE
INTLS.
MAR 1970
Tinospora sagittata (Oliv.) Gagnep.
Det.
19 79
HOLOTYPE HARVARD UNIVERSITY HERBARIA
Tinospora szechuanensis S.Y. Hu
J. Arnold Arbor. 35: 196. 1954.
Det. Shiu-ying Hu
Arnold Arboretum, Harvard University
Type
No. 3528 ARNOLD ARBORETUM.
EXPEDITION TO CHINA, 1907-09.
Western Szechuan.
Coll. E. H. Wilson.
Alt.
HERBARIUM
OF THE
ARNOLD ARBORETUM
HARVARD UNIVERSITY
THE HARVARD UNIVERSITY HERBARIA
00038944

**四川青牛胆** ***Tinospora szechuanensis*** S. Y. Hu in J. Arnold Arbor. 35: 196, pl. 1, f. 1. 1954. **Holotype:** China. Sichuan: Hongya, Wawu Shan, alt. 1 068 m, 1908-09-10, E. H. Wilson 3528 (A).

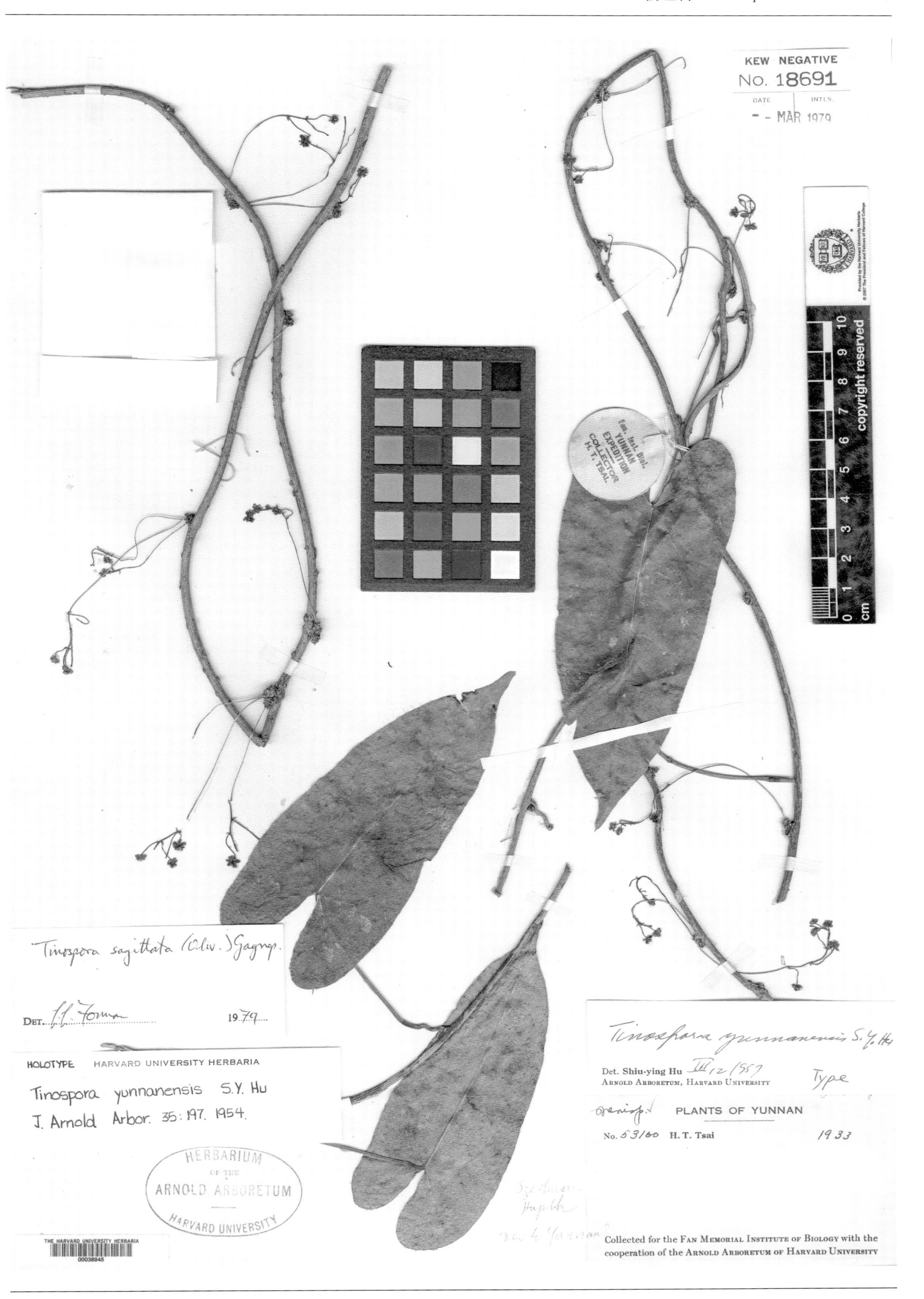
KEW NEGATIVE
No. 18691
DATE
INTLS.
- - MAR 1979
Fan. Inst. Biol.
YUNNAN
EXPEDITION
COLLECTOR
H. T. TSAI
copyright reserved
cm
Tinospora sagittata (Oliv.) Gagnep.
DET.
1979
HOLOTYPE HARVARD UNIVERSITY HERBARIA
Tinospora yunnanensis S.Y. Hu
J. Arnold Arbor. 35: 197. 1954.
HERBARIUM
OF THE
ARNOLD ARBORETUM
HARVARD UNIVERSITY
THE HARVARD UNIVERSITY HERBARIA
00038945
Tinospora yunnanensis S.Y. Hu
Det. Shiu-ying Hu
ARNOLD ARBORETUM, HARVARD UNIVERSITY
Type
PLANTS OF YUNNAN
No. 53100 H. T. Tsai
1933
Collected for the FAN MEMORIAL INSTITUTE OF BIOLOGY with the
cooperation of the ARNOLD ARBORETUM OF HARVARD UNIVERSITY

云南青牛胆 ***Tinospora yunnanensis*** S. Y. Hu in J. Arnold Arbor. 35: 197, pl. 1, f. 4. 1954. **Holotype:** China. Yunnan: Precise locality not known, 1933-??-??, T. H. Tsai 53100 (A).

# 木兰科
# Magnoliaceae

copyright reserved
THE HARVARD UNIVERSITY HERBARIA
00039095
Illicium angustisepalum A. C. Sm.
TYPE, sheet 1
Determined by A.C.Smith, 1946
Herb. Hongkong. No. 2062
Holotype!
Illicium angustisepalum A. C. Smith
鉴定人: Lin Qi 1995年 5月 5日
HERBARIUM OF THE ARBORETUM
HARVARD UNIVERSITY.
lectotype
HERBARIUM OF THE ARNOLD ARBORETUM HARVARD UNIVERSITY

**大屿八角** ***Illicium angustisepalum*** A. C. Smith in Sargentia 7: 36. 1947. **Lectotype:** (designated by LIN Qi in Acta Phytotax. Sin. 38: 167. 2000.): China. Hong Kong, New Territory, Lantao Island, 1905-02-15, U. On s. n. (= Herb. Hong Kong 2062) (A).

FLORA OF KWANGSI
Botanical Institute, Sun Yatsen University
Field No. 40122 Collector C.Wang
Date Oct. 14, 1936.
Locality Yao Shan
Altitude
Habitat on rock hill
Habit small tree
Height Diameter
Bark
Branches
Leaf
Flower
Fruit
Special Notes
Name
40122
Illicium brevistylum A. C. Sm.
TYPE
Determined by A.C.Smith, 1946
0 1 2 3 4 5 6 7 8 9 10
cm
copyright reserved
PLANTS OF KWANGSI
Herbarium of the Arnold Arboretum, Harvard University
No. 40122 C.Wang
Illicium
Collected for Sun Yatsen University
A 采集号
科
Illicium spathulatum Wu
鉴定人: Lin Qi 1995年6月11日
HERBARIUM OF THE ARNOLD ARBORETUM HARVARD UNIVERSITY
THE HARVARD UNIVERSITY HERBARIA
00039100

短柱八角 ***Illicium brevistylum*** A. C. Smith in Sargentia 7: 50. 1947. **Holotype:** China. Guangxi: Xiangzhou, Yao Shan, 1936-10-14, C. Wang 40122 (A).

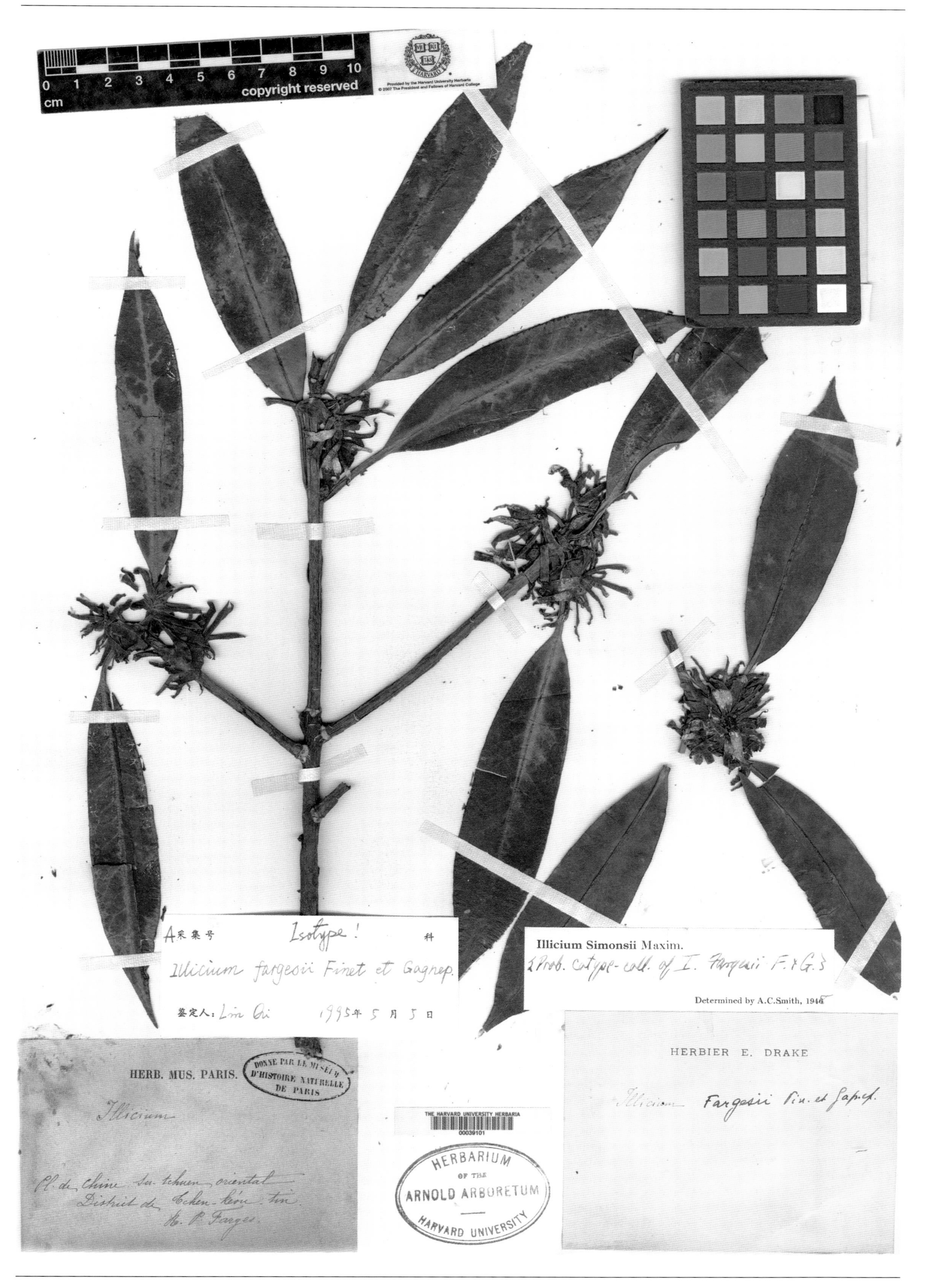
0 1 2 3 4 5 6 7 8 9 10
cm
copyright reserved
采集号
Isotype !
科
Illicium fargesii Finet et Gagnep.
鉴定人: Lin Qi 1995年5月5日
Illicium Simonsii Maxim.
{Prob. cotype-coll. of I. fargesii F.&G.}
Determined by A.C.Smith, 1946
HERB. MUS. PARIS.
DONNÉ PAR LE MUSÉUM D'HISTOIRE NATURELLE DE PARIS
Illicium
Pl. de Chine Su-tchuen oriental
District de Tchen-kéou-tin
R. P. Farges
THE HARVARD UNIVERSITY HERBARIA
00039101
HERBARIUM OF THE ARNOLD ARBORETUM HARVARD UNIVERSITY
HERBIER E. DRAKE
Illicium Fargesii Fin. et Gagnep.

**华中八角** ***Illicium fargesii*** Finet & Gagnep. in Bull. Soc. Bot. France 52(Mem. 4): 29, pl. 4, A, 1–14. 1905. **Isolectotype** (designated by LIN Qi in Acta Phytotax. Sin. 38: 172. 2000. **Lectotype** in P): China. Chongqing: Chengkou, alt. 1 400 m, 1892-04-??, R. P. Farges 208 (A).

copyright reserved
cm
Illicium Simonsii Maxim.
Determined by A.C.Smith, 1946
HERB. MUS. PARIS
HERBIER E. DRAKE
采集号
科
鉴定人:
年 月 日
THE HARVARD UNIVERSITY HERBARIA
00039103
HERBARIUM
OF THE
ARNOLD ARBORETUM
HARVARD UNIVERSITY

云南八角 ***Illicium griffithii*** Hook. f. & Thoms. var. ***yunnanense*** Franch. in Bull. Soc. Bot. France 33: 383. 1886. **Isolectotype** (designated by LIN Qi in Acta Phytotax. Sin. 38: 177. 2000. **Lectotype** in P): China. Yunnan: Dali, Tsang-chan (=Diancang Shan), alt. 2 500 m, 1883-05-??, P. J. M. Delavay 1883 (A).

0 1 2 3 4 5 6 7 8 9 10
cm
copyright reserved
GRAY HERBARIUM
HARVARD
UNIVERSITY
A 采集号。
科
Illicium henryi Diels
鉴定人：Lin Qi 1995年 6月 1日
ICHANG AND IMMEDIATE NEIGHBOURHOOD, CHINA.
From Dr. A. Henry, Oct. 1887.
From Herb. Royal Gardens, Kew.
Illicium Henryi Diels var. typicum A. C. Sm.
COTYPE COLL.
Determined by A.C.Smith, 1946
3388 Illicium
THE HARVARD UNIVERSITY HERBARIA
00039105

红茴香 ***Illicium henryi*** Diels in Bot. Jahrb. Syst. 29: 323. 1900. **Isolectotype** (designated by LIN Qi in Bull. Bot. Res., Harbin 21: 324. 2001. **Lectotype** in B): China. Hubei: Yichang, 1887-10-??, A. Henry 3388 (GH).

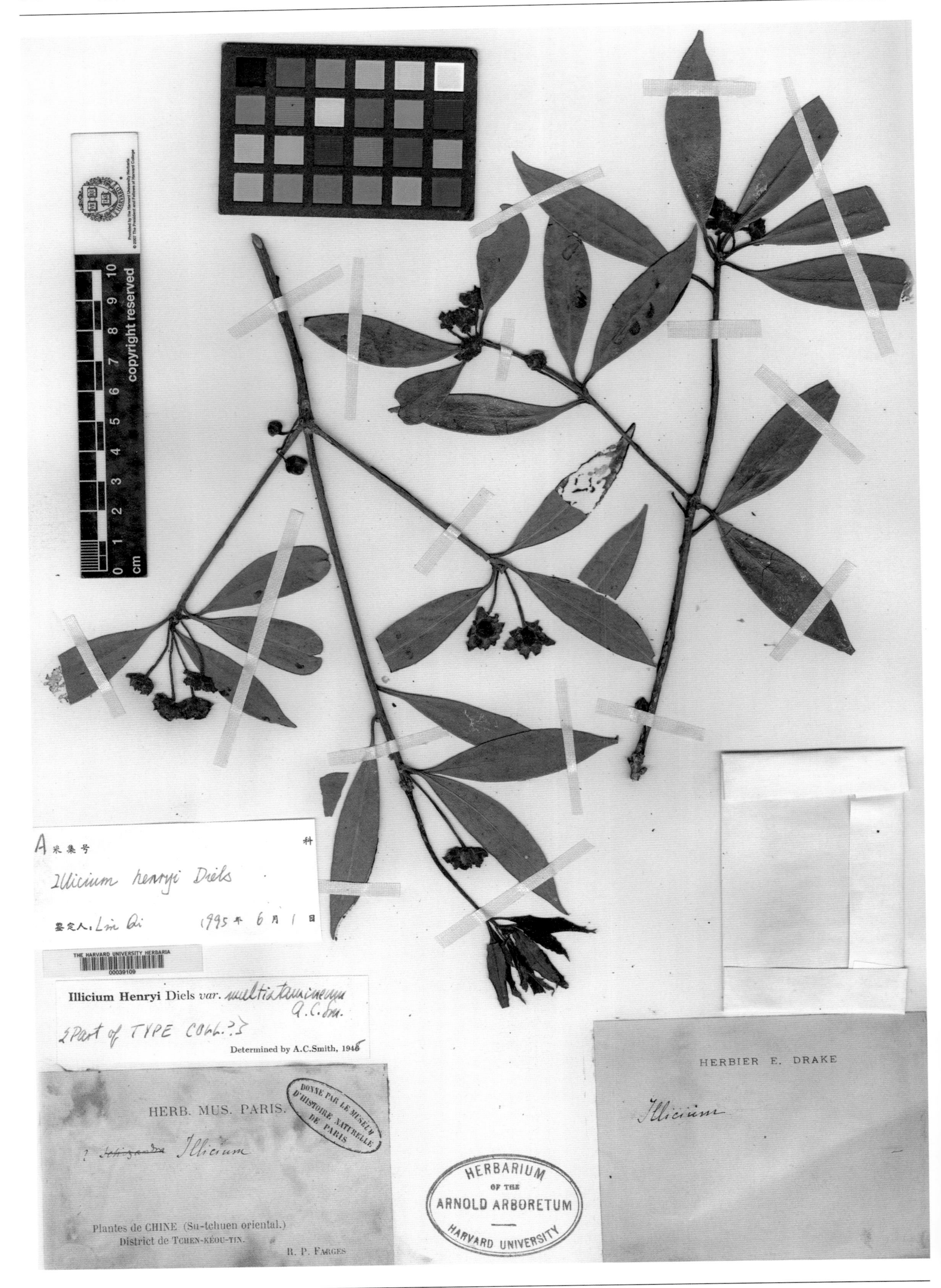
copyright reserved
A 采集号
科
Illicium henryi Diels
鉴定人：Lin Qi　1995年6月1日
THE HARVARD UNIVERSITY HERBARIA
00039109
Illicium Henryi Diels var. multistamineum A.C.Sm.
{Part of TYPE COLL.?}
Determined by A.C.Smith, 1946
HERB. MUS. PARIS.
DONNÉ PAR LE MUSÉUM D'HISTOIRE NATURELLE DE PARIS
? Illicium
Plantes de CHINE (Su-tchuen oriental.)
District de TCHEN-KÉOU-TIN.
R. P. FARGES
HERBARIUM OF THE ARNOLD ARBORETUM HARVARD UNIVERSITY
HERBIER E. DRAKE
Illicium

**多蕊红茴香** ***Illicium henryi*** Diels var. ***multistamineum*** A. C. Smith in Sargentia 7: 64. 1947. **Isolectotype** (designated by LIN Qi in Bull. Bot. Res., Harbin 21: 324. 2001. **Lectotype** in NY): China. Chongqing: Chengkou, R. P. Farges 208 bis (A).

Holotype !
Illicium lanceolatum A.C.Smith
鉴定人: Lin Qi 1995年7月2日
Illicium lanceolatum A.C.Sm.
TYPE
Determined by A.C.Smith, 1946
中國科學社生物研究所植物標本室贈
DISTRIBUTED FROM
HERBARIUM OF BIOLOGICAL LABORATORY
THE SCIENCE SOCIETY OF CHINA, NANKING, CHINA
Collector S. Chen
Field No. 3171
Date May.17.1934
Illicium Henryi Diels.
Locality Chekiang
Determined by
HERBARIUM OF THE ARNOLD ARBORETUM HARVARD UNIVERSITY
THE HARVARD UNIVERSITY HERBARIA
00039110
copyright reserved

**披针叶八角** ***Illicium lanceolatum*** A. C. Smith in Sargentia 7: 43, f. 11:a–g. 1947. **Holotype:** China. Zhejiang: Longquan 1934-05-17, S. Chen 3171 (A).

Material from Packet
copyright reserved
A 采集号
科
Illicium spathulatum Wu
鉴定人: Lin Qi 1995 年 7 月 2 日
HERBARIUM OF THE ARNOLD ARBORETUM HARVARD UNIVERSITY
THE HARVARD UNIVERSITY HERBARIA
00039111
Ex Herb Hongkong. No. 4661
Illicium griffithii ? Hook. f.
Illicium leiophyllum A. C. Sm.
TYPE, sheet 1
Determined by A.C.Smith, 1946
HERBARIUM OF THE ARBORETUM. HARVARD UNIVERSITY.

**平滑叶八角** ***Illicium leiophyllum*** A. C. Smith in Sargentia 7: 54. 1947. **Holotype:** China. Hong Kong, 1906-12-31, W. J. Tutcher s. n. (= Herb. Hong Kong 4661) (A).

0 1 2 3 4 5 6 7 8 9 10
cm
copyright reserved
A
采集号
科
Illicium burmanicum Wilson
鉴定人: Lin Qi
1995年 3 月 18 日
THE HARVARD UNIVERSITY HERBARIA
00039114
HERBARIUM
OF THE
ARNOLD ARBORETUM
HARVARD UNIVERSITY
A. HENRY
CHINA, No. 10,182
YUNNAN
Illicium macranthum A. C. Sm.
TYPE
Determined by A.C.Smith, 1946
FLORA OF CHINA.
COLL. A. HENRY.

**大花八角** ***Illicium macranthum*** A. C. Smith in Sargentia 7: 21, f. 6:a–g. 1947. **Holotype:** China. Yunnan: Pingbian, alt.1 830 m, 19??-01-20, A. Henry 10182 (A).

A 采集号 科
Illicium micranthum Dunn
鉴定人: Lin Qi 林祁 1995年3月31日
copyright reserved
cm
Illicium micranthum Dunn
COTYPE COLL.
Determined by A.C.Smith, 1946
FLORA OF CHINA.
Illicium micranthum, Dunn
COLL. A. HENRY.
A. HENRY
CHINA, No. 12,224 B
YUNNAN Szemao S. mts
4500'
HERBARIUM OF THE ARNOLD ARBORETUM HARVARD UNIVERSITY
THE HARVARD UNIVERSITY HERBARIA
00055344

**小花八角** ***Illicium micranthum*** Dunn in Icon. Pl. 28: pl. 2714. 1901. **Isolectotype** (designated by LIN Qi in Acta Phytotax. Sin. 38: 174. 2000. **Lectotype** in E): China. Yunnan: Szemao (=Simao), alt. 1 373 m, A. Henry 12224 B (A).

copyright reserved
cm
A 采集号
科
Illicium micranthum Dunn.
鉴定人: Lin Qi 林祁 1995年 3月31日
Illicium micranthum Dunn
COTYPE COLL.
Determined by A.C.Smith, 1946
FLORA OF CHINA.
COLL. A. HENRY.
HERBARIUM OF THE ARNOLD ARBORETUM HARVARD UNIVERSITY
THE HARVARD UNIVERSITY HERBARIA
00055345
A. HENRY
CHINA, No. 12108
YUNNAN

**小花八角** ***Illicium micranthum*** Dunn in Icon. Pl. 28: pl. 2714. 1901. **Isosyntype:** China. Yunnan: Szemao (=Simao), alt. 1 525 m, A. Henry 12108 (A).

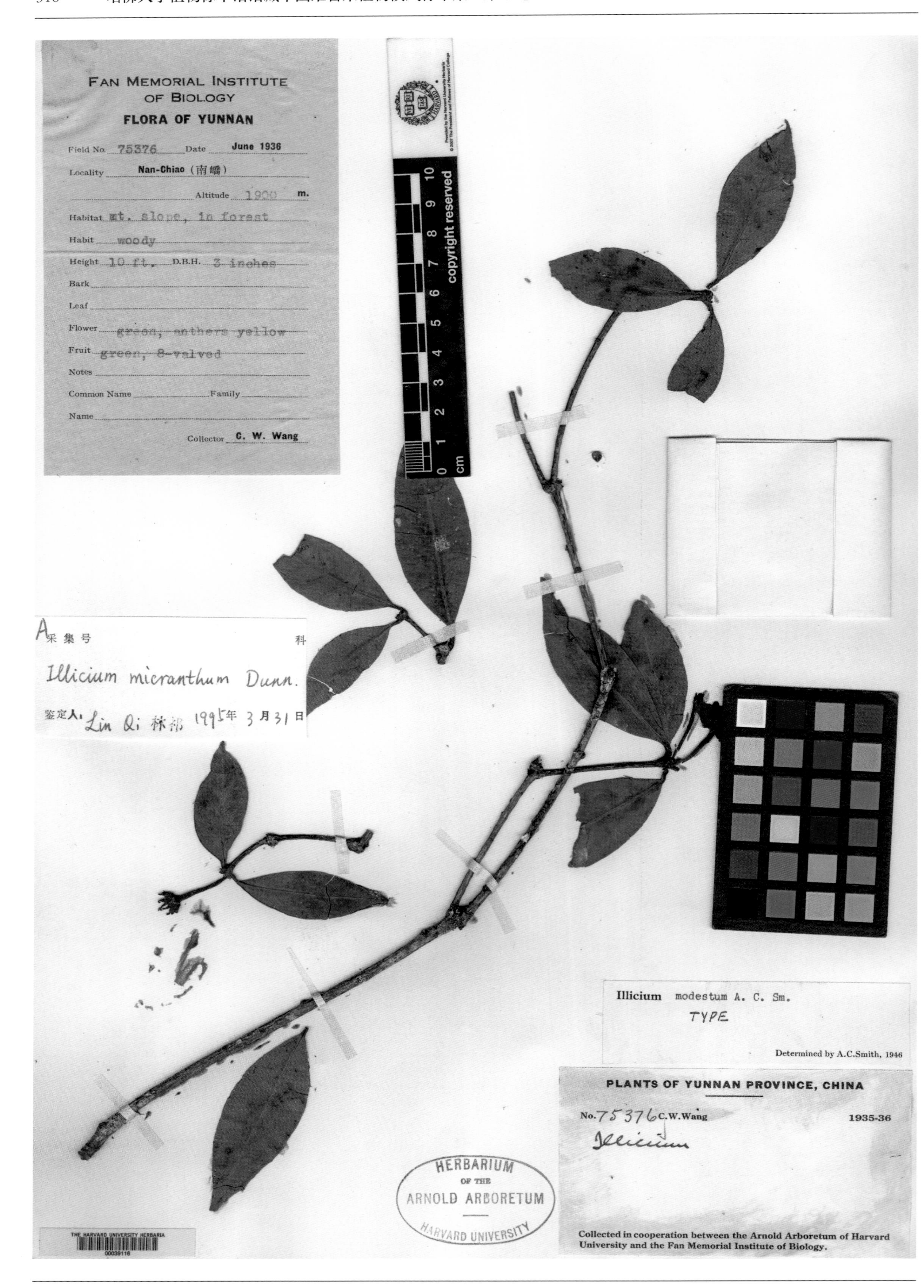
FAN MEMORIAL INSTITUTE
OF BIOLOGY
FLORA OF YUNNAN
Field No. 75376 Date June 1936
Locality Nan-Chiao (南嶠)
Altitude 1900 m.
Habitat mt. slope, in forest
Habit woody
Height 10 ft. D.B.H. 3 inches
Bark
Leaf
Flower green, anthers yellow
Fruit green, 8-valved
Notes
Common Name Family
Name
Collector C. W. Wang
copyright reserved
cm
A 采集号 科
Illicium micranthum Dunn.
鉴定人: Lin Qi 林祁 1995年 3月31日
Illicium modestum A. C. Sm.
TYPE
Determined by A.C.Smith, 1946
PLANTS OF YUNNAN PROVINCE, CHINA
No. 75376 C.W.Wang 1935-36
Illicium
HERBARIUM
OF THE
ARNOLD ARBORETUM
HARVARD UNIVERSITY
Collected in cooperation between the Arnold Arboretum of Harvard University and the Fan Memorial Institute of Biology.
THE HARVARD UNIVERSITY HERBARIA
00039116

滇南八角 ***Illicium modestum*** A. C. Smith in Sargentia 7: 51. 1947. **Holotype:** China. Yunnan: Nan-Chiao (=Menghai), alt. 1 900 m, 1936-06-??, C. W. Wang 75376 (A).

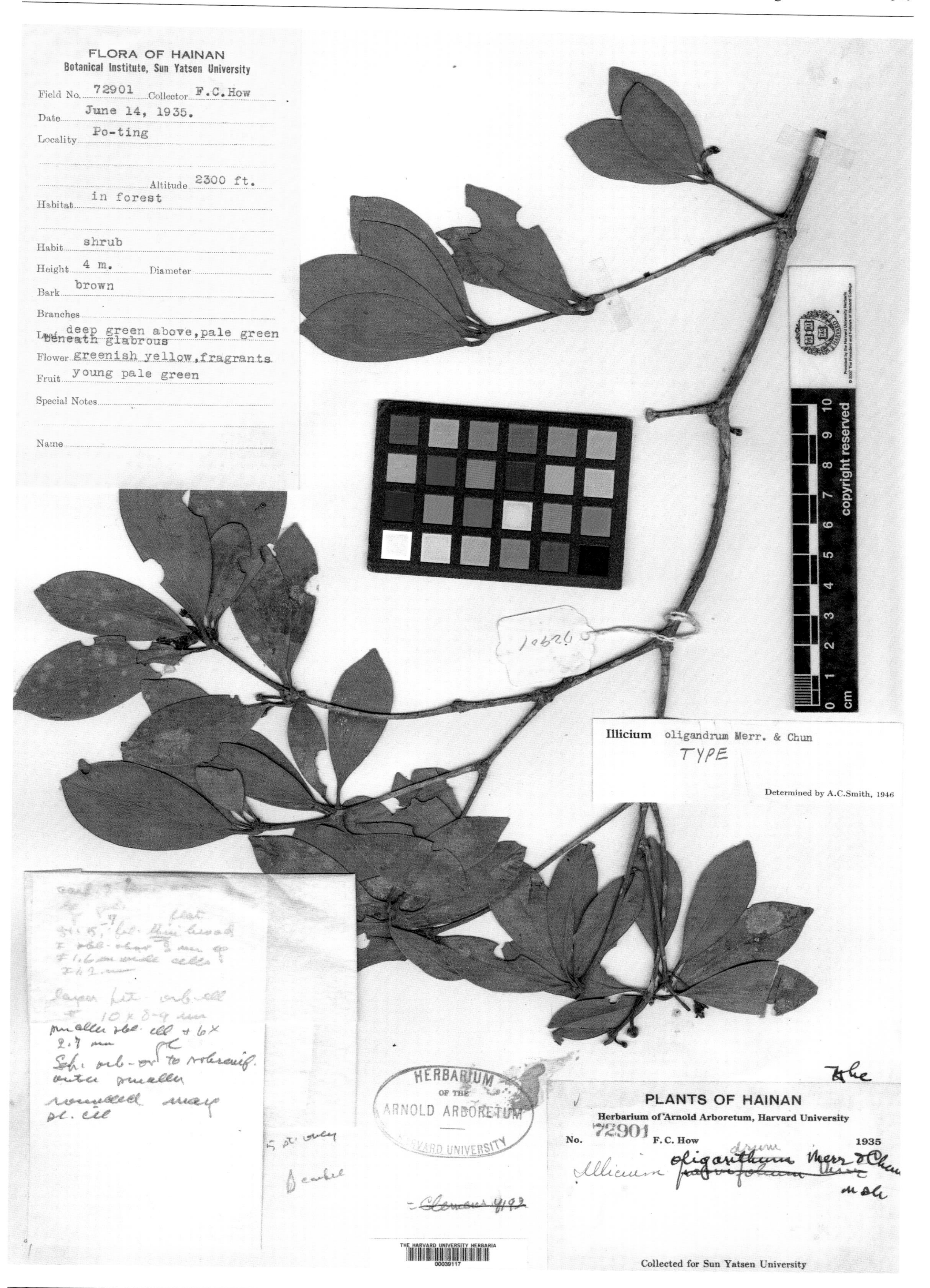
FLORA OF HAINAN
Botanical Institute, Sun Yatsen University
Field No. 72901 Collector F.C.How
Date June 14, 1935.
Locality Po-ting
Altitude 2300 ft.
Habitat in forest
Habit shrub
Height 4 m. Diameter
Bark brown
Branches
Leaf deep green above,pale green beneath glabrous
Flower greenish yellow,fragrants
Fruit young pale green
Special Notes
Name
copyright reserved
cm
Illicium oligandrum Merr. & Chun
TYPE
Determined by A.C.Smith, 1946
HERBARIUM OF THE ARNOLD ARBORETUM HARVARD UNIVERSITY
PLANTS OF HAINAN
Herbarium of Arnold Arboretum, Harvard University
No. 72901 F. C. How 1935
Collected for Sun Yatsen University
THE HARVARD UNIVERSITY HERBARIA
00039117

少药八角 ***Illicium oligandrum*** Merr. & Chun in Sunyatsenia 5(1–3): 57. 1940. **Holotype:** China. Hainan: Po-ting (= Baoting), alt. 702 m, 1935-06-14, F. C. How 72901 (A).

A 采集号
Holotype !
科
Illicium pachyphyllum A. C. Smith
鉴定人: Lin Qi 林 祁 1995年 3月3日
HERBARIUM OF THE ARNOLD ARBORETUM HARVARD UNIVERSITY
Illicium pachyphyllum A. C. Sm.
TYPE
Determined by A.C.Smith, 1946
THE HARVARD UNIVERSITY HERBARIA
00039118
FLORA OF KWANGSI
HERBARIUM OF
LINGNAN NATURAL HISTORY SURVEY AND MUSEUM
LINGNAN UNIVERSITY, CANTON, CHINA.
4th Kwangsi Expedition
Illicium verum Hook. f.
Fairly common; thicket, woody; 5 ft. 5 in. high; fl. white, fragrant; fr. edibe.
Shan Pat Kok Shue
山八角樹
Shap Man Taai Shan 十萬大山
Nam She Village 淰舍村
S. E. of Shang-sze, Kwangtung Border (Shang-sze District 上思縣)
COLLECTED WITH THE COOPERATION OF ARNOLD ARBORETUM, HARVARD UNIVERSITY
Coll. Tsang, W. T. 24815 Det.
December 1-5, 1934
copyright reserved
cm

**厚叶八角** ***Illicium pachyphyllum*** A. C. Smith in Sargentia 7: 64. 1947. **Holotype:** China. Guangxi: Shangsi, 1934-12-(01~05), W. T. Tsang 24815 (A).

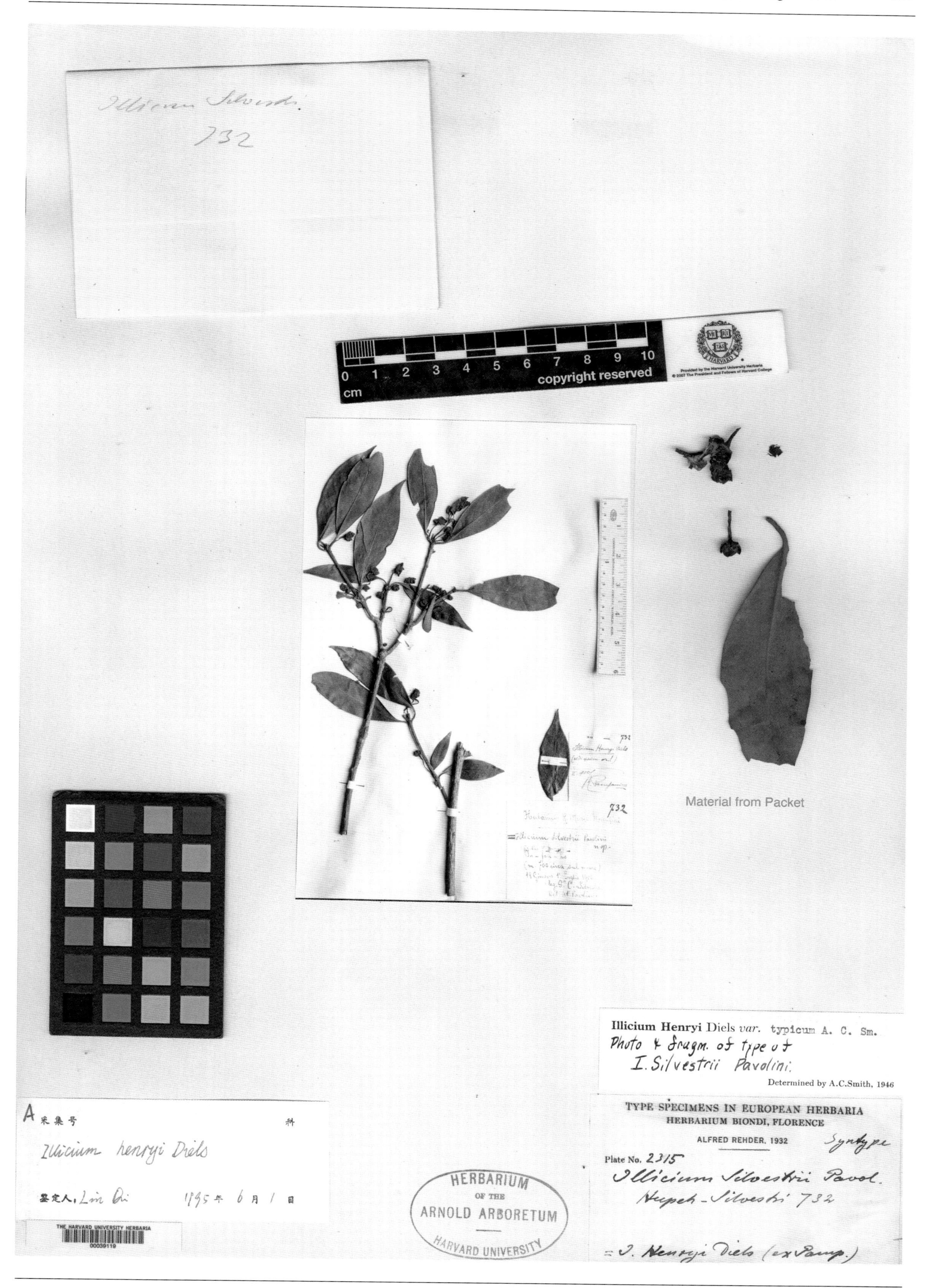
Illicium Silvestri.
732
copyright reserved
Material from Packet
Illicium Henryi Diels var. typicum A. C. Sm.
Photo & fragm. of type of
I. Silvestrii Pavolini.
Determined by A.C.Smith, 1946
TYPE SPECIMENS IN EUROPEAN HERBARIA
HERBARIUM BIONDI, FLORENCE
ALFRED REHDER, 1932
Syntype
Plate No. 2315
Illicium Silvestrii Pavol.
Hupeh - Silvestri 732
= I. Henryi Diels (ex Pamp.)
HERBARIUM OF THE ARNOLD ARBORETUM HARVARD UNIVERSITY
Illicium henryi Diels
鉴定人：Lin Qi 1995 年 6 月 1 日
THE HARVARD UNIVERSITY HERBARIA
00039119

房县八角 ***Illicium silvestrii*** Pavolini in Nuovo Giorn. Bot. Ital. 15(3): 403. 1908. **Isotype:** China. Hubei: Fang Xian, alt. 800 m, 1906-??-03, C. Silvestri 732 (A).

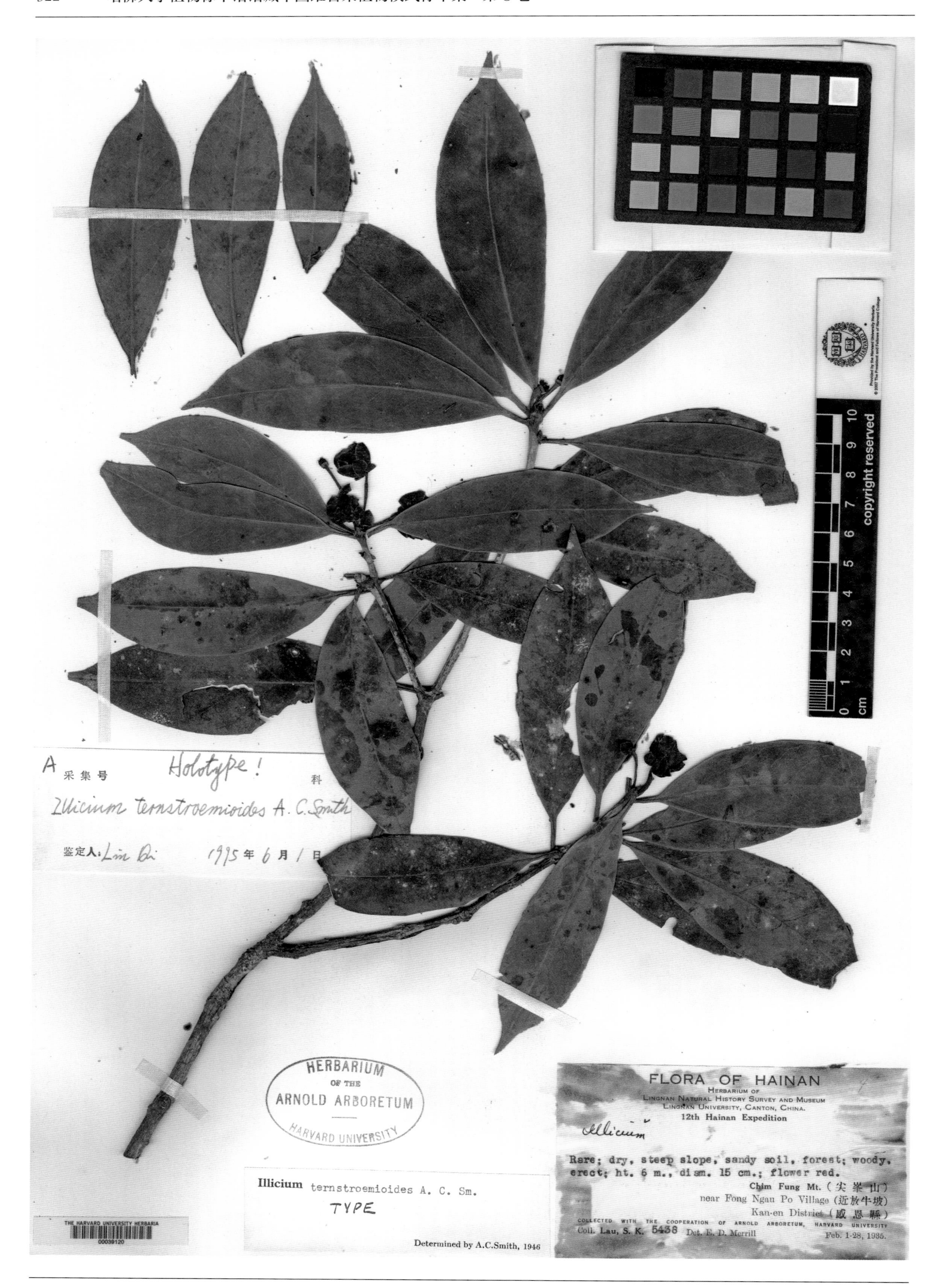
copyright reserved
cm 0 1 2 3 4 5 6 7 8 9 10
A 采集号 Holotype!
科
Illicium ternstroemioides A. C. Smith
鉴定人: Lin Qi 1995年6月1日
HERBARIUM OF THE ARNOLD ARBORETUM HARVARD UNIVERSITY
FLORA OF HAINAN
HERBARIUM OF LINGNAN NATURAL HISTORY SURVEY AND MUSEUM
LINGNAN UNIVERSITY, CANTON, CHINA.
12th Hainan Expedition
Illicium
Rare; dry, steep slope, sandy soil, forest; woody, erect; ht. 6 m., diam. 15 cm.; flower red.
Chim Fung Mt. (尖峯山)
near Fong Ngau Po Village (近放牛坡)
Kan-en District (感恩縣)
COLLECTED WITH THE COOPERATION OF ARNOLD ARBORETUM, HARVARD UNIVERSITY
Coll. Lau, S. K. 5438 Det. E. D. Merrill Feb. 1-28, 1935.
Illicium ternstroemioides A. C. Sm.
TYPE
Determined by A.C.Smith, 1946
THE HARVARD UNIVERSITY HERBARIA
00039120

厚皮香八角 ***Illicium ternstroemioides*** A. C. Smith in Sargentia 7: 58, f. 11:s–v. 1947. **Holotype:** China. Hainan: Kan-en (=Dongfang), 1935-02-(01~28), S. K. Lau 5438 (A).

Fan Memorial Institute of Biology
FLORA OF YUNNAN
Field No. 51754 Date Feb.11,1933
Locality Wen-shan Hsien
Altitude 1800 m.
Habitat on woodland
Habit shrub
Height 10 ft. D. B. H. 1 in.
Bark
Leaf
Flower white
Fruit
Notes
Common Name Family
Name Coffea
Collector H. T. Tsai
0 1 2 3 4 5 6 7 8 9 10
cm
copyright reserved
A 采集号 Holotype! 科
Illicium tsaii A. C. Smith
鉴定人: Lin Qi 1995年 3 月18 日
Illicium Tsaii A. C. Sm.
TYPE
Determined by A.C.Smith, 1946
PLANTS OF YUNNAN
No. 51754 H. T. Tsai
Illicium
Collected for the Fan Memorial Institute of Biology with the cooperation of the Arnold Arboretum of Harvard University
HERBARIUM OF THE ARNOLD ARBORETUM HARVARD UNIVERSITY
THE HARVARD UNIVERSITY HERBARIA
00039121

**文山八角** ***Illicium tsaii*** A. C. Smith in Sargentia 7: 27. 1947. **Holotype:** China. Yunnan: Wenshan, alt. 1 800 m, 1933-02-11, H. T. Tsai 51754 (A).

copyright reserved
cm 0 1 2 3 4 5 6 7 8 9 10
Illicium Tsangii A. C. Sm.
TYPE
Determined by A.C.Smith, 1946
FLORA OF KWANGTUNG
HERBARIUM OF LINGNAN UNIVERSITY
Illicium griffithii HK. f. & Th.
Top of Mt., in forest, dray place, woody, 5 m. flower yellow
Ye Pat Kok shue
NAAM KWAN SHAN, 南崑山
(Tsengshing District, 增城縣)
Det. E. D. Merrill
Coll. Tsang, W. T. 20397
1932
A 采集号 Holotype!
Illicium tsangii A. C. Smith
鉴定人: Lin Qi 1995年5月5日
HERBARIUM OF THE ARNOLD ARBORETUM HARVARD UNIVERSITY
THE HARVARD UNIVERSITY HERBARIA
00039122

**粤中八角** ***Illicium tsangii*** A. C. Smith in Sargentia 7: 61, f. 11:h–l. 1947. **Holotype:** China. Guangdong: Zengcheng, Nankun Shan, 1932-05-01, W. T. Tsang 20397 (A).

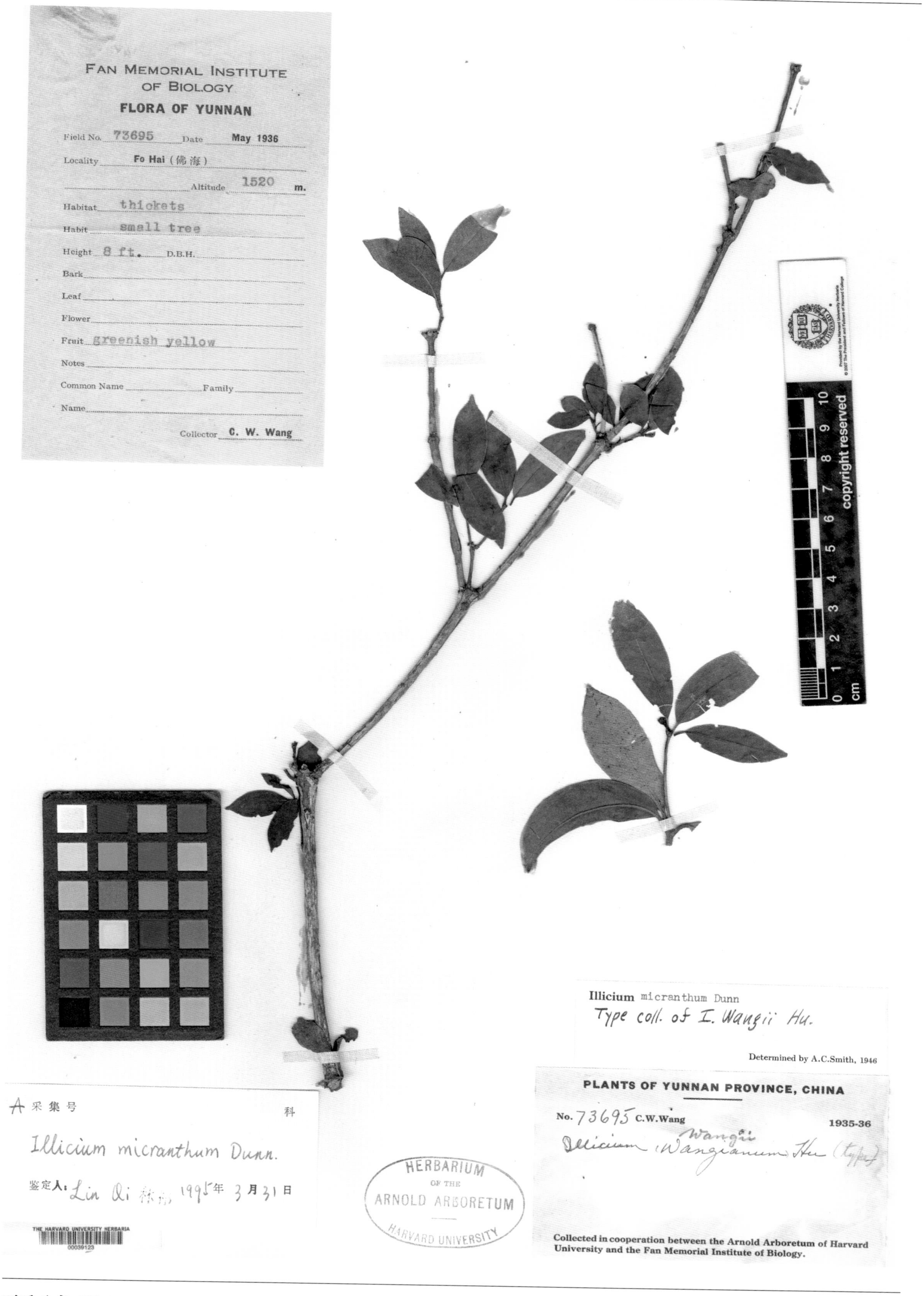

FAN MEMORIAL INSTITUTE OF BIOLOGY
FLORA OF YUNNAN

Field No. 73695 Date May 1936
Locality Fo Hai (佛海)
Altitude 1520 m.
Habitat thickets
Habit small tree
Height 8 ft. D.B.H.
Bark
Leaf
Flower
Fruit greenish yellow
Notes
Common Name Family
Name
Collector C. W. Wang

Illicium micranthum Dunn
Type coll. of I. Wangii Hu.
Determined by A.C.Smith, 1946

PLANTS OF YUNNAN PROVINCE, CHINA
No. 73695 C.W.Wang 1935-36
Illicium Wangianum Hu (type) [wangii]
Collected in cooperation between the Arnold Arboretum of Harvard University and the Fan Memorial Institute of Biology.

A 采集号 科
Illicium micranthum Dunn.
鉴定人: Lin Qi 林祁, 1995年 3月31日



王氏八角 ***Illicium wangii*** Hu in Bull. Fan Mem. Inst. Biol. 10: 120. 1940. **Isotype:** China. Yunnan: Fo Hai (= Menghai), alt. 1 520 m, 1936-05-??, C. W. Wang 73695 (A).

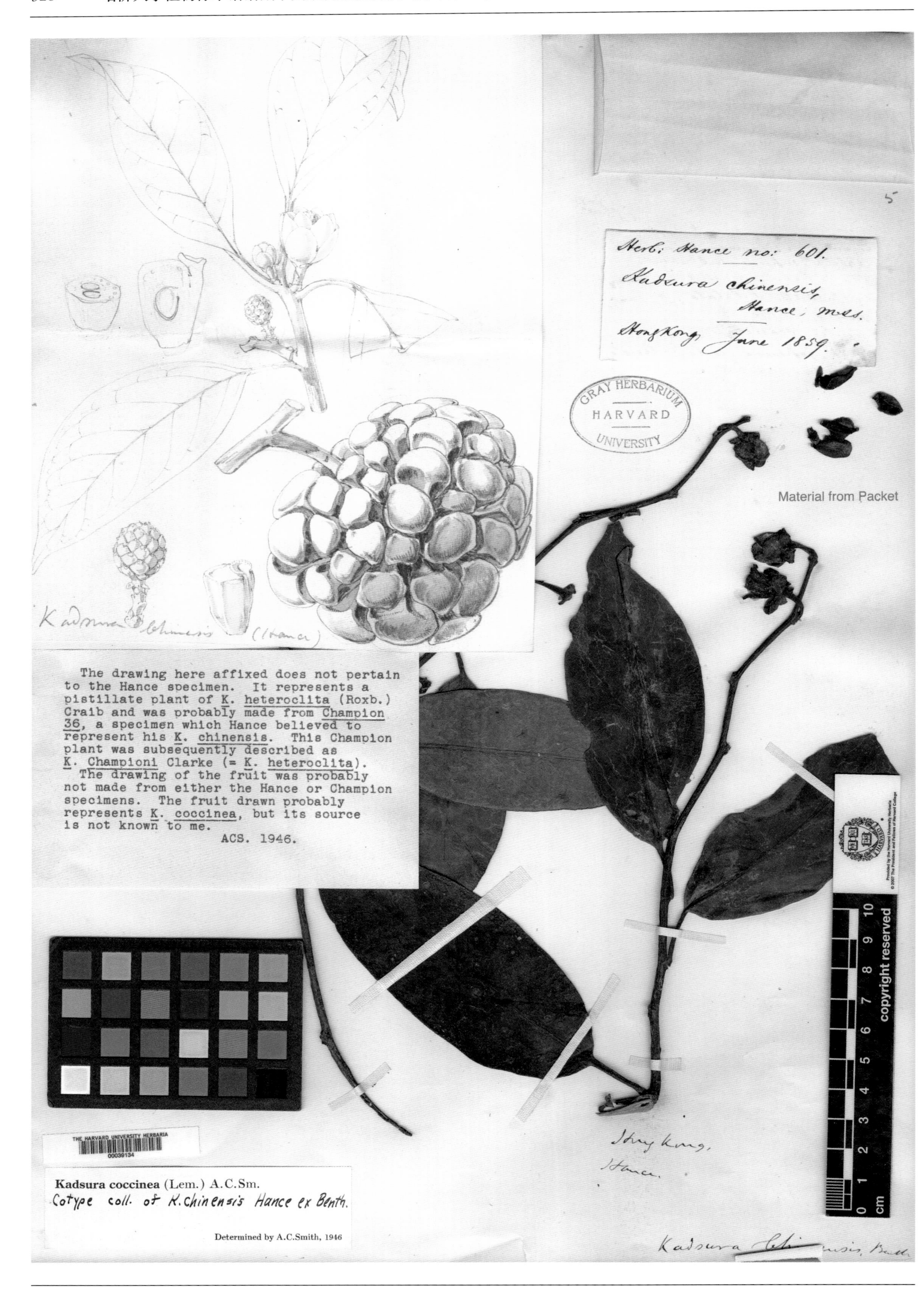
Herb: Hance no: 601.
Kadsura chinensis,
Hance, mss.
HongKong, June 1859.
GRAY HERBARIUM
HARVARD
UNIVERSITY
Material from Packet
The drawing here affixed does not pertain to the Hance specimen. It represents a pistillate plant of K. heteroclita (Roxb.) Craib and was probably made from Champion 36, a specimen which Hance believed to represent his K. chinensis. This Champion plant was subsequently described as K. Championi Clarke (= K. heteroclita).
The drawing of the fruit was probably not made from either the Hance or Champion specimens. The fruit drawn probably represents K. coccinea, but its source is not known to me.
ACS. 1946.
copyright reserved
THE HARVARD UNIVERSITY HERBARIA
00039134
Kadsura coccinea (Lem.) A.C.Sm.
Cotype coll. of K. chinensis Hance ex Benth.
Determined by A.C.Smith, 1946

**中国南五味子** ***Kadsura chinensis*** Hance ex Benth., Fl. Hongk. 8. 1861. **Isolectotype** (designated by R. M. K. Saunders in Syst. Bot. Monogr. 54: 41. 1998. **Lectotype** in K): China. Hong Kong, Victoria Peak, 1859-06-??, Herb. Hance 601 (GH).

Fan Memorial Institute of Biology
FLORA OF YUNNAN
Field No. 60946 Date July 18, 1934
Locality Ping-pien Hsien
Altitude 1500 m.
Habitat in ravine
Habit shrub
Height 12 ft. D.B.H.
Bark
Leaf
Flower
Fruit
Notes
Common Name Family Magnoliac.
Name
Collector H. T. Tsai
Kadsura induta A.C. Sm.
Det. R.M.K. Saunders 11 /1997
University of Hong Kong
copyright reserved
cm 0 1 2 3 4 5 6 7 8 9 10
HOLOTYPE of
Kadsura induta A.C. Sm.,
Sargentia 7: 173-174 (1947)
PLANTS OF YUNNAN
No. 60946 H. T. Tsai
Kadsura
Collected for the Fan Memorial Institute of Biology with the cooperation of the Arnold Arboretum of Harvard University
THE HARVARD UNIVERSITY HERBARIA
00039137
HERBARIUM OF THE ARNOLD ARBORETUM HARVARD UNIVERSITY
Kadsura induta A. C. Sm.
TYPE
Determined by A.C.Smith, 1946

**毛南五味子** ***Kadsura induta*** A. C. Smith in Sargentia 7: 173, f. 35. 1947. **Holotype:** China. Yunnan: Pingbian, alt. 1 500 m, 1934-07-18, H. T. Tsai 60946 (A).

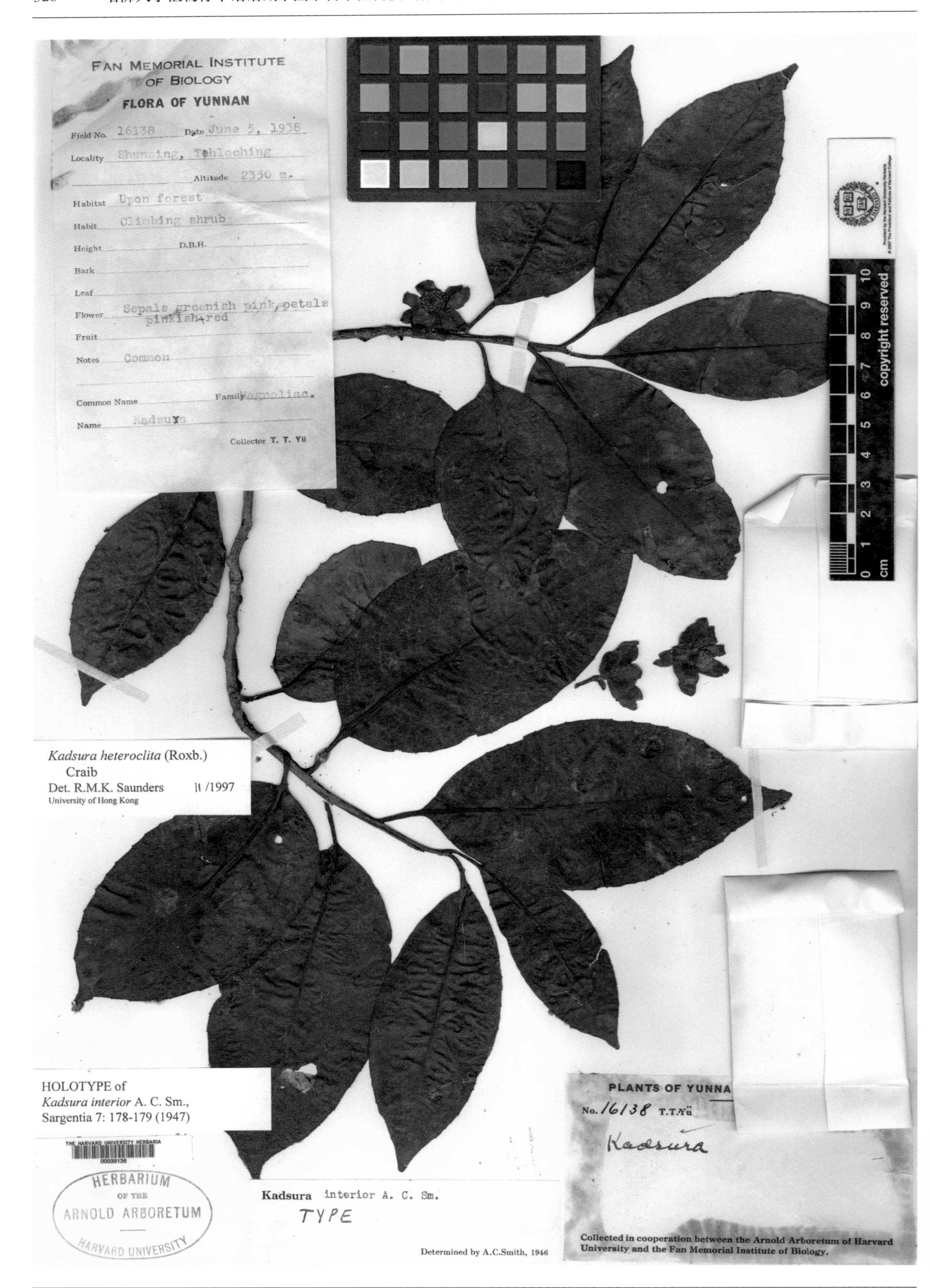
FAN MEMORIAL INSTITUTE
OF BIOLOGY
FLORA OF YUNNAN
Field No. 16138 Date June 5, 1938
Locality Shunning, Tehloching
Altitude 2350 m.
Habitat Upon forest
Habit Climbing shrub
Height D.B.H.
Bark
Leaf
Flower Sepals greenish pink, petals pinkish-red
Fruit
Notes Common
Common Name Family Magnoliac.
Name Kadsura
Collector T. T. Yü
copyright reserved
Kadsura heteroclita (Roxb.) Craib
Det. R.M.K. Saunders 11/1997
University of Hong Kong
HOLOTYPE of
Kadsura interior A. C. Sm.,
Sargentia 7: 178-179 (1947)
THE HARVARD UNIVERSITY HERBARIA
00039136
HERBARIUM
OF THE
ARNOLD ARBORETUM
HARVARD UNIVERSITY
Kadsura interior A. C. Sm.
TYPE
Determined by A.C.Smith, 1946
PLANTS OF YUNNA
No. 16138 T.T.Yü
Kadsura
Collected in cooperation between the Arnold Arboretum of Harvard University and the Fan Memorial Institute of Biology.

**凤庆南五味子** ***Kadsura interior*** A. C. Smith in Sargentia 7: 178, f. 35. 1947. **Holotype:** China. Yunnan: Shunning (=Fengqing), alt. 2 350 m, 1938-06-05, T. T. Yu 16138 (A).

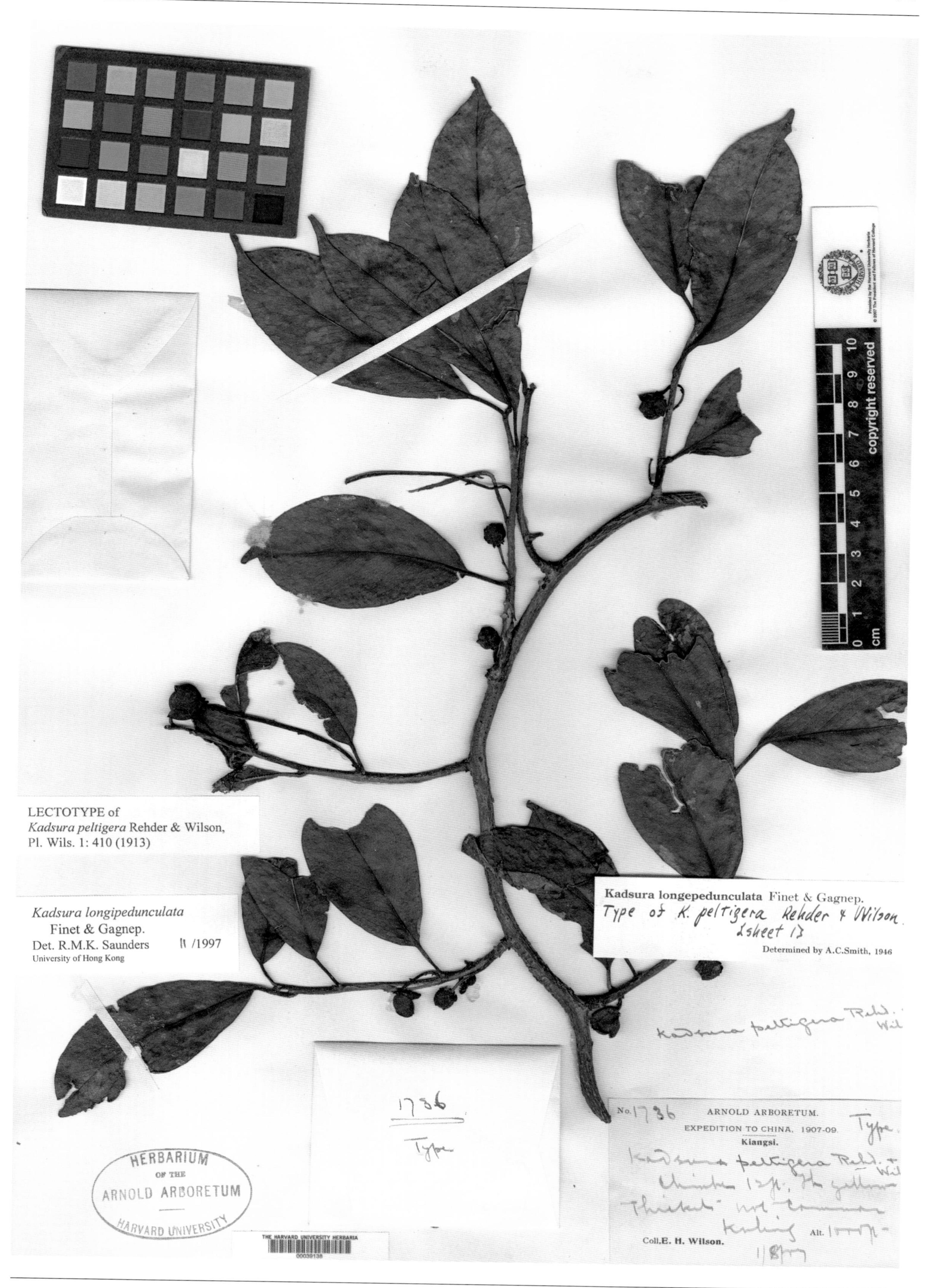

LECTOTYPE of
Kadsura peltigera Rehder & Wilson,
Pl. Wils. 1: 410 (1913)
Kadsura longipedunculata
Finet & Gagnep.
Det. R.M.K. Saunders 11 /1997
University of Hong Kong
Kadsura longepedunculata Finet & Gagnep.
Type of K. peltigera Rehder & Wilson
(sheet 1)
Determined by A.C.Smith, 1946
1736
Type
HERBARIUM
OF THE
ARNOLD ARBORETUM
HARVARD UNIVERSITY
THE HARVARD UNIVERSITY HERBARIA
00039138
No. 1736 ARNOLD ARBORETUM.
EXPEDITION TO CHINA, 1907-09.
Kiangsi.
Type.
Coll. E. H. Wilson.
Alt.
copyright reserved
cm


**盾柱南五味子** ***Kadsura peltigera*** Rehd. & Wils. in Sargent, Pl. Wils. 1(3): 410. 1913. **Lectotype** (designated by R. M. K. Saunders in Syst. Bot. Monogr. 54: 58. 1998.): China. Jiangxi: Lu Shan, alt. 300 m, 1909-08-01, E. H. Wilson 1736 (A).

FLORA OF HAINAN
Botanical Institute, Sun Yatsen University
Field No. 72740 Collector F.C.How
Date June 4, 1935.
Locality Po-ting
Altitude 1300 ft.
Habitat in forested ravine
Habit shrub
Height 3 m. Diameter
Bark gray
Branches
Leaf deep green, lustrous above, glaucous green beneath
Flower white
Fruit green
Special Notes
Name
Magnolia albosericea Chun & C.H. Tsoong
det. Chen Bao Liang 1990
(RIJKSHERBARIUM, LEIDEN)
TYPE
Magnolia albosericea Chun & C.H.Tsoong
Material from Packet
copyright reserved
Magnolia albosericea Chun & Tsoong
ISOTYPE
DET. J.E.Dandy
PLANTS OF HAINAN
Herbarium of Arnold Arboretum, Harvard University
No. 72740 F.C. How 1935
Magnolia?
HERBARIUM OF THE ARNOLD ARBORETUM HARVARD UNIVERSITY
Collected for Sun Yatsen University
THE HARVARD UNIVERSITY HERBARIA
00038969

绢毛木兰 *Magnolia albosericea* Chun & C. H. Tsoong in Acta Phytotax. Sin.9(2): 117. 1964. **Isotype:** China. Hainan: Baoting, alt. 396 m, 1935-06-04, F. C. How 72740 (A).

TYPE
Magnolia amoena Cheng
Magnolia amoena Cheng
det. Chen Bao Liang
(RIJKSHERBARIUM, LEIDEN)
1990
Material from Packet
copyright reserved
中國科學社生物研究所植物標本室贈
DISTRIBUTED FROM
HERBARIUM OF BIOLOGICAL LABORATORY
THE SCIENCE SOCIETY OF CHINA, NANKING, CHINA
Collector S. Chen
Field No. 2692
Date Apr. 1. 1934
Magnolia amoena Cheng.
Locality Chekiang
Determined by
HERBARIUM OF THE ARNOLD ARBORETUM HARVARD UNIVERSITY
THE HARVARD UNIVERSITY HERBARIA
00038970
HARVARD UNIVERSITY HERBARIA
Syntype - Magnolia amoena Cheng,
Contrib. Biol. Lab. Sci. Soc. China 9:
Stephen A. Spongberg 280. 1934. July, 1976


天目木兰 ***Magnolia amoena*** W .C. Cheng in Contr. Biol. Lab. Sci. Soc. China, Bot. Ser. 9: 280, f. 28. 1934. **Isotype:** China. Zhejiang: Lin'an, Tianmu Shan, 1934-04-01, S. Chen 2692 (A).

Magnolia biondii Pampan.
det. Chen Bao Liang
(RIJKSHERBARIUM, LEIDEN)
1990
HERBARIUM
OF THE
ARNOLD ARBORETUM
HARVARD UNIVERSITY
TYPE
Magnolia aulacosperma
Rehder & E.H. Wilson
copyright reserved
cm 0 1 2 3 4 5 6 7 8 9 10
Material from Packet
THE HARVARD UNIVERSITY HERBARIA
00038971
M. aulacosperma Rehd. + Wils.
HARVARD UNIVERSITY HERBARIA
TYPE MATERIAL
Magnolia aulacosperma Rehder & Wilson, Pl. Wilsonianae 1: 396. 1913.
Stephen A. Spongberg July, 1976
Magnolia Biondii Pampanini, Nuov. Giorn. Bot. Ital. N. Ser. 17: 275. 1910; 18: t. 3. 1911.
Stephen A. Spongberg July, 1976
No. 361.
ARNOLD ARBORETUM.
EXPEDITION TO CHINA, 1907-09.
Western Hupeh.
Type
Magnolia aulacosperma Rehd. + Wils.
Coll. E. H. Wilson
Alt.

**槽籽玉兰** ***Magnolia aulacosperma*** Rehd. & Wils. in Sargent, Pl. Wils. 1(3): 396. 1913. **Holotype:** China. Hubei: Xingshan, alt. 600 m, 1907-09-??, E. H. Wilson 361 (A).

cm 0 1 2 3 4 5 6 7 8 9 10
copyright reserved
Magnolia cylindrica E.H. Wilson
var. fordiana
det. Chen Bao Liang
(RIJKSHERBARIUM, LEIDEN)
1990
TYPE
Magnolia cylindrica
E.H. Wilson
HERBARIUM
ARNOLD ARBORETUM
HARVARD UNIVERSITY
SHEET 2 (of 2) Type
2
2nd sheet
PLANTS OF ANHWEI
COLLECTED FOR THE ARNOLD ARBORETUM
No. 2949
Magnolia cylindrica
Wils.
Coll. Ren-Chang Ching.
1925.
THE HARVARD UNIVERSITY HERBARIA
HARVARD UNIVERSITY HERBARIA
Holotype
Syntype Magnolia cylindrica E. H.
Wilson, Jour. Arnold Arb. 8:109.
1927.
Stephen A. Spongberg
July, 1976

**黄山木兰** ***Magnolia cylindrica*** Wils. in J. Arnold Arbor. 8(2): 109. 1927. **Holotype:** China. Anhui: Huang Shan, alt. 1 150 m, 1925-07-12, R. C. Ching 2949 (A).

Magnolia dawsoniana Rehder & Wilson
det. Chen Bao Liang
(RIJKSHERBARIUM, LEIDEN)
copyright reserved
cm
Material from Packet
TYPE
Magnolia dawsoniana
Rehder & E.H.Wilson
No. 1241 ARNOLD ARBORETUM.
EXPEDITION TO CHINA, 1907-09.
Western Szechuan.
Coll. E. H. Wilson.
Alt.
HERBARIUM OF THE ARNOLD ARBORETUM HARVARD UNIVERSITY
THE HARVARD UNIVERSITY HERBARIA
00038979
HARVARD UNIVERSITY HERBARIA
Holotype of Magnolia Dawsoniana
Rehder & Wilson, Pl. Wilsonianae
1: 397. 1913.
Stephen A. Spongberg
February, 1976

光叶木兰 ***Magnolia dawsoniana*** Rehd. & Wils. in Sargent, Pl. Wils. 1(3): 397. 1913. **Holotype:** China. Sichuan: Kangding, alt. 2 000~2 300 m, 1908-10-??, E. H. Wilson 1241 (A).

Magnolia sprengeri Pampan.
det. Chen Bao Liang
(RIJKSHERBARIUM, LEIDEN)
Material from Packet
copyright reserved
cm
HERBARIUM
OF THE
ARNOLD ARBORETUM
HARVARD UNIVERSITY
THE HARVARD UNIVERSITY HERBARIA
00038980
HERBARIUM
HARVARD UNIVERSITY HERBARIA
TYPE of Magnolia denudata var. elongata Rehder & Wilson, Pl. Wilsonianae 1: 402. 1913.
= Magnolia Sprengeri Pampanini var. elongata (Rehder & Wilson) Johnstone, Asiatic Magnolias in Cult. 87. 1955.
Stephen A. Spongberg 1/14/76
No. 345
ARNOLD ARBORETUM.
EXPEDITION TO CHINA, 1907-09.
Western Hupeh.
Coll. E. H. Wilson
Alt.
Type
9/07

矩圆叶玉兰 ***Magnolia denudata*** Desr. var. ***elongata*** Rehd. & Wils. in Sargent, Pl. Wils. 1(3): 402. 1913. **Holotype:** China. Hubei: Changyang, alt. 1 000~1 200 m, 1907-09-??, E. H. Wilson 345 (A).

HARVARD UNIVERSITY HERBARIA
Magnolia Sieboldii K. Koch subsp. sinensis (Rehder & Wilson) Spongberg, Jour. Arnold Arb. 57: 279. 1976.
Stephen A. Spongberg
HARVARD UNIVERSITY HERBARIA
Type Collection. Basionym: Magnolia globosa J. D. Hooker & Thomson var. sinensis Rehder & Wilson, Pl. Wilsonianae 1: 393. 1913.
Stephen A. Spongberg
copyright reserved
cm
Magnolia sinensis (Rehder & Wilson) stapf
det. Chen Bao Liang 1990
(RIJKSHERBARIUM, LEIDEN)
TYPE
Magnolia sinensis (Rehder & E. H. Wilson) stapf
HERBARIUM OF THE ARNOLD ARBORETUM HARVARD UNIVERSITY
M. globosa var. sinensis Rehd. & Wils.
No. 1422, ARNOLD ARBORETUM.
EXPEDITION TO CHINA, 1907-09.
Western Szechuan.
Type
Coll. E. H. Wilson.
Magnolia sinensis (R&W) Stapf

圆叶玉兰 ***Magnolia globosa*** Hook. f. & Thoms. var. ***sinensis*** Rehd. & Wils. in Sargent, Pl. Wils. 1(3): 393. 1913. **Holotype:** China. Sichuan: Wenchuan, alt. 2 000~2 600 m, 1908-06-??, E. H. Wilson 1422 (A).

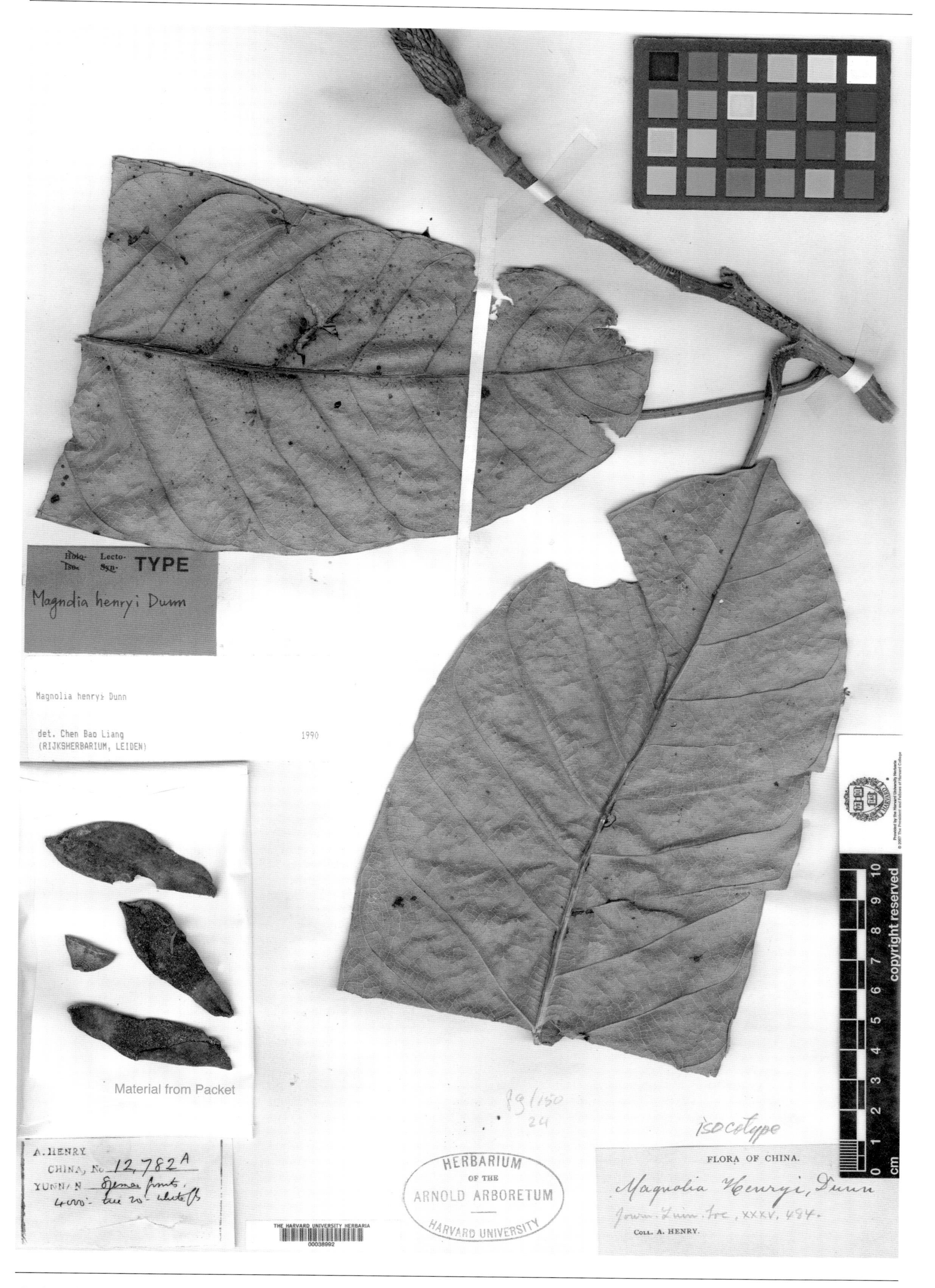
Lecto-
TYPE
Magnolia henryi Dunn
Magnolia henryi Dunn
det. Chen Bao Liang 1990
(RIJKSHERBARIUM, LEIDEN)
Material from Packet
A. HENRY
CHINA, No 12,782A
YUNNAN
HERBARIUM
OF THE
ARNOLD ARBORETUM
HARVARD UNIVERSITY
THE HARVARD UNIVERSITY HERBARIA
00038992
isocotype
FLORA OF CHINA.
Magnolia Henryi, Dunn
COLL. A. HENRY.
copyright reserved
cm

**大叶玉兰** ***Magnolia henryi*** Dunn in J. Linn. Soc. Bot. 35: 484. 1903. **Isosyntype:** China. Yunnan: Simao, alt. 1 220 m, A. Henry 12782 A (A).

广东木兰 ***Magnolia kwangtungensis*** Merr. in J. Arnold Arbor. 8(1): 5. 1927. **Holotype:** China. Guangdong: Qujiang, Longtou Shan, 1924-(05~07)-??, Kang Peng, W. T. Tsang & U. K. Tsang s. n. (Canton Christian College 12344) (A).

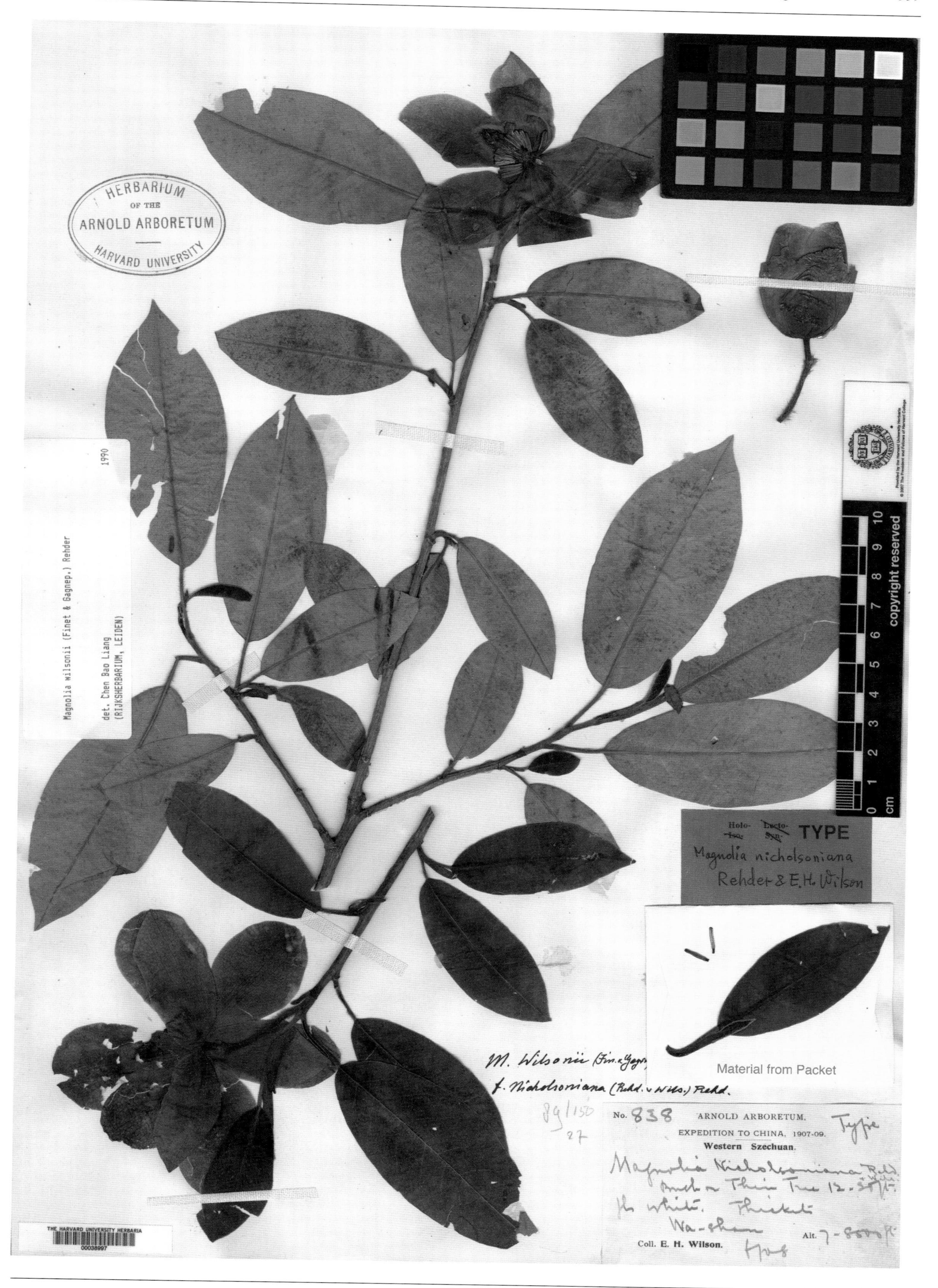
HERBARIUM
OF THE
ARNOLD ARBORETUM
HARVARD UNIVERSITY
Magnolia wilsonii (Finet & Gagnep.) Rehder
det. Chen Bao Liang
(RIJKSHERBARIUM, LEIDEN)
1990
copyright reserved
cm
Holo- TYPE
Magnolia nicholsoniana
Rehder & E.H. Wilson
Material from Packet
No. 838 ARNOLD ARBORETUM.
EXPEDITION TO CHINA, 1907-09.
Western Szechuan.
Coll. E. H. Wilson.
Alt.
THE HARVARD UNIVERSITY HERBARIA
00038997

瓦山玉兰 ***Magnolia nicholsoniana*** Rehd. & Wils. in Sargent, Pl. Wils. 1(3): 394. 1913. **Holotype:** China. Sichuan: Ebian, Wa Shan, alt. 2 300~2 800 m, 1908-(06~09)-??, E. H. Wilson 838 (A).

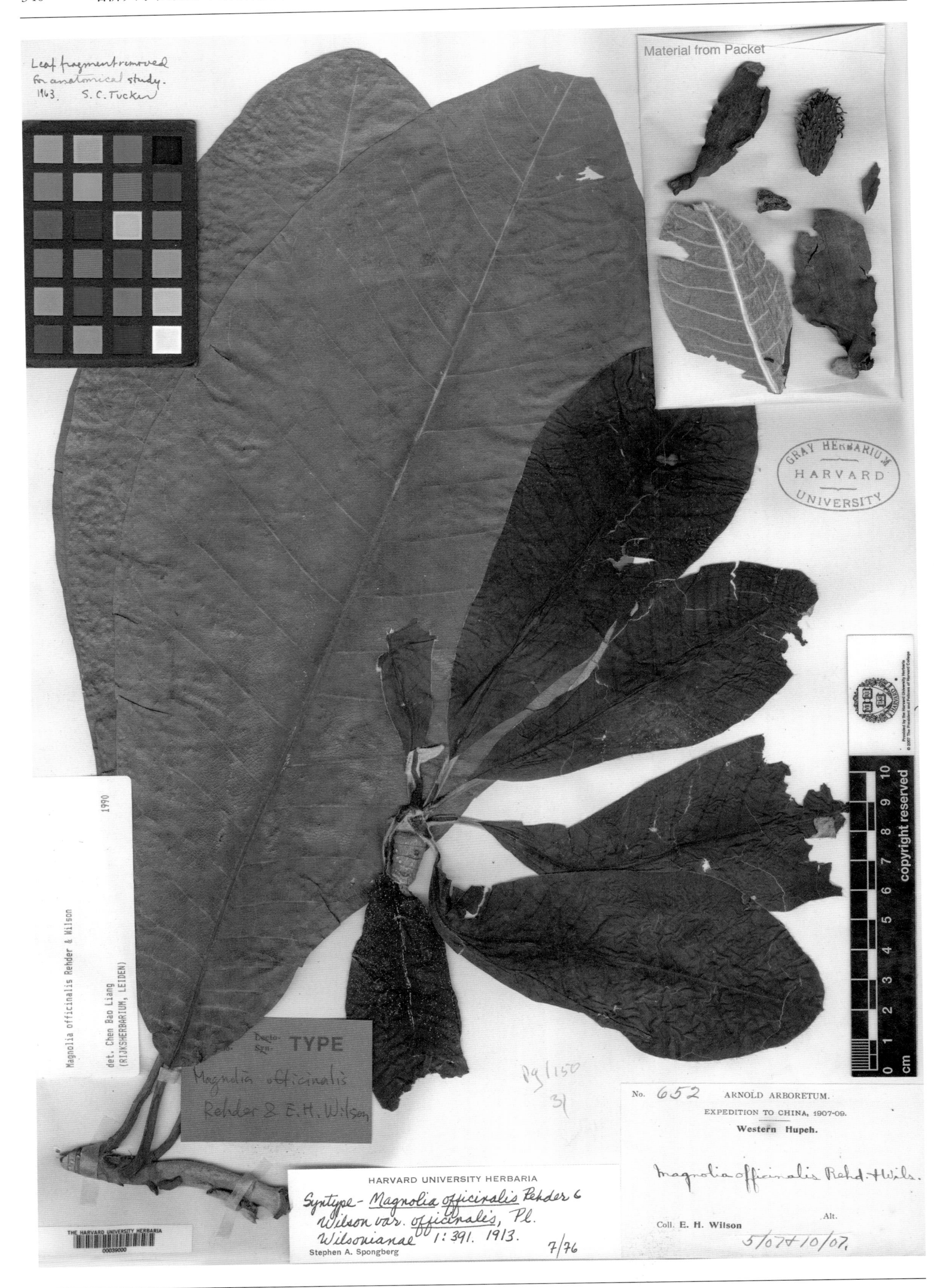
Leaf fragment removed for anatomical study. 1963. S. C. Tucker
Material from Packet
GRAY HERBARIUM HARVARD UNIVERSITY
copyright reserved
cm
1990
Magnolia officinalis Rehder & Wilson
det. Chen Bao Liang
(RIJKSHERBARIUM, LEIDEN)
Lecto- Syn- TYPE
Magnolia officinalis Rehder & E.H. Wilson
pg 150
31
No. 652 ARNOLD ARBORETUM.
EXPEDITION TO CHINA, 1907-09.
Western Hupeh.
Magnolia officinalis Rehd. & Wils.
Alt.
Coll. E. H. Wilson
5/07 & 10/07.
HARVARD UNIVERSITY HERBARIA
Syntype - Magnolia officinalis Rehder & Wilson var. officinalis, Pl. Wilsonianae 1: 391. 1913.
Stephen A. Spongberg
7/76
THE HARVARD UNIVERSITY HERBARIA
00039000

**厚朴** ***Magnolia officinalis*** Rehd. & Wils. in Sargent, Pl. Wils. 1(3): 391. 1913. **Holotype:** China. Hubei: Yichang, alt. 300~1 300 m, 1907-(05~10)-??, E. H. Wilson 652 (GH).

THE HARVARD UNIVERSITY HERBARIA
00039007
HARVARD UNIVERSITY HERBARIA
Type - Magnolia officinalis Rehder & Wilson var. biloba Rehder & Wilson, Pl. Wilsonianae 1:392. 1913.
Stephen A. Spongberg
HERBARIUM
OF THE
ARNOLD ARBORETUM
HARVARD UNIVERSITY
No. 1649
ARNOLD ARBORETUM.
EXPEDITION TO CHINA, 1907-09.
Kiangsi.
Type
Coll. E. H. Wilson.
Alt.
copyright reserved
cm
0 1 2 3 4 5 6 7 8 9 10

**凹叶厚朴** ***Magnolia officinalis*** Rehd. & Wils. var. ***biloba*** Rehd. & Wils. in Sargent, Pl. Wils. 1(3): 392. 1913. **Holotype:** China. Jiangxi: Lu Shan, alt.305 m, 1907-08-02, E. H. Wilson 1649 (A).

copyright reserved
cm 0 1 2 3 4 5 6 7 8 9 10
THE HARVARD UNIVERSITY HERBARIA
00039009
HERBARIUM
OF THE
ARNOLD ARBORETUM
HARVARD UNIVERSITY
See wood
Magn.
FLORA OF HAINAN
HERBARIUM OF LINGNAN UNIVERSITY
5th Hainan Expedition
Magnolia paenetalauma Dandy n. sp.
Grown in the forest by the side of a
stream; bush 3 m.; fr. green
ISOTYPE
HUNG MO SHAN, and vicinity, 紅毛山
(Lai [Loi] area, 黎)
Det. E. D. Merrill.
Coll. Tsang and Fung ( 538 L.U. 18072 July, 20, 1929

长叶木兰 ***Magnolia paenetalauma*** Dandy in J. Bot. 68: 206. 1930. **Isotype:** China. Hainan: Hongmao Shan, 1929-07-20, Tsang & Fung 538 (= L.U. 18072) (A).

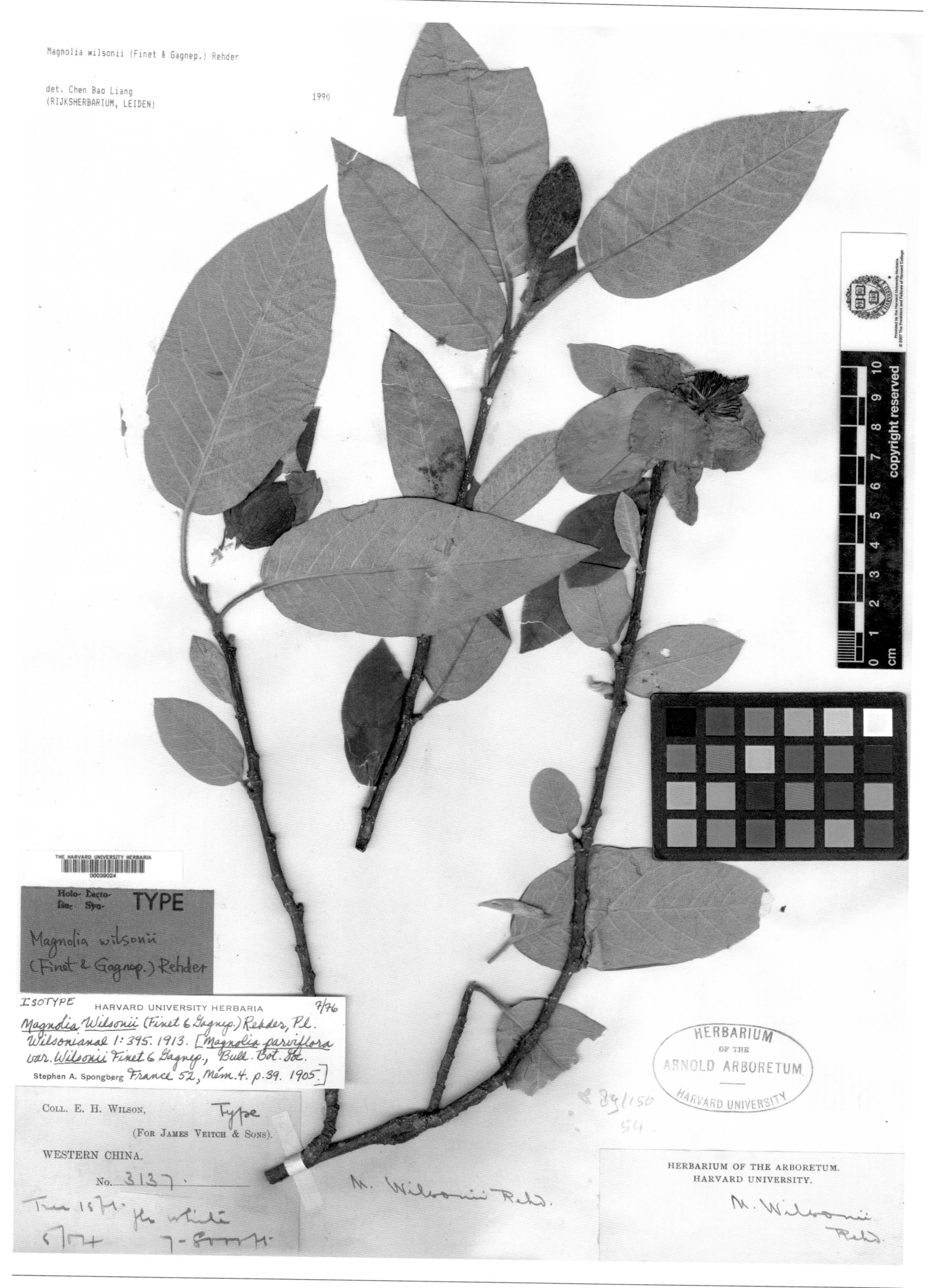

Magnolia wilsonii (Finet & Gagnep.) Rehder
det. Chen Bao Liang
(RIJKSHERBARIUM, LEIDEN)
1990
copyright reserved
cm
TYPE
Magnolia wilsonii (Finet & Gagnep.) Rehder
ISOTYPE
HARVARD UNIVERSITY HERBARIA
Stephen A. Spongberg
HERBARIUM OF THE ARNOLD ARBORETUM HARVARD UNIVERSITY
COLL. E. H. WILSON,
(FOR JAMES VEITCH & SONS).
WESTERN CHINA.
No. 3137
HERBARIUM OF THE ARBORETUM.
HARVARD UNIVERSITY.


**西康玉兰** ***Magnolia parviflora*** Sieb. & Zucc. var. ***wilsonii*** Finet & Gagnep. in Bull. Soc. Bot. France 52(Mem. 4): 39. 1906.

**Isotype:** China. Sichuan: Kangding, alt. 2 135~2 440 m, 1904-05-15, E. H. Wilson 3137 (A).

0 1 2 3 4 5 6 7 8 9 10
cm
copyright reserved
Magnolia sargentiana Rehder & E.H. Wilson
det. Chen Bao Liang 1990
(RIJKSHERBARIUM, LEIDEN)
Material from Packet
TYPE
Magnolia sargentiana
Rehder & E.H. Wilson
Leaf fragment removed for anatomical study. S. C. Tucker. 1963
HARVARD UNIVERSITY HERBARIA
Syntype- Magnolia Sargentiana Rehder & Wilson, Pl. Wilsonianae 1: 398. 1913.
Stephen A. Spongberg 7/76
M. sargentiana Rehd. + Wils.
No. 914. ARNOLD ARBORETUM.
EXPEDITION TO CHINA, 1907-09.
Western Szechuan.
Type
Magnolia Sargentiana Rehd. + Wils.
Coll. E. H. Wilson.
17/9/08
HERBARIUM OF THE ARNOLD ARBORETUM HARVARD UNIVERSITY
THE HARVARD UNIVERSITY HERBARIA

**凹叶木兰** ***Magnolia sargentiana*** Rehd. & Wils. in Sargent, Pl. Wils. 1(3): 398. 1913. **Holotype:** China. Sichuan: Ebian, Wa Shan, alt. 1 800 m, 1908-09-17, E. H. Wilson 914 (A).

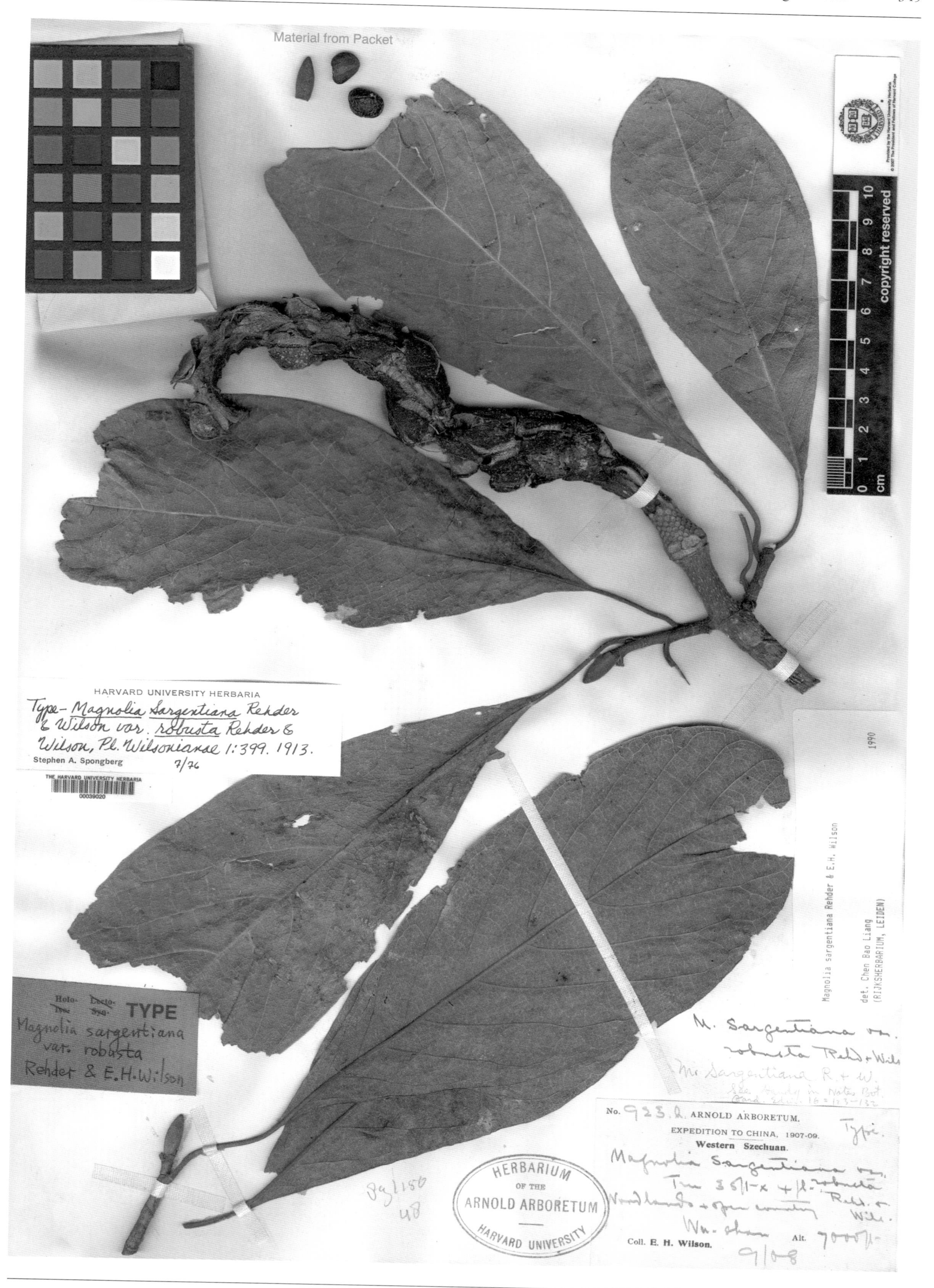
Material from Packet
copyright reserved
cm
HARVARD UNIVERSITY HERBARIA
Type-Magnolia Sargentiana Rehder & Wilson var. robusta Rehder & Wilson, Pl. Wilsonianae 1:399. 1913.
Stephen A. Spongberg
7/76
THE HARVARD UNIVERSITY HERBARIA
00039020
1990
Magnolia sargentiana Rehder & E.H. Wilson
det. Chen Bao Liang
(RIJKSHERBARIUM, LEIDEN)
TYPE
Magnolia sargentiana var. robusta
Rehder & E.H.Wilson
No. 923 a ARNOLD ARBORETUM.
EXPEDITION TO CHINA, 1907-09.
Western Szechuan.
Coll. E. H. Wilson.
Alt.
HERBARIUM OF THE ARNOLD ARBORETUM
HARVARD UNIVERSITY

**粗枝木兰** ***Magnolia sargentiana*** Rehd. & Wils. var. ***robusta*** Rehd. & Wils. in Sargent, Pl. Wils. 1(3): 399. 1913. **Holotype:** China. Sichuan: Ebian, Wa Shan, alt. 2 300 m, 1908-09-??, E. H. Wilson 923 a (A).

Fan Memorial Institute of Biology
FLORA OF YUNNAN
Field No. 56560 Date Sept.20, 1933
Locality Shang-pa Hsien
Altitude 2000 m.
Habitat in woods
Habit tree
Height 40 ft. D.B.H. 3 ft.
Bark
Leaf
Flower
Fruit dark red
Notes
Common Name Family
Magnolia
Collector H. T. Tsai
TYPE COLLECTION of Magnolia shangpaensis Hu
Manglietia insignis (Wall.) Blume
det. Chen Bao Liang
(RIJKSHERBARIUM, LEIDEN)
1990
copyright reserved
Fan. Inst. Biol. YUNNAN EXPEDITION COLLECTOR H. T. TSAI
56560
TYPE
Manglietia insignis (Wall.) Blume
(Magnolia shangpaensis Hu)
DET. J.E. Dandy
PLANTS OF YUNNAN
No. 56560 H. T. Tsai
Magnolia
HERBARIUM OF THE ARNOLD ARBORETUM HARVARD UNIVERSITY
THE HARVARD UNIVERSITY HERBARIA
00039013
Collected for the Fan Memorial Institute of Biology with the cooperation of the Arnold Arboretum of Harvard University

上帕木兰 ***Magnolia shangpaensis*** Hu in Acta Phytotax. Sin.1(2): 157. 1951. **Isotype:** China. Yunnan: Shangpa (=Fugong), alt. 2 000 m, 1933-09-20, H. T. Tsai 56560 (A).

0 1 2 3 4 5 6 7 8 9 10
cm
copyright reserved
FLORA OF KWANGSI, CHINA
TYPE
Manglietia aromatica Dandy
Manglietia aromatica Dandy
det. Chen Bao Liang
(RIJKSHERBARIUM, LEIDEN)
1990
TYPE SPECIMENS IN EUROPEAN HERBARIA
BRITISH MUSEUM (NATURAL HISTORY), LONDON
ALFRED REHDER, 1932 Holotype
Plate No. 2026
Manglietia aromatica Dandy.
HERBARIUM OF THE ARNOLD ARBORETUM HARVARD UNIVERSITY
IMAGED
THE HARVARD UNIVERSITY HERBARIA
00039033

香木莲 ***Manglietia aromatica*** Dandy in J. Bot. 69: 231. 1931. **Isotype:** China. Guangxi: Baise, alt. 850 m, 1928-09-14, R. C. Ching 7421 (A).

Material from Packet
Holo- Lecto- Iso- Syn- TYPE
Manglietia forrestii W. W. Smith ex Dandy
Manglietia forrestii W. W. Smith
Y. W. Law Sept. 27. 1995.
HARVARD UNIVERSITY HERBARIA
isotype
89/150
87
HERB. HORT. REG. BOT. EDIN
PLANTS OF E. TIBET AND S.W. CHINA.
COLLECTED BY GEORGE FORREST.
26705A
Manglietia Forrestii W. W. Sm.
THE HARVARD UNIVERSITY HERBARIA
00039034
Manglietia fordiana Oliv.
var. forrestii (Smith ex Dandy) Chen & Noot.
det. Chen Bao Liang
(RIJKSHERBARIUM, LEIDEN)
1990
HERBARIUM OF THE ARNOLD ARBORETUM HARVARD UNIVERSITY
copyright reserved
cm

**滇桂木莲** ***Manglietia forrestii*** W. W. Smith ex Dandy in Notes Roy. Bot. Gard. Edinb. 16: 126, pl. 226. 1928. **Isotype:** China. Yunnan: Tengchong, alt. 2 100~2 400 m, 1925-06-??, G. Forrest 26705A (A).

Material from Packet
copyright reserved
Manglietia fordiana Oliver var. hainanensis (Dandy) Law
HARVARD UNIVERSITY HERBARIA
TYPE
Manglietia hainanensis Dandy
isotype
Manglietia fordiana Oliver
var. fordiana
det. Chen Bao Liang
(RIJKSHERBARIUM, LEIDEN)
1990
HERBARIUM OF THE ARNOLD ARBORETUM HARVARD UNIVERSITY
FLORA OF HAINAN
HERBARIUM OF LINGNAN UNIVERSITY
5th Hainan Expedition
PARATYPE
Manglietia hainanensis Dandy n. sp.
In mid. of mt. and ravines; 10 m.; fr. green
HUNG MO SHAN, and vicinity, 紅毛山
(Lai [Loi] area, 黎)
Det. E. D. Merrill.
Coll. Tsang and Fung (656) L.U. 18190 August, 8, 1929

**海南木莲** ***Manglietia hainanensis*** Dandy in J. Bot. 68: 204. 1930. **Isotype:** China. Hainan: Hongmao Shan, 1929-08-08, Tsang & Fung 656 (=L.U. 18190) (A).

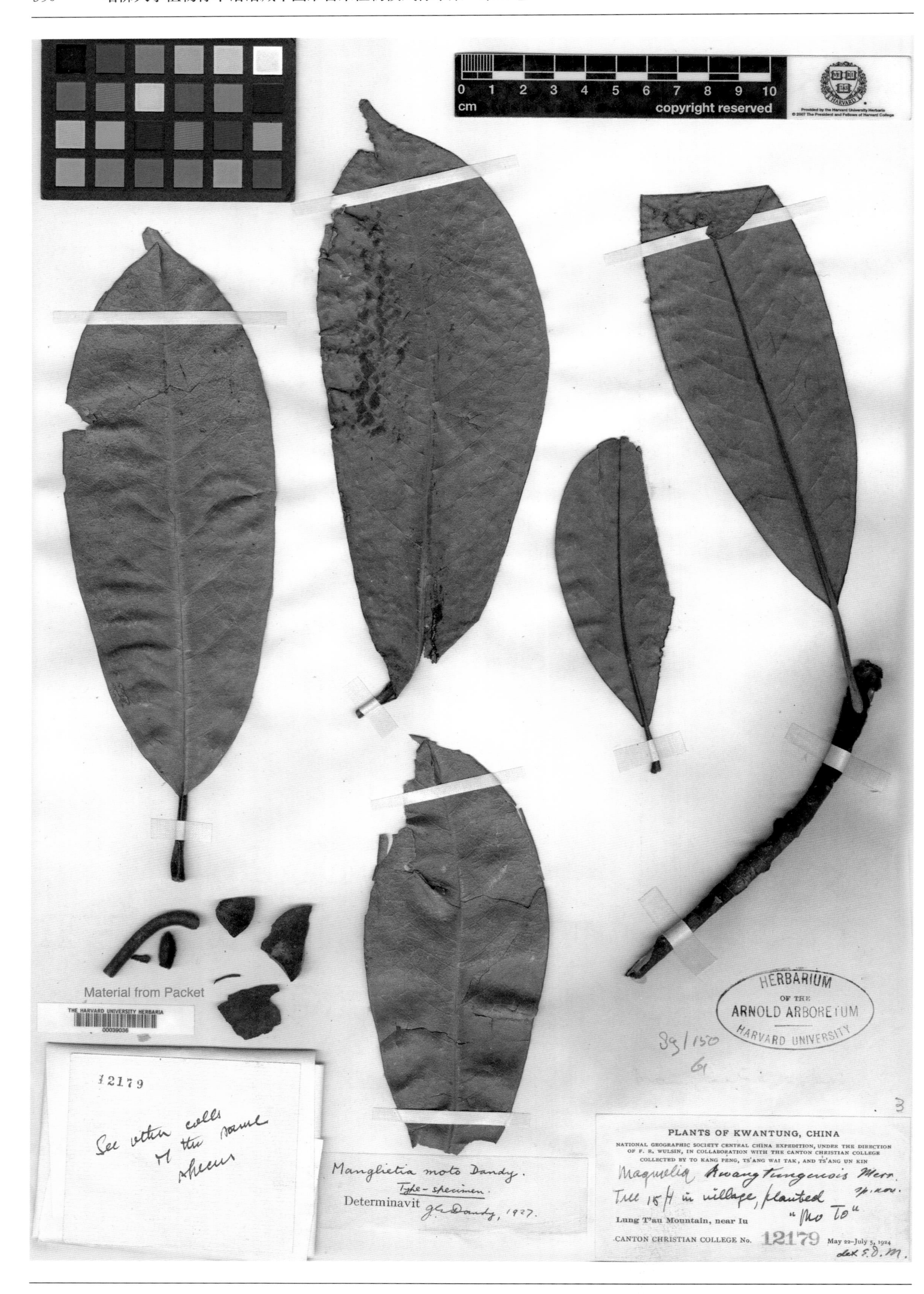
0 1 2 3 4 5 6 7 8 9 10
cm
copyright reserved
Material from Packet
THE HARVARD UNIVERSITY HERBARIA
00039036
12179
See other colls of the same species
Manglietia moto Dandy.
Type-specimen.
Determinavit J. E. Dandy, 1927.
HERBARIUM OF THE ARNOLD ARBORETUM HARVARD UNIVERSITY
PLANTS OF KWANTUNG, CHINA
NATIONAL GEOGRAPHIC SOCIETY CENTRAL CHINA EXPEDITION, UNDER THE DIRECTION OF F. R. WULSIN, IN COLLABORATION WITH THE CANTON CHRISTIAN COLLEGE
COLLECTED BY TO KANG PENG, TS'ANG WAI TAK, AND TS'ANG UN KIN
Lung T'au Mountain, near Iu
CANTON CHRISTIAN COLLEGE No. 12179
May 22–July 5, 1924

毛桃木莲 ***Manglietia moto*** Dandy in Notes Roy. Bot. Gard. Edinb. 16: 128. 1928. **Holotype:** China. Guangdong: Qujiang, Longtou Shan, 1924-05-22/07-05, Kang Peng, W. T. Tsang & U. K. Tsang s. n. (=Canton Christian College 12179) (A).

Manglietia patungensis Hu
HARVARD UNIVERSITY HERBARIA
copyright reserved
Holo-
Iso-
Lecto-
Syn-
TYPE
Manglietia patungensis
Hu
Manglietia insignis (Wall.) Blume
det. Chen Bao Liang
(RIJKSHERBARIUM, LEIDEN)
1990
Manglietia patungensis Hu
ISOTYPE
DET. J.E.Dandy
No. 484
Herbarium National Wu-Han University
Flora of Hupeh, China
Manglietia insignis Bl.
Patung Hsien:
Tree 15 m; flowers white
Alt M.
Coll. Ho-Ch'ang Chow
1934
HERBARIUM
OF THE
ARNOLD ARBORETUM
HARVARD UNIVERSITY
THE HARVARD UNIVERSITY HERBARIA
00039037

**巴东木莲** ***Manglietia patungensis*** Hu in Acta Phytotax. Sin.1: 335. 1951. **Isotype:** China. Hubei: Badong, 1934-06-05, H. C. Chow 484 (A).

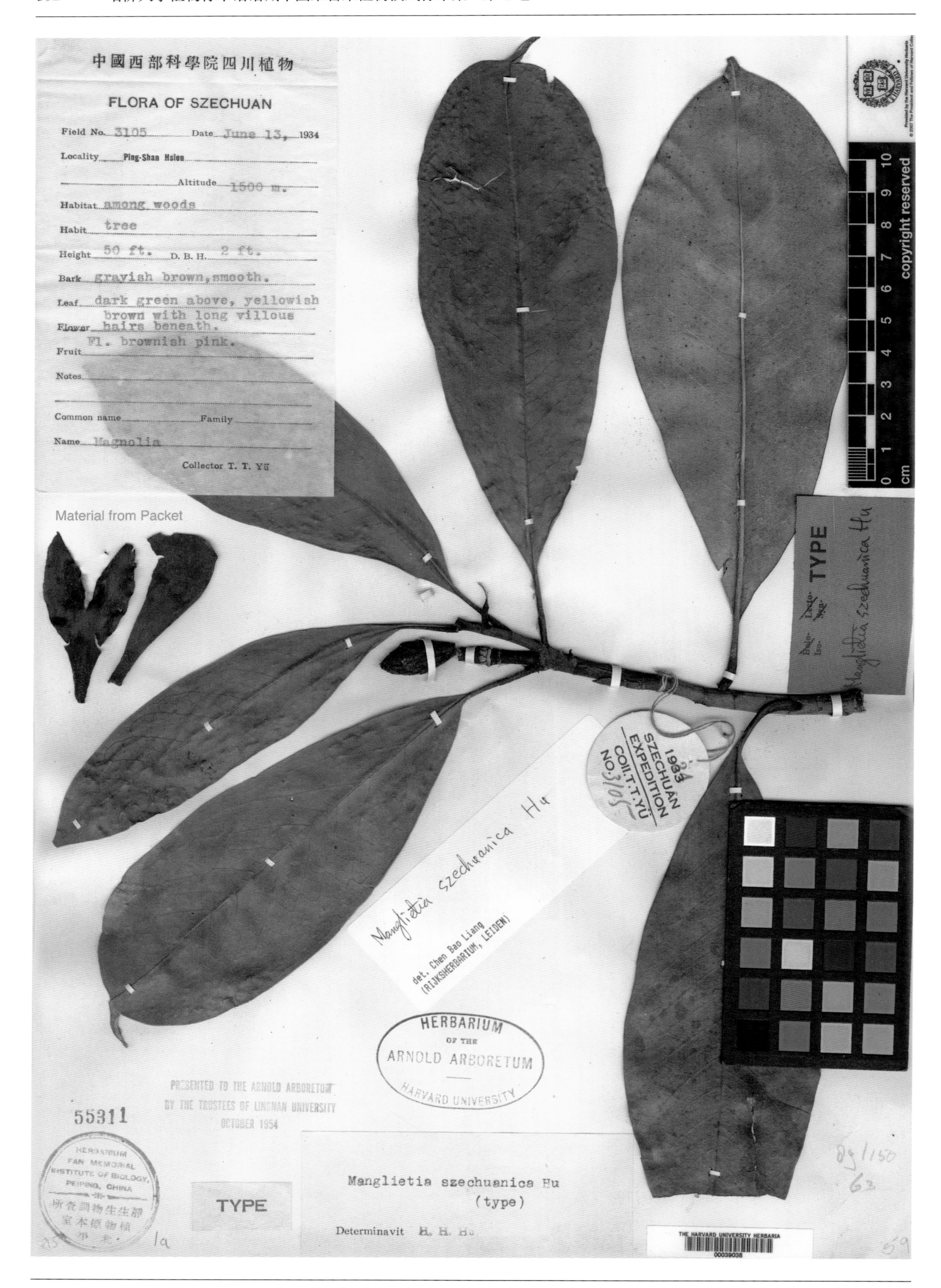
中國西部科學院四川植物
FLORA OF SZECHUAN
Field No. 3105 Date June 13, 1934
Locality Ping-Shan Hsien
Altitude 1500 m.
Habitat among woods
Habit tree
Height 50 ft. D. B. H. 2 ft.
Bark grayish brown, smooth.
Leaf dark green above, yellowish brown with long villous hairs beneath.
Flower Fl. brownish pink.
Fruit
Notes
Common name Family
Name Magnolia
Collector T. T. YÜ
Material from Packet
copyright reserved
TYPE
Manglietia szechuanica Hu
1933 SZECHUAN EXPEDITION COll. T. T. YÜ NO. 3105
Manglietia szechuanica Hu
det. Chen Bao Liang (RIJKSHERBARIUM, LEIDEN)
HERBARIUM OF THE ARNOLD ARBORETUM HARVARD UNIVERSITY
PRESENTED TO THE ARNOLD ARBORETUM BY THE TRUSTEES OF LINGNAN UNIVERSITY OCTOBER 1954
55311
HERBARIUM FAN MEMORIAL INSTITUTE OF BIOLOGY, PEIPING, CHINA
TYPE
Manglietia szechuanica Hu (type)
Determinavit H. H. Hu
THE HARVARD UNIVERSITY HERBARIA
00039038

**四川木莲** *Manglietia szechuanica* Hu in Bull. Fan Mem. Inst. Biol., Bot. 10: 117. 1940. **Isotype:** China. Sichuan: Pingshan, alt. 1 500 m, 1934-06-13, T. T. Yu 3105 (A).

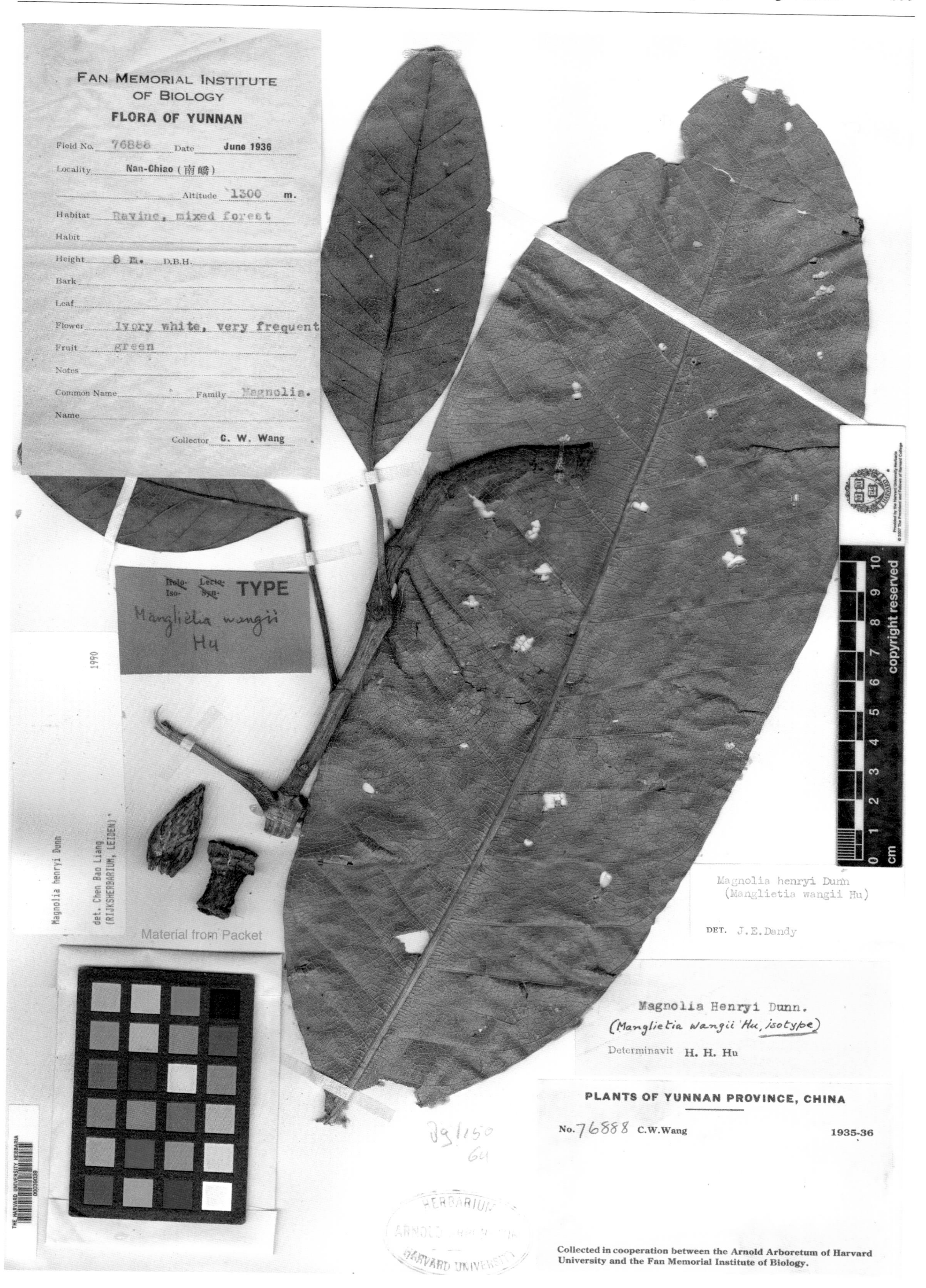
FAN MEMORIAL INSTITUTE
OF BIOLOGY
FLORA OF YUNNAN
Field No. 76888 Date June 1936
Locality Nan-Chiao (南嶠)
Altitude 1300 m.
Habitat Ravine, mixed forest
Height 8 m. D.B.H.
Bark
Leaf
Flower Ivory white, very frequent
Fruit green
Notes
Common Name Family Magnolia.
Name
Collector C. W. Wang
TYPE
Manglietia wangii
Hu
Magnolia henryi Dunn
det. Chen Bao Liang
(RIJKSHERBARIUM, LEIDEN)
1990
Material from Packet
copyright reserved
Magnolia henryi Dunn
(Manglietia wangii Hu)
DET. J.E.Dandy
Magnolia Henryi Dunn.
(Manglietia wangii Hu, isotype)
Determinavit H. H. Hu
PLANTS OF YUNNAN PROVINCE, CHINA
No. 76888 C.W.Wang 1935-36
Collected in cooperation between the Arnold Arboretum of Harvard University and the Fan Memorial Institute of Biology.
HERBARIUM
HARVARD UNIVERSITY

王氏木莲 ***Manglietia wangii*** Hu in Bull. Fan Mem. Inst. Biol., Bot. 8: 33. 1937. **Isotype:** China. Yunnan: Nan-Chaio (=Menghai), alt. 1 300 m, 1936-06-??, C. W. Wang 76888 (A).

FAN MEMORIAL INSTITUTE
OF BIOLOGY
FLORA OF YUNNAN
Field No. 13960 Date Dec.20th.1947
Locality Mar-li-po: Sze-tai-po
(loa-chün-shan) Altitude 1300-1500m.
Habitat in mixed forests
Habit shrub
Height 20 ft. D.B.H.
Bark
Leaf
Flower
Fruit in fr.
Notes common
Common Name
Family Magnoliac.
Name Magnolia
Collector K. M. Feng
copyright reserved
cm
Manglietia dandyi (Dandy) B.L. Chen & Noot.
det. Chen Bao Liang 1990
(RIJKSHERBARIUM, LEIDEN)
ISOTYPE Holotype: (KUN)
Manglietia zhengyiana N. H. Xia
Fl. China [Revised] 7: 55. 2008
Walter T. Kittredge 2012
HARVARD UNIVERSITY HERBARIA
Magnolia globosa Hook. f. & T. Thoms.
D.L. Johnson November 1988
L.H. BAILEY HORTORIUM, CORNELL UNIVERSITY (BH)
HARVARD UNIVERSITY HERBARIA
Magnolia globosa J.D. Hooker & T. Thomson
Stephen A. Spongberg July, 1976
HERBARIUM
OF THE
ARNOLD ARBORETUM
HARVARD UNIVERSITY
THE HARVARD UNIVERSITY HERBARIA
00269241
CHINA: southeastern Yunnan
K. M. Feng, no. 13960 1947
Magnolia

锈毛木莲 *Manglietia zhengyiana* N. H. Xia, Fl. China 7: 55. 2008. **Isotype:** China. Yunnan: Maguan, alt. 1 300~1 600 m, 1947-12-20, K. M. Feng 13960 (A).

52279
copyright reserved
Michelia balansae (A. DC) Dandy
var. appressipubescens Law
Y. W. Law Sept 27, 1995
HARVARD UNIVERSITY HERBARIA
Michelia balansae (Aug.DC.) Dandy
DET. J.E.Dandy
THE HARVARD UNIVERSITY HERBARIA
00039041
Holo- Lecto- Iso- Syn- TYPE
Michelia balansae var. appressipubescens Law
HERBARIUM OF THE NEW YORK BOTANICAL GARDEN
Ex-Herb. N. Y. Bot. Garden
Plants of Hainan
No. 52279 S. P. Ko April 30, 1932
Magnolia ?
Mochong Mt. Sunglsap, Lingan.
Michelia balansae (A. DC) Dandy
det. Chen Bao Liang
(RIJKSHERBARIUM, LEIDEN)
1990
HERBARIUM OF THE ARNOLD ARBORETUM HARVARD UNIVERSITY


细毛苦梓含笑 ***Michelia balansae*** (A. DC.) Dandy var. ***appressipubescens*** Law in Bull. Bot. Res., Harbin 5(3): 124. 1985.
**Isotype:** China. Hainan: Ding’an, 1932-04-30, S. P. Ko 52279 (A).

FLORA OF CHINA
中國植物
Field No. 2452 Date Aug 24, 1924
號數 日期
Locality
地點
Altitude 3800 ft
海拔高度
Habitat
產地
Habit Tree
樹 灌木 藤木 草本
Height D. B. H.
高度 胸高直徑
Bark
樹皮
Leaf
葉
Flower
花
Fruit
菓
Notes
附識
Common Name Family
俗名 科
Name
學名
Collector
採集者
Michelia maudiae Dunn
det. Chen Bao liang
(Rijksherbarium, Leiden)
1991
Holo- Iso- Lecto- Syn- TYPE
Michelia chingii Cheng
Leaf fragment removed for anatomical study - 1963. S. C. Tucker
Michelia fallax Dandy
PLANTS OF CHEKIANG.
No. 2452
Coll. Ren-Chang Ching.
HERBARIUM OF THE ARNOLD ARBORETUM HARVARD UNIVERSITY
THE HARVARD UNIVERSITY HERBARIA
00039042
copyright reserved
cm

**仁昌含笑** ***Michelia chingii*** W. C. Cheng in Contrib. Biol. Lab. Sci. Soc. China, Bot. Ser. 10: 110. 1936. **Isotype:** China. Zhejiang: Longquan, alt. 1 159 m, 1924-08-24, R. C. Ching 2452 (A).

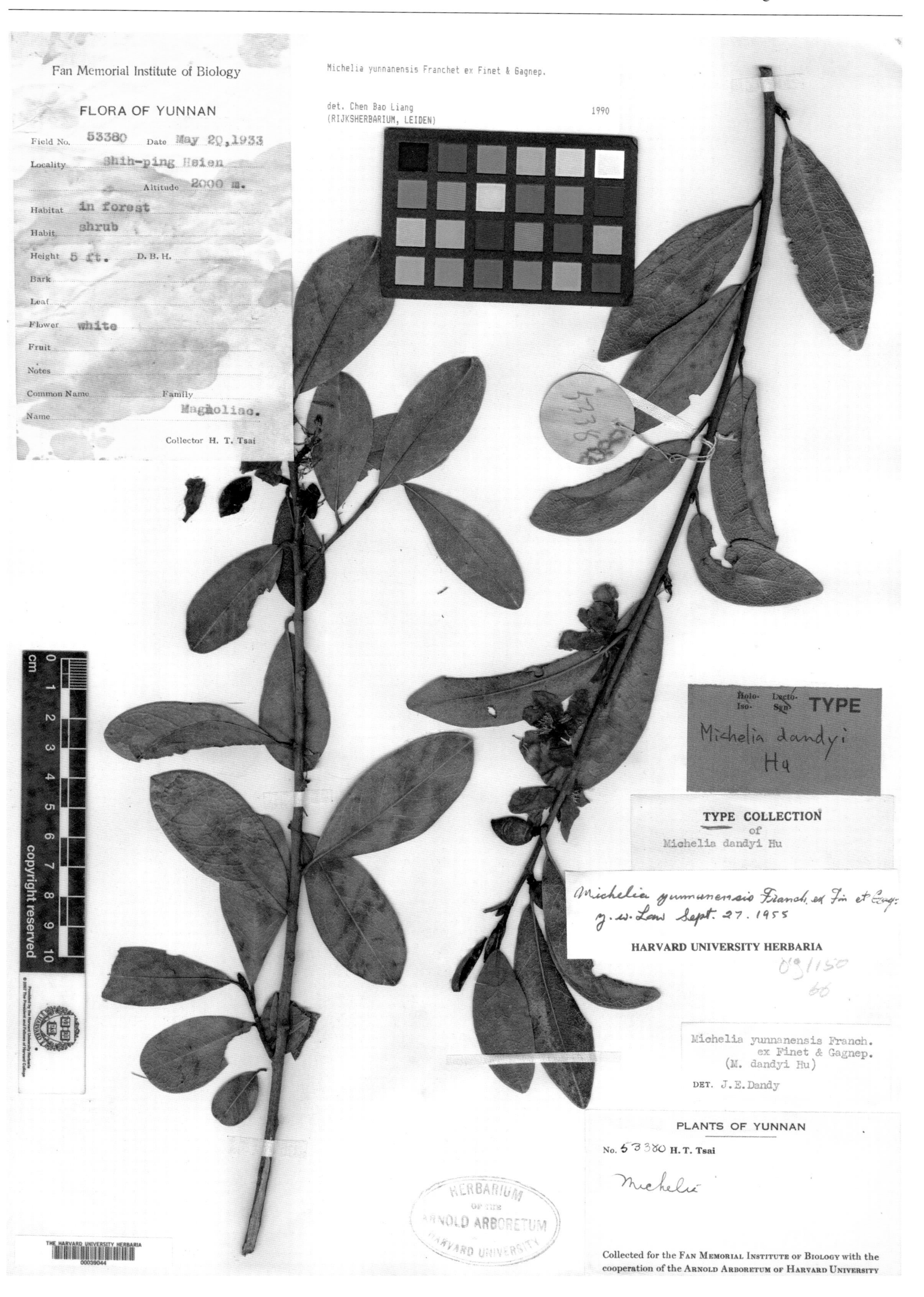
Fan Memorial Institute of Biology
FLORA OF YUNNAN
Field No. 53380 Date May 20,1933
Locality Shih-ping Hsien
Altitude 2000 m.
Habitat in forest
Habit shrub
Height 5 ft. D. B. H.
Bark
Leaf
Flower white
Fruit
Notes
Common Name Family
Name Magnoliac.
Collector H. T. Tsai
Michelia yunnanensis Franchet ex Finet & Gagnep.
det. Chen Bao Liang 1990
(RIJKSHERBARIUM, LEIDEN)
TYPE
Michelia dandyi Hu
TYPE COLLECTION
of
Michelia dandyi Hu
HARVARD UNIVERSITY HERBARIA
Michelia yunnanensis Franch.
ex Finet & Gagnep.
(M. dandyi Hu)
DET. J.E.Dandy
PLANTS OF YUNNAN
No. 53380 H. T. Tsai
Collected for the Fan Memorial Institute of Biology with the
cooperation of the Arnold Arboretum of Harvard University
HERBARIUM OF THE ARNOLD ARBORETUM HARVARD UNIVERSITY
THE HARVARD UNIVERSITY HERBARIA
00039044
copyright reserved

丹地含笑 ***Michelia dandyi*** Hu in Bull. Fan Mem. Inst. Biol., Bot. 8: 34. 1937. **Isotype:** China. Yunnan: Shih-ping (=Shiping), alt. 2 000 m, 1933-05-20, H. T. Tsai 53380 (A).

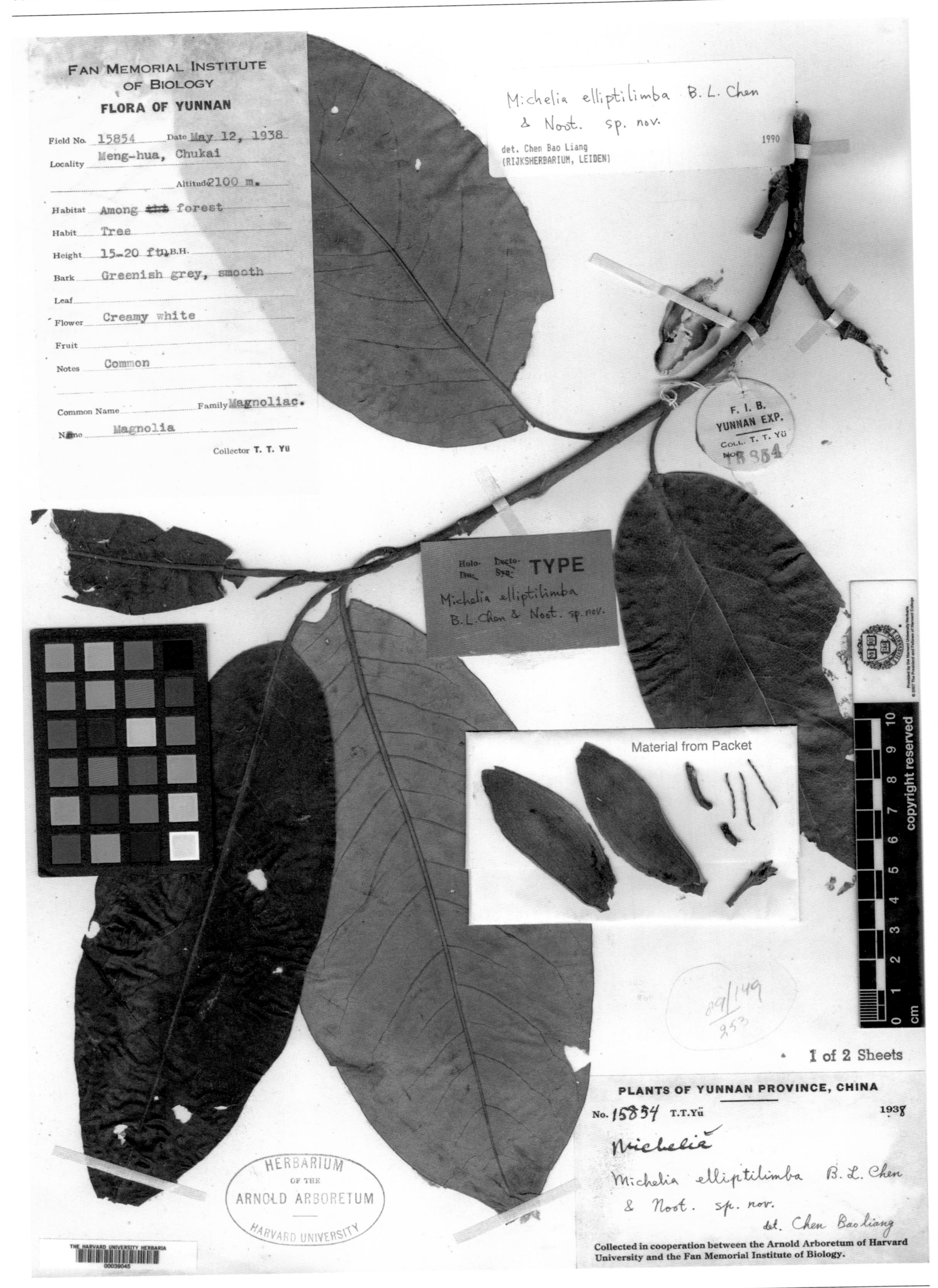
FAN MEMORIAL INSTITUTE OF BIOLOGY
FLORA OF YUNNAN
Field No. 15854 Date May 12, 1938
Locality Meng-hua, Chukai
Altitude 2100 m.
Habitat Among forest
Habit Tree
Height 15-20 ft. B.H.
Bark Greenish grey, smooth
Leaf
Flower Creamy white
Fruit
Notes Common
Common Name
Family Magnoliac.
Name Magnolia
Collector T. T. Yü
Michelia elliptilimba B. L. Chen & Noot. sp. nov.
det. Chen Bao Liang (RIJKSHERBARIUM, LEIDEN) 1990
F. I. B. YUNNAN EXP. COLL. T. T. YÜ No. 15854
Holo- TYPE
Michelia elliptilimba B.L. Chen & Noot. sp. nov.
Material from Packet
copyright reserved
1 of 2 Sheets
PLANTS OF YUNNAN PROVINCE, CHINA
No. 15854 T.T.Yü 1938
Michelia
Michelia elliptilimba B. L. Chen & Noot. sp. nov.
det. Chen Baoliang
Collected in cooperation between the Arnold Arboretum of Harvard University and the Fan Memorial Institute of Biology.
HERBARIUM OF THE ARNOLD ARBORETUM HARVARD UNIVERSITY
THE HARVARD UNIVERSITY HERBARIA
00039045

椭圆叶含笑 ***Michelia elliptilimba*** B. L. Chen & Nooteboom in Ann. Missouri Bot. Gard. 80(4): 1064, f. 11. 1993. **Holotype:** China. Yunnan: Menghua (=Weishan), alt. 2 100 m, 1938-05-12, T. T. Yu 15854 (A).

Michelia velutina DC
det. Chen Bao Liang
(RIJKSHERBARIUM, LEIDEN)
1990
copyright reserved
HERBARIUM
OF THE
ARNOLD ARBORETUM
HARVARD UNIVERSITY
TYPE
Michelia lanceolate
E.H.Wilson
Rock 6919
PLANTS OF YUNNAN, CHINA
2nd sheet
West of Talifu, Mekong watershed, en route to Youngchang and Tengyueh
No. 6919
J. F. ROCK, Collector
THE HARVARD UNIVERSITY HERBARIA
00039048

**披针叶含笑** ***Michelia lanceolata*** Wils. in J. Arnold Arbor. 7(4): 237. 1926. **Holotype:** China. Yunnan: Dali, 1922-(09~10)-??, J. F. Rock 6919 (A).

0 1 2 3 4 5 6 7 8 9 10
cm
copyright reserved
Provided by the Harvard University Herbaria
© 2007 The President and Fellows of Harvard College
Note:- If Magnolia Maclurei Merr. is merely a manuscript name, then this sheet will be the type-specimen of Michelia Maclurei. If, however, the name Magnolia Maclurei has already been published by Merrill, then the type-specimen is as specified by him.
J. E. Dandy, 21/1/1928.
HERBARIUM OF THE ARNOLD ARBORETUM HARVARD UNIVERSITY
Material from Packet
Michelia Maclurei (Merr.) Dandy.
Determinavit J. E. Dandy, 1928.
THE HARVARD UNIVERSITY HERBARIA
00039051
Michelia maclurei Dandy
det. Chen Bao Liang
(RIJKSHERBARIUM, LEIDEN)
1990
HERBARIUM OF THE ARNOLD ARBORETUM HARVARD UNIVERSITY
Magn
HERBARIUM, UNIVERSITY OF CALIFORNIA
DEPOSITED BY E. D. MERRILL
PLANTS OF China
Magnolia maclurei Merr.n.sp.
Hueng Lo Keuk. Kwangtung Province.
" Very rare in the region visited,the only plants found were badly injured and dwarfed by repeated accidental burning. Wild, not cultivated. Very fragrant"
13292 McClure March 14, 1925

**醉香含笑** ***Michelia maclurei*** Dandy in J. Bot. 66: 360. 1928. **Syntype:** China. Guangdong: Guangzhou, Hueng Lo Keuk, 1925-03-14, F. A. McClure 1468 (= Canton Christian College 13292) (A).

copyright reserved
cm
Material from Packet
THE HARVARD UNIVERSITY HERBARIA
00039052
Michelia maclurei Dandy
det. Chen Bao Liang 1990
(RIJKSHERBARIUM, LEIDEN)
TYPE
Michelia macclurei
var. sublanse Dandy
HERBARIUM
OF THE
ARNOLD ARBORETUM
HARVARD UNIVERSITY
Iso-type!
alt. 900m.
Herbarium of the College of Agriculture
Sun Yatsen University, Canton
Herb. No.
Date July 27,192
Collector: Tsiang Ying
Field No. 2609
Locality: Kwangturg, Kiangtung, Sun-yi
Michelia Macclurei Dandy
var. sublanea Dandy
Determined by:

**展毛含笑** ***Michelia maclurei*** Dandy var. ***sublanea*** Dandy in J. Bot. 68: 212. 1930. **Isotype:** China. Guangdong: Sun-yi (=Xinyi), alt. 900 m, 1929-07-27, Y. Tsiang 2609 (A).

Fan Memorial Institute of Biology
FLORA OF YUNNAN
Field No. 56961 Date Feb. 20, 1934
Locality Mong-ka
Altitude 1550 m.
Habitat in forest
Habit big tree
Height 50 ft. D.B.H. 7 in.
Bark
Leaf
Flower white
Fruit
Notes
Common Name Family
Name
Collector H. T. Tsai
Fan. Inst. Biol. YUNNAN EXPEDITION COLLECTOR H. T. TSAI
Holo- Lecto- Iso- Syn- TYPE
Michelia manifica Hu
TYPE COLLECTION of Michelia magnifica Hu
Material from Packet
cm 0 1 2 3 4 5 6 7 8 9 10
copyright reserved
Michelia lacei W.W. Smith
det. Chen Bao Liang (RIJKSHERBARIUM, LEIDEN)
1990
Michelia lacei W.W.Smith (M. magnifica Hu)
DET. J.E.Dandy
PLANTS OF YUNNAN
No. 56961 H. T. Tsai
Magnolia
HERBARIUM OF THE ARNOLD ARBORETUM HARVARD UNIVERSITY
THE HARVARD UNIVERSITY HERBARIA
00039050
Collected for the Fan Memorial Institute of Biology with the cooperation of the Arnold Arboretum of Harvard University

**壮丽含笑** ***Michelia magnifica*** Hu in Bull. Fan Mem. Inst. Biol., Bot. 10: 118. 1940. **Isotype:** China. Yunnan: Mong-Ka, alt. 1 550 m, 1934-02-20, H. T. Tsai 56961 (A).

Michelia maudiae Dunn
det. Chen Bao Liang
(RIJKSHERBARIUM, LEIDEN)
1990
TYPE
Michelia maudiae
Dunn
copyright reserved
HERBARIUM
OF THE
ARNOLD ARBORETUM
HARVARD UNIVERSITY
HERBARIUM OF THE ARBORETUM.
HARVARD UNIVERSITY.
THE HARVARD UNIVERSITY HERBARIA
00039053
Ex Herb. Hongkong Botanic Garden.
No. 2065.
Michelia maudiae, Dunn.
China,
Kwangtung Province.
Aug., 1887.
C. FORD.
isosyntype

**深山含笑** ***Michelia maudiae*** Dunn in J. Linn. Soc. Bot. 38: 353. 1908. **Isosyntype:** China. Hong Kong, 1905-02-15, Herb. Hong Kong Bot. Gard. 2065 (A).

copyright reserved
TYPE
Michelia mediocris Dandy
Michelia mediocris Dandy
det. Chen Bao Liang
(RIJKSHERBARIUM, LEIDEN)
1990
HERBARIUM OF THE ARNOLD ARBORETUM HARVARD UNIVERSITY
iso type!
C. C. C. No.. 8593
HAINAN PLANTS
FROM THE CANTON CHRISTIAN COLLEGE HERBARIUM
CANTON, CHINA
MAGNOLIACEAE
Collector F. A. McClure
Identified by E. D. Merrill
THE HARVARD UNIVERSITY HERBARIA
00039057


白花含笑 ***Michelia mediocris*** Dandy in J. Bot. 66(2): 47. 1928. **Isotype:** China. Hainan: Wuzhishan, Wuzhi Shan, 1921-12-16, F. A. McClure s. n. (=C. C. C. 8593) (A).

TYPE
Michelia platypetala Hand.-Mazz.
HARVARD UNIVERSITY HERBARIA
HANDEL-MAZZETTI, ITER SINENSE 1914-1918,
sumptibus Academiae scientiarum Vindobonensis susceptum.
Prov. HUNAN austro-occ.: In monte Yün-schan prope urbem Wukang, in silva elata frondosa umbrosa.
Substr. schisto argilloso ; alt. s. m. ca. 950 m.
Leg. 12. VII. 1918 Dr. Heinr. Frh. v. Handel-Mazzetti. (Diar. Nr. 2549)
Michelia cavaleriei Finet & Gagnep.
det. Chen Bao Liang
(RIJKSHERBARIUM, LEIDEN)
1990
HERBARIUM OF THE ARNOLD ARBORETUM HARVARD UNIVERSITY
THE HARVARD UNIVERSITY HERBARIA
00039058
copyright reserved
cm


**阔瓣含笑** ***Michelia platypetala*** Hand.-Mazz. in Anz. Akad. Wiss. Wien, Math.-Nat. 58: 89. 1921. **Isosyntype:** China. Hunan: Wugang, Yun Shan, alt. 950 m, 1918-07-12, H. R. E. Handel-Mazzetti 2549 (A).

Michelia cavaleriei Finet & Gagnep.
det. Chen Bao Liang
(RIJKSHERBARIUM, LEIDEN)
1990
TYPE
Michelia platypetala
Hand.-Mazz.
0 1 2 3 4 5 6 7 8 9 10
cm
copyright reserved
HARVARD UNIVERSITY HERBARIA
THE HARVARD UNIVERSITY HERBARIA
00039059
Michelia platypetala
Hand.-Mazz.
ISOTYPE
DET. J.E.Dandy
Ad HANDEL-MAZZETTI, ITER SINENSE 1914-1918,
sumptibus Academiae scientiarum Vindobonensis susceptum.
Nr. 12.281
Talauma
Not. ad pl. viv.: fl. albi
det.
Prov. HUNAN austro-occ.: In monte Yün-schan prope urbem Wukang, in silva elata frondosa umbrosa
Substr. schisto argilloso ; alt. s. m. ca. m.
Leg. IV. 1919 Wang-Te-Hui.
HERBARIUM
OF THE
ARNOLD ARBORETUM
HARVARD UNIVERSITY
Material from Packet

阔瓣含笑 ***Michelia platypetala*** Hand.-Mazz. in Anz. Akad. Wiss. Wien, Math.-Nat. 58: 89. 1921. **Isosyntype:** China. Hunan: Wugang, Yun Shan, 1919-04-??, T. H. Wang 12281 (A).

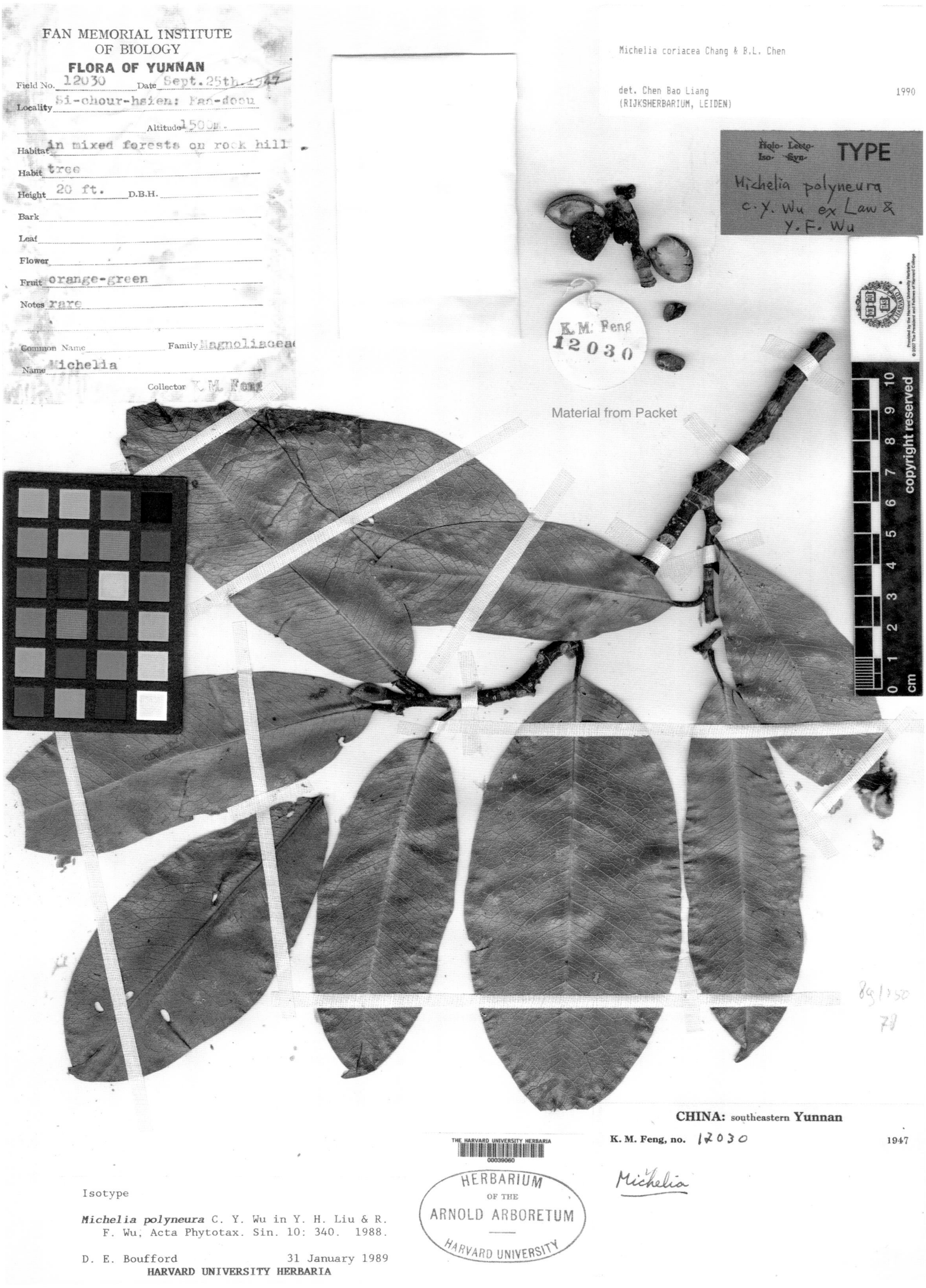

FAN MEMORIAL INSTITUTE
OF BIOLOGY
FLORA OF YUNNAN
Field No. 12030 Date Sept. 25th. 1947
Locality Si-chour-hsien: Fan-dsou
Altitude 1500 m.
Habitat in mixed forests on rock hill
Habit tree
Height 20 ft. D.B.H.
Bark
Leaf
Flower
Fruit orange-green
Notes rare
Common Name Family Magnoliaceae
Name Michelia
Collector K. M. Feng

Michelia coriacea Chang & B.L. Chen
det. Chen Bao Liang 1990
(RIJKSHERBARIUM, LEIDEN)

Holo- Lecto- Iso- Syn- TYPE
Michelia polyneura C. Y. Wu ex Law & Y. F. Wu

K. M. Feng 12030

Material from Packet



CHINA: southeastern Yunnan
K. M. Feng, no. 12030 1947
Michelia



Isotype
*Michelia polyneura* C. Y. Wu in Y. H. Liu & R. F. Wu, Acta Phytotax. Sin. 10: 340. 1988.
D. E. Boufford 31 January 1989
HARVARD UNIVERSITY HERBARIA

多脉含笑 *Michelia polyneura* C. Y. Wu in Acta Bot. Yunnan. 10(3): 340, f. 5:1–8. 1988. **Isotype:** China. Yunnan: Xichou, alt. 1 500 m, 1947-09-25, K. M. Feng 12030 (A).

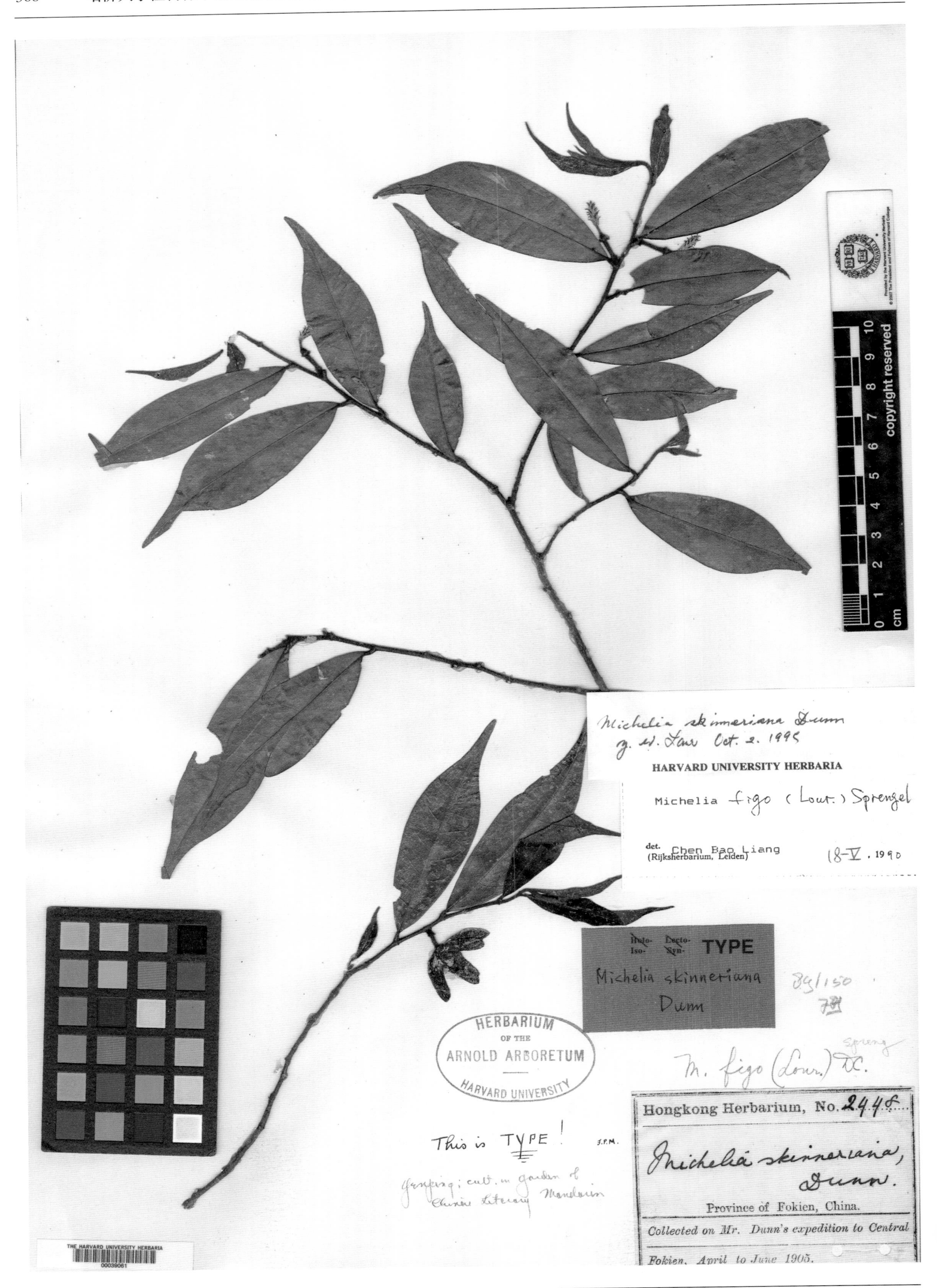
HARVARD UNIVERSITY HERBARIA
Michelia figo (Lour.) Sprengel
det. Chen Bao Liang (Rijksherbarium, Leiden) 18-V. 1990
TYPE
Michelia skinneriana Dunn
HERBARIUM OF THE ARNOLD ARBORETUM HARVARD UNIVERSITY
This is TYPE!
Hongkong Herbarium, No. 2448
Michelia skinneriana, Dunn.
Province of Fokien, China.
Collected on Mr. Dunn's expedition to Central Fokien, April to June 1905.
THE HARVARD UNIVERSITY HERBARIA
00039061
copyright reserved

**野含笑** ***Michelia skinneriana*** Dunn in J. Linn. Soc. Bot. 38: 354. 1908. **Isotype:** China. Fujian: Yanping, 1905-(04~06)-??, Hong Kong Herb. 2448 (A).

Leaf fragment removed for anatomical study S.C. Tucker 1963.
Holo- Iso- Lecto- Syn- TYPE
Michelia szechuanica Dandy
Michelia wilsonii Finet et Gagnep var. szechuanica (Dandy) Law var. nov.
Y. W. Law Oct. 3, 1995
HARVARD UNIVERSITY HERBARIA
Michelia wilsonii Finet & Gagnep.
det. Chen Bao Liang (RIJKSHERBARIUM, LEIDEN) 1990
No. 4598 ARNOLD ARBORETUM.
SECOND EXPEDITION TO CHINA. 1910-11.
Western Szechuan.
Michelia szechuanica Dandy
Coll. E. H. Wilson.
Alt.
HERBARIUM OF THE ARNOLD ARBORETUM HARVARD UNIVERSITY
copyright reserved
cm 0 1 2 3 4 5 6 7 8 9 10
THE HARVARD UNIVERSITY HERBARIA
00039062


川含笑 *Michelia szechuanica* Dandy in Notes Roy. Bot. Gard. Edinb. 16: 131. 1928. **Isotype:** China. Sichuan: Kai Xian, alt. 1 000~1 300 m, 1910-07-??, E. H. Wilson 4598 (A).

copyright reserved
cm
TYPE
Paramanglietia microcarpa Chang
Manglietia fordiana Oliver
var. fordiana
det. Chen Bao Liang
(RIJKSHERBARIUM, LEIDEN)
1990
HERBARIUM OF THE ARNOLD ARBORETUM HARVARD UNIVERSITY
FLORA OF KIANGSI
HERBARIUM OF
LINGNAN NATURAL HISTORY SURVEY AND MUSEUM
LINGNAN UNIVERSITY, CANTON, CHINA.
1st Kiangsi Expedition
Rare; dry, gentle slope, loam, forest; woody, erect; ht. 12 m., diam. 60 cm.; fl.; fruit.
Sai Hang Cheung (西坑障)
near Tung Lei Village (近東里鄉)
Kiennan District (虔南縣)
COLLECTED WITH THE COOPERATION OF ARNOLD ARBORETUM, HARVARD UNIVERSITY
Coll. Lau, S. K. 4246
Det.
Aug. 1-29, 1934.
Material from Packet
THE HARVARD UNIVERSITY HERBARIA
00039070

**小果拟木莲** ***Paramanglieta microcarpa*** Hung T. Chang in Acta Sci. Nat. Univ. Sunyatseni 1: 53. 1961. **Isotype:** China. Jiangxi: Kiennan (=Quannan), 1934-08-(01~29), S. K. Lau 4246 (A).

ISOLECTOTYPE of
Schisandra henryi Clarke,
Gard. Chron. III 38: 162 (1905).
ISOLECTOTYPE of
Schisandra elongata var. longissima Dunn,
J. Linn. Soc., Bot. 38: 354 (1908).
Schisandra henryi Clarke
subsp. henryi
Det. R.M.K. Saunders 5/1999
The University of Hong Kong
HERBARIUM OF THE ARNOLD ARBORETUM HARVARD UNIVERSITY
A. HENRY
CHINA, No. 9193 B
YUNNAN
Schisandra Henryi Clarke var. typica A. C. Sm.
TYPE Coll.; also cotype coll. of Schizandra elongata var. longissima Dunn, p.p.
Determined by A.C.Smith, 1946
FLORA OF CHINA.
COLL. A. HENRY.
copyright reserved
cm
0 1 2 3 4 5 6 7 8 9 10
THE HARVARD UNIVERSITY HERBARIA
00039148
THE HARVARD UNIVERSITY HERBARIA
00039149

长梗五味子 ***Schisandra elongata*** (Bl.) Baill. var. ***longissima*** Dunn in J. Linn. Soc. Bot. 38: 354. 1908. **Isolectotype** (designated by R. M. K. Saunders in Syst. Bot. Monogr. 58: 86. 2000. **Lectotype** in K): China. Yunnan: Yuanyang, Feng Chen Lin, alt. 2 135 m, A. Henry 9193 B (A).

copyright reserved
Henry
9193 b.
9193. a.
ISOLECTOTYPE of
Schisandra henryi Clarke,
Gard. Chron. III 38: 162 (1905).
ISOLECTOTYPE of
Schisandra elongata var. longissima Dunn,
J. Linn. Soc., Bot. 38: 354 (1908).
Schisandra henryi Clarke
subsp. henryi
Det. R.M.K. Saunders 5/1999
The University of Hong Kong
HERBARIUM OF THE ARNOLD ARBORETUM HARVARD UNIVERSITY
THE HARVARD UNIVERSITY HERBARIA
00039148
THE HARVARD UNIVERSITY HERBARIA
00039149
FLORA OF CHINA.
Schizandra elongata Bl. var. longissima Dunn
COLL. A. HENRY.
A. HENRY
CHINA, No. 9193 B
YUNNAN Feng Chen Lin mt forests, 7000' long climber yellow fls
Schisandra Henryi Clarke var. typica A. C. Sm.
TYPE coll.; also cotype coll. of Schizandra elongata var. longissima Dunn, p.p.
Determined by A.C.Smith, 1946

翼梗五味子 ***Schisandra henryi*** Clarke in Gard. Chron., ser. 3, 38: 162, f. 55. 1905. **Isolectotype** (designated by A. C. Smith in Sargentia 7: 112. 1947. **Lectotype** in K): China. Yunnan: Yuanyang, Feng Chen Lin, alt. 2 135 m, A. Henry 9193 B (A).

CHEKIANG PLANTS
FLORA OF CHINA
中國植物
Field No. 1606
Date May 23, 24
Locality
Altitude
Habitat
Habit
Height 30 ft
D. B. H.
Bark
Leaf light green
Flower Not open
Fruit
Notes
Common Name
Family
Name Schizandra ?
Collector
HOLOTYPE of
Schisandra henryi var. marginalis A.C. Smith,
Sargentia 7: 115 (1947).
Schisandra henryi Clarke subsp.
marginalis (A.C. Sm.) Saunders
Det. R.M.K. Saunders 5/1999
The University of Hong Kong
copyright reserved
cm
0 1 2 3 4 5 6 7 8 9 10
THE HARVARD UNIVERSITY HERBARIA
00039152
HERBARIUM
OF THE
ARNOLD ARBORETUM
HARVARD UNIVERSITY
Schisandra Henryi Clarke var. marginalis
TYPE
A. C. Sm.
Determined by A.C.Smith, 1946
PLANTS OF CHEKIANG.
No. 1606
Schisandra glaucescens Diels
Coll. Ren-Chang Ching.


**缘梗五味子** ***Schisandra henryi*** Clarke var. ***marginalis*** A. C. Smith in Sargentia 7: 115, f. 19. 1947. **Holotype:** China. Zhejiang: Sia-Chu (=Xianju), alt. 854 m, 1924-05-23, R. C. Ching 1606 (A).

copyright reserved
cm
Schisandra arisanensis Hayata ssp. yunnanensis (A.C. Sm.) R.M.K. Saunders
Det. R.M.K. Saunders 5/1999
The University of Hong Kong
HOLOTYPE of
Schisandra henryi var. yunnanensis A.C. Smith, Sargentia 7: 116 (1947).
Schisandra Henryi Clarke var. yunnanensis A. C. Sm.
TYPE
Determined by A.C.Smith, 1946
FLORA OF CHINA.
Coll. A. HENRY.
A. HENRY
CHINA, No 12,022
HERBARIUM OF THE ARNOLD ARBORETUM HARVARD UNIVERSITY
THE HARVARD UNIVERSITY HERBARIA
00039153

滇五味子 ***Schisandra henryi*** Clarke var. ***yunnanensis*** A. C. Smith in Sargentia 7: 116. 1947. **Holotype:** China. Yunna: Simao, alt. 1 525 m, A. Henry 12022 (A).

0 1 2 3 4 5 6 7 8 9 10
cm
copyright reserved
Coll J. Esquirol
58. Schizandra hypoglauca Lévl.
7 mai 1904
Liane fl. jaunes
ex HERB. HORT. REG. BOT. EDIN
HERBARIUM OF MONSEIGNEUR LÉVEILLÉ
Material from Packet
Schisandra henryi Clarke
subsp. henryi
Det. R.M.K. Saunders 5/1999
The University of Hong Kong
ISOLECTOTYPE of
Schisandra hypoglauca H. Léveillé,
Repert. Spec. Nov. Regni Veg. 9: 459
Schisandra Henryi Clarke var. typica A. C.
Type coll. of Schizandra hypoglauca H. Lév.
Determined by A.C.Smith
HERBARIUM OF THE ARNOLD ARBORETUM HARVARD UNIVERSITY
HERBARIUM OF THE ARNOLD ARBORETUM
DUPLICATES FROM HERB. LÉVEILLÉ
RECEIVED FROM BOTANIC GARDEN, EDINBURG, 1928
Schizandra hypoglauca
S. Henryi Clarke
THE HARVARD UNIVERSITY HERBARIA
00039154

白背叶五味子 ***Schisandra hypoglauca*** Lévl. in Fedde, Repert. Sp. Nov. 9: 459. 1911. **Isotype:** China. Guizhou: Precise locality not known, 1904-05-07, J. Esquirol 58 (A).

PARATYPE of
Schisandra incarnata Stapf,
Curtis's Bot. Mag. 152: sub fig. 9146 (1928).
Schisandra incarnata Stapf
Det. R.M.K. Saunders 5/1999
University of Hong Kong
copyright reserved
cm
HERBARIUM OF THE ARNOLD ARBORETUM HARVARD UNIVERSITY
Schisandra incarnata Stapf
COTYPE COLL.
Determined by A.C.Smith, 1946
THE HARVARD UNIVERSITY HERBARIA
00057506
No. 318
ARNOLD ARBORETUM.
EXPEDITION TO CHINA. 1907-09
Western Hupeh.
Coll. E. H. Wilson.
Alt.

**兴山五味子** ***Schisandra incarnata*** Stapf in Curtis's Bot. Mag. 152: sub. tab. 9146. 1928. **Isosyntype:** China. Hubei: Fang Xian, alt. 1 525~1 830 m, 1907-05-??, E. H. Wilson 318 (A).

copyright reserved
Schisandra incarnata Stapf
Det. R.M.K. Saunders 5/1999
University of Hong Kong
ISOLECTOTYPE of
Schisandra incarnata Stapf,
Curtis's Bot. Mag. 152: sub fig. 9146 (1928).
Schisandra incarnata Stapf
COTYPE COLL.
Determined by A.C.Smith, 1946
HERBARIUM OF THE ARNOLD ARBORETUM HARVARD UNIVERSITY
Coll. E. H. WILSON,
(For J. VEITCH & SONS).
C. China. W. Hupeh.
No. 2085
HERBARIUM OF THE ARBORETUM.
HARVARD UNIVERSITY.
Schizandra grandiflora

兴山五味子 ***Schisandra incarnata*** Stapf in Curtis's Bot. Mag. 152: sub. tab. 9146. 1928. **Isolectotype** (designated by R. M. K. Saunders in Syst. Bot. Monogr. 58: 59. 2000. **Lectotype** in K): China. Hubei: Precise locality not known, 1901-06-??, E. H. Wilson 2085 (A).

Fan Memorial Institute of Biology
FLORA OF YUNNAN
Field No. 55161 Date May 17, 1934
Locality Ping-pien Hsien
Altitude 1200 m.
Habitat by stream
Habit twining shrub
Height D.B.H.
Bark
Leaf
Flower pinkish yellow
Fruit
Notes
Common Name Family
Name Schizandra
Collector H. T. Tsai
HOLOTYPE of
Schisandra micrantha A.C. Smith,
Sargentia 7: 135-136 (1947).
Schisandra micrantha A.C. Sm.
Det. R.M.K. Saunders 5/1999
University of Hong Kong
copyright reserved
cm
THE HARVARD UNIVERSITY HERBARIA
00039156
HERBARIUM
OF THE
ARNOLD ARBORETUM
HARVARD UNIVERSITY
Schisandra micrantha A. C. Sm.
TYPE
Determined by A.C.Smith, 1946
. PLANTS OF YUNNAN
No. 55161 H. T. Tsai
Schizandra
Collected for the Fan Memorial Institute of Biology with the
cooperation of the Arnold Arboretum of Harvard University


**小花五味子** ***Schisandra micrantha*** A. C. Smith in Sargentia 7: 135. 1947. **Holotype:** China. Yunnan: Pingbian, alt. 1 200 m, 1934-05-17, H. T. Tsai 55161 (A).

0 1 2 3 4 5 6 7 8 9 10
cm
copyright reserved
Schisandra neglecta A.C. Sm.
Det. R.M.K. Saunders 5/1999
The University of Hong Kong
HOLOTYPE of
Schisandra neglecta A.C. Smith,
Sargentia 7: 127-129 (1947).
THE HARVARD UNIVERSITY HERBARIA
00039157
Schisandra neglecta A.C.Sm.
TYPE
Determined by A.C.Smith, 1946
PLANTS OF NORTHWESTERN YUNNAN, CHINA
Mekong Valley, mountains of Kangpu, Yetche, and Anwal
No. 8933 J. F. ROCK, Collector
June, 1923
HERBARIUM
OF THE
ARNOLD ARBORETUM
HARVARD UNIVERSITY


**滇藏五味子** ***Schisandra neglecta*** A. C. Smith in Sargentia 7: 127, f. 17g, f. 16. 1947. **Holotype:** China. Yunnan: Weixi, Mts. of Kangpu, Yetche (=Yechi), and Anwal, 1923-06-??, J. F. Rock 8933 (A).

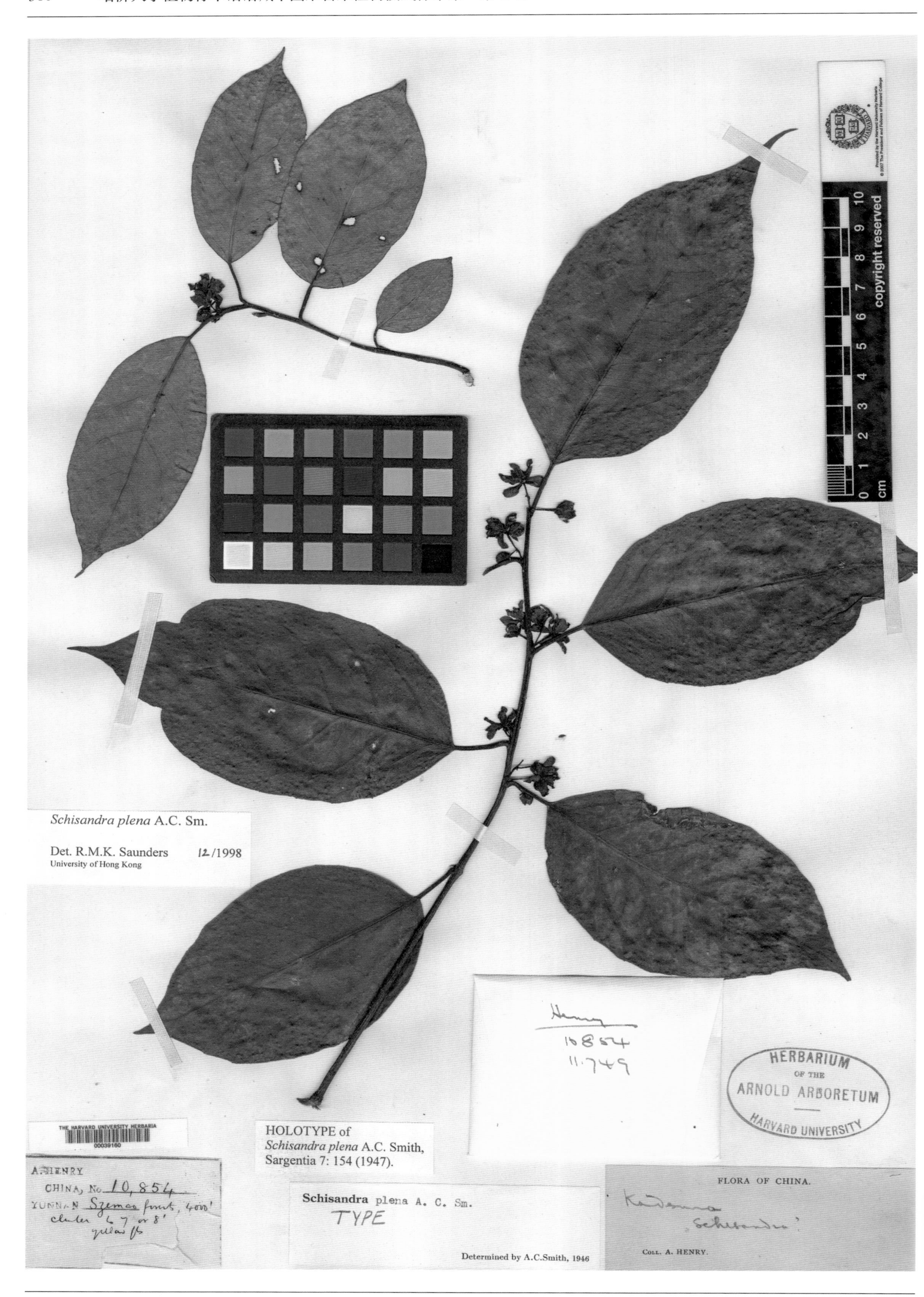
copyright reserved
cm
Schisandra plena A.C. Sm.
Det. R.M.K. Saunders 12/1998
University of Hong Kong
HERBARIUM
OF THE
ARNOLD ARBORETUM
HARVARD UNIVERSITY
THE HARVARD UNIVERSITY HERBARIA
00039160
HOLOTYPE of
Schisandra plena A.C. Smith,
Sargentia 7: 154 (1947).
A. HENRY
CHINA, No. 10,854
Schisandra plena A. C. Sm.
TYPE
Determined by A.C.Smith, 1946
FLORA OF CHINA.
COLL. A. HENRY.

**重瓣五味子** ***Schisandra plena*** A. C. Smith in Sargentia 7: 154. 1947. **Holotype:** China. Yunnan: Simao, alt. 1 220 m, A. Henry 10854 (A).

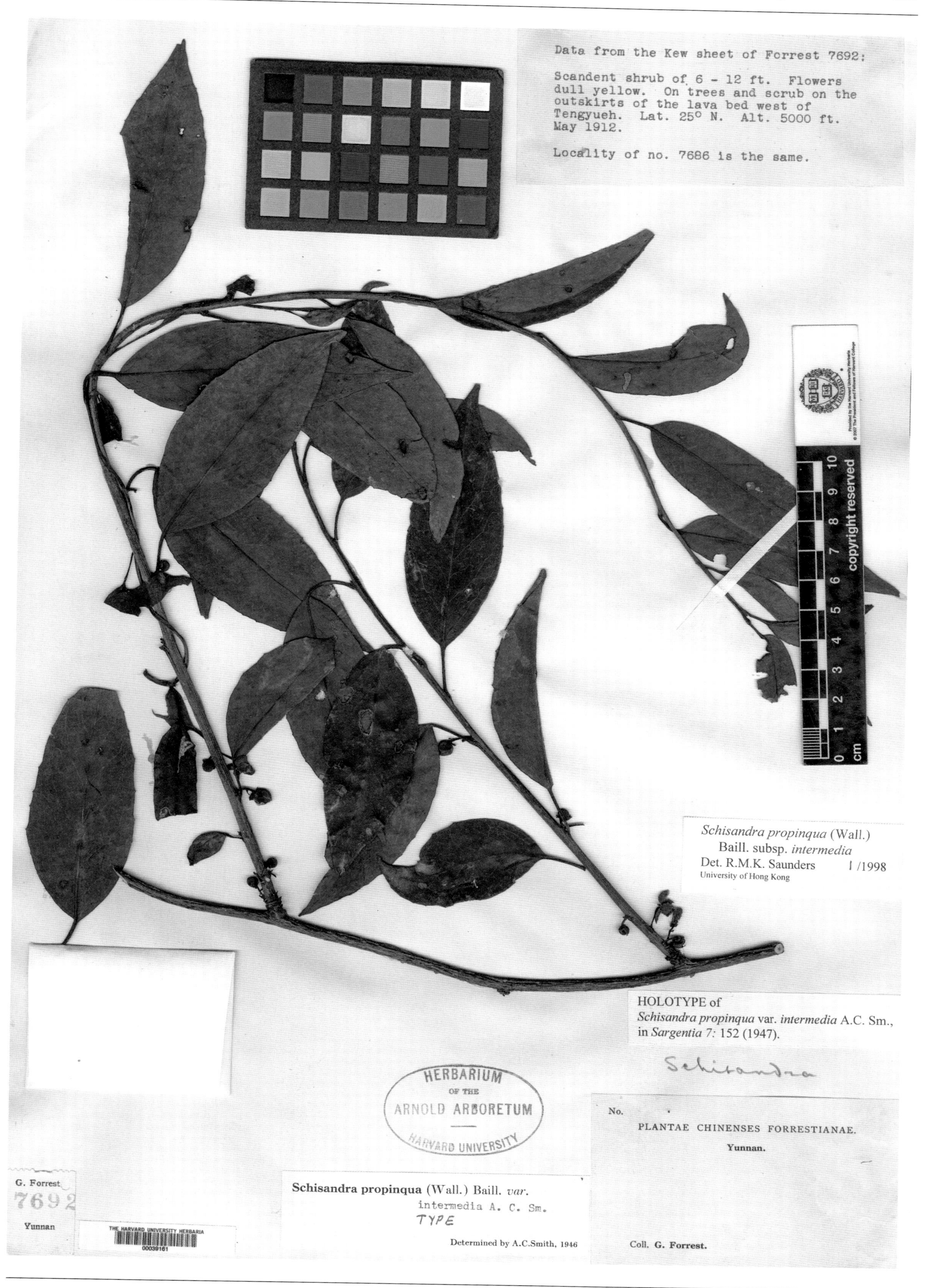

Data from the Kew sheet of Forrest 7692:
Scandent shrub of 6 - 12 ft. Flowers dull yellow. On trees and scrub on the outskirts of the lava bed west of Tengyueh. Lat. 25° N. Alt. 5000 ft. May 1912.
Locality of no. 7686 is the same.
copyright reserved
cm
Schisandra propinqua (Wall.) Baill. subsp. intermedia
Det. R.M.K. Saunders 1/1998
University of Hong Kong
HOLOTYPE of
Schisandra propinqua var. intermedia A.C. Sm., in Sargentia 7: 152 (1947).
HERBARIUM OF THE ARNOLD ARBORETUM HARVARD UNIVERSITY
No.
PLANTAE CHINENSES FORRESTIANAE.
Yunnan.
Coll. G. Forrest.
G. Forrest
7692
Yunnan
THE HARVARD UNIVERSITY HERBARIA
00039161
Schisandra propinqua (Wall.) Baill. var. intermedia A. C. Sm.
TYPE
Determined by A.C.Smith, 1946


**中间合蕊五味子** ***Schisandra propinqua*** (Wall.) Baill. var. ***intermedia*** A. C. Smith in Sargentia 7: 152, f. 28. 1947. **Holotype:** China. Yunnan: Tengyueh (=Tengchong), alt. 1 525 m, 1912-05-??, G. Forrest 7692 (A).

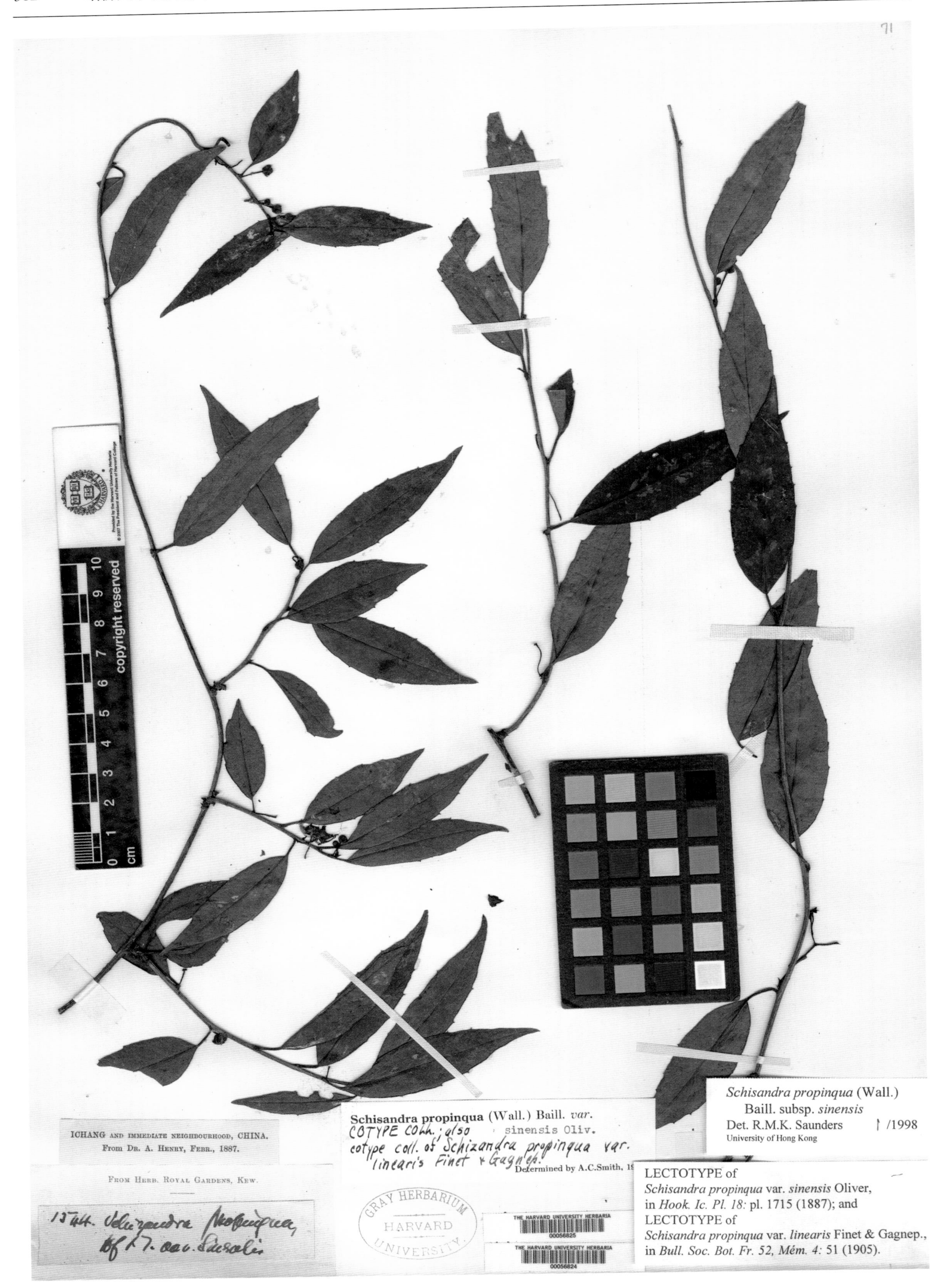
ICHANG AND IMMEDIATE NEIGHBOURHOOD, CHINA.
From Dr. A. Henry, Febr., 1887.
From Herb. Royal Gardens, Kew.
Schisandra propinqua (Wall.) Baill. var. sinensis Oliv.
COTYPE Coll.; also cotype coll. of Schizandra propinqua var. linearis Finet & Gagnep.
Determined by A.C.Smith
Schisandra propinqua (Wall.) Baill. subsp. sinensis
Det. R.M.K. Saunders /1998
University of Hong Kong
LECTOTYPE of
Schisandra propinqua var. sinensis Oliver,
in Hook. Ic. Pl. 18: pl. 1715 (1887); and
LECTOTYPE of
Schisandra propinqua var. linearis Finet & Gagnep.,
in Bull. Soc. Bot. Fr. 52, Mém. 4: 51 (1905).
GRAY HERBARIUM
HARVARD
UNIVERSITY
00056825
00056824
copyright reserved
cm

条叶五味子 ***Schisandra propinqua*** (Wall.) Baill. var. ***linearis*** Finet & Gagnep. in Bull. Soc. Bot. France 52(Mém. 4): 51. 1905. **Lectotype** (designated by R. M. K. Saunders in Edinb. J. Bot. 54: 280. 1997.): China. Hubei: Yichang, 1887-04-??, A. Henry 1544 (GH).

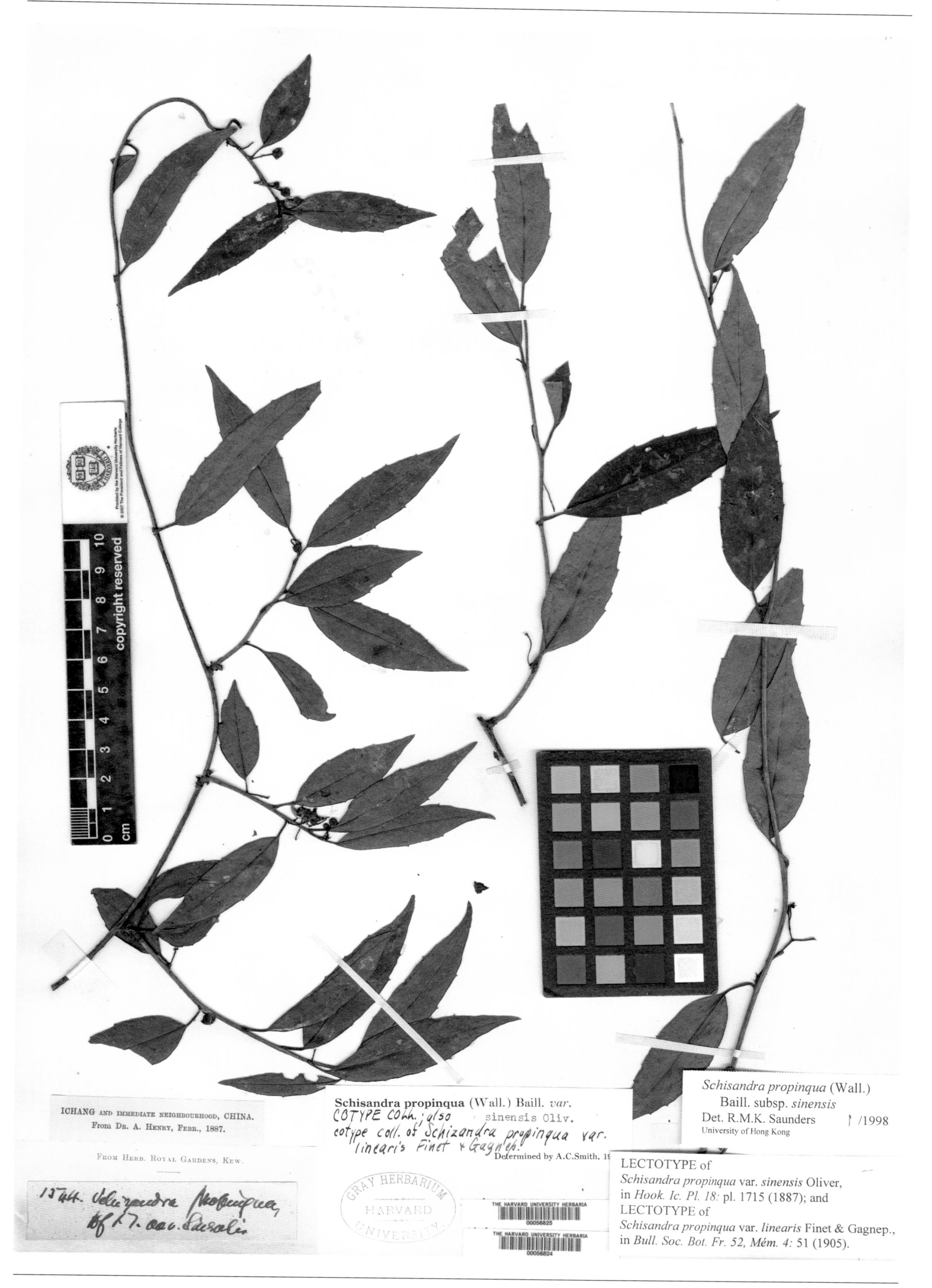
copyright reserved
ICHANG AND IMMEDIATE NEIGHBOURHOOD, CHINA.
From Dr. A. Henry, Febr., 1887.
From Herb. Royal Gardens, Kew.
Schisandra propinqua (Wall.) Baill. var.
sinensis Oliv.
Determined by A.C.Smith
Schisandra propinqua (Wall.)
Baill. subsp. sinensis
Det. R.M.K. Saunders /1998
University of Hong Kong
LECTOTYPE of
Schisandra propinqua var. sinensis Oliver,
in Hook. Ic. Pl. 18: pl. 1715 (1887); and
LECTOTYPE of
Schisandra propinqua var. linearis Finet & Gagnep.,
in Bull. Soc. Bot. Fr. 52, Mém. 4: 51 (1905).
GRAY HERBARIUM
HARVARD
UNIVERSITY
THE HARVARD UNIVERSITY HERBARIA
00056825
THE HARVARD UNIVERSITY HERBARIA
00056824

铁箍散 ***Schisandra propinqua*** (Wall.) Baill. var. ***sinensis*** Oliv. in Hook. Icon. Pl. 18, pl. 1715. 1887. **Lectotype** (designated by R. M. K. Saunders in Edinb. J. Bot. 54: 280. 1997.): China. Hubei: Yichang, 1887-04-??, A. Henry 1544 (GH).

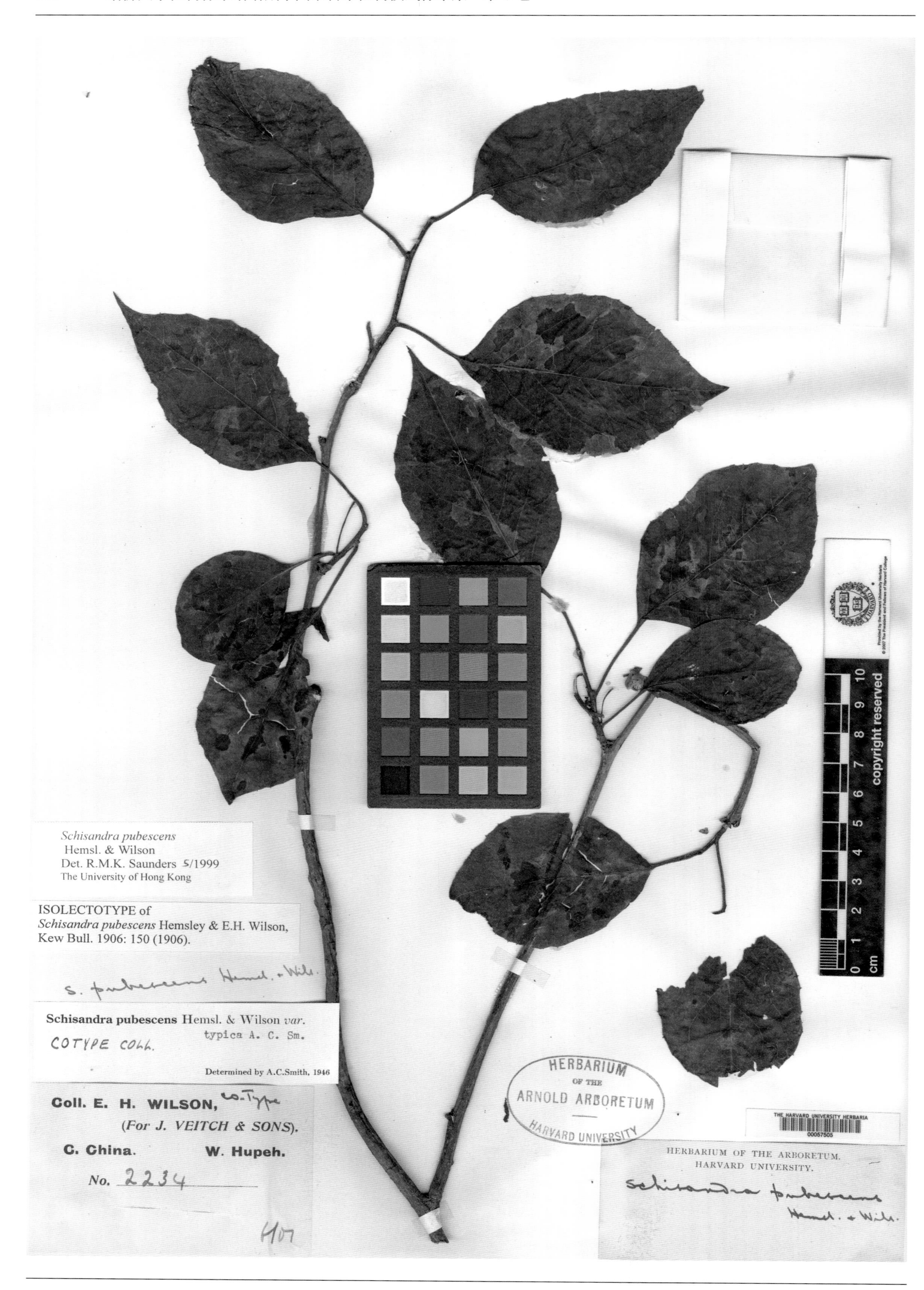
Schisandra pubescens
Hemsl. & Wilson
Det. R.M.K. Saunders 5/1999
The University of Hong Kong
ISOLECTOTYPE of
Schisandra pubescens Hemsley & E.H. Wilson,
Kew Bull. 1906: 150 (1906).
Schisandra pubescens Hemsl. & Wilson var.
typica A. C. Sm.
COTYPE COLL.
Determined by A.C.Smith, 1946
Coll. E. H. WILSON,
(For J. VEITCH & SONS).
C. China. W. Hupeh.
No. 2234
HERBARIUM OF THE ARNOLD ARBORETUM HARVARD UNIVERSITY
THE HARVARD UNIVERSITY HERBARIA
00057505
HERBARIUM OF THE ARBORETUM,
HARVARD UNIVERSITY.
copyright reserved
cm

**毛叶五味子** ***Schisandra pubescens*** Hemsl. & Wils. in Bull. Misc. Inform. Kew 1906(5): 150. 1906. **Isolectotype** (designated by R. M. K. Saunders in Syst. Bot. Monogr. 58: 78. 2000. **Lectotype** in K): China. Hubei: Changyang, 1907-06-??, E. H. Wilson 2234 (A).

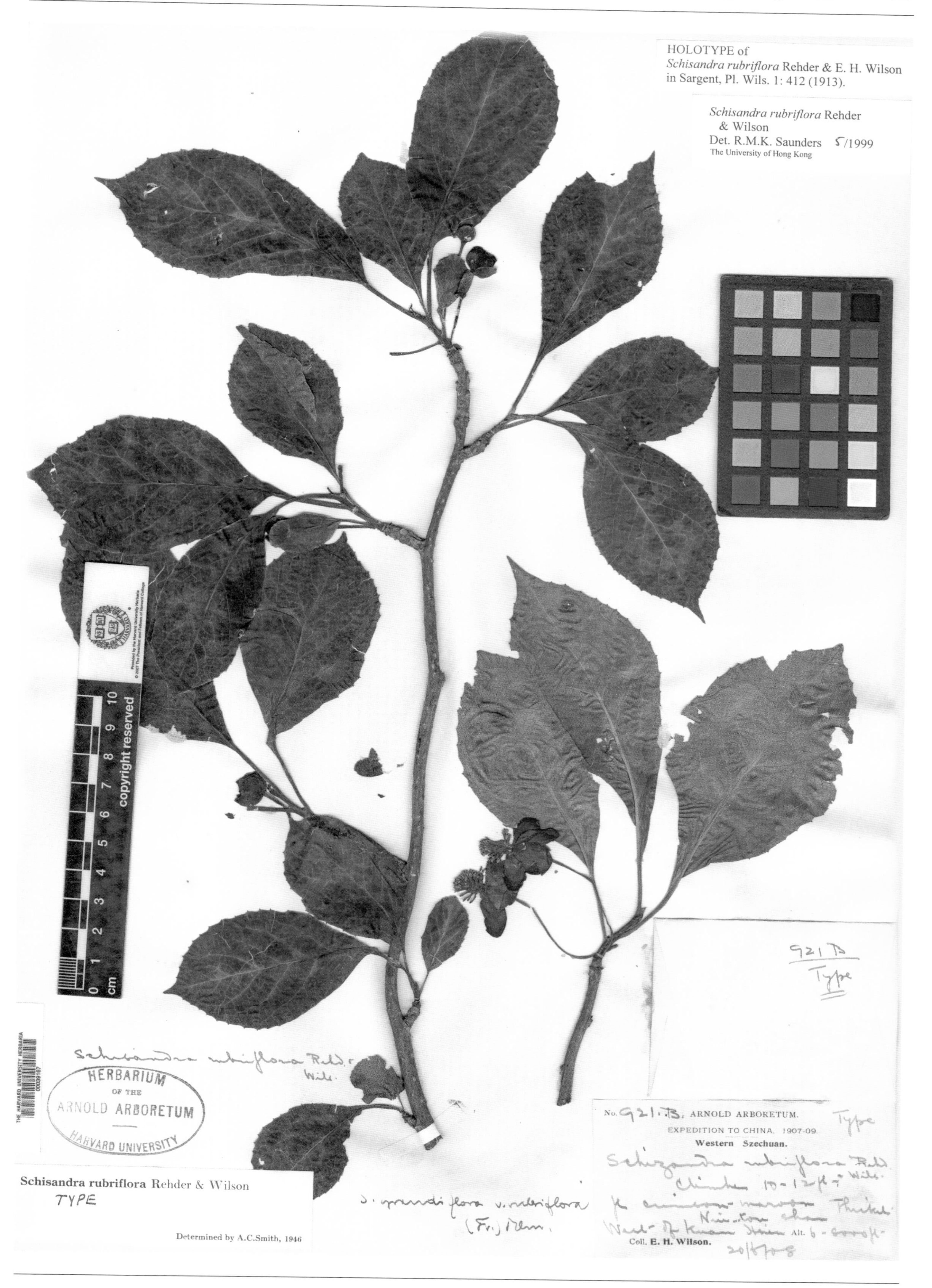
HOLOTYPE of
Schisandra rubriflora Rehder & E. H. Wilson
in Sargent, Pl. Wils. 1: 412 (1913).
Schisandra rubriflora Rehder
& Wilson
Det. R.M.K. Saunders 5/1999
The University of Hong Kong
copyright reserved
HERBARIUM
OF THE
ARNOLD ARBORETUM
HARVARD UNIVERSITY
Schisandra rubriflora Rehder & Wilson
TYPE
Determined by A.C.Smith, 1946
921 B
Type
No. 921 B. ARNOLD ARBORETUM.
EXPEDITION TO CHINA. 1907-09.
Western Szechuan.
Coll. E. H. Wilson.

红花五味子 ***Schisandra rubriflora*** Rehd. & Wils.in Sargent, Pl. Wils. 1(3): 412. 1913. **Holotype:** China. Sichuan: Dujiangyan, alt. 1 830~2 440 m, 1908-06-20, E. H. Wilson 921 B (A).

Schisandra sphaerandra Stapf
C. Y. Cheng
PARATYPE of
Schisandra sphaerandra Stapf,
Curtis's Bot. Mag. 152: sub fig. 9146 (1928).
PARATYPE of
Schisandra grandiflora var. cathayensis C.K. Schneider,
Bot. Gaz. 63: 522 (1917).
Schisandra sphaerandra Stapf
Det. R.M.K. Saunders 5/1999
The University of Hong Kong
copyright reserved
cm 0 1 2 3 4 5 6 7 8 9 10
Schizandra sphaerandra Stapf
var. cathayensis
HERBARIUM OF THE ARNOLD ARBORETUM HARVARD UNIVERSITY
Schisandra sphaerandra Stapf forma
COTYPE COLL.
typica A. C. Sm.
Determined by A.C.Smith, 1946
THE HARVARD UNIVERSITY HERBARIA
00039168
ITER CHINENSE 1914
SOCIETATIS DENDROLOGICAE AUSTRIAE ET HUNGARIAE
Camillo Schneider
No. 1276
Yunnan Szechuan austr., inter Kalapa et Linku, in dumetis adripas, frut. scandens, fl. interiore rubri
Mense Mai. 17
Alt. circiter 3300 m.


球蕊五味子 ***Schisandra sphaerandra*** Stapfin Curtis's Bot. Mag. 152: sub. tab. 9146. 1928. **Isosyntype:** China. Sichuan: between Kalapa & Linku, alt. 3 300 m, 1914-05-17, C. Schneider 1276 (A).

LECTOTYPE of
May 1907 collection
Schisandra sphenanthera Rehder & E.H. Wilson
in Sargent, Pl. Wils. 1: 414-415 (1913).
Schisandra sphenanthera
Rehder & Wilson
Det. R.M.K. Saunders 05/1999
The University of Hong Kong
copyright reserved
cm
Schisandra sphenanthera Rehder & Wilson
TYPE
Determined by A.C.Smith, 1946
HERBARIUM OF THE ARNOLD ARBORETUM HARVARD UNIVERSITY
THE HARVARD UNIVERSITY HERBARIA
00057504
00077870
No. 313.
ARNOLD ARBORETUM.
EXPEDITION TO CHINA. 1907-09
Western Hupeh.
Type
Coll. E. H. Wilson.

**华中五味子** ***Schisandra sphenanthera*** Rehd. & Wils. in Sargent, Pl. Wils. 1(3): 414. 1913. **Lectotype** (designated by R. M. K. Saunders in Syst. Bot. Monogr. 58: 67. 2000.): China. Hubei: Badong, alt.1 220~1 525 m, 1907-(05-07)-??, E. H. Wilson 313 (A).

LECTOTYPE of
Schisandra sphenanthera var. lancifolia Rehder & E.H. Wilson
in Sargent, Pl. Wils. 1: 415-416 (1913).
Schisandra lancifolia (Rehder & Wilson) A.C. Sm.
Det. R.M.K. Saunders 5/1999
University of Hong Kong
S. sphenanthera var. lancifolia Rehd. & Wils.
2552
No. 2552. ARNOLD ARBORETUM.
EXPEDITION TO CHINA. 1907-09
Western Szechuan.
Type
Coll. E. H. Wilson.
Alt.
HERBARIUM OF THE ARNOLD ARBORETUM HARVARD UNIVERSITY
THE HARVARD UNIVERSITY HERBARIA
00039170
Schisandra lancifolia (Rehder & Wilson) A.C.Sm.
TYPE: S. sphenanthera var. l. R. & W.
Determined by A.C.Smith, 1946
copyright reserved

**狭叶五味子** ***Schisandra sphenanthera*** Rehd. & Wils. var. ***lancifolia*** Rehd. & Wils. in Sargent, Pl. Wils. 1(3): 415. 1913.

**Holotype:** China. Sichuan: Mupin (=Baoxing), alt. 1 220~1 678 m, 1908-06-??, E. H. Wilson 2552 (A).

HOLOTYPE of
*Schisandra sphaerandra* form *pallida* A.C. Smith,
Sargentia 7: 109-110 (1947).
*Schisandra sphaerandra* Stapf
Det. R.M.K. Saunders 5/1999
The University of Hong Kong
HERBARIUM
OF THE
ARNOLD ARBORETUM
HARVARD UNIVERSITY
copyright reserved
cm
THE HARVARD UNIVERSITY HERBARIA
00039169
Schisandra sphaerandra Stapf *forma*
pallida A. C. Sm.
TYPE
Determined by A.C.Smith, 1946
PLANTS OF YUNNAN, CHINA
Climber, flo. rose pink to white.
Between Chienchuan plain and the Mekong drainage basin to
Lachiming elev. 9500 ft.
No. 8595 J. F. ROCK, Collector
May, 1923

白花球蕊五味子 ***Schisandra sphaerandra*** Stapff. ***pallida*** A. C. Smith in Sargentia 7: 109, f. 18. 1947. **Holotype:** China. Yunnan: Jianchuan, alt. 2 898 m, 1923-05-??, J. F. Rock 8595 (A).

Schisandra pubinervis (Rehder & Wilson) R.M.K. Saunders
Det. R.M.K. Saunders 5/1999
University of Hong Kong
LECTOTYPE of
Schisandra sphenanthera var. pubinervis Rehder & E.H. Wilso
in Sargent, Pl. Wils. 1: 415 (1913).
copyright reserved
HERBARIUM OF THE ARNOLD ARBORETUM HARVARD UNIVERSITY
No. 2551 ARNOLD ARBORETUM.
EXPEDITION TO CHINA. 1907-09.
Western Szechuan.
Coll. E. H. Wilson.
Schisandra pubescens Hemsl. & Wilson var.
pubinervis (Rehder & Wilson) A. C. Sm.
TYPE: S. sphenanthera var. p. R.& W.
Determined by A.C.Smith, 1946
THE HARVARD UNIVERSITY HERBARIA
00039171

毛脉五味子 ***Schisandra sphenanthera*** Rehd. & Wils. var. ***pubinervis*** Rehd. & Wils. in Sargent, Pl. Wils. 1(3): 415. 1913.
**Holotype:** China. Sichuan: Xiaojin, Monkong Ting, alt. 1 830~2 135 m, 1908-06-19, E. H. Wilson 2551 (A).

Schisandra tomentella A.C. Sm.
Det. R.M.K. Saunders
University of Hong Kong
copyright reserved
cm
HOLOTYPE of
Schisandra tomentella A.C. Smith,
Sargentia 7: 119-120 (1947).
Schisandra tomentella A. C. Sm.
TYPE
Determined by A.C.Smith, 1946
HERBARIUM
OF THE
ARNOLD ARBORETUM
HARVARD UNIVERSITY
THE HARVARD UNIVERSITY HERBARIA
00039172
Distributed
from
The Biological Laboratory of the Science Society
of China
Collector
Field No.
Date
Name Schizandra pubescens Hemsley
Locality Szechuan: Ma-pien-hsien.
Determined by

**柔毛五味子** ***Schisandra tomentella*** A. C. Smith in Sargentia 7: 119, f. 20. 1947. **Holotype:** China. Sichuan: Mabian, 1930-05-23, W. P. Fang 408 (A).

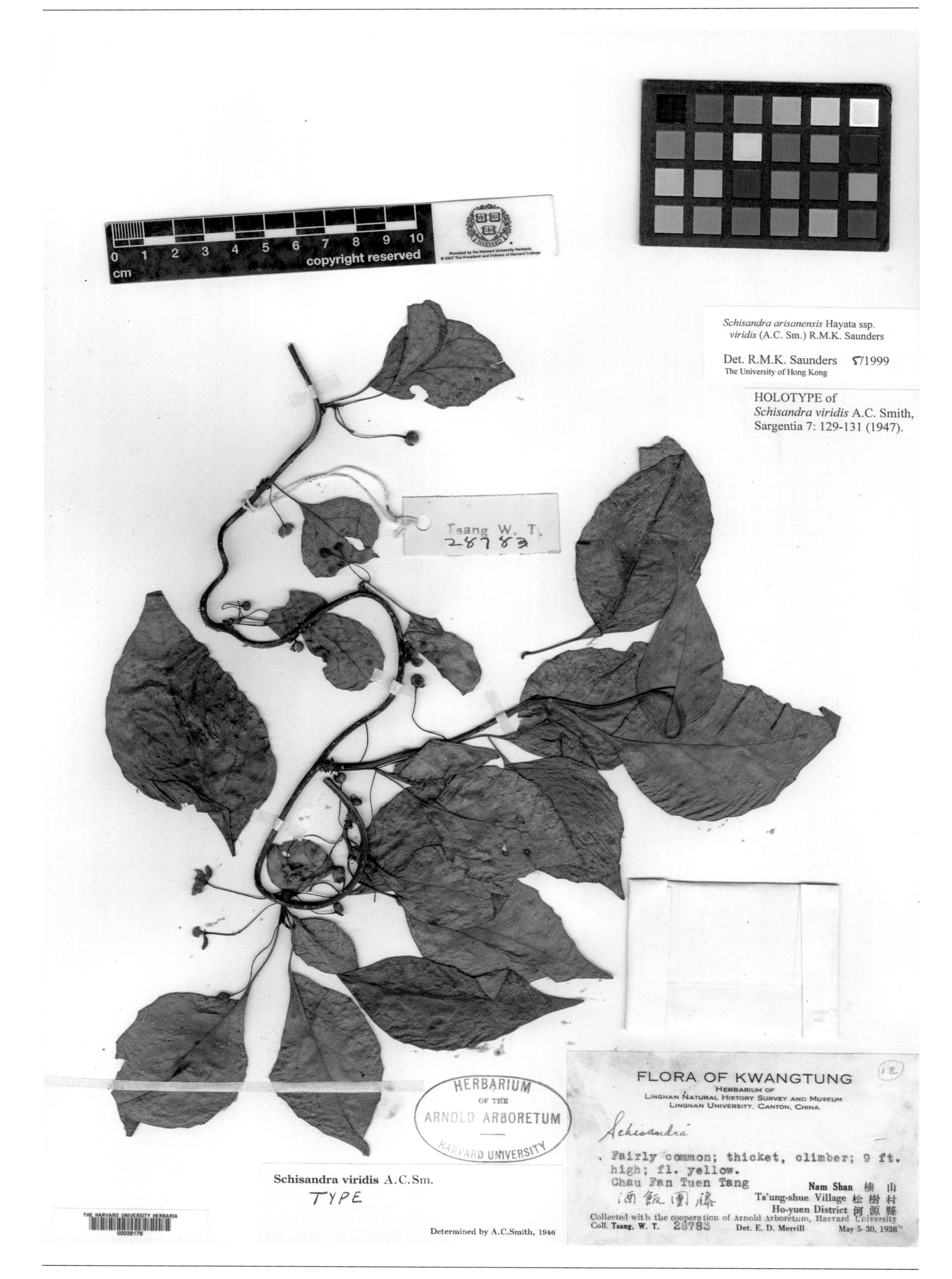
0 1 2 3 4 5 6 7 8 9 10
cm
copyright reserved
Schisandra arisanensis Hayata ssp. viridis (A.C. Sm.) R.M.K. Saunders
Det. R.M.K. Saunders 5/1999
The University of Hong Kong
HOLOTYPE of
Schisandra viridis A.C. Smith,
Sargentia 7: 129-131 (1947).
Tsang W. T.
28783
HERBARIUM
OF THE
ARNOLD ARBORETUM
HARVARD UNIVERSITY
Schisandra viridis A.C.Sm.
TYPE
Determined by A.C.Smith, 1946
THE HARVARD UNIVERSITY HERBARIA
00039176
FLORA OF KWANGTUNG
HERBARIUM OF
LINGNAN NATURAL HISTORY SURVEY AND MUSEUM
LINGNAN UNIVERSITY, CANTON, CHINA.
Schisandra
Fairly common; thicket, climber; 9 ft. high; fl. yellow.
Chau Fan Tuen Tang
酒飯團藤
Nam Shan 楠山
Ts'ung-shue Village 松樹村
Ho-yuen District 河源縣
Collected with the cooperation of Arnold Arboretum, Harvard University
Coll. Tsang, W. T. 28783 Det. E. D. Merrill May 5-30, 1938

**绿叶五味子** ***Schisandra viridis*** A. C. Smith in Sargentia 7: 129, f. 22. 1947. **Holotype:** China. Guangdong: Heyuan, 1938-05-(05~30), W. T. Tsang 28783 (A).

0 1 2 3 4 5 6 7 8 9 10
cm
copyright reserved
Schisandra bicolor W.-C. Cheng
Det. R.M.K. Saunders 5/1999
University of Hong Kong
HOLOTYPE of
Schisandra wilsoniana A.C. Smith,
Sargentia 7: 122-123 (1947).
HERBARIUM
OF THE
ARNOLD ARBORETUM
HARVARD UNIVERSITY
Schisandra Wilsoniana A. C. Sm.
TYPE
Determined by A.C.Smith, 1946
PLANTS OF YUNNAN, CHINA
Mountains south of Likiang, near Hochin and Chiuho
No. 4039 J. F. ROCK, Collector
THE HARVARD UNIVERSITY HERBARIA
00039177

**鹤庆五味子** ***Schisandra wilsoniana*** A. C. Smith in Sargentia 7: 122, f. 17 h–k & f. 20. 1947. **Holotype:** China. Yunnan: Hochin (=Heqing), 1923-05-(25~28), J. F. Rock 4039 (A).

# 蜡梅科
# Calycanthaceae

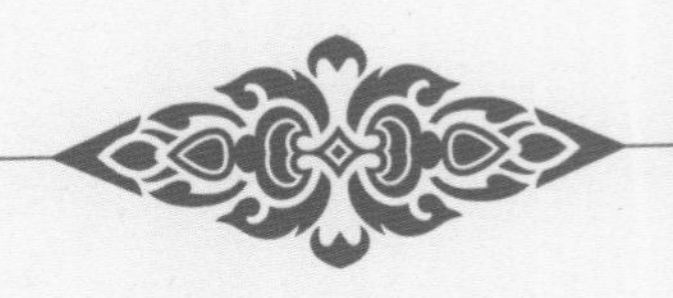

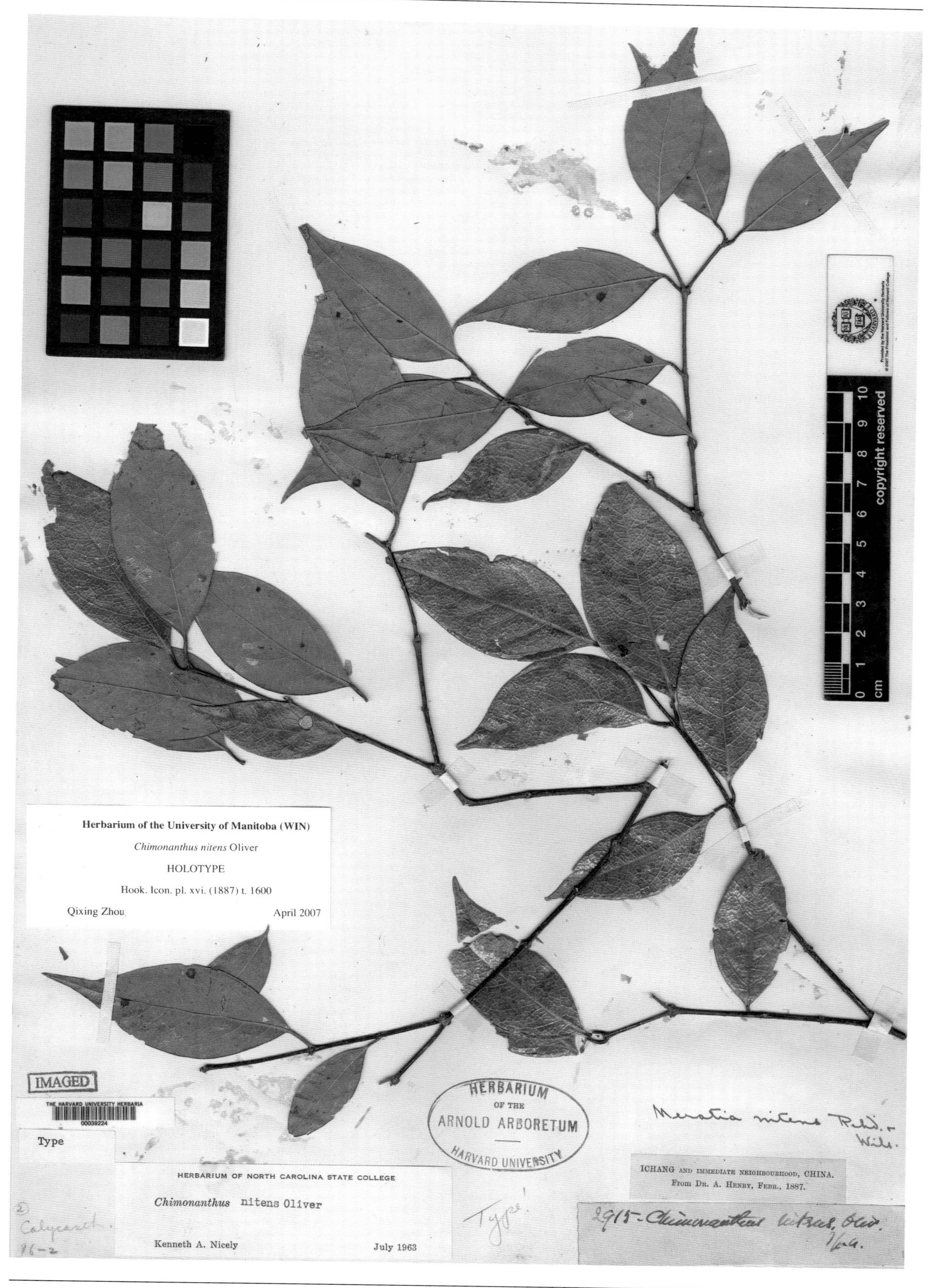
Herbarium of the University of Manitoba (WIN)
Chimonanthus nitens Oliver
HOLOTYPE
Hook. Icon. pl. xvi. (1887) t. 1600
Qixing Zhou April 2007
copyright reserved
cm
IMAGED
THE HARVARD UNIVERSITY HERBARIA
00039224
Type
HERBARIUM OF THE ARNOLD ARBORETUM
HARVARD UNIVERSITY
HERBARIUM OF NORTH CAROLINA STATE COLLEGE
Chimonanthus nitens Oliver
Kenneth A. Nicely July 1963
ICHANG AND IMMEDIATE NEIGHBOURHOOD, CHINA.
From Dr. A. Henry, Febr., 1887.

**山蜡梅** ***Chimonanthus nitens*** Oliv. in Hook. Icon. Pl. 16(4), pl. 1600. 1887. **Holotype:** China. Hubei: Yichang, A. Henry 2915 (A).

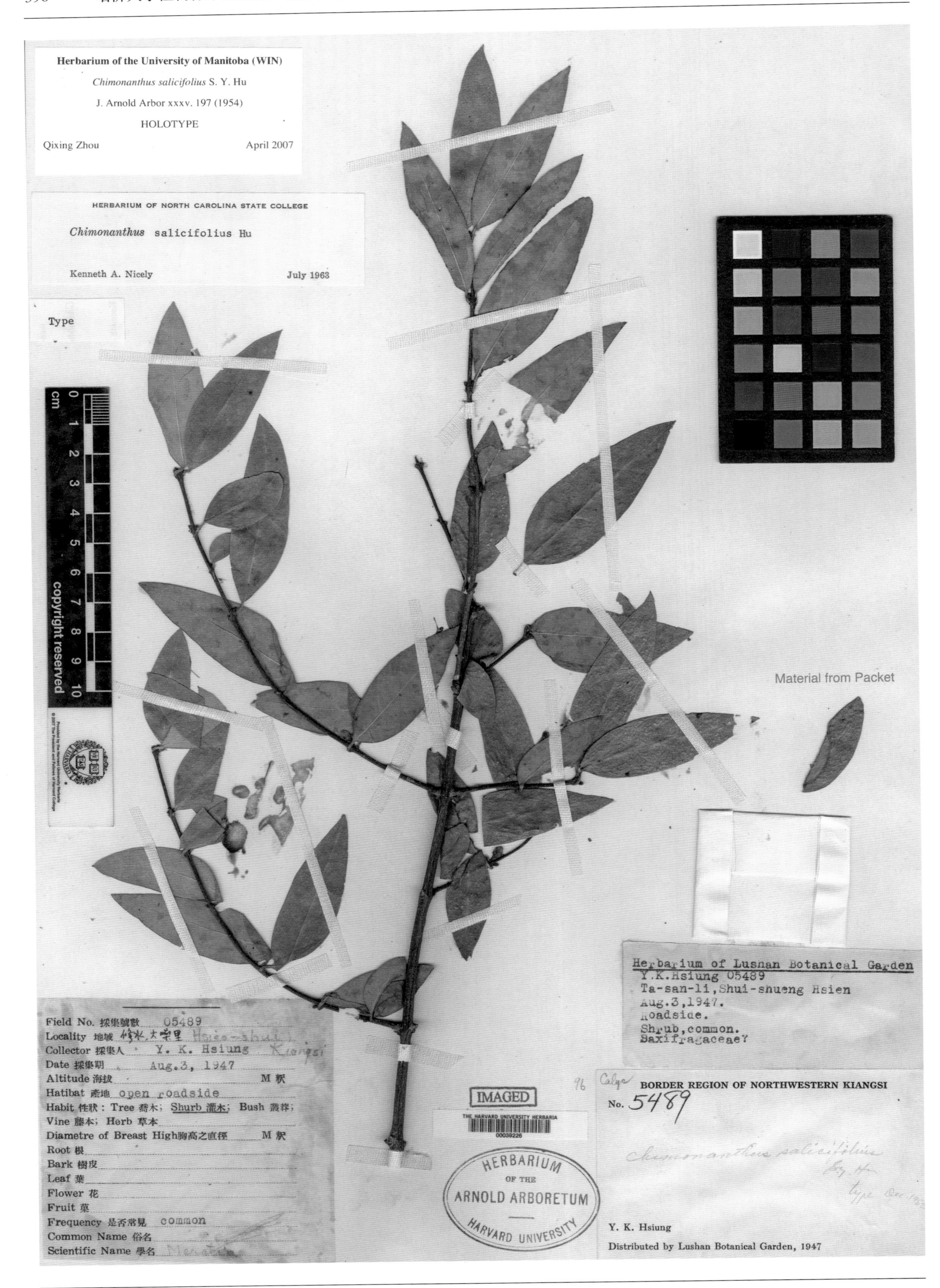
Herbarium of the University of Manitoba (WIN)
Chimonanthus salicifolius S. Y. Hu
J. Arnold Arbor xxxv. 197 (1954)
HOLOTYPE
Qixing Zhou
April 2007
HERBARIUM OF NORTH CAROLINA STATE COLLEGE
Chimonanthus salicifolius Hu
Kenneth A. Nicely
July 1963
Type
cm
copyright reserved
Material from Packet
Herbarium of Lusnan Botanical Garden
Y.K.Hsiung 05489
Ta-san-li,Shui-shueng Hsien
Aug.3,1947.
Roadside.
Shrub,common.
Saxifragaceae?
Field No. 採集號數 05489
Locality 地域
Collector 採集人 Y. K. Hsiung
Date 採集期 Aug.3, 1947
Altitude 海拔 M 粎
Hatibat 產地 open roadside
Habit 性狀: Tree 喬木; Shurb 灌木; Bush 叢挅;
Vine 藤本; Herb 草本
Diametre of Breast High胸高之直徑 M 粎
Root 根
Bark 樹皮
Leaf 葉
Flower 花
Fruit 菓
Frequency 是否常見 common
Common Name 俗名
Scientific Name 學名
IMAGED
THE HARVARD UNIVERSITY HERBARIA
00039226
HERBARIUM OF THE ARNOLD ARBORETUM HARVARD UNIVERSITY
BORDER REGION OF NORTHWESTERN KIANGSI
No. 5489
Y. K. Hsiung
Distributed by Lushan Botanical Garden, 1947

**柳叶蜡梅** ***Chimonanthus salicifolius*** S. Y. Hu in J. Arnold Arbor. 35(2): 197. 1954. **Holotype:** China. Jiangxi: Xiushui, 1947-08-03, Y. K. Hsiung 5489 (A).

# 番荔枝科

# Annonaceae

0 1 2 3 4 5 6 7 8 9 10
cm
copyright reserved
Fam: ANNONACEAE
Alphonsea hainanensis Merrill & Chun
Det. rev. Paul Kessler II 1990
Rijksherbarium Leiden
Isotype
Alphonsea hainanensis
Merrill et Chun, Sunyatsenia
5: 62 (1940)
det. P. Kessler 11.8.1988
6392
PLANTS OF HAINAN
Britton Herbarium, N. Y. Botanical Garden
No. 63920 H. Y. Liang Oct. 30 1933-34
Alphonsea hainanensis Merr. & Chun
Hainan: tree 12-15m. h.; in light woods; fr. green
Fourth Hainan Expedition of Sun Yatsen University
Sept. 1933-March 1934
Type
Ex-Herb. N. Y. Bot. Gard.
HERBARIUM OF THE ARNOLD ARBORETUM HARVARD UNIVERSITY
THE HARVARD UNIVERSITY HERBARIA
00038745

**海南藤春** ***Alphonsea hainanensis*** Merr. & Chun in Sunyatsenia 5(1-3): 62. 1940. **Isotype:** China. Hainan: Dongfang, 1933-10-30, H. Y. Liang 63920 (A).

0 1 2 3 4 5 6 7 8 9 10
cm
copyright reserved
Isotype
Alphonsea mollis Dunn,
J. Linn. Soc. 35: 485 (1903
cited as 12923 by Dunn!
rev.
det.
1. 6. 1988
HERBARIUM
OF THE
ARNOLD ARBORETUM
HARVARD UNIVERSITY
Isotypus
A. HENRY
CHINA, No. 11,923
cited as no. 12923
by Dunn.
THE HARVARD UNIVERSITY HERBARIA
00056750
FLORA OF CHINA.
Alphonsea mollis Dunn.
COLL. A. HENRY

石密 ***Alphonsea mollis*** Dunn in J. Linn. Soc. Bot. 35: 485. 1903. **Isotype:** China. Yunnan: Simao, alt. 1 220 m, A. Henry 11923 (A).

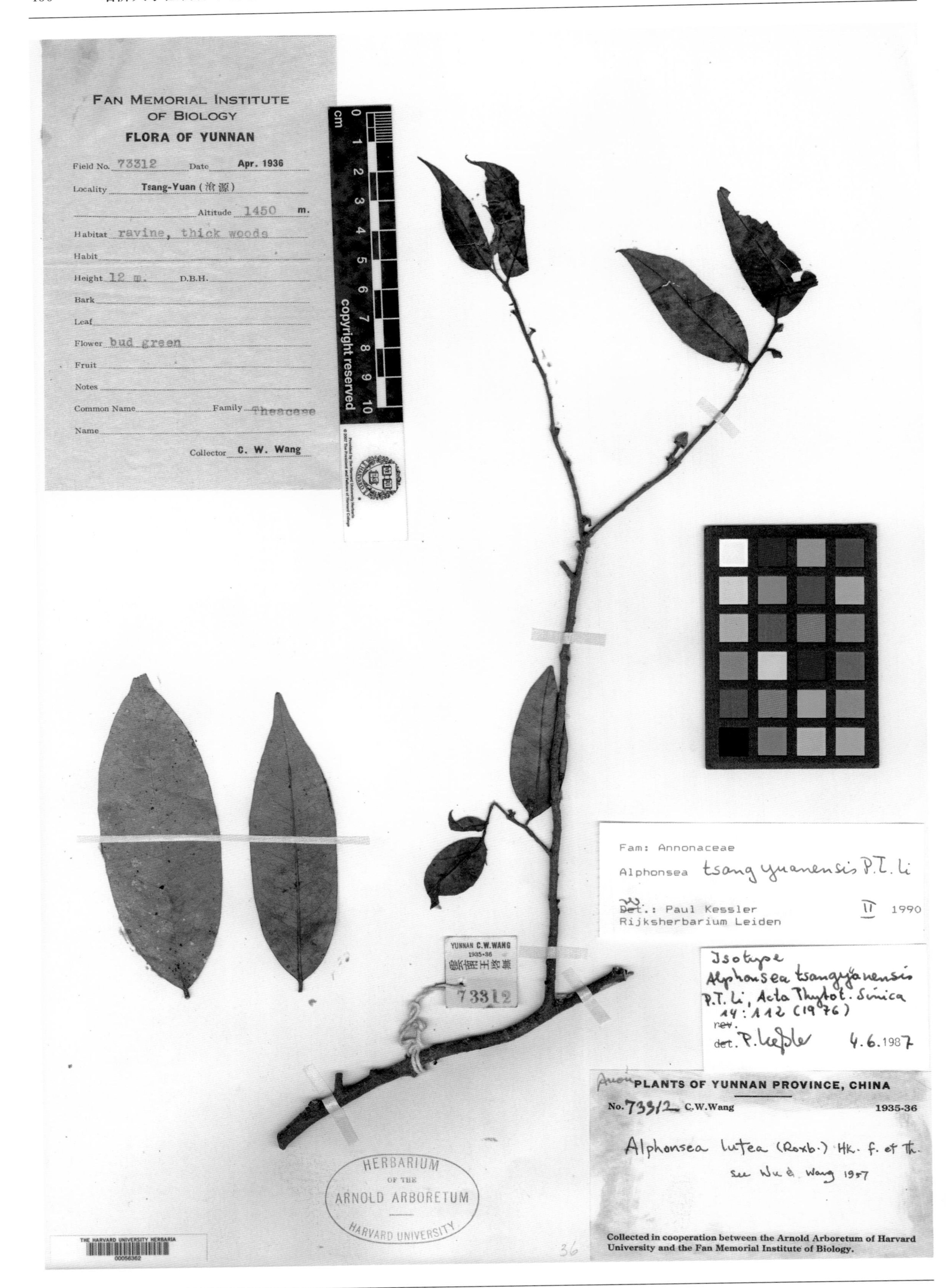
FAN MEMORIAL INSTITUTE
OF BIOLOGY
FLORA OF YUNNAN
Field No. 73312 Date Apr. 1936
Locality Tsang-Yuan (滄源)
Altitude 1450 m.
Habitat ravine, thick woods
Habit
Height 12 m. D.B.H.
Bark
Leaf
Flower bud green
Fruit
Notes
Common Name Family Theaceae
Name
Collector C. W. Wang
cm 0 1 2 3 4 5 6 7 8 9 10
copyright reserved
YUNNAN C.W.WANG
1935-36
73312
Fam: Annonaceae
Alphonsea tsangyuanensis P.T. Li
Det.: Paul Kessler II 1990
Rijksherbarium Leiden
Isotype
Alphonsea tsangyuanensis
P.T. Li, Acta Phytot. Sinica
14: 112 (1976)
rev.
det. P. Keßler 4.6.1987
PLANTS OF YUNNAN PROVINCE, CHINA
No. 73312 C.W.Wang 1935-36
Alphonsea lutea (Roxb.) Hk. f. et Th.
see Wu & Wang 1957
Collected in cooperation between the Arnold Arboretum of Harvard University and the Fan Memorial Institute of Biology.
HERBARIUM
OF THE
ARNOLD ARBORETUM
HARVARD UNIVERSITY
THE HARVARD UNIVERSITY HERBARIA
00056362
36

**多脉藤春** ***Alphonsea tsangyuanensis*** P. T. Li in Acta Phytotax. Sin. 14(1): 112, pl. 6. 1976. **Isotype:** China. Yunnan: Cangyuan, alt. 1 450 m, 1936-04-??, C. W. Wang 73312 (A).

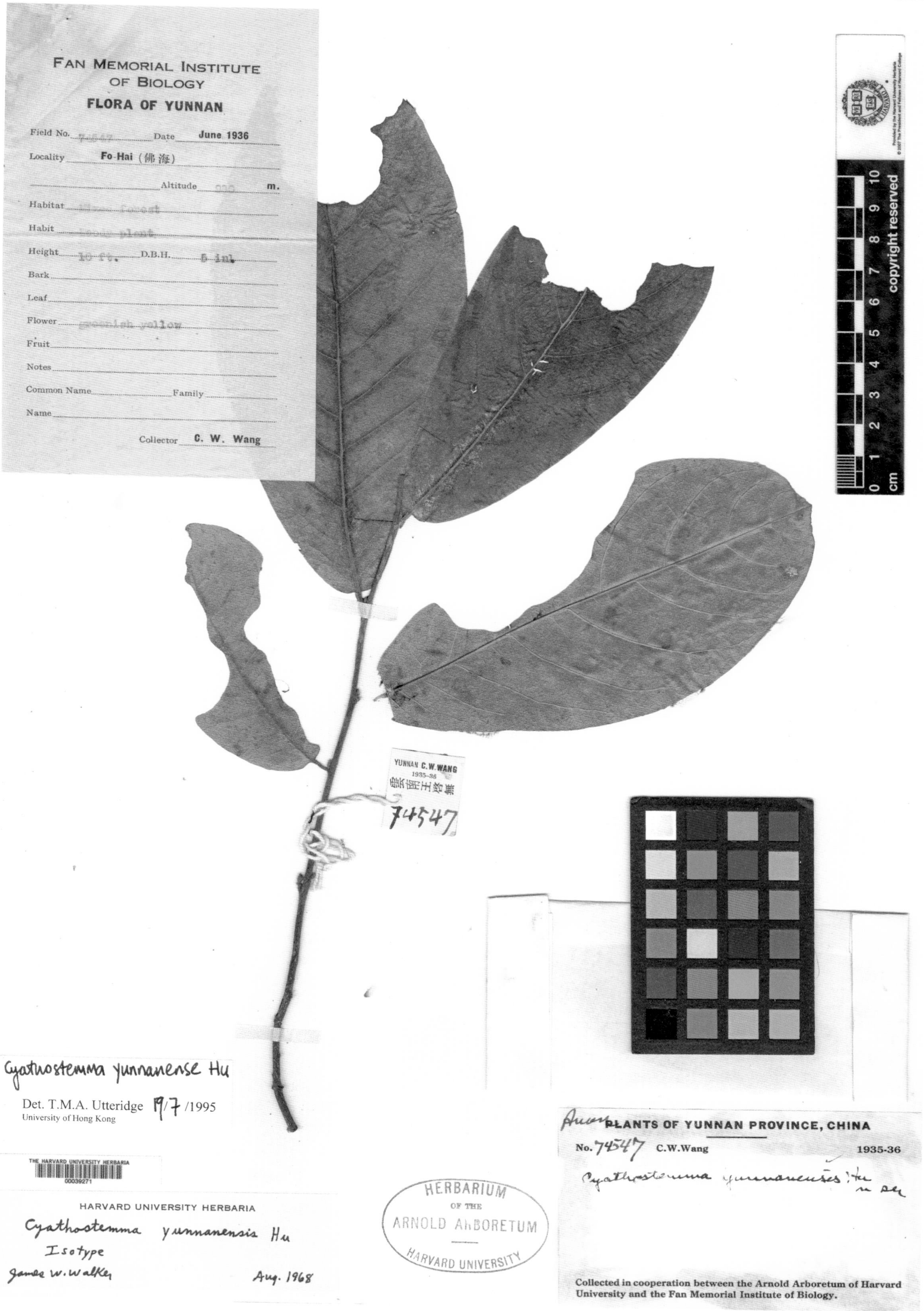

FAN MEMORIAL INSTITUTE OF BIOLOGY

FLORA OF YUNNAN

Field No. Date June 1936

Locality Fo-Hai (佛海)

Altitude m.

Habitat

Habit

Height D.B.H.

Bark

Leaf

Flower

Fruit

Notes

Common Name Family

Name

Collector C. W. Wang

copyright reserved

cm 0 1 2 3 4 5 6 7 8 9 10

YUNNAN C.W.WANG 1935-36

74547

Cyathostemma yunnanense Hu

Det. T.M.A. Utteridge 19/7 /1995

University of Hong Kong

THE HARVARD UNIVERSITY HERBARIA

00039271

HARVARD UNIVERSITY HERBARIA

Cyathostemma yunnanensis Hu

Isotype

James W. Walker Aug. 1968

HERBARIUM OF THE ARNOLD ARBORETUM HARVARD UNIVERSITY

PLANTS OF YUNNAN PROVINCE, CHINA

No. 74547 C.W.Wang 1935-36

Cyathostemma yunnanensis Hu

Collected in cooperation between the Arnold Arboretum of Harvard University and the Fan Memorial Institute of Biology.

杯冠木 ***Cyathostemma yunnanensis*** Hu in Bull. Fan. Mem. Inst. Biol, Bot. Ser. 10(3): 121. 1940. **Isotype:** China. Yunnan: Menghai, alt. 980 m, 1936-06-??, C. W. Wang 74547 (A).

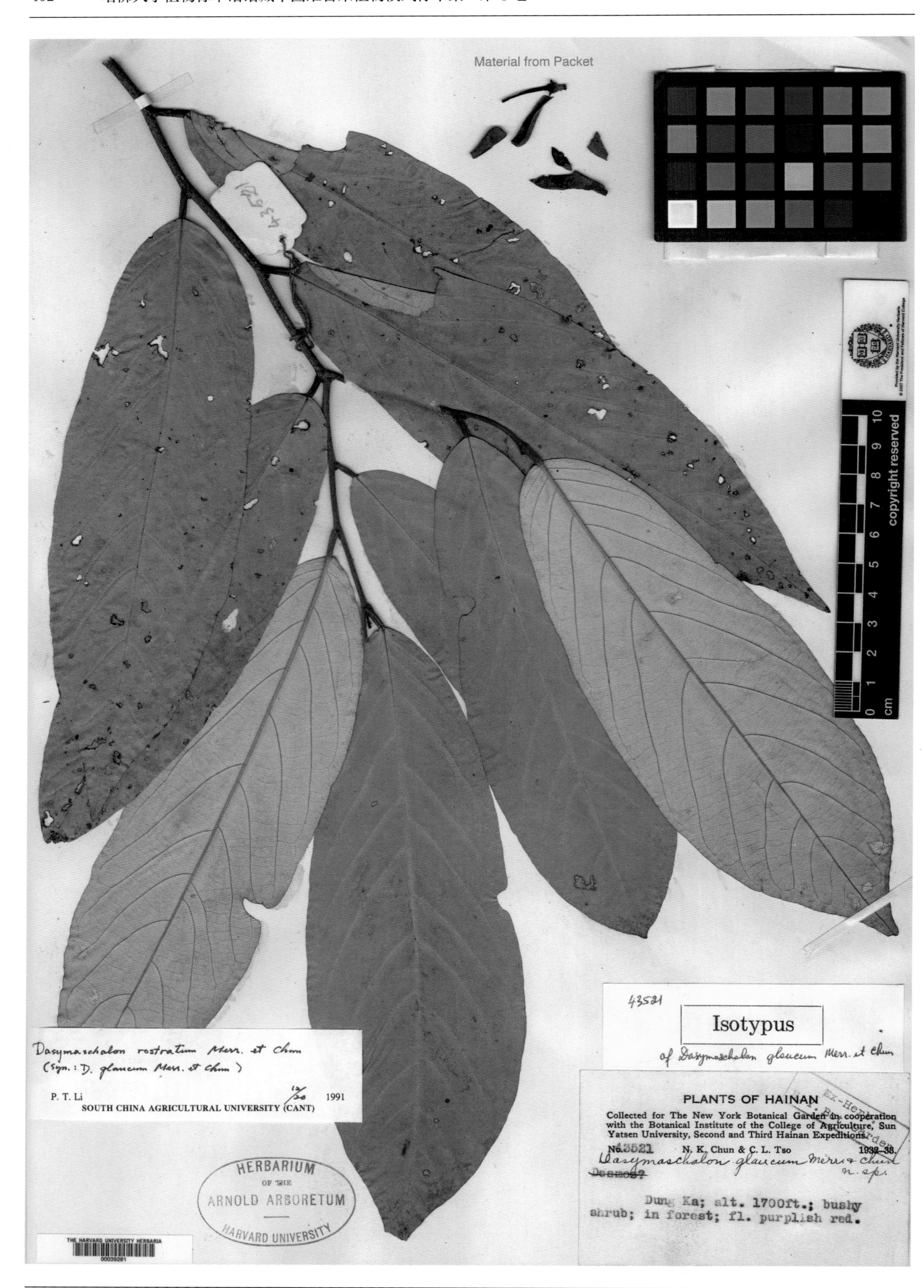
Material from Packet
copyright reserved
Isotypus
of Dasymaschalon glaucum Merr. et Chun
Dasymaschalon rostratum Merr. et Chun
(Syn.: D. glaucum Merr. et Chun)
P. T. Li 12/20 1991
SOUTH CHINA AGRICULTURAL UNIVERSITY (CANT)
PLANTS OF HAINAN
Collected for The New York Botanical Garden in cooperation with the Botanical Institute of the College of Agriculture, Sun Yatsen University, Second and Third Hainan Expeditions.
No. 43521 N. K. Chun & C. L. Tso 1932-33.
Dasymaschalon glaucum Merr. & Chun n. sp.
Dung Ka; alt. 1700ft.; bushy shrub; in forest; fl. purplish red.
HERBARIUM OF THE ARNOLD ARBORETUM HARVARD UNIVERSITY
THE HARVARD UNIVERSITY HERBARIA
00039281

**白叶皂帽花** ***Dasymaschalon glaucum*** Merr. & Chun in Sunyatsenia 2: 227, f. 25. 1935. **Isotype:** China. Hainan: Dung Ka (=Ding'an), alt. 519 m, (1932~1933)-??-??, N. K. Chun & C. L. Tso 43521 (A).

0 1 2 3 4 5 6 7 8 9 10
cm
copyright reserved
17128
4.XII.1978
FLORA OF HAINAN
HERBARIUM OF LINGNAN UNIVERSITY
4TH HAINAN EXPEDITION
Dasymaschalon trichophorum Merr. n. sp.
Growing on the plain side of a stream; 10 ft. long; fl. pink.
ISOTYPE
SIN WOH, 笑窩
(Taam Chau District, 儋州縣)
Det. E. D. Merrill.
Coll. Tsang, Wai-Tak 379 L.U. 17128
May 19, 1928.
HERBARIUM OF THE ARNOLD ARBORETUM HARVARD UNIVERSITY
THE HARVARD UNIVERSITY HERBARIA
00039282

皂帽花 ***Dasymaschalon trichophorum*** Merr. in Lingnan Sci. J. 6(4): 326. 1928. **Isotype:** China. Hainan: Danzhou, 1928-05-19, W. T. Tsang 379 (=L.U. 17128) (A).

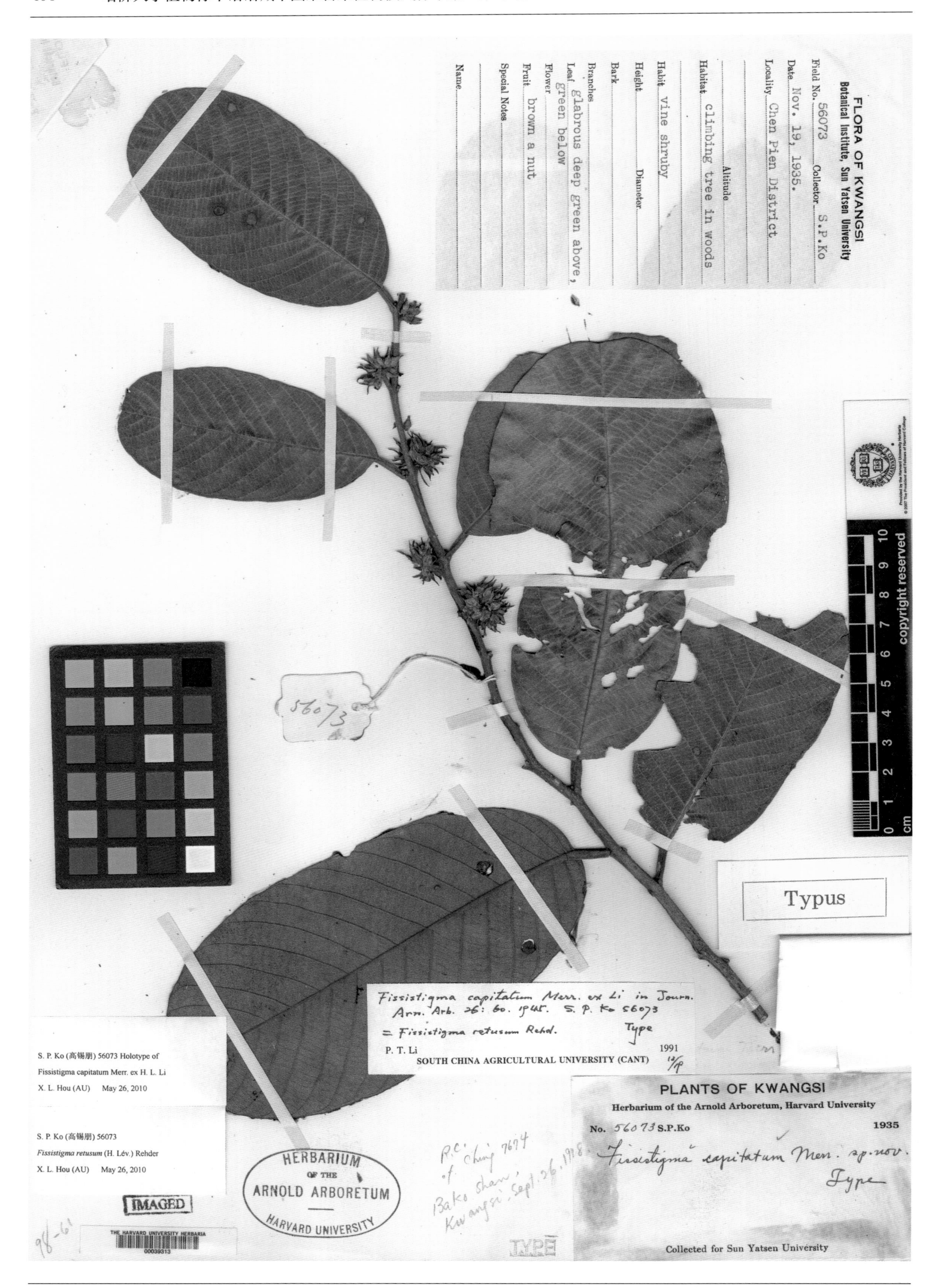
FLORA OF KWANGSI
Botanical Institute, Sun Yatsen University
Field No. 56073 Collector S.P.Ko
Date Nov. 19, 1935.
Locality Chen Pien District
Altitude
Habitat climbing tree in woods
Habit vine shruby
Height Diameter
Bark
Branches
Leaf glabrous deep green above, green below
Flower
Fruit brown a nut
Special Notes
Name
56073
Typus
Fissistigma capitatum Merr. ex Li in Journ. Arn. Arb. 26: 60. 1945. S. P. Ko 56073
= Fissistigma retusum Rehd. Type
P. T. Li 1991
SOUTH CHINA AGRICULTURAL UNIVERSITY (CANT)
S. P. Ko (高锡朋) 56073 Holotype of
Fissistigma capitatum Merr. ex H. L. Li
X. L. Hou (AU) May 26, 2010
S. P. Ko (高锡朋) 56073
Fissistigma retusum (H. Lév.) Rehder
X. L. Hou (AU) May 26, 2010
IMAGED
THE HARVARD UNIVERSITY HERBARIA
00039313
HERBARIUM OF THE ARNOLD ARBORETUM HARVARD UNIVERSITY
TYPE
PLANTS OF KWANGSI
Herbarium of the Arnold Arboretum, Harvard University
No. 56073 S.P.Ko 1935
Fissistigma capitatum Merr. sp. nov.
Type
Collected for Sun Yatsen University
copyright reserved
cm
0 1 2 3 4 5 6 7 8 9 10

**头状瓜馥木** ***Fissistigma capitatum*** Merr. ex H. L. Li in J. Arnold Arbor. 26(1): 60. 1945. **Holotype:** China. Guangxi: Chenpien (=Napo), 1935-11-19, S. P. Ko 56073 (A).

copyright reserved
cm 0 1 2 3 4 5 6 7 8 9 10
Meiogyne hainanensis (Merr.) Tien Ban
[teste Heusden, Blumea 38(2): 510-511, 1994]
D. M. Johnson (OWU), 1995
ISOTYPE OF:
Fissistigma maclurei Merrill, Philipp. J. Sci. 23: 241-242. 1923, non F. maclurei Merr., 1922.
[NOTE: Nomen novum is Fissistigma hainanense Merr.]
Verified by D.M. Johnson, 1995
HAINAN PLANTS
C. C. C. No 9733
FROM THE CANTON CHRISTIAN COLLEGE HERBARIUM
CANTON, CHINA
ANONACEAE
98.2725—FISSISTIGMA (MELODORUM) MACLUREI SP. NOV.
in PHILIP. JOURN. SCI. 23 (1923) 241.
Hainan, Yik Tsok Mau, (海南,亦作茂), 9733, May 19, 1922; on bushes by roadside, in wooded ravine; vine; ht., 10-15 m.; dia., 3) cm.; fls., brown; frs. brown; name reported, Shan tsiu (山蕉).
Collector F. A. McClure
Identified by E. D. Merrill
HERBARIUM
OF THE
ARNOLD ARBORETUM
HARVARD UNIVERSITY
THE HARVARD UNIVERSITY HERBARIA
00066601
THE HARVARD UNIVERSITY HERBARIA
00066600

蕉木 ***Fissistigma hainanense*** Merr. in J. Arnold Arbor. 6(3): 131. 1925. **Syntype:** China. Hainan: Wuzhishan, Five Finger Mt (=Wuzhi Shan), Yik Tsok Mau, 1922-05-19, F. A. McClure s. n. (=Canton Christian College 9733) (A).

copyright reserved
cm 0 1 2 3 4 5 6 7 8 9 10
Meiogyne hainanensis (Merr.) Tien Ban
[teste Heusden, Blumea 38(2): 510-511, 1994]
D. M. Johnson (OWU), 1995
ISOTYPE OF:
Fissistigma maclurei Merrill, Philipp. J. Sci. 23: 241-242. 1923, non F. maclurei Merr., 1922.
[NOTE: Nomen novum is Fissistigma hainanense Merr.]
Verified by D.M. Johnson, 1995
C. C. C. No 9733
HAINAN PLANTS
FROM THE CANTON CHRISTIAN COLLEGE HERBARIUM
CANTON, CHINA
ANONACEAE
FISSISTIGMA (MELODORUM) MACLUREI SP. NOV.
in PHILIP. JOURN. SCI. 23 (1923) 241.
Collector F. A. McClure
Identified by E. D. Merrill
HERBARIUM
OF THE
ARNOLD ARBORETUM
HARVARD UNIVERSITY
THE HARVARD UNIVERSITY HERBARIA
00066601
THE HARVARD UNIVERSITY HERBARIA
00066600

**毛瓜馥木** ***Fissistigma maclurei*** Merr. in Philipp. J. Sci. 23(3): 241. 1923. **Isotype:** China. Hainan: Wuzhishan, Five Finger Mt (=Wuzhi Shan), Yik Tsok Mau, 1922-05-19, F. A. McClure s. n. (=Canton Christian College 9733) (A).

0 1 2 3 4 5 6 7 8 9 10
cm
copyright reserved
Fissistigma oldhamii (Hemsley) Merrill
P. T. Li
SOUTH CHINA AGRICULTURAL UNIVERSTIY (CANT)
1991
9606
Isotypus
cf. Fissistigma obtusifolium Merr.
9606
Fissistigma glaucescens (Hance) Merr.
(= F. obtusifolium Merr.)
17.5.1973
NGUYEN-TIEN-BAN
C. C. C. No. 9606
HAINAN PLANTS
FROM THE CANTON CHRISTIAN COLLEGE HERBARIUM
CANTON, CHINA
ANONACEAE
98.2725—FISSISTIGMA OBTUSIFOLIUM SP. NOV.
in PHILIP. JOURN. SCI. 23 (1923) 242.
Hainan, near Fan Ya (海南近番也), 9606, May 14, 1922.
Collector F. A. McClure
Identified by E. D. Merrill
HERBARIUM
OF THE
ARNOLD ARBORETUM
HARVARD UNIVERSITY
THE HARVARD UNIVERSITY HERBARIA
00039315


钝叶瓜馥木 ***Fissistigma obtusifolium*** Merr. in Philipp. J. Sci. 23(3): 242. 1923. **Isotype:** China. Hainan: Fan Ya, 1922-05-14, F. A. McClure s. n. (=C. C. C. 9606) (A).

copyright reserved
cm
Isotypus
Material from Packet
FLORA OF KWANGSI
HERBARIUM OF
LINGNAN NATURAL HISTORY SURVEY AND MUSEUM
LINGNAN UNIVERSITY, CANTON, CHINA.
4th Kwangsi Expedition
Fairly common; climber, swampy thicket;
7 ft. high; fl. pink, fragrant.
Shap Man Taai Shan 十萬大山
Tang Lung Village 容龍村
S. E. of Shang-sze, Kwangtung Border (Shang-sze District 上思縣)
COLLECTED WITH THE COOPERATION OF ARNOLD ARBORETUM, HARVARD UNIVERSITY
Coll. Tsang, W. T. 24485 Det. October 1-16, 1934
HERBARIUM
OF THE
ARNOLD ARBORETUM
HARVARD UNIVERSITY
THE HARVARD UNIVERSITY HERBARIA
24485
Isotypus !
Fissistigma shangtzeense Tsiang et Li
11.5.1973

上思瓜馥木 ***Fissistigma shangtzeense*** Tsiang & H. L. Li in Acta Phytotax. Sin. 10(4): 324, pl. 63. 1965. **Isotype:** China. Guangxi: Shangsi, 1934-10-(01~16), W. T. Tsang 24485 (A).

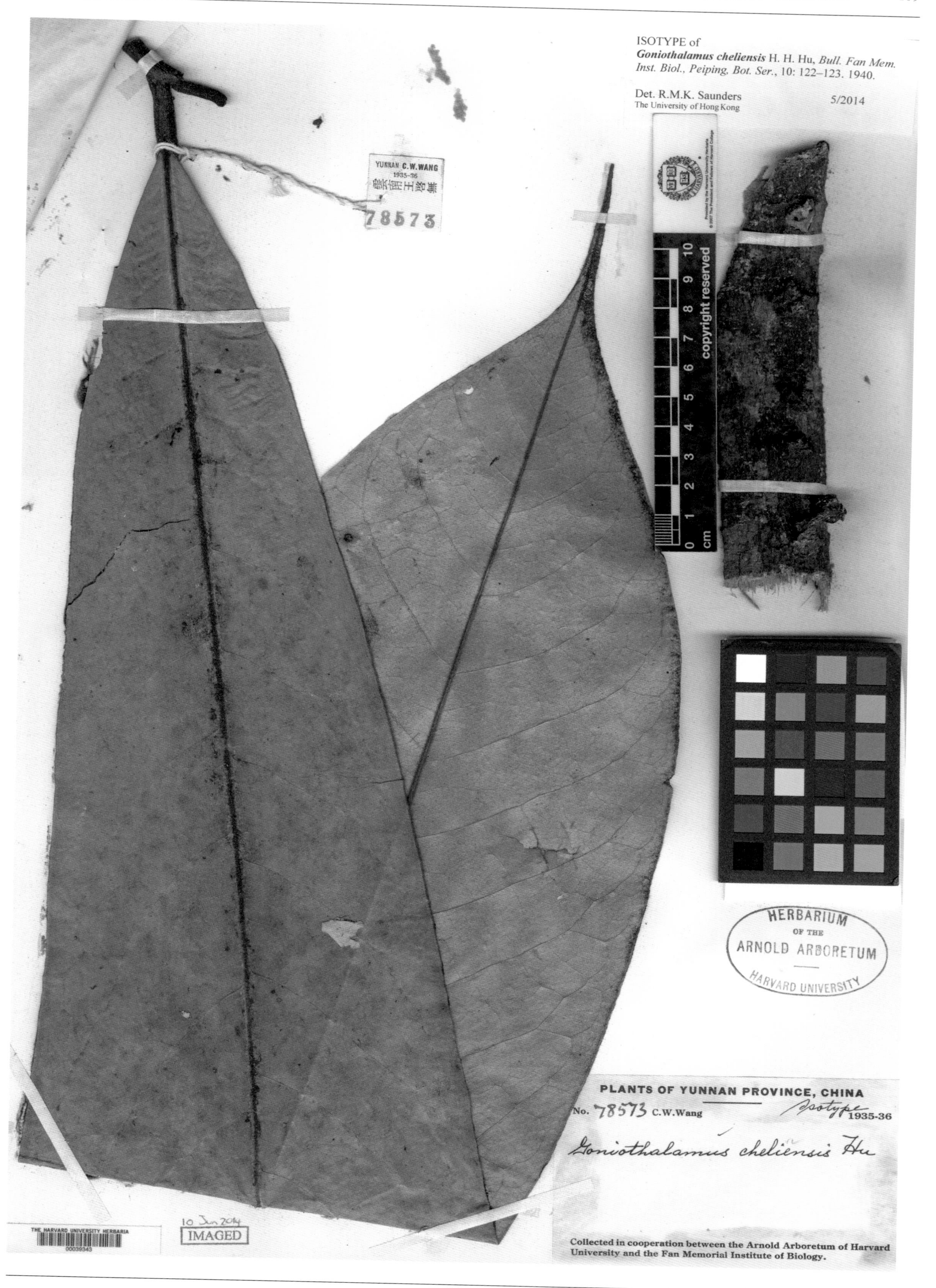
ISOTYPE of
Goniothalamus cheliensis H. H. Hu, Bull. Fan Mem. Inst. Biol., Peiping, Bot. Ser., 10: 122–123. 1940.
Det. R.M.K. Saunders 5/2014
The University of Hong Kong
YUNNAN C.W.WANG
1935-36
78573
copyright reserved
cm 0 1 2 3 4 5 6 7 8 9 10
HERBARIUM OF THE ARNOLD ARBORETUM HARVARD UNIVERSITY
PLANTS OF YUNNAN PROVINCE, CHINA
No. 78573 C.W.Wang Isotype 1935-36
Goniothalamus cheliensis Hu
Collected in cooperation between the Arnold Arboretum of Harvard University and the Fan Memorial Institute of Biology.
THE HARVARD UNIVERSITY HERBARIA
00039343
10 Jun 2014
IMAGED

景洪哥纳香 ***Goniothalamus cheliensis*** Hu in Bull. Fan Mem. Inst. Biol., Bot. Ser. 10: 122. 1940. **Isotype:** China. Yunnan: Cheli (=Jinghong), alt. 1 500 m, 1936-09-??, C. W. Wang 78573 (A).

FLORA OF HAINAN
Botanical Institute, Sun Yatsen University
Field No. 73305 Collector F.C.How
Date July 25, 1935.
Locality Po-ting
Altitude 1300 ft.
Habitat in forested ravine
Habit shrub
Height 3 m. Diameter
Bark black
Branches
Leaf lustrous green above, glabrous beneath
Flower reddish
Fruit greenish yellow, tomentose
Special Notes
Name
ISOTYPE OF:
Meiogyne kwangtungensis P. T. Li,
Acta Phytotax. Sinica 14(1): 104-105. 1976.
Verified by D.M. Johnson 1995
0 1 2 3 4 5 6 7 8 9 10
cm
copyright reserved
73305
73305
Meiogyne aff. hainanensis (Merr.)
27.I.1973
NGUYEN-TIEN-BAN
PLANTS OF HAINAN
Herbarium of Arnold Arboretum, Harvard University
No. 73305 F. C. How 1935
Poting, alt. 1800 ft. Shrub in forested ravine
Collected for Sun Yatsen University
HERBARIUM OF THE ARNOLD ARBORETUM HARVARD UNIVERSITY
THE HARVARD UNIVERSITY HERBARIA
00066602

**鹿茸木** ***Meiogyne kwangtungensis*** P. T. Li in Acta Phytotax. Sin. 14(1): 104, pl. 1. 1976. **Isotype:** China. Hainan: Baoting, alt. 396 m, 1935-07-25, F. C. How 73305 (A).

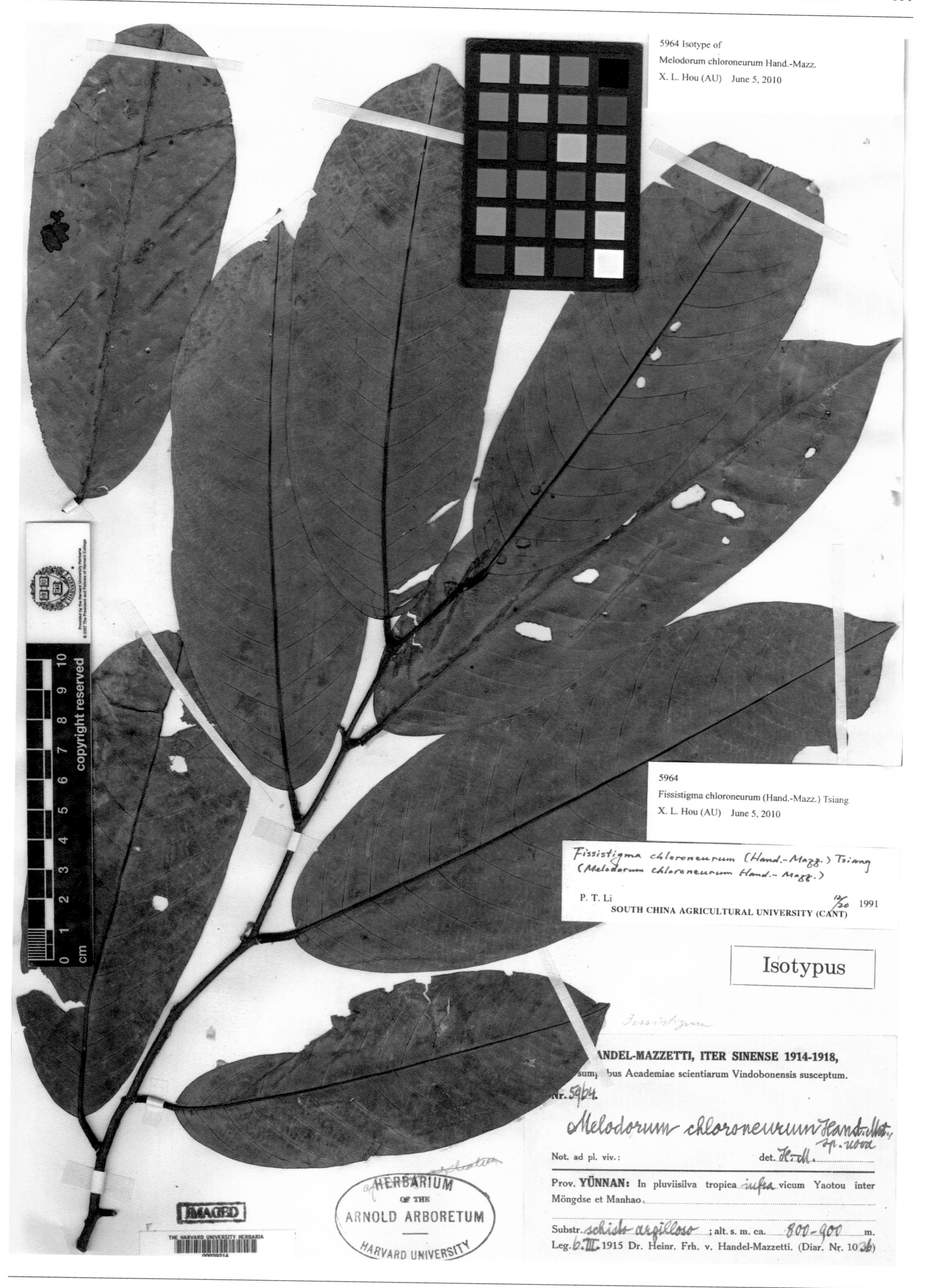
5964 Isotype of
Melodorum chloroneurum Hand.-Mazz.
X. L. Hou (AU) June 5, 2010
copyright reserved
5964
Fissistigma chloroneurum (Hand.-Mazz.) Tsiang
X. L. Hou (AU) June 5, 2010
Fissistigma chloroneurum (Hand.-Mazz.) Tsiang
(Melodorum chloroneurum Hand.-Mazz.)
P. T. Li 12/20 1991
SOUTH CHINA AGRICULTURAL UNIVERSITY (CANT)
Isotypus
HANDEL-MAZZETTI, ITER SINENSE 1914-1918,
sumptibus Academiae scientiarum Vindobonensis susceptum.
Nr. 5964.
Melodorum chloroneurum Hand.-Mazz.
Not. ad pl. viv.:
det. H.-M.
Prov. YÜNNAN: In pluviisilva tropica infra vicum Yaotou inter Möngdse et Manhao.
Substr. schisto argilloso ; alt. s. m. ca. 800-900 m.
Leg. 6.III.1915 Dr. Heinr. Frh. v. Handel-Mazzetti. (Diar. Nr. 1036)
HERBARIUM OF THE ARNOLD ARBORETUM HARVARD UNIVERSITY
IMAGED
THE HARVARD UNIVERSITY HERBARIA

绿脉瓜馥木 ***Melodorum chloroneurum*** Hand.-Mazz. in Anz. Akad. Wiss. Wien. Math.-Nat. Klasse. Wien 61: 83. 1924.
**Isotype:** China. Yunnan: between Mongdse & Manhao, alt. 800~900 m, 1915-03-06, H. R. E. Handel-Mazzetti 5964 (A).

GRAY HERBARIUM
HARVARD
UNIVERSITY
copyright reserved
cm
5/1
Fissistigma oldhamii (Hemsl.) Merr.
8.3.1973
NGUYEN-TIEN-BAN
5/1
Isotypus
of Melodorum oldhamii Hemsl.
THE HARVARD UNIVERSITY HERBARIA
00135293
5/1. Uvaria sp.
Collected by Mr RICHARD OLDHAM, 1864.
FORMOSA. Received April 1866

瓜馥木 ***Melodorum oldhamii*** Hemsl. in J. Linn. Soc. Bot. 23: 27. 1886. **Isotype:** China. Taiwan: Precise locality not known, 1864-??-??, Oldham 5/1 (GH).

Material from Packet
cm
copyright reserved
Isotypus
HERBARIUM OF THE ARNOLD ARBORETUM HARVARD UNIVERSITY
HERBARIUM OF THE ARNOLD ARBORETUM
DUPLICATES FROM HERB. LÉVEILLÉ
RECEIVED FROM BOTANIC GARDEN, EDINBURG, 1928
THE HARVARD UNIVERSITY HERBARIA
00039317

凹脉瓜馥木 ***Melodorum retusum*** Lévl. in Fedde, Repert. Sp. Nov. 9: 458. 1911. **Isotype:** China. Guizhou: Lo-Fou (=Luodian), 1908-04-??, J. Cavalerie 2994 (A).

**山蕉** ***Mitrephora macclurei*** Weerasooriya & R. M. K. Saunders in Syst. Bot. 30(2): 251, f. 2–3. 2005. **Isotype:** China. Hainan: Wuzhishan, Fiver Finger Mt. (=Wuzhi Shan), 1922-05-14, F. A. McClure 3040 (=Canton Christian College 9593) (ECON).

FAN MEMORIAL INSTITUTE
OF BIOLOGY
FLORA OF YUNNAN

Field No. 81168 Date Nov. 1936
Locality 六順縣,困養(Kuan-yeang, Luh-shuen Hsien)
Altitude 1180 m.
Habitat Thickets
Habit
Height 7 m. D.B.H. 7 in.
Bark
Leaf
Flower white red
Fruit
Notes
Common Name Family
Name
Collector 王啓無 C. W. Wang

YUNNAN C.W.WANG
1935-36
81168

Mitrephora wangii Hu in Bull. Fan Mem. Inst. Biol. 10: 123. 1940. C. W. Wang 81168
isotype
P. T. Li
SOUTH CHINA AGRICULTURAL UNIVERSITY (CANT) 1991 12/19

PLANTS OF YUNNAN PROVINCE, CHINA
No. 81168 C.W.Wang 1935-36
Mitrephora wangiana wangii Hu

Collected in cooperation between the Arnold Arboretum of Harvard University and the Fan Memorial Institute of Biology.

ISOTYPE
Mitrephora wangii
Hu in Bull. Fan. Mem. Inst. Biol.
Peiping 10: 123. 1940

Mitrephora wangii Hu
Det. A.D. Weerasooriya 03/2001
The University of Hong Kong



**云南银钩花** ***Mitrephora wangii*** Hu in Bull. Fan Mem. Inst. Biol., Bot. 10: 123. 1940. **Isotype:** China. Yunnan: Luh-shuen (=Lushui), alt. 1 180 m, 1936-11-??, C. W. Wang 81168 (A).

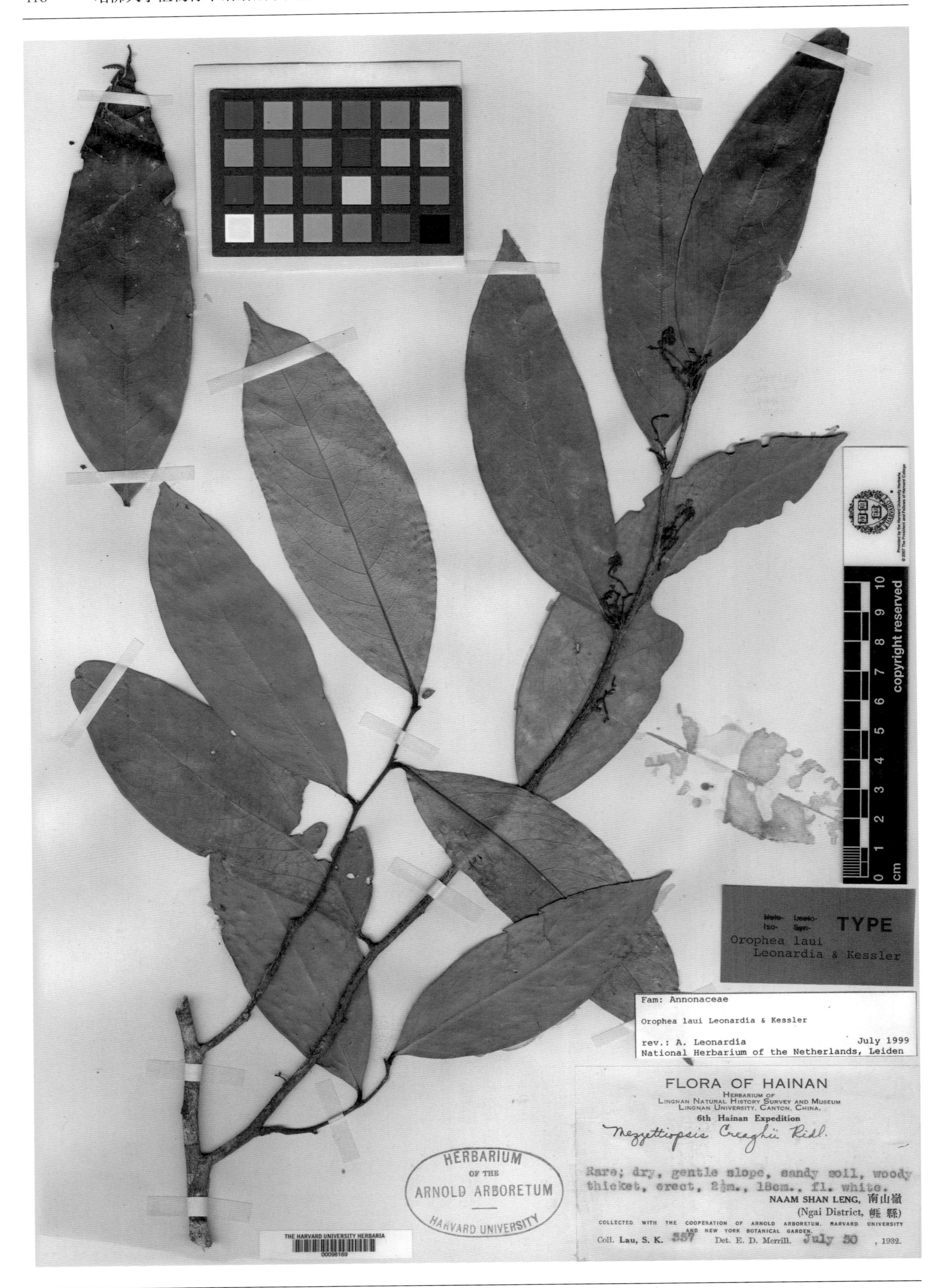

Iso- TYPE
Orophea laui
Leonardia & Kessler
Fam: Annonaceae
Orophea laui Leonardia & Kessler
rev.: A. Leonardia July 1999
National Herbarium of the Netherlands, Leiden
FLORA OF HAINAN
HERBARIUM OF
LINGNAN NATURAL HISTORY SURVEY AND MUSEUM
LINGNAN UNIVERSITY, CANTON, CHINA.
6th Hainan Expedition
Mezzettiopsis Creaghii Ridl.
Rare; dry, gentle slope, sandy soil, woody thicket, erect, 2½m., 18cm., fl. white.
NAAM SHAN LENG, 南山嶺
(Ngai District, 崖縣)
COLLECTED WITH THE COOPERATION OF ARNOLD ARBORETUM, HARVARD UNIVERSITY AND NEW YORK BOTANICAL GARDEN.
Coll. Lau, S. K. 337 Det. E. D. Merrill. July 30, 1932.
HERBARIUM OF THE ARNOLD ARBORETUM HARVARD UNIVERSITY
THE HARVARD UNIVERSITY HERBARIA
00098169
copyright reserved
cm


**蚁花 *Orophea laui*** Leonardia & P. J. A. Kessler in Blumea 46(1): 157. 2001. **Isotype:** China. Hainan: Sanya, 1932-07-30, S. K. Lau 337(A).

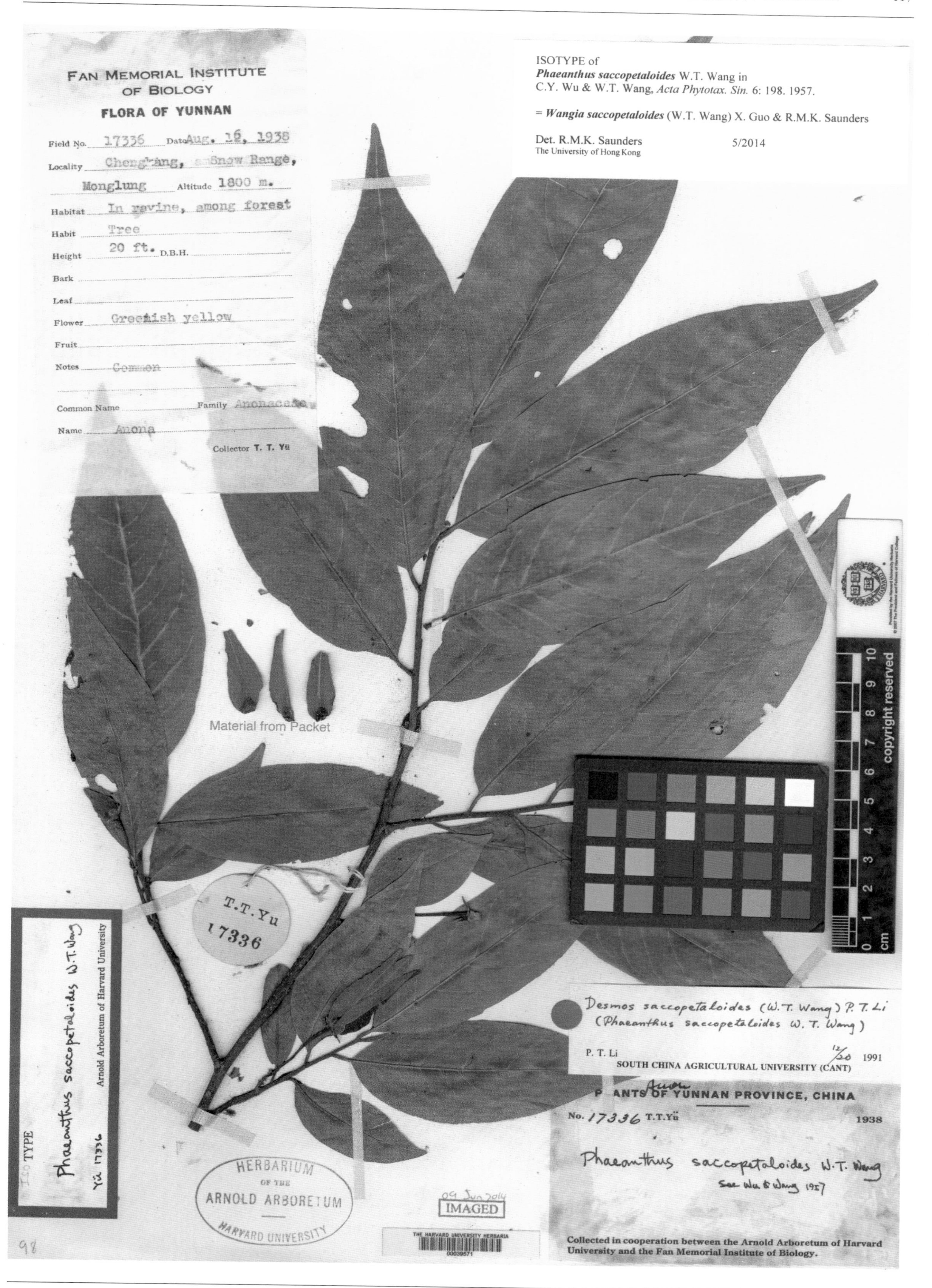
FAN MEMORIAL INSTITUTE
OF BIOLOGY
FLORA OF YUNNAN
Field No. 17336 Date Aug. 16, 1938
Locality Cheng-kang, Snow Range,
Monglung Altitude 1800 m.
Habitat In ravine, among forest
Habit Tree
Height 20 ft. D.B.H.
Bark
Leaf
Flower Greenish yellow
Fruit
Notes Common
Common Name Family Anonaceae
Name Anona
Collector T. T. Yu
ISOTYPE of
Phaeanthus saccopetaloides W.T. Wang in
C.Y. Wu & W.T. Wang, Acta Phytotax. Sin. 6: 198. 1957.
= Wangia saccopetaloides (W.T. Wang) X. Guo & R.M.K. Saunders
Det. R.M.K. Saunders 5/2014
The University of Hong Kong
Material from Packet
T.T. Yu
17336
copyright reserved
cm 0 1 2 3 4 5 6 7 8 9 10
Desmos saccopetaloides (W.T. Wang) P.T. Li
(Phaeanthus saccopetaloides W.T. Wang)
P. T. Li 12/20 1991
SOUTH CHINA AGRICULTURAL UNIVERSITY (CANT)
PLANTS OF YUNNAN PROVINCE, CHINA
No. 17336 T.T.Yü 1938
Phaeanthus saccopetaloides W.T. Wang
See Wu & Wang 1957
Collected in cooperation between the Arnold Arboretum of Harvard University and the Fan Memorial Institute of Biology.
ISO TYPE
Phaeanthus saccopetaloides W.T. Wang
Yü 17336
Arnold Arboretum of Harvard University
HERBARIUM
OF THE
ARNOLD ARBORETUM
HARVARD UNIVERSITY
09 Jun 2014
IMAGED
THE HARVARD UNIVERSITY HERBARIA
00039571
98

囊瓣亮花木 ***Phaeanthus saccopetaloides*** W. T. Wang in Acta Phytotax. Sin. 6(2): 199. 1957. **Isotype:** China. Yunnan: Zhenkang, alt. 1 800 m, 1938-08-16, T. T. Yu 17336 (A).

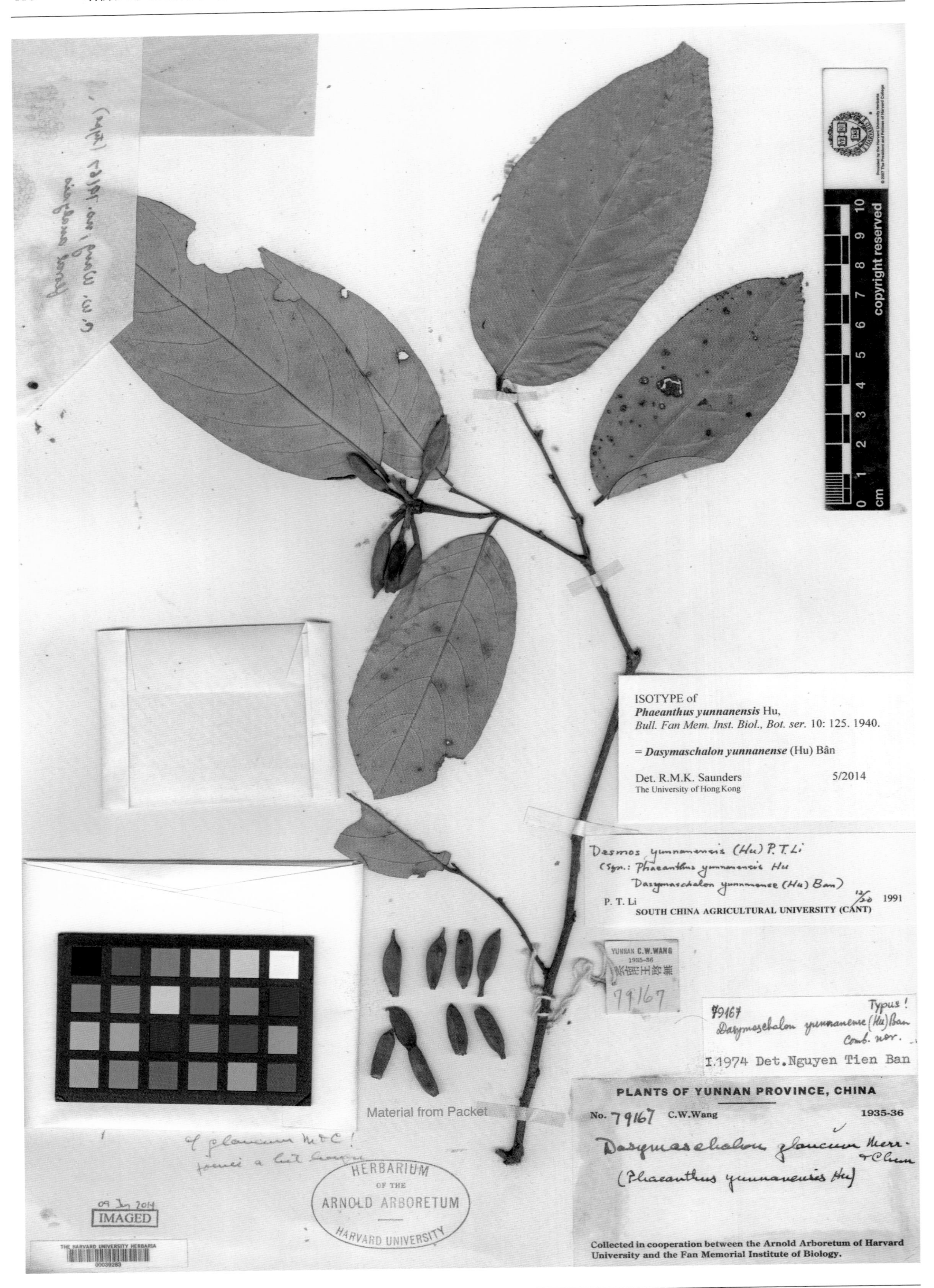
ISOTYPE of
Phaeanthus yunnanensis Hu,
Bull. Fan Mem. Inst. Biol., Bot. ser. 10: 125. 1940.
= Dasymaschalon yunnanense (Hu) Bân
Det. R.M.K. Saunders 5/2014
The University of Hong Kong
P. T. Li
SOUTH CHINA AGRICULTURAL UNIVERSITY (CANT)
I.1974 Det.Nguyen Tien Ban
PLANTS OF YUNNAN PROVINCE, CHINA
No. 79167 C.W.Wang 1935-36
Collected in cooperation between the Arnold Arboretum of Harvard University and the Fan Memorial Institute of Biology.
Material from Packet
HERBARIUM OF THE ARNOLD ARBORETUM HARVARD UNIVERSITY
IMAGED
copyright reserved

云南亮花木 *Phaeanthus yunnanensis* Hu in Bull. Fan Mem. Inst. Biol., Bot. Ser. 10(3)：125. 1940. **Isolectotype** (designated by Q. Lin & al. in Acta Bot. Boreal.-Occident. Sin. 27: 1247. 2007): China. Yunnan: Cheli (=Jinghong), alt. 1 400 m, 1936-10-??, C. W. Wang 79167(A).

FAN MEMORIAL INSTITUTE OF BIOLOGY

FLORA OF YUNNAN

Field No. 75757 Date Aug. 1936

Locality 車里縣. 小猛養 (Sheau-meng-yeang, Che-li Hsien) Altitude 1060 m.

Habitat mixed forest

Habit

Height 20 m. D.B.H. 1ft.

Bark

Leaf

Flower green

Fruit

Notes

Common Name Family

Name

Collector 王啓無 C. W. Wang

YUNNAN C. W. WANG 1935-36 75757 雲南王啓無

Typus

copyright reserved

cm 0 1 2 3 4 5 6 7 8 9 10

№ 75757 Typus !

Polyalthia simiarum subsp. cheliensis (Hu) Ban stat. nov.

15.XI.1972 NGUYEN-TIEN-BAN

PLANTS OF YUNNAN PROVINCE, CHINA

No. 75757 C.W.Wang 1935-36

Polyalthia cheliensis Hu m. sp.





TYPE

Collected in cooperation between the Arnold Arboretum of Harvard University and the Fan Memorial Institute of Biology.

景洪暗罗 ***Polyalthia cheliensis*** Hu in Bull. Fan. Mem. Inst. Biol., Bot. Ser. 10: 127. 1940. **Holotype:** China. Yunnan: Cheli (= Jinghong), alt. 1 060 m, 1936-08-??, C. W. Wang 75757(A).

8976
Polyalthia cerasoides (Roxb.) Hk. et Th.
(=P. crassipetala Merrill)
NGUYEN-TIEN-BAN
30. 5. 1972
Isotypus
of Polyalthia crassipetala Merr. no 8976
C. C. C. No. 8976
HAINAN PLANTS
FROM THE CANTON CHRISTIAN COLLEGE HERBARIUM
CANTON, CHINA
ANONACEAE
98.2690—POLYALTHIA CRASSIPETALA Merr. SP. NOV.
In PHILIP. JOURN. SCI. 23 (1923) 243.
Hainan, Notia (海南,和舍), 8976, Apr. 11, 1922: between deserted fields in dry land; ht., 5 m.; fls., greenish and yellow, very fragrant; frs., said to be edible; flowers collected for their fragrance; name reported, Lo yan pi (老人皮).
Collector F. A. McClure
Identified by E. D. Merrill
HERBARIUM
OF THE
ARNOLD ARBORETUM
HARVARD UNIVERSITY
THE HARVARD UNIVERSITY HERBARIA
00039584
copyright reserved
cm

厚瓣暗罗 ***Polyalthia crassipetala*** Merr. in Philipp. J. Sci. 23(3): 243. 1923. **Isotype:** China. Hainan: Notia, 1922-04-11, F. A. McClure s. n. (=C. C. C. 8976) (A).

FAN MEMORIAL INSTITUTE
OF BIOLOGY
FLORA OF YUNNAN
Field No. 76321 Date July 1936
Locality 佛海縣 黑龍潭 (Hei-lung-tarn, Fo-hai Hsien)
Altitude 1800 m.
Habitat Mixed woods
Habit
Height 7 m. D.B.H.
Bark
Leaf
Flower
Fruit green
Notes
Common Name Family
Name
Collector 王啓無 C. W. Wang
copyright reserved
cm 0 1 2 3 4 5 6 7 8 9 10
Material from Packet
YUNNAN C.W.WANG
1935-36
76321
HARVARD UNIVERSITY HERBARIA
Polyalthia verrucipes C. Y. Wu ex P. T. Li in Acta Phytotax. Sin. 14(1): 110. 1976.
C. W. Wang 76321 isotype
det. P. T. Li, 12/24 1991.
THE HARVARD UNIVERSITY HERBARIA
00039580
HERBARIUM OF THE ARNOLD ARBORETUM HARVARD UNIVERSITY
PLANTS OF YUNNAN PROVINCE, CHINA
No. 76321 C.W.Wang 1935-36
Collected in cooperation between the Arnold Arboretum of Harvard University and the Fan Memorial Institute of Biology.

**疣叶暗罗** ***Polyalthia verrucipes*** C. Y. Wu ex P. T. Li in Acta Phytotax. Sin. 14(1): 110. 1976. **Isotype:** China. Yunnan: Fohai (= Menghai), alt. 1 800 m, 1936-07-??, C. W. Wang 76321 (A).

0 1 2 3 4 5 6 7 8 9 10
cm
copyright reserved
Isotypus
HERBARIUM OF THE ARNOLD ARBORETUM
DUPLICATES FROM HERB. LÉVEILLÉ
RECEIVED FROM BOTANIC GARDEN, EDINBURG, 1928
HERBARIUM OF THE ARNOLD ARBORETUM HARVARD UNIVERSITY
THE HARVARD UNIVERSITY HERBARIA
00039698

**独山瓜馥木** ***Uvaria cavaleriei*** Lévl. Fl. Kouy-Tchéou 29. 1914. **Isotype:** China. Guizhou: Tou Chan (=Dushan), 1899-10-??, J. Cavalerie 2994 (A).

Isotypus
Revision of Uvaria Group
Uvaria maclurei Diels.
Det./Conf.: C. Meade TCD 01/07/00
HAINAN PLANTS
FROM THE CANTON CHRISTIAN COLLEGE HERBARIUM
CANTON, CHINA
C. C. C. No. 9697
ANONACEAE
98.2673—UVARIA MICROCARPA Champ.
Nodoa (那大), 7695, Nov. 1, 1921, Hainan, Yik Tsok Mau (海南亦竹茂), 9697, May 18, 1922; roadside, on large tree in wooded ravine; shrub; ht., 15 m.; dia., 5-8 cm.; fls., dark red with yellow center
Collector F. A. McClure
Identified by E. D. Merrill
HERBARIUM
OF THE
ARNOLD ARBORETUM
HARVARD UNIVERSITY
THE HARVARD UNIVERSITY HERBARIA
00039699
cm 0 1 2 3 4 5 6 7 8 9 10
copyright reserved

**那大紫玉盘** ***Uvaria macclurei*** Diels in Notizbl. Bot. Gart. Mus. Berlin. 11: 73. 1931. **Isotype:** China. Hainan: Yik Tsok Mau, 1922-05-18, F. A. McClure s. n. (=C. C. C. 9697) (A).

# 肉豆蔻科
Myristicaceae

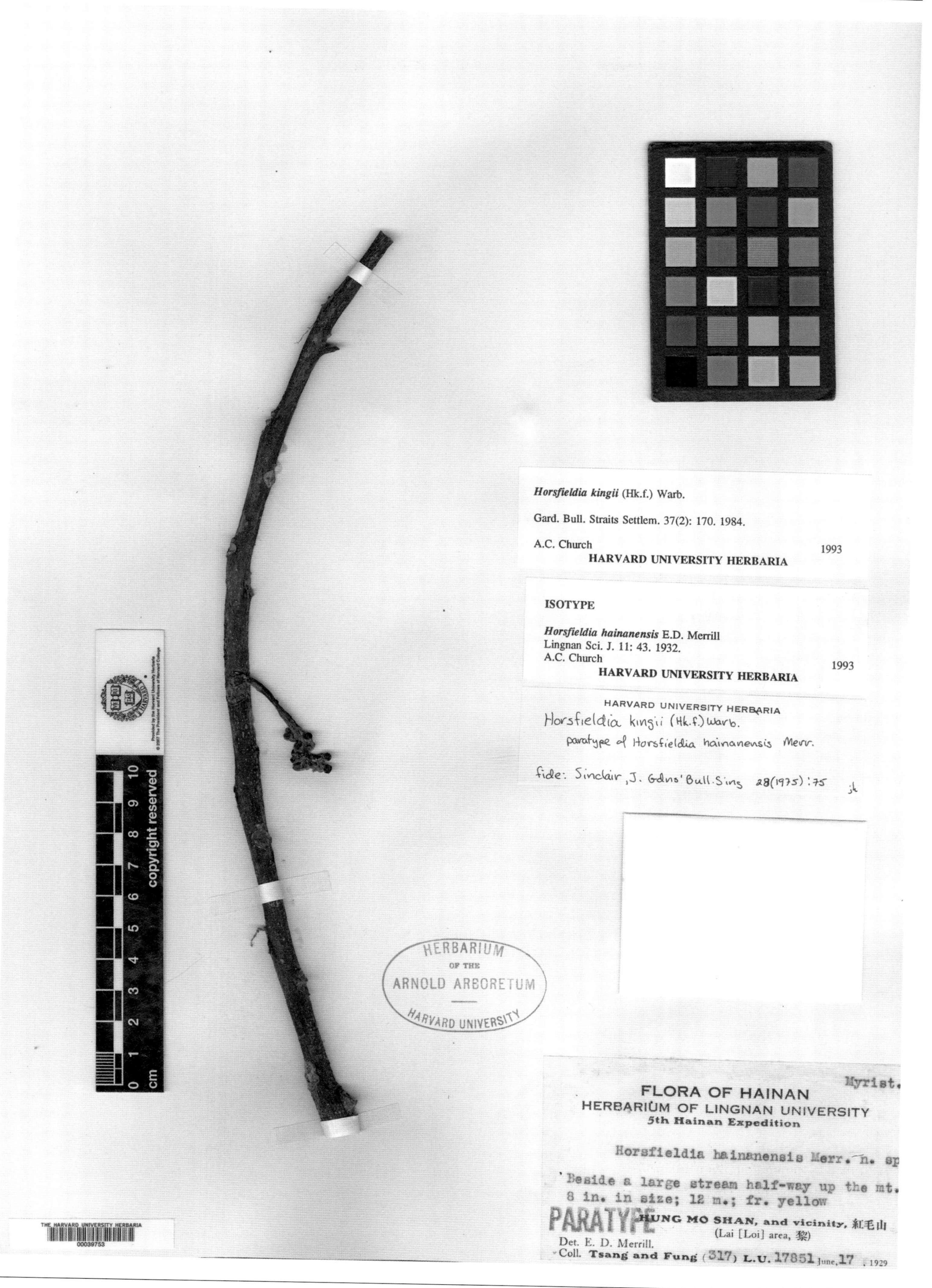
Horsfieldia kingii (Hk.f.) Warb.
Gard. Bull. Straits Settlem. 37(2): 170. 1984.
A.C. Church 1993
HARVARD UNIVERSITY HERBARIA
ISOTYPE
Horsfieldia hainanensis E.D. Merrill
Lingnan Sci. J. 11: 43. 1932.
A.C. Church 1993
HARVARD UNIVERSITY HERBARIA
HARVARD UNIVERSITY HERBARIA
Horsfieldia kingii (Hk.f.) Warb.
paratype of Horsfieldia hainanensis Merr.
fide: Sinclair, J. Gdns' Bull. Sing. 28(1975): 75
HERBARIUM OF THE ARNOLD ARBORETUM HARVARD UNIVERSITY
copyright reserved
cm 0 1 2 3 4 5 6 7 8 9 10
Myrist.
FLORA OF HAINAN
HERBARIUM OF LINGNAN UNIVERSITY
5th Hainan Expedition
Horsfieldia hainanensis Merr. n. sp
Beside a large stream half-way up the mt.
8 in. in size; 12 m.; fr. yellow
PARATYPE
HUNG MO SHAN, and vicinity, 紅毛山
(Lai [Loi] area, 黎)
Det. E. D. Merrill.
Coll. Tsang and Fung (317) L.U. 17851 June, 17, 1929
THE HARVARD UNIVERSITY HERBARIA
00039753

海南风吹楠 ***Horsfieldia hainanensis*** Merr. in Lingnan Sci. J. 11(1): 43. 1932. **Isotype:** China. Hainan: Hongmao Shan, 1929-06-17, Tsang & Fung 317 (= L.U. 17851)(A).

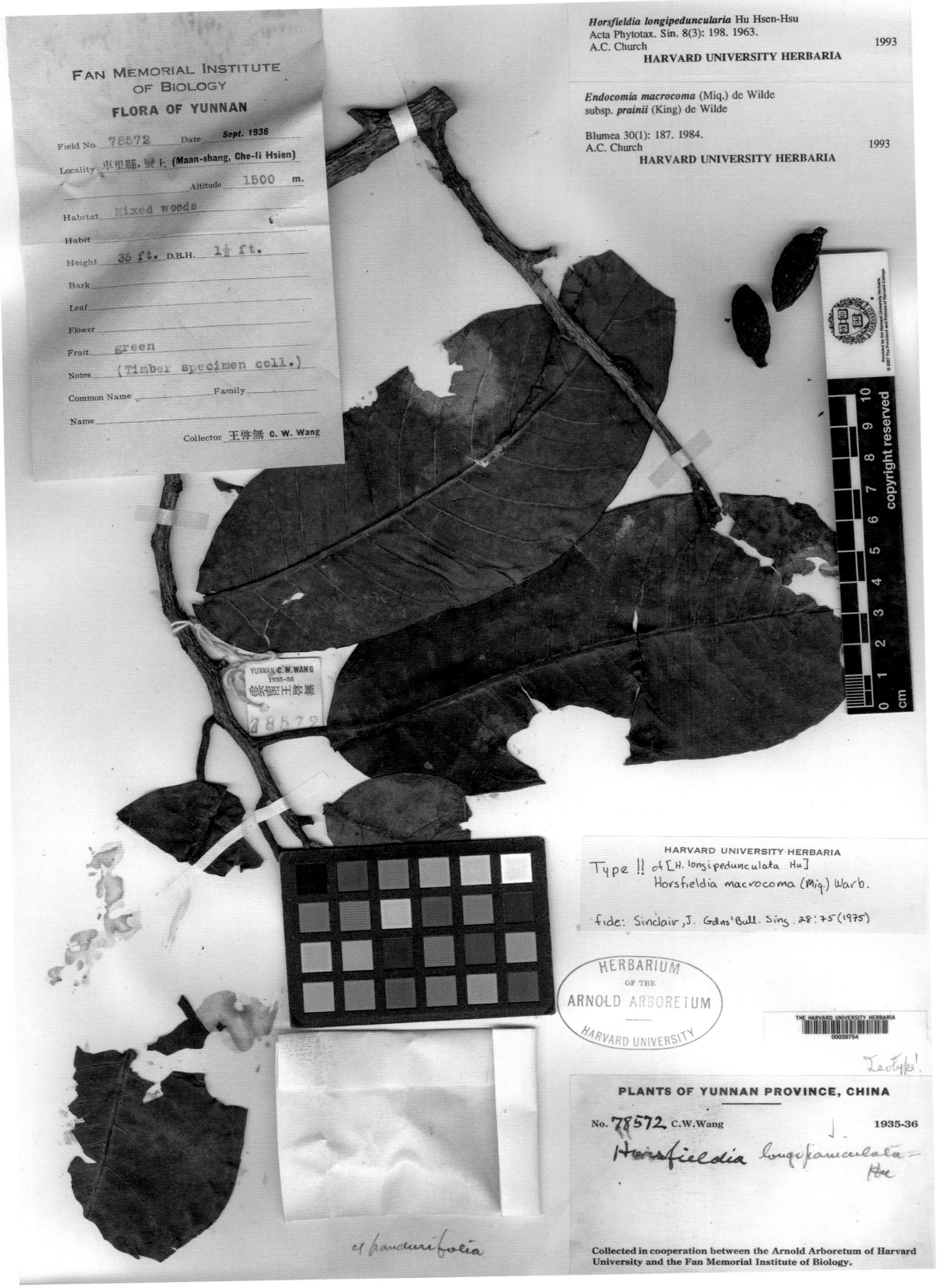

FAN MEMORIAL INSTITUTE
OF BIOLOGY
FLORA OF YUNNAN

Field No. 78572 Date Sept. 1936
Locality 車里縣, 蠻上 (Maan-shang, Che-li Hsien)
Altitude 1500 m.
Habitat Mixed woods
Habit
Height 35 ft. D.B.H. 1½ ft.
Bark
Leaf
Flower
Fruit green
Notes (Timber specimen coll.)
Common Name Family
Name
Collector 王啓無 C. W. Wang

*Horsfieldia longipeduncularia* Hu Hsen-Hsu
Acta Phytotax. Sin. 8(3): 198. 1963.
A.C. Church 1993
HARVARD UNIVERSITY HERBARIA

*Endocomia macrocoma* (Miq.) de Wilde
subsp. *prainii* (King) de Wilde
Blumea 30(1): 187. 1984.
A.C. Church 1993
HARVARD UNIVERSITY HERBARIA

copyright reserved
cm 0 1 2 3 4 5 6 7 8 9 10

YUNNAN C.W.WANG
1935-36
雲南王啓無
78572

HARVARD UNIVERSITY HERBARIA
Type !! of [H. longipedunculata Hu]
Horsfieldia macrocoma (Miq.) Warb.
fide: Sinclair, J. Gdns' Bull. Sing. 28: 75 (1975)

HERBARIUM
OF THE
ARNOLD ARBORETUM
HARVARD UNIVERSITY

THE HARVARD UNIVERSITY HERBARIA
00039754

Isotype!

PLANTS OF YUNNAN PROVINCE, CHINA
No. 78572 C.W.Wang 1935-36
Horsfieldia longipedunculata Hu

cf panduriifolia

Collected in cooperation between the Arnold Arboretum of Harvard University and the Fan Memorial Institute of Biology.

**长序梗贺得木** ***Horsfieldia longipedunculata*** Hu in Acta Phytotax. Sin. 8(3): 198. 1963. **Isotype:** China. Yunnan: Cheli (=Jinghong), alt. 1 500 m, 1935-09-??, C. W. Wang 78572 (A).

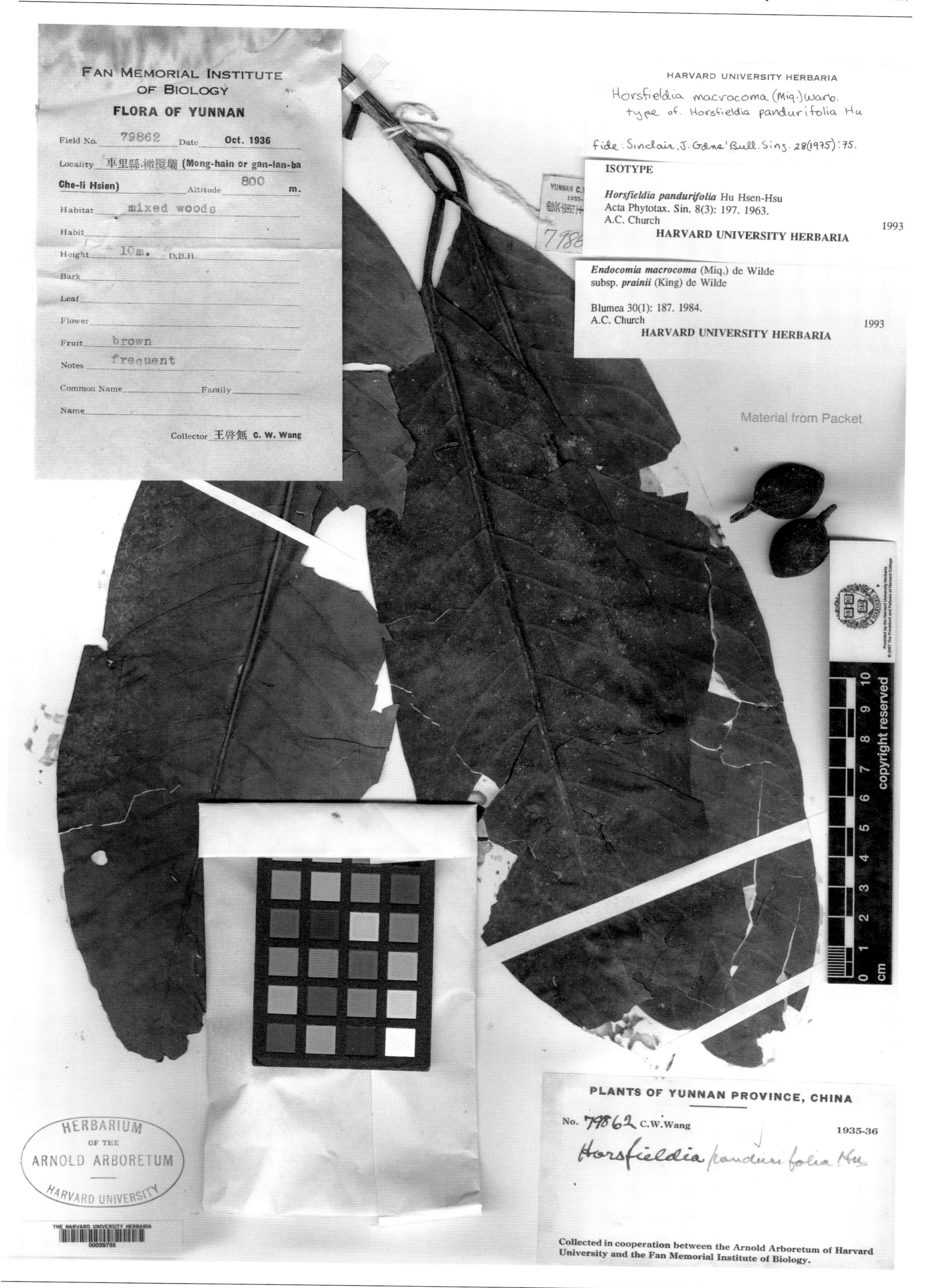
FAN MEMORIAL INSTITUTE
OF BIOLOGY
FLORA OF YUNNAN
Field No. 79862 Date Oct. 1936
Locality 車里縣.橄欖壩 (Mong-hain or gan-lan-ba
Che-li Hsien) Altitude 800 m.
Habitat mixed woods
Habit
Height 10m. D.B.H.
Bark
Leaf
Flower
Fruit brown
Notes frequent
Common Name Family
Name
Collector 王啓無 C. W. Wang
HARVARD UNIVERSITY HERBARIA
Horsfieldia macrocoma (Miq.) Warb.
type of. Horsfieldia pandurifolia Hu
fide: Sinclair, J. Gdns' Bull. Sing. 28(1975): 75.
ISOTYPE
Horsfieldia pandurifolia Hu Hsen-Hsu
Acta Phytotax. Sin. 8(3): 197. 1963.
A.C. Church
HARVARD UNIVERSITY HERBARIA
1993
Endocomia macrocoma (Miq.) de Wilde
subsp. prainii (King) de Wilde
Blumea 30(1): 187. 1984.
A.C. Church
HARVARD UNIVERSITY HERBARIA
1993
Material from Packet
copyright reserved
cm
0 1 2 3 4 5 6 7 8 9 10
HERBARIUM
OF THE
ARNOLD ARBORETUM
HARVARD UNIVERSITY
THE HARVARD UNIVERSITY HERBARIA
00039755
PLANTS OF YUNNAN PROVINCE, CHINA
No. 79862 C.W.Wang
1935-36
Horsfieldia pandurifolia Hu
Collected in cooperation between the Arnold Arboretum of Harvard
University and the Fan Memorial Institute of Biology.

**提琴叶贺得木** ***Horsfieldia pandurifolia*** Hu in Acta Phytotax. Sin. 8(3): 197. 1963. **Isotype:** China. Yunnan: Cheli (=Jinghong), alt. 800 m, 1936-10-??, C. W. Wang 79862 (A).

# 莲叶桐科
Hernandiaceae

0 1 2 3 4 5 6 7 8 9 10
cm
copyright reserved
THE HARVARD UNIVERSITY HERBARIA
00056917
A. HENRY
CHINA, No. 9902
YUNNAN.
4600'
Illigera cordata Dunn
var. cordata.
K. Kubitzki
Duplicate of syntype
Botan. Institut, Universität Münster/Westf.
1967
HERBARIUM
OF THE
ARNOLD ARBORETUM
HARVARD UNIVERSITY
FLORA OF CHINA.
COLL. A. HENRY.

**心叶青藤** ***Illigera cordata*** Dunn in J. Linn. Soc. Bot. 38: 296. 1908. **Isosyntype:** China. Yunnan: Mengzi, alt. 1 403 m, A. Henry 9902 (A).

# 罂粟科

# Papaveraceae

GRAY HERBARIUM
HARVARD
UNIVERSITY
0 1 2 3 4 5 6 7 8 9 10
cm
copyright reserved
DR. AUG. HENRY'S COLLECTIONS FROM
CENTRAL CHINA, 1885-88.
NO. 3885.
Chelidonium lasiocarpum, Oliv. n. sp.
Prov. HUPEH.
THE HARVARD UNIVERSITY HERBARIA
00003080
Stylophorum lasiocarpum (Oliv.) Fedde
det. Frank. R. Blattner, Johannes Gutenberg-Universität, Mainz — 1997

金罂粟 ***Chelidonium lasiocarpum*** Oliv. in Hook. Icon. Pl. 18, pl. 1739. 1888. **Isotype:** China. Hubei: Yichang, Nan-to, introduced from Sichuan, (1885–1888)-??-??, A. Henry 3885 (GH).

0 1 2 3 4 5 6 7 8 9 10
cm
copyright reserved
GRAY HERBARIUM
HARVARD
UNIVERSITY
Plants of the Gaoligong Shan Region, Yunnan, China
Papaveraceae
Corydalis
Lushui Xian, Luobenzhuo Xiang. E'ga Cun, vicinity of pass from China to Myanmar at border marker 27, E side of Gaoligong Shan.
Elev. 3400 m 26° 26' 30" N, 98° 45' 30" E
N facing 30-60° slope.
Coniferous forest. Undisturbed.
Abies forest and bamboo thickets.
Scandent herb ca. 2 m long. Flowers yellow. Occasional.
In loam on granite.
Gaoligong Shan Biodiversity Survey 25904, 9 August 2005
Participants: Li Heng, Dao Zhiling, Ji Yunheng, Liu Benxi & Tang Anjun (KUN); B. Bartholomew & Lihua Zhou (CAS); Jin-Hyub Paik & S. A. Crutchley (E)
Isotype (Holotype: KUN; isotypes: A, CAS, UPS)
Corydalis ampelos Lidén & Z. Y. Su
Fl. China 7: 334 (-335). 2008 [2 Dec 2008].
D. E. Boufford 7 November 2009
HARVARD UNIVERSITY HERBARIA
THE HARVARD UNIVERSITY HERBARIA
00286277

**攀援黄堇** ***Corydalis ampelos*** Lidén & Z. Y. Su, Fl. China 7: 334. 2008. **Isotype:** China. Yunnan: Lushui, alt. 3 400 m, 2005-08-09, Gaoligong Shan Biodiversity Survey 25904 (GH).

0 1 2 3 4 5 6 7 8 9 10
cm
copyright reserved
Plants of China
Papaveraceae
Corydalis amphipogon Lidén
Det. M. Lidén, Dec 2007
Gansu Province, Wen Xian: Motianling Shan, Baishui Jiang Nature Reserve, Liujiaping region, Guan Kou. 32°46'54"N, 104°46'7"E; 1300-1340 m. Mixed deciduous forest with Acer spp., Magnolia, Quercus, Styrax, Cornus controversa, C. kousa, Cercis, Prunus spp., Corylus, etc., and Amentotaxus along stream. Sandy gravel above river, evidently flooded periodically. Flowers purple, apex of tepals darker purple. Holotype: UPS; Isotypes: A, PE, TI.
D. E. Boufford, with Y. Jia (bryophytes)
37619
15 May 2007
Harvard University Herbaria
HERBARIUM
OF THE
ARNOLD ARBORETUM
HARVARD UNIVERSITY
THE HARVARD UNIVERSITY HERBARIA
00268619

**文县紫堇** ***Corydalis amphipogon*** Lidén, Fl. China 7: 421. 2008. **Isotype:** China. Gansu: Wen Xian, alt. 1 300~1 340 m, 2007-05-15, D. E. Boufford & Y. Jia 37619 (A).

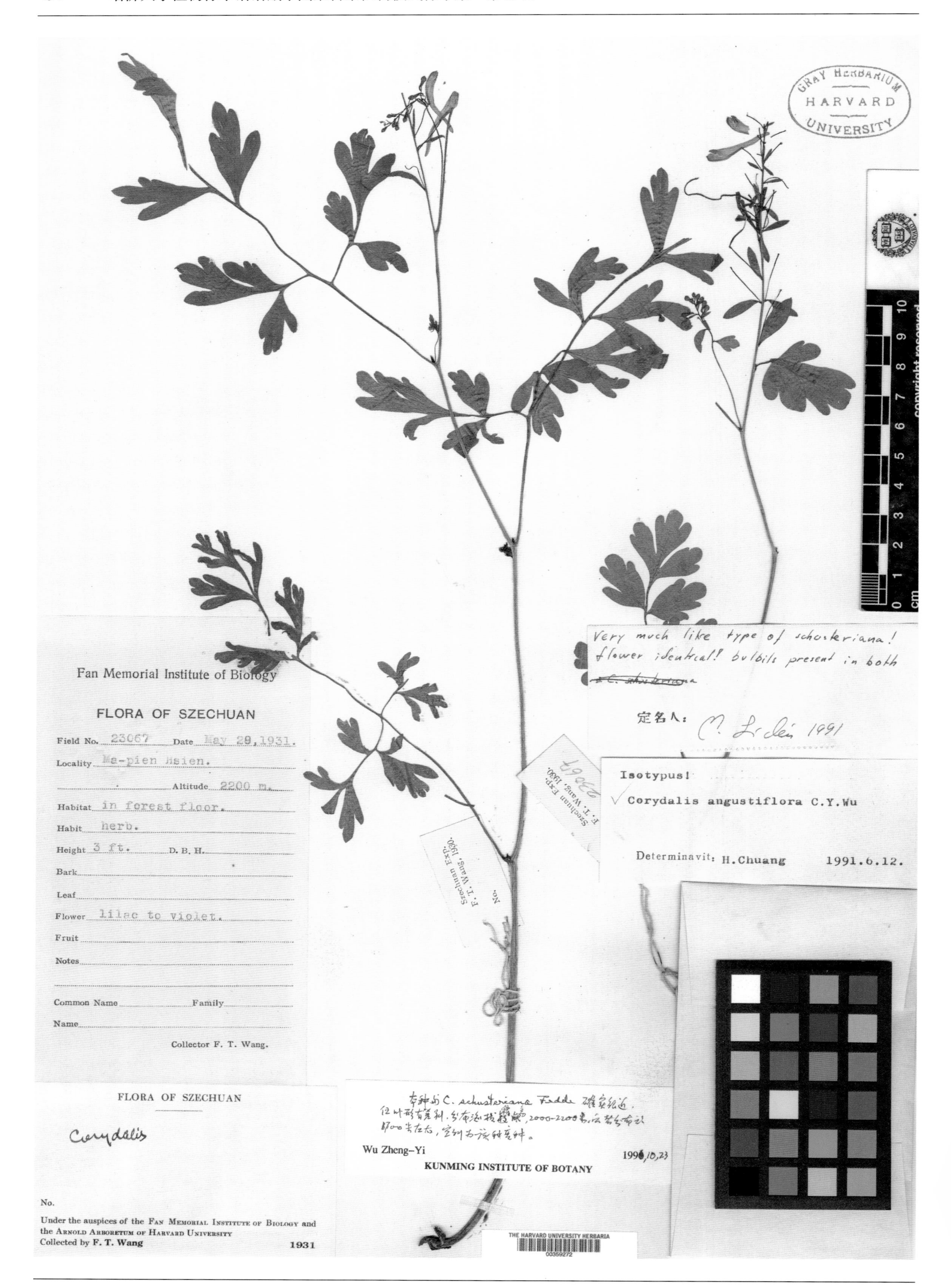
GRAY HERBARIUM
HARVARD
UNIVERSITY
Very much like type of schusteriana!
flower identical! bulbils present in both
定名人: C. Li-lei 1991
Isotypus!
Corydalis angustiflora C.Y.Wu
Determinavit: H.Chuang 1991.6.12.
Fan Memorial Institute of Biology
FLORA OF SZECHUAN
Field No. 23067 Date May 28,1931.
Locality Ma-pien Hsien.
Altitude 2200 m.
Habitat in forest floor.
Habit herb.
Height 3 ft. D. B. H.
Bark
Leaf
Flower lilac to violet.
Fruit
Notes
Common Name Family
Name
Collector F. T. Wang.
Szechuan Exp.
F. T. Wang, 1930.
No.
FLORA OF SZECHUAN
Corydalis
No.
Under the auspices of the Fan Memorial Institute of Biology and the Arnold Arboretum of Harvard University
Collected by F. T. Wang 1931
Wu Zheng-Yi
KUNMING INSTITUTE OF BOTANY
THE HARVARD UNIVERSITY HERBARIA
00359272

**狭花紫堇** ***Corydalis angustiflora*** C. Y. Wu in Acta Bot. Yunnan. 12(4): 384, f. 2. 1990. **Isotype:** China. Sichuan: Mabian, alt. 2 200 m, 1931-05-28, F. T. Wang 23067 (GH).

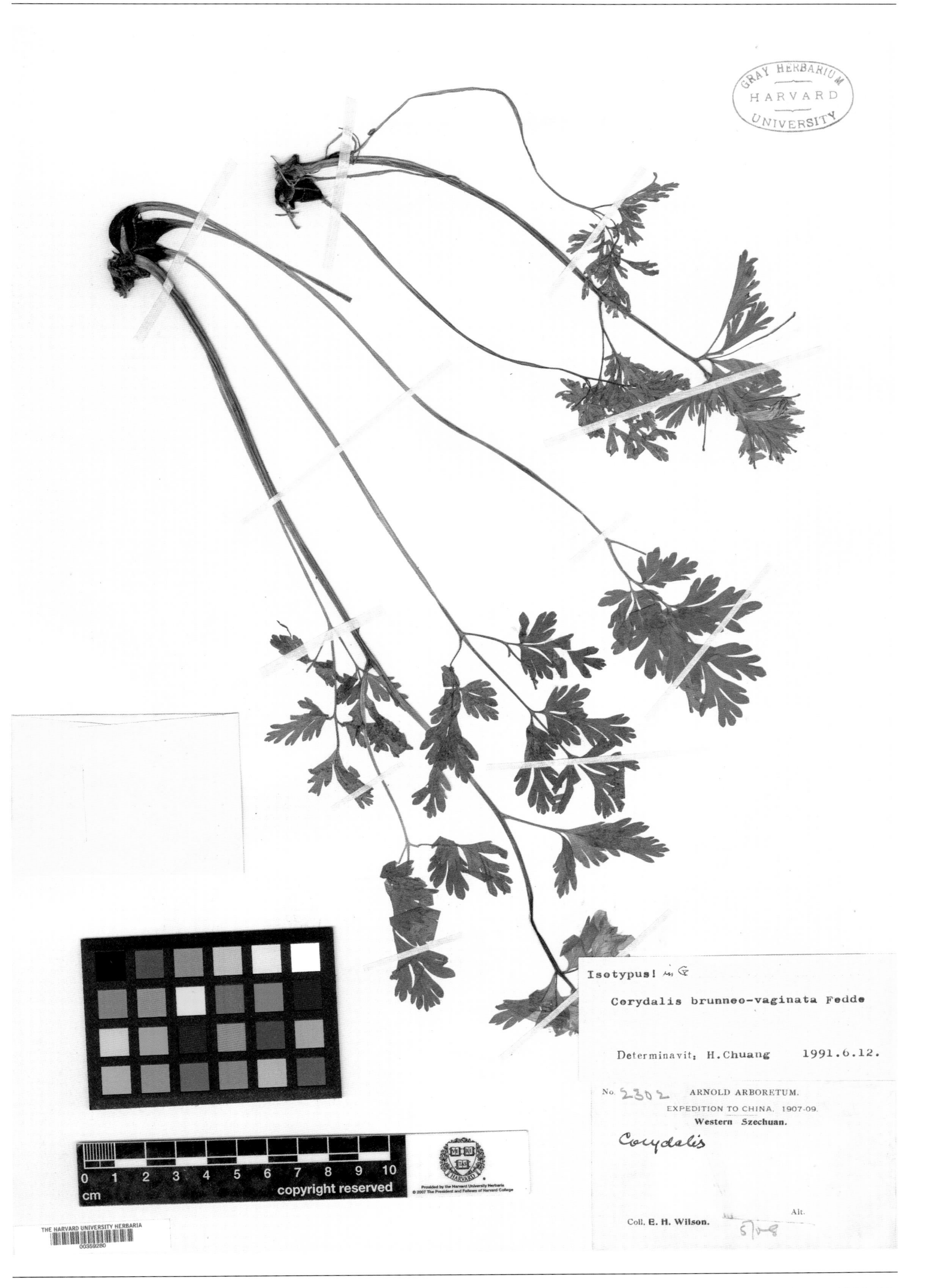
GRAY HERBARIUM
HARVARD
UNIVERSITY
Isotypus!
Corydalis brunneo-vaginata Fedde
Determinavit: H.Chuang 1991.6.12.
No. 2302 ARNOLD ARBORETUM.
EXPEDITION TO CHINA. 1907-09.
Western Szechuan.
Corydalis
Coll. E. H. Wilson.
Alt.
0 1 2 3 4 5 6 7 8 9 10
cm
copyright reserved
THE HARVARD UNIVERSITY HERBARIA
00359280

**褐鞘紫堇** ***Corydalis brunneovaginata*** Fedde in Repert. Sp. Nov. 17: 128. 1921. **Isotype:** China. Sichuan: Wenchuan, 1908-05-??, E. H. Wilson 2302 (GH).

GRAY HERBARIUM
HARVARD
UNIVERSITY
copyright reserved
cm
HERB. MUS. PARIS.
4384
Plantes de CHINE (Province du YUN-NAN)
M. l'Abbé DELAVAY.
IMAGED
THE HARVARD UNIVERSITY HERBARIA
00007285
Wu Zheng-Yi
KUNMING INSTITUTE OF BOTANY
1990

掌叶紫堇 ***Corydalis cheirifolia*** Franch. in J. Bot. (Morot) 8: 285. 1894. **Isotype:** China. Yunnan: Eryuan, Fang-yang-tchang, alt. 3 000 m, P. J. M. Delavay 4384 (GH).

GRAY HERBARIUM
HARVARD
UNIVERSITY
copyright reserved
cm
PLANTS OF KANSU PROVINCE, CHINA
NATIONAL GEOGRAPHIC SOCIETY CENTRAL CHINA EXPEDITION, UNDER THE DIRECTION OF F. R. WULSIN
Corydalis chingii Fedde n. sp.
Fls. purplish.
Near Pingfan; altitude 2350 to 2800 meters
No. 461 R. C. CHING, Collector
July 12-20, 1923
THE HARVARD UNIVERSITY HERBARIA
00006933

**甘肃紫堇** ***Corydalis chingii*** Fedde in Repert. Sp. Nov. 22: 219, pl. 34B. 1926. **Isotype:** China. Gansu: Near Pingfan (=Yongdeng), alt. 2 350~2 800 m, 1923-07-(12~20), R. C. Ching 461(GH).

GRAY HERBARIUM
HARVARD
UNIVERSITY
copyright reserved
cm 0 1 2 3 4 5 6 7 8 9 10
n° 3040
HERB. MUS. PARIS
EX HERBARIO MUSEI PARISIENSIS
Corydalis clematis Lévl.
Pl. de Chine. Prov. de Kouy-tchéou
Cavalerie.
Reçu le
Isoholotype of
Corydalis clematis Lévl.
Wu Zheng-Yi
1990
KUNMING INSTITUTE OF BOTANY
THE HARVARD UNIVERSITY HERBARIA
00007286

开阳黄堇 ***Corydalis clematis*** Lévl. in Fedde, Repert. Sp. Nov. 7: 231. 1909. **Isotype:** China. Guizhou: Kai-tcheou (=Kaiyang), 1908-06-??, J. Cavalerie 3040 (GH).

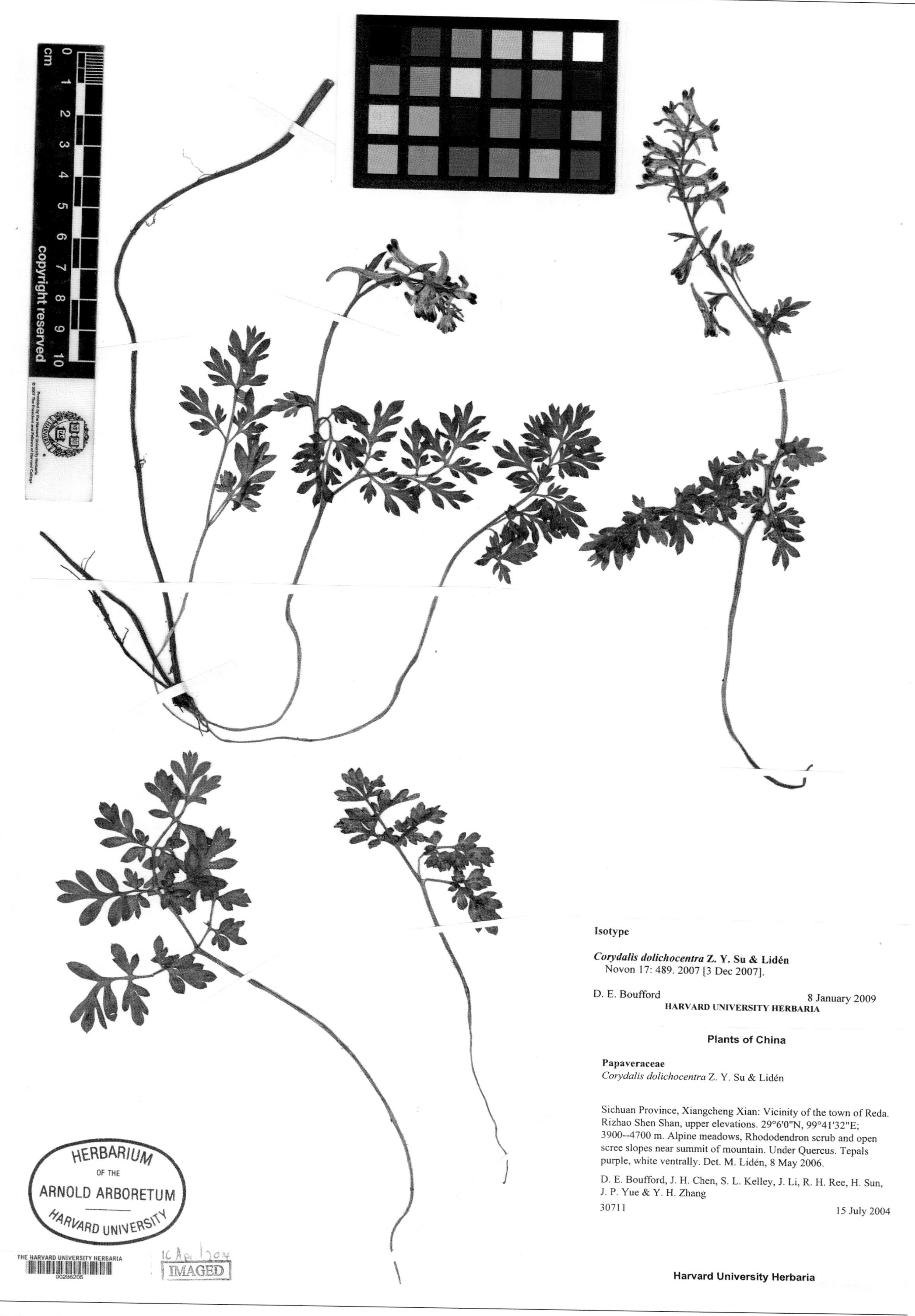
cm 0 1 2 3 4 5 6 7 8 9 10
copyright reserved
Isotype
Corydalis dolichocentra Z. Y. Su & Lidén
Novon 17: 489. 2007 [3 Dec 2007].
D. E. Boufford 8 January 2009
HARVARD UNIVERSITY HERBARIA
Plants of China
Papaveraceae
Corydalis dolichocentra Z. Y. Su & Lidén
Sichuan Province, Xiangcheng Xian: Vicinity of the town of Reda. Rizhao Shen Shan, upper elevations. 29°6'0"N, 99°41'32"E; 3900--4700 m. Alpine meadows, Rhododendron scrub and open scree slopes near summit of mountain. Under Quercus. Tepals purple, white ventrally. Det. M. Lidén, 8 May 2006.
D. E. Boufford, J. H. Chen, S. L. Kelley, J. Li, R. H. Ree, H. Sun, J. P. Yue & Y. H. Zhang
30711 15 July 2004
Harvard University Herbaria
HERBARIUM OF THE ARNOLD ARBORETUM HARVARD UNIVERSITY
THE HARVARD UNIVERSITY HERBARIA
00286205
16 Apr 2014
IMAGED

**雅曲距紫堇** ***Corydalis dolichocentra*** Z.Y. Su & Lidén in Novon 17: 489. 2007. **Isotype:** China. Sichuan: Xiangcheng, alt. 3 900~4 700 m, 2004-07-15, D. E. Boufford, J. H. Chen, S. L. Kelley, J. Li, R. H. Ree, H. Sun, J. P. Yue & Y. H. Zhang 30711 (A).

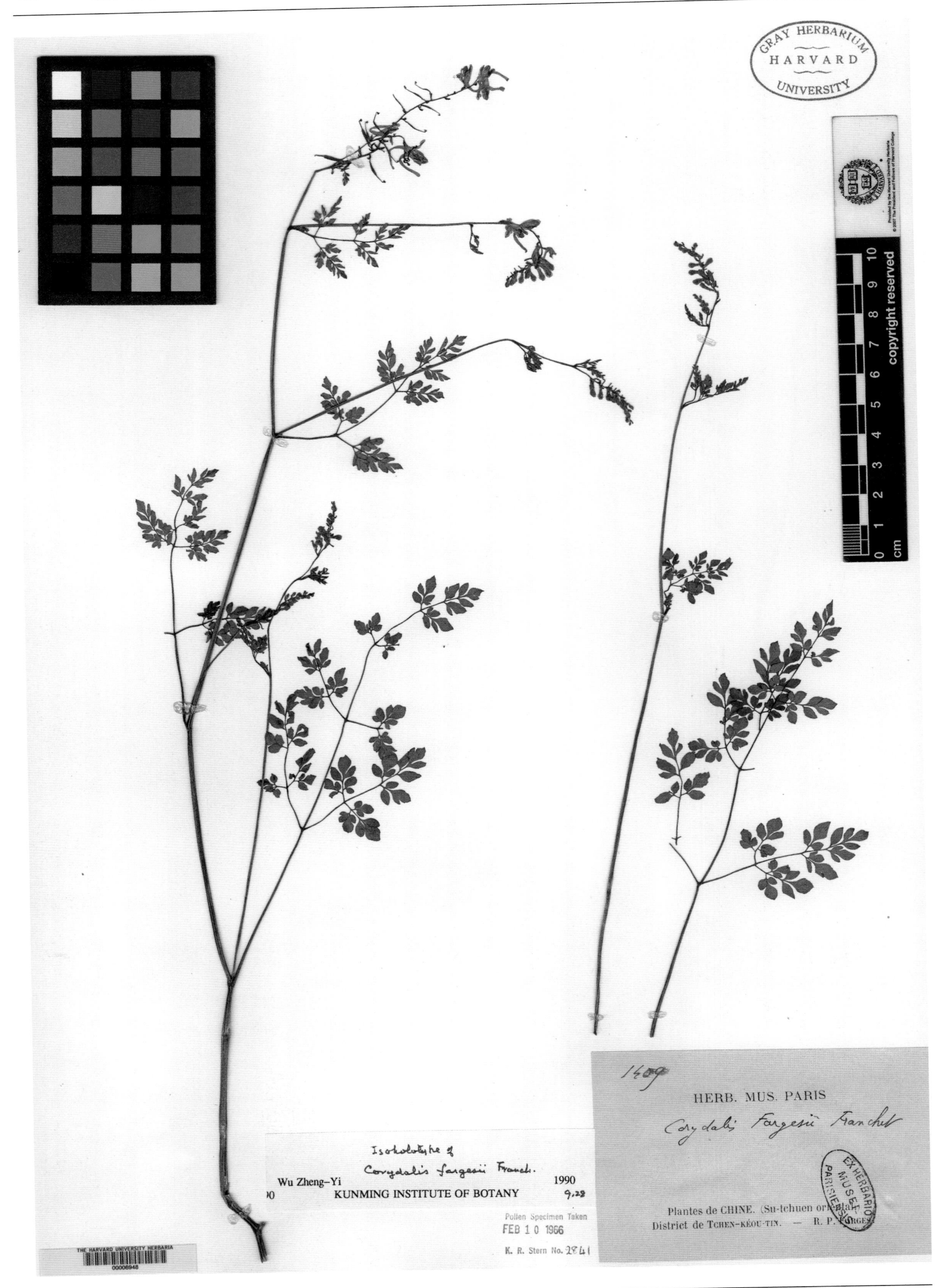
GRAY HERBARIUM
HARVARD
UNIVERSITY
copyright reserved
cm
HERB. MUS. PARIS
Corydalis Fargesii Franchet
Plantes de CHINE. (Su-tchuen oriental)
District de TCHEN-KÉOU-TIN. — R. P. FARGES
EX HERBARIO MUSEI PARISIENSIS
Isoholotype of
Corydalis fargesii Franch.
Wu Zheng-Yi 1990
KUNMING INSTITUTE OF BOTANY 9.28
Pollen Specimen Taken
FEB 1 0 1966
K. R. Stern No. 2841
THE HARVARD UNIVERSITY HERBARIA
00006948

**北岭黄堇** ***Corydalis fargesii*** Franch. in J. Bot. (Morot) 8: 290. 1894. **Isotype:** China. Chongqing: Chengkou, R. P. Farges 1409 (GH).

GRAY HERBARIUM
HARVARD
UNIVERSITY
copyright reserved
cm
C. humicola Hand.-Mzt.
ITER CHINENSE 1914
Societatis Dendrologicae Austriae et Hungariae
Camillo Schneider
No. 1510
Corydalis
Mense Jun. 13
Alt. circiter 3200 m.
Isosyntype
Corydalis humicola Hand.-Mazz.
Wu Zheng-Yi
KUNMING INSTITUTE OF BOTANY
1990
Pollen Specimen Taken
FEB 10 1966
K. R. Stern No. 2846
THE HARVARD UNIVERSITY HERBARIA
00007269

湿生紫堇 ***Corydalis humicola*** Hand.-Mazz., Symb. Sin. 7(2): 341, taf. 7, pl. 15–16. 1931. **Isosyntype:** China. Sichuan: Yanyuan, between Hunka & Woloho, alt. 3 200 m, 1914-06-13, C. Schneider 1510 (GH).

FAN MEMORIAL INSTITUTE
OF BIOLOGY
FLORA OF YUNNAN
Field No. 19529 Date July 31, 1938
Locality Upper kiukiang Valley,
(Clulung ) Letahc
Altit. 1950 m.
Habitat Margon of thickets
Habit Herb
Height 1-1.5 ft. D.B.H.
Bark
Leaf
Flower Pale greenish yellow
Fruit
Notes Casual
Family Fum.
Common Name
Name Corydalis
Collector T. T. Yü
cm
0 1 2 3 4 5 6 7 8 9 10
copyright reserved
T.T.Yu
19529
C. kiukiangensis Wu, Su & Lidén
ISOTYPUS
Magnus Lidén (UPS), Feb 2000
HARVARD UNIVERSITY HERBARIA
PLANTS OF YUNNAN PROVINCE, CHINA
No. 19529 T.T.Yü 1938
Corydalis
Collected in cooperation between the Arnold Arboretum of Harvard University and the Fan Memorial Institute of Biology.
HERBARIUM
OF THE
ARNOLD ARBORETUM
HARVARD UNIVERSITY
16 April 2014
IMAGED
THE HARVARD UNIVERSITY HERBARIA
00098069

俅江紫堇 ***Corydalis kiukiangensis*** C. Y. Wu, Z. Y. Su & Liden in Edinb. J. Bot. 54(1): 67, f. 6c. 1997. **Isotype:** China. Yunnan: Gongshan, Upper Kiukiang Valley, alt. 1 950 m, 1938-07-31, T. T. Yu 19529 (A).

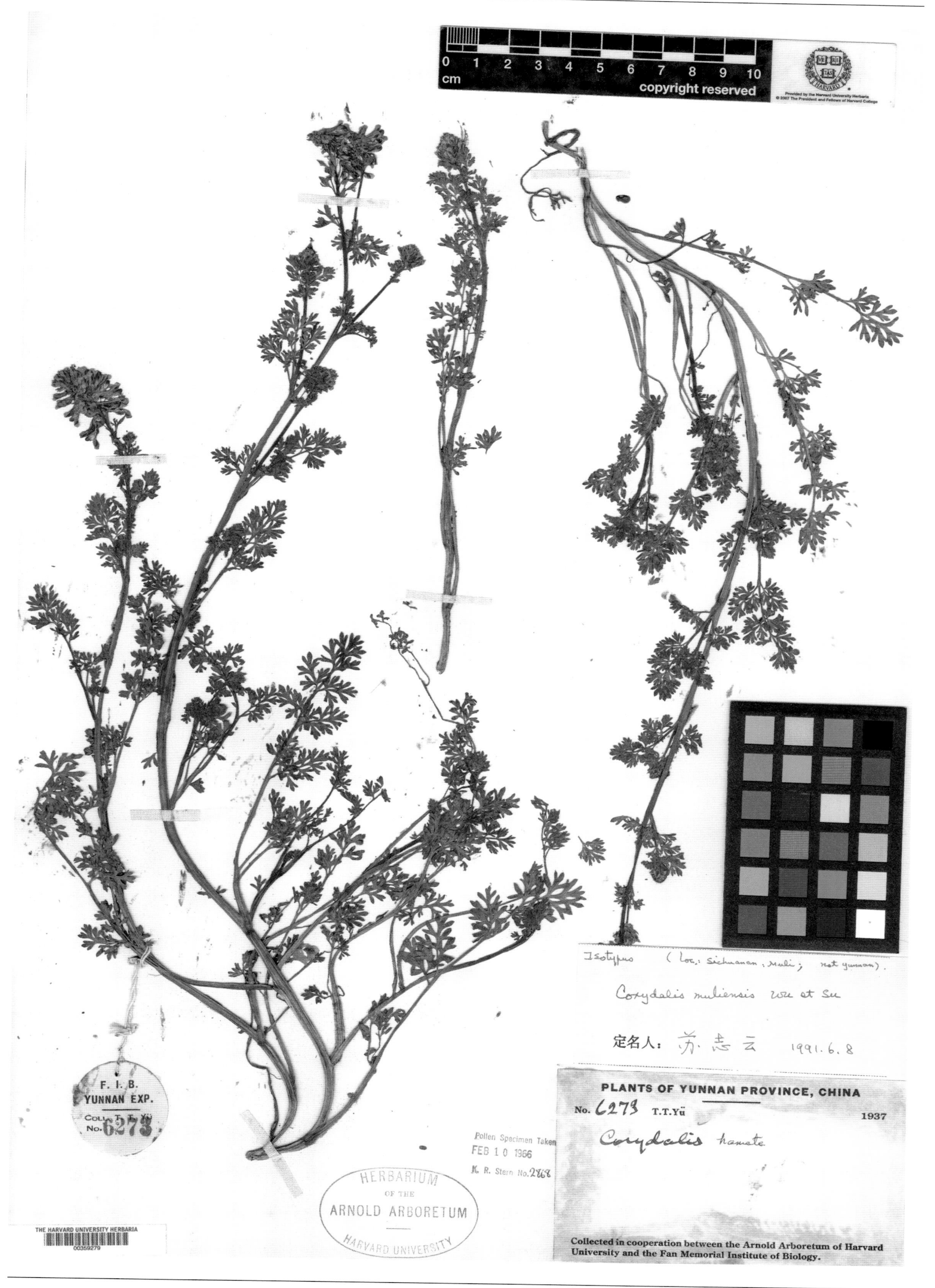
0 1 2 3 4 5 6 7 8 9 10
cm
copyright reserved
Isotypus (Loc.: Sichuanan, Muli; not yunnan).
Corydalis muliensis Wu et Su
定名人：苏志云 1991.6.8
PLANTS OF YUNNAN PROVINCE, CHINA
No. 6273 T.T.Yü 1937
Corydalis hamata
Collected in cooperation between the Arnold Arboretum of Harvard University and the Fan Memorial Institute of Biology.
F. I. B.
YUNNAN EXP.
No. 6273
Pollen Specimen Taken
FEB 10 1966
K. R. Stern No. 2868
HERBARIUM
OF THE
ARNOLD ARBORETUM
HARVARD UNIVERSITY
THE HARVARD UNIVERSITY HERBARIA
00359279

**木里黄堇** ***Corydalis muliensis*** C. Y. Wu & Z. Y. Su in Acta Bot. Yunnan. 8(4): 411, f. 1. 1986. **Isotype:** China. Sichuan: Muli, alt. 3 600 m, 1937-06-15, T. T. Yu 6273(A).

0 1 2 3 4 5 6 7 8 9 10
cm copyright reserved
Isotype
Corydalis nubicola Z. Y. Su & Lidén
Novon 17: 490-491. 2007 [3 Dec 2007].
D. E. Boufford 8 January 2009
HARVARD UNIVERSITY HERBARIA
Plants of China
Papaveraceae
Corydalis nubicola Z. Y. Su & Lidén
Xizang (Tibet) Province, Zogang Xian: Dongda-La (pass), border of Markham and Zogang Xian on highway 318. 29°42'39"N, 98°0'9"E; 5100--5300 m. Scree slopes, rocky vegetated slopes and adjacent level area at pass. Scree slope. Tepals purple with dark reddish purple at apex. Det. M. Lidén, 8 May 2006. DNA material available.
D. E. Boufford, J. H. Chen, S. L. Kelley, J. Li, R. H. Ree, H. Sun, J. P. Yue & Y. H. Zhang
31129 25 July 2004
Harvard University Herbaria
HERBARIUM OF THE ARNOLD ARBORETUM HARVARD UNIVERSITY
THE HARVARD UNIVERSITY HERBARIA
00286213
IMAGED

**凌云紫堇** ***Corydalis nubicola*** Z.Y. Su & Lidén in Novon 17: 490. 2007. **Isotype:** China. Xizang: Zogang, alt. 5 100~5 300 m, 2004-07-25, D. E. Boufford, J. H. Chen, S. L. Kelley, J. Li, R. H. Ree, H. Sun, J. P. Yue & Y. H. Zhang 31129 (A).

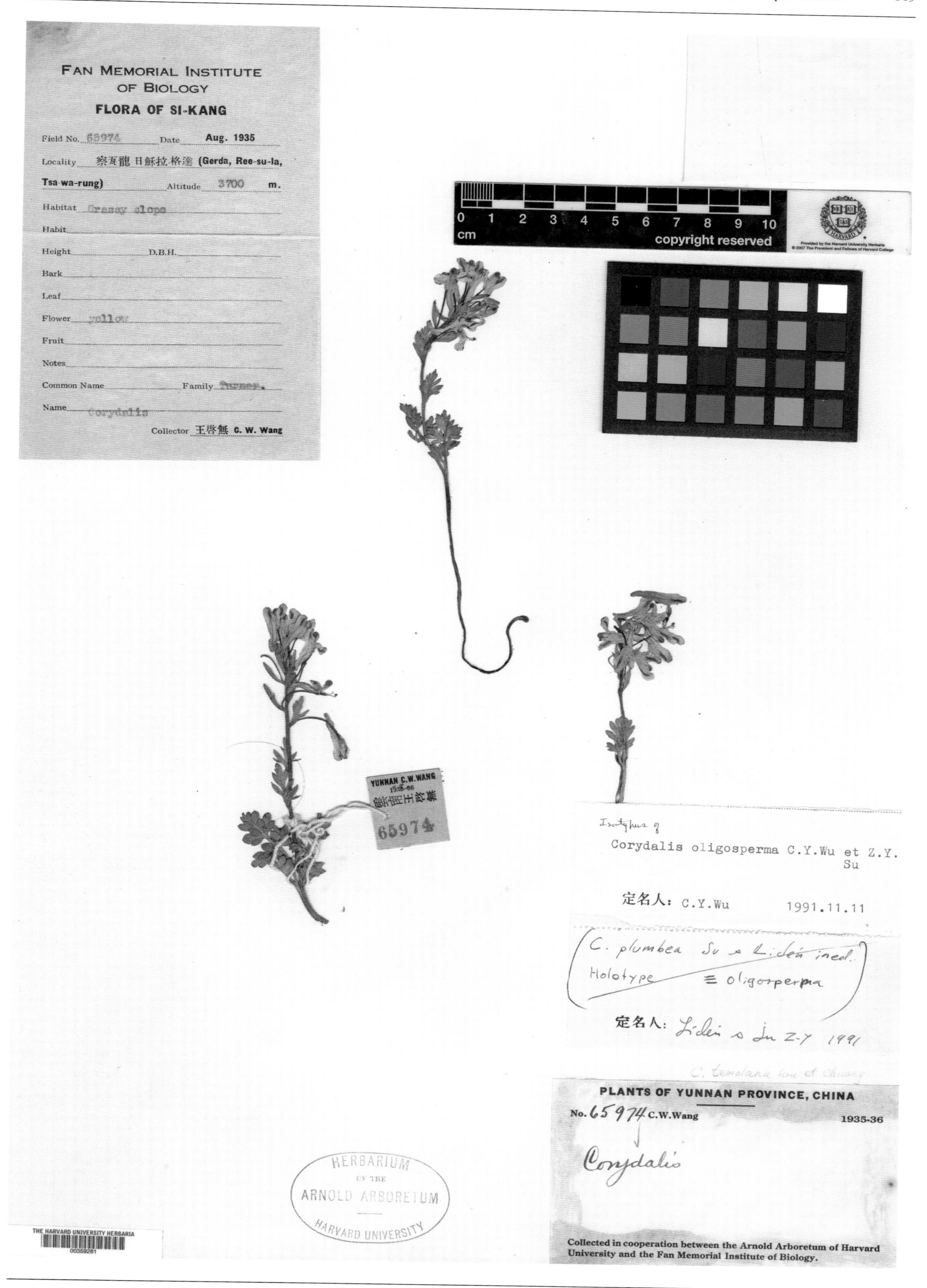
FAN MEMORIAL INSTITUTE OF BIOLOGY
FLORA OF SI-KANG
Field No. 65974 Date Aug. 1935
Locality 察瓦龍 日穌拉 格達 (Gerda, Ree-su-la, Tsa wa-rung) Altitude 3700 m.
Habitat Grassy slope
Habit
Height D.B.H.
Bark
Leaf
Flower yellow
Fruit
Notes
Common Name Family
Name Corydalis
Collector 王啓無 C. W. Wang
0 1 2 3 4 5 6 7 8 9 10 cm
copyright reserved
YUNNAN C.W.WANG
65974
Isotypus
Corydalis oligosperma C.Y.Wu et Z.Y. Su
定名人：C.Y.Wu 1991.11.11
C. plumbea Su & Lidén ined.
Holotype ≡ oligosperma
定名人：
PLANTS OF YUNNAN PROVINCE, CHINA
No. 65974 C.W.Wang 1935-36
Corydalis
Collected in cooperation between the Arnold Arboretum of Harvard University and the Fan Memorial Institute of Biology.
HERBARIUM OF THE ARNOLD ARBORETUM HARVARD UNIVERSITY
THE HARVARD UNIVERSITY HERBARIA
00369281

**稀子黄堇** ***Corydalis oligosperma*** C.Y. Wu & Z. Y. Su, Fl. Xizang. 2: 303, pl. 105, f. 1–10. 1985. **Isotype:** China. Xizang: Zayü, Tsa-wa-rung (=Cawarong), alt. 3 700 m, 1935-08-??, C. W. Wang 65974 (A).

GRAY HERBARIUM
HARVARD
UNIVERSITY
copyright reserved
cm
PLANTS OF KANSU PROVINCE, CHINA
NATIONAL GEOGRAPHIC SOCIETY CENTRAL CHINA EXPEDITION, UNDER THE DIRECTION OF F. R. WULSIN
Corydalis pauciflora var. holanschanica Fedde
Fls. violet.
Ho Lan Shan Mountains; altitude 1375 to 2400 meters
No. 79 R. C. CHING, Collector May 10-25, 1923
THE HARVARD UNIVERSITY HERBARIA
00007290
Isoholotype of
Corydalis pauciflora var. holanschanica Fedde
Wu Zheng-Yi 1990 3.29
KUNMING INSTITUTE OF BOTANY

**贺兰山延胡索** ***Corydalis pauciflora*** (Steph.) Pers. var. ***holanschanica*** Fedde in Repert. Sp. Nov. 22: 221. 1926. **Isosyntype:** China. Gansu: Helan Shan, alt. 1 375~2 400 m, 1923-05-(10~25), R. C. Ching 79 (GH).

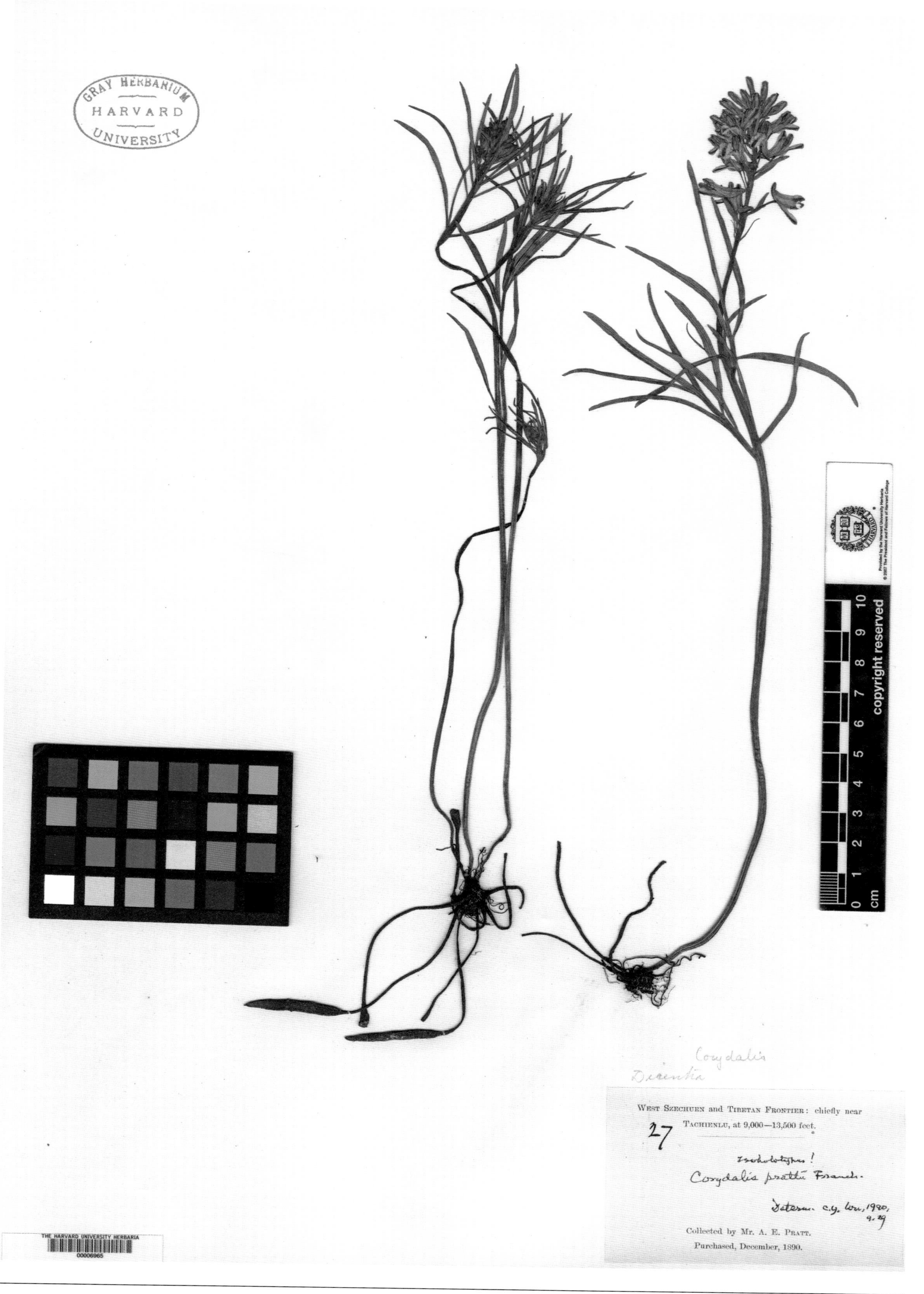
GRAY HERBARIUM
HARVARD
UNIVERSITY
copyright reserved
cm 0 1 2 3 4 5 6 7 8 9 10
Corydalis
Dicentra
WEST SZECHUEN and TIBETAN FRONTIER: chiefly near TACHIENLU, at 9,000—13,500 feet.
27
Corydalis prattii Franch.
Collected by Mr. A. E. PRATT.
Purchased, December, 1890.
THE HARVARD UNIVERSITY HERBARIA
00006965

**草甸黄堇** ***Corydalis prattii*** Franch. in J. Bot. (Morot) 8(16): 284. 1894. **Isosyntype:** China. Sichuan: Kangding, alt. 2 745~4 117 m, 1890-12-??, A. E. Pratt 27 (GH).

0 1 2 3 4 5 6 7 8 9 10
cm
copyright reserved
Corydalis densispica C.Y.Wu
Determinavit: H.Chuang 1991.6.12.
C. pseudodensispica Su & Lidén
HOLOTYPE
定名人: M. Lidén & Su ZY 1991
SMITHSONIAN INSTITUTION
From THE UNITED STATES NATIONAL HERBARIUM
PLANTS OF SOUTHWESTERN SZECHWAN, CHINA
ARNOLD ARBORETUM
HARVARD UNIVERSITY
Corydalis sp.
alt. 4300 m.
North of Chiu-Lung-Hsien, in Minya Country, southwest of Tatsienlu
No. 17469 J. F. ROCK, Collector July, 1929.
HERBARIUM
OF THE
ARNOLD ARBORETUM
HARVARD UNIVERSITY
THE HARVARD UNIVERSITY HERBARIA
00359282

**假密穗黄堇** ***Corydalis pseudodensispica*** Lidén & Z. Y. Su in Edinb. J. Bot. 54: 74, f. 5C, 6a. 1997. **Paratype:** China. Sichuan: Jiulong, alt. 4 300 m, 1929-07-??, J. F. Rock 17469 (A).

GRAY HERBARIUM
HARVARD
UNIVERSITY
copyright reserved
cm
843
843
PLANTS OF KANSU PROVINCE, CHINA
NATIONAL GEOGRAPHIC SOCIETY CENTRAL CHINA EXPEDITION, UNDER THE DIRECTION OF F. R. WULSIN
Corydalis scaphopetala Fedde
Fls. greenish yellow.
Kar Ching K'ou, near Old Taochow; altitude 3100 to 3400 meters
No. 843 R. C. CHING, Collector August 26-31, 1923
THE HARVARD UNIVERSITY HERBARIA
00007291

**帚枝灰绿黄堇** ***Corydalis scaphopetala*** Fedde in Repert. Sp. Nov. 22: 220, pl. 35A. 1926. **Isotype:** China. Gansu: near Old Taochow (=Lintao), alt. 3 100~3 400 m, 1923-08-(26~31), R. C. Ching 843 (GH).

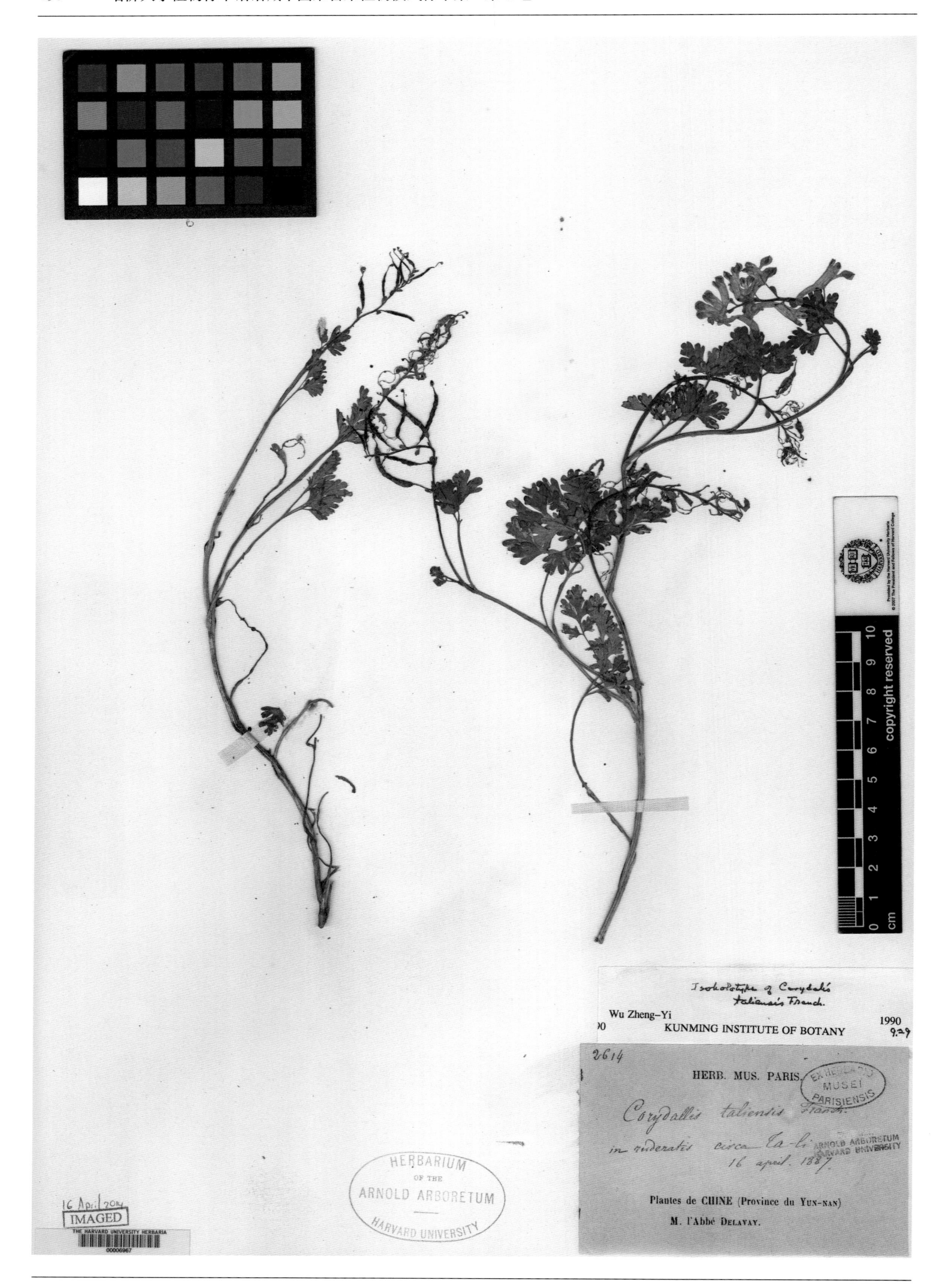
copyright reserved
Isoholotype of Corydalis taliensis Franch.
Wu Zheng-Yi
1990
9.29
KUNMING INSTITUTE OF BOTANY
2614
HERB. MUS. PARIS.
EX HERBARIO MUSEI PARISIENSIS
Corydallis taliensis Franch.
in ruderatis circa Ta-li
16 april. 1887.
ARNOLD ARBORETUM HARVARD UNIVERSITY
Plantes de CHINE (Province du YUN-NAN)
M. l'Abbé DELAVAY.
HERBARIUM OF THE ARNOLD ARBORETUM HARVARD UNIVERSITY
16 April 2014
IMAGED
THE HARVARD UNIVERSITY HERBARIA
00006967

**金钩如意草** ***Corydalis taliensis*** Franch. Pl. Delav. 48. 1889. **Isotype:** China. Yunnan: Dali, 1887-04-16, P. J. M. Delavay 2614 (A).

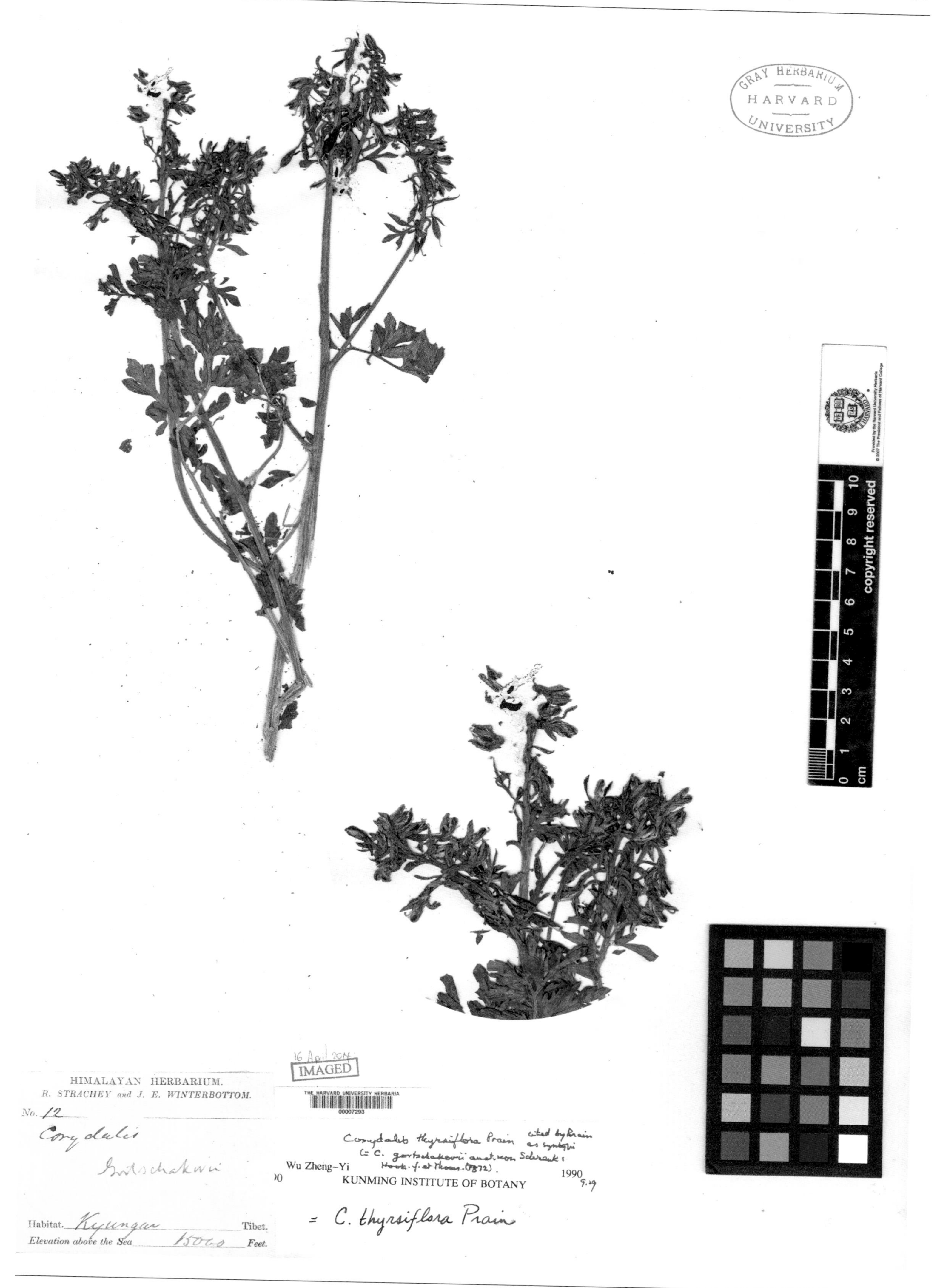
GRAY HERBARIUM
HARVARD
UNIVERSITY
copyright reserved
cm
HIMALAYAN HERBARIUM.
R. STRACHEY and J. E. WINTERBOTTOM.
No. 12
Corydalis
Gortschakovii
Habitat. Kyungar Tibet.
Elevation above the Sea 15000 Feet.
16 April 2014
IMAGED
THE HARVARD UNIVERSITY HERBARIA
00007293
Corydalis thyrsiflora Prain cited by Prain as syntype
(= C. gortschakovii auct. non Schrenk: Hook. f. et Thoms. (1872).
Wu Zheng-Yi
KUNMING INSTITUTE OF BOTANY
1990
= C. thyrsiflora Prain

**聚伞圆锥花序黄堇** ***Corydalis thyrsiflora*** Prain in J. Asiat. Soc. Bengal. Part 2. Nat. Hist. 65: 35. 1896. **Isosyntype:** China. Xizang, Kyungar, alt. 4 575 m, R. Strachey & J. E. Winterbottom 12 (GH).

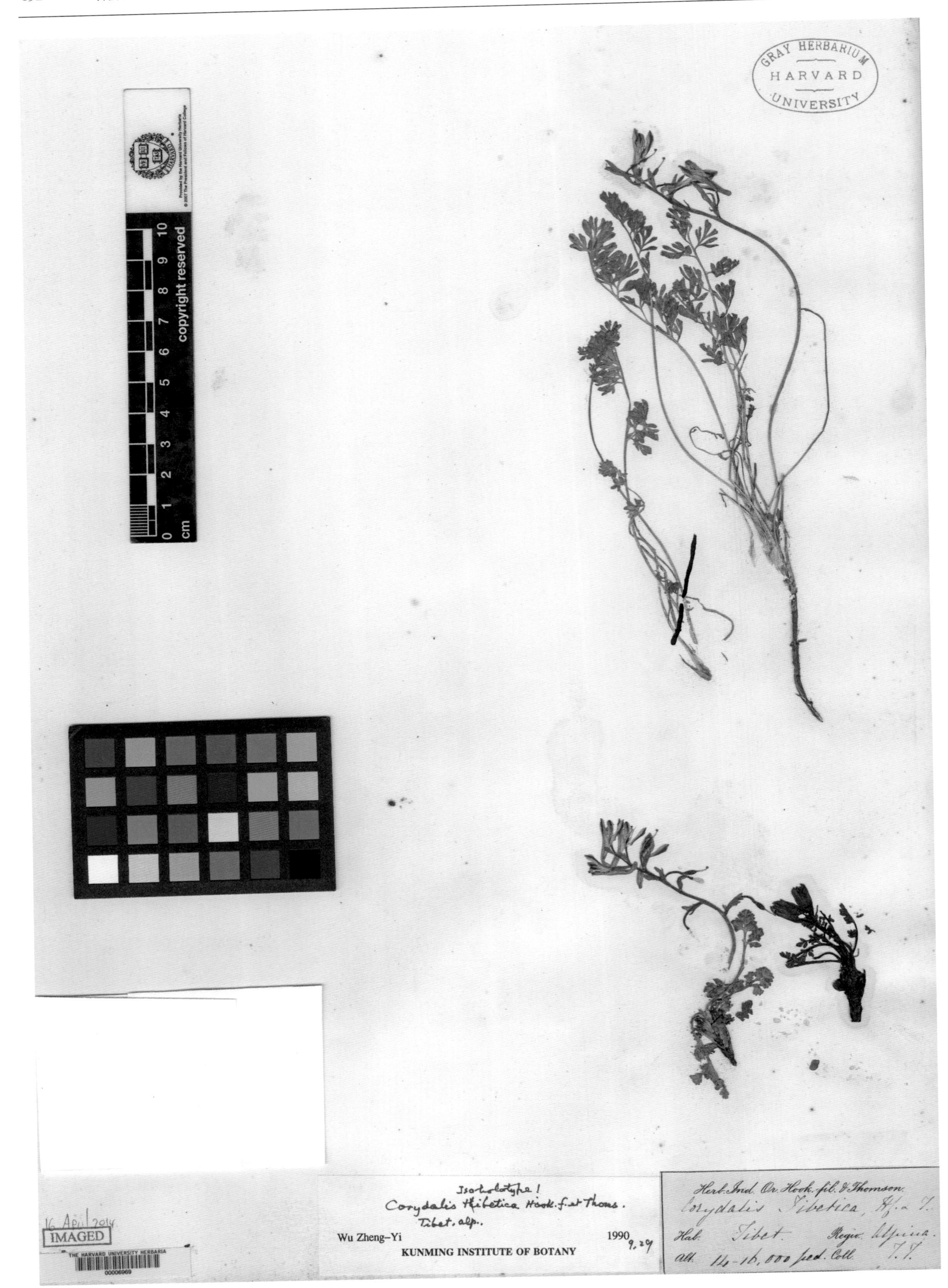
GRAY HERBARIUM
HARVARD
UNIVERSITY
copyright reserved
Isoholotype!
Corydalis thibetica Hook. f. et Thoms.
Tibet. alp.
Wu Zheng-Yi
1990
KUNMING INSTITUTE OF BOTANY
Herb. Ind. Or. Hook. fil. & Thomson.
Corydalis Tibetica, H. f. & T.
Hab. Tibet.
IMAGED
THE HARVARD UNIVERSITY HERBARIA
00006969

**西藏黄堇** ***Corydalis tibetica*** Hook. f. & Thoms. Fl. Ind. 1: 265. 1855. **Isotype:** China. Xizang: Western Xizang, Zingrul, alt. 4 270~4 880 m, T. Thomson s. n. (GH).

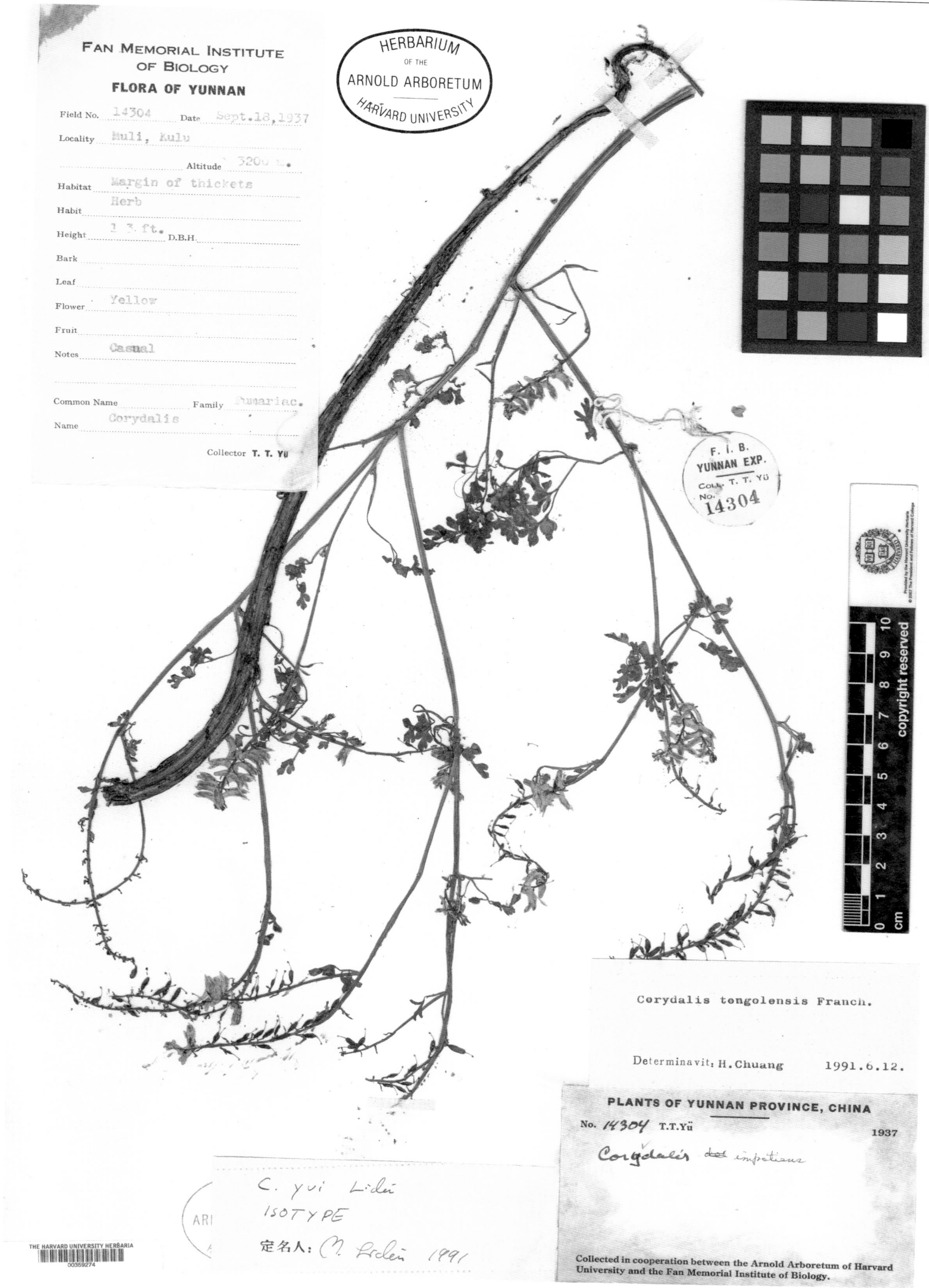

FAN MEMORIAL INSTITUTE OF BIOLOGY
FLORA OF YUNNAN
Field No. 14304 Date Sept.18,1937
Locality Muli, Kulu
Altitude 3200 m.
Habitat Margin of thickets
Habit Herb
Height 1 3 ft. D.B.H.
Bark
Leaf
Flower Yellow
Fruit
Notes Casual
Common Name Family Fumariac.
Name Corydalis
Collector T. T. YÜ
HERBARIUM OF THE ARNOLD ARBORETUM HARVARD UNIVERSITY
F. I. B. YUNNAN EXP. Coll. T. T. YÜ No. 14304
copyright reserved
cm 0 1 2 3 4 5 6 7 8 9 10
Corydalis tongolensis Franch.
Determinavit: H.Chuang 1991.6.12.
PLANTS OF YUNNAN PROVINCE, CHINA
No. 14304 T.T.Yü 1937
Corydalis impatiens
C. yui Lidén
ISOTYPE
定名人: M. Lidén 1991
Collected in cooperation between the Arnold Arboretum of Harvard University and the Fan Memorial Institute of Biology.
THE HARVARD UNIVERSITY HERBARIA
00359274

**瘤籽黄堇** ***Corydalis yui*** Lidén in Rheedea 1: 35. 1991. **Isotype:** China. Sichuan: Muli, alt. 3 200 m, 1937-09-18, T. T. Yu 14304 (A).

copyright reserved
Corydalis yunnanensis. Franch. No 1864.
Isosyntype of Corydalis yunnanensis Franch.
Wu Zheng-Yi 1990
KUNMING INSTITUTE OF BOTANY
HERB. MUS. PARIS.
Corydallis yunnanensis Franch.
inter dumeta in monte Tchang-chan supra Ta-li, alt. 3000 m. 10 Jun 1885.
Plantes de CHINE (Province du YUN-NAN)
M. l'Abbé DELAVAY.
16 Apr. 2014
IMAGED
THE HARVARD UNIVERSITY HERBARIA
00006971
HERBARIUM OF THE ARNOLD ARBORETUM HARVARD UNIVERSITY

滇黄堇 ***Corydalis yunnanensis*** Franch. in Bull. Soc. Bot. France 33: 394. 1886. **Isosyntype:** China. Yunnan: Dali, alt. 3 000 m, 1885-06-10, P. J. M. Delavay 1864 (A).

GRAY HERBARIUM
HARVARD
UNIVERSITY
copyright reserved
cm 0 1 2 3 4 5 6 7 8 9 10
Dactylicapnos leiosperma Lidén
isotype
det. Anthony R. Brach (MO c/o A, GH) July 2012
PLANTS OF THE GAOLIGONG SHAN REGION, YUNNAN, CHINA
Papaveraceae
Dactylicapnos lichiangensis (Fedde) Handel-Mazzetti
Gongshan: Bingzhongluo. About 1 km W of Shimen Guan (Stone Gate) and ca. 3.1 direct km WNW of Bingzhongluo on the W side of the Nujiang.
Elev. 1540 m 28° 2' 2.4" N, 98° 35' 52.6" E
E facing 10-30° slope
Subtropical evergreen broadleaf forest
Disturbed by clearing.
Subtropical evergreen broadleaf forest dominated by Saurauia, Sloanea and Euptelea.
Vine, 2 m long. Flowers yellow. Occasional. Growing in forest.
In loam on granite.
Gaoligong Shan Biodiversity Survey 33541 17 August 2006
Participants: Li Heng, Dao Zhiling, Ji Yunheng, Jin Xiaohua Hu Guangwan (KUN); Peter Fritsch (CAS); Simon Crutchley, Jin Hyub-pak (E); Catherine Bush (WFU)
THE HARVARD UNIVERSITY HERBARIA
00289061

**平滑籽紫金龙** ***Dactylicapnos leiosperma*** Lidén in Nordic J. Bot. 25: 35. 2007. **Isotype:** China. Yunnan: Gongshan, alt. 1 540 m, 2006-08-17, Gaoligong Shan Biodiversity Survey 33541 (GH).

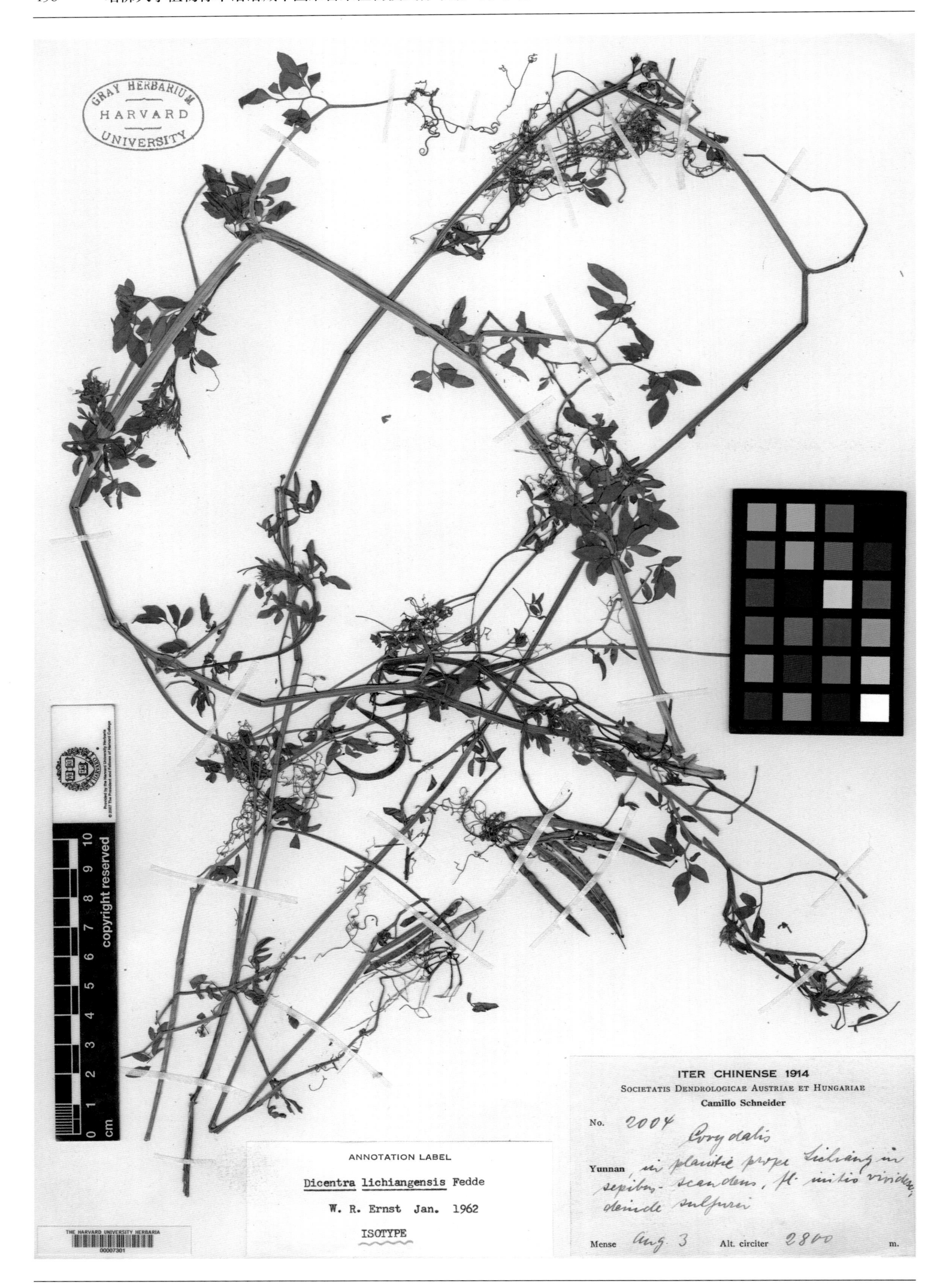
GRAY HERBARIUM
HARVARD
UNIVERSITY
copyright reserved
cm
ANNOTATION LABEL
Dicentra lichiangensis Fedde
W. R. Ernst Jan. 1962
ISOTYPE
THE HARVARD UNIVERSITY HERBARIA
00007301
ITER CHINENSE 1914
SOCIETATIS DENDROLOGICAE AUSTRIAE ET HUNGARIAE
Camillo Schneider
No. 2004 Corydalis
Yunnan in planitie prope Lichiang in sepibus scandens, fl. initio viridi, deinde sulfurei
Mense Aug. 3 Alt. circiter 2800 m.

**丽江紫金龙** ***Dicentra lichiangensis*** Fedde in Repert. Sp. Nov. 17:199.1921. **Isotype:** China. Yunnan: Lijiang, alt. 2 800 m, 1914-08-03, C. Schneider 2004 (GH).

ISOTYPE
MONOGRAPH OF DICENTRA
Dicentra macrantha Oliv.
KINGSLEY R. STERN
1959
GRAY HERBARIUM
HARVARD
UNIVERSITY
copyright reserved
DR. AUG. HENRY'S COLLECTIONS FROM
CENTRAL CHINA, 1885-88.
NO. 5846.
Dicentra macrantha.
Oliv. n. sp.
Prov. HUPEH.
THE HARVARD UNIVERSITY HERBARIA
00007302

**大花荷包牡丹** ***Dicentra macrantha*** Oliv. in Hook. Icon. Pl. 20: pl. 1937. 1890. **Isotype:** China. Hubei: Jianshi, A. Henry 5846 (GH).

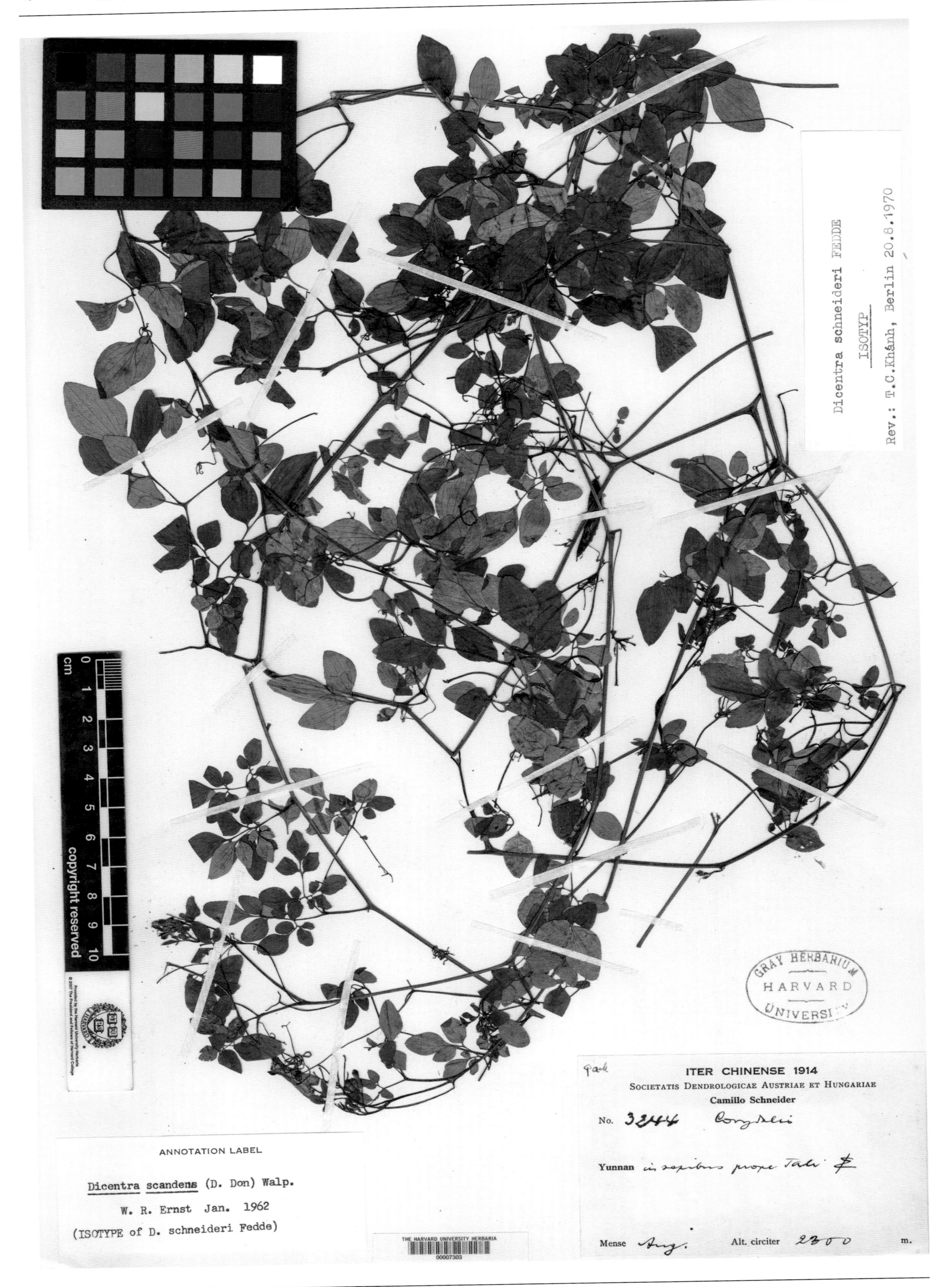
Dicentra schneideri FEDDE
ISOTYP
Rev.: T.C.Khánh, Berlin 20.8.1970
GRAY HERBARIUM
HARVARD
UNIVERSITY
ITER CHINENSE 1914
SOCIETATIS DENDROLOGICAE AUSTRIAE ET HUNGARIAE
Camillo Schneider
No. 3244
Yunnan
Mense Aug.
Alt. circiter 2300 m.
ANNOTATION LABEL
Dicentra scandens (D. Don) Walp.
W. R. Ernst Jan. 1962
(ISOTYPE of D. schneideri Fedde)
THE HARVARD UNIVERSITY HERBARIA
00007303
copyright reserved

**大理紫金龙** ***Dicentra schneideri*** Fedde in Repert. Sp. Nov. 17: 198. 1921. **Isotype:** China. Yunnan: Dali, alt. 2 300 m, 1914-10-??, C. Schneider 3244 (GH).

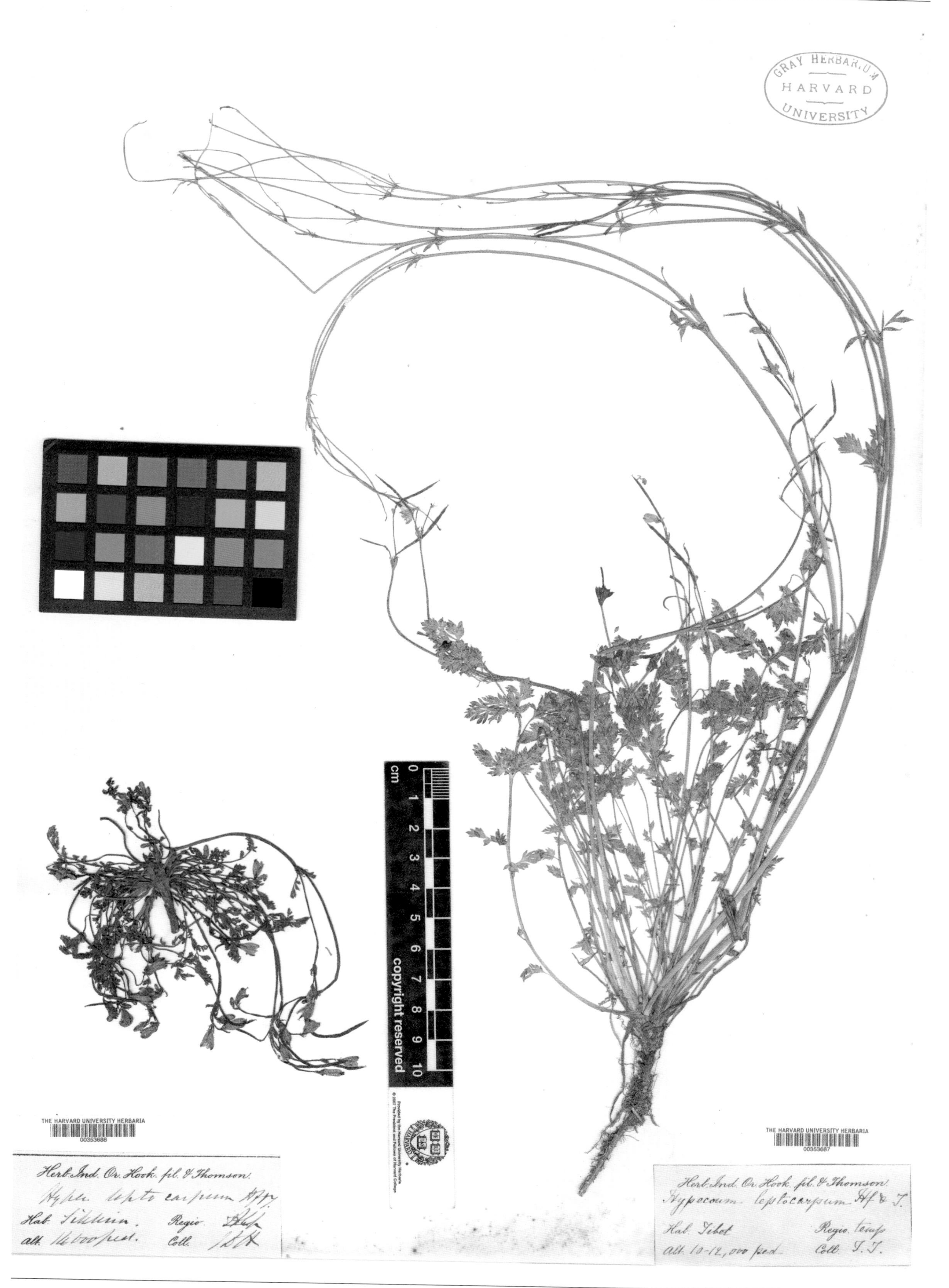
GRAY HERBARIUM
HARVARD
UNIVERSITY
cm
0 1 2 3 4 5 6 7 8 9 10
copyright reserved
THE HARVARD UNIVERSITY HERBARIA
00353686
Herb. Ind. Or. Hook. fil. & Thomson.
Hab. Sikkim.
Regio.
alt.
Coll.
THE HARVARD UNIVERSITY HERBARIA
00353687
Herb. Ind. Or. Hook. fil. & Thomson.
Hypecoum leptocarpum Hf & T.
Hab. Tibet
Regio. temp
alt. 10-12,000 ped.
Coll. T. T.

细果角茴香 ***Hypecoum leptocarpum*** Hook. f. & Thoms. Fl. Ind. 1: 276. 1855. **Isosyntype:** China. Xizang: Precise locality not known, alt.3 050~3 660 m, T. Thomson s. n. (GH).

2195
copyright reserved
cm 0 1 2 3 4 5 6 7 8 9 10
Isotype
Meconopsis integrifolia (Maximowicz) Franchet
var. uniflora C. Y. Wu & H. Chuang
Fl. Yunnan. 2: 28. 1979.
D. E. BOUFFORD 18 July 2001
HARVARD UNIVERSITY HERBARIA
ANNOTATION LABEL
Meconopsis integrifolia (Maximowicz) Franchet
DETERMINED BY W. R. Ernst Feb. 1960
PLANTS OF N.W. YUNNAN PROVINCE, CHINA
No. 2195 K.M.Feng Aug. 25 1939
Meconopsis
Collected in cooperation between the Arnold Arboretum of Harvard University and the Lu Shan Arboretum and Botanical Garden.
HERBARIUM OF THE ARNOLD ARBORETUM HARVARD UNIVERSITY
THE HARVARD UNIVERSITY HERBARIA
00105931

**轮叶绿绒蒿** ***Meconopsis integrifolia*** (Maxim.) Franch. var. ***uniflora*** C. Y. Wu & H. Chuang, Fl. Yunnan. 2: 28, f. 8: 4. 1979.

**Isotype:** China. Yunnan: Shangri-La, 4 350~4 450 m, 1939-08-25, K. M. Feng 2195 (A).

Meconopsis wilsonii Grey-Wilson subsp. wilsonii
Curtis's Bot. Mag. 23(2): 195-196. 2006.
D. E. BOUFFORD 30 September 2006
HARVARD UNIVERSITY HERBARIA
copyright reserved
Meconopsis napaulensis DC.
C. C. Yuan November 2001
HARVARD UNIVERSITY HERBARIA
ANNOTATION LABEL
Meconopsis series Robustae Prain
? Meconopsis napaulensis DeCondolle
DETERMINED BY W. R. Ernst Feb. 1960
napaulensis DC.
Zhang M.L. 28/12, 01
UNIVERSITY HERBARIA
THE HARVARD UNIVERSITY HERBARIA
00198146
GRAY HERBARIUM HARVARD UNIVERSITY
No. 1152 ARNOLD ARBORETUM.
EXPEDITION TO CHINA, 1907-09.
Western Szechuan.
Meconopsis
Alt.
Coll. E. H. Wilson.
6/08 & 10/08.

**威尔逊绿绒蒿** ***Meconopsis wilsonii*** Grey-Wilson in Bot. Mag. 28: 195, f. 2006. **Isotype:** China. Sichuan: Baoxing, alt. 3 355~3 965 m, 1908-(06~10)-??, E. H. Wilson 1152(GH).

# 山柑科
# Capparaceae

copyright reserved
THE HARVARD UNIVERSITY HERBARIA
00042250
IMAGED
Capparidaceae, revised by M. JACOBS, 3-1960
Capparis acutifolia SW.
ssp. bodinieri (LÉVL.) JACOBS
type-coll. of Capparis bodinieri LÉVL.
HERBARIUM OF THE ARNOLD ARBORETUM HARVARD UNIVERSITY
Capparis bodinieri Lévl.
(C. acutifolia Sw. ssp. bodinieri (Lévl.) Jacobs)
Gordon C. Tucker 2007
Eastern Illinois University (EIU)
isotype !
HERBARIUM OF THE ARNOLD ARBORETUM
DUPLICATES FROM HERB. LÉVEILLÉ
RECEIVED FROM BOTANIC GARDEN, EDINBURG, 1928
Capparis Bodinieri Lévl
E. Bodinier.
24 mai 1897

野香橼花 ***Capparis bodinieri*** Lévl. in Fedde, Repert. Sp. Nov. 9: 450. 1911. **Isotype:** China.Yunnan: Kunming, 1897-05-24, E. Bodinier s. n. (A).

cm 0 1 2 3 4 5 6 7 8 9 10
copyright reserved
Material from Packet
424
No 1247
ISONEOTYPE
Capparis cantoniensis Lour.
Blumea. 12: 441. 1965
C. Beans (GH)
2 February 2009
HARVARD UNIVERSITY HERBARIA
Capparidaceae, revised by M. JACOBS, 6-1960
Capparis cantoniensis LOUR.
NEO-ISO-TYPE!
Capparis cantoniensis Loureiro
Gordon C. Tucker 2007
Eastern Illinois University (EIU)
HERBARIUM OF THE ARNOLD ARBORETUM HARVARD UNIVERSITY
THE HARVARD UNIVERSITY HERBARIA
00277170
Capp.
HERBARIUM NO. 1247
FLORA OF CHINA
CANTON CHRISTIAN COLLEGE HERBARIUM.
Capparis pumila Champ.
KWANG TUNG PROVINCE
CANTON AND VICINITY
IDENTIFIED BY E. D. MERRILL
COLLECTED UNDER THE DIRECTION OF C. O. LEVINE
9/3/17


**广州山柑** ***Capparis cantoniensis*** Lour. Fl. Cochinch. 1: 331. 1790. **Syntype** (designated by M. Jacobs in Blume 12: 441. 1965.): China. Guangdong: Guangzhou, 1917-03-09, C. O. Levine 1247 (A).

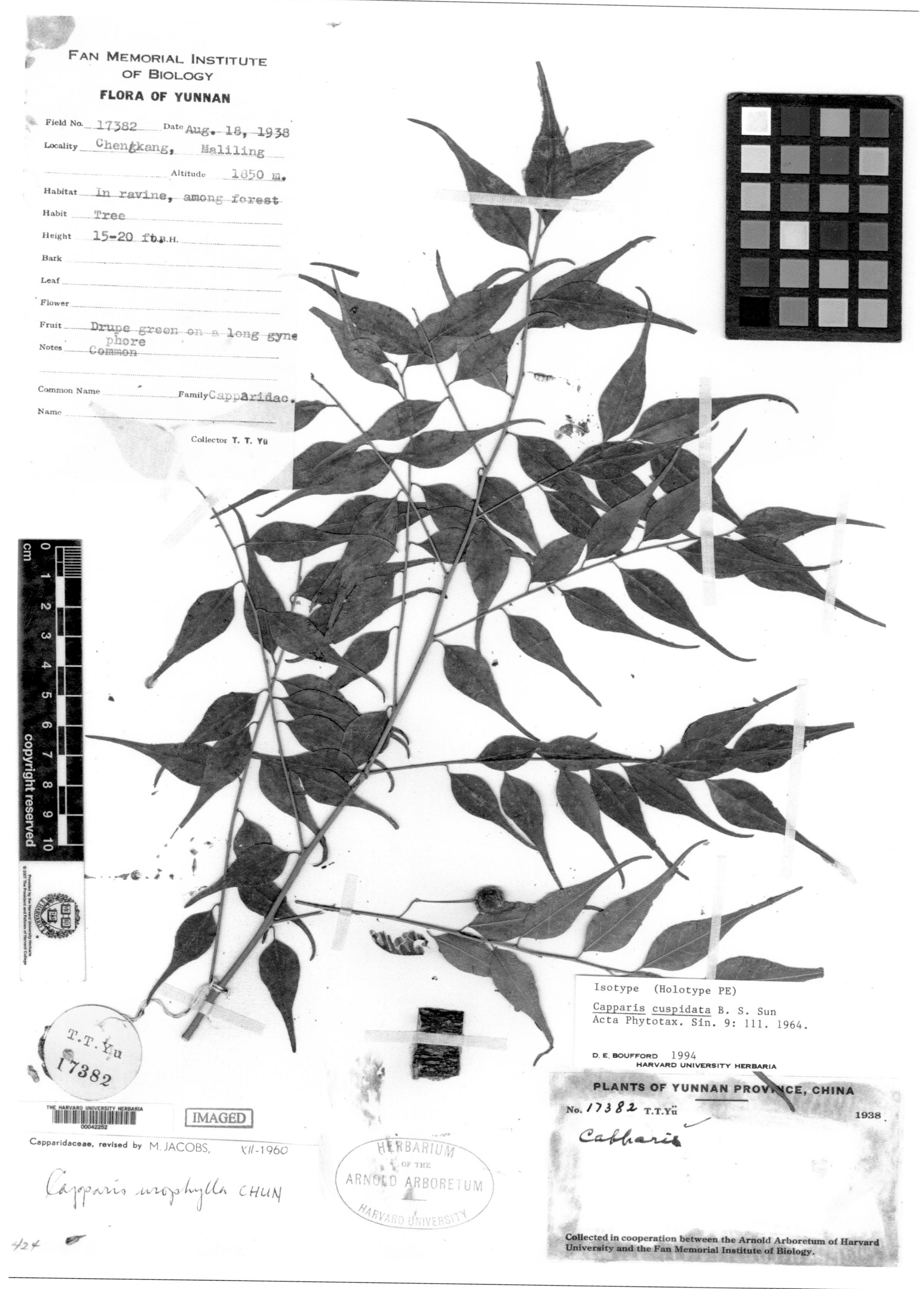
FAN MEMORIAL INSTITUTE
OF BIOLOGY
FLORA OF YUNNAN
Field No. 17382 Date Aug. 18, 1938
Locality Chengkang, Maliling
Altitude 1850 m.
Habitat In ravine, among forest
Habit Tree
Height 15-20 ft. B.H.
Bark
Leaf
Flower
Fruit Drupe green on a long gynephore
Notes Common
Common Name Family Capparidac.
Name
Collector T. T. Yü
copyright reserved
Isotype (Holotype PE)
Capparis cuspidata B. S. Sun
Acta Phytotax. Sin. 9: 111. 1964.
D. E. BOUFFORD 1994
HARVARD UNIVERSITY HERBARIA
PLANTS OF YUNNAN PROVINCE, CHINA
No. 17382 T.T.Yü 1938
Capparis
Collected in cooperation between the Arnold Arboretum of Harvard University and the Fan Memorial Institute of Biology.
T.T. Yu
17382
THE HARVARD UNIVERSITY HERBARIA
00042252
IMAGED
Capparidaceae, revised by M. JACOBS, XII-1960
Capparis urophylla CHUN
HERBARIUM OF THE ARNOLD ARBORETUM HARVARD UNIVERSITY
424

尖叶山柑 ***Capparis cuspidata*** B. S. Sun in Acta Phytotax. Sin. 9(2): 111. 1964. **Isotype:** China.Yunnan: Zhenkang, alt. 1 850 m, 1938-08-18, T. T. Yu 17382 (A).

copyright reserved
Capparidaceae, revised by M. JACOBS,
HOLOTYPE!
Type
FLORA OF HAINAN
HERBARIUM OF
LINGNAN NATURAL HISTORY SURVEY AND MUSEUM
LINGNAN UNIVERSITY, CANTON, CHINA.
10th Hainan Expedition
Fairly common, dry, sandy soil, forest, woody, climber, flower white.Chim Fung Ling 尖峯嶺 near
Sam Mo Watt village 近三模屈村
(Kan-en District 感恩縣)
COLLECTED WITH THE COOPERATION OF ARNOLD ARBORETUM, HARVARD UNIVERSITY
Coll. Lau, S. K. 3445 Det. E. D. Merrill March 16, 1934.
Material from Packet
IMAGED
HERBARIUM OF THE ARNOLD ARBORETUM HARVARD UNIVERSITY
THE HARVARD UNIVERSITY HERBARIA
00042253

多毛山柑 *Capparis dasyphylla* Merr. & Metc. in Lingnan Sci. J. 16(2): 192, f. 5. 1937. **Holotype:** China. Hainan: Kan-en (=Dongfang), 1934-03-16, S. K. Lau 3445 (A).

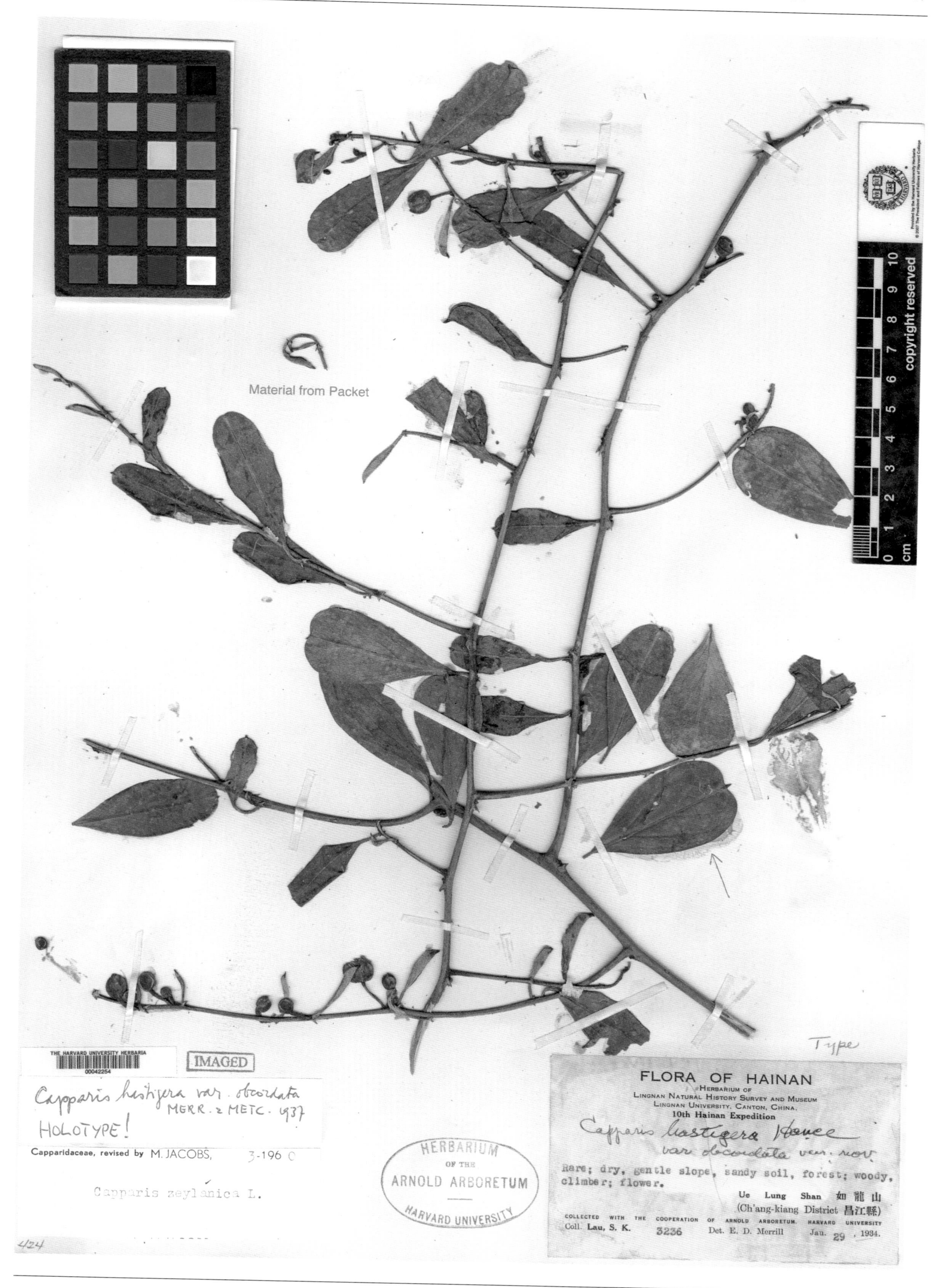
Material from Packet
copyright reserved
cm
THE HARVARD UNIVERSITY HERBARIA
00042254
IMAGED
Capparis hastigera var. obcordata MERR. & METC. 1937
HOLOTYPE!
Capparidaceae, revised by M. JACOBS, 3-196
Capparis zeylanica L.
HERBARIUM OF THE ARNOLD ARBORETUM HARVARD UNIVERSITY
Type
FLORA OF HAINAN
HERBARIUM OF
LINGNAN NATURAL HISTORY SURVEY AND MUSEUM
LINGNAN UNIVERSITY, CANTON, CHINA.
10th Hainan Expedition
Capparis hastigera Hance
var. obcordata var. nov.
Rare; dry, gentle slope, sandy soil, forest; woody, climber; flower.
Ue Lung Shan 如龍山
(Ch'ang-kiang District 昌江縣)
COLLECTED WITH THE COOPERATION OF ARNOLD ARBORETUM, HARVARD UNIVERSITY
Coll. Lau, S. K. 3236 Det. E. D. Merrill Jan. 29, 1934.
424

**倒心形叶山柑** ***Capparis hastigera*** Hance var. ***obcordata*** Merr. & Metc. in Lingnan Sci. J. 16(2): 192. 1937. **Holotype:** China. Hainan: Changjiang, 1934-01-29, S. K. Lau 3236 (A).

copyright reserved
cm
Material from Packet
Capparidaceae, revised by M. JACOBS, 1-1960
Capparis micracantha DC.
var. henryi (MATSUM.) JACOBS
Capparis henryi MATSUM.
TYPE COLL.!
C. micracantha DC
THE HARVARD UNIVERSITY HERBARIA
00042256
IMAGED
A. HENRY,
FORMOSA No.: 570
HERBARIUM
OF THE
ARNOLD ARBORETUM
HARVARD UNIVERSITY
FLORA OF FORMOSA
COLL. A. HENRY.

长刺山柑 ***Capparis henryi*** Matsum. in Bot. Mag. Tokyo 13: 33. 1899. **Isosyntype:** China. Taiwan: Kaohsiung, A. Henry 570 (A).

Material from Packet
copyright reserved
52225
IMAGED
Isotype
THE HARVARD UNIVERSITY HERBARIA
00042257
HERBARIUM OF THE
NEW YORK BOTANICAL GARDEN
Ex-Herb.
N. Y. Bot. Garden
Plants of Hainan
No. 52225 S. P. Ko. April 26, 1932
Capparis Koi Merr. n. sp.
E. Poting, Lingshin
Climber in woods on tree; fl.
whitish pink.
Capparidaceae, revised by M. JACOBS, X -1961
Capparis versicolor GRIFF.
Capparis koi MERR. & CHUN ISOTYPE!
HERBARIUM
OF THE
ARNOLD ARBORETUM
HARVARD UNIVERSITY
424


**高氏马槟榔** ***Capparis koi*** Merr. & Chun in Sunyatsenia 2: 28. 1934. **Isotype:** China. Hainan: Lingshui, 1932-04-26, S. P. Ko 52225 (A).

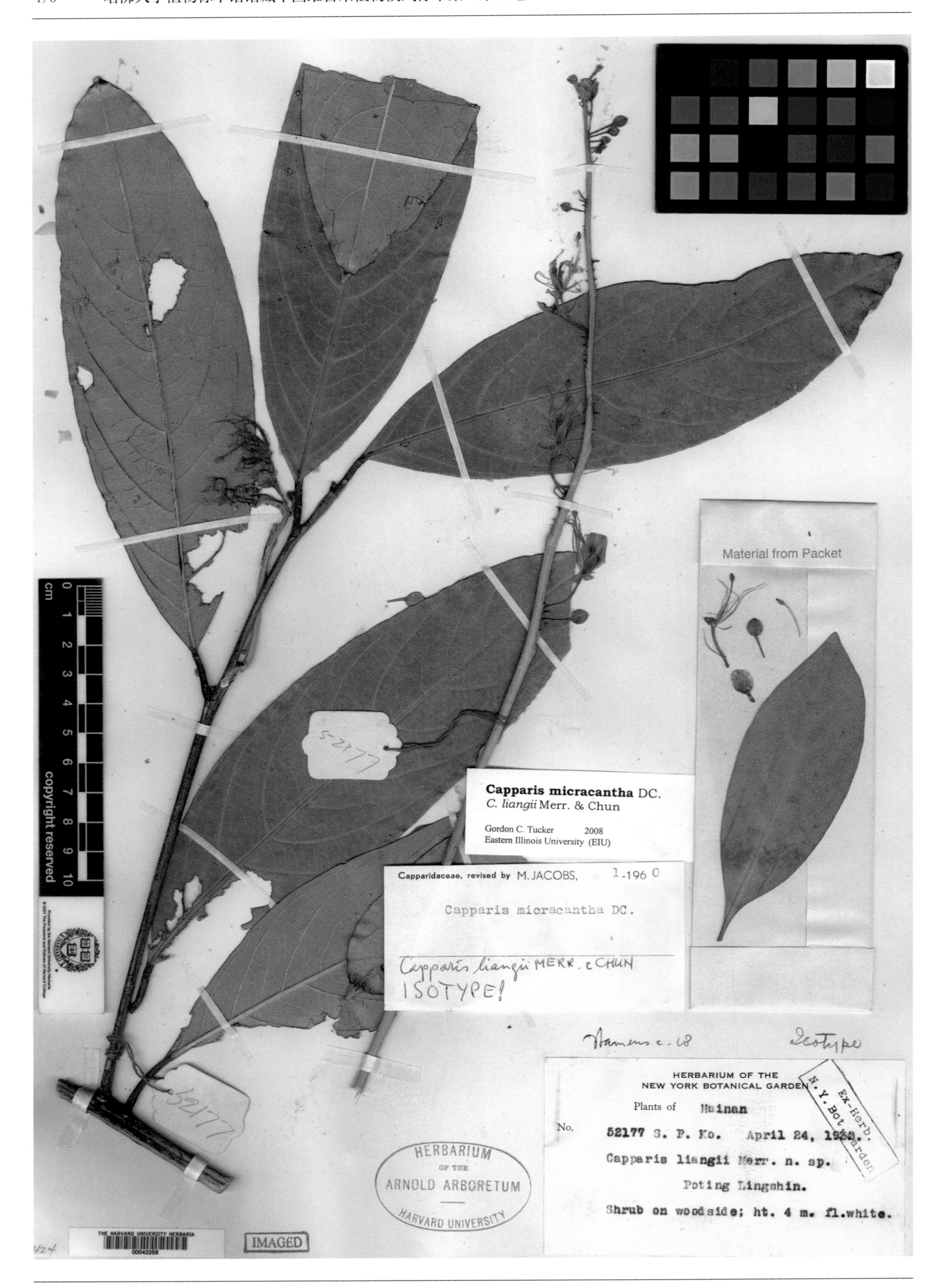
Material from Packet
Capparis micracantha DC.
C. liangii Merr. & Chun
Gordon C. Tucker 2008
Eastern Illinois University (EIU)
Capparidaceae, revised by M. JACOBS, 1-1960
Capparis micracantha DC.
Capparis liangii MERR. & CHUN
ISOTYPE!
Isotype
HERBARIUM OF THE NEW YORK BOTANICAL GARDEN
Ex-Herb. N.Y. Bot. Garden
Plants of Hainan
No. 52177 S. P. Ko. April 24, 1932.
Capparis liangii Merr. n. sp.
Poting Lingshin.
Shrub on woodside; ht. 4 m. fl. white.
HERBARIUM OF THE ARNOLD ARBORETUM HARVARD UNIVERSITY
copyright reserved
THE HARVARD UNIVERSITY HERBARIA
00042258
IMAGED

梁氏槌果藤 *Capparis liangii* Merr. & Chun in Sunyatsenia 2(1): 29. 1934. **Isotype:** China. Hainan: Lingshui, 1932-04-24, S. P. Ko 52177 (A).

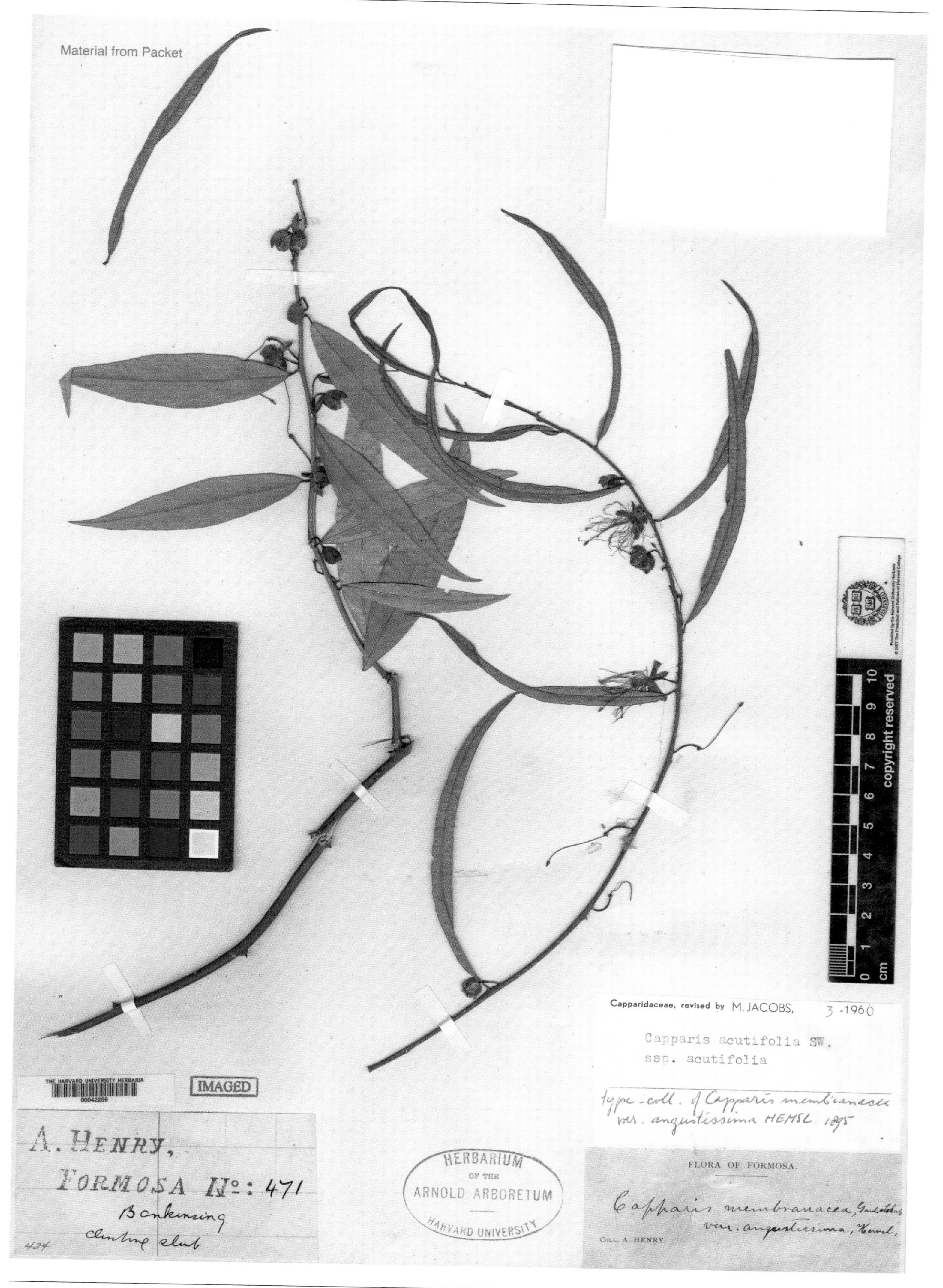
Material from Packet
Capparidaceae, revised by M. JACOBS, 3-1960
Capparis acutifolia SW.
ssp. acutifolia
type-coll. of Capparis membranacea var. angustissima HEMSL. 1895
FLORA OF FORMOSA.
Capparis membranacea, var. angustissima, Hemsl.
COLL. A. HENRY.
HERBARIUM OF THE ARNOLD ARBORETUM HARVARD UNIVERSITY
A. HENRY,
FORMOSA No: 471
Bankinsing
climbing shrub
424
THE HARVARD UNIVERSITY HERBARIA
00042259
IMAGED
copyright reserved
cm

**极狭叶山柑** ***Capparis membranacea*** Gard. & Champ. var. ***angustissima*** Hemsl. Ann. Bot. Oxford 9: 145. 1895. **Isosyntype:** China. Taiwan: Bankinsing, A. Henry 471 (A).

FAN MEMORIAL INSTITUTE
OF BIOLOGY
FLORA OF YUNNAN
Field No. 73796 Date May 1936
Locality Fo-Hai (佛海)
Altitude 1520 m.
Habitat bushes
Habit shruby vine
Height D.B.H.
Bark
Leaf
Flower
Fruit greeniwh grey
Notes
Common Name Family
Name
Collector C. W. Wang
Correct as determined! isotype
Gordon C. Tucker 2007
Eastern Illinois University (EIU)
Isotype (Holotype PE)
Capparis trichocarpa B. S. Sun
Acta Phytotax. Sin. 9: 113. 1964.
D. E. BOUFFORD 1994
HARVARD UNIVERSITY HERBARIA
Capparidaceae, revised by M. JACOBS, 6-1960
Capparis viburnifolia GAGN.
with doubt; a rotten specimen, and the pedicels are axillary.
PLANTS OF YUNNAN PROVINCE, CHINA
No. 73796 C.W.Wang 1935-36
Capparis
Collected in cooperation between the Arnold Arboretum of Harvard University and the Fan Memorial Institute of Biology.
HERBARIUM OF THE ARNOLD ARBORETUM HARVARD UNIVERSITY
IMAGED
THE HARVARD UNIVERSITY HERBARIA
00042280
copyright reserved
cm

**毛果山柑** ***Capparis trichocarpa*** B. S. Sun in Acta Phytotax. Sin. 9(2): 113. 1964. **Isolectotype** (designated by Hong L. Li & al. in Bull. Bot. Res., Harbin 28: 265. 2008): China. Yunnan: Fohai (=Menghai), alt. 1 520 m, 1936-05-??, C. W. Wang 73796 (A).

FLORA OF KWANGSI
Botanical Institute, Sun Yatsen University
Field No. 81701 Collector Z.S.Chung
Date June 7, 1936.
Locality Hang-On-Yuen
Altitude
Habitat foot of mountain
Habit shrub
Height Diameter
Bark green
Branches
Leaf young green grabrous above, greenish white beneath
Flower white, sepal 4, petal 3?, stamen nenmerous
Fruit
Special Notes
Name
Material from Packet
copyright reserved
Capparidaceae, revised by M. JACOBS, 12-1960
Capparis urophylla CHUN
ISOTYPE! (Holotype in SYS)
HERBARIUM OF THE ARNOLD ARBORETUM HARVARD UNIVERSITY
THE HARVARD UNIVERSITY HERBARIA
00042261
IMAGED
PLANTS OF KWANGSI
Herbarium of the Arnold Arboretum, Harvard University
No. 81701 T.S.Tsoong =Z.S.Chung
Capparis
Collected for Sun Yatsen University

**小绿刺** ***Capparis urophylla*** F. Chun in J. Arnold Arbor. 29(4): 419. 1948. **Isotype:** China. Guangxi: Hsing-On (=Xing'an), 1936-06-07, Z. S. Chung 81701 (A).

Material from Packet
copyright reserved
cm
IMAGED
Capparaceae, revised by M. JACOBS, X-1963
Capparis sikkimensis KURZ
ssp. yunnanensis (CRAIB & W.W.SM.)
JACOBS
ISO-TYPE / Capparis
yunnanensis CRAIB & W.W.SM.
A. HENRY
CHINA, No. 12,986
YUNNAN Szemao, S.W.
HERBARIUM
OF THE
ARNOLD ARBORETUM
HARVARD UNIVERSITY
FLORA OF CHINA.
COLL. A. HENRY.

**苦子马槟榔** *Capparis yunnanensis* Craib & W. W. Smith in Notes Roy. Bot. Gard. Edinb. 9: 91. 1916. **Isotype:** China. Yunnan: Simao, alt. 1 220 m, A. Henry 12986 (A).

# 十字花科

# Brassicaceae

HOLOTYPE BRASSICACEAE
Aphragmus bouffordii Al-Shehbaz
20 Feb. 2003
Determined by Ihsan A. Al-Shehbaz, Missouri Botanical Garden (MO)
Plants of China
Brassicaceae
Aphragmus bouffordii Al-Shehbaz
Xizang (Tibet) Province, Zogang Xian: Dongda La (pass), border of Markam and Zogang Xian on highway 318. 29°42'39"N, 98°0'9"E; 5100–5300 m. Scree slopes, rocky vegetated slopes and adjacent level area at pass. Mostly level, gravelly areas around pass. Flowers white or pink. Det. Ihsan Al-Shehbaz, 19 Feb 2003.
D. E. Boufford, S. L. Kelley, R. H. Ree & S. K. Wu
29463
16 July 2000
Harvard University Herbaria
HERBARIUM OF THE ARNOLD ARBORETUM HARVARD UNIVERSITY
THE HARVARD UNIVERSITY HERBARIA
00135045
copyright reserved
cm 0 1 2 3 4 5 6 7 8 9 10

**左贡寒原荠** ***Aphragmus bouffordii*** Al-Shehbaz in Harvard Pap. Bot. 8(1): 26, f. 1. 2003. **Holotype:** China. Xizang: Zogang, alt. 5 100~5 300 m, 2000-07-16, D. E. Boufford, S. L. Kelley, R. H. Ree & S. K. Wu 29463 (A).

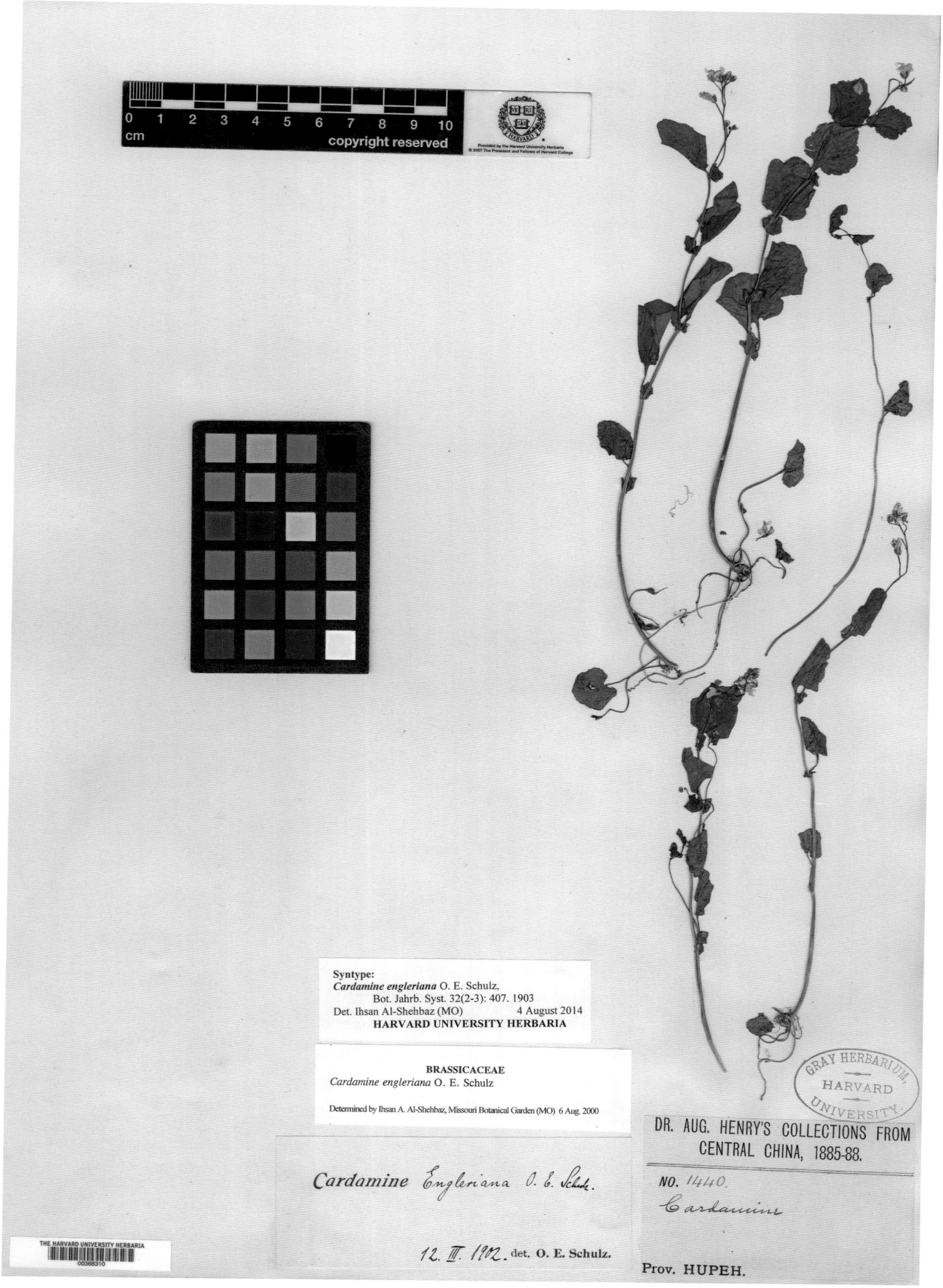

0 1 2 3 4 5 6 7 8 9 10
cm
copyright reserved

Provided by the Harvard University Herbaria
© 2007 The President and Fellows of Harvard College

Syntype:
*Cardamine engleriana* O. E. Schulz,
Bot. Jahrb. Syst. 32(2-3): 407. 1903
Det. Ihsan Al-Shehbaz (MO) 4 August 2014
HARVARD UNIVERSITY HERBARIA

BRASSICACEAE
*Cardamine engleriana* O. E. Schulz
Determined by Ihsan A. Al-Shehbaz, Missouri Botanical Garden (MO) 6 Aug. 2000

GRAY HERBARIUM, HARVARD UNIVERSITY

DR. AUG. HENRY'S COLLECTIONS FROM CENTRAL CHINA, 1885-88.

NO. 1440.
Cardamine

Cardamine Engleriana O. E. Schulz.

12. III. 1902. det. O. E. Schulz.

Prov. HUPEH.

THE HARVARD UNIVERSITY HERBARIA
00368310

**光头山碎米荠** ***Cardamine engleriana*** O. E. Schulz in Bot. Jahrb. Syst. 32: 407. 1903. **Syntype:** China. Hubei: Precise locality not known, (1885~1888)-??-??, A. Henry 1440 (GH).

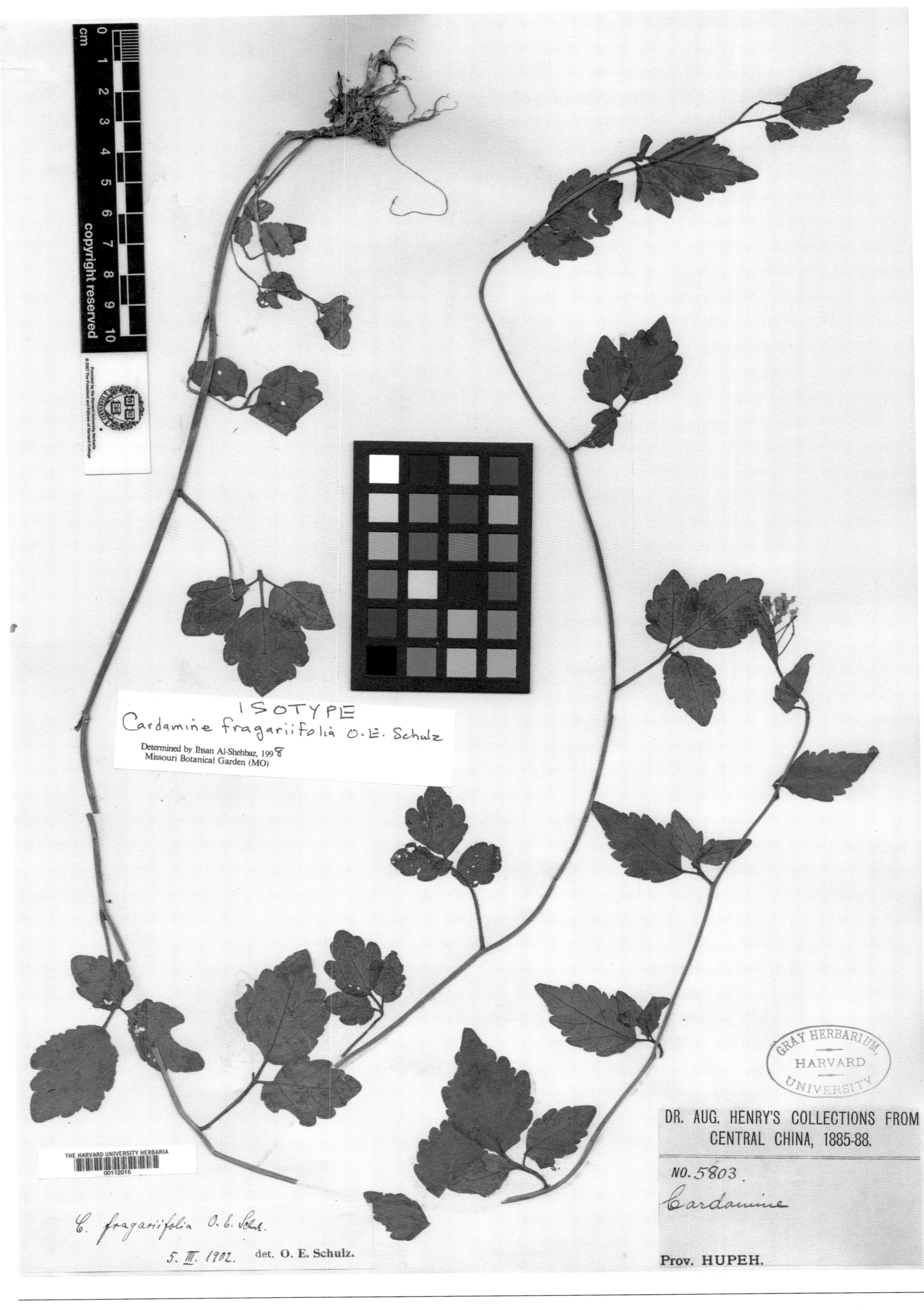
cm 0 1 2 3 4 5 6 7 8 9 10
copyright reserved
ISOTYPE
Cardamine fragariifolia O. E. Schulz
Determined by Ihsan Al-Shehbaz, 1998
Missouri Botanical Garden (MO)
GRAY HERBARIUM, HARVARD UNIVERSITY
DR. AUG. HENRY'S COLLECTIONS FROM CENTRAL CHINA, 1885-88.
NO. 5803.
Cardamine
Prov. HUPEH.
THE HARVARD UNIVERSITY HERBARIA
00112015
C. fragariifolia O. E. Schulz.
5. III. 1902. det. O. E. Schulz.

**草莓叶碎米荠** ***Cardamine fragariifolia*** O. E. Schulz in Bot. Jahrb. Syst. 32: 446. 1903. **Isotype:** China. Hubei: Precise locality not known, (1885–1888)-??-??, A. Henry 5803 (GH).

GRAY HERBARIUM
HARVARD
UNIVERSITY
copyright reserved
cm
HERB. MUS. PARIS.
Cardamine multijuga Franch.
Plantes de CHINE (Province du YUN-NAN)
M. l'Abbé DELAVAY.
Isotype
BRASSICACEAE
Cardamine multijuga Franchet
Determined by Ihsan A. Al-Shehbaz, Missouri Botanical Garden (MO) 5 Aug. 2000
THE HARVARD UNIVERSITY HERBARIA
00112040

多对碎米荠 ***Cardamine multijuga*** Franch. Bull. Soc. Bot. France 33: 399. 1886. **Isotype:** China. Yunnan: Eryuan, Mo-so-yn, 1884-06-28, P. J. M. Delavay 697 (GH).

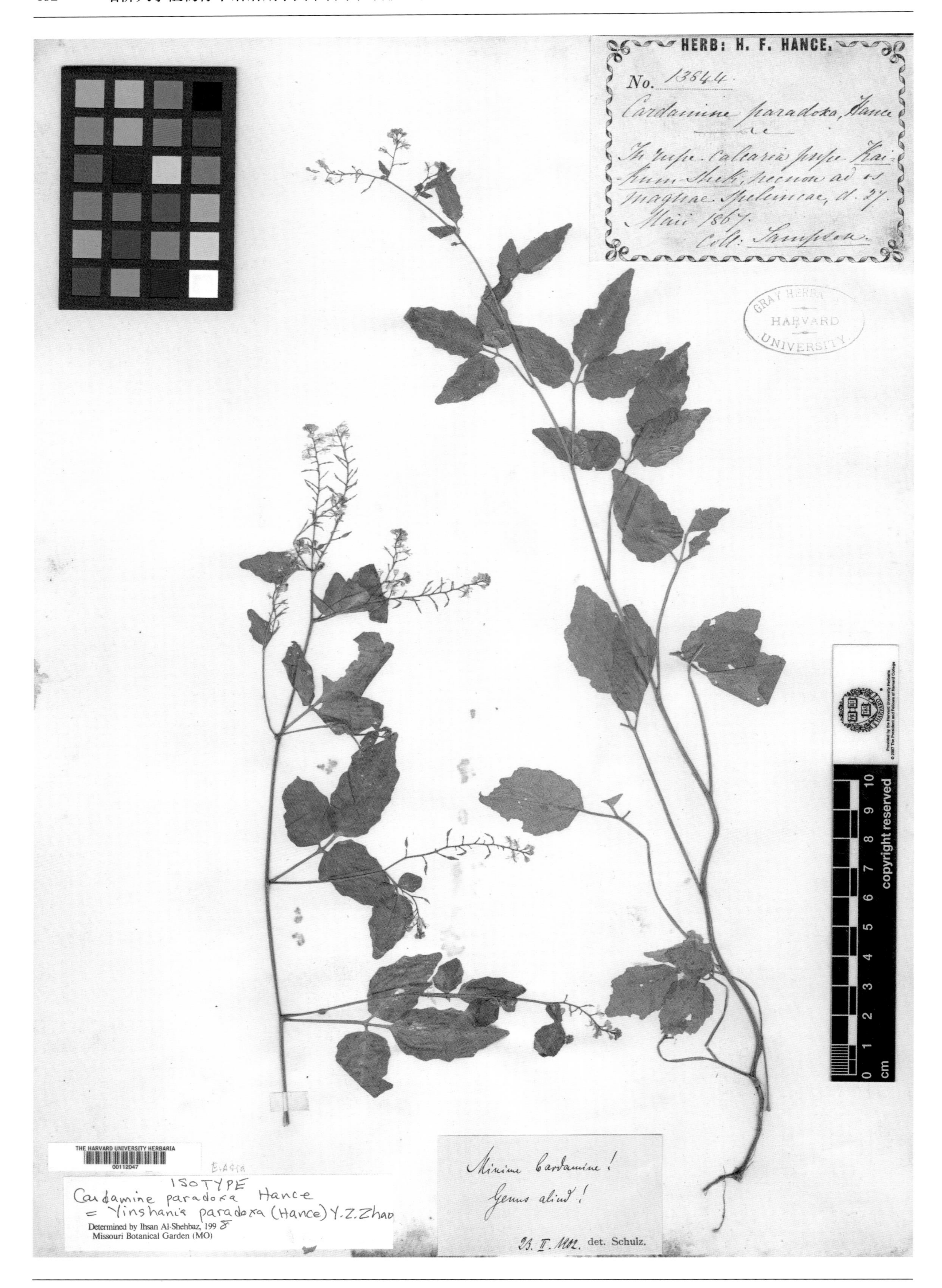
HERB: H. F. HANCE.
No. 13844.
Cardamine paradoxa, Hance
ISOTYPE
Cardamine paradoxa Hance
= Yinshania paradoxa (Hance) Y. Z. Zhao
Determined by Ihsan Al-Shehbaz, 1998
Missouri Botanical Garden (MO)
THE HARVARD UNIVERSITY HERBARIA
00112047
GRAY HERBARIUM HARVARD UNIVERSITY
det. Schulz.
copyright reserved
cm

**卵叶岩荠** ***Cardamine paradoxa*** Hance in J. Bot. 6: 111. 1868. **Isotype:** China. Guangdong: West River, 1867-05-27, Sampson s. n. (=Herb. H. F. Hance 13844) (GH).

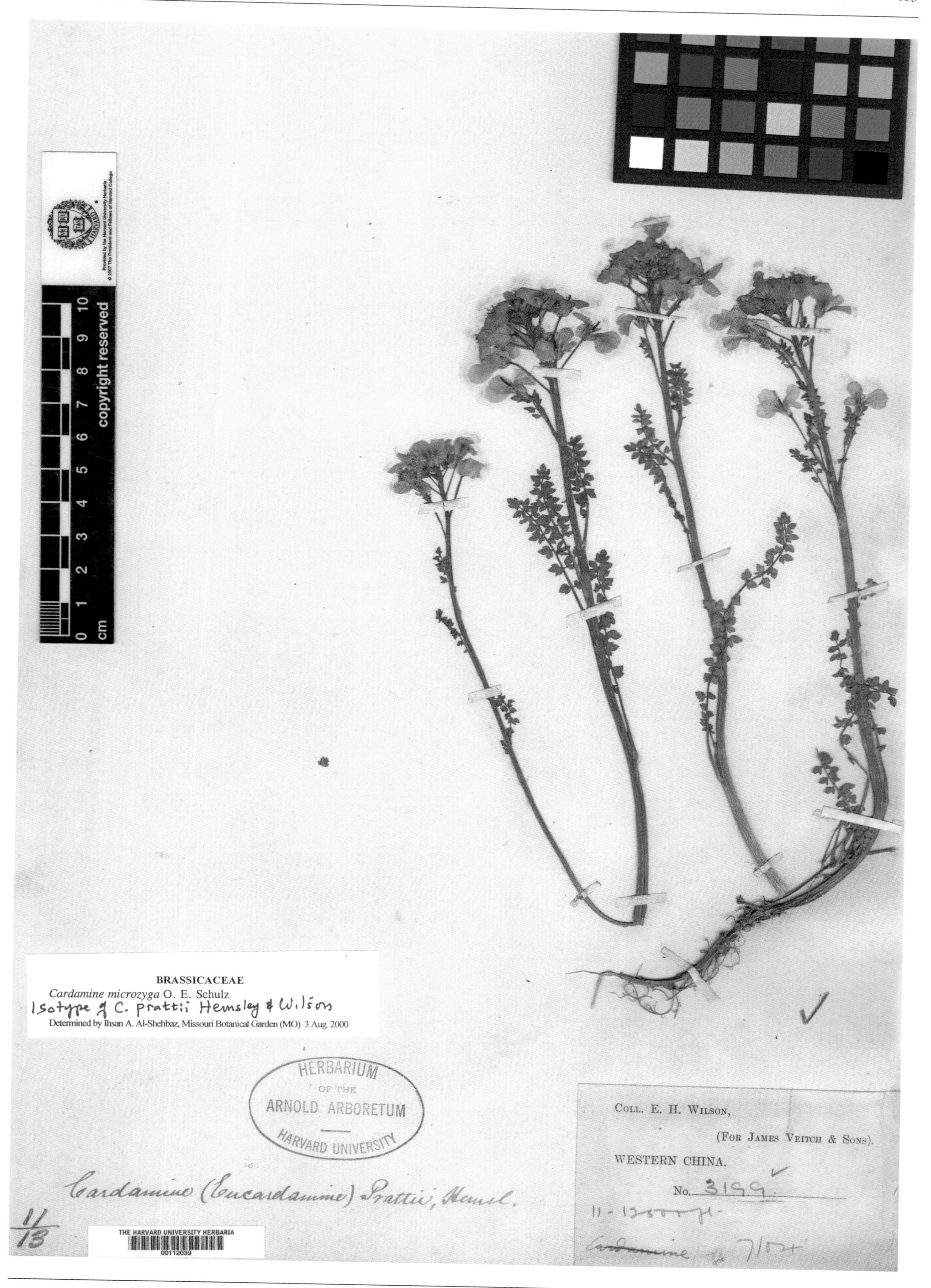
copyright reserved
BRASSICACEAE
Cardamine microzyga O. E. Schulz
Isotype of C. prattii Hemsley & Wilson
Determined by Ihsan A. Al-Shehbaz, Missouri Botanical Garden (MO) 3 Aug. 2000
HERBARIUM OF THE ARNOLD ARBORETUM HARVARD UNIVERSITY
COLL. E. H. WILSON,
(FOR JAMES VEITCH & SONS).
WESTERN CHINA.
No. 3199.
Cardamine (Eucardamine) Prattii, Hemsl.
THE HARVARD UNIVERSITY HERBARIA
00112039

康定碎米荠 ***Cardamine prattii*** Hemsl. & Wils. in Bull. Mis. Inf. Kew 1906(5): 153. 1906. **Isotype:** China. Sichuan: Kangding, alt. 3 355~3 813 m, 1904-07-??, E. H. Wilson 3199 (A).

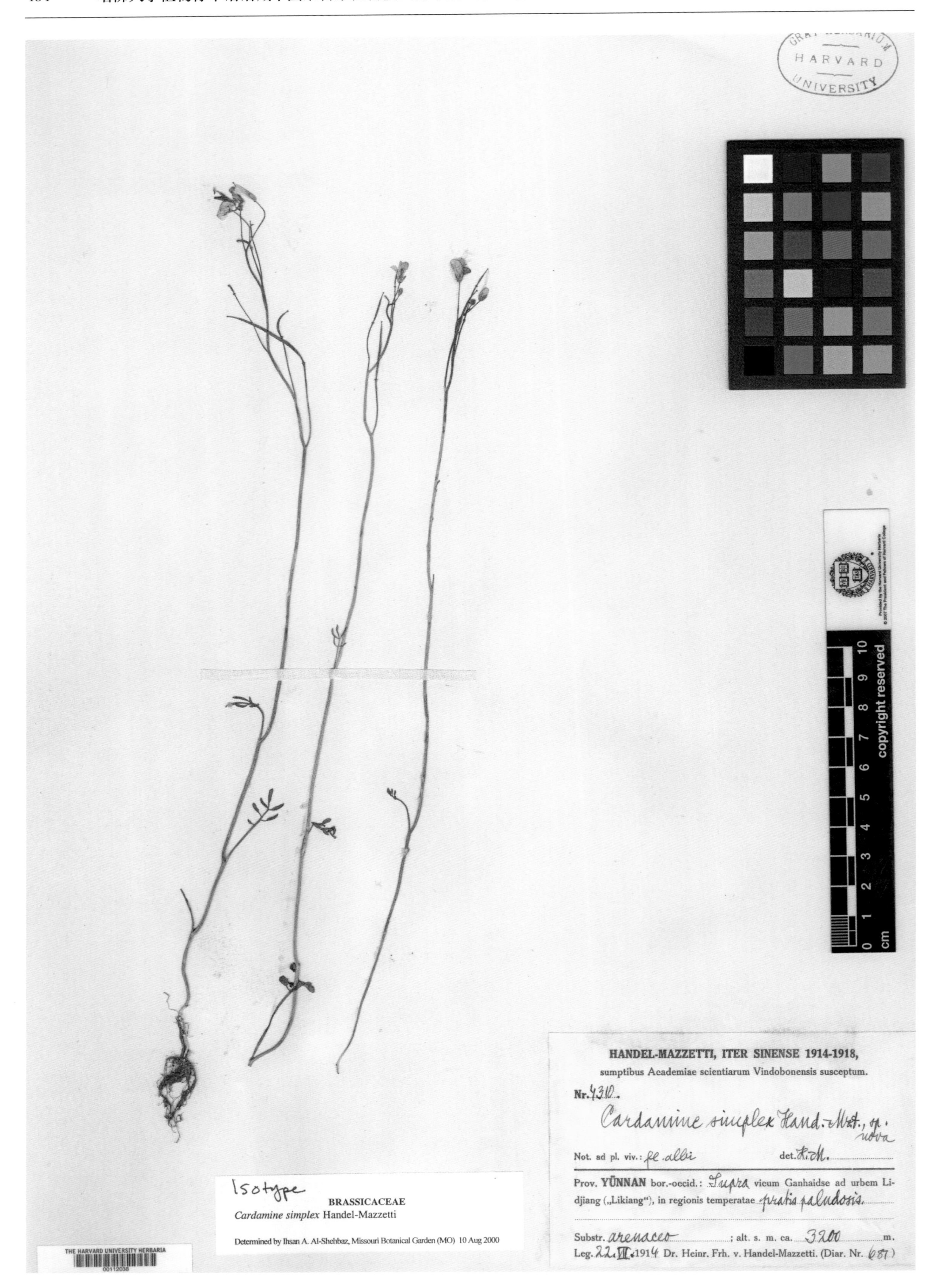
HARVARD UNIVERSITY
copyright reserved
Isotype
BRASSICACEAE
Cardamine simplex Handel-Mazzetti
Determined by Ihsan A. Al-Shehbaz, Missouri Botanical Garden (MO) 10 Aug 2000
THE HARVARD UNIVERSITY HERBARIA
00112038
HANDEL-MAZZETTI, ITER SINENSE 1914-1918,
sumptibus Academiae scientiarum Vindobonensis susceptum.
Nr. 4310.
Cardamine simplex Hand.-Mzt., sp. nova
Not. ad pl. viv.: fl. albi
Prov. YÜNNAN bor.-occid.: Supra vicum Ganhaidse ad urbem Li-djiang („Likiang"), in regionis temperatae pratis paludosis.
Substr. arenaceo ; alt. s. m. ca. 3200 m.
Leg. 22. VII. 1914 Dr. Heinr. Frh. v. Handel-Mazzetti. (Diar. Nr. 687)

单茎碎米荠 ***Cardamine simplex*** Hand.-Mazz. Symb. Sin. 7(2): 361, taf. 8, pl. 3. 1931. **Isosyntype:** China. Yunnan: Lijiang, alt. 3 200 m, 1914-07-22, H. R. E. Handel-Mazzetti 4310 (GH).

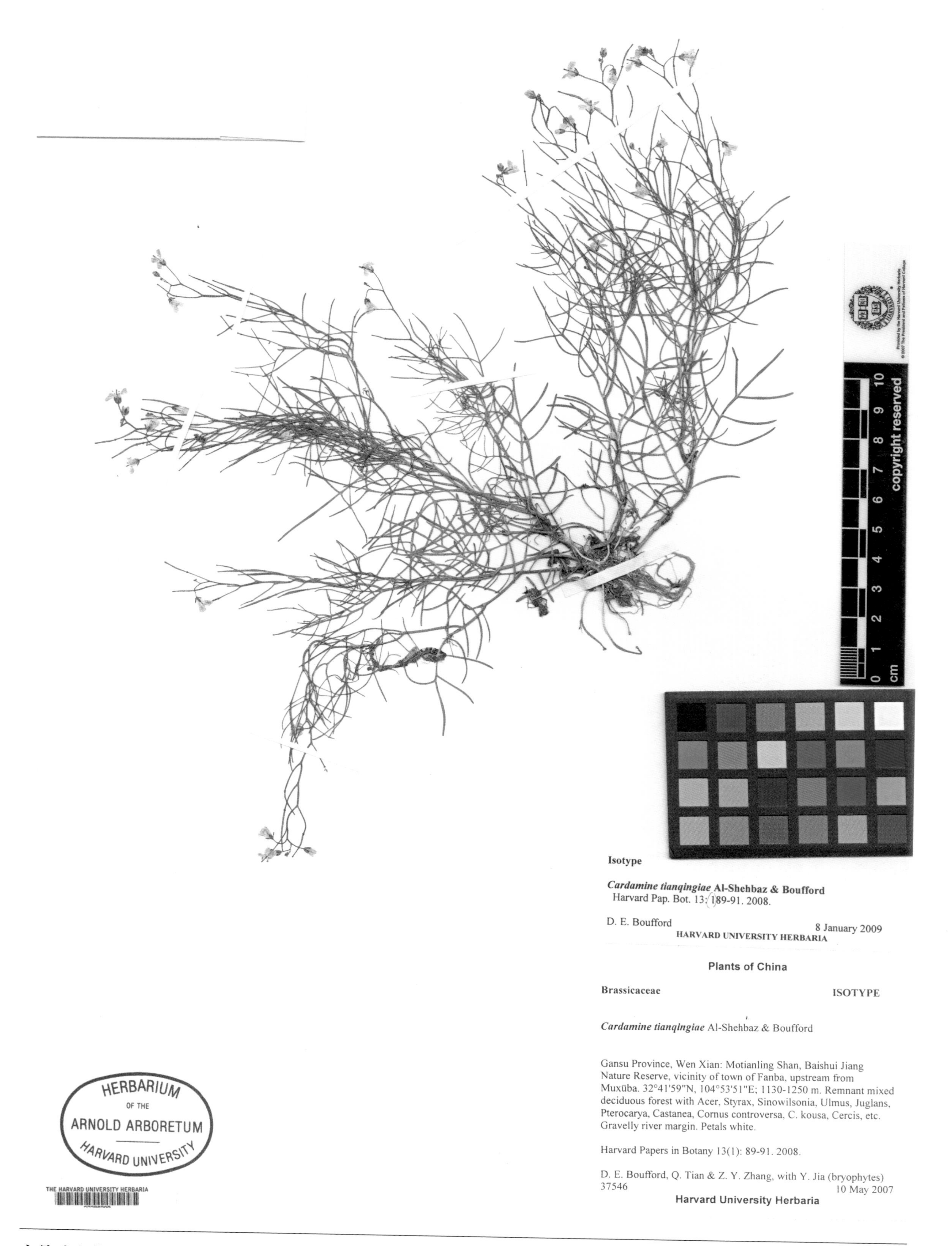
copyright reserved
cm
Isotype
Cardamine tianqingiae Al-Shehbaz & Boufford
Harvard Pap. Bot. 13: 189-91. 2008.
D. E. Boufford
8 January 2009
HARVARD UNIVERSITY HERBARIA
Plants of China
Brassicaceae
ISOTYPE
Cardamine tianqingiae Al-Shehbaz & Boufford
Gansu Province, Wen Xian: Motianling Shan, Baishui Jiang Nature Reserve, vicinity of town of Fanba, upstream from Muxüba. 32°41'59"N, 104°53'51"E; 1130-1250 m. Remnant mixed deciduous forest with Acer, Styrax, Sinowilsonia, Ulmus, Juglans, Pterocarya, Castanea, Cornus controversa, C. kousa, Cercis, etc. Gravelly river margin. Petals white.
Harvard Papers in Botany 13(1): 89-91. 2008.
D. E. Boufford, Q. Tian & Z. Y. Zhang, with Y. Jia (bryophytes)
37546
10 May 2007
Harvard University Herbaria
HERBARIUM
OF THE
ARNOLD ARBORETUM
HARVARD UNIVERSITY
THE HARVARD UNIVERSITY HERBARIA

**文县碎米荠** ***Cardamine tianqingiae*** Al-Shehbaz & Boufford in Harvard Pap. Bot. 13(1): 89. 2008. **Isotype:** China. Gansu: Wen Xian, Motianling Shan, alt. 1 130~1 250 m, 2007-05-10, D. E. Boufford, Q. Tian, Z. Y. Zhang & Y. Jia 37546 (A).

copyright reserved
cm
THE HARVARD UNIVERSITY HERBARIA
00112001
BRASSICACEAE
Cardamine macrophylla Willdenow
(isolectotype of C. urbaniana O. E. Schulz)
Determined by Ihsan A. Al-Shehbaz, Missouri Botanical Garden (MO) 1 Aug. 2000
C. Urbaniana O. E. Schulz.
22. I. 1902 .det. Schulz.
GRAY HERBARIUM HARVARD UNIVERSITY
DR. AUG. HENRY'S COLLECTIONS FROM CENTRAL CHINA, 1885-88.
NO. 5635.
Cardamine macrophylla, Willd.
Prov. SZECHWAN.

**华中碎米荠** ***Cardamine urbaniana*** O. E. Schulz in Bot. Jahrb. Syst. 32: 396. 1903. **Syntype:** China. Sichuan: precise locality not known, (1885–1888)-??-??, A. Henry 5635 (GH).

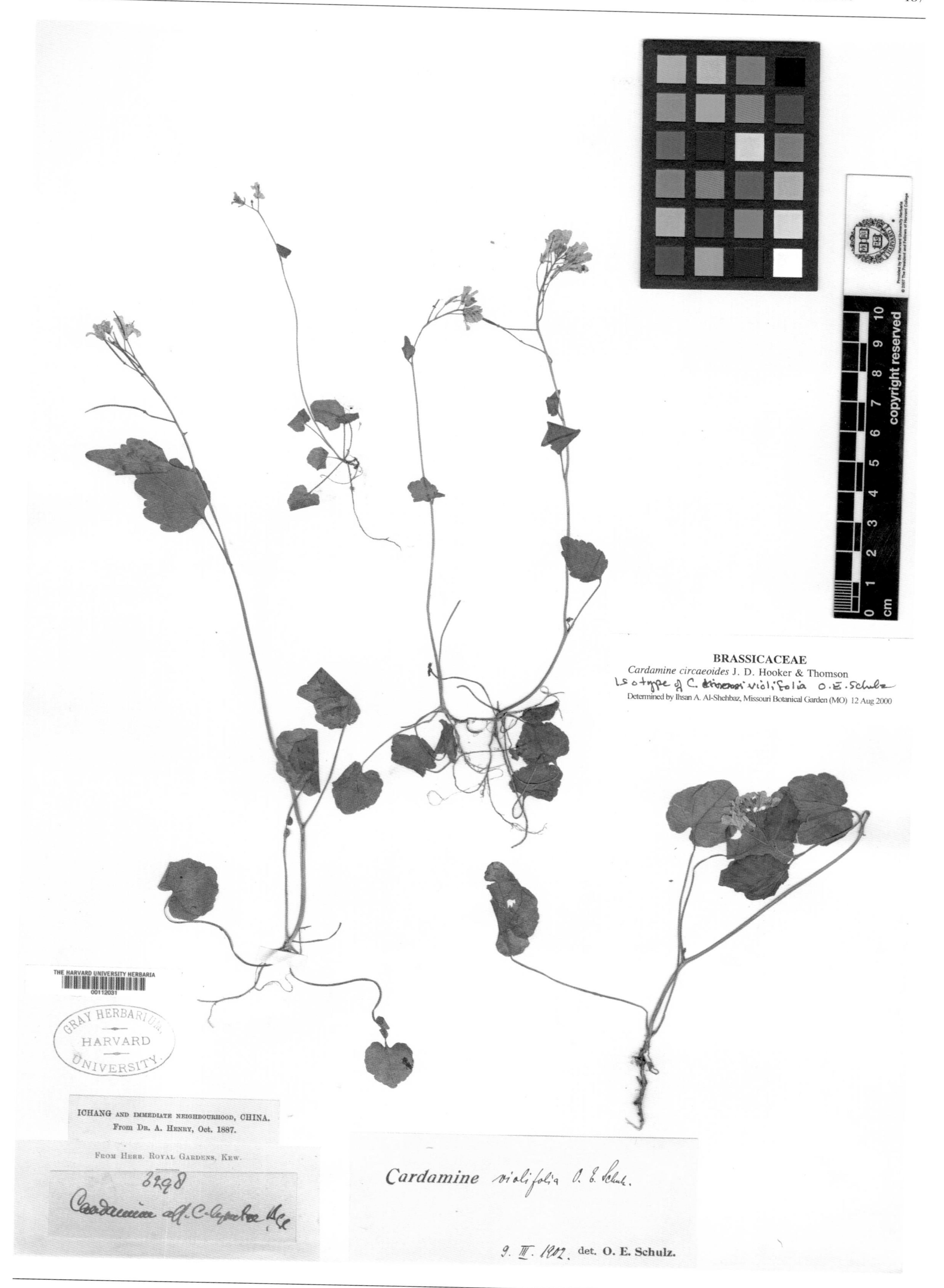
copyright reserved
BRASSICACEAE
Cardamine circaeoides J. D. Hooker & Thomson
Determined by Ihsan A. Al-Shehbaz, Missouri Botanical Garden (MO) 12 Aug 2000
THE HARVARD UNIVERSITY HERBARIA
00112031
GRAY HERBARIUM
HARVARD
UNIVERSITY
ICHANG AND IMMEDIATE NEIGHBOURHOOD, CHINA.
From Dr. A. Henry, Oct. 1887.
From Herb. Royal Gardens, Kew.
3298
Cardamine violifolia O. E. Schul.
det. O. E. Schulz.

**堇叶碎米荠** ***Cardamine violifolia*** O. E. Schulz in Bot. Jahrb. Syst. 32: 440. 1903. **Isotype:** China. Hubei: Yichang, 1887-10-??, A. Henry 3298 (GH).

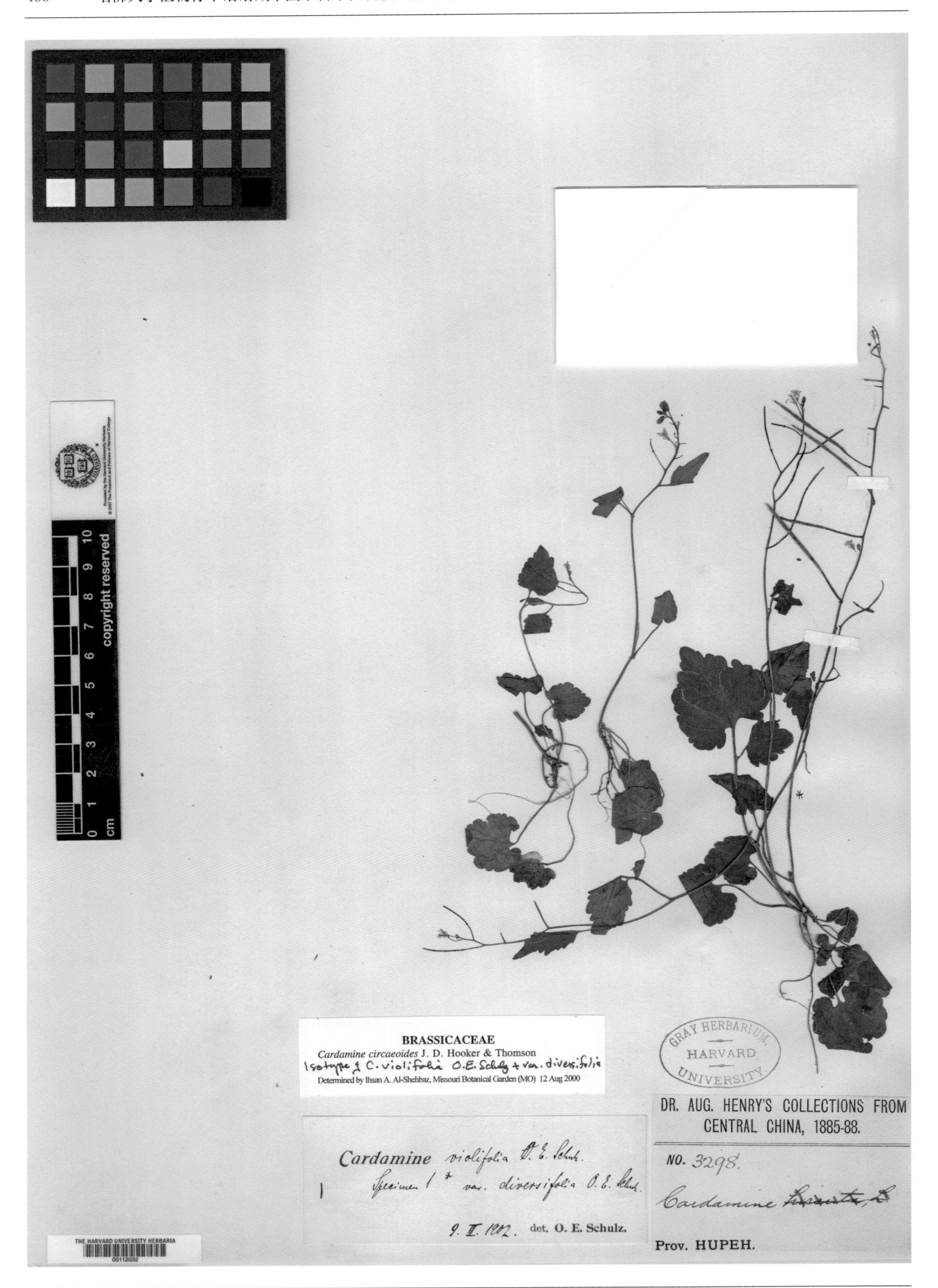
copyright reserved
BRASSICACEAE
Cardamine circaeoides J. D. Hooker & Thomson
Isotype of C. violifolia O.E. Schulz + var. diversifolia
Determined by Ihsan A. Al-Shehbaz, Missouri Botanical Garden (MO) 12 Aug 2000
GRAY HERBARIUM HARVARD UNIVERSITY
DR. AUG. HENRY'S COLLECTIONS FROM CENTRAL CHINA, 1885-88.
NO. 3298.
Cardamine
Prov. HUPEH.
Cardamine violifolia O. E. Schulz.
Specimen 1 * var. diversifolia O. E. Schulz
9. II. 1902. det. O. E. Schulz.
THE HARVARD UNIVERSITY HERBARIA
00112032

**异堇叶碎米荠** ***Cardamine violifolia*** O. E. Schulz var. ***diversifolia*** O. E. Schulz in Bot. Jahrb. Syst. 32: 440. 1903. **Isotype:** China. Hubei: Yichang, 1887-10-??, A. Henry 3298 (GH).

FAN MEMORIAL INSTITUTE
OF BIOLOGY
FLORA OF YUNNAN

Field No. 64172 Date July 1935
Locality 維西縣.康普 (Kang-pu, Wei-si Hsien)
Altitude 2300 m.
Habitat Ravine, Stream side
Habit
Height D.B.H.
Bark
Leaf
Flower white
Fruit
Notes
Common Name Family
Name Nastrutium
Collector 王啓無 C. W. Wang

copyright reserved
cm 0 1 2 3 4 5 6 7 8 9 10

YUNNAN C.W.WANG
1935-36
王啓無採集
64172

BRASSICACEAE
Cardamine paucifolia Handel-Mazzetti
17 Aug. 2000
Determined by Ihsan A. Al-Shehbaz, Missouri Botanical Garden (MO)

HARVARD UNIVERSITY HERBARIA Isotype
Cardamine yunnanensis Franch. var. obtusata C. Y. Wu ex T. Y. Cheo et Fang
See Bull. Botanical Lab. North-Eastern Forestry Inst. 6: 20. 1980. L. Feine-Dudley 7/1981

HERBARIUM OF THE ARNOLD ARBORETUM HARVARD UNIVERSITY

PLANTS OF YUNNAN PROVINCE, CHINA
No. 64172 C.W.Wang 1935-36
Cardamine

Collected in cooperation between the Arnold Arboretum of Harvard University and the Fan Memorial Institute of Biology.

THE HARVARD UNIVERSITY HERBARIA
00112033

钝叶碎米荠 ***Cardamine yunnanensis*** Franch. var. ***obtusata*** C.Y. Wu ex T. Y. Cheo & R. C. Fang in Bull. Bot. Lab. North-East. Forest. Inst. 6: 20. 1980. **Isotype:** China. Yunnan: Weixi, alt. 2 300 m, 1935-07-??, C. W. Wang 64172 (A).

GRAY HERBARIUM
HARVARD
UNIVERSITY
copyright reserved
cm
THE HARVARD UNIVERSITY HERBARIA
00112034
Herb. Ind. Or. Hook. fil. & Thomson
Hab. Tibet. Occ.
Regio. alp.
alt.
Coll. T.T.
ISOTYPE BRASSICACEAE
Cheiranthus albiflorus T. Anderson
=Phaeonychium albiflorum (T. Anderson) Jafri
Determined by Ihsan A. Al-Shehbaz, Missouri Botanical Garden (MO) 1999

**白花藏芥** ***Cheiranthus albiflorus*** T. Anders. in J. D. Hook., Fl. Brit. India 1: 133. 1872. **Isotype:** China. Xizang: Zanskar, alt. 3 660~4 880 m, T. Thomson s. n. (GH).

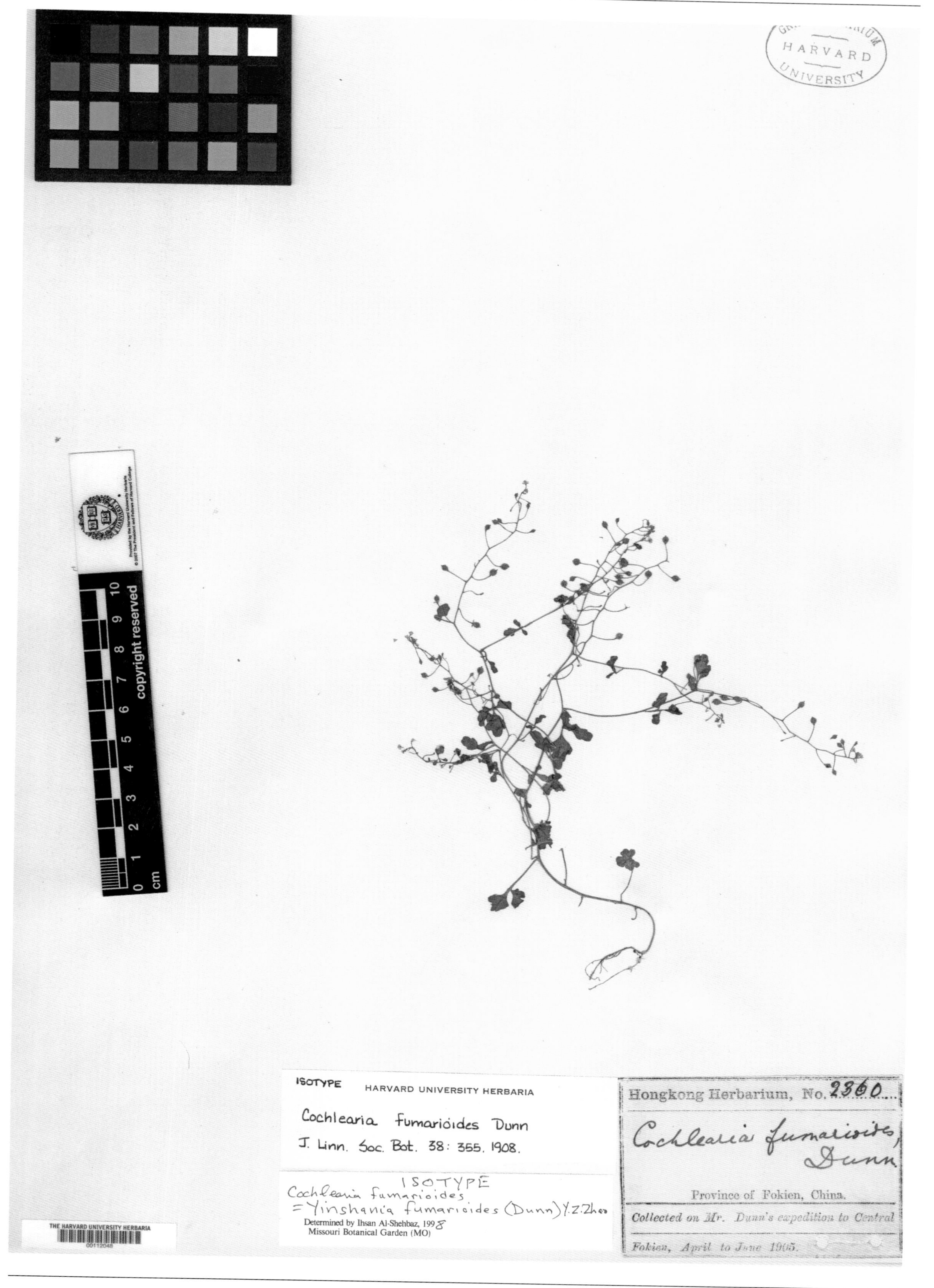
HARVARD UNIVERSITY
copyright reserved
ISOTYPE
HARVARD UNIVERSITY HERBARIA
Cochlearia fumarioides Dunn
J. Linn. Soc. Bot. 38: 355. 1908.
ISOTYPE
Cochlearia fumarioides
=Yinshania fumarioides (Dunn) Y.Z.Zhao
Determined by Ihsan Al-Shehbaz, 1998
Missouri Botanical Garden (MO)
Hongkong Herbarium, No. 2360
Cochlearia fumarioides, Dunn
Province of Fokien, China.
Collected on Mr. Dunn's expedition to Central Fokien, April to June 1905.
THE HARVARD UNIVERSITY HERBARIA
00112048

紫堇叶岩荠 ***Cochlearia fumarioides*** Dunn in J. Linn. Soc. Bot. 38: 355. 1908. **Isotype:** China. Fujian: Nanping, Buong Kang, 1905-(04~06)-??, Hong Kong Herb. 2360 (GH).

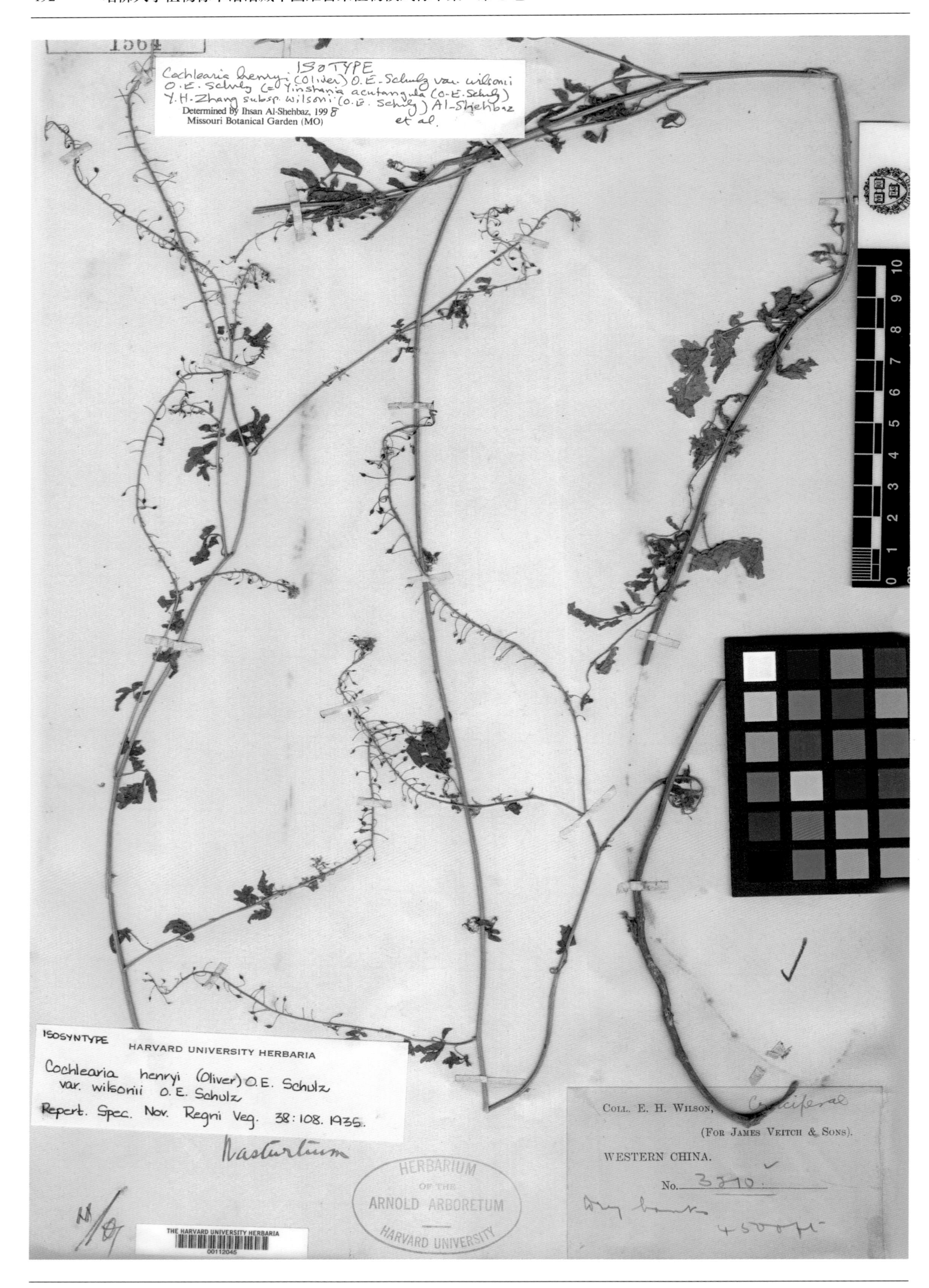
ISOTYPE
Cochlearia henryi (Oliver) O.E. Schulz var. wilsonii O.E. Schulz (= Yinshania acutangula (O.E. Schulz) Y.H. Zhang subsp. wilsonii (O.E. Schulz) Al-Shehbaz et al.
Determined by Ihsan Al-Shehbaz, 1998
Missouri Botanical Garden (MO)
ISOSYNTYPE
HARVARD UNIVERSITY HERBARIA
Cochlearia henryi (Oliver) O.E. Schulz
var. wilsonii O.E. Schulz
Repert. Spec. Nov. Regni Veg. 38: 108. 1935.
Nasturtium
HERBARIUM OF THE ARNOLD ARBORETUM HARVARD UNIVERSITY
THE HARVARD UNIVERSITY HERBARIA
00112045
COLL. E. H. WILSON,
Cruciferae
(FOR JAMES VEITCH & SONS).
WESTERN CHINA.
No. 3210.

**威尔逊阴山荠** ***Cochlearia henryi*** (Oliv.) O. E. Schulz var. ***wilsonii*** O.E. Schulz in Fedde, Repert. Sp. Nov. 38: 108. 1935.

**Isosyntype:** China. Western China, Precise locality not known, alt. 1 373 m, E. H. Wilson 3210 (A).

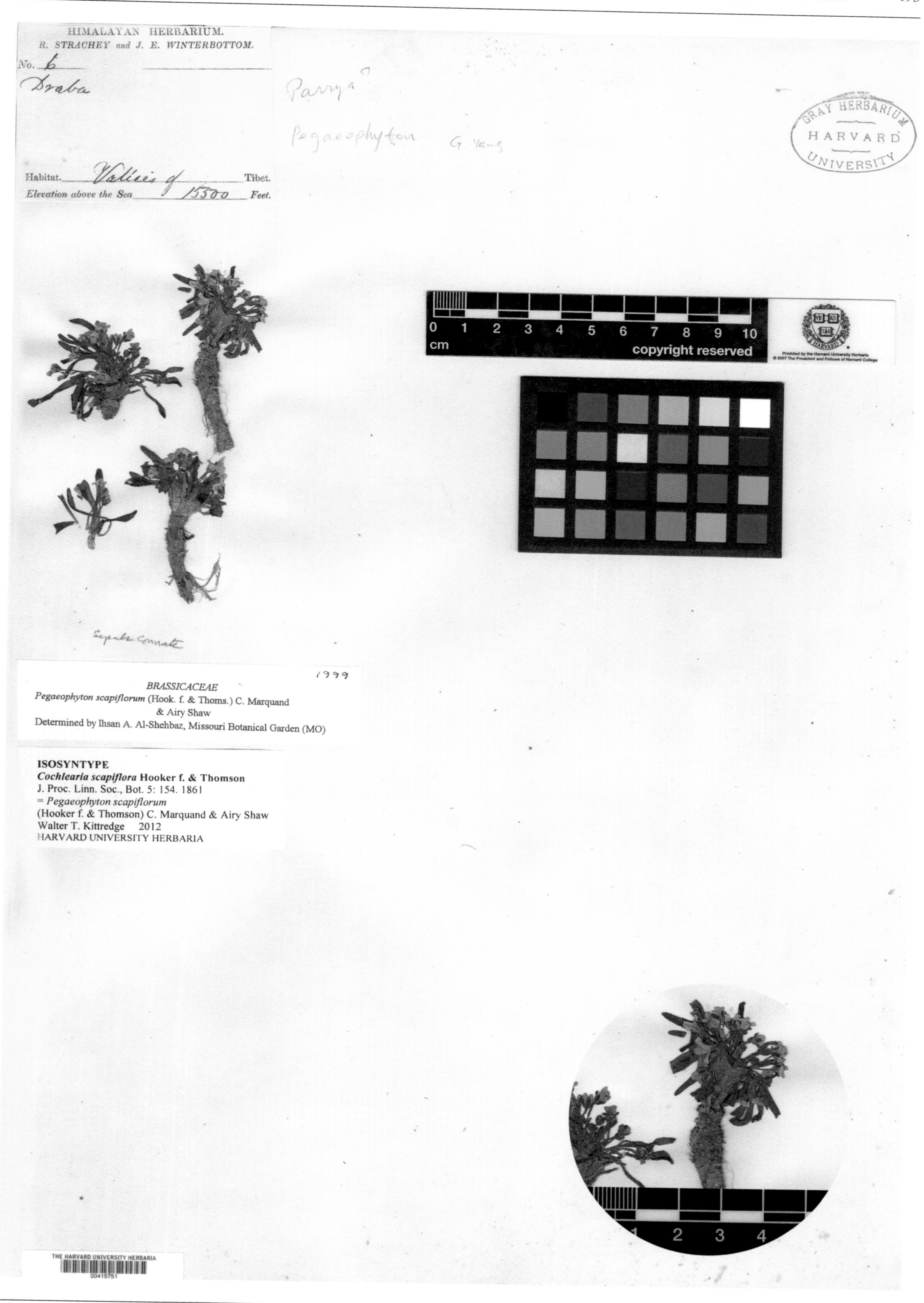
HIMALAYAN HERBARIUM.
R. STRACHEY and J. E. WINTERBOTTOM.
No. 6
Draba
Habitat. Vallies of Tibet.
Elevation above the Sea 15500 Feet.
Pegaeophyton
G. Yang
GRAY HERBARIUM
HARVARD
UNIVERSITY
0 1 2 3 4 5 6 7 8 9 10
cm
copyright reserved
Sepals connate
1999
BRASSICACEAE
Pegaeophyton scapiflorum (Hook. f. & Thoms.) C. Marquand
& Airy Shaw
Determined by Ihsan A. Al-Shehbaz, Missouri Botanical Garden (MO)
ISOSYNTYPE
Cochlearia scapiflora Hooker f. & Thomson
J. Proc. Linn. Soc., Bot. 5: 154. 1861
= Pegaeophyton scapiflorum
(Hooker f. & Thomson) C. Marquand & Airy Shaw
Walter T. Kittredge 2012
HARVARD UNIVERSITY HERBARIA
THE HARVARD UNIVERSITY HERBARIA
00415751
1 2 3 4

**单花荠** ***Cochlearia scapiflora*** Hook. f. & Thoms. in J. Linn. Soc. Bot. 5: 154. 1861. **Isosyntype:** China. Xizang: Gugi, Vallies, alt. 4 728 m, R. Strachey & J. E. Winterbottom 6 (GH).

0 1 2 3 4 5 6 7 8 9 10
cm
copyright reserved
GRAY HERBARIUM
HARVARD
UNIVERSITY
Material from Packet
septum complete
Dipoma iberideum Franchet
ISOTYPE of D. iberideum var. dasycarpum O.E. Schulz
Determined by Ihsan Al-Shehbaz, 1995 & Yang Guang
Missouri Botanical Garden (MO)
THE HARVARD UNIVERSITY HERBARIA
00112051
SMITHSONIAN INSTITUTION
FROM THE UNITED STATES NATIONAL HERBARIUM
PLANTS OF THE MULI (OR MILI) KINGDOM
SOUTHWESTERN SZECHWAN, CHINA
Dipoma iberideum var. dasycarpum O.E. Schulz.
Alt. 4600 m.
Mount Mitzuga
No. 18287 J. F. ROCK, Collector
September, 1929

**刚毛蛇头荠** ***Dipoma iberideum*** Franch. var. ***dasycarpum*** O. E. Schulz in Notizbl. Bot. Gart. Mus. Berlin. 11: 225. 1931.

**Isotype:** China. Sichuan: Muli, alt. 4 600 m, 1929-09-??, J. F. Rock 18287 (GH).

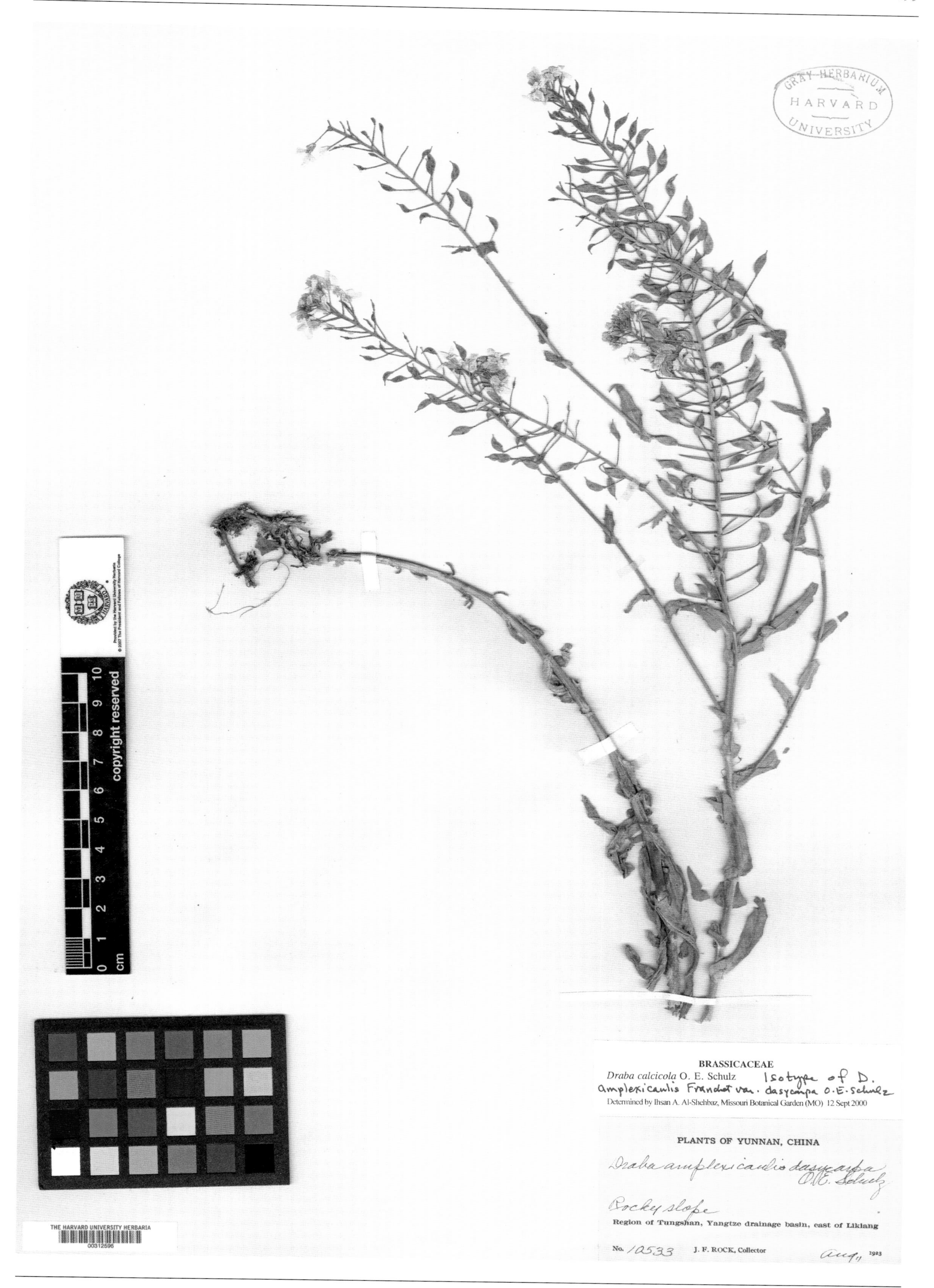
GRAY HERBARIUM HARVARD UNIVERSITY
copyright reserved
THE HARVARD UNIVERSITY HERBARIA
00312596
BRASSICACEAE
Draba calcicola O. E. Schulz Isotype of D. amplexicaulis Franchet var. dasycarpa O.E. Schulz
Determined by Ihsan A. Al-Shehbaz, Missouri Botanical Garden (MO) 12 Sept 2000
PLANTS OF YUNNAN, CHINA
Draba amplexicaulis dasycarpa O.E. Schulz
Rocky slope
Region of Tungshan, Yangtze drainage basin, east of Likiang
No. 10533 J. F. ROCK, Collector
Aug. 1923

**粗毛果葶苈** ***Draba amplexicaulis*** Franch. var. ***dasycarpa*** O. E. Schulz in Notizbl. Bot. Gart. Mus. Berlin. 9: 474. 1926.
**Isotype:** China. Yunnan: Lijiang, 1923-08-??, J. F. Rock 10533 (GH).

GRAY HERBARIUM
HARVARD
UNIVERSITY
0 1 2 3 4 5 6 7 8 9 10
cm
copyright reserved
BRASSICACEAE
Draba amplexicaulis Franchet
Isotype of var. dolichocarpa O. E. Schulz
Determined by Ihsan A. Al-Shehbaz, Missouri Botanical Garden (MO) 12 Sept 2000
PLANTS OF YUNNAN, CHINA Typecoll.
Draba amplexicaulis dolichocarpa
O. E. Schulz, var. nov.
11000 ft.
Yangtze watershed, Prefectural District of Likiang, eastern slopes of Likiang Snow Range
No. 6066
J. F. ROCK, Collector
May-October, 1922
THE HARVARD UNIVERSITY HERBARIA
00112022

**长果抱茎葶苈** ***Draba amplexicaulis*** Franch. var. ***dolichocarpa*** O. E. Schulz in Notizbl. Bot. Gart. Mus. Berlin. 9: 474. 1926.

**Isotype:** China. Yunnan: Lijiang, alt. 3 355 m, 1922-08-??, J. F. Rock 6066 (GH).

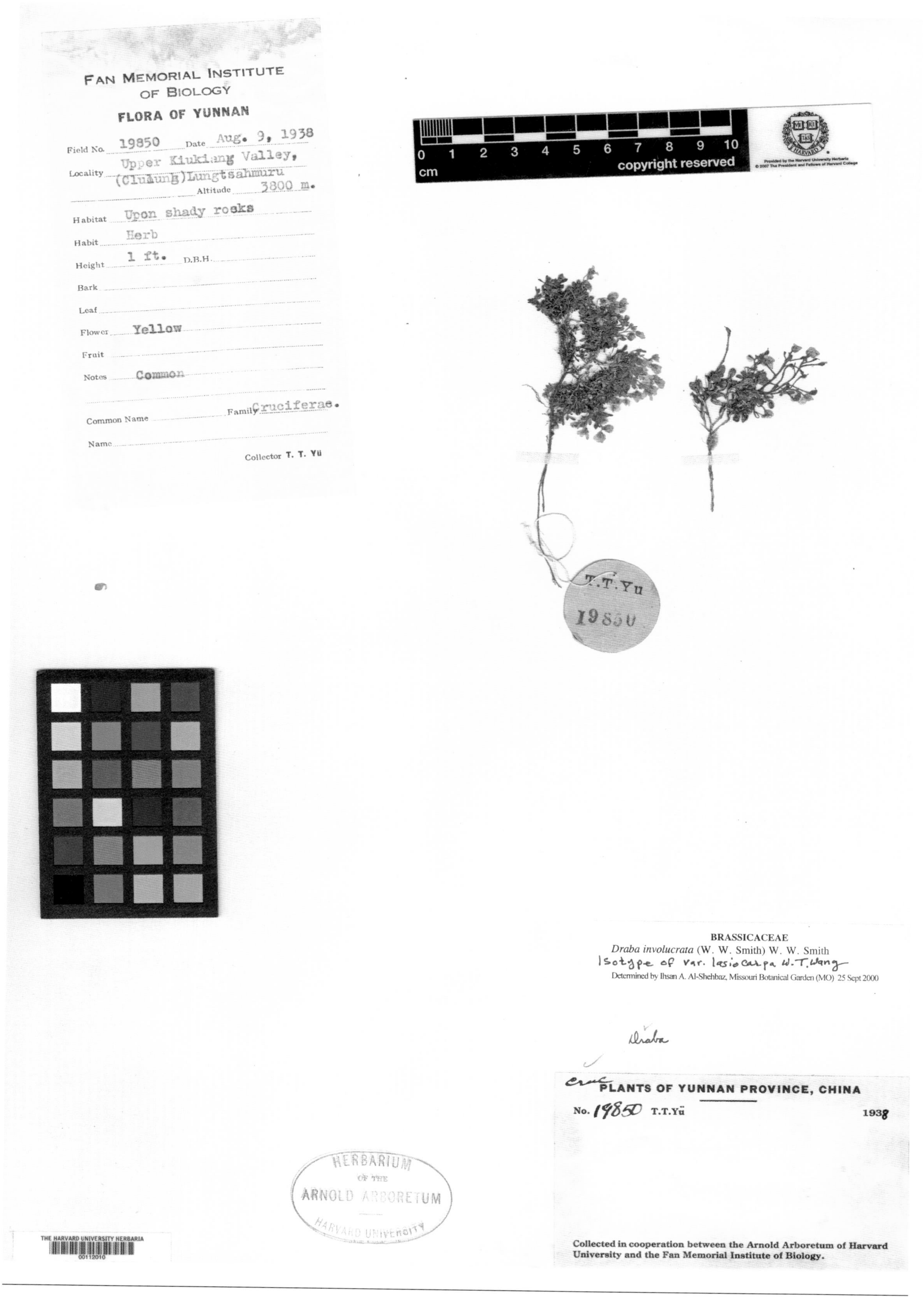

FAN MEMORIAL INSTITUTE OF BIOLOGY
FLORA OF YUNNAN
Field No. 19850 Date Aug. 9, 1938
Locality Upper Kiukiang Valley, (Cluiung)Lungtsahmuru
Altitude 3800 m.
Habitat Upon shady rocks
Habit Herb
Height 1 ft. D.B.H.
Bark
Leaf
Flower Yellow
Fruit
Notes Common
Common Name Family Cruciferae.
Name
Collector T. T. Yü

0 1 2 3 4 5 6 7 8 9 10 cm copyright reserved



T.T.Yu 19850

BRASSICACEAE
*Draba involucrata* (W. W. Smith) W. W. Smith
Isotype of var. lasiocarpa W.T.Wang
Determined by Ihsan A. Al-Shehbaz, Missouri Botanical Garden (MO) 25 Sept 2000

Draba

PLANTS OF YUNNAN PROVINCE, CHINA
No. 19850 T.T.Yü 1938
Collected in cooperation between the Arnold Arboretum of Harvard University and the Fan Memorial Institute of Biology.





毛果苞花葶苈 ***Draba involucrata*** (W. W. Smith) W. W. Smith var. ***lasiocarpa*** W. T. Wang in Acta Bot. Yunnan. 9(1): 6. 1987.
**Isotype:** China. Yunnan: Gongshan, Dulongjiang, alt. 3 800 m, 1938-08-09, T. T. Yu 19850 (A).

Herbarium Schlagintweit from India and High Asia.
Draba alpina L.
Hook Fl. of Br. Ind. I. p. 142
TÍBET
Province: Spíti.
Locality:
Height (engl. ft.)
Bára Látša Pass to △ Tšála (northeastern slopes of the Pass).
Gen. No. of Catalogue 2464
Collected 19 June 1856.
GRAY HERBARIUM HARVARD UNIVERSITY
TÍBET
Draba alpina, L.
2410.
Province: Spíti.
Locality:
Height (engl. ft.)
△ Tšála to △ Tákenak.
Collected 20 June 1856.
Schlagintweit
BRASSICACEAE
Draba cachemirica Gandoger
isotype of D. korshinskyi var. setosa Pohle
Determined by Ihsan A. Al-Shehbaz, Missouri Botanical Garden (MO) 28 Sept 2000
THE HARVARD UNIVERSITY HERBARIA
00107100
copyright reserved
cm

**刚毛葶苈** ***Draba korshinskyi*** (O. Fedtsh.) var. ***setosa*** Pohle in Fedde, Repert. Sp. Nov. 32: 135. 1925. **Isosyntype:** China. Xizang: Spiti, 1856-06-20, H. A. R. v. Schlagintweit 2410 (GH).

GRAY HERBARIUM
HARVARD
UNIVERSITY
copyright reserved
cm 0 1 2 3 4 5 6 7 8 9 10
BRASSICACEAE
Draba ladyginii Pohle
Isotype of D. lanceolata var. chingii O. E. Schulz
Determined by Ihsan A. Al-Shehbaz, Missouri Botanical Garden (MO) 15 Sept 2000
THE HARVARD UNIVERSITY HERBARIA
00112008
PLANTS OF KANSU PROVINCE, CHINA
NATIONAL GEOGRAPHIC SOCIETY CENTRAL CHINA EXPEDITION, UNDER THE DIRECTION OF F. R. WULSIN
Draba lanceolata Royle. Chingii. O.E.Schulz (n.v.)
Fls. white.
Near Pingfan; altitude 2350 to 2800 meters
No. 497 R. C. CHING, Collector
July 12-20, 1923

**紫茎锥果葶苈** ***Draba lanceolata*** Royale var. ***chingii*** O. E. Schulz in Notizbl. Bot. Gart. Mus. Berlin. 9: 474. 1926. **Isotype:** China. Gansu: Pingfan, alt. 2 350~2 800 m, 1923-07-(12~20), R. C. Ching 497 (GH).

GRAY HERBARIUM
HARVARD
UNIVERSITY
copyright reserved
cm
14134
BRASSICACEAE
Draba ladyginii Pohle
Isotype of D. lanceolata var. latifolia O.E.Schulz
Determined by Ihsan A. Al-Shehbaz, Missouri Botanical Garden (MO) 14 Sept 2004
Type collection!
ARNOLD ARBORETUM, HARVARD UNIVERSITY
EXPEDITION TO NORTHWESTERN CHINA AND NORTHEASTERN TIBET, 1924-27
EASTERN TIBET
Draba lanceolata Royle var. latifolia O. E. Schulz.
Radja and Yellow River gorges : Deyang valley east of Radja. Alt. 10000 ft.
Flowers white.
No. 14134.
Coll. J. F. Rock.
June, 1926
THE HARVARD UNIVERSITY HERBARIA
00046947

**宽叶锥果葶苈** ***Draba lanceolata*** Royle var. ***latifolia*** O. E. Schulz in Notizbl. Bot. Gart. Mus. Berlin. 10: 555. 1929. **Isotype:** China. Qinghai: Maqên, Radja (=Ra'gyagoinba), alt. 3 050 m, 1926-06-??, J. F. Rock 14134 (GH).

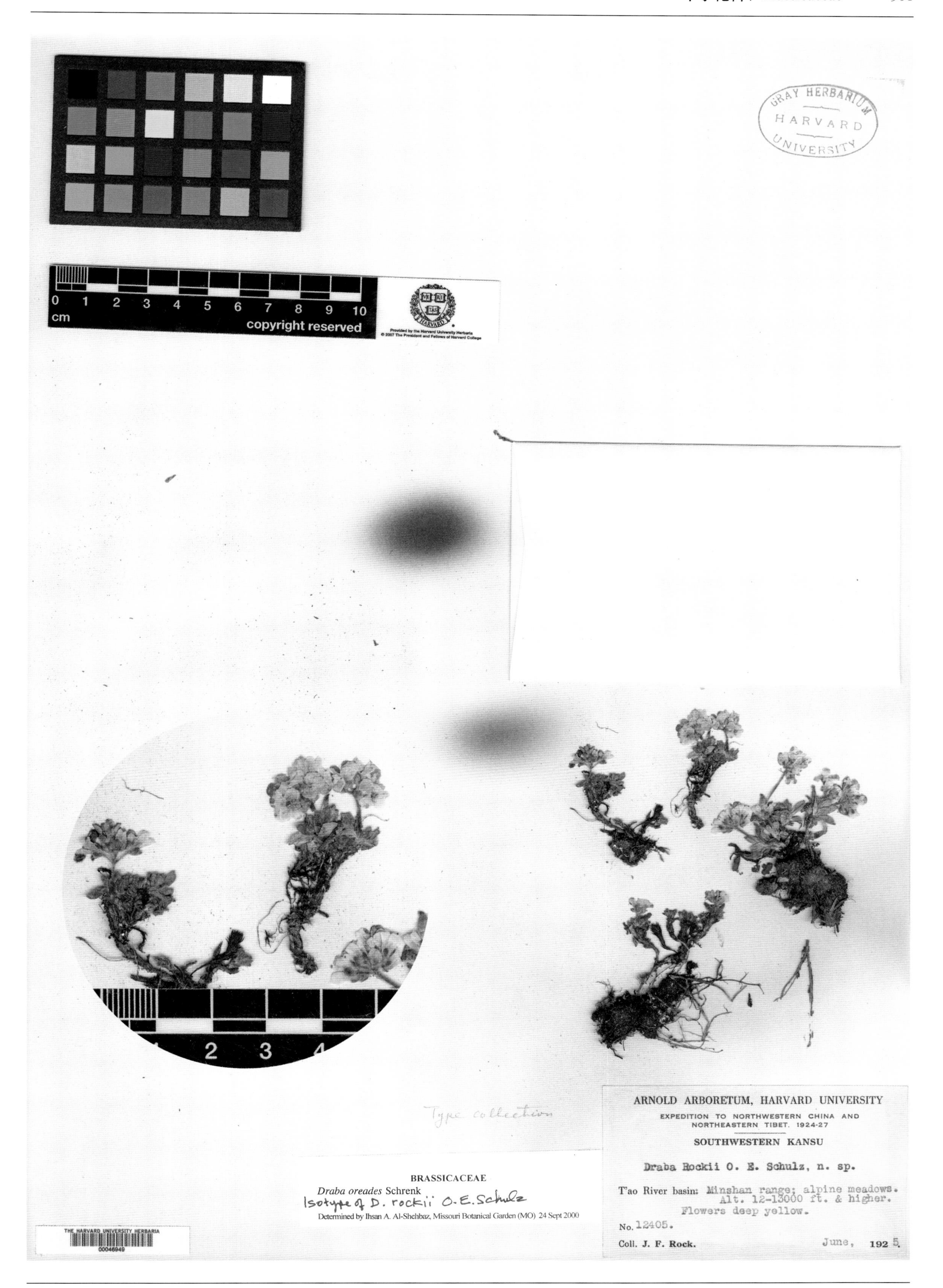
GRAY HERBARIUM
HARVARD
UNIVERSITY
0 1 2 3 4 5 6 7 8 9 10
cm
copyright reserved
Type collection
BRASSICACEAE
Draba oreades Schrenk
Isotype of D. rockii O. E. Schulz
Determined by Ihsan A. Al-Shehbaz, Missouri Botanical Garden (MO) 24 Sept 2000
THE HARVARD UNIVERSITY HERBARIA
00046949
ARNOLD ARBORETUM, HARVARD UNIVERSITY
EXPEDITION TO NORTHWESTERN CHINA AND
NORTHEASTERN TIBET. 1924-27
SOUTHWESTERN KANSU
Draba Rockii O. E. Schulz, n. sp.
T'ao River basin: Minshan range; alpine meadows.
Alt. 12-13000 ft. & higher.
Flowers deep yellow.
No. 12405.
Coll. J. F. Rock. June, 1925

沼泽葶苈 ***Draba rockii*** O. E. Schulz in Notizbl. Bot. Gart. Mus. Berlin. 10: 555. 1929. **Isotype:** China. Gansu: Min Xian, Min Shan, alt. 3 660~3 965 m, 1925-06-??, J. F. Rock 12405(GH).

GRAY HERBARIUM
HARVARD
UNIVERSITY
0 1 2 3 4 5 6 7 8 9 10
cm
copyright reserved
1 2 3 4
Isotype
BRASSICACEAE
Draba senilis O. E. Schulz
Determined by Ihsan A. Al-Shehbaz, Missouri Botanical Garden (MO) 26 Sept 2000
THE HARVARD UNIVERSITY HERBARIA
00046950
PLANTS OF YUNNAN, CHINA
Draba senilis O.E. Schulz
Yangtze watershed, Prefectural District of Likiang, eastern slopes of Likiang Snow Range
No. 3968
J. F. ROCK, Collector

**衰老葶苈** ***Draba senilis*** O. E. Schulz in Notizbl. Bot. Gart. Mus. Berlin. 9: 475. 1926. **Isotype:** China. Yunnan: Lijiang, alt. 3 660 m, 1922-05-25, J. F. Rock 3968 (GH).

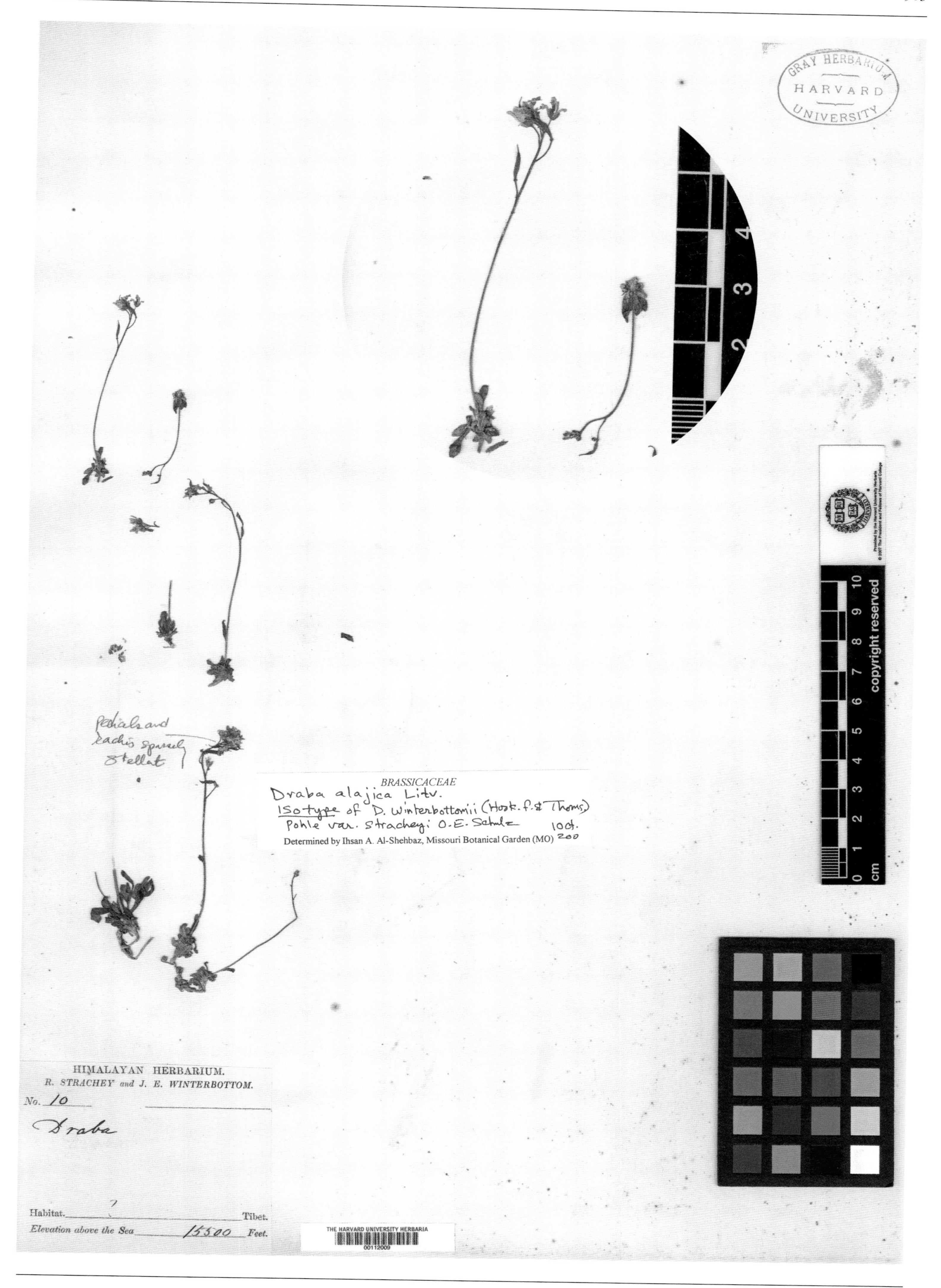
GRAY HERBARIUM
HARVARD
UNIVERSITY
pedicels and rachis sparsely stellate
BRASSICACEAE
Draba alajica Litv.
Isotype of D. winterbottomii (Hook. f. & Thoms.) Pohle var. stracheyi O. E. Schulz
Determined by Ihsan A. Al-Shehbaz, Missouri Botanical Garden (MO)
copyright reserved
cm 0 1 2 3 4 5 6 7 8 9 10
HIMALAYAN HERBARIUM.
R. STRACHEY and J. E. WINTERBOTTOM.
No. 10
Draba
Habitat. Tibet.
Elevation above the Sea 15500 Feet.
THE HARVARD UNIVERSITY HERBARIA
00112009

**光果棉毛葶苈** ***Draba winterbottomii*** (Hook. f. & Thoms.) Pohle var. ***stracheyi*** O. E. Schulz in Engl. Pflanzenr. IV. 105(Heft 89): 266. 1927. **Isotype:** China. Xizang: Zanda, alt. 4 728 m, R. Strachey & J. E. Winterbottom 10 (GH).

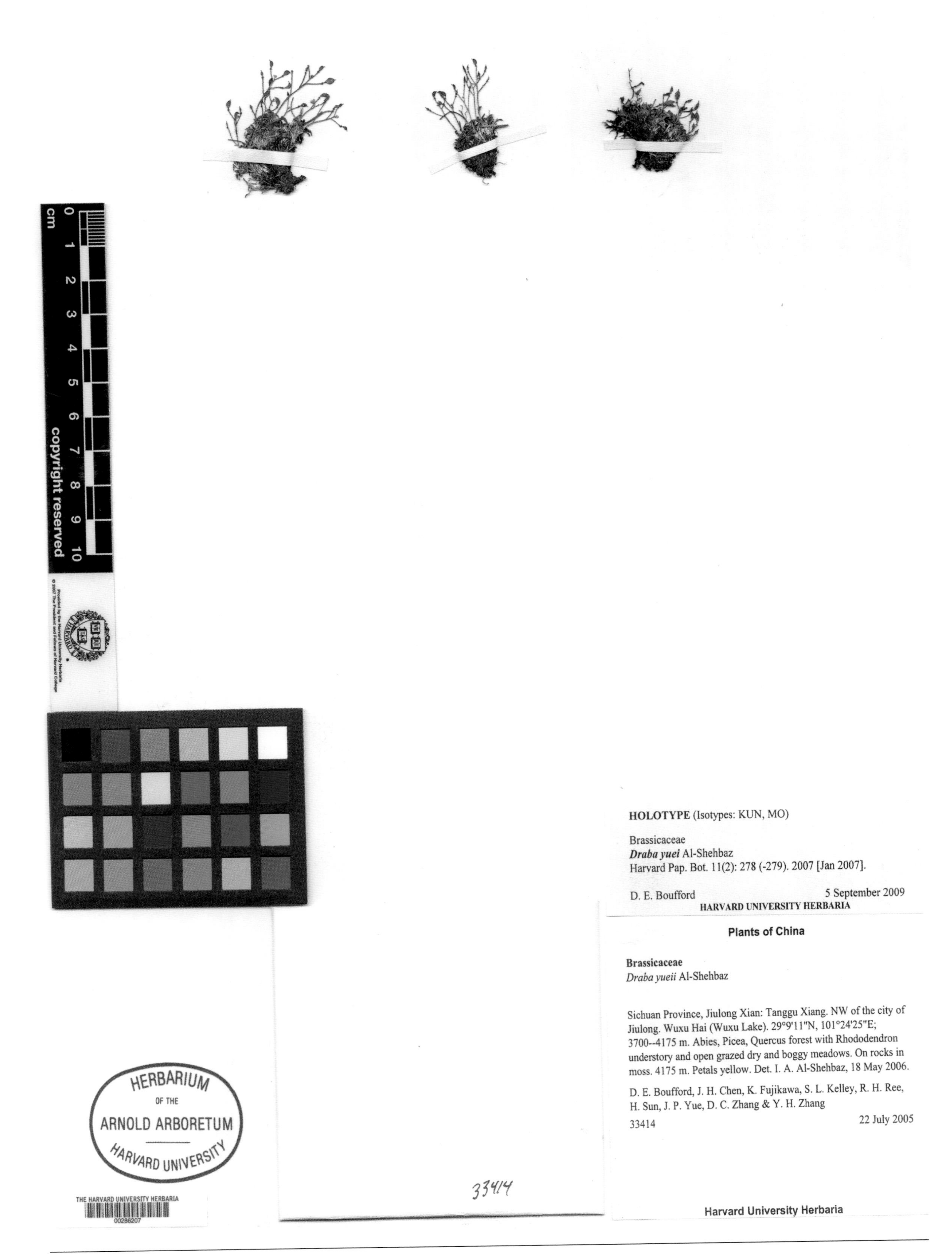
cm
0 1 2 3 4 5 6 7 8 9 10
copyright reserved
HOLOTYPE (Isotypes: KUN, MO)
Brassicaceae
Draba yuei Al-Shehbaz
Harvard Pap. Bot. 11(2): 278 (-279). 2007 [Jan 2007].
D. E. Boufford 5 September 2009
HARVARD UNIVERSITY HERBARIA
Plants of China
Brassicaceae
Draba yueii Al-Shehbaz
Sichuan Province, Jiulong Xian: Tanggu Xiang. NW of the city of Jiulong. Wuxu Hai (Wuxu Lake). 29°9'11"N, 101°24'25"E; 3700--4175 m. Abies, Picea, Quercus forest with Rhododendron understory and open grazed dry and boggy meadows. On rocks in moss. 4175 m. Petals yellow. Det. I. A. Al-Shehbaz, 18 May 2006.
D. E. Boufford, J. H. Chen, K. Fujikawa, S. L. Kelley, R. H. Ree, H. Sun, J. P. Yue, D. C. Zhang & Y. H. Zhang
33414 22 July 2005
Harvard University Herbaria
HERBARIUM
OF THE
ARNOLD ARBORETUM
HARVARD UNIVERSITY
THE HARVARD UNIVERSITY HERBARIA
00286207
33414

九龙葶苈 ***Draba yuei*** Al-Shehbaz in Harvard Pap. Bot. 11: 278. 2007. **Holotype:** China. Sichuan: Jiulong, Tanggu, alt. 3 700~4 175 m, 2005-07-22, D. E. Boufford, J. H. Chen, K. Fujikawa, S. L. Kelley, R. H. Ree, H. Sun, J. P. Yue, D. C. Zhang & Y. H. Zhang 33414 (A).

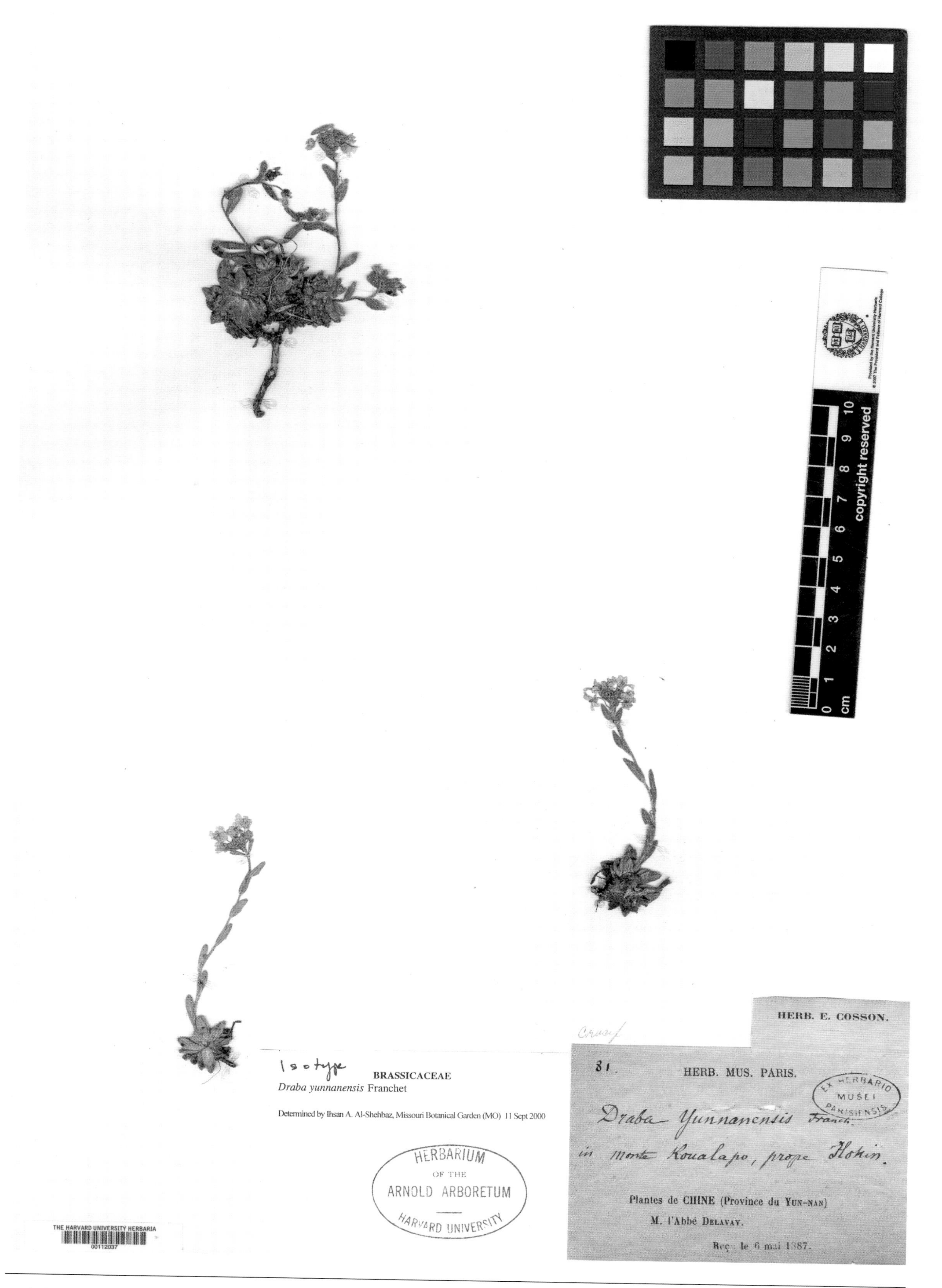
copyright reserved
Isotype
BRASSICACEAE
Draba yunnanensis Franchet
Determined by Ihsan A. Al-Shehbaz, Missouri Botanical Garden (MO) 11 Sept 2000
HERBARIUM OF THE ARNOLD ARBORETUM HARVARD UNIVERSITY
THE HARVARD UNIVERSITY HERBARIA
00112037
HERB. E. COSSON.
81.
HERB. MUS. PARIS.
EX HERBARIO MUSEI PARISIENSIS
Draba Yunnanensis Franch.
in monte Koualapo, prope Hokin.
Plantes de CHINE (Province du YUN-NAN)
M. l'Abbé DELAVAY.
Reçu le 6 mai 1887.

云南葶苈 ***Draba yunnanensis*** Franch. in Bull. Soc. Bot. France 33: 402. 1886. **Isotype:** China.Yunnan: Hokin (=Heqing), Koua-la-po, 1884-05-26, P. J. M. Delavay 81 (A).

GRAY HERBARIUM
HARVARD
UNIVERSITY
copyright reserved
cm 0 1 2 3 4 5 6 7 8 9 10
THE HARVARD UNIVERSITY HERBARIA
00112036
PLANTS OF YUNNAN, CHINA Type coll.
Draba yunnanensis latifolia O.E. Schulz.
17000 ft.
Eastern slopes of Likiang Snow Range, Yangtze watershed
No. 9430 J. F. ROCK, Collector July, 1923
BRASSICACEAE
Draba yunnanensis Franchet
Isotype of var. latifolia O.E. Schulz
Determined by Ihsan A. Al-Shehbaz, Missouri Botanical Garden (MO) 11 Sept 2000

**宽叶云南葶苈** ***Draba yunnanensis*** Franch. var. ***latifolia*** O. E. Schulz in Notizbl. Bot. Gart. Mus. Berlin. 9: 476. 1926.

**Isotype:** China. Yunnan: Lijiang, alt. 5 185 m, 1923-07-??, J. F. Rock 9430 (GH).

HIMALAYAN HERBARIUM.
R. STRACHEY and J. E. WINTERBOTTOM.
No. 2
Erysimum
Habitat. plain of Tibet
Elevation above the Sea 15,500 Feet.
GRAY HERBARIUM
HARVARD
UNIVERSITY
copyright reserved
cm
!Syntypus!
Erysimum schlagintweitianum O.E.Schulz
Determined by
Syntype
BRASSICACEAE
Erysimum schlagintweitianum O.E.Schulz
1 May 2000
Determined by Ihsan A. Al-Shehbaz, Missouri Botanical Garden (MO)
THE HARVARD UNIVERSITY HERBARIA
00112019

**矮糖芥** ***Erysimum schlagintweitianum*** O. E. Schulz in Notizbl. Bot. Gart. Mus. Berlin. 11: 227. 1931. **Isosyntype:** China. Xizang: Gugi, alt. 4 728 m, R. Strachey & J. E. Winterbottom 2 (GH).

GRAY HERBARIUM
HARVARD
UNIVERSITY
copyright reserved
cm
0 1 2 3 4 5 6 7 8 9 10
ITER CHINENSE 1914
Societatis Dendrologicae Austriae et Hungariae
Camillo Schneider
No. 3292
Yunnan
Mense Oct.
Alt. circiter 4200 m.
BRASSICACEAE
Erysimum forrestii (W. W. Smith) Polatschek
Isotype of E. Schneideri O. E. Schulz
Determined by Ihsan A. Al-Shehbaz, Missouri Botanical Garden (MO) 9 May 2000
THE HARVARD UNIVERSITY HERBARIA
00112044

**腋花糖芥** ***Erysimum schneideri*** O. E. Schulz in Fedde, Repert. Sp. Nov. 17: 289. 1921. **Isotype:** China. Yunnan: Lijiang, alt. 4 200 m, 1914-10-??, C. Schneider 3292 (GH).

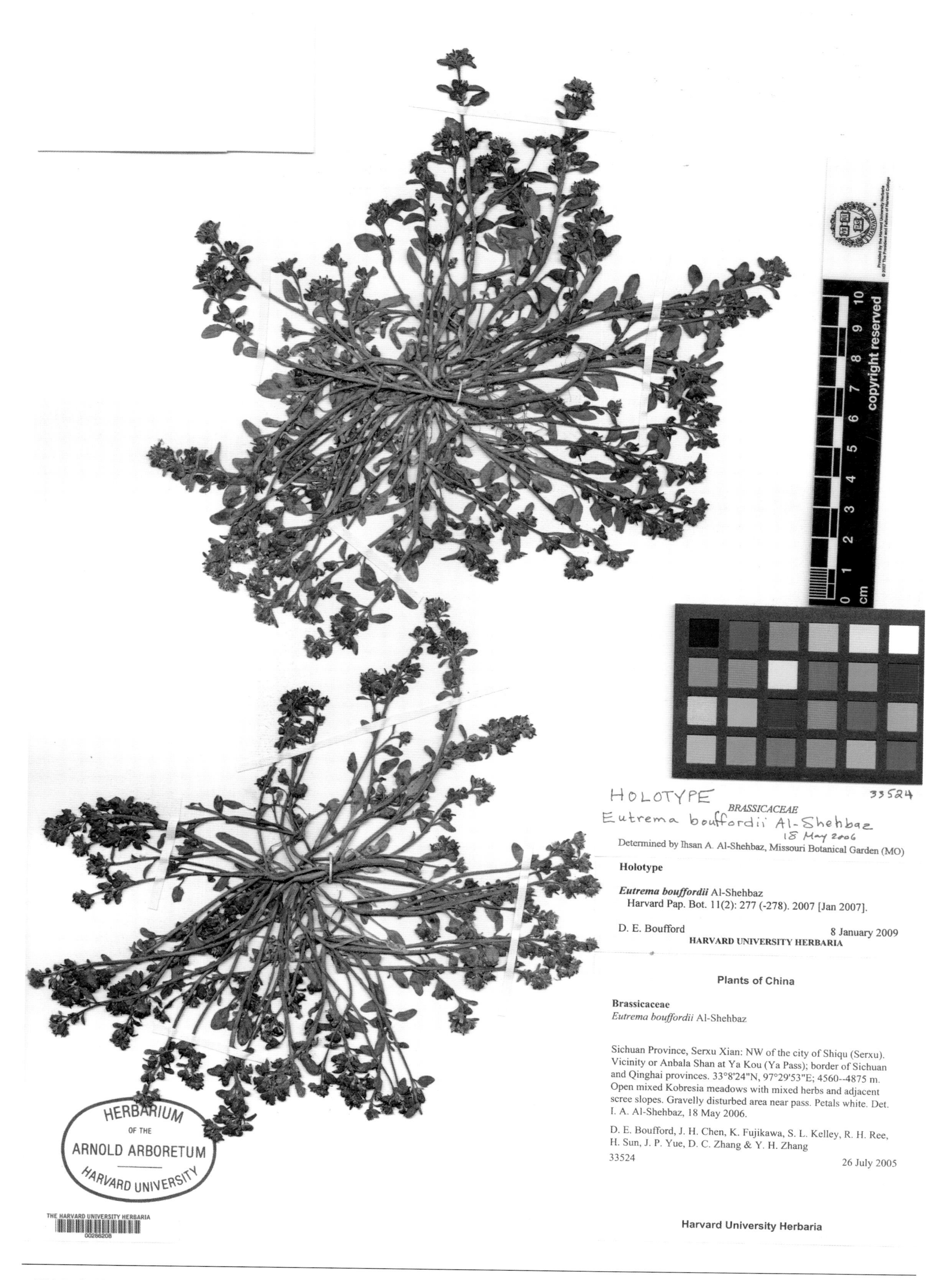
copyright reserved
cm 0 1 2 3 4 5 6 7 8 9 10
HOLOTYPE
33524
BRASSICACEAE
Eutrema bouffordii Al-Shehbaz
18 May 2006
Determined by Ihsan A. Al-Shehbaz, Missouri Botanical Garden (MO)
Holotype
Eutrema bouffordii Al-Shehbaz
Harvard Pap. Bot. 11(2): 277 (-278). 2007 [Jan 2007].
D. E. Boufford
8 January 2009
HARVARD UNIVERSITY HERBARIA
Plants of China
Brassicaceae
Eutrema bouffordii Al-Shehbaz
Sichuan Province, Serxu Xian: NW of the city of Shiqu (Serxu). Vicinity or Anbala Shan at Ya Kou (Ya Pass); border of Sichuan and Qinghai provinces. 33°8'24"N, 97°29'53"E; 4560--4875 m. Open mixed Kobresia meadows with mixed herbs and adjacent scree slopes. Gravelly disturbed area near pass. Petals white. Det. I. A. Al-Shehbaz, 18 May 2006.
D. E. Boufford, J. H. Chen, K. Fujikawa, S. L. Kelley, R. H. Ree, H. Sun, J. P. Yue, D. C. Zhang & Y. H. Zhang
33524
26 July 2005
HERBARIUM
OF THE
ARNOLD ARBORETUM
HARVARD UNIVERSITY
THE HARVARD UNIVERSITY HERBARIA
00266208
Harvard University Herbaria

**石渠山俞菜** ***Eutrema bouffordii*** Al-Shehbaz in Harvard Pap. Bot. 11: 277. 2007. **Holotype:** China. Sichuan: Sêrxü, alt. 4 560~4 875 m, 2005-07-26, D. E. Boufford, J. H. Chen, K. Fujikawa, S. L. Kelley, R. H. Ree, H. Sun, J. P. Yue, D. C. Zhang & Y. H. Zhang 33524 (A).

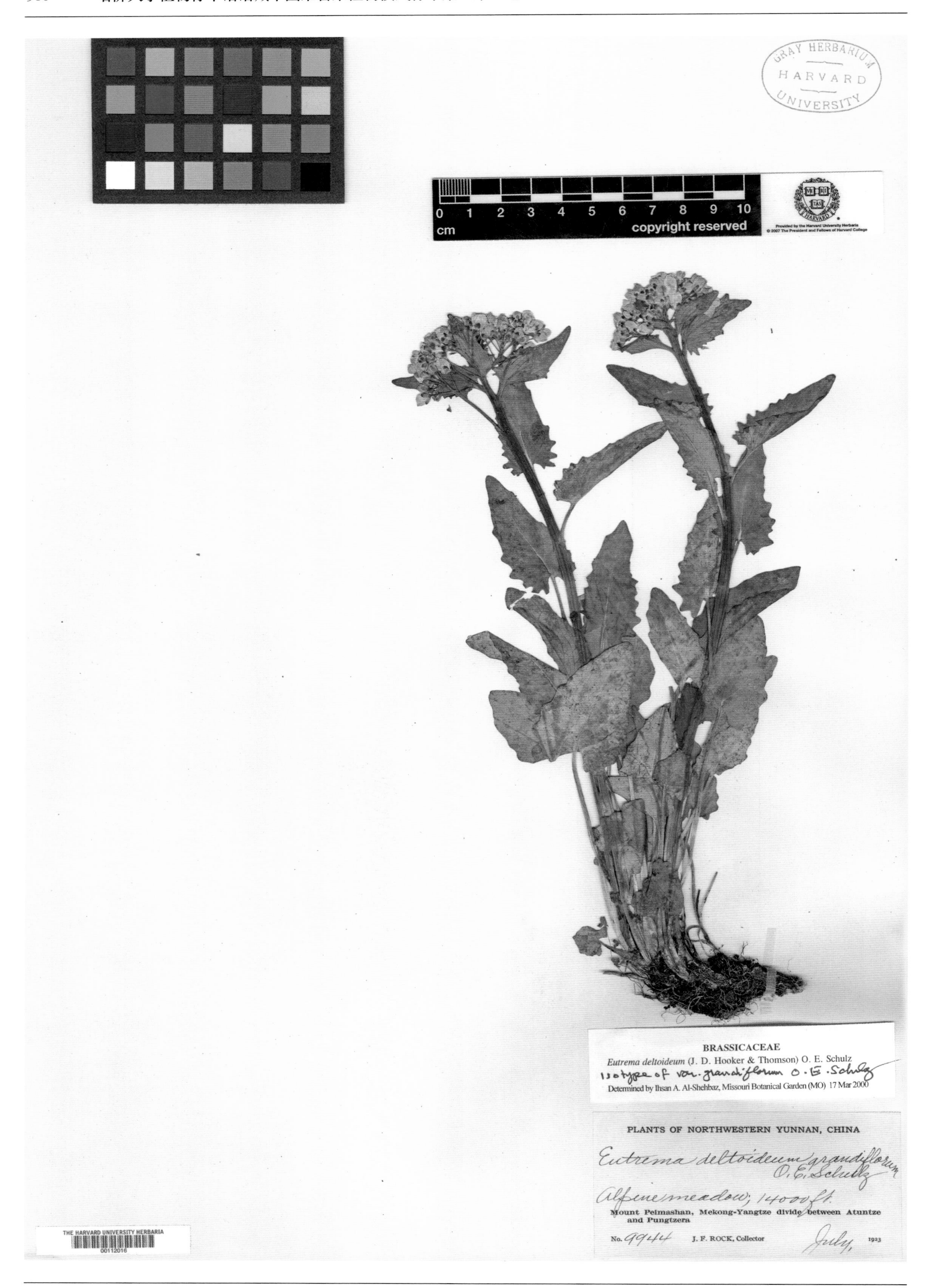
GRAY HERBARIUM
HARVARD
UNIVERSITY
0 1 2 3 4 5 6 7 8 9 10
cm
copyright reserved
BRASSICACEAE
Eutrema deltoideum (J. D. Hooker & Thomson) O. E. Schulz
Determined by Ihsan A. Al-Shehbaz, Missouri Botanical Garden (MO) 17 Mar 2000
PLANTS OF NORTHWESTERN YUNNAN, CHINA
Mount Peimashan, Mekong-Yangtze divide between Atuntze and Pungtzera
No. 9944
J. F. ROCK, Collector
1923
THE HARVARD UNIVERSITY HERBARIA
00112016

**大花山嵛菜** ***Eutrema deltoideum*** (Hook. f. & Thoms.) O. E. Schulz var. ***grandiflorum*** O. E. Schulz in Notizbl. Bot. Gart. Mus. Berlin. 9: 476. 1926. **Isotype:** China. Yunnan: Dêqên, Mekong-Yangtze divide between Atuntze & Pungtzera, Baima Shan, alt. 4 270m, 1923-07-??, J. F. Rock 9944 (GH).

ITER CHINENSE 1914
SOCIETATIS DENDROLOGICAE AUSTRIAE ET HUNGARIAE
Camillo Schneider
No. 2127
Yunnan
Mense Aug. 2
Alt. circiter 3800-4000 m.
BRASSICACEAE
Hemilophia franchetii Al-Shehbaz
Determined by Ihsan A. Al-Shehbaz, Missouri Botanical Garden (MO) 1999
Hemilophia pulchella Franchet
Syntype of H. pulchella var. pilosa O. E. Schulz
Determined by Ihsan Al-Shehbaz, 1995
Missouri Botanical Garden (MO)
GRAY HERBARIUM
HARVARD
UNIVERSITY
THE HARVARD UNIVERSITY HERBARIA
00112043
copyright reserved
cm

柔毛半脊荠 ***Hemilophia pulchella*** Franch. var. ***pilosa*** O. E. Schulz in Fedde, Repert. Sp. Nov. 17: 290. 1921. **Isosyntype:** China. Yunnan: Lijiang, alt. 3 800~4 000 m, 1914-08-02, C. Schneider 2127 (GH).

GRAY HERBARIUM
HARVARD
UNIVERSITY
copyright reserved
PLANTS OF CHINA
Type coll.
Hemilophia rockii O. E. Schulz
10-14000 ft.
Muli or Mili Kingdom, southwestern Szechuan
No. 5552 J. F. ROCK, Collector
June, 1922
Hemilophia rockii O.E. Schulz
ISOTYPE
Determined by Ihsan Al-Shehbaz, 1995
Missouri Botanical Garden (MO) & Yang Guang
THE HARVARD UNIVERSITY HERBARIA
00112041

**小叶半脊荠** ***Hemilophia rockii*** O. E. Schulz in Notizbl. Bot. Gart. Berlin. 9: 476. 1926. **Isotype:** China. Sichuan: Muli, alt. 3 050~4 270 m, 1922-06-??, J. F. Rock 5552 (GH).

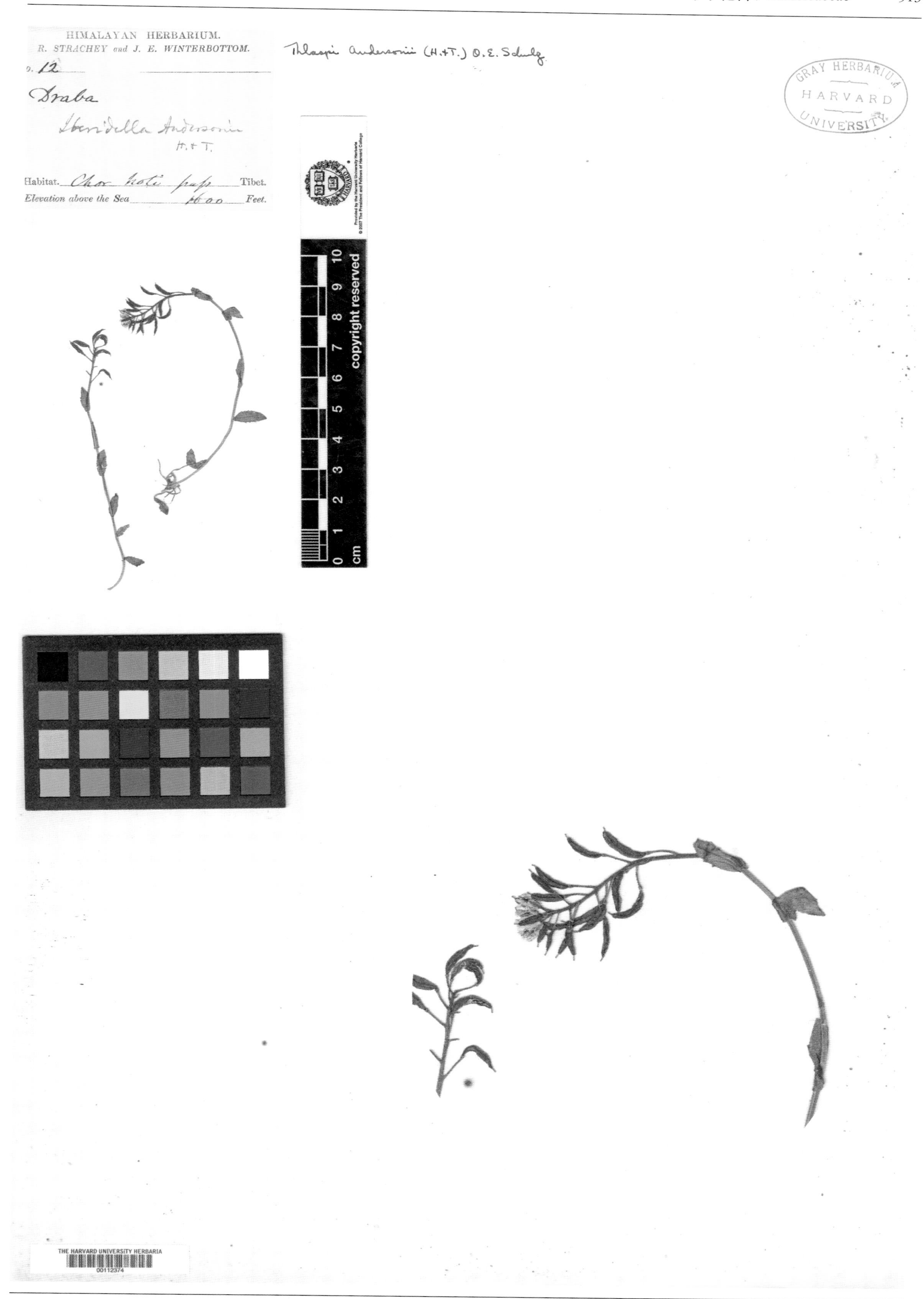
HIMALAYAN HERBARIUM.
R. STRACHEY and J. E. WINTERBOTTOM.
No. 12
Draba
Iberidella Andersonii H. f. T.
Habitat. Chor Noti pap Tibet.
Elevation above the Sea 16000 Feet.
Thlaspi andersonii (H.f.T.) O.E. Schulz
GRAY HERBARIUM HARVARD UNIVERSITY
copyright reserved
cm 0 1 2 3 4 5 6 7 8 9 10
THE HARVARD UNIVERSITY HERBARIA
00112374

**西藏菥蓂** ***Iberidella andersonii*** Hook. f. & Thoms. in J. Linn. Soc. Bot. 5: 177. 1861. **Isosyntype:** China. Xizang: Chor Noti pap, alt. 4 880 m, R. Strachey & J. E. Winterbottom 12 (GH).

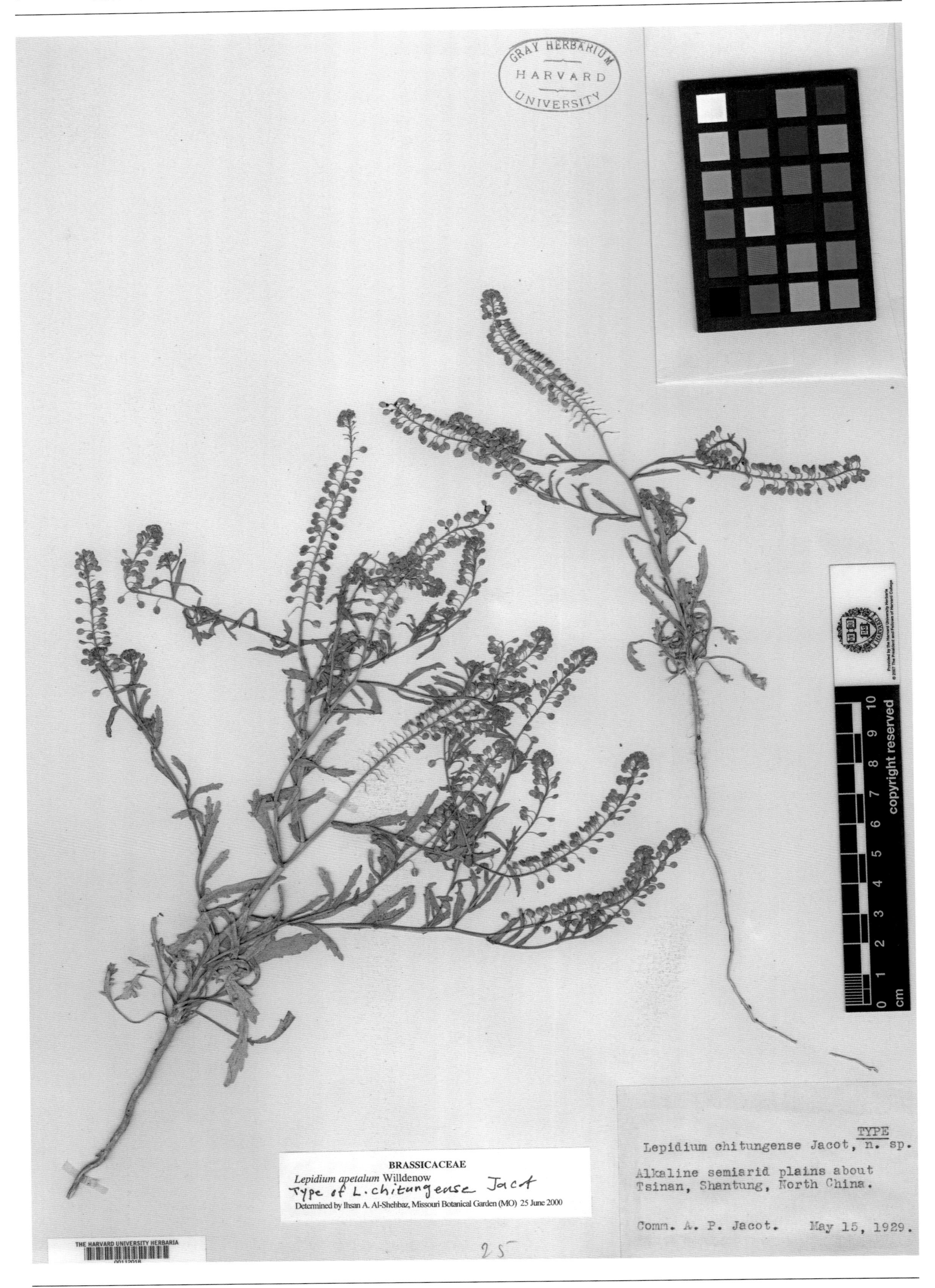
GRAY HERBARIUM
HARVARD
UNIVERSITY
copyright reserved
cm
BRASSICACEAE
Lepidium apetalum Willdenow
Type of L. chitungense Jacot
Determined by Ihsan A. Al-Shehbaz, Missouri Botanical Garden (MO) 25 June 2000
THE HARVARD UNIVERSITY HERBARIA
TYPE
Lepidium chitungense Jacot, n. sp.
Alkaline semiarid plains about
Tsinan, Shantung, North China.
Comm. A. P. Jacot.　May 15, 1929.

**济南独行菜** ***Lepidium chitungense*** Jacot in Rhodora 32: 29. 1930. **Syntype:** China. Shandong: Tsinan (=Jinan), 1929-05-15, A. P. Jacot s. n. (GH).

GRAY HERBARIUM
HARVARD
UNIVERSITY
copyright reserved
Megacarpaea delavayi Franchet
ISOTYPE of M. delavayi var. grandiflora O.E. Schulz
Determined by Ihsan Al-Shehbaz, 1995 & Yang Guang
Missouri Botanical Garden (MO)
12597
ARNOLD ARBORETUM, HARVARD UNIVERSITY
EXPEDITION TO NORTHWESTERN CHINA AND NORTHEASTERN TIBET. 1924-27
SOUTHWESTERN KANSU
Megacarpaea
T'ao River basin: Mt. Lissedzadza, on grassy slopes with Rhododendron and Juniper; alt. 12000 ft. Herb 2 ft; or more; flowers rich pinkish lavender. July 1925.
No. 12597
Coll. J. F. Rock.
THE HARVARD UNIVERSITY HERBARIA
00112021

长瓣高河菜 ***Megacarpaea delavayi*** Franch. var. ***grandiflora*** O. E. Schulz in Notizbl. Bot. Gart. Mus. Berlin. 10: 557. 1927.
**Isotype:** China. Gansu: Min Xian, Mt. Lissedzadza, alt. 3 660 m, 1925-07-??, J. F. Rock 12597 (GH).

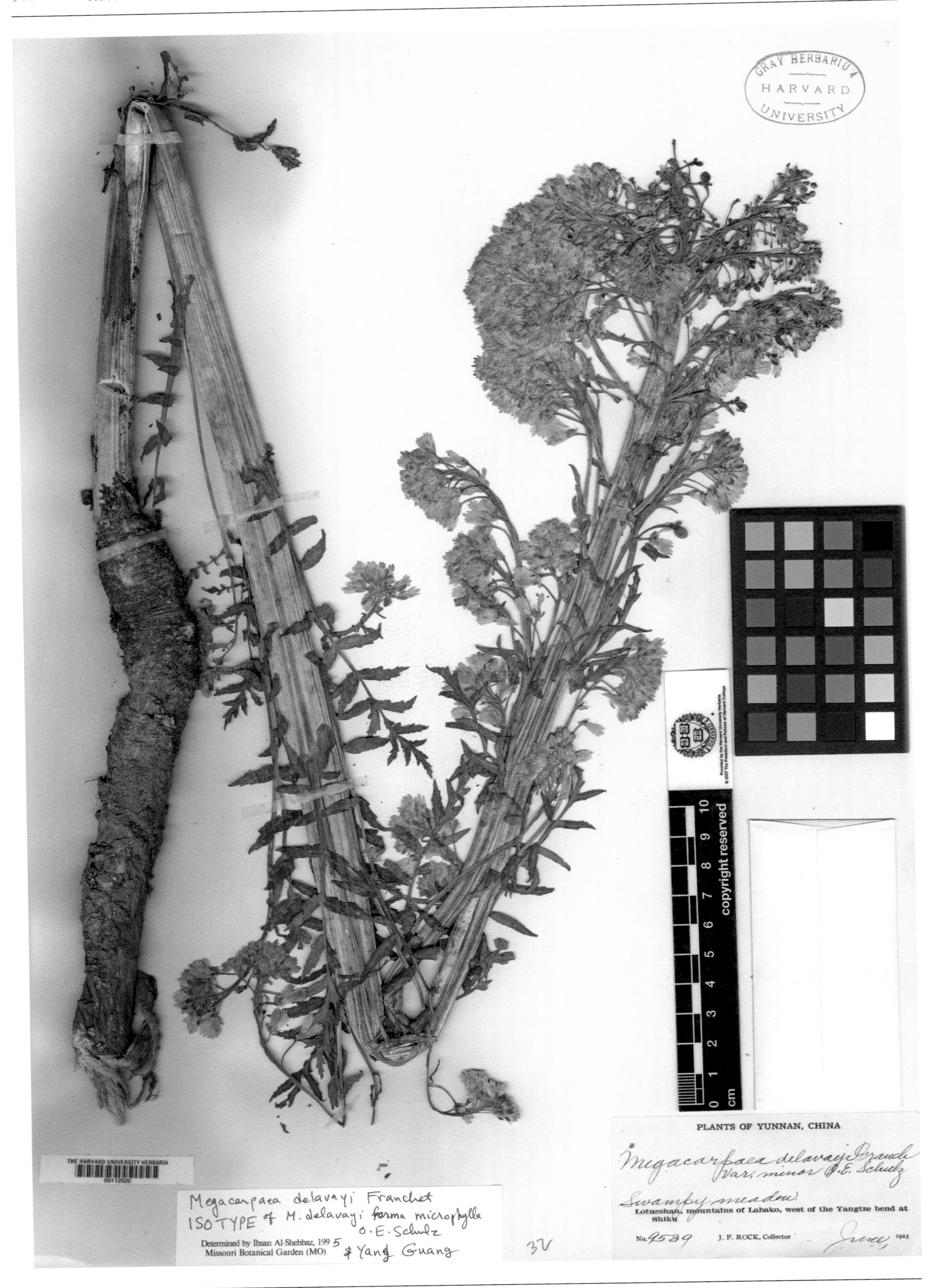
GRAY HERBARIUM
HARVARD
UNIVERSITY
copyright reserved
cm 0 1 2 3 4 5 6 7 8 9 10
THE HARVARD UNIVERSITY HERBARIA
00112020
Megacarpaea delavayi Franchet
ISOTYPE of M. delavayi forma microphylla O. E. Schulz
Determined by Ihsan Al-Shehbaz, 1995 & Yang Guang
Missouri Botanical Garden (MO)
PLANTS OF YUNNAN, CHINA
Megacarpaea delavayi Franch var. minor O. E. Schulz
Swampy meadow.
Lotueshan, mountains of Labako, west of the Yangtze bend at Shiku
No. 9539　J. F. ROCK, Collector　June, 1923

小叶高河菜 ***Megacarpaea delavayi*** Franch. var. ***minor*** W. W. Smith f. ***microphylla*** O. E. Schulz in Notizbl. Bot. Gart. Mus. Berlin. 9: 476. 1926. **Isotype:** China. Yunnan: Lotueshan, mountains of Labako, West of the Yangtze bend at Shiku, 1923-06-??, J. F. Rock 9539 (GH).

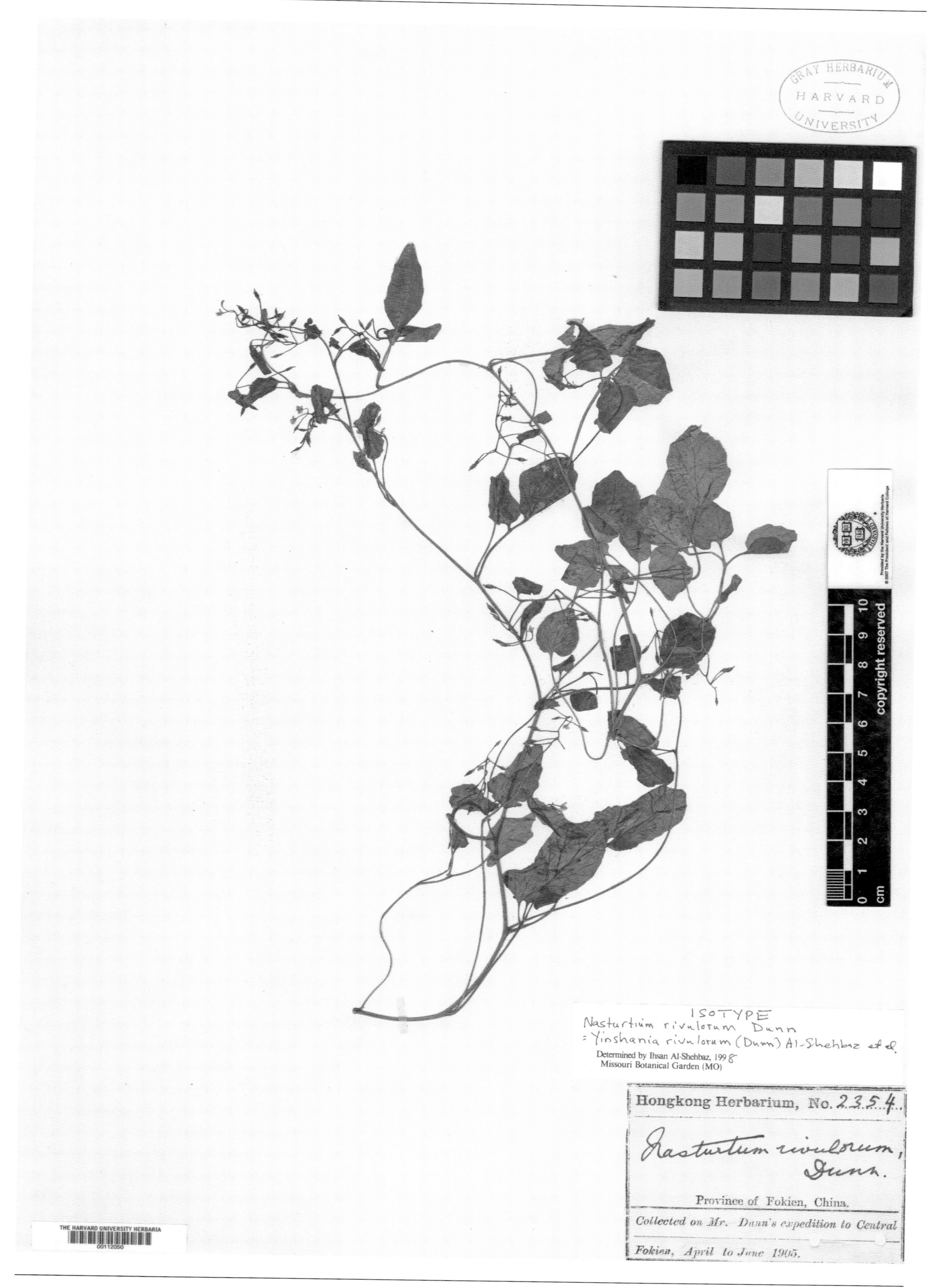
GRAY HERBARIUM
HARVARD
UNIVERSITY
copyright reserved
cm 0 1 2 3 4 5 6 7 8 9 10
ISOTYPE
Nasturtium rivulorum Dunn
= Yinshania rivulorum (Dunn) Al-Shehbaz et al.
Determined by Ihsan Al-Shehbaz, 1998
Missouri Botanical Garden (MO)
Hongkong Herbarium, No. 2354.
Nasturtium rivulorum, Dunn.
Province of Fokien, China.
Collected on Mr. Dunn's expedition to Central Fokien, April to June 1905.
THE HARVARD UNIVERSITY HERBARIA
00112050

河岸岩荠 ***Nasturtium rivulorum*** Dunn in J. Linn. Soc. Bot. 38: 354. 1908. **Isotype:** China. Fujian: Fuzhou, 1905-(04~06)-??, Hong Kong Herb. 2354 (GH).

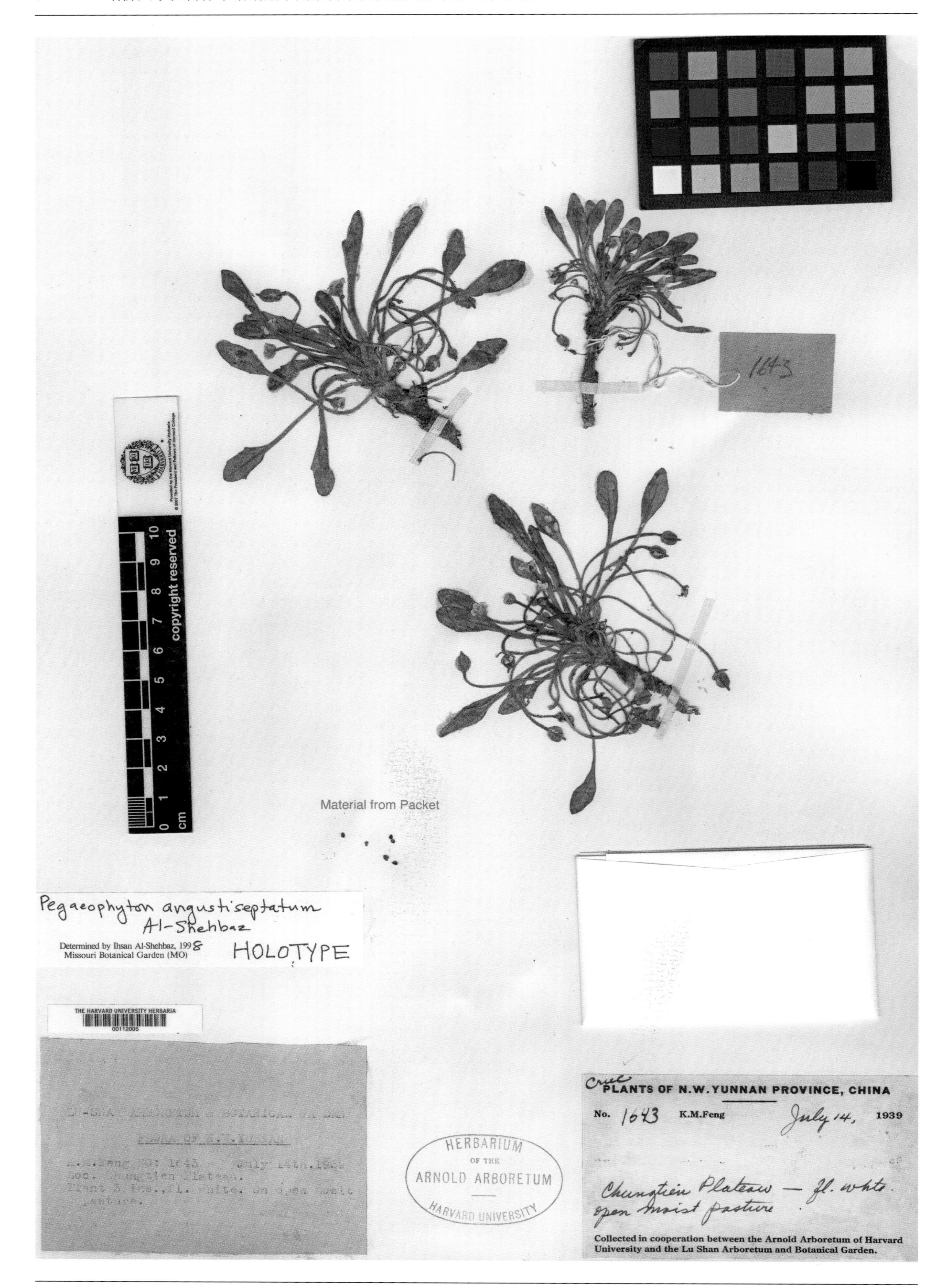

1643
copyright reserved
Material from Packet
Pegaeophyton angustiseptatum Al-Shehbaz
Determined by Ihsan Al-Shehbaz, 1998
Missouri Botanical Garden (MO)
HOLOTYPE
THE HARVARD UNIVERSITY HERBARIA
00112005
HERBARIUM OF THE ARNOLD ARBORETUM HARVARD UNIVERSITY
PLANTS OF N.W. YUNNAN PROVINCE, CHINA
No. 1643 K.M.Feng July 14, 1939
Chungtien Plateau — fl. white. open moist pasture
Collected in cooperation between the Arnold Arboretum of Harvard University and the Lu Shan Arboretum and Botanical Garden.


**窄隔单花荠** ***Pegaeophyton angustiseptatum*** Al-Shehbaz, T. Y. Cheo & G. Yang in Edinb. J. Bot. 57(2): 167. 2000. **Holotype:** China. Yunnan: Zhongdian (=Shangri-La), 1939-07-14, K. M. Feng 1643 (A).

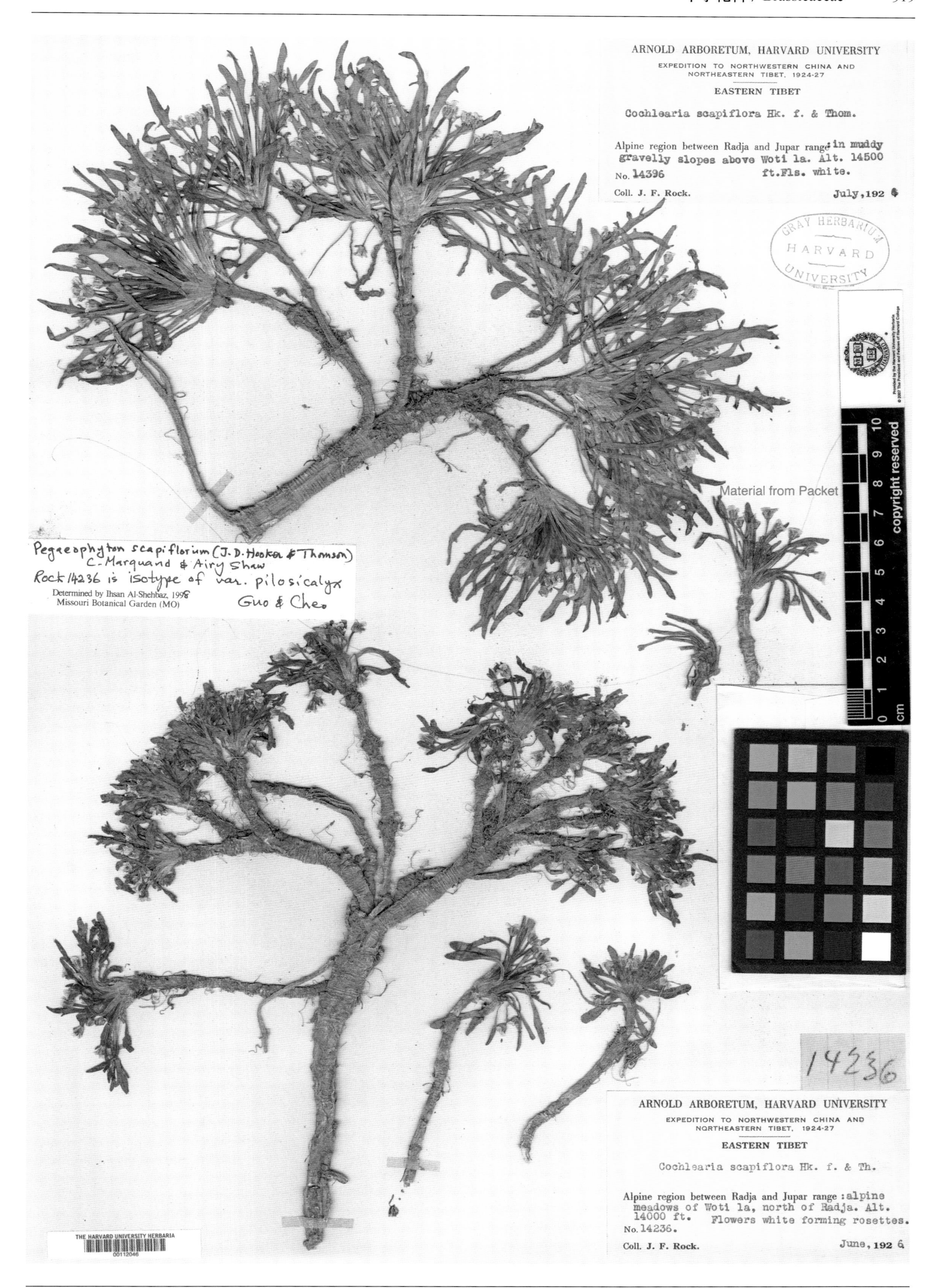
ARNOLD ARBORETUM, HARVARD UNIVERSITY
EXPEDITION TO NORTHWESTERN CHINA AND NORTHEASTERN TIBET, 1924-27
EASTERN TIBET
Cochlearia scapiflora Hk. f. & Thom.
Alpine region between Radja and Jupar range: in muddy gravelly slopes above Woti la. Alt. 14500 ft. Fls. white.
No. 14396
Coll. J. F. Rock.
July, 192
GRAY HERBARIUM HARVARD UNIVERSITY
Material from Packet
copyright reserved
cm
Pegaeophyton scapiflorium (J. D. Hooker & Thomson) C. Marquand & Airy Shaw
Rock 14236 is isotype of var. pilosicalyx Guo & Cheo
Determined by Ihsan Al-Shehbaz, 1998
Missouri Botanical Garden (MO)
14236
ARNOLD ARBORETUM, HARVARD UNIVERSITY
EXPEDITION TO NORTHWESTERN CHINA AND NORTHEASTERN TIBET, 1924-27
EASTERN TIBET
Cochlearia scapiflora Hk. f. & Th.
Alpine region between Radja and Jupar range: alpine meadows of Woti la, north of Radja. Alt. 14000 ft. Flowers white forming rosettes.
No. 14236.
Coll. J. F. Rock.
June, 192 6
THE HARVARD UNIVERSITY HERBARIA
00112046

毛萼无茎荠 ***Pegaeophyton scapiflorium*** (Hook. f. & Thoms.) Marq. & Shaw var. ***pilosicalyx*** R. L. Guo & T. Y. Cheo in Bull. Bot. Lab. North-East. Forest. Inst. 1980(6): 28. 1980. **Isotype:** China. Qinghai: Maqên, Radja (=Ra'gyagoinba), alt. 4 270 m, 1926-06-??, J. F. Rock 14236 (GH).

GRAY HERBARIUM
HARVARD
UNIVERSITY
copyright reserved
cm
0 1 2 3 4 5 6 7 8 9 10
Isotype of subsp. robustum (O.E. Schulz) Al-Shehbaz et al.
BRASSICACEAE
Pegaeophyton scapiflorum (Hook. F. & Thoms.) C. Marquand & Airy Shaw
Determined by Ihsan A. Al-Shehbaz, Missouri Botanical Garden (MO) 1999
ISOTYPE Pegaeophytum sinense
var. robustum O. E. Schulz
Notizbl. Bot. Gart. Berlin-Dahlem 9(87): 477. 1926
W. T. Kittredge 2009
HARVARD UNIVERSITY HERBARIA
THE HARVARD UNIVERSITY HERBARIA
PLANTS OF YUNNAN, CHINA
Mount Lauchunshan, southwest of the Yangtze bend at Shiku
No. 9577 J. F. ROCK, Collector 1923

**粗壮单花荠** ***Pegaeophyton sinense*** (Hemsl.) Hayek & Hand.-Mazz. var. ***robustum*** O. E. Schulz in Notizbl. Bot. Gart. Mus. Berlin. 9: 477. 1926. **Isotype:** China. Yunnan: Jianchuan, Lauchun Shan, 1923-06-??, J. F. Rock 9577 (GH).

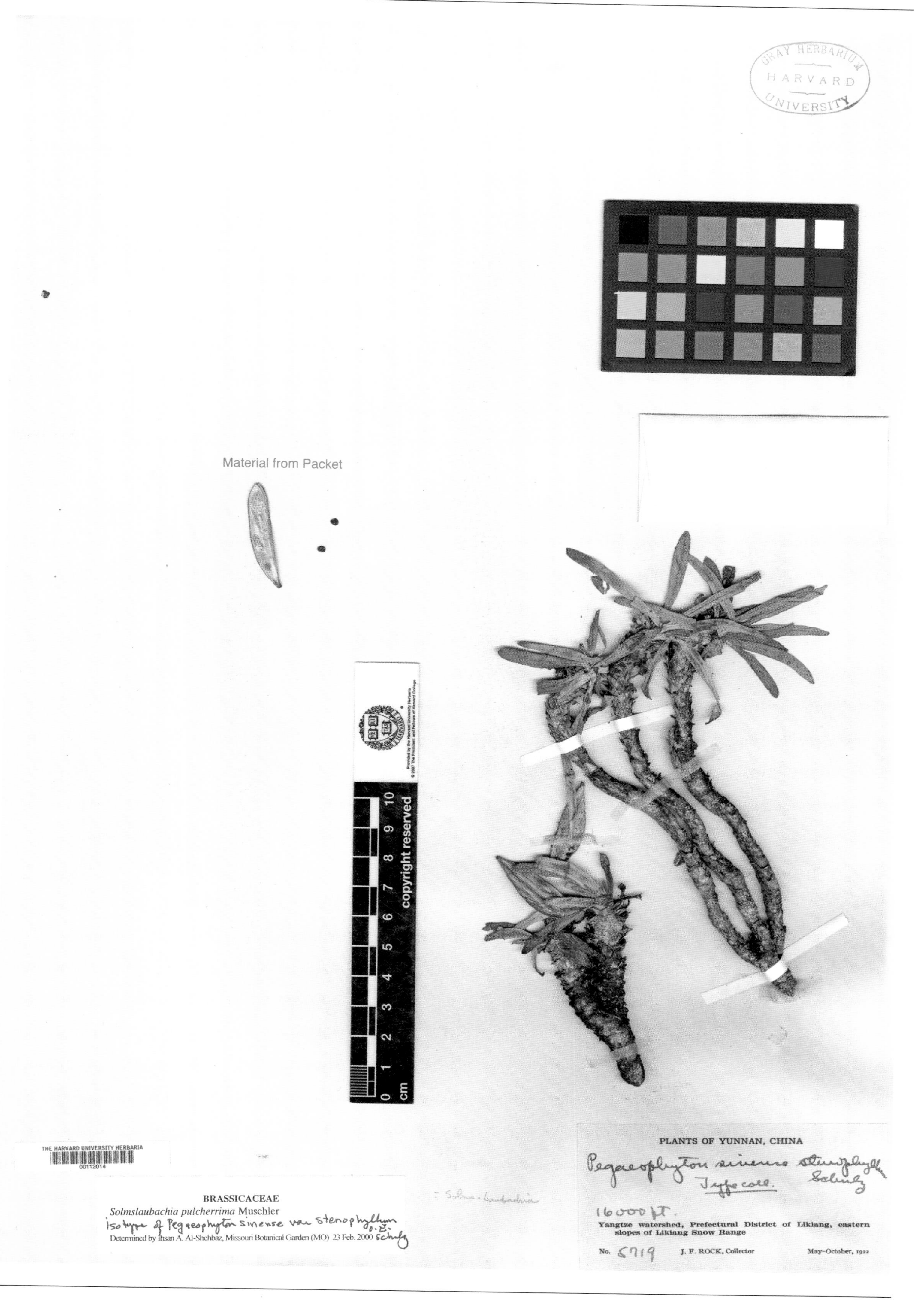
Material from Packet
copyright reserved
THE HARVARD UNIVERSITY HERBARIA
00112014
BRASSICACEAE
Solmslaubachia pulcherrima Muschler
Determined by Ihsan A. Al-Shehbaz, Missouri Botanical Garden (MO) 23 Feb. 2000
PLANTS OF YUNNAN, CHINA
Yangtze watershed, Prefectural District of Likiang, eastern slopes of Likiang Snow Range
No. 5719 J. F. ROCK, Collector May-October, 1922
GRAY HERBARIUM HARVARD UNIVERSITY

狭叶单花荠 ***Pegaeophyton sinense*** (Hemsl.) Hayek & Hand.-Mazz. var. ***stenophyllum*** O. E. Schulz in Notizbl. Bot. Gart. Mus. Berlin. 9: 477. 1926. **Isotype:** China. Yunnan: Lijiang, alt. 4 880 m, 1922-(05~10)-??, J. F. Rock 5719 (GH).

0 1 2 3 4 5 6 7 8 9 10
cm
copyright reserved
654
Holotype BRASSICACEAE
Phaeonychium fengii Al-Shehbaz
17 May 2000
Determined by Ihsan A. Al-Shehbaz, Missouri Botanical Garden (MO)
LU-SHAN ARBORETUM & BOTANICAL GARDEN
FLORA OF N.W.YUNNAN
K.M.Feng No: 654 Apr.3th.1939
Loc. Pai-shu-ho by NE Likiang Snow Range
Plant 3 ins.,fl. rose-pink. On open mois streams
Cruciferae
HERBARIUM OF THE ARNOLD ARBORETUM HARVARD UNIVERSITY
THE HARVARD UNIVERSITY HERBARIA
00312597
PLANTS OF N.W.YUNNAN PROVINCE, CHINA
No. 654 K.M.Feng Apr. 3, 1939
Pai-shu-ho by N.E. Likiang Snow Range
fl. rose-pink. Open moist streams.
Collected in cooperation between the Arnold Arboretum of Harvard University and the Lu Shan Arboretum and Botanical Garden.

**冯氏藏芥** ***Phaeonychium fengii*** Al-Shehbaz. in Novon 10(4): 335. 2000. **Holotype:** China. Yunnan: Lijiang, 1939-04-03, K. M. Feng 654 (A).

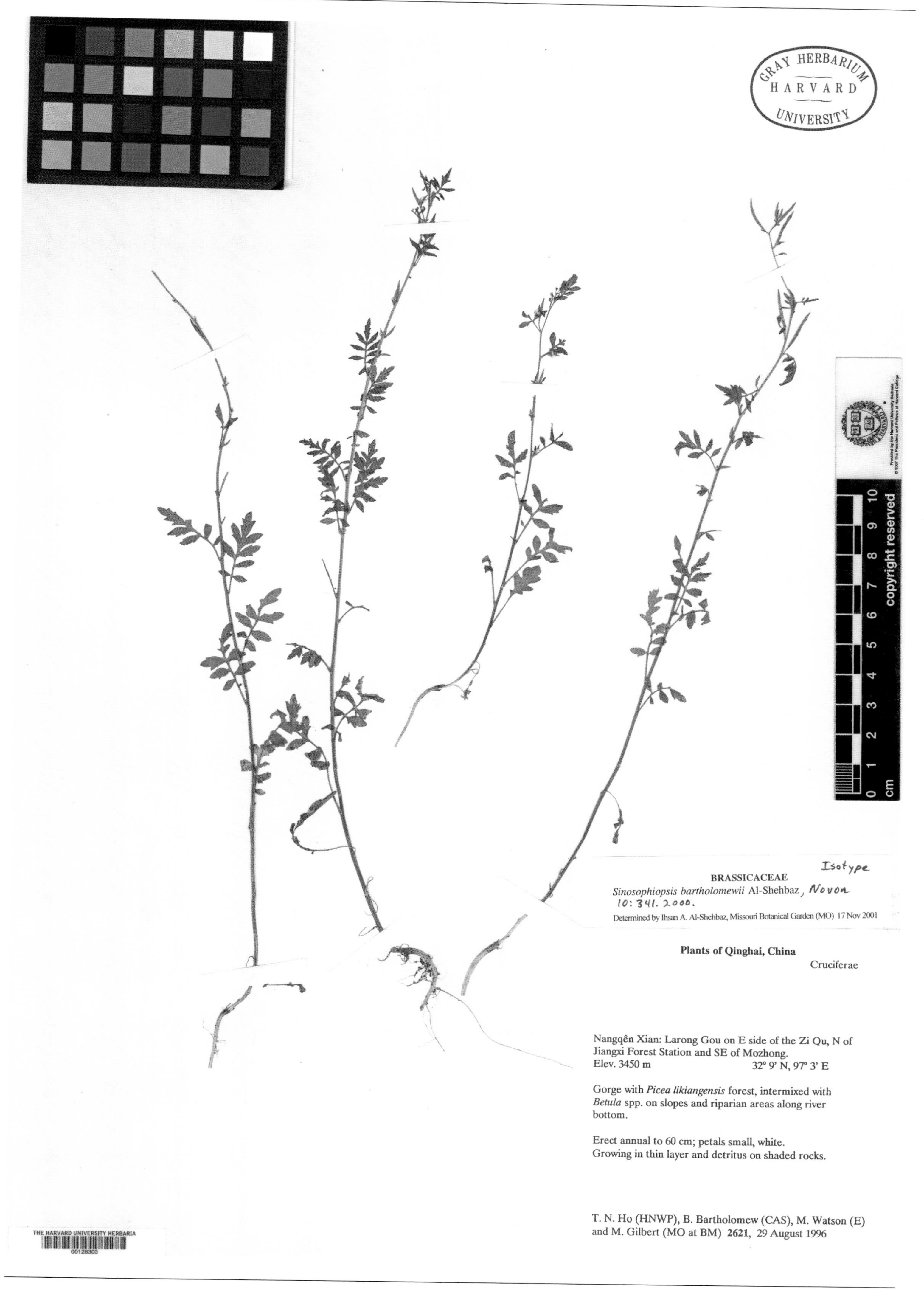
GRAY HERBARIUM
HARVARD
UNIVERSITY
copyright reserved
cm
Isotype
BRASSICACEAE
Sinosophiopsis bartholomewii Al-Shehbaz, Novon 10: 341. 2000.
Determined by Ihsan A. Al-Shehbaz, Missouri Botanical Garden (MO) 17 Nov 2001
Plants of Qinghai, China
Cruciferae
Nangqên Xian: Larong Gou on E side of the Zi Qu, N of Jiangxi Forest Station and SE of Mozhong.
Elev. 3450 m 32° 9' N, 97° 3' E
Gorge with Picea likiangensis forest, intermixed with Betula spp. on slopes and riparian areas along river bottom.
Erect annual to 60 cm; petals small, white.
Growing in thin layer and detritus on shaded rocks.
T. N. Ho (HNWP), B. Bartholomew (CAS), M. Watson (E) and M. Gilbert (MO at BM) 2621, 29 August 1996
THE HARVARD UNIVERSITY HERBARIA
00128303

**华羽芥** ***Sinosophiopsis bartholomewii*** Al-Shehbaz in Novon 10: 341, f. 1. 2000. **Isotype:** China. Qinghai: Nangqên, alt. 3 450 m, 1996-08-29, T. N. Ho, B. Bartholomew, M. Watson & M. Gilbert 2621 (GH).

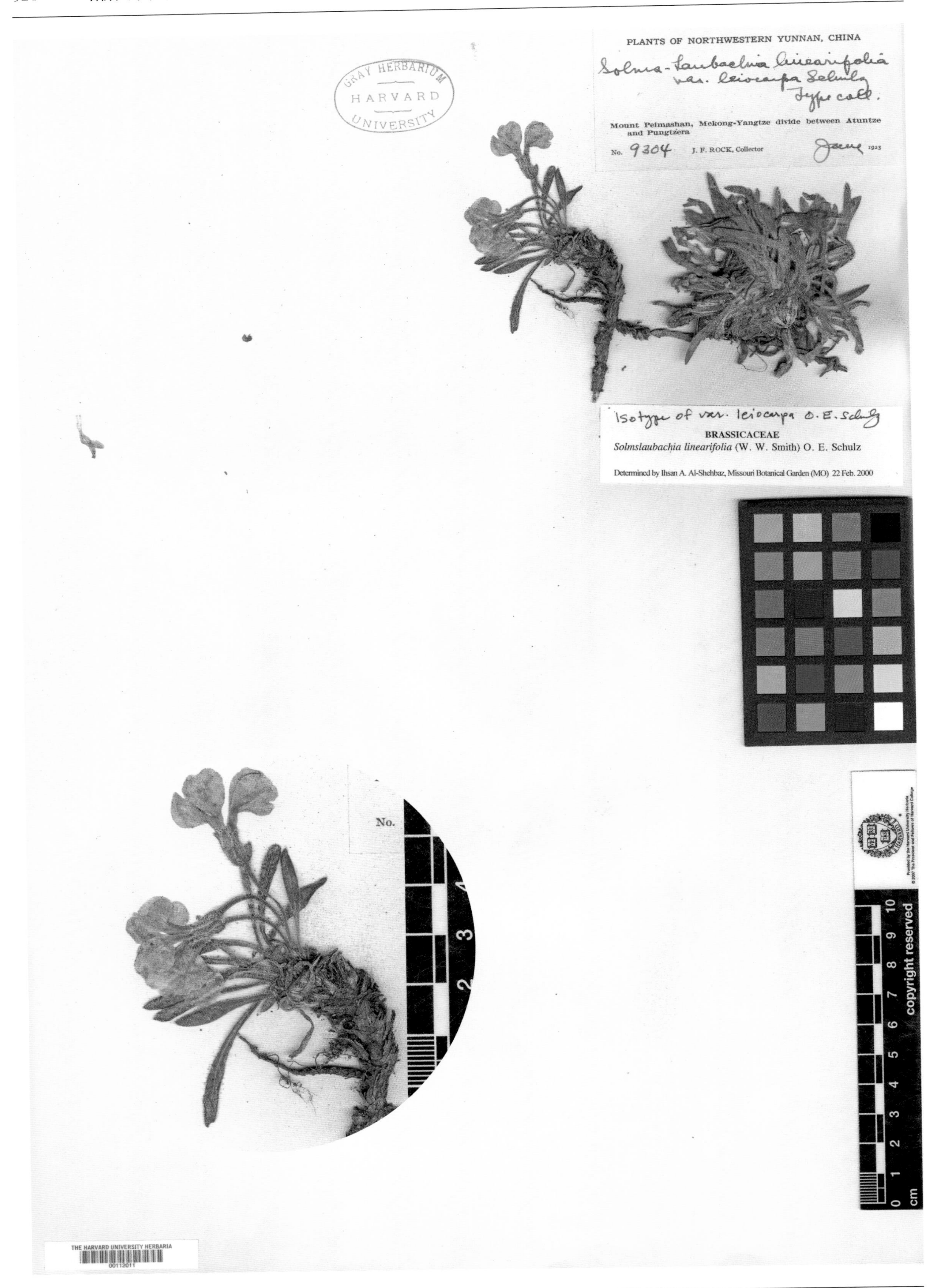
PLANTS OF NORTHWESTERN YUNNAN, CHINA
Mount Peimashan, Mekong-Yangtze divide between Atuntze and Pungtzera
No. 9304 J. F. ROCK, Collector
GRAY HERBARIUM HARVARD UNIVERSITY
BRASSICACEAE
Solmslaubachia linearifolia (W. W. Smith) O. E. Schulz
Determined by Ihsan A. Al-Shehbaz, Missouri Botanical Garden (MO) 22 Feb. 2000
copyright reserved
THE HARVARD UNIVERSITY HERBARIA
00112011

光果丛菔 ***Solms-laubachia linearifolia*** O. E. Schulz var. ***leiocarpa*** O. E. Schulz in Notizbl. Bot. Gart. Mus. Berlin. 9: 477. 1926. **Isotype:** China. Yunnan: Weixi, 1923-06-??, J. F. Rock 9304 (GH).

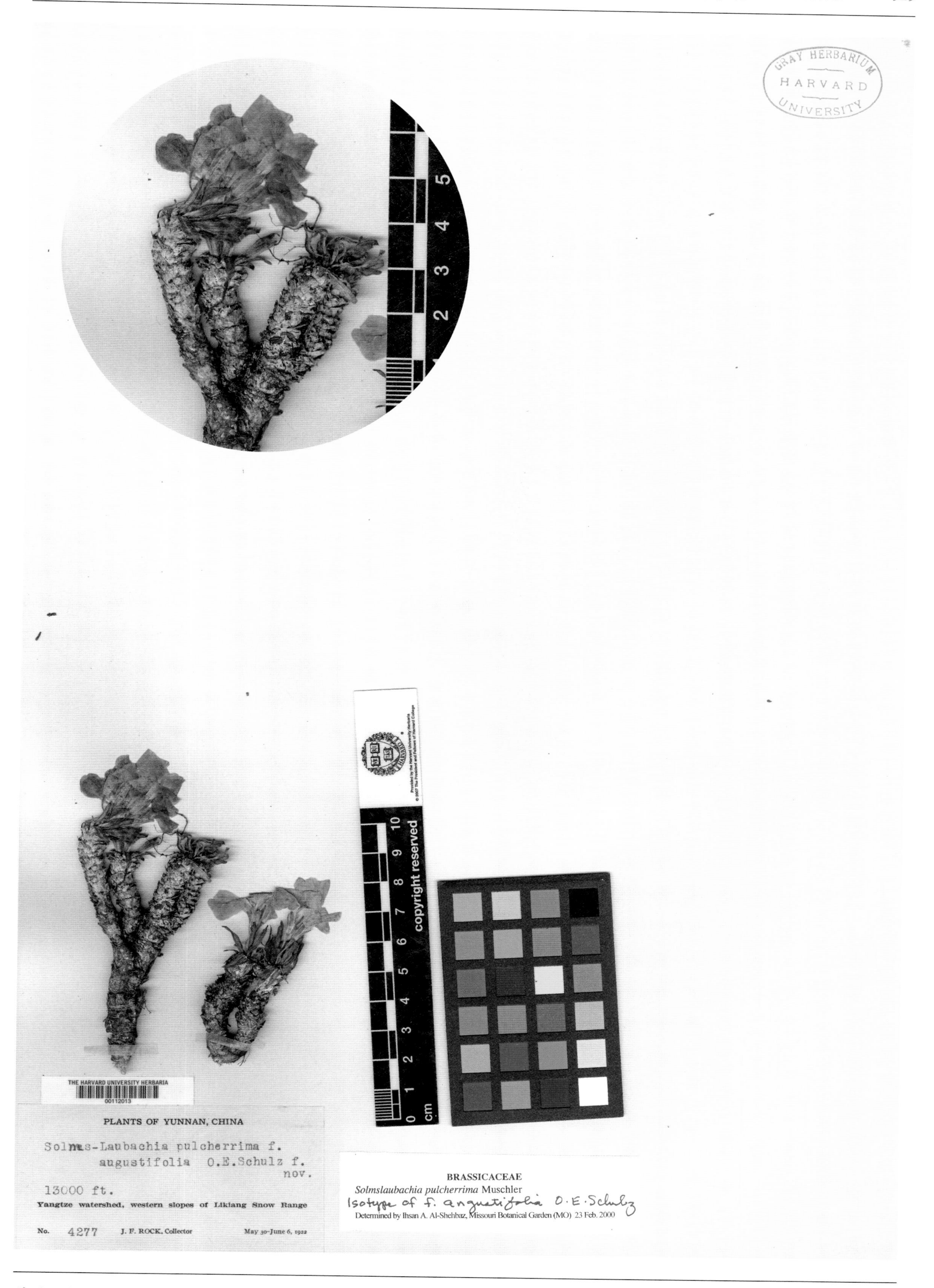
GRAY HERBARIUM
HARVARD
UNIVERSITY
copyright reserved
THE HARVARD UNIVERSITY HERBARIA
00112013
PLANTS OF YUNNAN, CHINA
Solms-Laubachia pulcherrima f.
augustifolia O.E.Schulz f.
nov.
13000 ft.
Yangtze watershed, western slopes of Likiang Snow Range
No. 4277 J. F. ROCK, Collector May 30-June 6, 1922
BRASSICACEAE
Solmslaubachia pulcherrima Muschler
Isotype of f. angustifolia O.E.Schulz
Determined by Ihsan A. Al-Shehbaz, Missouri Botanical Garden (MO) 23 Feb. 2000

狭叶丛菔 ***Solms-laubachia pulcherrima*** Muschl. f. ***angustifolia*** O. E. Schulz in Notizbl. Bot. Gart. Mus. Berlin. 9: 477. 1926.

**Isotype:** China. Yunnan: Lijiang, alt. 3 965 m, 1922-05-30/06-06, J. F. Rock 4277 (GH).

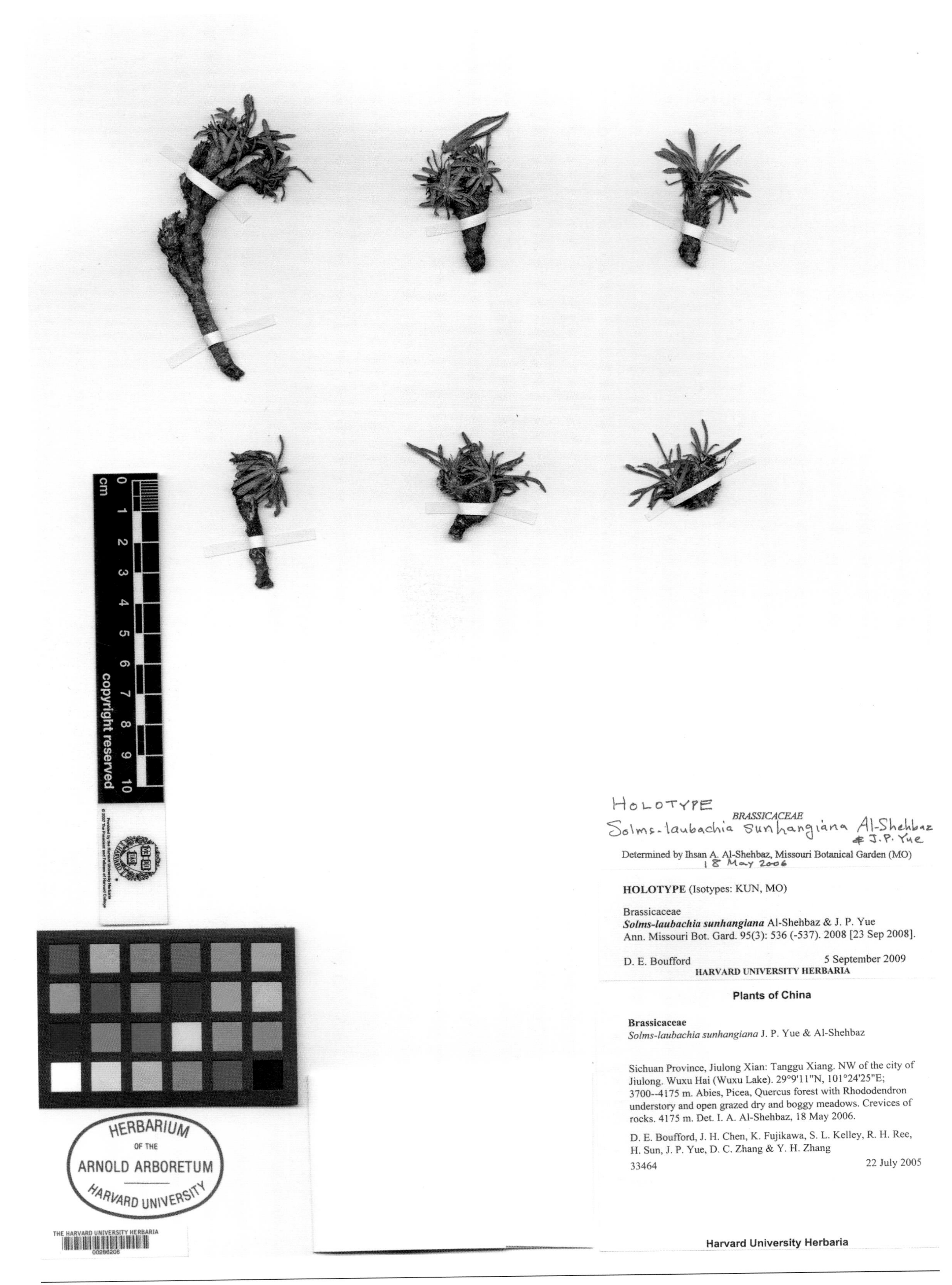
cm 0 1 2 3 4 5 6 7 8 9 10
copyright reserved
HOLOTYPE
BRASSICACEAE
Solms-laubachia sunhangiana Al-Shehbaz & J.P. Yue
Determined by Ihsan A. Al-Shehbaz, Missouri Botanical Garden (MO)
18 May 2006
HOLOTYPE (Isotypes: KUN, MO)
Brassicaceae
Solms-laubachia sunhangiana Al-Shehbaz & J. P. Yue
Ann. Missouri Bot. Gard. 95(3): 536 (-537). 2008 [23 Sep 2008].
D. E. Boufford 5 September 2009
HARVARD UNIVERSITY HERBARIA
Plants of China
Brassicaceae
Solms-laubachia sunhangiana J. P. Yue & Al-Shehbaz
Sichuan Province, Jiulong Xian: Tanggu Xiang. NW of the city of Jiulong. Wuxu Hai (Wuxu Lake). 29°9'11"N, 101°24'25"E; 3700--4175 m. Abies, Picea, Quercus forest with Rhododendron understory and open grazed dry and boggy meadows. Crevices of rocks. 4175 m. Det. I. A. Al-Shehbaz, 18 May 2006.
D. E. Boufford, J. H. Chen, K. Fujikawa, S. L. Kelley, R. H. Ree, H. Sun, J. P. Yue, D. C. Zhang & Y. H. Zhang
33464 22 July 2005
Harvard University Herbaria
HERBARIUM OF THE ARNOLD ARBORETUM HARVARD UNIVERSITY
THE HARVARD UNIVERSITY HERBARIA
00286206

**九龙丛菔** ***Solms-laubachia sunhangiana*** J. P. Yue & Al-Shehbaz in Ann. Missouri Bot. Garden 95(3): 536. 2008. **Isotype:** China. Sichuan: Jiulong, alt. 3 700~4 175 m, 2005-07-22, D. E. Boufford, J. H. Chen, K. Fujikawa, S. L. Kelley, R. H. Ree, H. Sun, J. P. Yue, D. C. Zhang & Y. H. Zhang 33464 (A).

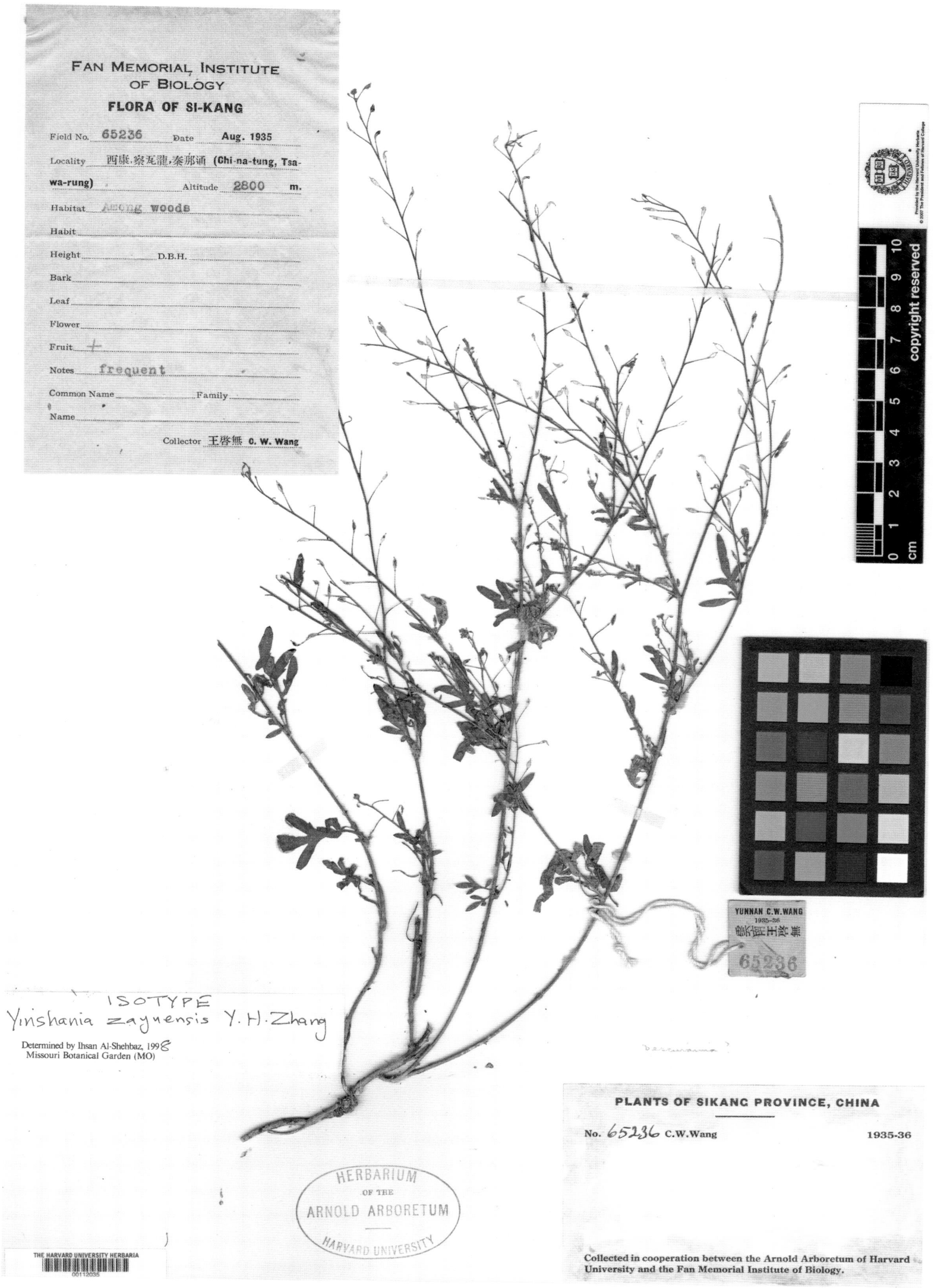

FAN MEMORIAL INSTITUTE OF BIOLOGY

FLORA OF SI-KANG

Field No. 65236 Date Aug. 1935

Locality 西康,察瓦龍,秦那通 (Chi-na-tung, Tsa-wa-rung) Altitude 2800 m.

Habitat Among woods

Habit

Height D.B.H.

Bark

Leaf

Flower

Fruit +

Notes frequent

Common Name Family

Name

Collector 王啓無 C. W. Wang



YUNNAN C.W.WANG 1935-36 雲南王啓無 65236

ISOTYPE

Yinshania zayuensis Y. H. Zhang

Determined by Ihsan Al-Shehbaz, 1998
Missouri Botanical Garden (MO)

PLANTS OF SIKANG PROVINCE, CHINA

No. 65236 C.W.Wang 1935-36





Collected in cooperation between the Arnold Arboretum of Harvard University and the Fan Memorial Institute of Biology.

**察隅阴山荠** ***Yinshania zayuensis*** Y. H. Zhang in Acta Phytotax. Sin. 25(3): 214. 1987. **Isotype:** China. Xizang: Zayü, alt. 2 800 m, 1935-08-??, C. W. Wang 65236 (A).

# 中名索引
# Index to Chinese Names

M



N



P



Q



R



S



T



W

# 拉丁学名索引
# Index to Scientific Names

**C**

**D**

**E**



**F**



**G**



**H**



**I**



**K**



**L**



**M**

**T**



**U**



**Y**